21世纪高等学校规划教材 | 信息管理与信息系统

计算机应用基础教程

（第2版）

赵丹亚 石新玲 主编

清华大学出版社
北 京

内容简介

本书基于 Windows 7+Office 2010 平台编写，由 Windows 应用篇、Word 应用篇、Excel 应用篇、PowerPoint 应用篇和计算机应用理论篇 5 篇共 14 章组成。

本书采用案例驱动方式组织教学内容，精心选择和设计了多个案例。例如 Word 篇的简报制作、书籍编排，Excel 篇的档案管理、销售管理，PowerPoint 篇的宣传片制作和课件制作等。各章内容注意突出了内容提要、知识点、小结以及多种类型的习题等要素，再辅以大量的电子资源，具有内容翔实、材料丰富、背景清楚、易学易用等特点。

本书可作为高等院校非计算机专业大学计算机基础课程的教材，也可作为计算机初学者和各类办公人员自学使用。

图书在版编目(CIP)数据

计算机应用基础教程/赵丹亚，石新玲主编．--2 版．--北京：清华大学出版社，2013．8
21 世纪高等学校规划教材·信息管理与信息系统
ISBN 978-7-302-33166-7

Ⅰ．①计…　Ⅱ．①赵…　②石…　Ⅲ．①计算机应用－高等学校－教材　Ⅳ．①TP39

中国版本图书馆 CIP 数据核字(2013)第 159109 号

责任编辑：闫红梅　薛　阳
封面设计：傅瑞学
责任校对：焦丽丽
责任印制：何　芊

出版发行：清华大学出版社
网　　址：http://www.tup.com.cn，http://www.wqbook.com
地　　址：北京清华大学学研大厦 A 座　　邮　　编：100084
社 总 机：010-62770175　　邮　　购：010-62786544
投稿与读者服务：010-62776969，c-service@tup.tsinghua.edu.cn
质 量 反 馈：010-62772015，zhiliang@tup.tsinghua.edu.cn
课 件 下 载：http://www.tup.com.cn，010-62795954
印 刷 者：清华大学印刷厂
装 订 者：三河市新茂装订有限公司
经　　销：全国新华书店
开　　本：185mm×260mm　　**印　张**：25　　**字　　数**：595 千字
版　　次：2008 年 8 月第 1 版　　2013 年 8 月第 2 版　　**印　　次**：2013 年 8 月第 1 次印刷
印　　数：1～5000
定　　价：44.50 元

产品编号：052613-01

出版说明

随着我国改革开放的进一步深化，高等教育也得到了快速发展，各地高校紧密结合地方经济建设发展需要，科学运用市场调节机制，加大了使用信息科学等现代科学技术提升、改造传统学科专业的投入力度，通过教育改革合理调整和配置了教育资源，优化了传统学科专业，积极为地方经济建设输送人才，为我国经济社会的快速、健康和可持续发展以及高等教育自身的改革发展做出了巨大贡献。但是，高等教育质量还需要进一步提高以适应经济社会发展的需要，不少高校的专业设置和结构不尽合理，教师队伍整体素质亟待提高，人才培养模式、教学内容和方法需要进一步转变，学生的实践能力和创新精神亟待加强。

教育部一直十分重视高等教育质量工作。2007 年 1 月，教育部下发了《关于实施高等学校本科教学质量与教学改革工程的意见》，计划实施"高等学校本科教学质量与教学改革工程"(简称"质量工程")，通过专业结构调整、课程教材建设、实践教学改革、教学团队建设等多项内容，进一步深化高等学校教学改革，提高人才培养的能力和水平，更好地满足经济社会发展对高素质人才的需要。在贯彻和落实教育部"质量工程"的过程中，各地高校发挥师资力量强、办学经验丰富、教学资源充裕等优势，对其特色专业及特色课程(群)加以规划、整理和总结，更新教学内容、改革课程体系，建设了一大批内容新、体系新、方法新、手段新的特色课程。在此基础上，经教育部相关教学指导委员会专家的指导和建议，清华大学出版社在多个领域精选各高校的特色课程，分别规划出版系列教材，以配合"质量工程"的实施，满足各高校教学质量和教学改革的需要。

为了深入贯彻落实教育部《关于加强高等学校本科教学工作，提高教学质量的若干意见》精神，紧密配合教育部已经启动的"高等学校教学质量与教学改革工程精品课程建设工作"，在有关专家、教授的倡议和有关部门的大力支持下，我们组织并成立了"清华大学出版社教材编审委员会"(以下简称"编委会")，旨在配合教育部制定精品课程教材的出版规划，讨论并实施精品课程教材的编写与出版工作。"编委会"成员皆来自全国各类高等学校教学与科研第一线的骨干教师，其中许多教师为各校相关院、系主管教学的院长或系主任。

按照教育部的要求，"编委会"一致认为，精品课程的建设工作从开始就要坚持高标准、严要求，处于一个比较高的起点上。精品课程教材应该能够反映各高校教学改革与课程建设的需要，要有特色风格、有创新性(新体系、新内容、新手段、新思路，教材的内容体系有较高的科学创新、技术创新和理念创新的含量)、先进性(对原有的学科体系有实质性的改革和发展，顺应并符合 21 世纪教学发展的规律，代表并引领课程发展的趋势和方向)、示范性(教材所体现的课程体系具有较广泛的辐射性和示范性)和一定的前瞻性。教材由个人申报或各校推荐(通过所在高校的"编委会"成员推荐)，经"编委会"认真评审，最后由清华大学出版社审定出版。

目前,针对计算机类和电子信息类相关专业成立了两个“编委会”,即“清华大学出版社计算机教材编审委员会”和“清华大学出版社电子信息教材编审委员会”。推出的特色精品教材包括:

(1) 21世纪高等学校规划教材·计算机应用——高等学校各类专业,特别是非计算机专业的计算机应用类教材。

(2) 21世纪高等学校规划教材·计算机科学与技术——高等学校计算机相关专业的教材。

(3) 21世纪高等学校规划教材·电子信息——高等学校电子信息相关专业的教材。

(4) 21世纪高等学校规划教材·软件工程——高等学校软件工程相关专业的教材。

(5) 21世纪高等学校规划教材·信息管理与信息系统。

(6) 21世纪高等学校规划教材·财经管理与应用。

(7) 21世纪高等学校规划教材·电子商务。

(8) 21世纪高等学校规划教材·物联网。

清华大学出版社经过三十多年的努力,在教材尤其是计算机和电子信息类专业教材出版方面树立了权威品牌,为我国的高等教育事业做出了重要贡献。清华版教材形成了技术准确、内容严谨的独特风格,这种风格将延续并反映在特色精品教材的建设中。

清华大学出版社教材编审委员会
联系人:魏江江
E-mail:weijj@tup.tsinghua.edu.cn

前 言

在计算机技术飞速发展、计算机应用日益广泛的今天，计算机基础课早已成为大学各学科、各专业学生必修的公共基础课。计算机文化基础、计算机技术基础、计算机应用基础等各种有关计算机基础课的教材种类繁多，可是在实施计算机基础教育的过程中却存在这样一个矛盾：一方面是越来越多的学生在中学甚至小学就开始接触、学习和使用计算机，对大学开设的计算机基础课程所讲授的内容缺乏学习的积极性；另一方面，对于计算机基础课程所教授的 Windows、Office 等软件的应用，有相当多的学生只掌握了其中较少的功能，以至到了大学毕业撰写论文的时候，还有的学生都不能很好地使用 Word 的模板、样式、索引和目录等基础功能。

本教程名为"计算机应用基础教程"，首先从内容组织上以应用为主线组织，通过精选的若干案例尽可能多地覆盖有关软件的常用功能，不刻意追求所谓的系统性和完整性；更系统完整的内容以参考书目的形式提供，学生可以根据不同需求自己解决。其次，讲授内容的顺序也从应用出发，尽快让学生上手，特别是开始时安排一些实用且具有一定难度的问题，以提高学生学习的兴趣和积极性；在具备了一定的应用基础之后，再进一步介绍有关的理论知识，将学生的感性认识提升到理性认识。另外，本教程设计了大量的具有针对性的实用练习，特别是一些相对复杂或是半开放性质的综合练习，可以全面培养学生的学习能力、应用能力、创新能力和相互协作能力。

本教程由 Windows 应用篇、Word 应用篇、Excel 应用篇、PowerPoint 应用篇和计算机应用理论篇 5 篇共 14 章组成。其中 Windows 应用篇从计算机系统设置、计算机资源管理和计算机网络应用 3 个方面介绍了 Windows 有关桌面系统、控制面板、资源管理器以及 Internet Explorer 的应用。Word 应用篇通过简报制作、书籍编排和批量制作通知 3 个案例介绍了 Word 有关样式和模板、文本编辑、格式设置、版式设置、图表处理、交叉引用、审阅以及邮件合并的应用。Excel 应用篇通过工资管理、档案管理、销售管理和卡片管理 4 个案例介绍了 Excel 有关输入数据的技巧、公式和函数、数据合并、排序、筛选、数据透视表、图表、窗体控件以及宏的应用。PowerPoint 应用篇通过宣传片制作和课件制作两个案例介绍了 PowerPoint 有关母版设置、模板设计、插入图片、声音、表格、公式、超链接、动作按钮以及设置动画、切换和放映的应用。计算机应用理论篇从计算机原理和计算机网络两个方面较为系统地介绍了计算机的基本工作原理、计算机系统的构成、计算机的硬件系统和计算机网络的概念、分类、拓扑结构、体系结构、局域网和 Internet 协议模型以及计算机网络安全等理论知识。

本教程第 2 版主要基于计算机软件的更新换代，将有关平台和应用程序由原来的 Windows XP 和 Office 2003 升级到了 Windows 7 和 Office 2010。内容和案例也根据教程第 1 版教学过程中反馈的意见相应进行了调整和完善。

作为个人计算机操作系统软件，Windows 7 在 Windows XP、Windows Vista 基础上有

许多改进和增强,在性能、易用性、可靠性、安全性和兼容性等方面都取得了很好的效果。例如,风格一新的 Aero 图形界面,功能超强的任务栏,以及浏览导航按钮、导航窗格、地址栏、搜索框、智能菜单等窗口要素,都使得用户操控计算机更加方便。而库、家庭组等新概念的引入,各种软硬件配置管理、系统和网络安全、多媒体应用等功能的扩充和完善,都使得 Windows 7 获得非常高的评价。限于篇幅,本教程只能介绍其中一些最具代表性和最常用的功能。其他新特性希望教师和学生在教学过程中注意学习和体会。

Office 2010 的用户界面沿用了 Office 2007 的功能区界面风格,将 Office 2003 传统风格菜单和工具栏以多页选项卡功能面板代替。此外,还在窗口界面中设置了一些便捷的工具栏和按钮,如"快速访问工具栏"、"视图切换"和"显示比例"滑动条等。希望教师在教学过程中注意统一新的用户界面控件的术语。一般称作功能区、功能区选项卡、上下文选项卡(执行某些特定操作时出现)、命令组和各种命令。其中不同的命令可以不同形式的控件呈现,例如命令按钮、切换按钮、下拉按钮、拆分按钮、微调按钮、库、对话框启动器等。理解和熟悉这些名称和术语对于使用好本教程十分重要。

本教程由首都经济贸易大学信息学院计算机基础课程管理组策划,赵丹亚、石新玲主编。其中第 1 章、第 2 章、第 4～6 章由石新玲编写;第 3 章、第 14 章由郑小玲编写;第 7～10 章由赵丹亚编写;第 11 章、第 12 章由张宏编写;第 13 章由申蔚编写。最后由赵丹亚、石新玲统稿。参与本教程写作的还有刘彦平、邵丽、赵云天、徐天晟、卢山、胡珊等。

本教程写作过程中,先后走访了人民大学、对外经济贸易大学等兄弟院校,借鉴了许多有益的经验,在此对陈恭和、杨小平、尤晓东等老师的指导和帮助一并表示衷心的感谢。

由于时间仓促,水平所限,按照这样的内容和顺序组织计算机基础教程又是第一次尝试,恳请各位专家、老师和同学提出宝贵意见。

编　者

2013 年 4 月

第1篇　Windows应用篇

第5篇 计算机应用理论篇

第1篇

Windows 应用篇

Windows 是 Microsoft 公司开发的个人计算机操作系统软件。操作系统是计算机系统中最基础也是最重要的软件。主要用来管理和控制计算机系统的所有硬件资源和软件资源，并为用户使用和操作计算机提供了一个方便、友好、高效的使用环境。Windows 是目前个人计算机系统中的主流操作系统。它提供了直观的图形化用户界面、高效的多任务处理方式、方便的信息交换机制、灵活的即插即用设备管理方法、强大的多媒体和网络应用功能。掌握 Windows 的功能和操作是应用计算机的基本技能，可以为更广泛、更深入地应用计算机奠定坚实的基础。

Windows 从早期的 Windows 3.1 开始，不断发展完善，先后有 Windows 95、Windows 98、Windows Me、Windows 2000、Windows XP、Windows Vista 等不同的版本，本篇主要以目前应用较为广泛的 Windows 7 为例介绍 Windows 的应用。

第1章 计算机系统设置

内容提要：本章主要通过对计算机系统的设置来说明 Windows 的基本操作和常用功能。主要包括 Windows 的基本操作、基本运行环境的设置、输入/输出环境的设置、系统参数的设置等。重点是掌握 Windows 的基本操作，能够应用 Windows 有效地为计算机设置满足需要的个性化系统环境，奠定学习和应用计算机的坚实基础。

主要知识点：

- Windows 图形用户界面的构成和操作；
- 桌面、任务栏和开始菜单等的设置；
- 显示、打印、声音等输出环境的设置；
- 鼠标、键盘、语音等输入环境的设置。

1.1 Windows 概述

Windows 采用图形化用户界面方式，其应用程序的基本工作方式都是“窗口”方式。其操作绝大多数都不需要记忆繁琐的命令或格式，而可以通过鼠标选择或拖曳直观地完成。

1.1.1 Windows 7 窗口构成

窗口一般被分为系统窗口和应用程序窗口，系统窗口指“计算机”窗口、“控制面板”窗口等 Windows 7 自身的各种窗口，主要由标题栏、地址栏、搜索框、菜单栏和内容窗口等部分构成；而应用程序窗口则根据程序和功能的不同与系统窗口有所差别，但其组成部分大致相同。在此，以 Windows 7 的“控制面板”窗口为例，如图 1-1 所示，介绍窗口的主要组成部分及其作用。

1. 标题栏

标题栏位于窗口的最上方，主要显示打开程序的名称和当前处理对象的名称，如果正在文件夹中工作，则显示文件夹的名称。

标题栏的最左端是窗口的控制菜单按钮，单击它会打开控制菜单。标题栏的最右端是“最大化”、“最小化”、“还原”和“关闭”命令按钮。

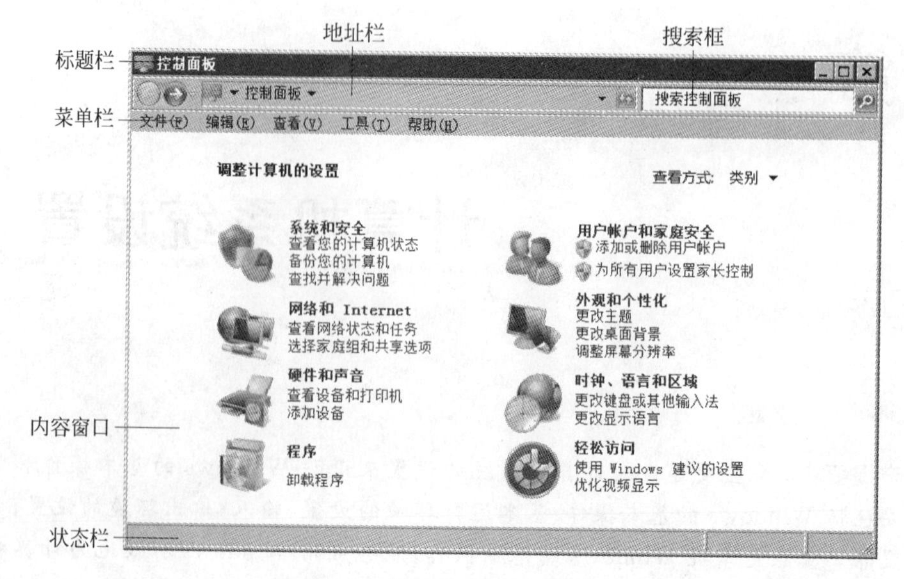

图 1-1 典型的 Windows 窗口

2. 地址栏

地址栏用于显示当前访问位置的完整路径信息,路径中的每个节点都被显示为按钮,单击按钮可快速跳转到对应位置。在每个节点按钮的右侧,还有一个箭头按钮,单击后可以弹出一个下拉列表,其中列出了与该按钮处于相同位置下的其他项目。通过使用地址栏,可以快速导航到某一位置。

3. 搜索框

地址栏的右侧是搜索框,在这里可对当前位置的内容进行搜索。搜索时,在某个窗口或文件夹中输入搜索内容,表示只在该窗口或文件夹中搜索相应内容,而不是对整个计算机中的资源进行搜索。

4. 菜单栏

菜单栏位于标题栏的下方,包含了所有可执行的命令。通过选择菜单中列出的命令,即可执行相应的操作。

5. 内容窗口

不同对象的内容窗口中的内容差异较大,主要用于显示操作对象或执行某项操作后显示的内容。例如 Word 内容窗口显示当前编辑的文档,而"资源管理器"内容窗口则以两个窗格联动的形式分别显示文件夹树和文件夹内容。当窗口内容过多显示不下时,窗口右侧或下方可以出现垂直滚动条或水平滚动条,通过拖动滚动条可查看其他未显示的内容。有关不同应用程序窗口的内容窗口将在介绍相应的应用程序时具体介绍,这里不再赘述。

6. 状态栏

状态栏位于窗口的最下方,实时显示当前操作的有关信息。

1.1.2 Windows 基本操作

在 Windows 中执行某个任务通常可以有多种可选择的方法,可以使用菜单命令,可以使用快捷菜单,也可以使用相应的工具按钮,还可以使用键盘快捷键。用户可以根据自己的偏好和习惯来使用不同的操作方法。一般来说,在某一时刻总有其中一、两种方法是最简单快捷的。绝大多数情况下,使用快捷菜单具有方式统一、简单方便、功能针对性强等特点,是使用 Windows 的首选操作方法。

1. 鼠标、键盘操作

在 Windows 环境中操作时,既可以使用键盘,也可以使用鼠标。一般在图形用户界面环境中使用鼠标更直观。当使用鼠标时,屏幕上会出现一个指针,随着指向对象和操作的不同,鼠标指针会显示出各种不同的形状。常见的鼠标指针形状及有关说明如表 1-1 所示。

表 1-1 鼠标指针形状及说明

形 状	说 明
↖	箭头形状是 Windows 环境中最常见的鼠标指针形状。当鼠标位于标题栏、菜单栏、工具栏、滚动条以及各种按钮上时,均为该形状。这时可以用鼠标完成移动窗口、选择菜单、执行命令、滚动视图区域或是选定选项等操作
I	I形也称作插入指针。当鼠标位于文本框、文档区以及字体、字号等用户可以输入信息的区域时,均为该形状。这时可以在相应位置输入信息
↕ ↔ ↘ ↙	双向箭头形状。当鼠标位于窗口、浮动工具栏、图形对象等的边缘或是角上时,为该形状之一,这时可以通过拖放操作改变窗口、工具栏以及其他对象的形状或大小
✥	十字箭头形状。当鼠标指针指向某个图形对象或是固定工具栏的移动柄时,均为该形状,这时可以通过鼠标的拖放操作移动图形对象或是固定工具栏的位置
⌛ ↖⌛	沙漏和带箭头的沙漏形状。当正在执行某个前台程序,鼠标指针变为沙漏形状。这时应等待片刻,待鼠标形状还原成其他形状后再操作。而当正在执行某个后台程序时,鼠标指针变为带箭头的沙漏形状,这时可以继续操作,但是机器的响应速度明显变慢

鼠标的操作主要有“指向”、“单击”、“双击”、“右击”和“拖放”。其中指向操作是其他所有操作的基础。无论什么操作,首先都需要将鼠标指针指向要操作的对象,然后再实施有关的操作。

单击:通常用于选择当前对象,也可用于选定或是取消某个选项;更常用的是通过单击某个菜单项或工具按钮来执行相应的命令。

双击:根据双击的对象不同,可产生不同的效果。一般用于激活某个对象。例如,在“资源管理器”窗口中,双击某个文件可直接打开它;而双击某个应用程序可以直接运行它。

右击:可以根据操作环境的不同和指向对象的不同,弹出相应的快捷菜单。例如,右击桌面空白位置,可以弹出包含“查看”、“排序方式”、“刷新”、“屏幕分辨率”、“小工具”和“个性化”等桌面设置相关命令的快捷菜单。而右击任务栏,则可以弹出包含“工具栏”、“层叠窗口”、“堆叠显示窗口”、“并排显示窗口”、“显示桌面”、“启动任务管理器”以及“属性”等任务栏设置相关命令的快捷菜单。由于快捷菜单中的命令都是针对当前环境和当前对象的,所以使用起来十分方便、快捷,因此应尽量采用快捷菜单方式进行操作。

拖放:拖放操作实现的功能较多。例如,要选定一定范围中的多个对象,可以用鼠标拖放选定整个区域。此外,拖放操作还可用来移动、复制对象或是改变对象的形状、大小。

在Windows环境中,除了在输入和编辑数据时需要用键盘操作外,还有以下几种常用的、比较特殊的键盘操作,其中大多是通过组合键来实现的。

Tab:常用来在对话框中将控制焦点从一个控件切换到下一个控件,例如文本框、列表框或是命令按钮。

Alt+Tab或Alt+Shift+Tab:在多个应用程序之间切换,这在使用多个应用程序协调工作时特别有用。

Ctrl+空格键和Ctrl+Shift:前者在中西文输入法中切换,后者在多种输入法中切换。一般情况下,可先用Ctrl+Shift选定用户常用的中文输入方法,然后再根据输入的内容用Ctrl+空格键切换中西文输入方式。

Shift+空格键:在中文输入方式下,切换半角/全角输入方式。

Alt+访问键:打开相应的一级菜单。

还有些操作需要用键盘配合鼠标完成,主要按键为Shift和Ctrl。

Shift:在许多窗口中,当需要选定多个连续的对象时,可以先用鼠标选定第一个对象,然后按住Shift键再单击另一个对象,则两个对象之间的所有对象都被选定。

Ctrl:在许多应用程序窗口中,当需要选定多个不连续的对象时,可以按住Ctrl键再用鼠标逐个单击需要选定的对象,则多个对象都被选定。另外,一般的拖放,例如,在“计算机”窗口中拖放某个文件或文件夹,可以完成文件或文件夹的移动操作,而按住Ctrl键再进行上述拖放操作,则可以完成文件或文件夹的复制操作。

2. 窗口操作

传统的窗口操作主要有以下几种。

最小化:单击窗口标题栏右边的“最小化”按钮,或是单击窗口标题栏最左端的控制菜单按钮,从弹出的控制菜单中选择“最小化”命令,还可以右击窗口标题栏,从弹出的快捷菜单中选择“最小化”命令,均可以将窗口最小化,使窗口缩小为Windows桌面上任务栏中的图标。

最大化:单击窗口标题栏右边的“最大化”按钮,窗口标题栏控制菜单或是快捷菜单中的“最大化”命令,均可以将窗口扩大为充满整个屏幕。这时窗口标题栏右边的“最大化”按钮变为“还原”按钮。

还原:对于已最大化的窗口,单击窗口标题栏右边的“还原”按钮,窗口标题栏左边的控制菜单或是快捷菜单中的“还原”命令,均可以将窗口还原为最大化之前的原来尺寸。对于已最小化的窗口,单击Windows桌面上任务栏中的应用程序图标,也可将其还原为最小化前的状态。

改变大小:将鼠标指向窗口的边缘或角,当鼠标指针变为双向箭头时,拖曳窗口为指定大小放开即可。

改变位置：将鼠标指向窗口的标题栏，拖曳到指定位置放开即可。

在 Windows 7 中，还新增了 Aero 窗口吸附(Aero Snap)和 Aero 晃动(Aero Shake)的窗口操作，以期高效利用屏幕。

将鼠标指向窗口标题栏，按住鼠标左键拖曳窗口至屏幕最左侧或最右侧时，屏幕上会出现该窗口的虚拟边框，并自动占据屏幕一半的面积，此时放开鼠标左键，该窗口将自动填满屏幕一半的面积。若希望恢复原来大小，向屏幕中央位置拖放窗口即可。

将鼠标指向窗口的边缘，当鼠标指针变为双向箭头时，向上或向下(取决于鼠标指向窗口的上边缘还是下边缘)拖曳鼠标至屏幕顶部或底部，同样会出现一个虚拟边框，此时放开鼠标左键，该窗口将实现在垂直方向最大化。

当多个窗口处于打开状态，而只需要使用一个窗口，希望其他所有打开的窗口都临时最小化，只要在目标窗口的标题栏上按下鼠标左键并保持，然后左右晃动鼠标若干次，其他窗口就会被立刻隐藏。如果希望将窗口布局回复为原来的状态，只需在标题栏上再次按下鼠标左键并保持，然后左右晃动鼠标即可。

3. 菜单操作

Windows 的菜单大多是级联式的，即当选定某一个菜单项后，会弹出相应的二级菜单，可以继续选择。二级菜单项如果有向右的三角图形符号，则表示该菜单项还有下一级菜单。

一般的菜单操作使用鼠标逐级选择即可执行。有些常用菜单命令配有快捷键，例如，剪切为 Ctrl＋X，复制为 Ctrl＋C，粘贴为 Ctrl＋V 等。快捷键是为用户使用键盘操作菜单而提供的，一般都是复合键或功能键。

Windows 的菜单项有以下多种不同的形式。

(1) 命令式：大多数菜单项选择后会执行相应的命令，完成特定的操作。例如“控制面板”窗口中“文件”→“关闭”菜单命令，选定后将关闭该窗口。

(2) 开关式：有些菜单项类似于开关，选择后打开，再次选择后关闭。例如“控制面板”窗口中“查看”→“状态栏”菜单命令。选择后会在窗口中显示状态栏，再次选择后则关闭状态栏的显示。

(3) 组合式：有些菜单是成组相关的选项。例如“资源管理器”窗口“查看”菜单中的“超大图标”、“大图标”、“中等图标”、“小图标”、“列表”、“详细信息”、“平铺”和“内容”菜单命令，在某一时刻只能选定其中之一。

4. 对话框操作

单击选择文字后面有“…”标记的菜单项或命令按钮后，会打开一个对话框。用户必须输入或选择进一步的信息后才能执行相应的命令。对话框是一种特殊的窗口。一般也有标题栏和控制按钮，但是没有菜单。对话框中的常见控件有文本框、列表框、下拉列表框、组合框、命令按钮、复选框和单选按钮等，对于一些复杂的对话框还有选项卡。如图 1-2 所示的是单击“控制面板”“工具”→“文件夹选项”后，弹出的“文件夹选项”对话框。

文本框常用于输入或编辑文字信息。例如，要保存一个文档，可以直接在相应对话框的“文件名”文本框中输入文档名。

列表框通常给出一个已有信息的列表供用户选择。例如，要打开一个文档，可以在相应

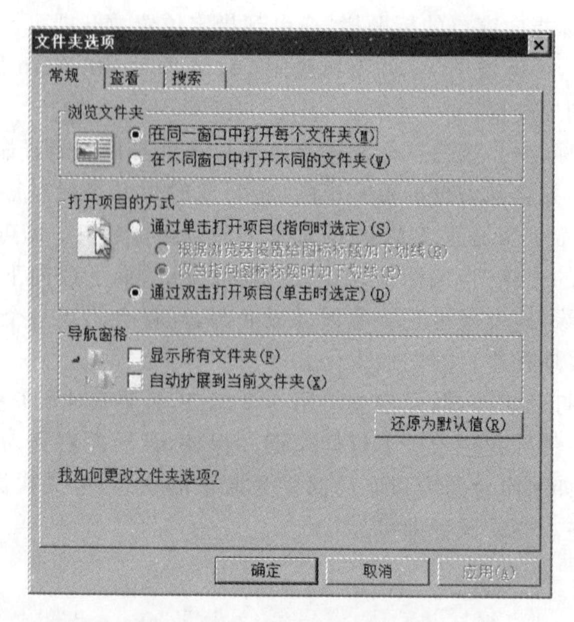

图 1-2 “文件夹选项”对话框

对话框的文件列表框中选择要打开的文档。

下拉列表框与列表框类似,只是默认情况下列表信息是折叠的,单击下拉列表框的下拉箭头后才会展开。

组合框即将文本框与下拉列表框组合在一起的控件,它同时具备上述两种控件的功能和特点。既可以直接在其中输入或编辑文字,也可以从下拉列表框中选择所需的选项。

命令按钮用来执行特定的操作命令,例如图 1-2 中的“确定”、“取消”按钮。如果命令按钮上有“…”标记,则表示选择该命令按钮后,会打开与该命令有关的另一个对话框。如果命令按钮上有下拉箭头,则表示该命令按钮有多项命令,单击下拉箭头可打开有关的命令列表,然后单击有关命令即可完成相应的操作。

单选按钮为圆形按钮,通常都是成组出现的。操作时只能选定其中一项。被选定的单选按钮中会显示一个黑圆点,表示它被选中,而同组中其他原来被选定的单选按钮自动取消。

复选框为方形框,大多也成组出现,但操作时可选择其中的一项或多项,也可以一项都不选,被选中的复选框中会显示一个对勾。

如果一个命令涉及到较多的选择信息时,在对话框中就会出现选项卡,将多种控件按应用类别放置在不同的选项卡中。例如图 1-2 中的对话框中即有“常规”、“查看”和“搜索”选项卡,当前显示的是“常规”选项卡。

了解 Windows 的窗口构成,掌握 Windows 的基本操作,可以说是 Windows 应用的基础。要在工作和学习中更好地应用计算机,还应该掌握如何利用 Windows 有效地设置满足用户需求的个性化环境,主要包括计算机运行环境、输出环境和输入环境的设置。这些环境的设置优劣与办公室的光线、桌椅等环境一样,对计算机操作人员的健康、工作的效率都有重要的影响。

1.2　运行环境设置

Windows 启动以后，首先进入桌面系统。通过桌面系统可以启动应用程序，也可以在正在运行的多个程序之间切换。桌面系统主要由桌面、任务栏和“开始”菜单组成，合理地设置桌面环境，可以有效地提高工作效率。下面分别介绍桌面、任务栏以及“开始”菜单的设置。

1.2.1　桌面设置

Windows 启动以后，桌面上排列了系统建立的“计算机”、“网络”、“回收站”等系统图标，系统中安装的应用程序自动建立的快捷方式图标，以及用户自己建立的常用程序或文档的快捷方式图标。桌面设置的主要任务就是使启动应用程序更加方便，将常用的图标添加到桌面，将不常用的图标从桌面上移除，并将桌面的各种图标合理地排列。

1. 设置系统图标

可以在桌面上对系统图标进行设置，包括添加、隐藏、更改图标样式等操作，用以满足不同用户的个性化需求。

例如需要在桌面上添加“控制面板”图标，具体操作步骤如下。

步骤 1：打开“个性化”窗口。右击桌面空白处，在弹出的快捷菜单中选择“个性化”命令，打开“个性化”窗口，如图 1-16 所示。

步骤 2：打开“桌面图标设置”对话框。单击窗口左侧“更改桌面图标”文字链接，打开“桌面图标设置”对话框，如图 1-3 所示。

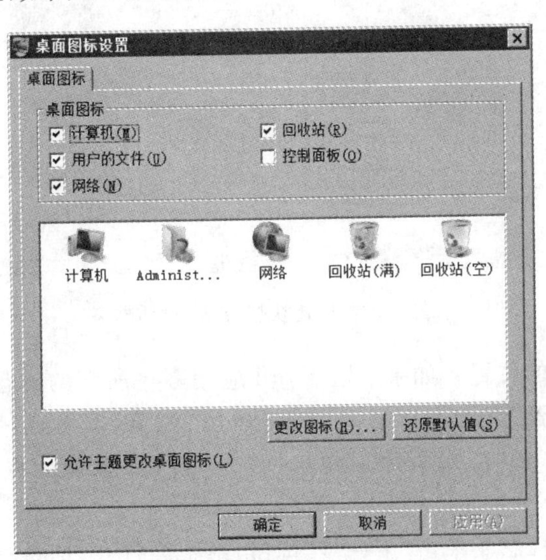

图 1-3　“桌面图标设置”对话框

步骤 3：设置显示图标。选中“控制面板”复选框，单击“确定”按钮。

如需更改图标样式，在图 1-3 所示窗口中选择欲更改的图标后，单击“更改图标”按钮，打开“更改图标”对话框，进行设置即可。

注意:“回收站”图标比较特殊,若要将其从桌面除去,不能通过删除的方法,只能通过“桌面图标设置”对话框进行。而其他系统图标的删除,则既可以通过“桌面图标设置”对话框,也可以通过删除方式进行操作。

2. 设置快捷方式图标

快捷方式是 Windows 系统中的一种特殊的文件类型,它实际上存储的是指向某个项目的链接。通过快捷方式可以方便、快速地访问相应的项目,例如应用程序、文档、文件夹、驱动器以及打印机等。快捷方式的图标与一般图标的不同之处在于图标的左下方有一个向上跳转的箭头图案。

在桌面上添加快捷方式图标的实现方法有多种,下面以添加 Word 应用程序的快捷方式为例,具体介绍两种方法。

方法一较为传统,操作步骤如下。

步骤 1:打开“创建快捷方式”对话框。右击桌面空白处,在弹出的快捷菜单中选择“新建”→“快捷方式”,打开“创建快捷方式”对话框,如图 1-4 所示。

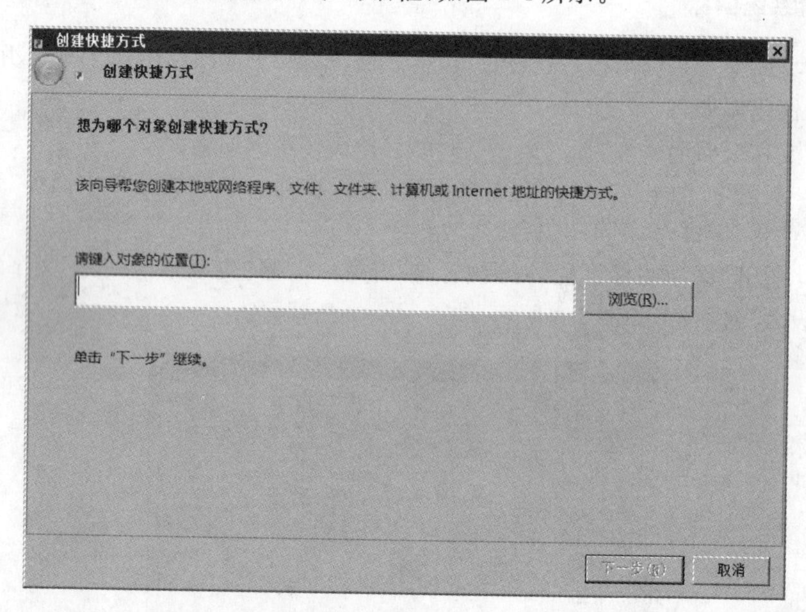

图 1-4 “创建快捷方式”对话框

步骤 2:设置项目的位置。如果知道 Word 应用程序所在的磁盘、文件夹和文件名,可以在“请键入对象的位置”文本框中输入;或是单击“浏览”按钮,然后在打开的“浏览文件夹”对话框中查找到 Word 应用程序后单击“确定”按钮,系统会将选定的文档名填入文本框。

步骤 3:设置项目标题。单击“下一步”按钮,系统会打开“选择程序标题”对话框,并自动将选定项目的名称作为快捷方式的名称填入到“键入该快捷方式的名称”文本框中,可以根据需要重新设置快捷方式的名称。也可以在建立了快捷方式后,右击快捷方式,然后在弹出的快捷菜单中选择“重命名”命令来修改快捷方式的名称,还可以慢双击快捷方式的名称后直接修改。

方法二是利用 Windows 7 搜索框进行操作，较为方便，操作步骤如下。

步骤 1：搜索目标。单击“开始”按钮，打开“开始”菜单，如图 1-12 所示。在“搜索程序和文件”文本框内输入“word”，之后 Word 程序出现在搜索结果框的最上端。

步骤 2：在桌面添加快捷方式。右击 Word 程序，在弹出的快捷菜单中选择“发送到”→“桌面快捷方式”，完成操作。

注意：如果“开始”菜单中没有要搜索的目标对象，可以通过“计算机”窗口的“搜索框”进行搜索，其搜索范围更广。

删除快捷方式的操作十分简单。只需右击要删除的快捷方式，然后在弹出的快捷菜单中单击“删除”即可。也可以选定要删除的快捷方式后，按 Del 键删除。无论采用哪种方式系统都会打开对话框，要求确认删除操作。

注意：右击桌面空白位置，在弹出的快捷菜单中选择“查看”→“显示桌面图标”，通过勾选或去除勾选“显示桌面图标”命令（如图 1-5 所示），可以显示或隐藏桌面上的全部图标。

3. 排列图标

当桌面上图标比较多时，为了整齐美观，更为了查找方便，最好按照一定的次序排列。

右击桌面空白位置，在弹出的快捷菜单中选择“排序方式”命令，可以在其级联菜单中根据需要选择按照“名称”、“大小”、“项目类型”或是“修改日期”排列桌面图标。系统将按照指定的顺序从左到右、自上而下重新排列桌面上的所有图标。

还可以以手工拖放方式排列图标，具体操作步骤如下。

步骤 1：设置图标与网格对齐。右击桌面空白位置，弹出快捷菜单，选择“查看”→“将图标与网格对齐”，将其勾选，结果如图 1-5 所示。这样以手工拖放方式排列图标时，可以很方便地排列整齐。

步骤 2：取消自动排列图标。单击“查看”→“自动排列”，使其处于取消勾选状态。

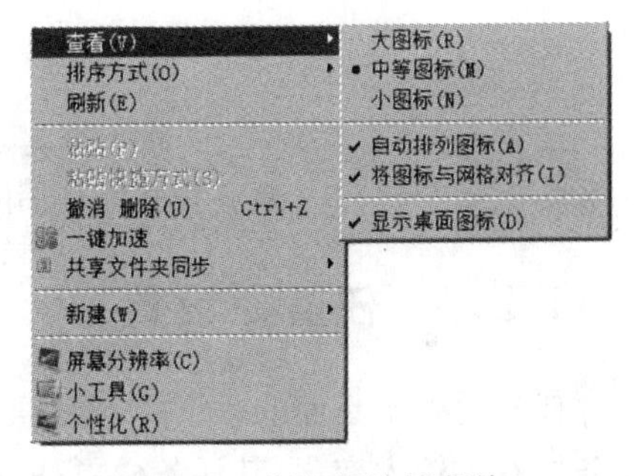

图 1-5　“桌面”快捷菜单

步骤 3：按需要拖放桌面上的图标到任意位置。

采用手工拖放方式可以按任意顺序、任意位置来排列图标，例如，可以按使用性质，将网络应用类图标排在一列，而将日常工作应用类放在另一列；还可以将最常用的几个应用程序图标放到桌面的右侧或下方等最醒目或操作最方便的位置。

4. 设置桌面小工具

Windows 7 操作系统中自带有一些小工具，如时钟、日历、CPU 仪表盘等，用户可以根据需要在桌面上添加相应的小工具。下面以为桌面添加“时钟”小工具为例进行讲解，具体操作步骤如下。

步骤 1：打开“小工具库”窗口。右击桌面空白位置，在弹出的快捷菜单中选择“小工具”命令，打开“小工具库”窗口，如图 1-6 所示。

步骤 2：在桌面上添加“时钟”小工具。双击“时钟”小工具图标或直接将其拖放到桌面上，然后关闭“小工具库”窗口。

步骤3：设置时钟选项。右击桌面时钟，在弹出的快捷菜单中选择“选项”命令，打开“时钟”对话框，在“时钟名称”文本框中输入：“北京时间”勾选“显示秒针”复选框，如图1-7所示。设置完毕后单击“确定”按钮。

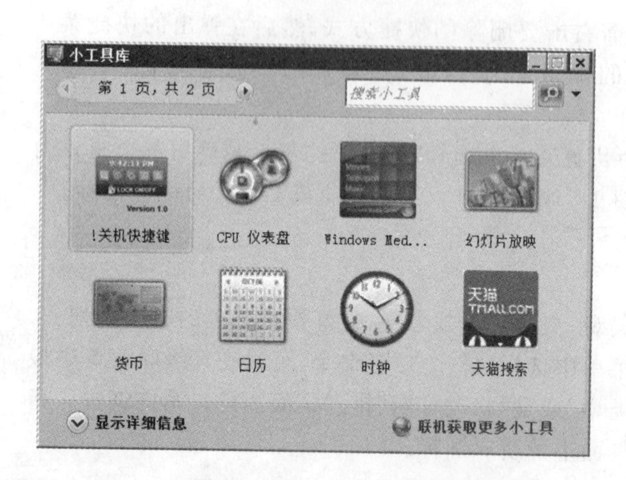

图1-6 “小工具库”窗口

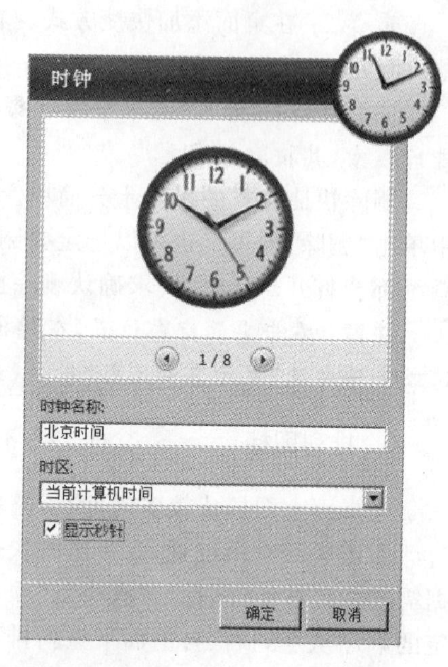

图1-7 “时钟”对话框

注意：当“小工具库”中的小工具不能满足要求时，单击“小工具库”窗口底部“联机获取更多小工具”超链接，将会打开“桌面小工具”网页，可以获取更多小工具。

1.2.2 任务栏设置

任务栏处于桌面的最下方，是桌面系统的重要组成部分。相比以往版本，Windows 7 的任务栏有了较大变化，其任务栏更高，占据更多的屏幕空间，如图1-8所示。

图1-8 任务栏

在任务栏最左端是“开始”按钮，单击它打开“开始”菜单；中间区域则将以往的“快速启动”按钮和当前运行的应用程序按钮结合为一体。从图1-8中可以看到，有些图标的周围有一个方块，形成了“按钮”的效果，这种图标对应着正在运行的程序(如图中Word图标和“文件夹”图标)；有些图标的周围没有“按钮”效果(如图中Photoshop图标和Excel图标)，这种图标为“快速启动”按钮，属于普通的快捷方式，单击它们可以启动对应的程序。

在任务栏的最右端，有一个永久性的“显示桌面”按钮。在使用Windows 7 Aero Peek功能情况下，鼠标指向该按钮时，系统将所有打开的窗口隐藏，只显示窗口边框，透过边框可以看到桌面；移开鼠标，会恢复原来的窗口。如果单击该按钮，所有打开的窗口将最小化；

再次单击该按钮,最小化的窗口被恢复。

用户可以对任务栏进行各种设置,以满足不同的个性化需求。

1. 设置任务栏属性

任务栏属性设置的操作步骤如下。

步骤1:打开“任务栏和「开始」菜单属性”对话框。右击任务栏空白处,在弹出的快捷菜单中选择“属性”选项,打开“任务栏和「开始」菜单属性”对话框,并显示“任务栏”选项卡,如图1-9所示。

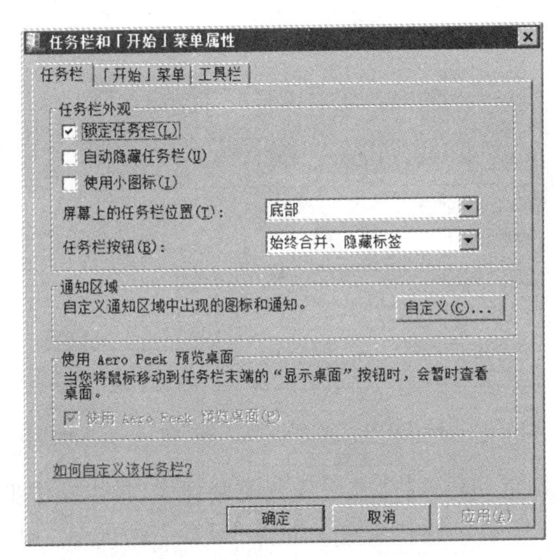

图1-9 “任务栏”选项卡

步骤2:设置任务栏属性。根据需要选择有关的选项,其中常用选项的功能简述如下。

(1)“锁定任务栏”:该选项选定后将不能改变任务栏的大小和位置。

(2)“自动隐藏任务栏”:该选项选定后任务栏被隐藏,只有当鼠标移动到隐藏的任务栏附近时才自动弹出。这对于需要全屏幕显示的场合特别有用。

(3)“任务栏按钮”下拉列表:设置当前运行任务在任务栏中的显示方式。显示方式有3种:“始终合并、隐藏标签”、“当任务栏被占满时合并”及“从不合并”,用于设置当同一应用程序打开了多个窗口时合并显示为一个图标或是多个图标。

(4)“自定义”通知区域。单击“自定义”按钮,打开“通知区域图标”窗口,如图1-10所示。在这里列出了所有曾经在通知区域显示过的程序图标。在每一个图标的“行为”下拉列表中有3种显示方式可供选择:“显示图标和通知”、“仅显示通知”、“隐藏图标和通知”。如果选择“显示图标和通知”,对应图标出现在任务栏中;如果选择“仅显示通知”,则只有在有需要用户注意的通知时,对应图标才显示若干秒,随后图标被隐藏。

2. 设置跳转列表

跳转列表就是最近使用列表。当右击任务栏中某一图标时,将打开跳转列表,通过跳转列表可以快速访问历史记录。

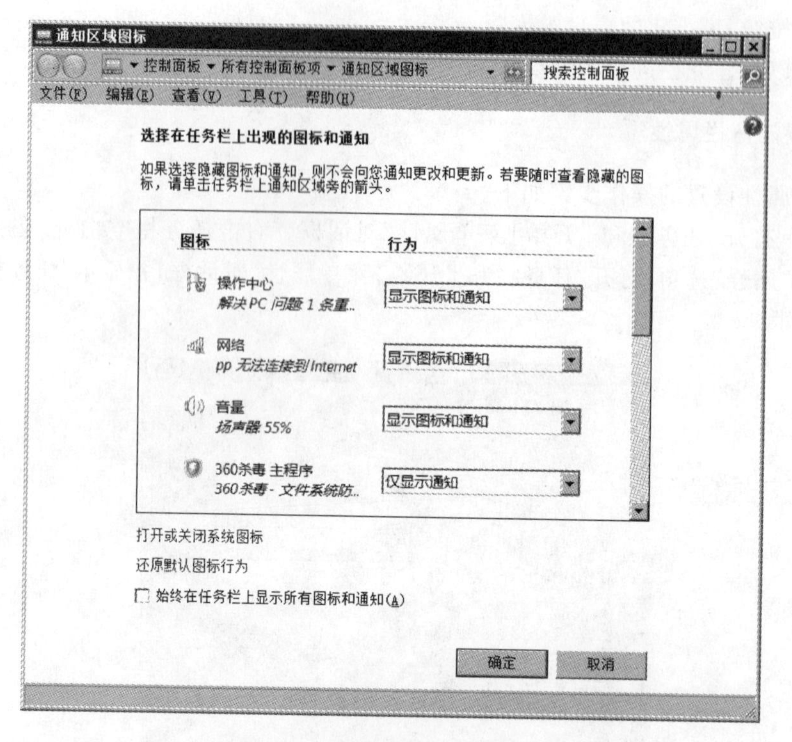

图 1-10 “通知区域图标”窗口

下面将“画图”程序锁定到任务栏，并设置其跳转列表，具体操作步骤如下。

步骤 1：将“画图”程序锁定到任务栏。打开“开始”菜单，在“附件”文件夹中右击“画图”，在弹出的快捷菜单中选择“锁定到任务栏”命令。

步骤 2：打开跳转列表。右击任务栏中“画图”图标，打开其跳转列表，显示出其最近使用记录，如图 1-11 所示。旧历史记录会随着新记录的增多而消失。

步骤 3：锁定某一历史记录。右击某一历史记录，在弹出的快捷菜单中选择“锁定到此列表”命令，被锁定的记录将一直留在此跳转列表中。

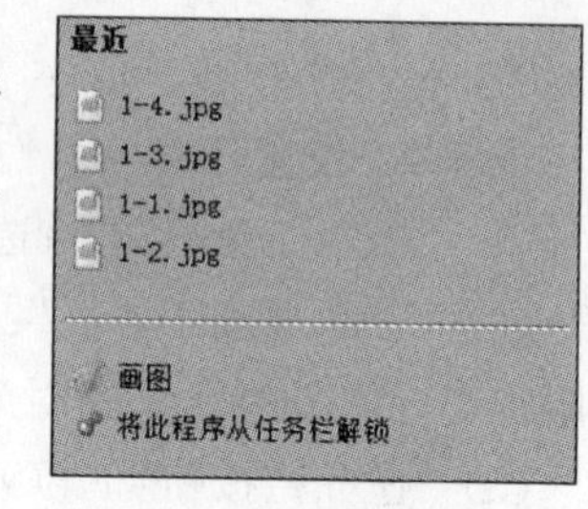

图 1-11 跳转列表

1.2.3 开始菜单设置

“开始”菜单是 Windows 运行应用程序的重要途径之一。单击任务栏左侧的“开始”按钮，将打开“开始”菜单。Windows 7 的“开始”菜单主要由“固定程序”快捷方式列表、“常用程序”快捷方式列表、搜索框、系统控制区和“关闭选项”按钮区组成，如图 1-12 所示。

1. 设置“固定程序”列表

用户可以将自己最常使用的应用程序快捷方式添加到“开始”菜单的“固定程序”快捷方式列表中。例如，欲将“记事本”添加到“固定程序”列表中，其操作步骤如下。

步骤 1：搜索目标。在“开始”菜单的“搜索框”内输入“记事本”，“记事本”出现在搜索结

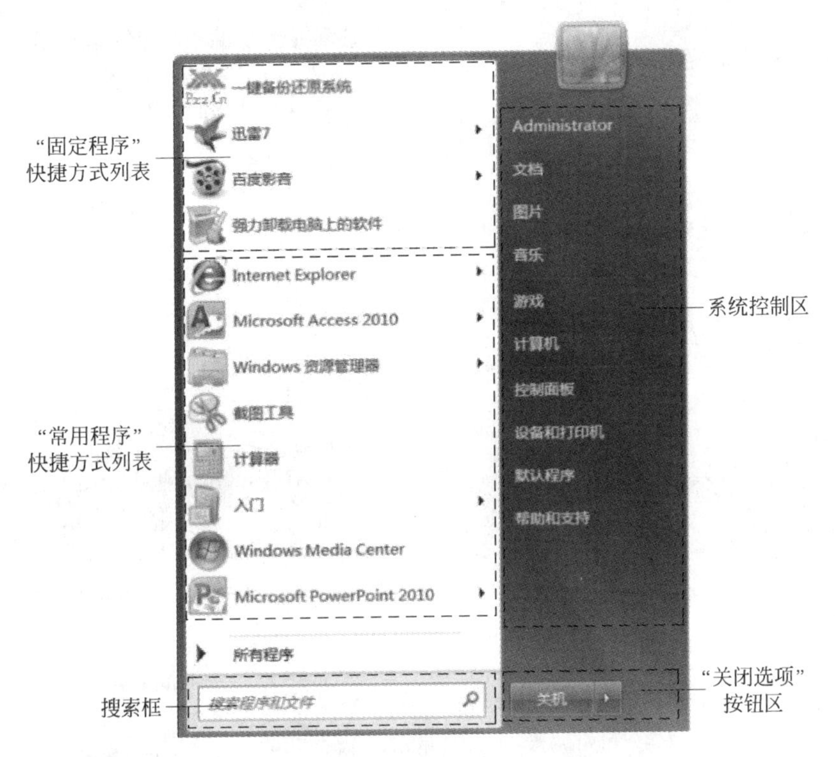

图 1-12　"开始"菜单

果框的最上端。

步骤 2：将"记事本"添加到"固定程序"列表。右击搜索到的"记事本"，从弹出的快捷菜单中选择"附到「开始」菜单"。

2. 设置系统控制区

下面欲为系统控制区中"控制面板"项设置级联菜单，具体操作步骤如下。

步骤 1：打开"任务栏和「开始」菜单属性"对话框。右击"开始"按钮，在弹出的快捷菜单中选择"属性"命令，打开"任务栏和「开始」菜单属性"对话框并显示"「开始」菜单"选项卡，如图 1-13 所示。

步骤 2：打开"自定义「开始」菜单"对话框。单击图 1-13 中"自定义"按钮，打开"自定义「开始」菜单"对话框，如图 1-14 所示。

步骤 3：设置"控制面板"菜单选项。选中"控制面板"下方的"显示为菜单"单选按钮，然后单击"确定"按钮。设置完毕后的"控制面板"菜单项如图 1-15 所示。

3. 设置"常用程序"列表

"常用程序"列表中列出了用户最近常用的一些应用程序，系统默认数量为 10。

若要更改"常用程序"的显示数目，只需在如图 1-14 所示"自定义「开始」菜单"对话框中对"要显示的最近打开过的程序的数目"进行设置即可。

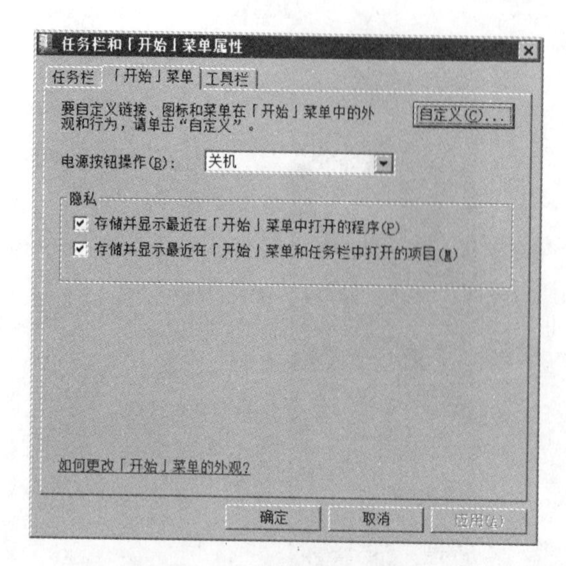

图 1-13 "「开始」菜单"选项卡

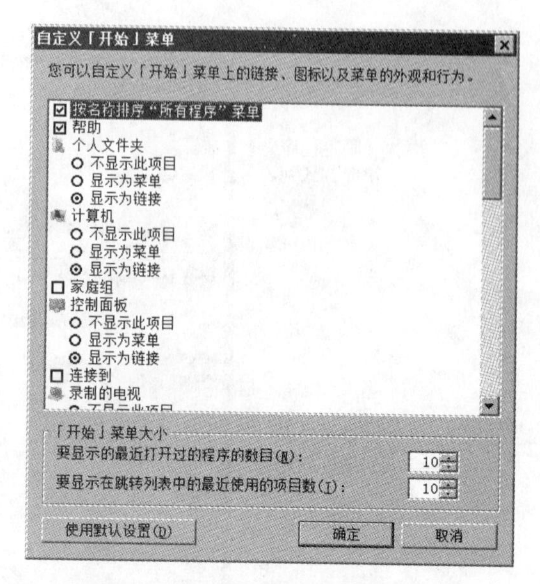

图 1-14 "自定义「开始」菜单"对话框

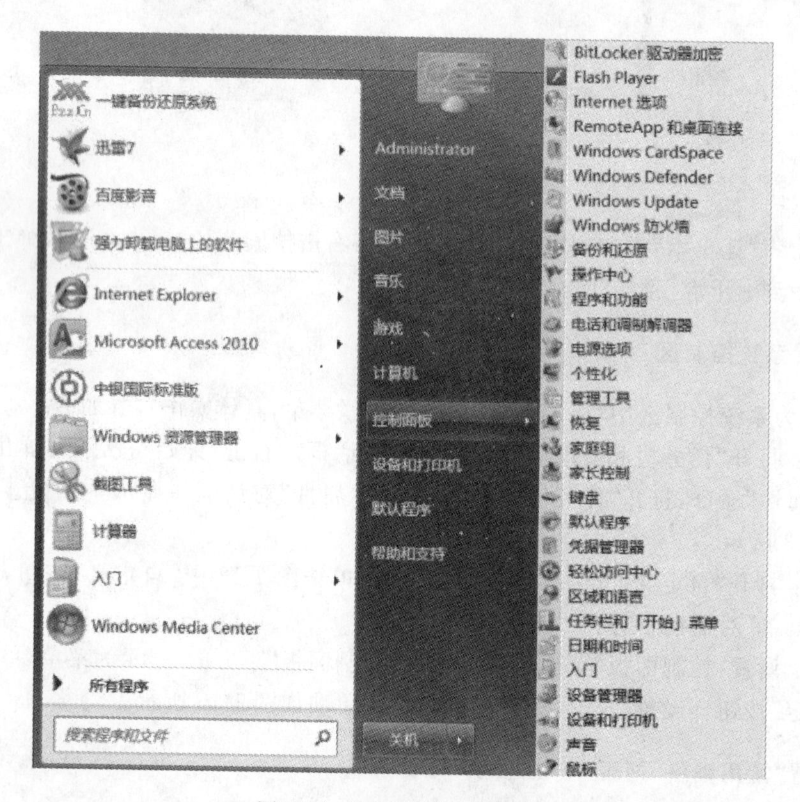

图 1-15 "控制面板"菜单项

若要隐藏"常用程序"列表，可以通过下列两种方法实现：将如图 1-14 所示"自定义「开始」菜单"对话框中的"要显示的最近打开过的程序的数目"设置为"0"；或在图 1-13 所示的"任务栏和「开始」菜单属性"对话框中取消勾选"存储并显示最近在「开始」菜单中打开的程序”复选框。

若要删除在“常用程序”列表中的程序，只需在“常用程序”列表中选中程序并右击，在弹出的快捷菜单中选择“从列表中删除”命令即可。

1.3　输出环境设置

输出环境设置主要包括显示设置、打印机设置和声音设置。其中显示器是使用计算机时接触最频繁的设备，所以显示设置是其中最重要的一个方面。

1.3.1　显示设置

Windows 的显示设置主要包括主题、桌面背景、窗口颜色和外观、屏幕保护程序等。右击桌面空白位置，在弹出的快捷菜单中选择“个性化”命令，打开“个性化”窗口，如图 1-16 所示。通过“个性化”窗口，可以方便地进行上述各项显示设置。

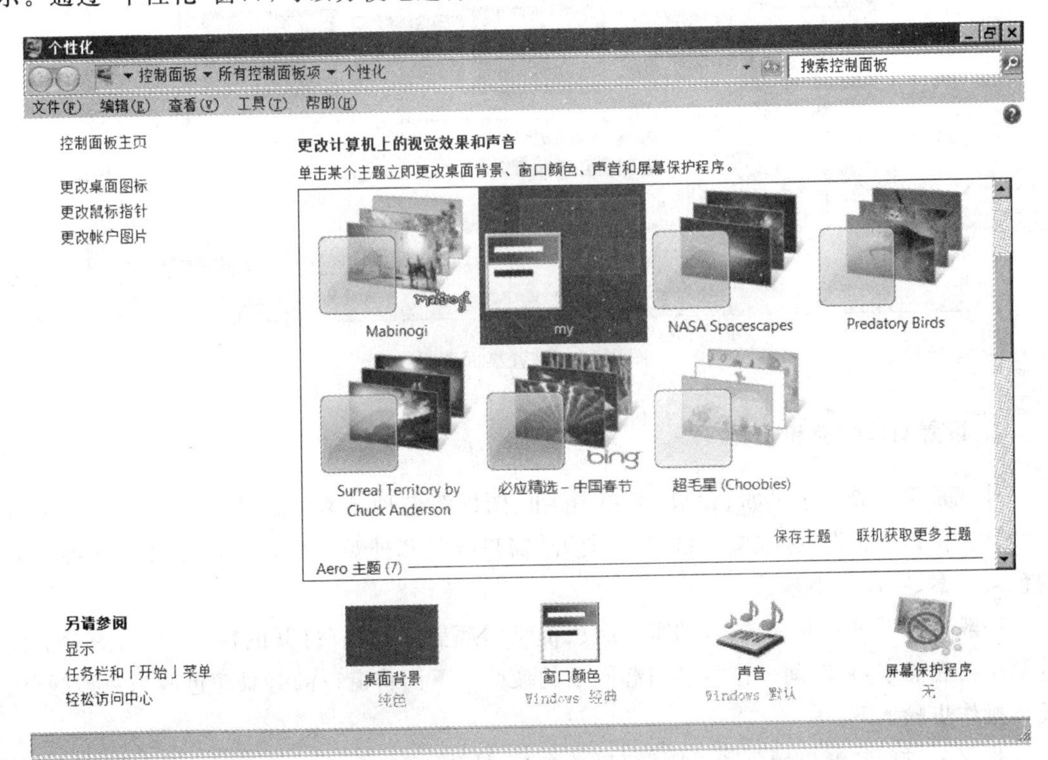

图 1-16　“个性化”窗口

1. 设置桌面背景

Windows 7 操作系统中自带了很多个性化的桌面背景，包括图片、纯色或带有颜色框架的图片等。用户还可以用自己收集的图片作为桌面背景，也可以将多张图片以幻灯片的形式在桌面显示。

在如图1-16所示的"个性化"窗口中,单击"桌面背景"图标或文字链接,打开"桌面背景"窗口,如图1-17所示。在该窗口中除了可以设置图片源位置和图片在桌面的位置,还能选择多张图片以幻灯片定时切换的方式作为桌面背景。例如,在图1-17中,就选择了3张图片,图片更换时间为1分钟,无序播放。

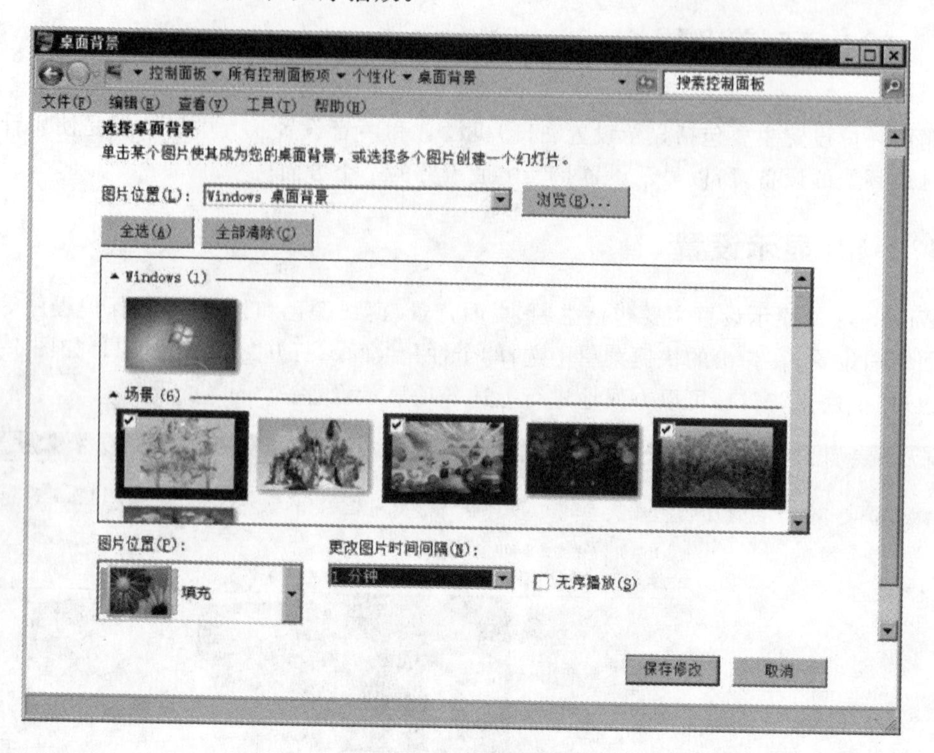

图1-17 设置桌面背景

2. 设置窗口颜色和外观

外观是系统界面中桌面、窗口、菜单、按钮、图标等各种元素的样式。在"个性化"窗口中,单击"窗口颜色"图标或文字链接,将打开"窗口颜色和外观"窗口,可以设置上述各元素的色彩方案、字体大小等。

一般情况下Windows默认的窗口颜色都是白底黑字,所有打开的窗口,弹出的对话框等都是白底黑字,长时间操作容易引起眼睛的疲劳。下面将窗口的背景颜色改为豆沙绿色,具体操作步骤如下。

步骤1:打开"窗口颜色和外观"窗口。在"个性化"窗口中,单击"窗口颜色"图标或文字链接,打开"窗口颜色和外观"窗口,在"项目"下拉列表中选定"窗口",如图1-18所示。

步骤2:设置背景颜色。单击"颜色1"按钮的下拉箭头,在弹出的颜色列表中单击"其它"按钮,打开"颜色"对话框。分别在"色调"、"饱和度"和"亮度"框中输入"85"、"123"和"205"(也可以直接单击"颜色"对话框中调色板框内适当的位置来设置所需的颜色),"颜色"框中会显示设置的背景颜色效果。单击"添加到自定义颜色"按钮,将设置的颜色添加到"自定义颜色"框中。

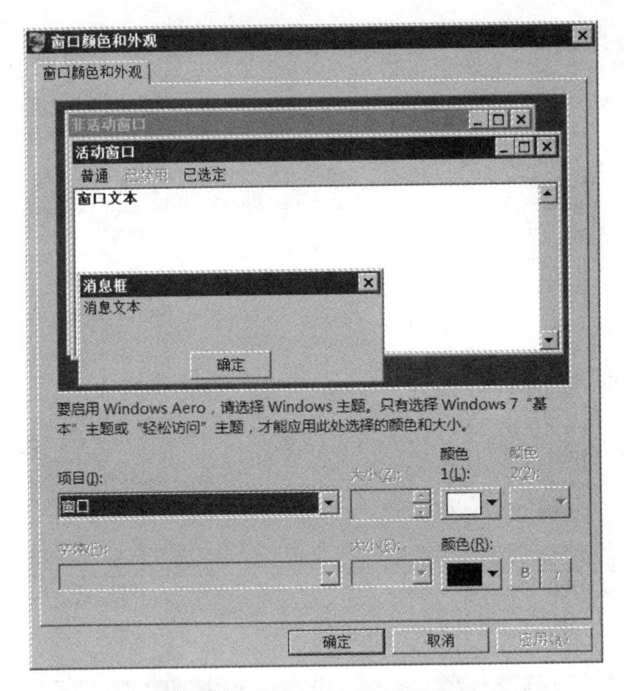

图 1-18 “窗口颜色和外观”窗口

步骤 3：完成设置。选择新设置的自定义颜色，单击“确定”按钮。

设置完毕后，所有的窗口包括 Word 的文档、资源管理器的文件夹窗格等都不再是原来的白底黑字，而是非常柔和的豆沙绿色背景，这个色调可以有效地缓解眼睛疲劳。

3. 设置屏幕保护程序及显示器自动关闭时间

屏幕保护程序是在计算机长时间没有操作时自动运行的程序，一方面可以显示较暗且不断移动变化的图案以延长计算机屏幕的寿命，另一方面还可以在操作者暂时离开时，屏幕显示的内容不被他人看到，且不允许他人操作计算机。

在“个性化”窗口中，单击“屏幕保护程序”图标或文字链接，将打开“屏幕保护程序设置”对话框。可以在该对话框中进行各项设置，如选择不同的屏幕保护程序，设置屏幕保护程序的各项参数、等待时间以及电源设置等。

用户还可以通过设置自动关闭显示器的时间，使得在计算机长时间没有操作时，能够自动关闭显示器以进行保护。

下面设置计算机 10 分钟没有操作时，自动关闭显示器，操作步骤如下。

步骤 1：打开“电源选项”窗口。在“个性化”窗口中，单击“屏幕保护程序”图标或文字链接，打开“屏幕保护程序”窗口，然后单击其下方的“更改电源设置”文字链接，打开“电源选项”窗口，如图 1-19 所示。

步骤 2：设置“关闭显示器的时间”。单击“电源选项”窗口左侧“选择关闭显示器的时间”文字链接，打开“编辑计划设置”窗口，如图 1-20 所示。按需要进行设置后，单击“保存修改”按钮即可。

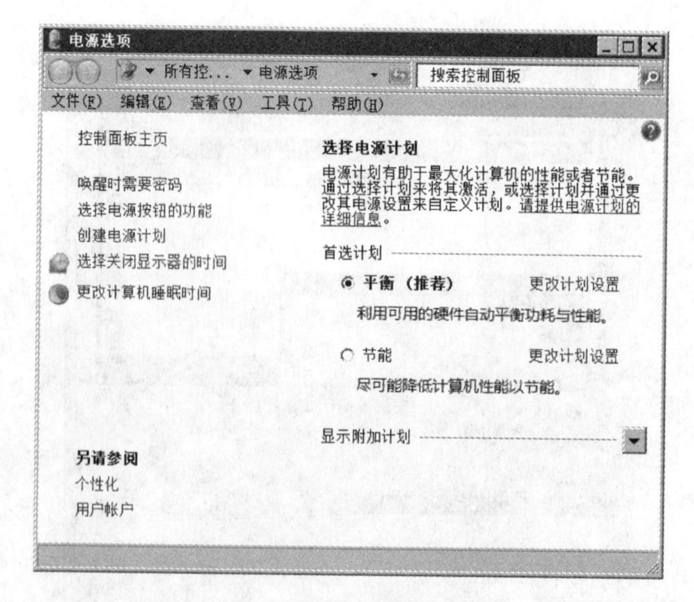

图 1-19 “电源选项”窗口

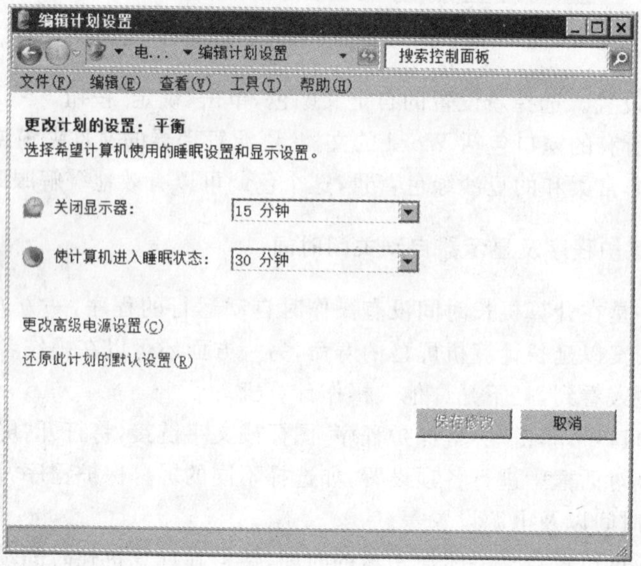

图 1-20 “编辑计划设置”窗口

4. 设置主题

所谓主题是指事先定义的系统显示外观和声音方案。Windows 提供有多个预设的主题,不同的主题包含不同颜色的窗口、不同风格的背景图片以及与其风格匹配的系统声音。若要应用它们,直接单击主题图标即可。

用户也可以将自己定义的桌面背景、窗口颜色和外观、系统声音以及屏幕保护程序等个性化设置方案保存为特定的主题。保存主题的操作很简单,只需在如图 1-16 所示的“个性化”窗口中,单击“保存主题”文字链接,打开“将主题另存为”对话框,输入主题名称,单击“保存”按钮即可。

注意：主题文件的扩展名为“.theme”。

5. 设置屏幕分辨率和刷新率

分辨率是指显示器所显示像素点的数量，分辨率越高，屏幕中的像素点就越多，画面也就越清晰。刷新率是指图像在屏幕上更新的速度，即屏幕上图像每秒钟出现的次数。对于CRT显示器来说，刷新率越高，画面显示越稳定，闪烁感越小。但是刷新率设置过高会增加显卡和显示器的负担，影响其寿命。一般人的眼睛对于75Hz以上的刷新率基本感觉不到闪烁，所以CRT显示器通常设置刷新率为75Hz。而现在普遍应用的LCD液晶显示器不存在刷新率问题，所以LCD液晶显示器通常设置为默认的60Hz即可。

下面进行屏幕分辨率和刷新率设置，具体操作步骤如下。

步骤1：设置分辨率。右击桌面空白位置，在弹出的快捷菜单中选择“屏幕分辨率”命令，打开“屏幕分辨率”窗口。单击“分辨率”右侧下拉按钮，然后拖放滑块设置所需分辨率，如图1-21所示。

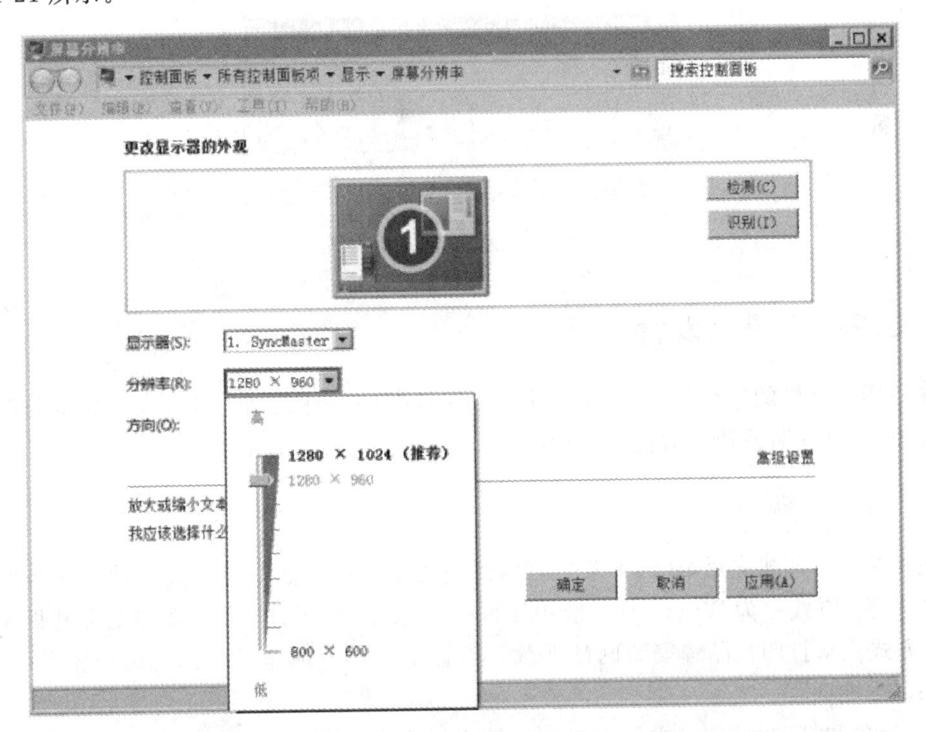

图1-21 设置分辨率

步骤2：设置刷新率。单击“高级设置”文字链接，打开“通用即插即用监视器”对话框，选择“监视器”选项卡，在“屏幕刷新频率”下拉列表中选择刷新率，如图1-22所示。

注意：“监视器类型”区域中有时显示的是特定的显示器名称。

步骤3：应用显示设置。单击“确定”按钮，打开“显示设置”提示对话框，如图1-23所示，单击“是”按钮应用设置。

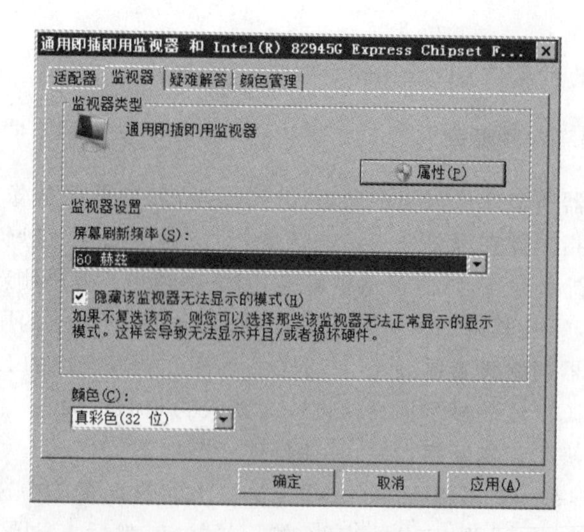

图 1-22 “监视器”选项卡

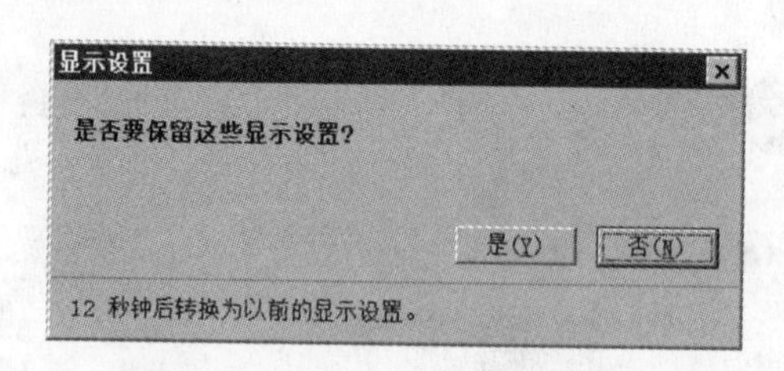

图 1-23 “显示设置”提示对话框

1.3.2 打印机设置

在使用计算机的过程中，经常需要使用打印机打印各种文档。打印机的品牌及型号有许多种类，但其安装及使用方法大体相同。

1. 安装打印机

在连接好打印机之后，还需要安装打印机的驱动程序。通常可通过三种方式获得打印机驱动程序：方式一为 Windows 系统中自带；方式二是购买打印机时附带的驱动程序安装光盘；方式三从打印机品牌安装网站下载。不管安装哪一种途径获得的驱动程序，其安装过程都基本相同。

在“设备和打印机”窗口中使用添加打印机向导可以较为方便地对打印机进行安装，其操作步骤如下。

步骤 1：打开“设备和打印机”窗口。单击“开始”→“设备和打印机”，打开“设备和打印机”窗口，如图 1-24 所示。

步骤 2：启动“添加打印机”向导。单击“设备和打印机”窗口上方“添加打印机”文字链接，可启动“添加打印机”向导。

步骤 3：按“添加打印机”向导的提示，一步步完成打印机的安装。其过程主要包括选择安装的打印机类型、设置打印机端口、选择打印机驱动程序，为打印机命名以及设置打印机是否共享等。

安装完成的打印机会出现在“设备和打印机”窗口中，如图 1-24 所示。

图 1-24 “设备和打印机”窗口

2. 设置打印机属性

要设置打印机的有关属性，可以在安装的时候进行，也可以在安装完毕以后重新设置。下面介绍如何为已安装的打印机设置属性，具体操作步骤如下。

步骤 1：打开打印机“属性”窗口。在“设备和打印机”窗口中右击需要设置的打印机的图标，在弹出的快捷菜单中选择“打印机属性”命令，打开打印机“属性”窗口。不同的打印机其属性窗口内容会有些许差异，HPPhotosmart 8200 Series 打印机的“属性”对话框如图 1-25 所示。

步骤 2：设置打印首选项。在如图 1-25 所示的打印机“属性”对话框中单击下方“首选项”按钮，打开“打印首选项”对话框，如图 1-26 所示，在其中可进行相关参数设置，如打印质量、纸张类型、纸张尺寸、纸张来源和打印方向等。设置完毕后单击“确定”按钮返回“属性”对话框。

步骤 3：设置共享。选择打印机“属性”对话框中的“共享”选项卡。在其中勾选“共享这台打印机”复选框，在“共享名”文本框中输入便于识别的打印机名称，单击“确定”按钮。

通过打印机的“属性”对话框还可以设置打印机使用的端口，是否使用后台打印等高级选项。请读者自行查看和实践。

当计算机中安装了多台打印机时，其中只能有一台打印机可以作为系统的默认打印机。当需要设置某台打印机为默认打印机时，可以在“设备和打印机”窗口中右击相应的打印机图标，然后在弹出的快捷菜单中选择“设为默认打印机”命令，设置为默认打印机的图标上会添加一个对勾标志。

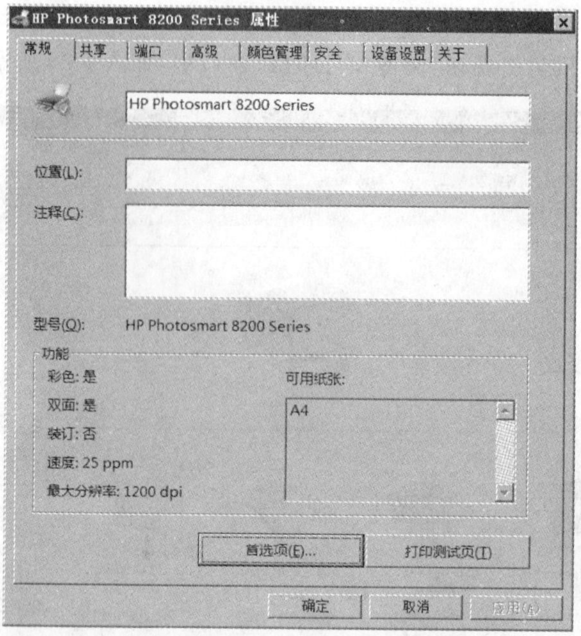

图 1-25 “HP Photosmart 8200 Series 属性”对话框

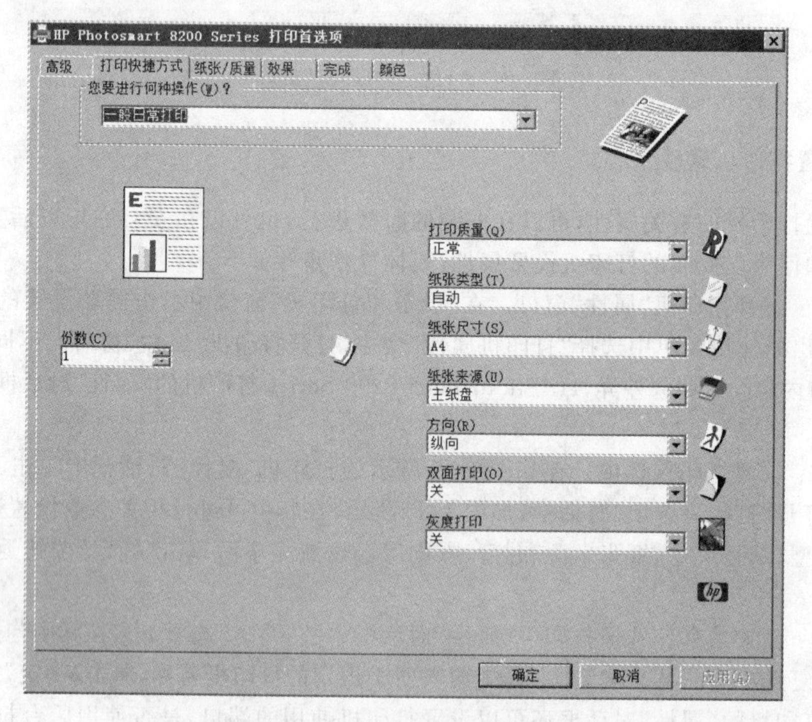

图 1-26 “打印首选项”对话框

1.3.3 声音设置

声音设置主要包括设置音量、设置系统声音方案、设置音频设备等。通过“硬件和声音”

窗口可以完成对有关声音的各项设置。

单击“开始”→“控制面板”，打开“控制面板”窗口（如图 1-1 所示），单击窗口内“硬件和声音”图标或文字链接（或者单击地址栏中“控制面板”右侧下拉按钮，从打开的下拉列表中选择“硬件和声音”项），将打开“硬件和声音”窗口，如图 1-27 所示。在该窗口中单击有关声音设置的文字链接，可在打开的相关窗口中进行有关的声音设置。除此之外，进行声音设置的途径还有多种，如通过任务栏中“扬声器”的右键快捷菜单，通过图 1-16 所示“个性化”窗口中“声音”文字链接等，请读者自行实践。

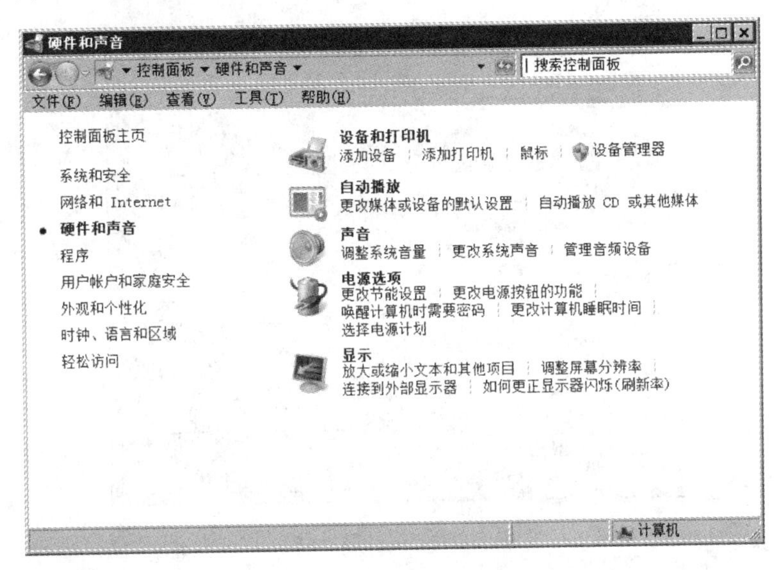

图 1-27 “硬件和声音”窗口

下面通过如何对系统声音方案进行设置，说明声音设置的基本操作。

系统声音方案是指 Windows 环境下，系统针对不同程序事件发出的不同提示声音，如 Windows 启动关闭时、新邮件到达时、出现各种错误时，系统会按照预先定义的声音给出声音提示。也可以根据个人的偏好或是工作方便，更该系统的声音方案，设置个性化的声音方案。声音方案设置的具体操作步骤如下。

步骤 1：打开“声音”对话框。在如图 1-27 所示的“硬件和声音”窗口中单击“更改系统声音”文字链接，打开“声音”对话框，如图 1-28 所示。

步骤 2：选择“程序事件”。在“程序事件”列表中选择某个程序事件，在此拖放右侧滑块选择“程序出错”事件。

注意：有些程序事件左侧有一个扬声器图标，表示当前方案中已为该事件设置了声音。也可以为这些事件重新设置其他声音。

步骤 3：为选定的程序事件指定声音。单击“声音”下拉列表框选择某个声音文件；也可以单击“浏览”按钮，然后在打开的对话框中选择某个声音文件。单击“浏览”按钮左侧的播放按钮可以试听选定声音文件的播放效果，如果不满意可以重新选择。多次重复步骤 2 和步骤 3，可以为多个程序事件指定个性化的声音。

步骤 4：保存“声音方案”。如果设置了多个程序事件的声音，为了以后重设和应用方便，可以将它们保存成声音方案。单击“另存为”按钮，在打开的对话框中指定保存声音方案的名称,单击“确定”按钮。

注意:*若要更换系统声音方案,可在如图 1-28 所示的“声音”对话框中,单击“声音方案”下拉列表框,选择某个方案后单击“确定”按钮。*

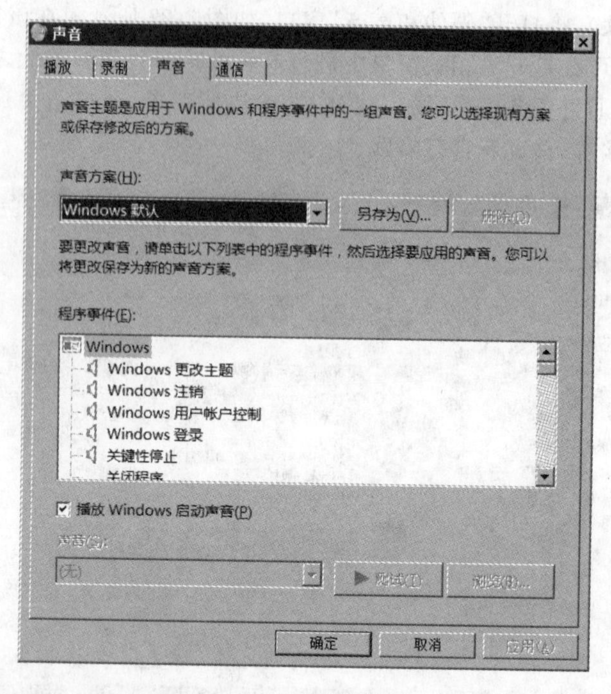

图 1-28 “声音”对话框

1.4 输入环境设置

输入环境设置主要包括鼠标设置、键盘设置、语言设置和录音设备设置。对于不同的用户来说,输入方式的习惯或偏好不尽相同,设置好输入环境对于提高输入效率有重要影响。

1.4.1 鼠标设置

鼠标是图形用户界面环境应用最多的输入设备。鼠标的设置主要包括鼠标按键、鼠标指针形状和鼠标滚轮的设置。其主要操作步骤如下。

步骤 1:打开“鼠标属性”对话框。打开“控制面板”窗口,然后在其搜索框中输入“鼠标”,结果如图 1-29 所示,双击其中的“鼠标”图标,打开“鼠标属性”对话框,如图 1-30 所示。也可以在“控制面板”窗口中单击“硬件和声音”图标打开如图 1-27 所示的“硬件和声音”窗口,然后再单击其中的“鼠标”文字链接,打开“鼠标属性”对话框。

步骤 2:设置鼠标键。双击是最常用的鼠标操作之一,双击时要求迅速地连续两次单击鼠标键,如果速度不够快,或是动作不够连续,都不能正常实施双击操作,所以对于个人专用的计算机,应该根据个人手指的灵活程度设置适当的双击速度。首先选定“鼠标键”选项卡,然后通过拖放“双击速度”选项区域的“速度”滑块设置快慢。每设置一个速度后,可以双击右侧的文件夹图标进行测试。应该设置为在能够较为方便地激活文件夹的前提下，达到尽量快的速度。对于左手用户，还可以选定“切换主要和次要的按钮”复选框，以便使用左手操作方便地操作鼠标。

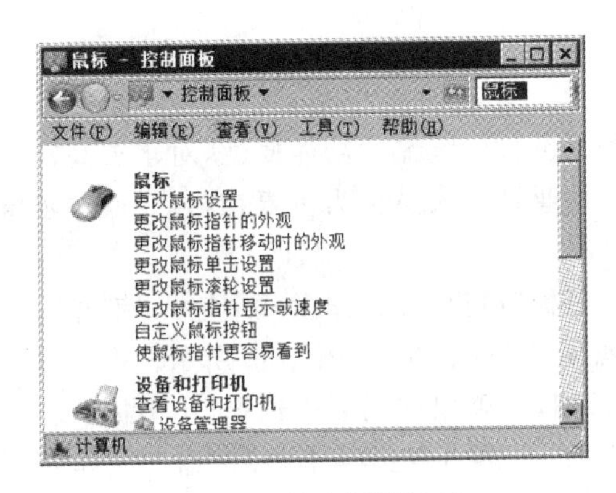

图 1-29 搜索“鼠标”项

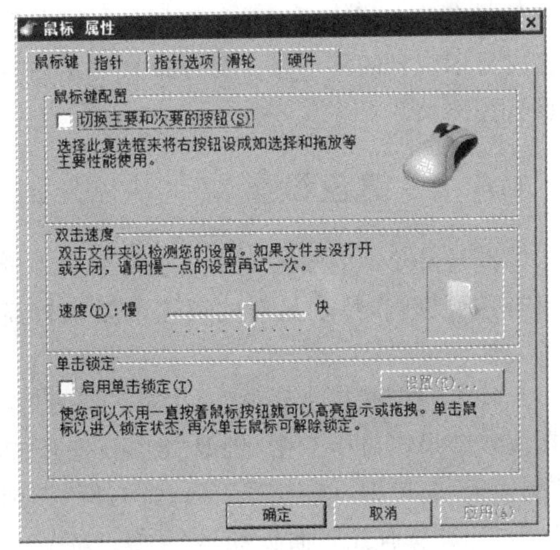

图 1-30 “鼠标属性”对话框

步骤 3：设置鼠标指针。在系统运行过程中，鼠标指针会随着其指向不同对象或是执行了不同操作而显示不同的形状。如图 1-31 所示的是“鼠标属性”对话框的“指针”选项卡，其中“自定义”列表列出了“正常选择”、“帮助选择”、“后台运行”和“忙”等多种状态的指针图标。在该选项卡中，可以设置不同的指针形状，然后通过“方案”选项区域的“另存为”按钮保存设置的方案。也可以从“方案”下拉列表中选择系统预先设置的方案，较新的计算机其显示器分辨率一般较高，因此可以选择设置“大”或“特大”方案。用来播放演示文稿等用途时，也应该设置让鼠标指针更突出。在“指针选项”选项卡中还可以进一步设置鼠标指针的“移动速度”、“可见性”等属性。这些属性每设置完后都可以单击“应用”试验其效果，请读者自行实践。

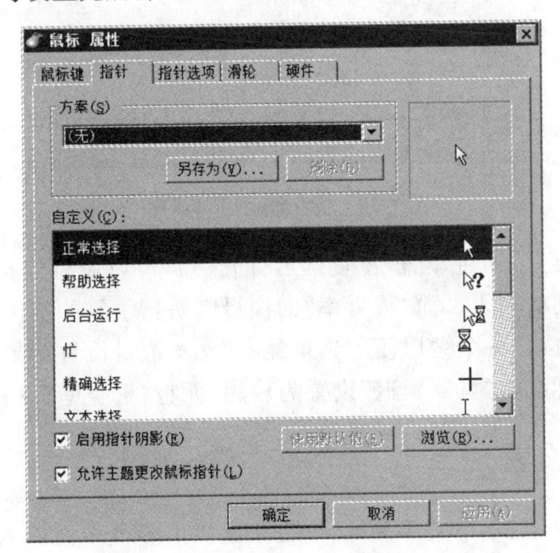

图 1-31 “指针”选项卡

注意：因特网上可以找到许多鼠标指针方案，包括一些动画鼠标指针方案，可以根据自己的偏好下载并安装使用。

步骤4：设置鼠标滚轮。现在的鼠标普遍都安装了滚轮，为浏览网页或是阅读大型文档带来了更大的方便。可以打开“鼠标属性”对话框的“滑轮”选项卡，设置鼠标滚轮滚动一个齿格时显示内容的移动量。可以设置显示内容滚动指定的行数，也可以设置为滚动一屏，通常设置为滚动3行。

1.4.2 键盘设置

键盘是最基本的输入文字或字符的输入设备。设置好键盘的功能属性，对于提高输入效率有重要影响，特别是对输入速度要求较高的专业录入人员更为重要，其主要操作步骤如下。

步骤1：打开“键盘属性”对话框。打开“控制面板”窗口，在其搜索框中输入“键盘”，然后在搜索结果窗口中双击“键盘”图标，打开“键盘属性”对话框，如图1-32所示。也可以在“控制面板”窗口中，单击“查看方式”右侧“类别”按钮，在弹出的列表中选择“小图标”或“大图标”，打开“所有控制面板项”对话框，如图1-33所示，然后双击其中的“键盘”项目，打开“键盘属性”对话框。

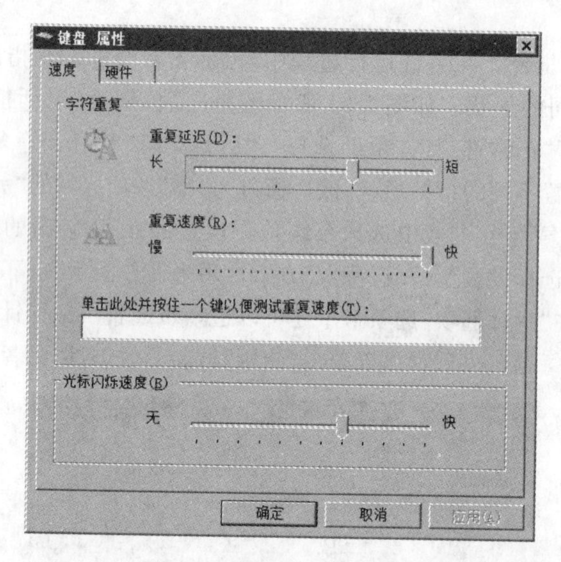

图1-32 “键盘属性”对话框

步骤2：设置“速度”。通过设置“重复延迟”的长短，可以设置当按下某个键不放时，多长时间会自动重复该键的输入。而“重复率”的快慢则是指重复的速度。设置以上两项后均可以通过“单击此处并按住一个键以便测试重复率”文本框对设置结果进行测试。一般对于操作比较熟练的用户可以将“重复延迟”设置为较短，而将“重复率”设置为最快。

1.4.3 语言设置

Windows支持多种语言，中文Windows更是提供了多种中文输入方法，不同的用户习惯采用的输入方法也不尽相同。应通过设置让Windows能够方便地调出习惯的输入方法

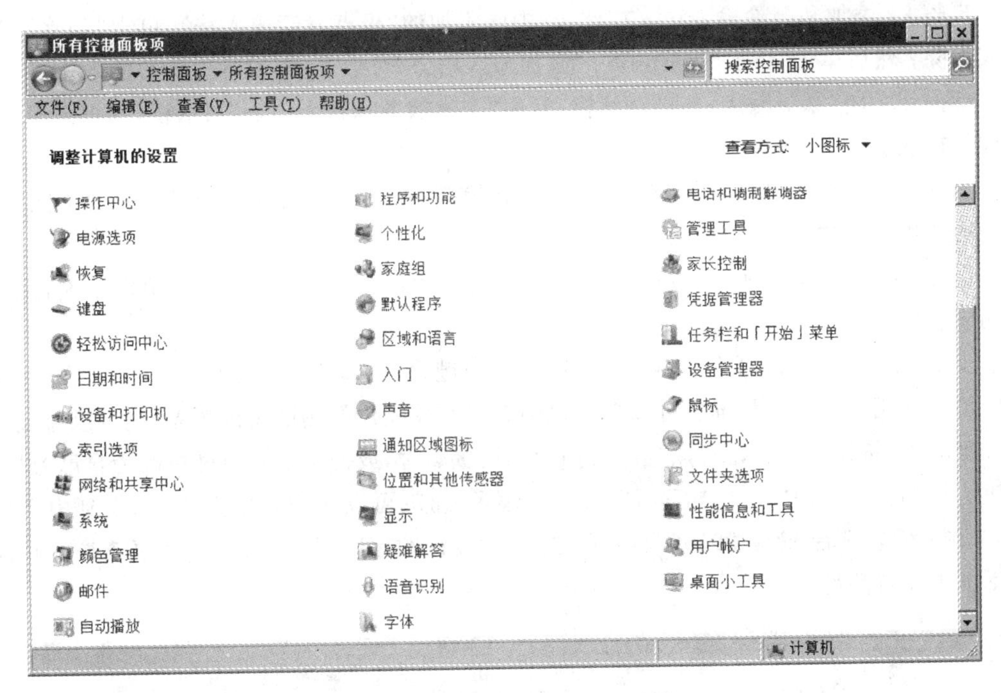

图 1-33　“所有控制面板项”对话框

以及在常用的输入方法之间切换，其操作步骤如下。

步骤 1：打开“文本服务和输入语言”对话框。右击任务栏中“输入法”按钮，在弹出的快捷菜单中选择“设置”命令，打开“文本服务和输入语言”对话框，如图 1-34 所示。如果输入法列表中的输入法不能满足使用需求，或是输入法列表中有很多不需要的输入法，可在此添加或删除输入法。

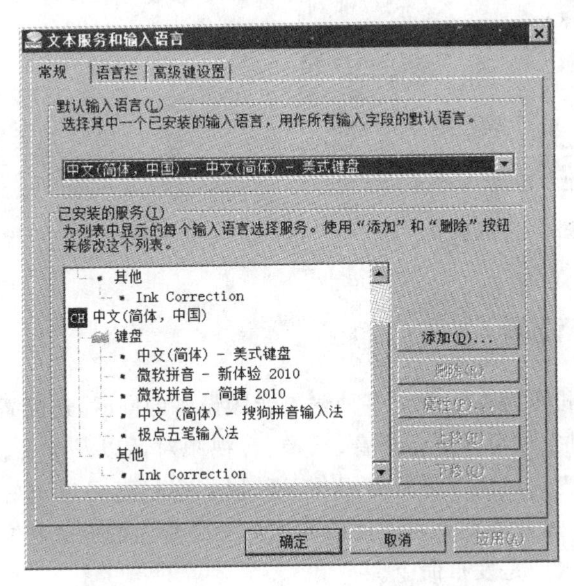

图 1-34　“文本服务和输入语言”对话框

步骤 2：添加和删除输入法。在此，选中已添加的“极点五笔输入法”，单击“删除”按钮将其删除；然后单击“添加”按钮，打开“添加输入语言”对话框，添加所需要的输入法后单击“确定”按钮关闭“添加输入语言”对话框，返回“文本服务和输入语言”对话框，列表中出现新添加的输入法。

步骤 3：设置默认输入法。在“默认输入语言”栏的下拉列表框中选择欲设置为默认输入法的选项，单击“应用”按钮。

步骤 4：设置“语言栏”。选择“语言栏”选项卡，如图 1-35 所示。可以根据个人偏好进行相应设置。

步骤 5：设置“输入语言的热键”。选择“高级键设置”选项卡，如图 1-36 所示，在此选项卡中可为常用操作设置热键。可以在列表中查看有关操作的热键按键顺序，也可以通过“更改按键顺序”按钮为没有设置热键的常用操作设置热键，或是将原有热键更改为自己习惯的热键。例如习惯使用“微软拼音-简捷 2010”输入法，就可以在列表中选中“切换到中文(简体，中国)-微软拼音-简捷 2010”，然后单击“更改按键顺序”按钮，在弹出的“更改按键顺序”对话框中设置热键。

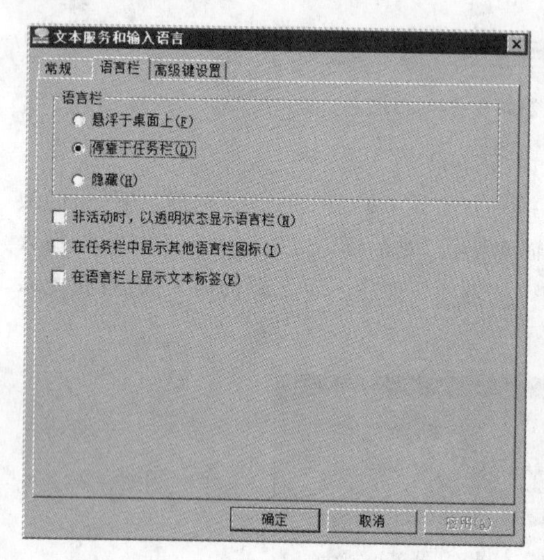

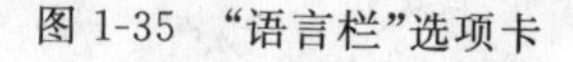
图 1-35 “语言栏”选项卡

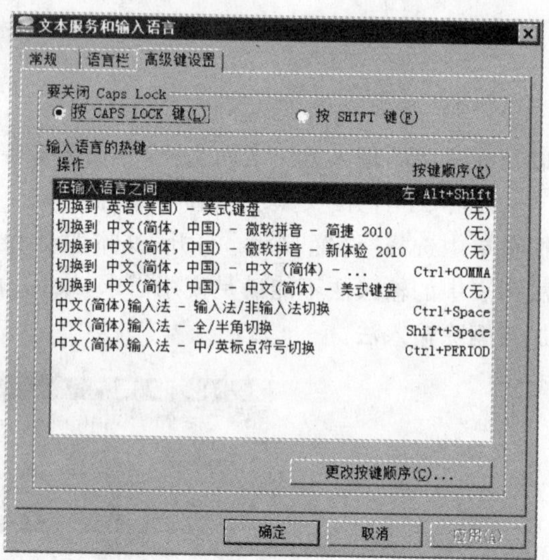

图 1-36 “高级键设置”选项卡

1.4.4 语音设置

一般多媒体计算机系统在配置了多种输出音频设备的同时，还配置了麦克风、摄像头等多媒体输入设备，通过它们可以进行录音、录像、音视频对话以及语音识别输入等操作。本小节中主要介绍有关麦克风语音设置的操作，通过语音设置，可以更好地使用 Windows 提供的语音识别功能，通过对着麦克风说话的方式而不是输入的方式将文本输入到文档，甚至用声音来调整文本格式或是发布命令。

步骤 1：打开“声音”对话框。右击任务栏中“扬声器”图标，在弹出的快捷菜单选择“录音设备”命令，打开“声音”对话框并显示“录制”选项卡，如图 1-37 所示。

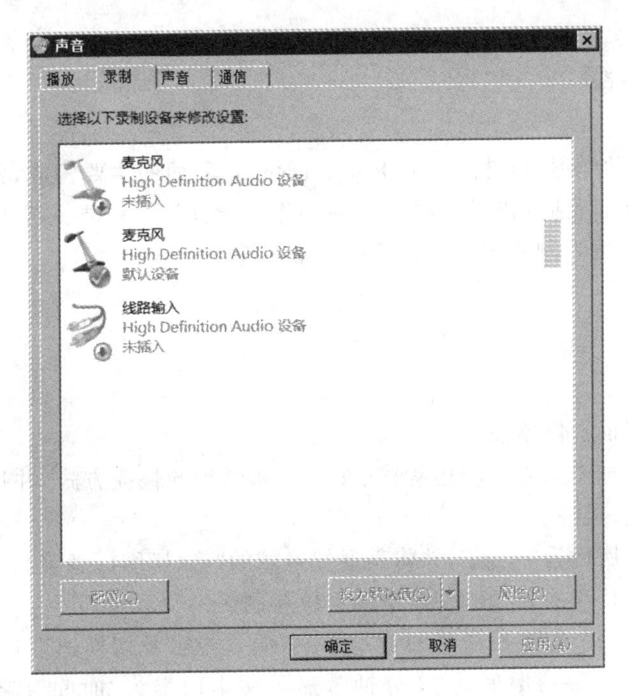

图 1-37　“录制”选项卡

步骤 2：打开“语音识别”窗口。选择“麦克风”设备，单击“配置”按钮，打开“语音识别”窗口，如图 1-38 所示。

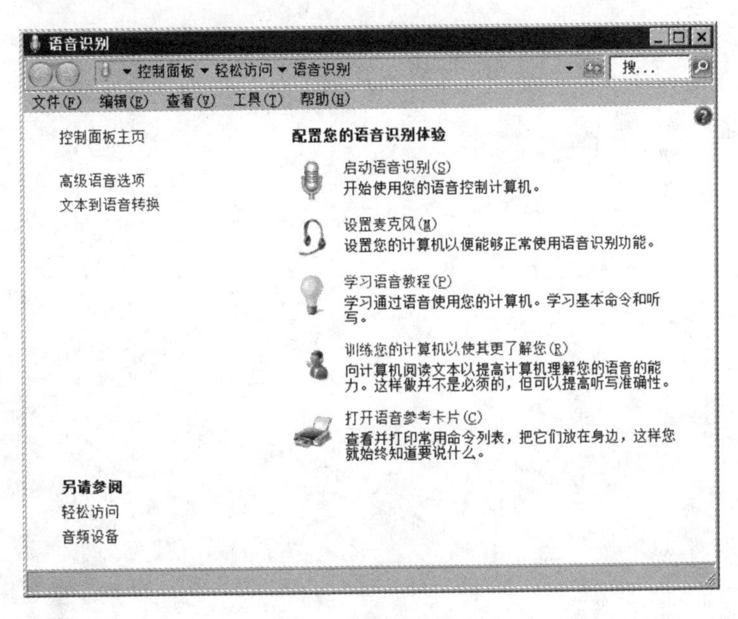

图 1-38　“语音识别”窗口

步骤 3：设置麦克风。单击“设置麦克风”文字链接或其左侧图标，打开“麦克风设置向导”，可在向导提示下一步步完成麦克风的设置，以保证语音识别系统能够准确地接收并识别语音信息。

1.5 本章小结

通过本章内容的学习,应熟悉 Windows 图形用户界面的主要构成,熟练掌握 Windows 环境下的窗口、菜单、对话框以及各种控件的操作。能够根据需要完成 Windows 环境的各种基本设置,熟练掌握控制面板和桌面系统的常用操作。

1.6 习题

1. 练习更改桌面上网络图标的样式。

2. 在桌面上添加个人常用应用程序、文件夹和磁盘的快捷方式,并按照一定的顺序排列桌面上的图标。

3. 设置任务栏属性为"锁定",并将其通知区域的"音量"图标隐藏。

4. 将"运行"项目添加到"开始"菜单的系统控制区。

5. 为桌面设置一个幻灯片播放的背景图案(播放内容及切换速度自定)。设置屏幕保护程序为"三维文字",等待时间为"3 分钟",显示文本内容为"时间",字体为 Times New Roman。

6. 设置鼠标属性为最适合个人使用的方式,并说明设置的内容、参数以及设置的过程。

7. 在条件许可的情况下,体验 Windows 的语音识别系统。并尝试在 Word 环境下使用语音方式输入文稿。

第2章 计算机资源管理

内容提要：本章通过介绍 Windows 的资源管理器、应用程序管理器、任务管理器、设备管理器等系统工具的使用，说明 Windows 环境下有关系统资源管理的常用操作方法和应用技巧。重点要求掌握资源管理器的基本操作，并全面了解计算机系统的资源情况，以期提高应用计算机进行工作的能力和效率。

主要知识点：

- 资源管理器的设置；
- 磁盘的格式化、清理和整理；
- 文件夹与文件的分组、筛选与搜索；
- 文件夹与文件的移动、复制以及属性设置操作；
- 库的使用；
- 添加、删除 Windows 组件；
- 设置文件关联；
- 任务管理及监视；
- 硬件设备的浏览、启用/禁用。

作为计算机系统中最基础的操作系统软件，Windows 的核心功能是对计算机系统的所有资源进行有效管理。计算机系统的资源可以分成软件资源和硬件资源两大类，主要通过"资源管理器"、"应用程序管理器"、"任务管理器"和"设备管理器"等工具实施管理，从而为用户方便、高效地使用计算机奠定良好的基础。

2.1 资源管理器概述

资源管理器是 Windows 用于管理资源的最常用工具，它以直观的方式将计算机中所有资源显示在其工作窗口中，可以对各种资源进行有效的管理和操作，是计算机系统资源管理的控制中心。

2.1.1 资源管理器窗口介绍

"资源管理器"可以多种方式启动，下面列出其中常用的几种。

方式 1：单击"开始"→"所有程序"→"附件"→"Windows 资源管理器"。

方式 2：右击“开始”按钮，在弹出的快捷菜单中选择“打开 Windows 资源管理器”。

方式 3：按窗口键+E 组合键。

方式 4：双击桌面上“计算机”图标。

方式 5：单击“开始”→“运行”，输入其应用程序的文件名：explorer.exe，回车。

“资源管理器”窗口如图 2-1 所示。第 1 章中已对 Windows 窗口的构成元素进行了介绍，本节重点说明构成“资源管理器”窗口中的不同元素，以及这些元素在资源管理操作过程中的具体作用。

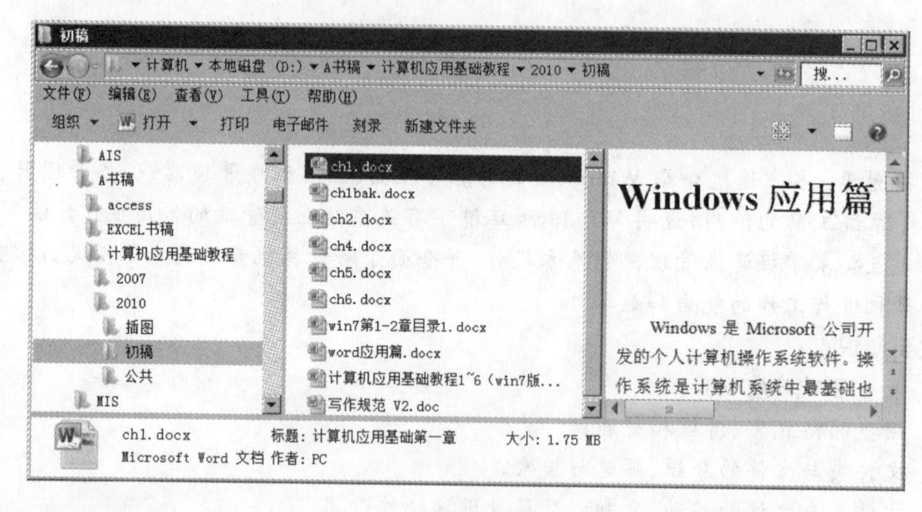

图 2-1 “资源管理器”窗口

如图 2-1 所示的“资源管理器”的内容窗口由 3 个窗格组成：左窗格为导航窗格；中间窗格为文件窗格，显示左窗格中选定对象所包含的内容；右窗格为预览窗格，当文件窗格中选中了某个文件，该文件的内容就会直接显示在预览窗格中，这样不需要将文件打开就可以直接了解每个文件的详细内容。可以用鼠标拖放窗格之间的分隔条来改变左右窗格的大小。

菜单栏下方的智能工具栏可自动感知当前位置的内容，智能化变换按钮项，以提供最贴切的操作。因此与文件和文件夹有关的大部分操作，都可通过该工具栏实现，不再需要传统的菜单栏。

当选择某个文件或文件夹项目后，“资源管理器”窗口下方的细节窗格中就会显示该项目的有关属性信息，而具体的属性内容取决于所选文件的类型。例如，如果选中的是 MP3 文件，细节窗格中将会显示歌手名称、唱片名称、流派、歌曲长度等信息；如果选中的是数码相机拍摄的 JPG 文件，这里则会显示照片的拍摄日期、相机型号、快门速度等信息。具体显示什么内容还可以由用户根据需要自己设置。

2.1.2 资源管理器设置

在使用资源管理器之前，最好根据应用的需要和个人的偏好对资源管理器的工作环境进行设置。Windows 资源管理器的设置主要包括窗口元素设置、文件视图方式设置以及文件夹选项的设置。

1. 设置窗口元素

在如图 2-1 所示的“资源管理器”窗口中，已经打开了所有可供显示的界面元素。其中的某些元素是可以被隐藏的，如窗口上方的菜单栏、右侧的预览窗格以及下方的细节窗格等。

“资源管理器”窗口中的菜单栏在默认情况下处于隐藏状态，可以设置其临时显示一次或是永远显示。如果希望只显示一次，直接按下键盘上 Alt 键即可，之后单击“资源管理器”窗口内任意位置可将其隐藏。如果希望菜单栏一直处于显示状态，单击“组织”按钮，在弹出的菜单中选择“布局”→“菜单栏”即可。

同样，单击“组织”按钮，在弹出的菜单中选择“布局”，在其级联菜单中选择“细节窗格”、“预览窗格”、“导航窗格”或“库窗格”，可设置显示或隐藏这些界面元素。

2. 设置文件显示方式

为了便于根据不同的需求对文件信息进行查看，在文件窗格中可以为显示的文件或文件夹设置不同的显示方式。Windows 7 提供了 8 种视图方式：“内容”、“平铺”、“详细信息”、“列表”、“小图标”、“中等图标”、“大图标”和“超大图标”。单击工具栏中“视图”按钮右侧下拉按钮，然后从弹出的下拉列表中进行选择即可。如图 2-2 所示的是设置详细信息视图方式显示的效果。

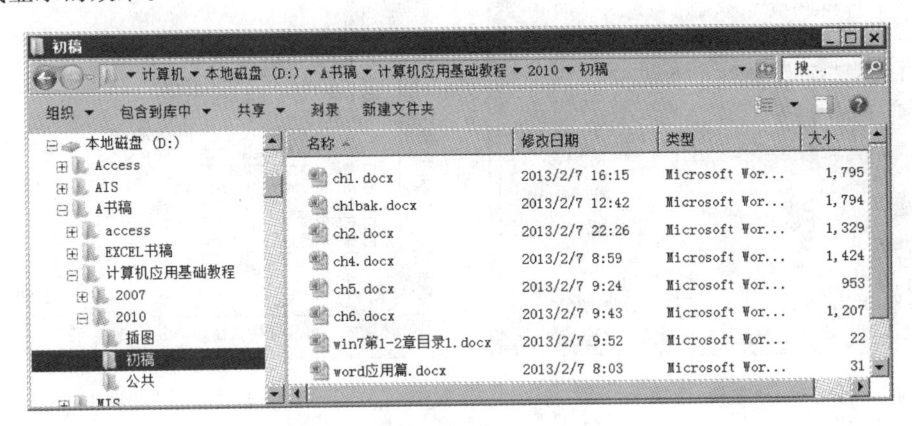

图 2-2　详细信息方式显示效果

以详细信息视图方式显示时，还可以对详细信息的内容进行设置。以图 2-2 为例，当前显示详细信息为“名称”、“修改日期”、“类型”和“大小”。单击其中任一列表名，可以对文件按列表内容进行排序；右击列表名栏，弹出快捷菜单，如图 2-3 所示，可添加或更改显示的详细信息内容。

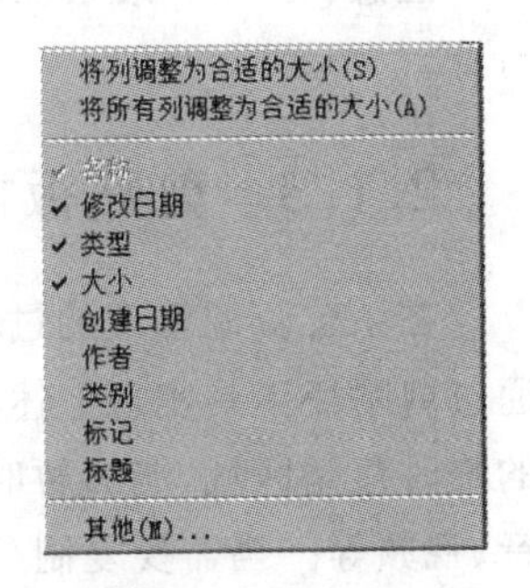

图 2-3　右键菜单

3. 文件夹选项设置

Windows 环境下的文件或文件夹名称通常由主文件名和扩展名两部分构成，中间用“.”分隔。其中扩展名用来标识文件的类型,而文件夹通常没有扩展名。例如图 2-2 中,“ch1”是主文件名,而“docx”是文件的扩展名,标识该文件的类型是 Word 文档。

通过“文件夹选项”对话框,可对是否显示文件扩展名、是否显示隐藏文件以及“导航窗格”是否显示所有文件夹等进行设置。操作步骤如下。

步骤 1：设置“常规”选项。单击智能工具栏中“组织”→“文件夹和搜索选项”,打开“文件夹选项”对话框,并显示“常规”选项卡,如图 2-4 所示。在该选项卡中可以设置浏览文件夹的风格、打开项目的方式以及导航窗格显示的内容等。例如,选中“导航窗格”区域中“显示所有文件夹”复选框,然后单击“应用”按钮,结果资源管理器内容窗口的导航窗格中将会出现“控制面板”、“回收站”等图标。

步骤 2：设置“查看”选项。选择“查看”选项卡,如图 2-5 所示,在其“高级设置”列表中有多种选项可以设置。例如,应选定“鼠标指向文件夹和桌面项时显示提示信息”选项,以方便查看资源对象的细节；应选定“隐藏受保护的操作系统文件”、“不显示隐藏的文件和文件夹”等选项,以防止系统文件和隐藏文件被误删；还可以取消“隐藏已知文件类型的扩展名”选项等。

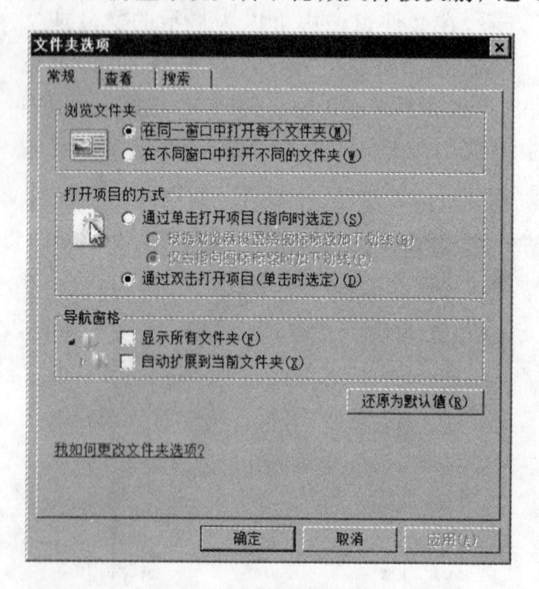

图 2-4 “常规”选项卡

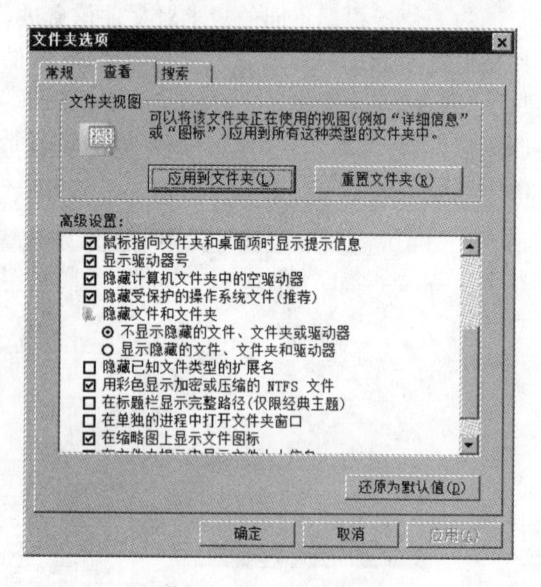

图 2-5 “查看”选项卡

注意：显示扩展名之后,不要随意改变扩展名,更不能删除扩展名,否则文件可能无法打开。

2.1.3 剪贴板操作

在系统资源管理的过程中,资源的复制、移动是最常用的操作,在 Windows 环境下都是通过剪贴板工具实现上述功能的。剪贴板是 Windows 为实现信息交换而在系统内部设置的临时存储区域,能够暂时存储用于信息交换的各种资源,如文件、文件夹、文本、图片、声音、视频等。当需要复制/移动某个或某些资源时,其基本操作步骤如下。

步骤 1：选定要处理的对象。根据对象以及处理对象的应用程序的不同,选定对象的操作也可能不同。在资源管理器中,可以根据需要选定一个或多个文件(文件夹)。

步骤 2：复制/剪切到剪贴板中。几乎在所有的应用程序中，右击需要复制或剪切的对象所弹出的快捷菜单中都有“复制”和“剪切”命令；而且复制和剪切操作的快捷键也都是统一的 Ctrl+C 和 Ctrl+X。通常采用上述操作之一完成复制或剪切操作。

注意：当需要复制资源时，应执行复制操作；而需要移动资源时，应执行剪切操作。二者都会将选定的资源复制到剪贴板中。但是当执行粘贴操作时，前者在原位置保留原资源，而后者在原位置会删除原资源。

步骤 3：将剪贴板的内容粘贴到新位置。首先选定目标存放的位置，例如，在资源管理器中选定某个文件夹，然后执行粘贴操作。几乎在所有的应用程序中，执行了复制或剪切之后，右击操作所弹出的快捷菜单中都有“粘贴”命令；而且粘贴操作的快捷键也都是统一的 Ctrl+V。可以采用上述操作之一完成粘贴操作，从而实现资源的复制或移动。

剪贴板工具还可以用来在应用程序内部的不同位置，或是不同应用程序之间实现信息的交换。例如在 Word 应用程序中将某段文字复制/移动到其他段落；将“画图”应用程序制作的图片插入到 Excel 的工作簿中；将屏幕上显示的画面粘贴到“画图”的画布上等。有些应用程序还有更强大的选择性粘贴功能，这些内容将在后续章节结合有关应用进行介绍。

2.2　磁盘的管理

在计算机系统中，外存储器是最重要的资源之一。现在的计算机系统除了硬盘以外，还普遍配置了多样化的外存设备，例如 CD-ROM、CD-RW、DVD-ROM、DVD-RW、U 盘等。虽然它们并非都是磁性存储介质，但其管理操作与磁盘类似，都是通过资源管理器的磁盘管理工具进行，在此一并介绍。

2.2.1　磁盘的格式化

无论是硬盘还是 U 盘在最初使用前都需要先对其进行格式化操作，即按照一定的文件系统格式将磁盘划分为系统引导区、目录区和数据区，然后才可以进行正常的磁盘读写操作。磁盘局部出现物理损坏，不能进行正常读写时，通常也需要重新进行格式化操作，以便标记出物理损坏的区域，不再存储数据。进行磁盘格式化操作的具体步骤如下。

步骤 1：打开“格式化”对话框。在资源管理器的“导航”窗格中，右击需要格式化的磁盘，在弹出的快捷菜单中选择“格式化”命令，打开“格式化”对话框，如图 2-6 所示。

步骤 2：设置格式化选项。按需要设置各项选项，如果不是第一次格式化，特别是当需要快速清除磁盘信息时，通常勾选“快速格式化”复选框。

步骤 3：执行格式化操作。单击“开始”按钮即开始格式化操作。

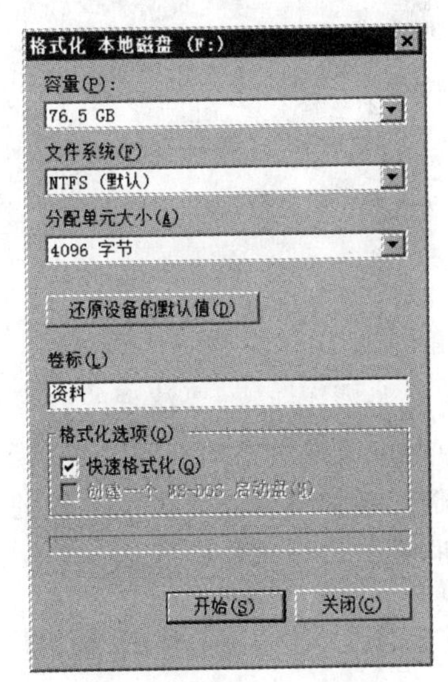

图 2-6　“格式化”对话框

注意：格式化磁盘操作将清除磁盘上的所有信息，所以操作前应备份有用的数据。特别是格式化硬盘操作,更要慎重。

2.2.2 磁盘的清理

计算机系统工作一段时间以后,由于安装软件、访问因特网以及某些应用程序非正常退出等原因,会在磁盘上遗留大量的临时文件。这些临时文件一方面会占用磁盘空间,另一方面也会影响磁盘的工作效率,所以应该根据具体情况定期对磁盘进行清理。清理磁盘的具体操作步骤如下。

步骤1:打开磁盘"属性"对话框。在资源管理器的"导航"窗格中,右击需要清理的磁盘,在弹出的快捷菜单中选择"属性"命令,打开相应磁盘的"属性"对话框,如图2-7所示。在"常规"选项卡上列出了当前磁盘的基本信息:磁盘的类型、文件系统、磁盘容量等,并用圆饼图直观显示出磁盘空间的占用情况。

注意:U盘等设备通常不需要清理,其相应的磁盘"属性"对话框中也没有"磁盘清理"按钮。

步骤2:执行磁盘清理操作。单击"磁盘清理"按钮,系统打开"磁盘清理"提示框,并开始计算磁盘清理可能释放的空间。该过程可能需要数分钟,然后会打开相应磁盘的"磁盘清理"对话框,如图2-8所示。

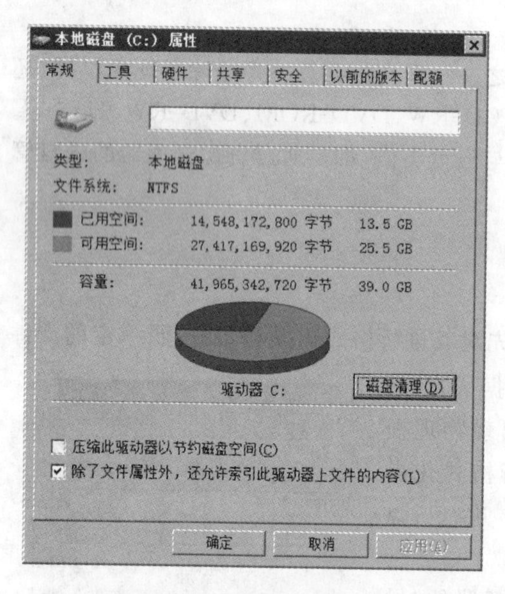

图2-7 "属性"对话框

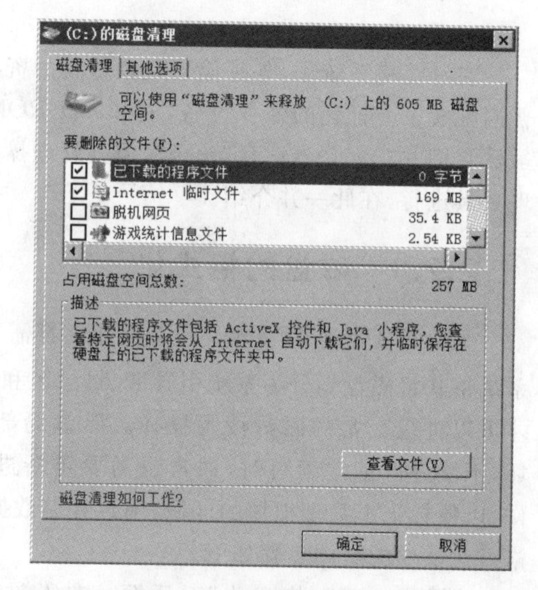

图2-8 "磁盘清理"对话框

步骤3:选择要清理的内容。在"磁盘清理"对话框"要删除的文件"列表中,列出了每种可删除文件所占的空间。当选定某类文件时,"描述"文本框给出了相应的说明,单击"查看文件"按钮可以查看将被清理的文件。逐个勾选需要删除的文件类型,然后单击"确定"按钮,系统将删除指定的临时文件,并释放其所占的空间。

2.2.3 磁盘的整理

计算机系统工作一段时间以后,由于不断地新建和删除文件,磁盘上可能会产生大量的

“碎片”,有时由于计算机系统的软硬件故障,还可能会在磁盘上丢失一些空间,或者是造成一些逻辑链接错误,这些问题都应该通过定期磁盘整理解决。

1. 查错操作

应该根据计算机系统运行的情况,定期进行查错操作,特别是当计算机经常出现故障,频繁死机时,更应该经常查错。查错的基本操作步骤过如下。

步骤 1: 打开磁盘“属性”对话框,选择“工具”选项卡,如图 2-9 所示。

步骤 2: 执行查错操作。单击“查错”区域的“开始检查”按钮,打开“检查磁盘”对话框,如图 2-10 所示。单击“开始”按钮开始检查,并报告检查进度: 第 1 阶段,第 2 阶段,……;不同磁盘所需的阶段数不同。完成检查后会弹出“已完成磁盘检查”的消息框,单击“确定”按钮完成查错操作。

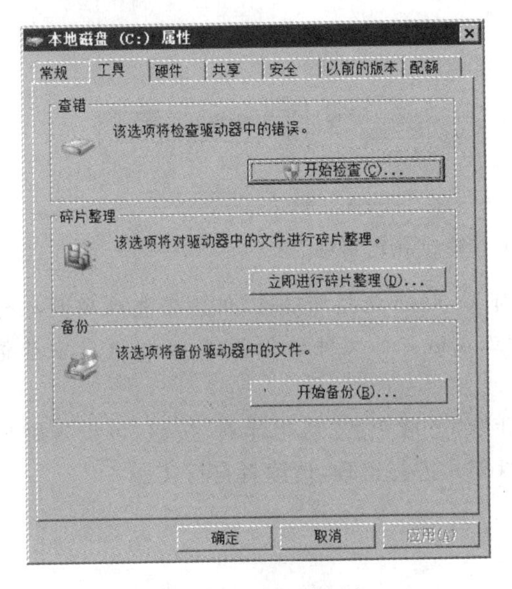

图 2-9 “工具”选项卡

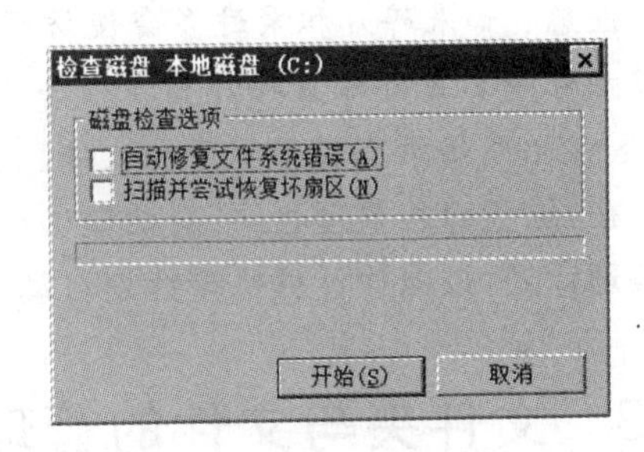

图 2-10 “检查磁盘”对话框

2. 碎片整理操作

碎片整理操作也应定期进行,特别是在安装较大的软件之前,最好先进行碎片整理工作,这样可以使新安装的软件较多地使用连续的空间,提高运行的效率。碎片整理的基本操作步骤如下。

步骤 1: 打开“磁盘碎片整理程序”对话框。在如图 2-9 所示磁盘“属性”对话框的“工具”选项卡中,单击“立即进行碎片整理”按钮,打开“磁盘碎片整理程序”对话框,如图 2-11 所示。

步骤 2: 分析磁盘。选择要整理的磁盘,单击“分析磁盘”按钮,开始分析磁盘中的文件碎片程度,并给出相应的进度提示。

步骤 3: 执行碎片整理操作。单击“磁盘碎片整理”按钮将开始进行碎片整理,对应的“进度”项下将显示该磁盘的碎片整理的速度。通常碎片整理过程需要花费较长的时间,特别是当磁盘空间较大,碎片较多时,碎片整理所需的时间更长。

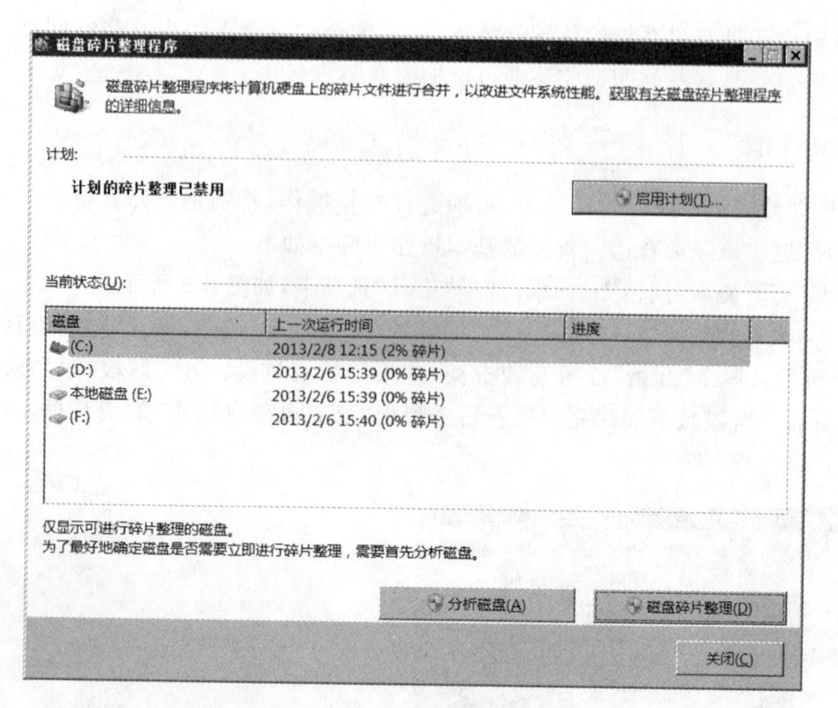

图 2-11 “磁盘碎片整理程序”窗口

注意：如果碎片积累过多会使访问效率下降，还可能损坏磁道，但频繁整理硬盘也会影响硬盘寿命。另外磁盘碎片整理程序不能对正在运行的文件进行整理，所以进行磁盘整理时，尽可能关闭所有应用程序和文件。

在“磁盘碎片整理程序”对话框中单击“计划”区域中的“启用计划”按钮，可设置磁盘碎片整理计划，以便让计算机按计划自动对磁盘碎片进行整理，请读者自行实践。

2.3 文件夹与文件的管理

在计算机系统中，文件夹与文件的管理是日常工作中应用最多的功能。

文件是计算机系统中存储信息的基本单位，根据文件中存储内容的不同，可以分为应用程序文件、系统配置文件、文本文件、图像文件、音频文件、视频文件等不同类型。还可以根据文件存储信息格式的不同进一步划分，例如视频文件可能有 AVI、WMV、MPG、RM 等不同类型。文件的类型是通过文件扩展名来标识的，常见文件的扩展名及其对应的文件类型说明如表 2-1 所示。

表 2-1 常见文件的扩展名及其对应的文件类型说明

扩展名	类型说明
EXE、COM	应用程序文件、命令文件，可以在 Windows 环境下直接运行
DLL	动态链接库文件，是应用程序的一部分，通常由应用程序文件调用执行
SYS	系统配置文件，存放系统或有关应用程序的配置信息
HLP	帮助文件，存放系统或有关应用程序的联机帮助信息

续表

扩展名	类型说明
TMP	临时文件，存放系统或有关应用程序的临时信息，正常情况下会被自动删除
BAK	备份文件，存放有关应用文档的备份
RAR、ZIP 等	压缩文件，可以用有关的解压缩程序打开
DOC,DOCX	Word 应用程序建立的文档
XLS,XLSX	Excel 应用程序建立的工作簿
PPT,PPTX	PowerPoint 应用程序建立的演示文稿
TXT	纯文本文件，可以用记事本、写字板、Word 等应用程序打开
BMP	位图文件，可以用画图等图形处理程序打开
WAV	音频文件，可以用录音机、媒体播放器等程序打开
AVI	视频文件，可以用媒体播放器等程序打开
HTM、HTML	网页文件，可以用 Internet Explorer 程序打开

文件夹是管理文件的重要工具。当文件数量较多时，通常按应用的方便将文件分门别类存储在不同的文件夹中。每个磁盘有一个默认的根文件夹，其下面可以存储文件以及建立多个文件夹，每个文件夹下面可以存储文件并再建立下一级或更多层次的文件夹，构成如图 2-12 所示的层次结构。

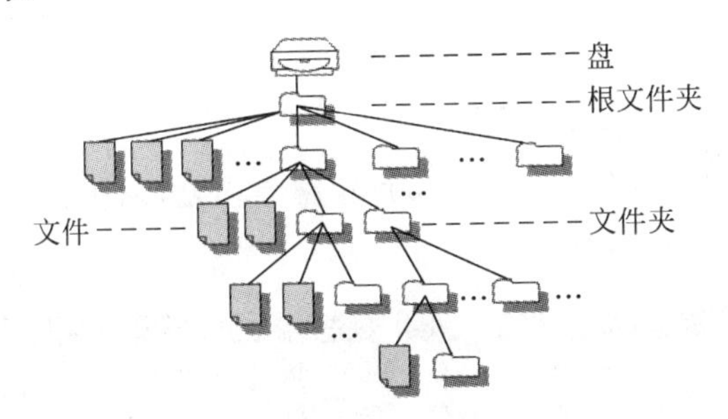

图 2-12　文件夹层次结构

为了便于管理和使用，除根文件夹默认用“\”表示外，其他文件夹分别由系统、应用程序和使用者命名。

2.3.1　文件夹与文件的排序、分组与筛选

排序的用途是将所有文件夹与文件，按照特定的顺序进行排列，这样可以方便按顺序查找特定文件。分组则可以理解为另一种形式的排序，通过使用分组功能，可以将符合特定条件的文件显示到一起，并组成一个虚拟的组，这样就可以通过“组”的形式，查看符合特定条件的内容。筛选功能是 Windows 资源管理器提供的一种文件查找方式，通过使用筛选功能，可以按照多个条件对文件进行定位，而进行排序和分组操作时只能依据一个条件。

进行排序操作的方法很简单，只需右击文件窗格空白处，然后从弹出的快捷菜单中选择“排序方式”命令，再从其级联菜单中选择一种要进行排序的条件(不同类型的文件，可用的排序条件各不相同)，并选择“递增”或“递减”，即可完成排序操作。

下面重点介绍分组与筛选操作。例如当前“资源管理器”窗口显示的是“D:\A 书稿\2007”文件夹中的内容，如图 2-13 所示。现要求对此文件夹内容先按文件类型进行分组，再

筛选出其中的子“文件夹”及“WinRAR压缩文件”,具体操作步骤如下。

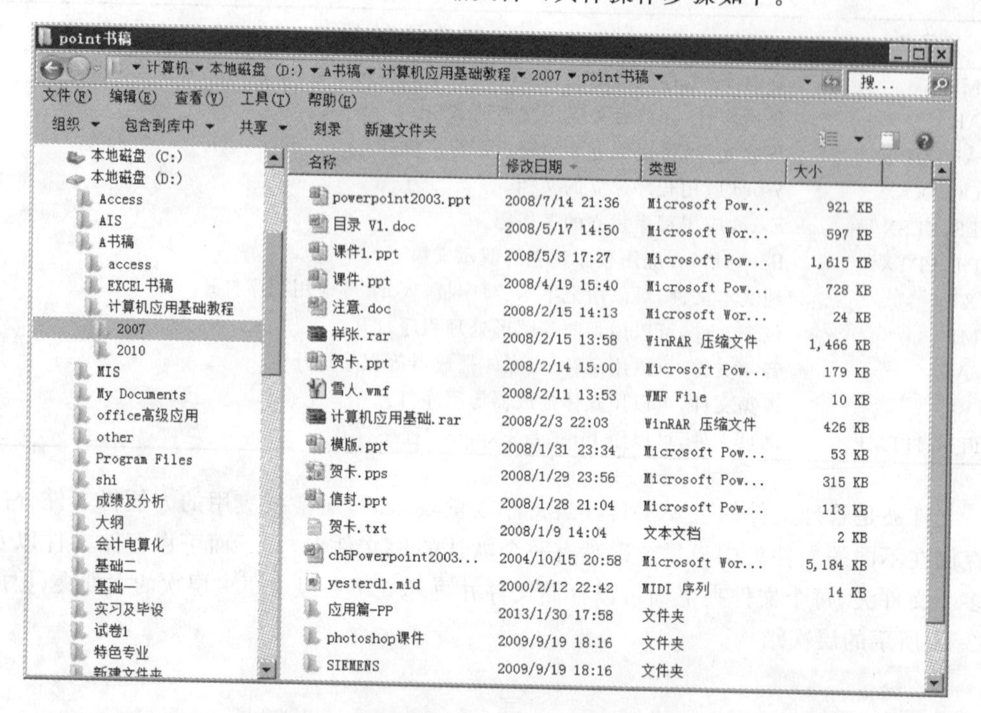

图 2-13 分组与筛选前

步骤1:按文件类型进行分组。右击文件窗格空白处,从弹出的快捷菜单中选择“分组依据”→“类型”,结果如图2-14所示。

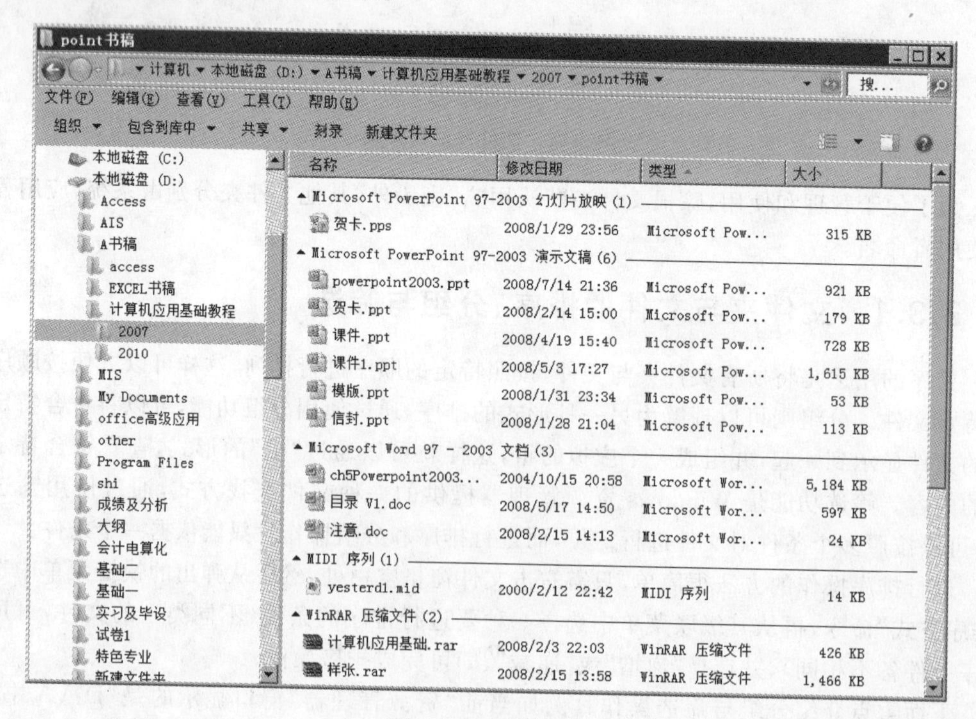

图 2-14 分组结果

步骤2：进行筛选操作。鼠标指向"类型"列标题按钮，其右侧出现下拉按钮。单击该按钮，在弹出的下拉列表中勾选"WinRAR压缩文件"及"文件夹"，如图2-15所示。

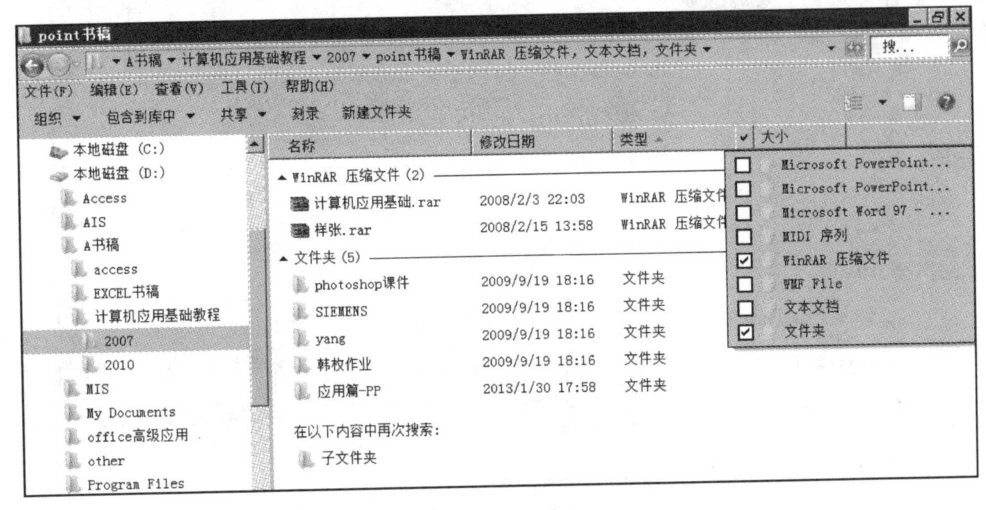

图2-15　设置筛选

单击筛选结果底部的"子文件夹"图标，可在当前文件夹的子文件夹中再次按筛选条件进行搜索。

2.3.2　文件夹与文件的搜索

"资源管理器"窗口中的搜索框与"开始"菜单中的搜索框的作用和用法基本相同，都具有在计算机中搜索各种文件及文件夹的功能，而且可以实现比"开始"菜单搜索框更复杂的搜索。在"资源管理器"窗口中进行搜索时，只在导航窗格中选定的位置进行，而不是对整个计算机中的资源进行搜索。下面介绍具体操作要点。

1. 按文件名搜索

例如，要在D盘搜索文件名中包含"书稿"俩字的所有文件夹及文件，操作步骤如下。

步骤1：选择搜索位置。在"资源管理器"窗口的"导航"窗格中选择D盘。

步骤2：输入搜索关键字。在搜索框中输入"书稿"，搜索结果随之出现，如图2-16所示。

注意：Windows 7中的搜索是动态进行的，在输入搜索关键字的第一个文字时，搜索工作就已经开始了，并且会立刻显示出匹配的结果。随着关键字的完善，搜索结果也将更加准确，并最终精确反映出用户需要搜索的内容。

在搜索结果底部，可看到一个再次搜索的选项。通过单击相应的图标，可以扩大搜索范围，再次进行搜索。

2. 按文件大小搜索

如果大致知道要搜索文件的大小，可以设置按文件大小搜索。例如，磁盘空间紧张时，需要删除一些文件，可以设置搜索大一些的文件，然后删除或移走其中不用的文件。具体操

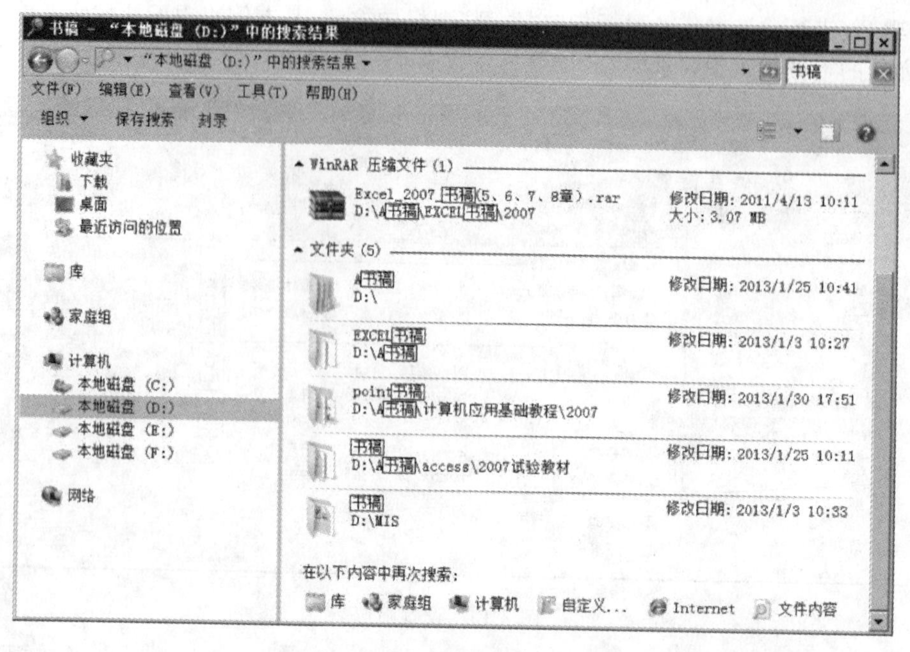

图 2-16 搜索结果

作是,在"资源管理器"窗口中单击"搜索框",打开其下拉列表,在列表中单击"大小:"按钮,然后在弹出的明细选项中指定要搜索文件的大小范围即可,如图 2-17 所示。

3. 按文件修改日期搜索

如果知道要搜索文件的最后修改日期,可以设置按日期搜索。例如,要搜索某天刚刚修改过的文件,但是忘记存储在什么位置以及具体的名称了,可以在"资源管理器"窗口中单击"搜索框",打开其下拉列表,在列表中单击"修改日期:"按钮,然后在弹出的明细选项中指定具体的某一天或某一段时间,如图 2-18 所示。

注意:以上搜索方式可以组合应用。

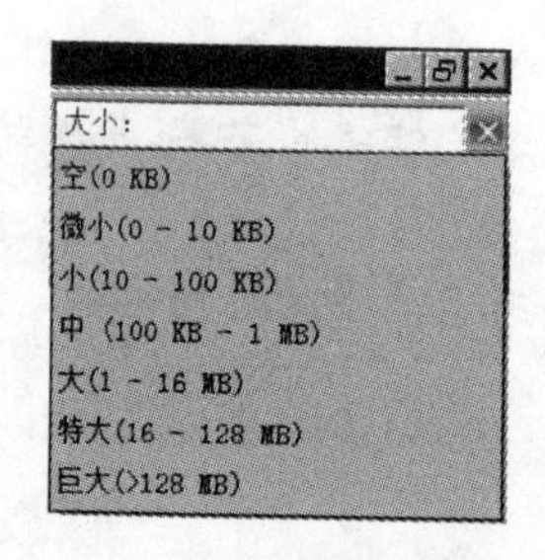

图 2-17 按文件大小搜索

图 2-18 按修改日期搜索

2.3.3　文件夹与文件的建立

在使用计算机的过程中，经常需要创建新的文件夹或文件。

1. 创建文件夹

例如，要在E盘的根文件夹下建立名为“我的作业”的文件夹，其具体操作步骤如下。

步骤1：选定要建立文件夹的位置。直接用鼠标在导航窗格中单击E盘图标即可。

步骤2：建立新文件夹。选择菜单“文件”→“新建”→“文件夹”，或是直接右击文件窗格中的空白位置，然后在弹出的快捷菜单中选择“新建”→“文件夹”，系统会在指定位置新建一个默认名为“新建文件夹”的文件夹。

步骤3：重命名新文件夹。刚建立的新文件夹自动进入文件夹名编辑状态，可以直接输入新文件夹名“我的作业”。如果是事后修改文件夹名，则可以慢双击文件夹名，或是右击文件夹，然后在弹出的快捷菜单中选择“重命名”命令，都可以进入文件夹名编辑状态。

2. 创建文件

新建文件的操作方法与新建文件夹类似，只是在单击“新建”命令后，不是选择“文件夹”，而是根据要建立的文件类型选择不同的命令，如Word文档、Excel工作表、PowerPoint演示文稿、文本文档等。

例如，要在刚刚建立的“我的作业”文件夹下建立名为“作业说明”的空白文本文档，其具体操作步骤如下。

步骤1：选定要建立文件的位置。在文件夹窗格中双击E盘图标将其展开，然后选择“我的作业”文件夹图标。

步骤2：建立新文件。选择菜单“文件”→“新建”→“文本文档”，或是直接右击文件窗格中的空白位置，然后在弹出的快捷菜单中选择“新建”→“文本文档”命令，在指定位置新建一个默认名为“新建文本文档.txt”的空白文本文档。

步骤3：重命名新文件。刚建立的新文件自动进入文件名称编辑状态，直接输入新文件名“作业说明”。如果是事后修改文件名，则可以慢双击文件名，或是右击文件名，然后在弹出的快捷菜单中选择“重命名”命令，进入文件名编辑状态。

注意：在给新文件重命名时，不要改变文件的扩展名。

2.3.4　文件夹与文件的移动/复制

移动和复制是文件夹与文件管理操作中使用最为频繁的常规操作。例如，将重要的文件备份到其他磁盘或U盘上，或是将相同类型的文件移动到同一个文件夹下等。文件夹的移动/复制和文件的移动/复制操作类似，下面主要介绍文件的移动/复制操作。

移动/复制文件时，首先需选定要移动/复制的文件，常见选定操作有以下几种。

(1) 选定单个文件。在“资源管理器”的文件窗格中，单击要移动/复制的文件。

(2) 选定连续的多个文件。单击要移动/复制的第一个文件，然后按住Shift键，单击要移动/复制的最后一个文件，这样这两个文件之间的所有文件都被选定。也可以用鼠标拖放的方法圈选连续多个文件。

(3) 选定不连续的多个文件。按住 Ctrl 键,然后用鼠标逐个单击要移动/复制的每一个文件。如果错选了某个文件,可以在按住 Ctrl 键的同时再次单击该文件,取消选定。

(4) 选定大多数文件。首先采用选定连续多个文件的方法选定所有文件,然后按住 Ctrl 键,再逐个单击不需选定的文件。也可以反向操作,先采用选定不连续多个文件的方法,选定不需选定的文件,然后单击菜单"编辑"→"反向选择",可以达到同样的效果。

进行文件移动/复制操作时,最直观的方法就是使用鼠标直接拖放。在导航窗格中展开要移动/复制到的目的文件夹,然后用鼠标将文件窗格中选定的一个或多个文件拖放到目的文件夹即可。

注意:默认情况下,在同一个磁盘内拖放执行移动操作,在不同磁盘间拖放执行复制操作。如果需要在同一磁盘内执行复制操作,可以按住 Ctrl 键的同时进行拖放;如果需要在不同磁盘间执行移动操作,可以按住 Shift 键的同时进行拖放。更通用的操作是用按住鼠标右键拖放,这时系统会弹出快捷菜单,可以选择是执行移动、复制还是创建快捷方式操作。

移动/复制文件的另一种操作方法是利用 Windows 的"剪贴板"工具,先将选定的文件剪切/复制到"剪贴板"(按 Ctrl+X/Ctrl+C 组合键或通过快捷菜单的"剪切"/"复制"命令),然后在导航窗格中选定目的文件夹,再执行粘贴操作(按 Ctrl+V 组合键或通过快捷菜单的"粘贴"命令)。

2.3.5 文件夹与文件的删除

在使用计算机的过程中,由于不断创建新的文件夹与文件,系统中的外存(硬盘)上的文件夹与文件会越来越多,存储空间越来越少,因此应该及时删除无用的文件夹与文件。因为删除文件会造成相应信息的丢失,因此 Windows 在执行删除操作时,首先会给出相应的提示信息,让用户确认删除操作。当用户确认后,也不是立刻执行彻底的删除操作,而是将要删除的文件夹与文件从原来所处的位置移动到"回收站"中。如果发现误删了文件夹与文件,可以打开回收站,右击误删的文件夹与文件,然后在弹出的快捷菜单中选择"还原"命令,将误删的文件夹与文件还原到原来的位置。只有当执行清空回收站操作时,被删除的文件夹与文件才真正被删除。

当需要删除文件夹与文件时,首先需要将其选定,然后再执行删除操作。常用的删除操作方法可以有以下几种。

(1) 按 Delete 或 Del 键删除选定的文件夹与文件。

(2) 右击要删除的文件夹与文件,在弹出的快捷菜单中选择"删除"命令,删除选定的文件夹与文件。

(3) 选择菜单"文件"→"删除",删除选定的文件夹与文件。

执行删除操作时,系统会根据要删除的对象不同,分别打开"删除文件"、"删除文件夹"或"删除多个项目"确认提示框,要求确认删除操作。若单击"是"按钮,则确认删除操作,选定的文件夹与文件将被放入"回收站"中;若单击"否"按钮,则放弃删除操作。

注意:如果需要直接删除文件夹与文件,而不放入到回收站中,可以在选定要删除的文件夹与文件后,按住 Shift 的同时按 Delete 或 Del 键,这样将直接彻底删除文件。另外,删除 U 盘上的文件夹与文件时,将直接删除而不放入回收站中。

实际上，被删除的文件只是在存储文件的磁盘目录区给该文件设置了一个标志，表示该文件所占用的区域可以重新分配给其他文件。因此，只要没有进行新建文件或复制文件的操作，使用专门的工具仍然可以恢复已从回收站删除的文件。所以，还有专门的“粉碎”文件的工具，将文件所在的磁盘空间区域交替写若干遍“0”和“1”，这样操作后的文件才能被彻底删除，无法恢复。

2.3.6　文件夹与文件属性设置

同以往版本相比，Windows 7 中的文件除了可以设置“只读”、“隐藏”等常规属性外，还添加了文件的“元数据”属性的设置。若将文件夹与文件设置为“只读”属性，则相应的文件夹与文件不允许更改和删除；若将文件夹与文件设置为“隐藏”属性，则相应的文件夹与文件在常规显示中将不显示。而所谓元数据，就是描述数据的数据，Windows 7 资源管理器窗口的细节窗格中显示的信息就是文件的元数据。有了元数据，就可以对文件按元数据提供的各种线索进行查看、分组以及筛选等操作。

1. 设置文件属性

选定要设置属性的文件之后，对其进行属性设置的操作要点如下。

步骤 1：打开“属性”对话框。右击需要设置属性的文件，在弹出的快捷菜单中选择“属性”命令，或是选择菜单“文件”→“属性”，打开“属性”对话框，如图 2-19 所示，当前显示的是其“常规”选项卡。

步骤 2：设置“常规”属性。在“常规”选项卡中可以看到文件的“文件类型”、“打开方式”、“位置”、“大小”、“创建时间”等信息。若要设置文件为“只读”或“隐藏”属性，需要在此对话框中勾选相应复选框。

步骤 3：设置“详细信息”属性。选择“详细信息”选项卡，如图 2-20 所示，在此对话框中，可以修改文件的元数据。

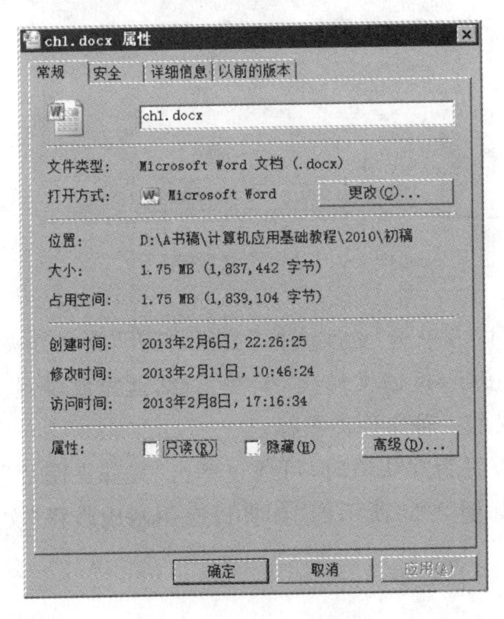

图 2-19　“常规”选项卡

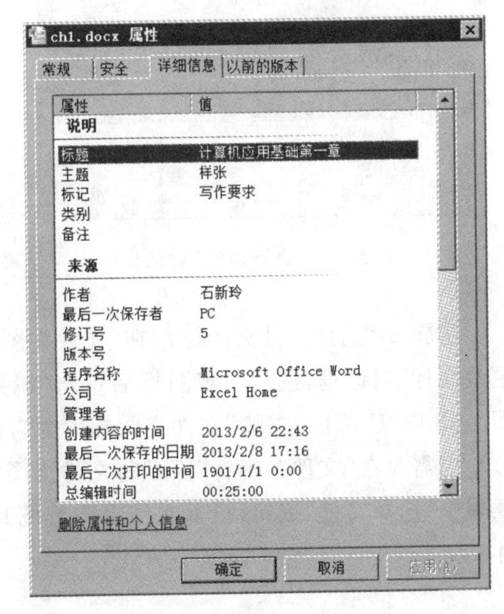

图 2-20　“详细信息”选项卡

根据具体的属性值内容不同，某些信息可以修改，而某些则不能修改。如图 2-20 中“创建内容的时间”、“最后一次保存的日期”等信息不能修改。

若希望将某些信息从元数据中删除，以保护个人隐私，可单击如图 2-20 所示“详细信息”选项卡对话框底部的“删除属性和个人信息”链接，打开“删除属性”对话框，如图 2-21 所示，进行相关设置即可。

除了可以通过文件的“属性”对话框编辑元数据外，还可以直接使用资源管理器的细节窗格进行编辑。通常在细节窗格中直接编辑更简单也更方便，但细节窗格并不能显示文件支持的所有属性值，只是显示其中最常用的。因此如果某些属性值没有显示在细节窗格中，依然需要通过“属性”对话框才能编辑。

2. 设置文件夹属性

设置文件夹属性的操作方法与设置文件属性方法一样，都是通过“属性”对话框进行设置。下面主要通过设置个性化的文件夹图标的过程介绍文件夹的属性设置。

步骤 1：打开文件夹“属性”对话框。右击需要设置属性的文件夹，在弹出的快捷菜单中选择“属性”命令，打开文件夹“属性”对话框，选择“自定义”选项卡，如图 2-22 所示。

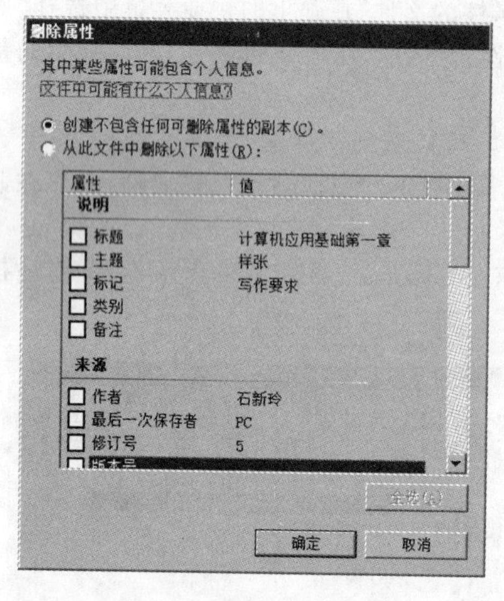

图 2-21 “删除属性”对话框

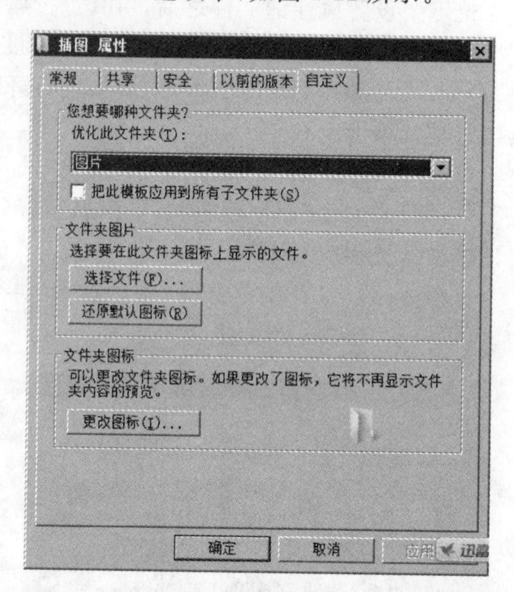

图 2-22 “自定义”选项卡

步骤 2：选择文件夹图标。在“文件夹图标”区域单击“更改图标”按钮，打开“为文件夹更改图标”对话框，选择所需图标后单击“确定”按钮，返回文件夹“属性”对话框完成设置。图 2-23 中“EXCEL 书稿”文件夹图标即为自定义的一种文件夹图标。

当需要在“文件夹图标”区域将文件夹图标设置为默认值时，可通过单击“文件夹图片”区域中“选择文件”按钮，设置文件夹内容图片，如图 2-23 所示的“计算机应用基础教程”文件夹。

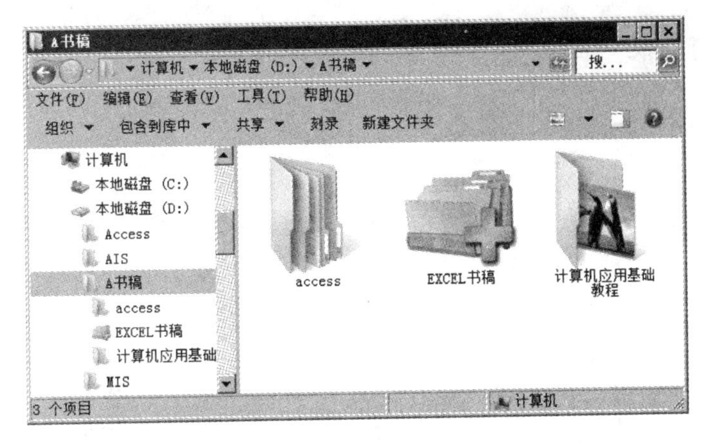

图 2-23 设置文件夹图标

2.3.7 库的使用

“库”是 Windows 7 系统最大的亮点之一，可供用户使用虚拟视图的方式管理自己的文件。用户可将本地或局域网中不同位置的文件夹添加到库中，只要单击库中的链接，就能快速打开它们，而不管其原来所保存的位置。同时在表现上，“库”和普通的文件夹几乎完全一样，可以对某个库中包含的内容采取各种操作，例如删除、重命名等，这些操作会被应用到组成库的原有文件夹中；反之添加到库中的内容也会随着原始文件夹的变化而自动更新。

1. 新建库

默认的“库”有 4 个，分别是：“视频”、“图片”、“文档”和“音乐”。用户也可以新建其他库，其操作步骤如下。

步骤 1：选择“库”文件夹。在“资源管理器”导航窗格中单击“库”。

步骤 2：新建库。右击文件窗格空白位置，在弹出的快捷菜单中选择“新建”→“库”，然后输入库的名称，按 Enter 键。

如果意外删除了 4 个默认库，可以在导航窗格中右击“库”，然后在弹出的快捷菜单中选择“还原默认库”命令，可将其还原为原始状态。

2. 为“库”添加文件夹

新创建的“库”是空的，用户可将硬盘中任意位置的文件夹添加到库中。其操作步骤是：右击要添加到库中的目标文件夹，在弹出的快捷菜单中选择“包含到库中”选项，然后再从其级联菜单中选择要包含到的库即可。

如图 2-24 所示为“文档”库内容，在其文件窗格上方的库窗格中可以看到目前已为该库添加了“3 个位置”的文件夹链接，在下方窗格中显示了 3 个文件夹的具体信息。

对库中内容的操作会反映到其所关联的文件夹中；反之添加到库中的文件夹内容也会随着原始文件夹的变化而自动更新。

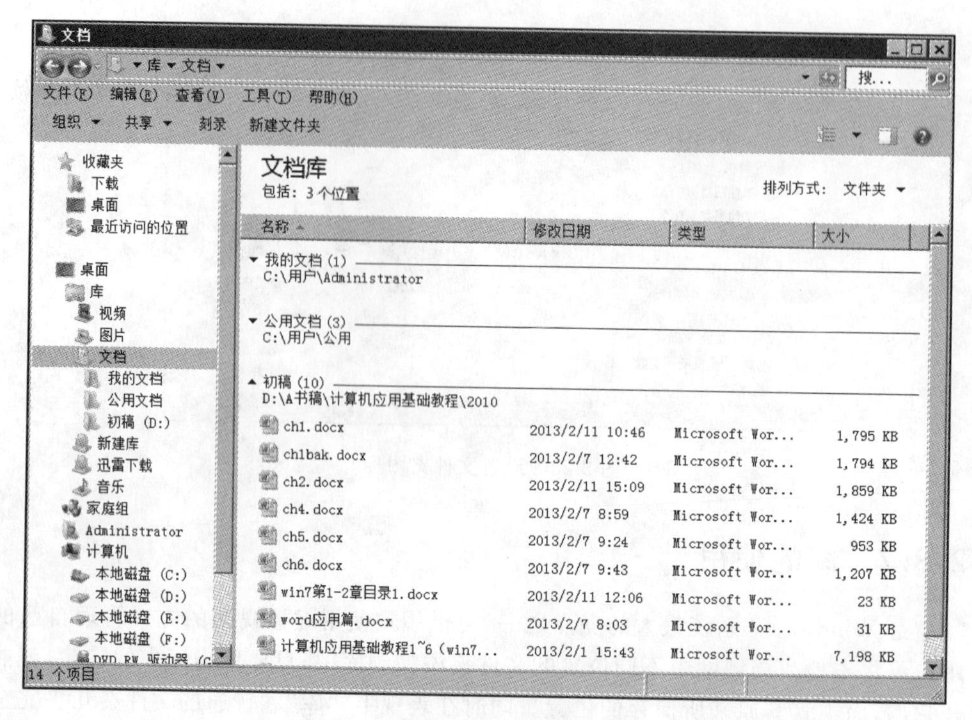

图 2-24 “文档”库

3. 调整库中项目

下面以对“文档”库中项目的调整为例，说明对库中项目的调整操作。在图 2-24 所示窗口中，单击库窗格中“包括”后面“3 个位置”字样，打开“文档库位置”对话框，如图 2-25 所示。

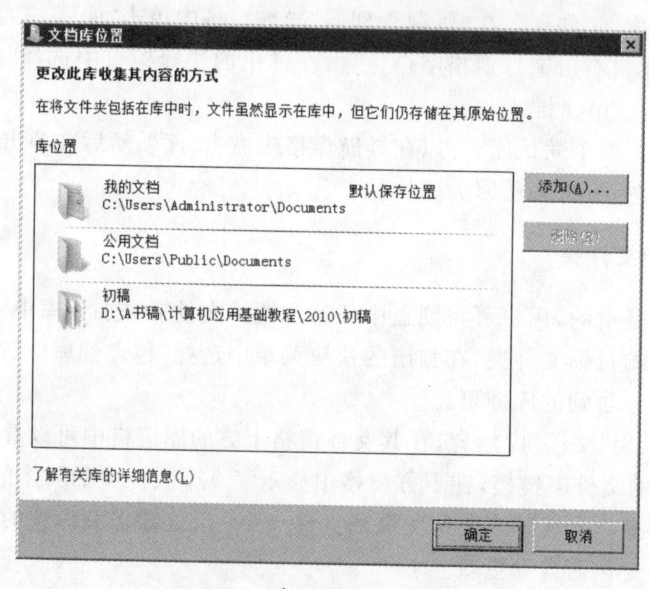

图 2-25 “文档库位置”对话框

在这里不仅列出了已经添加到库中的每个文件夹，并且列出了每个文件夹的物理路径，而且其中的某一文件夹还会标有“默认保存位置”的字样。库的默认保存位置决定了当执行复制、移动或保存到库的操作时，存储项目的位置。如要更改默认保存位置，只需右击当前不是默认保存位置的文件夹项目，从弹出的快捷菜单中选择“设置为默认保存位置”命令即可。

选择某一项目，单击“删除”按钮，可将关联的文件夹从库中删除，不过这里删除的只是文件夹到库的包含映射关系，删除后的文件夹依然存在于原位置。

单击“添加”按钮，可为“库”添加新的项目。

2.4　程序与任务的管理

Windows 为各种应用程序提供了良好的支撑环境，可以通过 Windows 提供的工具对程序与任务进行有效的管理，主要内容包括 Windows 组件的安装与卸载、应用程序的管理、任务的管理与监视等。

2.4.1　程序的管理

应用程序管理器是用来管理程序的程序。单击“开始”→“控制面板”，打开“控制面板”窗口，如图 1-1 所示。单击“卸载程序”文字链接，打开 Windows 的应用程序管理器，如图 2-26 所示。通过应用程序管理器，可查看和管理已安装的应用程序。

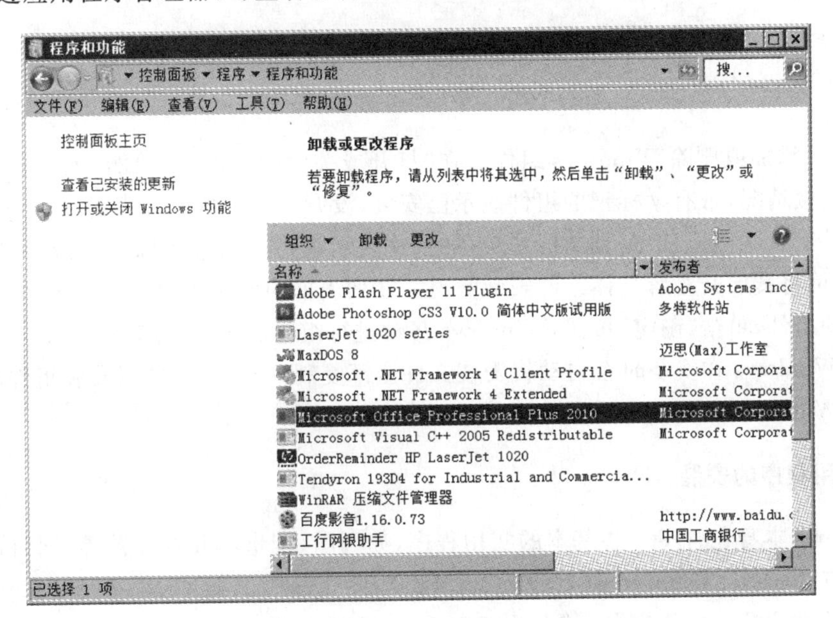

图 2-26　应用程序管理器

1. 添加或删除 Windows 组件

Windows 是一个功能齐全、规模庞大的系统软件，但是对每一个具体的用户来说，经常使用的往往只是其中一部分组件。在安装 Windows 时,为了适应不同用户的个性化需求,特别是减少不常使用的组件对系统资源的占用,提高系统的工作效率,往往只安装部分系统组件。当需要使用时再安装需要的组件。Windows 组件的添加或删除步骤如下。

步骤 1:打开"Windows 功能"窗口。单击应用程序管理器左侧窗格的"打开或关闭 Windows 功能"链接,打开"Windows 功能"窗口,如图 2-27 所示。

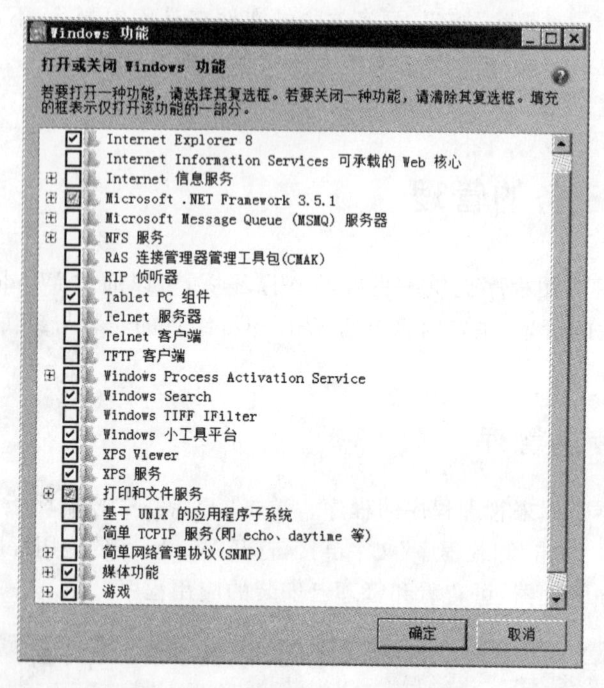

图 2-27 "Windows 功能"窗口

步骤 2:添加或删除 Windows 组件。在"打开或关闭 Windows 功能"列表框中显示出当前组件安装情况,带有√标记的组件表示已安装,没有√标记的组件表示没有安装。还可能有些组件带有√标记,但是复选框是灰色的,这表示该组件由多个软件构成,已安装了其中一部分,可将其展开查看具体组件安装情况。在列表框中勾选需要安装的组件,取消勾选需要删除的组件,单击"确定"按钮,Windows 自动进行组件的安装或卸载。

由于 Windows 在安装时会自动将安装文件全部复制到硬盘上,所以安装组件的过程不需要提供 Windows 安装盘。

2. 应用程序的安装

Windows 本身包含了一些基本的实用程序,如画图、记事本和计算器等,同时也绑定了一些网络应用程序,如 Internet Explorer、Windows live 等。这些应用程序都可以通过 Windows 系统安装时选择安装,或是在 Windows 安装后通过添加/删除 Windows 组件功能安装。相对来说,系统自带的应用程序功能较为简单,如果需要完成更复杂或更专业的任务,则需要安装专门的应用程序。

一般小型、简单的应用程序可以通过应用程序文件的复制操作,将其安装到硬盘指定的文件夹即可。但是随着计算机软件技术的发展,应用程序的功能越来越强,规模越来越大,结构越来越复杂，这些应用程序的安装不是简单地通过复制几个应用程序文件就能够完成的，而是需要复制应用程序文件、参数配置文件、动态链接库文件等多种文档到不同的文件夹，有些应用程序在安装过程中需要用户提供不同的参数选项，有些应用程序安装时还需要修改 Windows 注册表。所以，一般都需要通过相应应用程序自带的安装程序向导一步步完成。目前绝大部分软件的安装方法都大致相同，安装过程主要包括如下几个要点。

步骤 1：找到可执行文件。可执行文件是指名为 Setup. exe、Install. exe 或以软件名称命名的安装程序，双击它们可打开安装向导。

步骤 2：找到安装序列号或注册码。安装序列号或注册码用于在安装过程中输入以验证有效后才能继续安装，或是在安装后输入以激活软件。一般在安装盘的安装盒上标注，一些共享软件可通过网站或手机注册的方式获得。

步骤 3：选择安装路径。

步骤 4：选择需安装的组件。在安装时通常提示需要安装软件所附带的哪些组件，用户应根据需要进行选择。

3. 应用程序的卸载

为了节省磁盘空间，对于不再使用的应用程序可以将其删除。由于应用程序，特别是大型应用程序在安装过程中可能会在系统文件夹以及系统注册表中建立有关的动态链接库文件和注册表项等，所以删除应用程序不能简单地只是删除应用程序文件或文件夹，而是应该通过规范的卸载步骤进行卸载。卸载应用程序一般有如下两种方法。

方法 1：通过应用程序自带的卸载程序卸载。大多数应用程序安装时，会在“开始”菜单中建立应用程序快捷方式的同时也建立卸载快捷方式(Uninstall)，这样只要单击该命令即可完成应用程序的卸载。

方法 2：通过应用程序管理器卸载。在应用程序管理器窗口中，单击选中不再需要的应用程序，然后单击工具栏中的“卸载”按钮，即可运行该应用程序的卸载程序将其卸载。

注意： *应用程序卸载后不能恢复，如果需要使用时须重新安装。*

4. 应用程序的运行

应用程序的运行是使系统中的应用程序进入工作状态，因为 Windows 环境下应用程序绝大多数都是以窗口形式工作，所以有时也称打开某个应用程序。启动或打开一个应用程序可以有多种方法，下面介绍常用的几种方法。

方法 1：通过桌面快捷方式。最常用的应用程序通常都应该在桌面建立其快捷方式。这时只需要用鼠标双击其快捷方式的图标即可启动该应用程序。

方法 2：通过“开始”菜单。绝大多数应用程序安装后，都会在“开始”菜单的“所有程序”项中建立菜单项。只需要选择“开始”→“所有程序”，然后单击要运行程序的菜单项即可。

方法 3：通过资源管理器。如果应用程序没有在桌面建立快捷方式，也没有在“开始”菜单建立菜单项，则可以应用资源管理器打开其所在的磁盘、文件夹，双击该应用程序文件的图标启动该应用程序。

方法 4：通过“搜索框”。通过“开始”菜单或“资源管理器”的“搜索框”搜索应用程序的快捷方式或其文件本身，然后启动它们。

方法5：通过“运行”对话框。单击“开始”→“运行”，或是直接按窗口＋R组合键，打开“运行”对话框。然后输入应用程序文件名或是单击“浏览”按钮选定要运行的应用程序文件后，单击“确定”按钮即可启动指定的应用程序。

除了上述直接启动应用程序的方法之外，还可以利用Windows预先设置的文件关联关系，通过打开各种数据文件的方式间接启动应用程序。例如通过“DOCX”类文档启动Word应用程序，通过“XLSX”类文档启动Excel应用程序，通过“WAV”类文档启动媒体播放器应用程序等。

当需要结束应用程序运行时，一般情况下可以通过单击应用程序窗口标题栏右侧的“关闭”按钮将其关闭。也可以通过双击应用程序窗口标题栏左侧的控制菜单；或是单击打开应用程序窗口标题栏左侧的控制菜单后选择“关闭”命令；或是选择应用程序窗口菜单栏的“文件”→“退出/关闭”命令。

2.4.2 设置默认程序

Windows 7提供了设置默认程序功能和将文件类型与软件相关联的功能，可以分别从两个角度设置应用程序与文件类型的关联。设置默认程序是从应用程序的角度设定某个程序与哪些类型的文件进行关联；设置文件关联是针对不同类型的文件设定其与哪个应用程序关联。

单击“开始”→“默认程序”，打开“默认程序”窗口，如图2-28所示。在此窗口中单击“设置默认程序”或“将文件类型或协议与程序关联”链接，打开相应窗口，即可进行默认程序设置和将文件类型与应用程序相关联的设置。

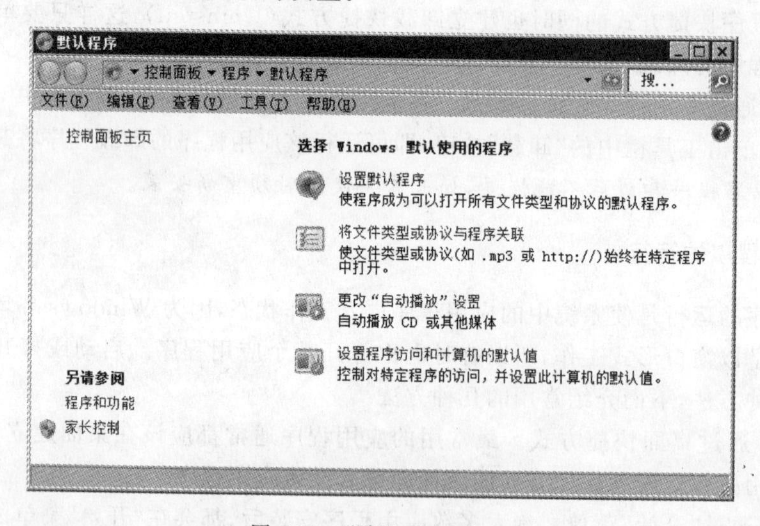

图2-28 “默认程序”窗口

注意：一般在安装应用程序时，会自动设置与该应用程序关联的文件类型。

1. 设置默认程序

例如，需要更改“画图”软件的默认程序关联，为其增加.bmp和.ico两种类型文件的关联。具体操作步骤如下。

步骤 1：打开“设置默认程序”窗口。单击如图 2-28 所示“默认程序”窗口中“设置默认程序”链接，打开“设置默认程序”窗口。

步骤 2：选择需设置的程序。在“程序”列表中列出了 Windows 已安装的程序，选择其中的“画图”程序，如图 2-29 所示。

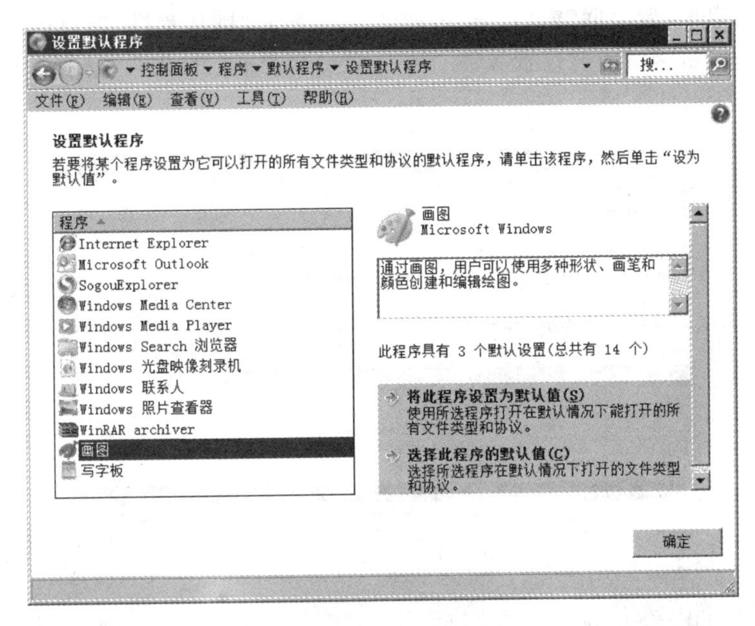

图 2-29　“设置默认程序”窗口

步骤 3：设置程序关联。单击“选择此程序的默认值”按钮，打开“设置程序关联”窗口，如图 2-30 所示，在列表框中选择需要关联文件的类型为. bmp 和. ico，然后单击“保存”按钮即可。

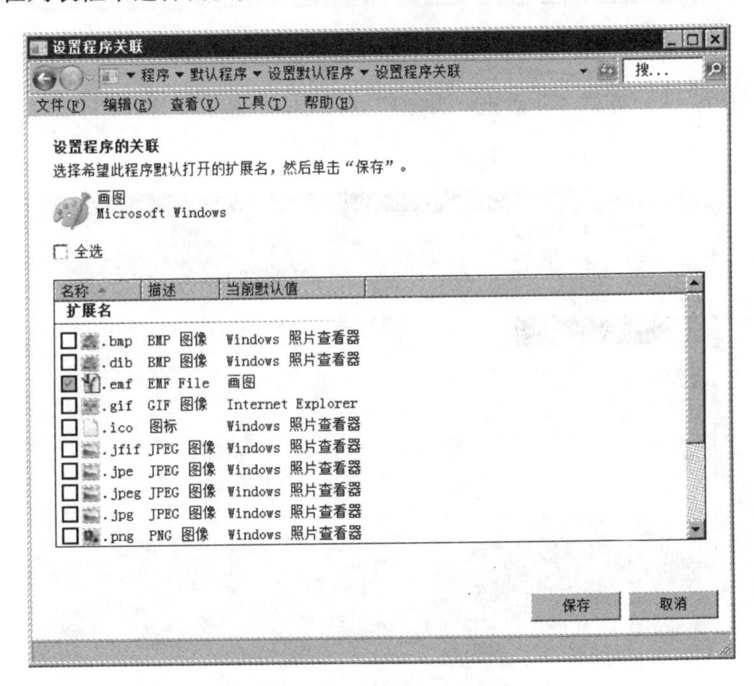

图 2-30　“设置程序关联”窗口

2. 设置文件关联

例如,需要将扩展名为“txt”的文本文档的默认打开方式由“记事本”更改为 Microsoft Word,其具体操作步骤如下。

步骤 1:打开“设置关联”窗口。单击如图 2-28 所示“默认程序”窗口中“将文件类型或协议与程序关联”链接,打开“设置关联”窗口,拖曳列表框右侧滑块,选择“. txt”文本文档,结果如图 2-31 所示。

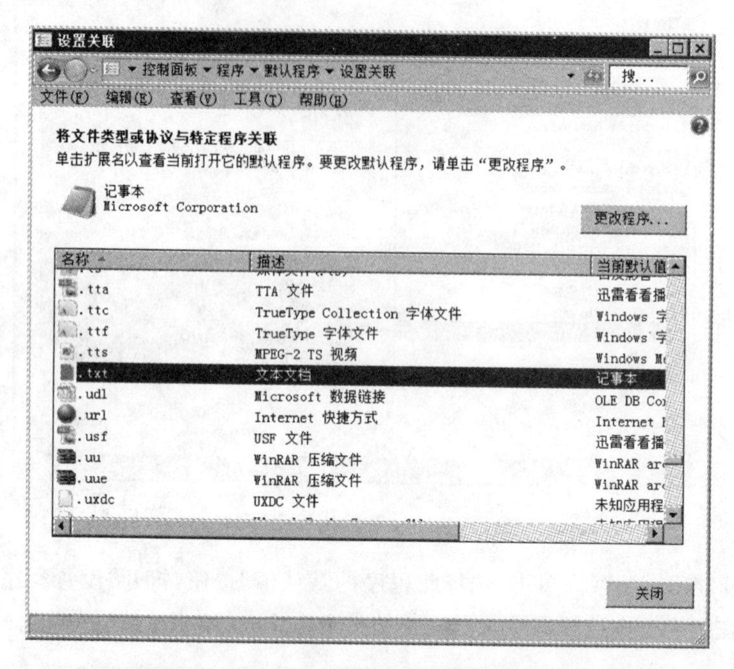

图 2-31 “设置关联”窗口

步骤 2:打开“打开方式”对话框。单击“更改程序”按钮,打开“打开方式”对话框,如图 2-32 所示。

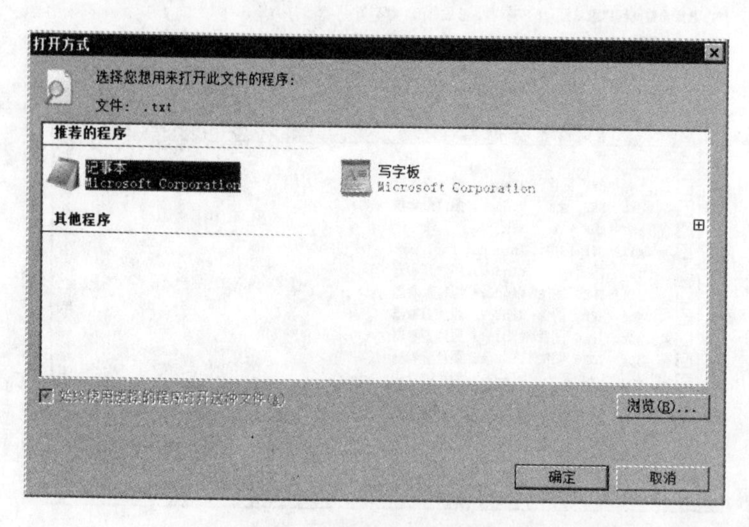

图 2-32 “打开方式”对话框

步骤 3：更改打开方式。双击“其他程序”字样或单击其右侧的展开按钮，展开“其他程序”列表，然后从“其他程序”列表中选定 Microsoft Word，单击“确定”按钮，返回“设置关联”窗口。

可以看到上方的程序项目发生改变，下面列表框中“TXT 文本文档”的图标由记事本应用程序图标改变为 Word 应用程序图标。

2.4.3　任务的管理

所谓任务可以理解为计算机系统中正在运行的程序，可以是某个用户启动的应用程序，也可以是 Windows 系统程序的某个进程。Windows 是多任务操作系统，在同一时刻可以同时运行多个任务，并且可以方便地在多个任务之间切换，还可以利用剪贴板在多个任务之间交换信息。每个运行的任务都会占用一定的系统资源，因此，调度管理好系统中的任务也是资源管理的重要内容。特别是当需要同时工作的任务较多时，更需要实时查看各任务的工作状态、系统资源的占用情况，以保证计算机系统的正常工作。任务管理主要通过“任务管理器”或“资源监视器”进行。

1. 任务管理器

当需要启动“任务管理器”时，可以按 Ctrl＋Alt＋Del 组合键，在打开的菜单中单击“启动任务管理器”按钮，或是右击任务栏空白处，在弹出的快捷菜单中选择“启动任务管理器”命令。“Windows 任务管理器”窗口如图 2-33 所示。

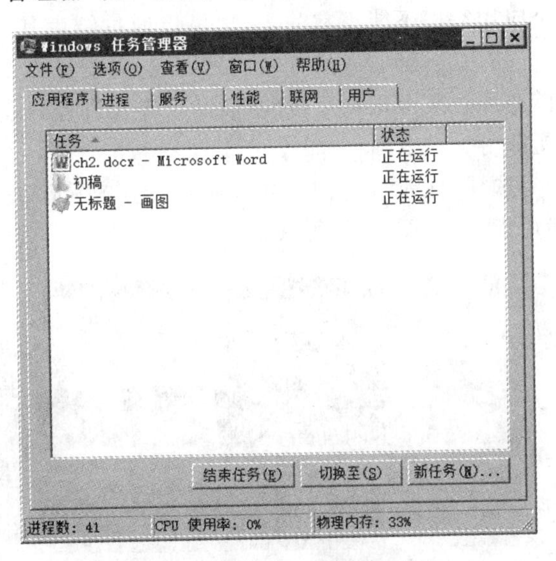

图 2-33　“Windows 任务管理器”窗口

通过“任务管理器”进行任务管理的主要操作要点如下。

步骤 1：应用程序管理。选择“Windows 任务管理器”窗口的“应用程序”选项卡，如图 2-33 所示，在此窗口中显示了系统当前正在运行的应用程序名称及其运行状态。可以强行终止正在运行的应用程序、启动新的应用程序或是在运行的程序之间切换。

当某个应用程序长时间不响应用户操作，通过应用程序本身的关闭命令或关闭按钮都无法终止应用程序的运行时,可以通过任务管理器强行终止它。可在"应用程序"选项卡的"任务"列表框中选定相应的任务(此时的任务状态通常是"未响应"),然后单击"结束任务"按钮。

步骤 2:进程管理。选择"进程"选项卡,如图 2-34 所示,在此窗口中可以查看各进程的运行情况,包括进程的名称、所属用户名、内存占用情况等。

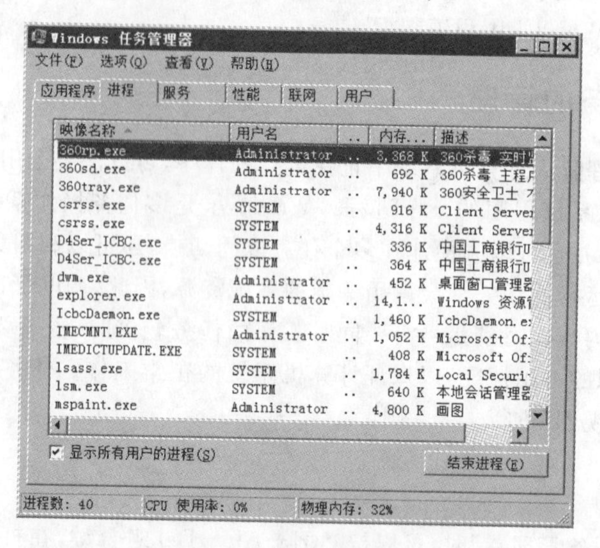

图 2-34 "进程"选项卡

每一个运行的应用程序都有相应的进程在内存中运行,同时 Windows 也有多个进程在内存中运行。如果某个应用程序不能正常关闭,也可以通过结束其对应的进程终止它。另外,对于熟悉计算机系统的用户,可以通过查看进程列表,发现并终止可疑的进程,以保证计算机系统的正常运行。要终止某个正在运行的进程,首先在进程列表中选定相应的进程,然后单击"结束进程"按钮即可。

步骤 3:查看性能。选择"性能"选项卡,可以看到以动态图形方式显示的计算机系统运行时 CPU 和内存的使用情况,如图 2-35 所示。

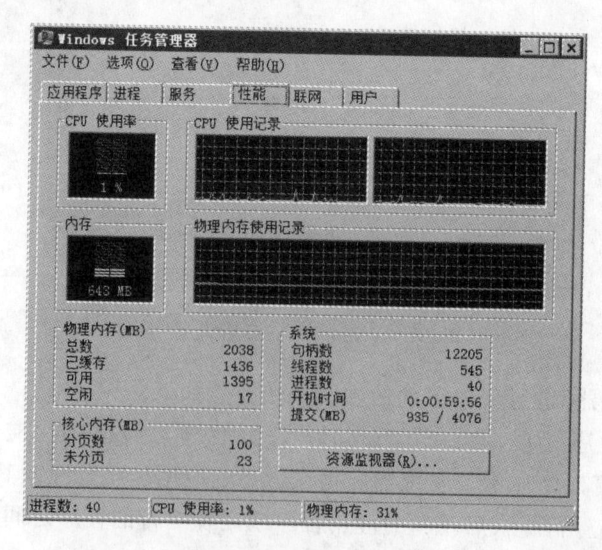

图 2-35 "性能"选项卡

此外，在“服务”选项卡中显示了当前系统承载运行的所有服务；在“联网”选项卡中可以看到当前联网情况，如所连接网络的使用率、线性速度、状态和流量等相关信息。

2. 资源监视器

“资源监视器”是 Windows 7 系统提供的一个新的工具。使用“任务管理器”可对计算机系统的运行情况有一个整体的了解，而使用“资源监视器”才能全面地即时监视有关 CPU、内存、磁盘及网络的活动情况。

启动“资源监视器”有多种方法：如在“任务管理器”的“性能”选项卡中单击“性能监视器”按钮；或者在“开始”菜单的“搜索框”中输入“资源监视器”，并单击结果栏里的“资源监视器”。“资源监视器”窗口如图 2-36 所示，可以看到该窗口由左右两部分组成，右半部分有 4 个图表，分别显示 CPU、磁盘、网络和内存的使用情况；左半部分则显示 CPU、磁盘、网络和内存的详细统计信息。

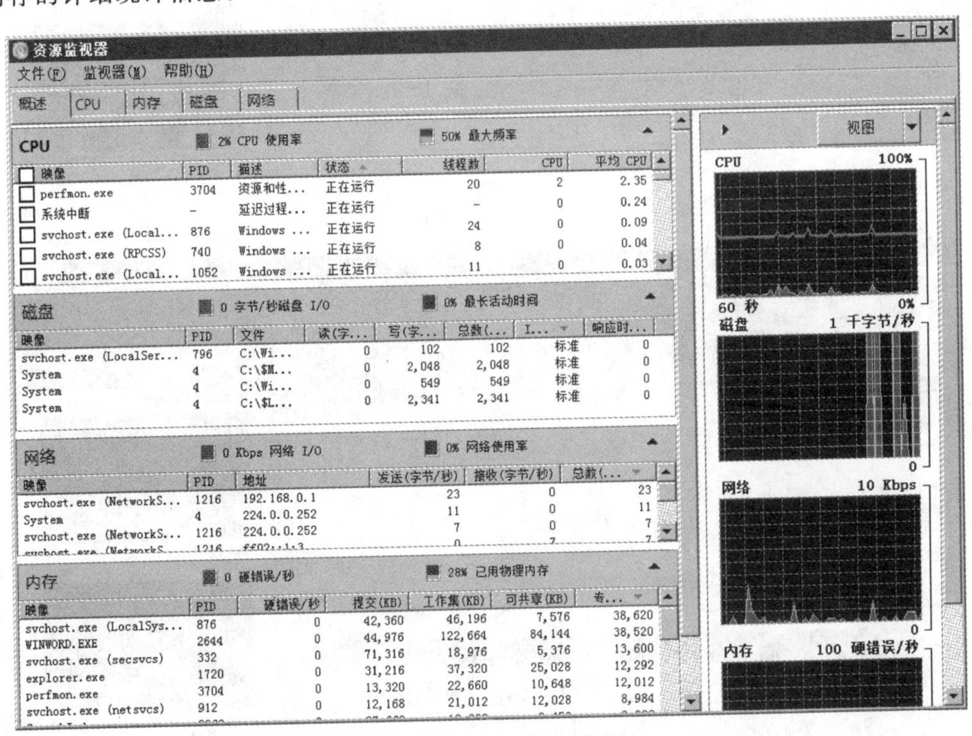

图 2-36 资源监视器

应用“资源监视器”进行资源监视的具体操作步骤如下。

步骤 1：查看 CPU 使用情况。选择 CPU 选项卡切换到 CPU 监视页，如图 2-37 所示。左侧的列表框中列出了系统中所有进程、服务和模块的数据，右边则以图表的形式形象地显示出 CPU 的详细信息。

步骤 2：查看内存使用情况。选择“内存”选项卡切换到内存监视页，如图 2-38 所示。左侧上方列表中显示了当前运行的程序在内存中的数据；左侧下方则以图示的方式显示了当前的内存使用情况；右边的图表显示出了系统使用的物理内存、内存使用及硬错误/秒的百分比情况。

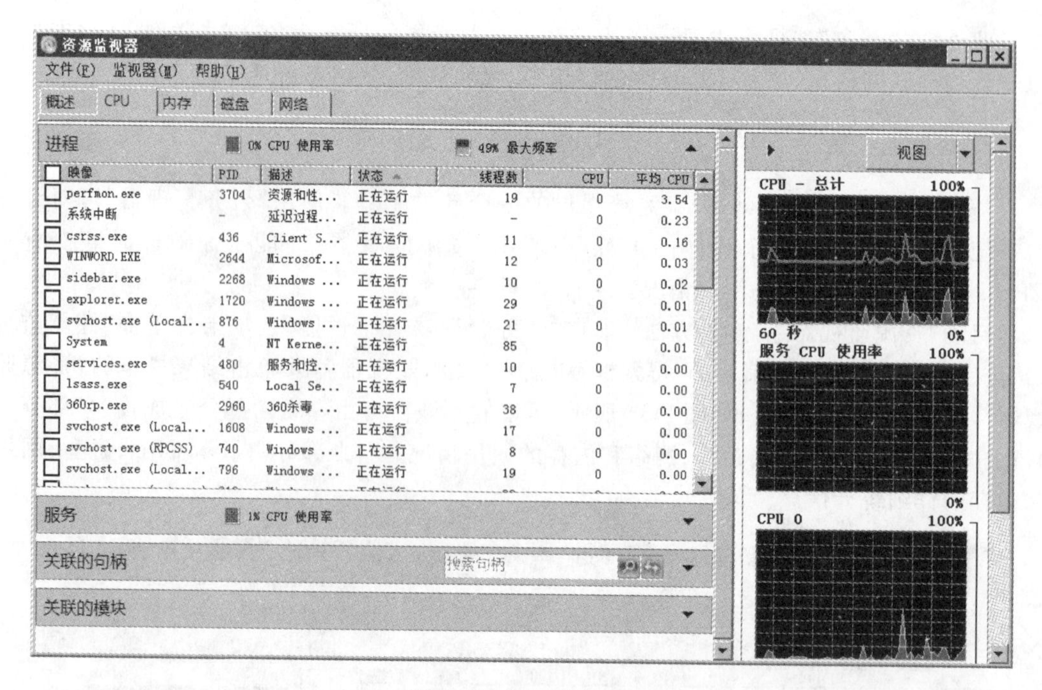

图 2-37 CPU 监视页

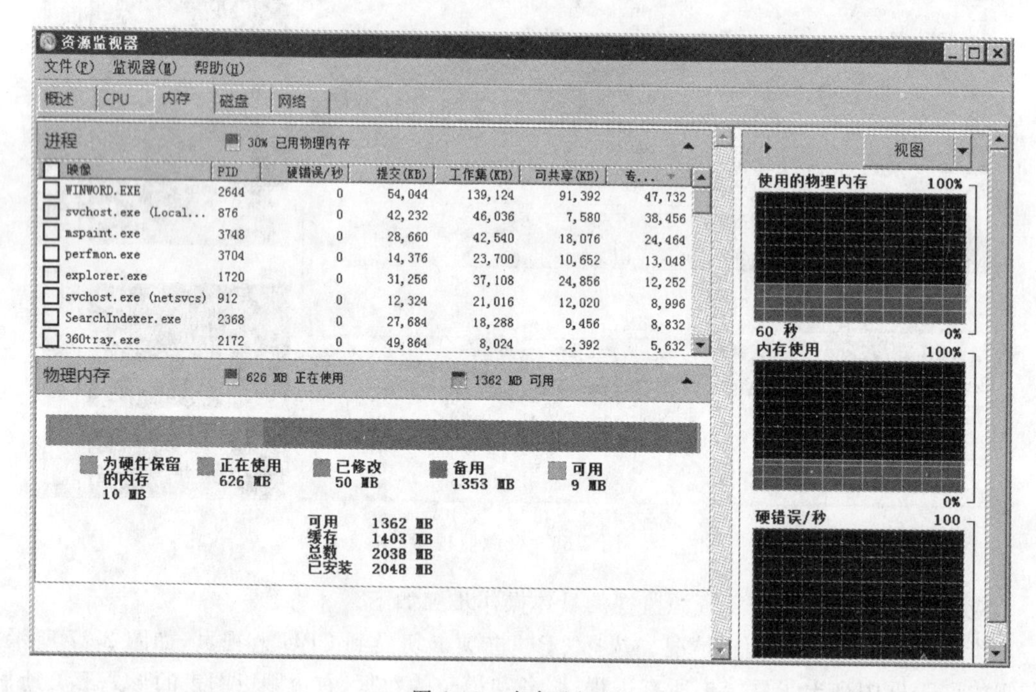

图 2-38 内存监视页

步骤 3：查看磁盘使用情况。选择“磁盘”选项卡切换到磁盘监视页，如图 2-39 所示。左侧对当前磁盘的读写速度、优先级、响应时间和空间利用率等作了详细统计；右侧的图表显示出了磁盘的重点监视对象，其中蓝线表示磁盘最长的活动时间，绿线表示当前磁盘的活动情况。

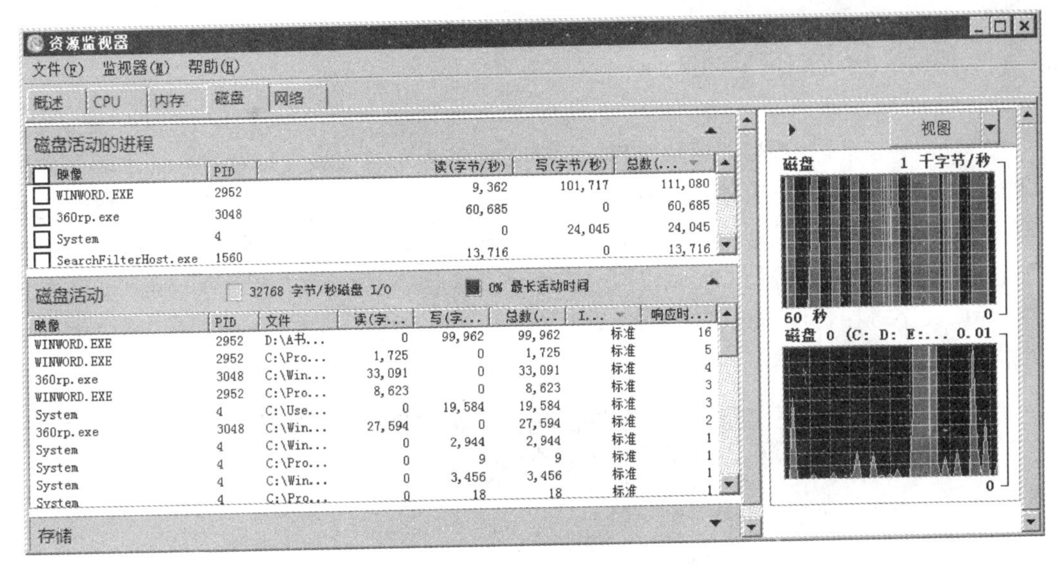

图 2-39 磁盘监视页

步骤 4：查看网络使用情况。选择“网络”选项卡切换到网络监视页，如图 2-40 所示。左侧显示出当前网络活动的进程、进程访问的网络地址、发送和接收的数据包、进程使用的端口以及进程使用的协议等情况。右侧的图表显示出网络的重点监视对象，其中蓝线表示使用网络带宽的百分比，绿线表示当前网络的流量。

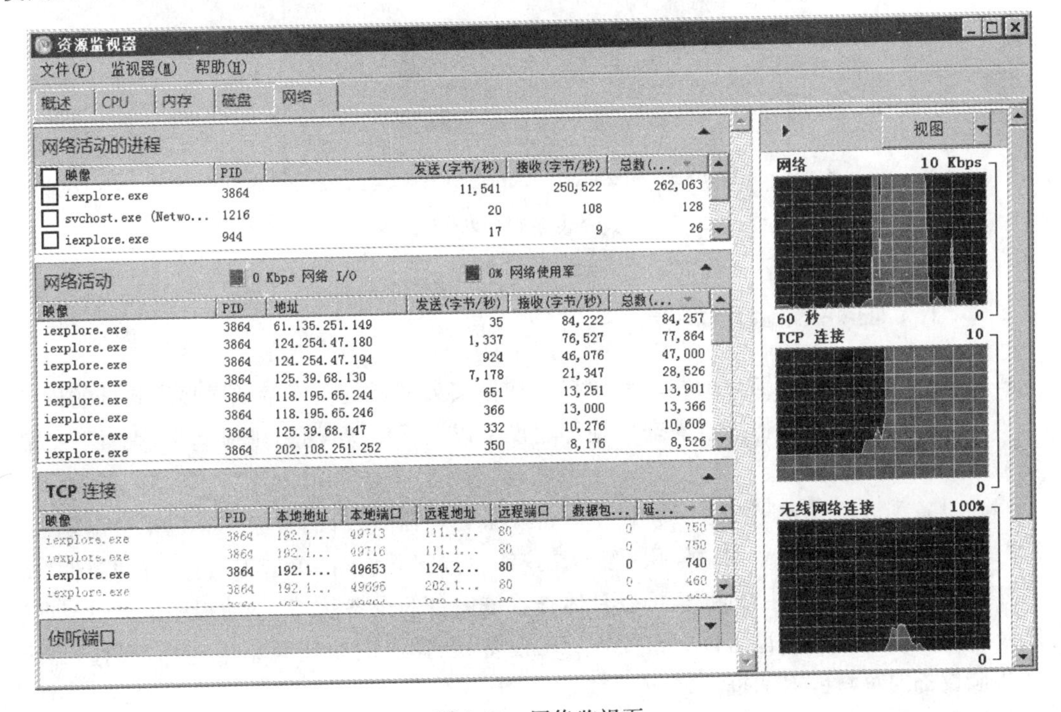

图 2-40 网络监视页

2.5 硬件资源的管理

在 Windows 系统中,可以使用"设备管理器"来管理所有安装在计算机系统中的硬件资源,包括查看设备属性、更改硬件配置、更新驱动程序,禁用、启用、卸载设备等。启动"设备管理器"有多种方法,比较常用的方法是右击桌面上"计算机"图标,在弹出的快捷菜单中选择"属性"命令,打开"系统"窗口,如图 2-42 所示。然后单击"系统"窗口左侧的"设备管理器"图标或文字链接,打开"设备管理器"窗口,如图 2-41 所示。在"设备管理器"窗口中以层次结构分门别类地显示出了当前计算机系统的所有硬件设备。

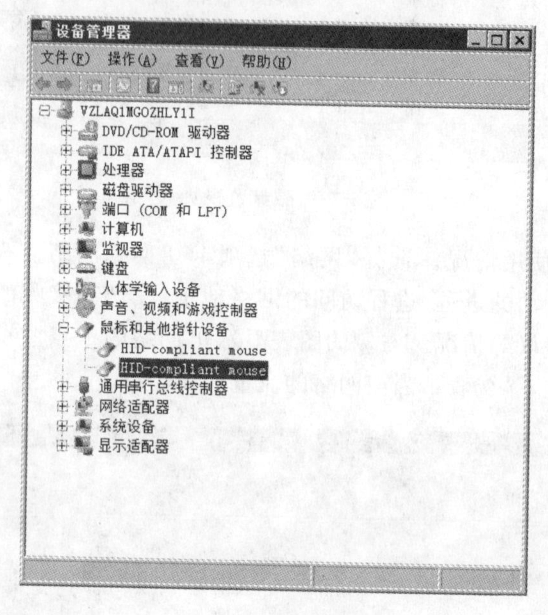

图 2-41 "设备管理器"窗口

2.5.1 硬件设备的浏览

可以在"设备管理器"窗口的"查看"菜单中选择按类型还是按连接顺序显示系统的硬件设备或是硬件资源。如果需要查看非即插即用设备以及系统级设备,则应选择"查看"→"显示隐藏的设备"菜单项。

当在设备列表中选定了某个具体设备时,"设备管理器"窗口的智能工具栏中会出现"属性"、"更新驱动程序"、"卸载"和"停用"等工具按钮。选定某设备,单击工具栏上的"属性"按钮,将会打开该设备的属性对话框,可以具体查看该设备的设备状态、驱动程序信息、详细信息以及占用资源信息等。也可以右击要查看的设备,在弹出的快捷菜单中选择"属性"命令打开相应设备的"属性"对话框。

如果某个硬件设备名称上显示黄色的问号或感叹号,说明系统无法正确识别该设备或该设备没有正确安装驱动程序。这时可以右击该设备,然后从快捷菜单中选择"更新驱动程序"、"扫描检测硬件改动"或"卸载"等命令尝试修复问题。

2.5.2　硬件设备的启用/禁用和卸载

硬件设备的启用/停用和卸载操作类似。首先在“设备管理器”窗口的设备列表中选定要启用/禁用或卸载的设备，然后单击“启用”/“禁用”或“卸载”按钮。也可以直接右击要启用/禁用或卸载的设备，然后在弹出的快捷菜单中单击“启用”/“禁用”或“卸载”命令。

对于系统中目前不需要继续使用的设备，或是不能正常工作的设备，可以暂时禁用它。禁用的设备实际上仍然连接在计算机上，只是更新了注册表中的设置，在计算机系统重新启动时不加载该设备的驱动程序。这样一方面可以提高系统启动的速度，另一方面可以释放该设备所占用的资源以分配给其他设备。当需要重新使用该设备时，只需重新启用即可。

对于需要删除的设备，不能简单地将有关硬件设备从计算机中移除，同时还需要应用设备管理器的卸载功能将被删除的设备与系统的关联一并删除。

2.5.3　硬件设备的安装

按照安装的难易程度，可以将计算机硬件设备划分为即插即用设备和非即插即用设备两类。到现在为止越来越多的设备都是即插即用的。无论是即插即用设备还是非即插即用设备，安装新设备时通常包括 3 个步骤。

步骤 1：将需要安装的设备连接到计算机上。

步骤 2：加载正确的设备驱动程序。如果是即插即用设备，计算机系统会自动搜索并安装相应的设备驱动程序。

步骤 3：配置设备的有关属性。

注意：非即插即用设备通常需要关闭计算机，并断开计算机电源，然后再将设备连接到计算机合适的端口或插入到合适的插槽中。带电插拔有可能造成接口的损坏。

如果新安装的硬件设备不能正常运行，那么该设备可能属于非即插即用设备，需要重新启动计算机，然后才能正常工作。如果重新启动以后，新安装的硬件设备仍然不能正常运行，则大多是因为设备驱动程序的问题，需要插入随设备一起提供的光盘或软盘，重新安装驱动程序。如果没有随设备一起提供的驱动程序，可以到相应设备制造商的网站去搜索最新的驱动程序。

注意：在设备驱动程序加载到系统之后，Windows 将为该设备配置有关属性。尽管可以手动配置设备的属性，但最好让 Windows 自动完成这项工作。手动配置设备的属性，有关设置将会变成固定的，这意味着将来发生问题或与其他设备发生冲突时，Windows 无法修改这些设置。

2.5.4　硬件资源的高级管理

在 Windows 环境中，可以运行所需内存大于计算机实际内存的应用程序。这是因为 Windows 采用了虚拟内存技术来管理内存资源。将无法装入计算机内存的程序或数据暂时保存到外存储器中的特定交换文件(称为页面文件)，待需要使用时再和计算机实际内存交换信息。默认情况下，虚拟内存的大小和位置由系统根据计算机实际内存大小以及外存的可用空间情况自动设置和调整，对于有特殊需求的用户也可以自己设置。

例如,将虚拟内存设置为1024MB大小,并存放到C盘,其具体操作步骤如下。

步骤1：打开“系统”窗口。右击桌面上“计算机”图标,在弹出的快捷菜单中选择“属性”命令,打开“系统”窗口,如图2-42所示。在“系统”栏中的“安装内存(RAM)”区域可看到所安装的物理内存容量。

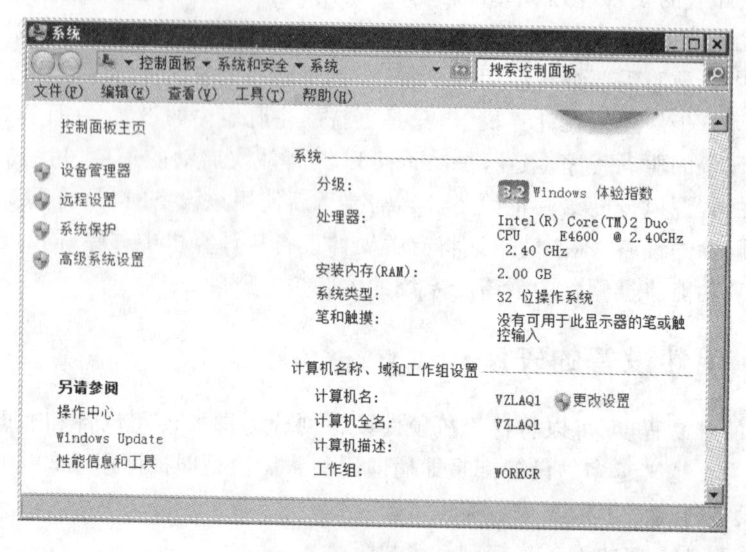

图2-42 “系统”窗口

步骤2：打开“系统属性”对话框。单击“系统”窗口左侧的“高级系统设置”图标或文字链接,打开“系统属性”对话框,如图2-43所示。

步骤3：打开“性能选项”对话框。单击“性能”选项中的“设置”按钮,打开“性能选项”对话框,选择“高级”选项卡,如图2-44所示。

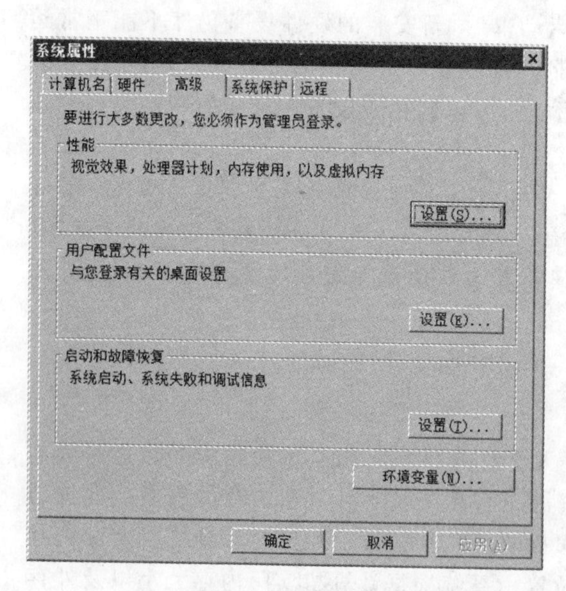

图2-43 “系统属性”对话框

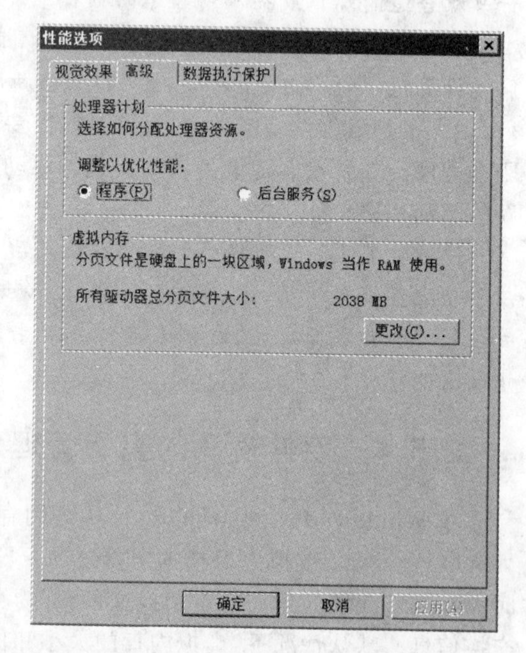

图2-44 “性能选项”对话框

步骤 4：更改“虚拟内存”。单击“虚拟内存”选项区域的“更改”按钮，打开“虚拟内存”对话框。取消选中“自动管理所有驱动器的分页文件大小”复选框，选择需要设置虚拟内存的盘符“C:”，选中“自定义大小”单选按钮，并将“初始大小”和“最大值”统一指定为1024，单击“设置”按钮，如图 2-45 所示。最后单击“确定”按钮。

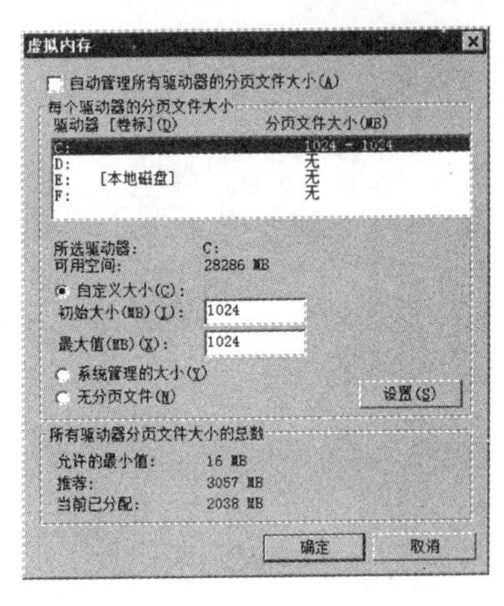

图 2-45　“虚拟内存”对话框

注意：考虑到系统的稳定性以及灵活性，建议读者设置页面文件为 Windows 自动管理，不要强行设置最大值，否则一旦由于突发情况导致页面文件不足，系统将会崩溃。

2.6　本章小结

通过本章内容的学习，应熟悉 Windows 资源管理器的构成，能够熟练运用资源管理器进行磁盘的格式化、清理、整理等管理操作；进行文件夹与文件的筛选与搜索、移动/复制、建立、删除等管理操作；掌握应用程序的安装、卸载、运行等操作；掌握任务管理器、设备管理器的基本操作。

2.7　习题

1. 设置窗口显示菜单栏。
2. 设置“资源管理器”导航窗格显示回收站图标，文件窗格显示文件的扩展名。
3. 为何会产生零碎的文件？碎片整理的基本操作步骤是什么？
4. 练习分组及筛选操作，分组及筛选的条件自定。
5. 两名同学一组，练习分组、筛选及搜索文件的操作。每个同学分别指定一组条件，例如文件名信息、文件的类型、文件的大小、文件的修改日期等，两名同学交换指定的条件，按条件完成相关操作，并相互检验操作的结果(注意分组操作只能依据一个条件)。
6. 练习为“文档”库添加某一文件夹。
7. 启动“任务管理器”或“资源监视器”，在打开不同数量应用程序以及进行不同操作的情况下，观察 CPU 及网络变化情况。
8. 通过“设备管理器”，按照不同排列方式查看所使用的计算机的硬件设备。

第3章 计算机网络应用

内容提要：本章通过介绍 Windows 的局域网管理和 Internet 应用的基本操作，说明 Windows 环境下有关计算机网络的常用操作方法和应用技巧。重点是掌握 Windows 组网和资源共享的基本方法，掌握 Internet 应用的基本操作。这部分内容是 Windows 应用的重要方面，掌握好这些基本操作可以有效提高计算机网络的应用水平。

主要知识点：

- 局域网的特点和建立方法；
- 共享资源的设置和使用；
- URL、ISP、网页、主页的概念；
- IE 浏览器的设置和使用；
- 客户端电子邮件软件的使用；
- 文件的上传和下载；
- 网络安全和防范。

计算机网络是人类科技史上的奇迹，它不断地改变着人们的工作方式和生活方式。网络的应用，特别是 Internet 的应用无处不在。在众多应用中，资源共享、数据通信和基于网络的各种服务最为广泛。Windows 作为个人计算机系统中的主流操作系统，集成了 Internet Explorer，提供了网络和共享中心以及家庭组等多种网络管理工具。利用 Windows 的网络功能，可以方便实现资源共享和数据通信。使用 Windows 的 Internet 功能，可以快捷应用 Internet 提供的多种服务。

3.1 局域网应用

随着计算机的发展，人们越来越意识到网络的重要性。通过网络拉近了彼此之间的距离，本来分散在各处的计算机被网络紧密地联系在了一起。局域网作为网络的一种，发挥了不可忽视的作用。在个人应用中，可以使用 Windows 操作系统将多台计算机连接在一起，组建局域网络，并可以在已建局域网中建立家庭组。在局域网和家庭组中，可以共享程序、文档、音乐、视频、打印机等各种资源。

3.1.1 组建无线局域网

无线局域网是一种新的网络形式，它使用无线连接技术将两台或多台计算机组建为一个小型局域网络。无线局域网的特点是网络中的计算机地位平等，不需要中央网络设备参与，非常适用于两台或多台计算机临时交换数据、或者共享一个网线插口的情况。

组建无线局域网的基本思路是：打开一台计算机的无线网络功能，并对这台计算机进行设置，使其充当无线路由器；其他计算机使用无线网卡连接到这台计算机上，从而组成一个对等的局域网，可实现文件共享等最基本的网络服务。Windows 7 操作系统新增了设置无线临时网络功能，因此可以通过 Windows 更方便地设置计算机充当无线路由器。操作步骤如下。

步骤 1：打开“网络和共享中心”窗口。单击“开始”→“控制面板”，系统会弹出“控制面板”窗口；单击窗口内“网络和 Internet”图标或文字链接，在弹出的“网络和 Internet”窗口中单击“网络和共享中心”图标或文字链接，系统会弹出“网络和共享中心”窗口，如图 3-1 所示。

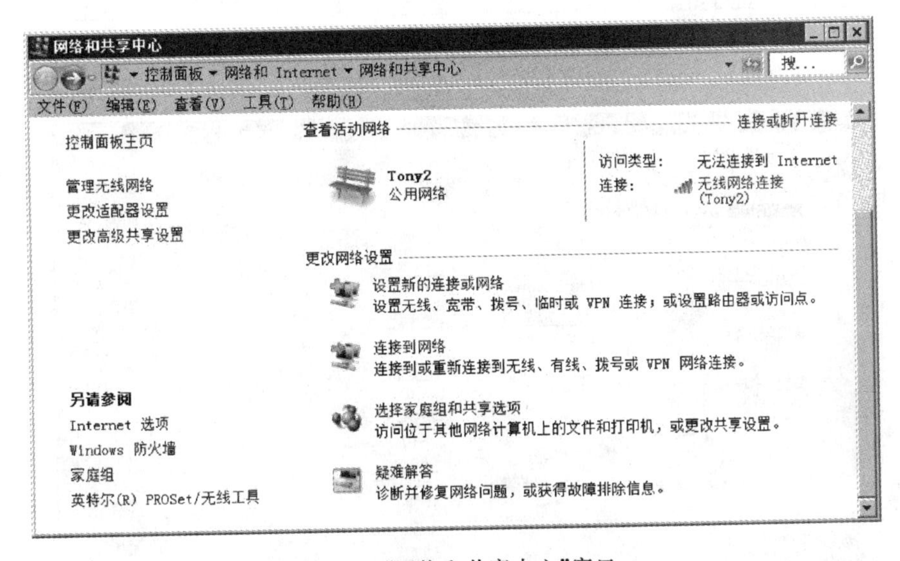

图 3-1 “网络和共享中心”窗口

步骤 2：选择连接方式。单击“设置新的连接或网络”文字链接，系统会弹出“设置连接或网络”对话框，选择“设置无线临时(计算机到计算机)网络”选项，如图 3-2 所示。

注意：作为无线路由器使用的计算机，如果没有安装无线网卡，或无线网卡的驱动程序有问题，则图 3-2 不会出现“设置无线临时(计算机到计算机)网络”选项。

步骤 3：阅读系统介绍。单击“下一步”按钮，系统会弹出“设置临时网络”对话框，显示这种连接方式的简单介绍，阅读后单击“下一步”按钮，系统会弹出“设置临时网络”的下一步对话框。

步骤 4：设置临时网络的相关参数。在“网络名”文本框中输入临时网络名称(如 TempNetwork)；在“安全类型”下拉列表框中选择该网络的加密方式；在“安全密钥”文本框中输入该网络密码，设置结果如图 3-3 所示。

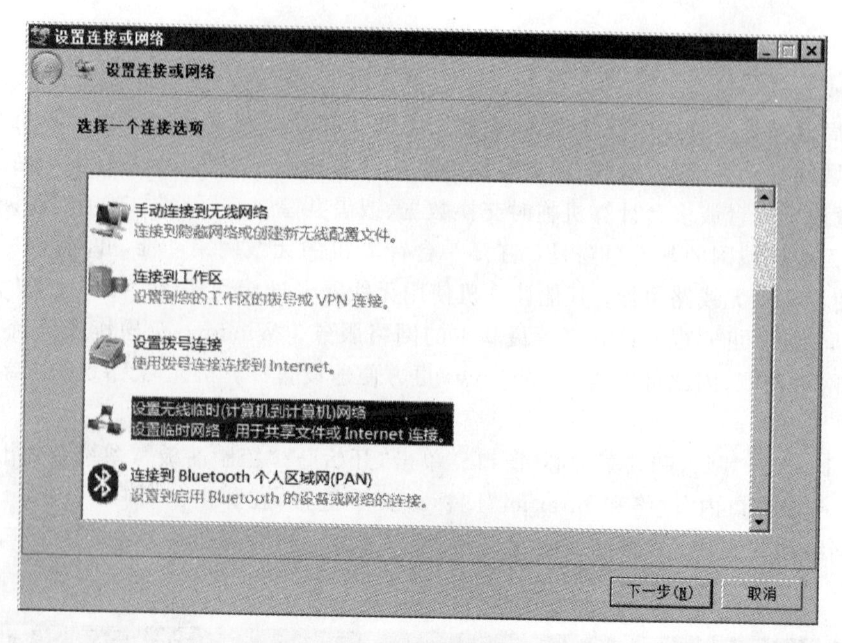

图 3-2 选择要创建的连接方式

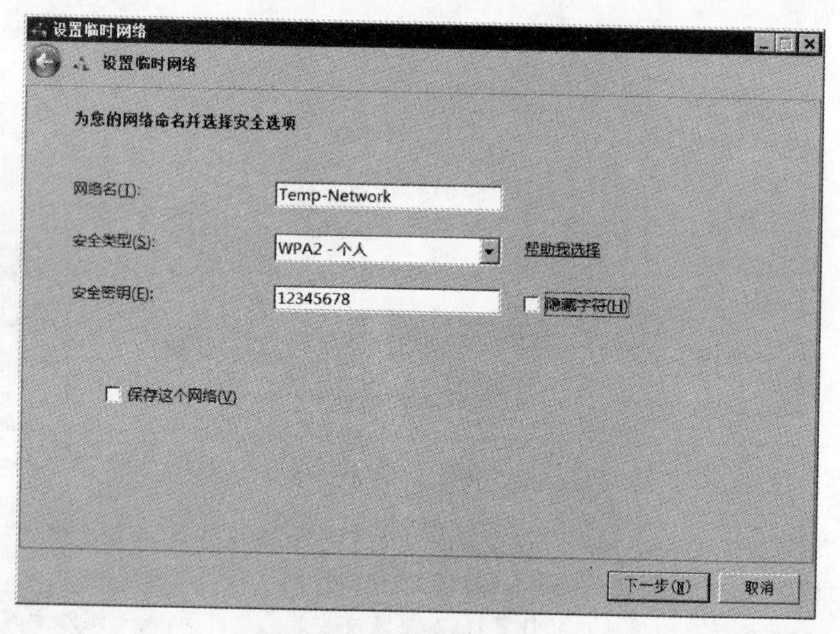

图 3-3 设置临时网络的相关参数

获得所有必要信息后，Windows 会自动开始创建并设置网络连接，这个过程需要几秒钟时间，连接成功后，系统将显示如图 3-4 所示的对话框。

此时这台计算机开始充当无线路由器，并等待其他计算机的连接。单击任务栏“通知区域”中的网络图标，可以从列表中看到正在等待连接的临时无线网络标识，如图 3-5(a)所示。准备连接该临时网络的计算机的列表如图 3-5(b)所示。

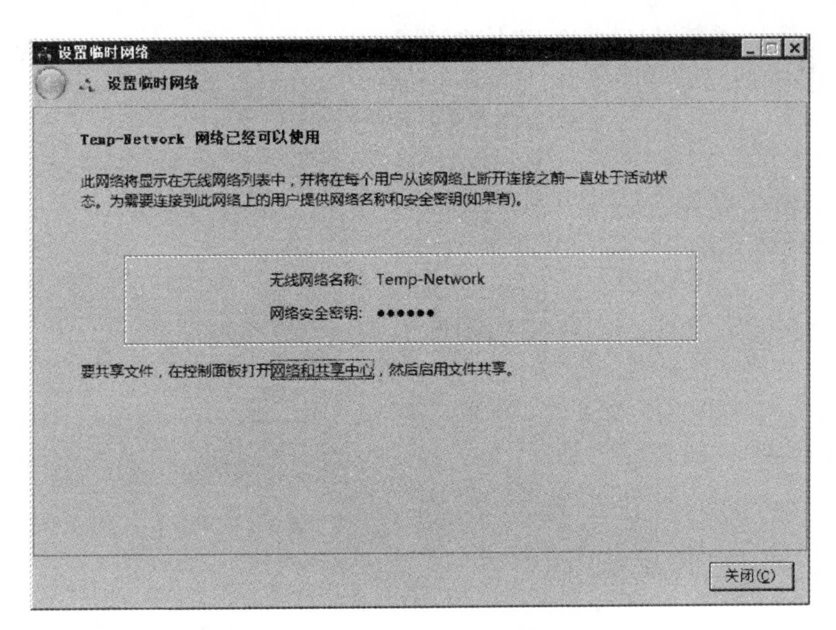

图 3-4 创建成功的临时网络显示

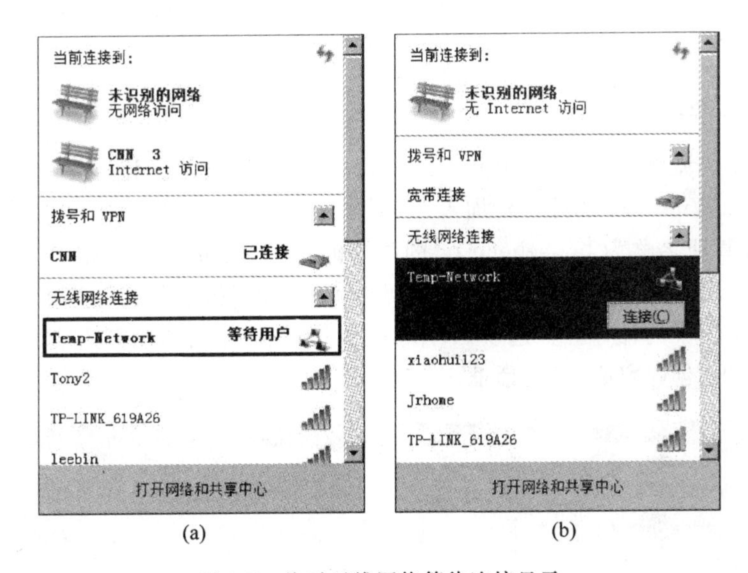

图 3-5 临时无线网络等待连接显示

3.1.2 组建有线局域网

有线局域网与传统对等网络相似，其特点是网络中的计算机平等地共享网络资源。可以使用一根网线直接将两台计算机连接在一起，也可以使用中央网络设备将多台计算机连接在一起。有线局域网中计算机数量较少，相对比较简单，适用于办公室或家庭使用。

在 Windows 中组建有线局域网的思路是：将物理连接后的所有计算机放在同一个工作组中，也就是为这些计算机设置同一个工作组名。设置或更改工作组名的操作步骤如下。

步骤 1：打开“系统”窗口。单击“开始”按钮，右击菜单列表中的“计算机”命令，并在弹出的快捷菜单中选择“属性”命令，系统会弹出“系统”窗口。

步骤 2：调出“计算机名/域更改”对话框。单击“高级系统设置”文字链接，在弹出的“系统属性”对话框中，单击“计算机”选项卡，单击“更改”按钮，系统会弹出“计算机名/域更改”对话框。

步骤 3：更改工作组名。在“工作组”文本框中输入更改后的工作组名，如图 3-6 所示。单击“确定”按钮，回到“系统属性”对话框，单击“确定”按钮。

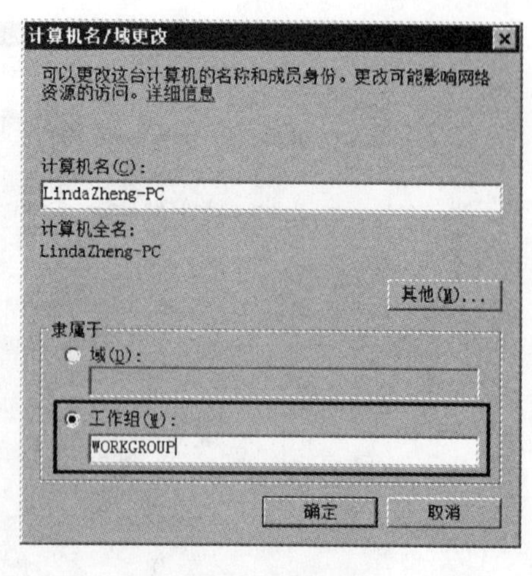

图 3-6 “计算机名/域更改”对话框

3.1.3 组建家庭组

家庭组是 Windows 7 推出的一种新的网络共享功能，局域网上的计算机均可以加入到家庭组中，并可以将本机中的资源共享到家庭组中，从而方便家庭内多台计算机分享资源。

注意：组建家庭组的局域网应为“家庭网络”类型。

1. 创建家庭组

组建了小型局域网后，便可以由其中一台运行 Windows 的计算机创建家庭组，供局域网上的其他运行 Windows 的计算机加入。

例如，在计算机名称为 lindazheng-pc 的计算机上创建家庭组。操作步骤如下。

步骤 1：打开“创建家庭组”窗口。单击“开始”→“计算机”，系统会弹出“计算机”窗口；单击窗口左侧窗格中的“家庭组”选项，如图 3-7 所示，然后单击右侧窗格中的“创建家庭组”按钮，系统会弹出“创建家庭组”对话框。

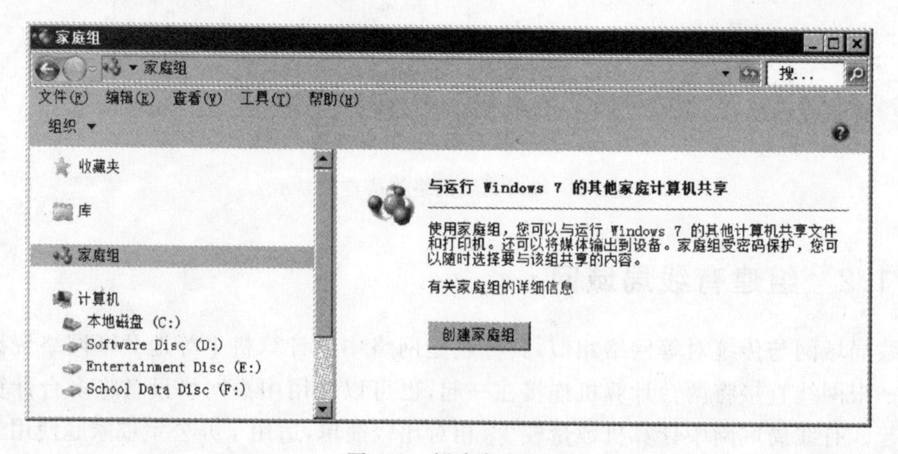

图 3-7 创建家庭组

步骤 2：选择“与运行 Windows 的其他家庭计算机共享”的内容。选中需要共享内容选项左侧的复选框，如图 3-8 所示。

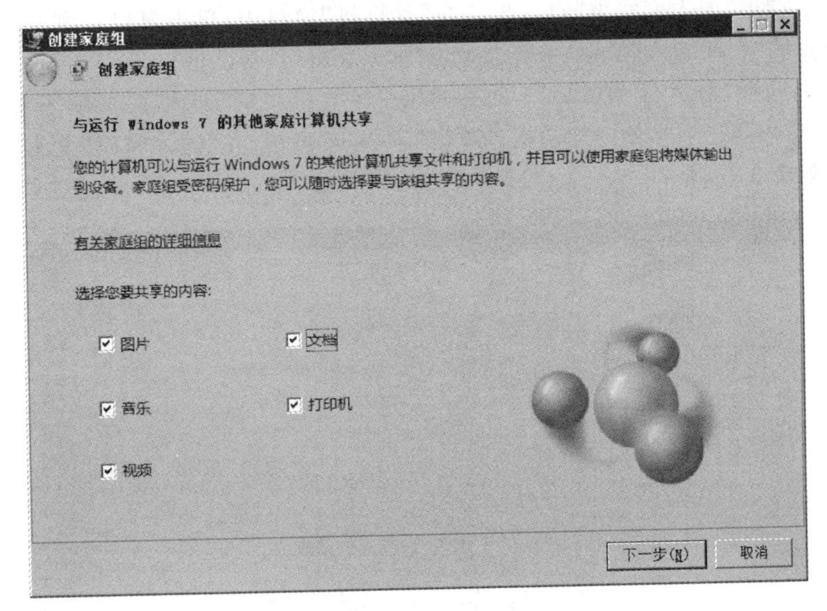

图 3-8　设置共享内容

步骤 3：记录家庭组密码。单击“下一步”按钮，系统将在“创建家庭组”对话框中显示出家庭组密码，如图 3-9 所示。记下此密码，单击“完成”按钮，完成创建。

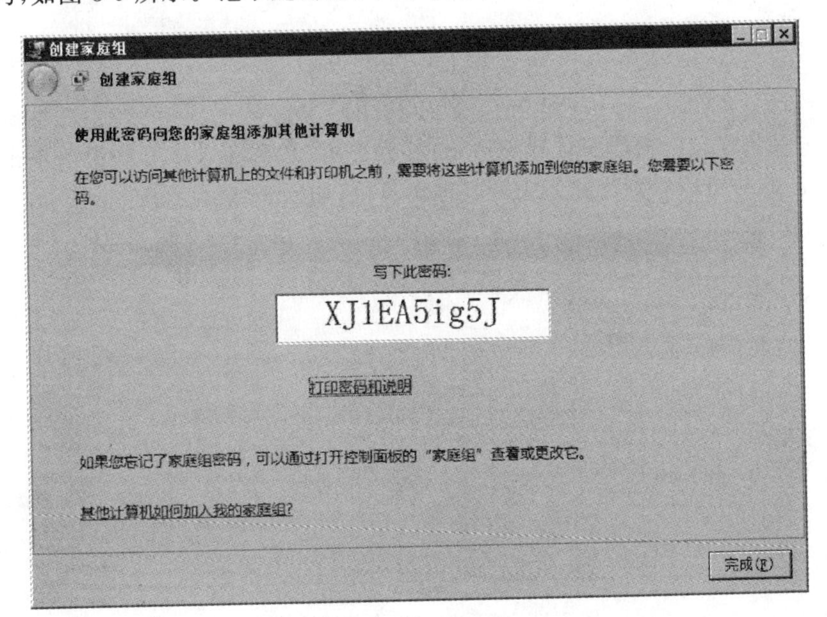

图 3-9　家庭组密码

2. 加入家庭组

在局域网中某台计算机建立了家庭组后，局域网中的其他计算机就可以使用家庭组密码加入到此家庭组中。

例如，将一台运行 Windows 的计算机加入到上面已建的家庭组中。操作步骤如下。

步骤1：调出“加入家庭组”对话框。在“计算机”窗口中，单击窗口左侧的“家庭组”选项，单击右侧的“立即加入”按钮，系统会弹出“加入家庭组”对话框。

步骤2：选择“与运行 Windows 的其他家庭计算机共享”的内容，并输入家庭组密码。选中需要共享内容选项左侧的复选框。单击“下一步”按钮，在“键入密码”文本框中输入家庭组密码，如图3-10所示。

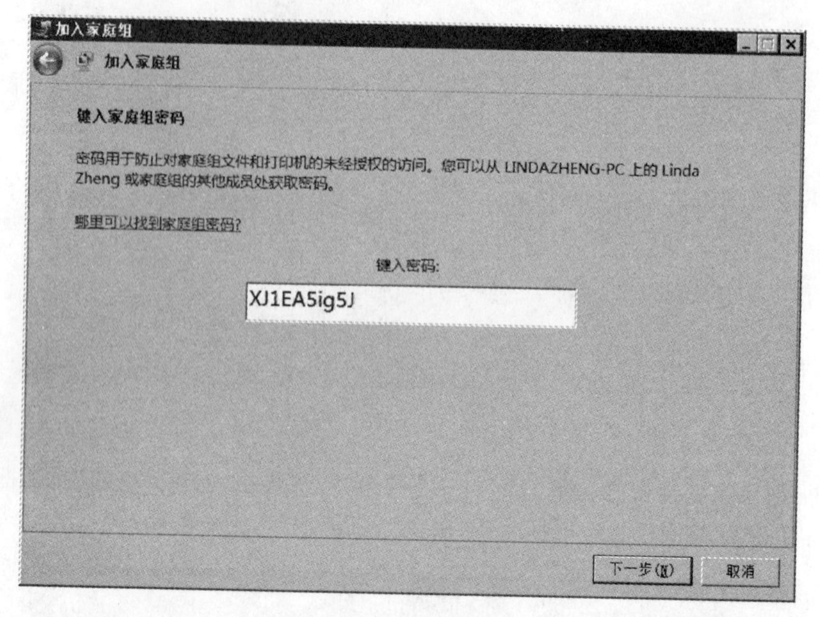

图3-10 输入密码

步骤3：结束设置。密码验证成功后，系统会提示“您已加入该家庭组”，单击“完成”按钮结束设置。此时可以看到家庭组中的其他计算机，如图3-11所示。

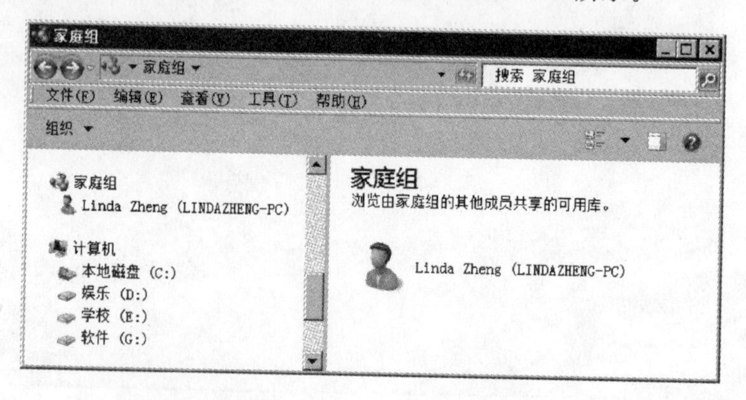

图3-11 查看家庭组中其他计算机

3.1.4 共享网络资源

网络的最大价值就在于用更简单的方法实现了资源的共享。共享资源包括两个方面：第一，本地计算机资源提供给网络上其他计算机使用。第二，本地计算机访问网络上其他计算机资源。网络资源可以在组建的局域网中共享，也可以在已建的家庭组中共享。

1. 设置文件和打印机共享

如果允许网络中的计算机访问共享资源，无论以何种方式共享，均需要确保 Windows 防火墙允许文件和打印机共享。操作步骤如下。

步骤1：打开“Windows 防火墙”窗口。单击“开始”→“控制面板”→“系统和安全”文字链接，系统会弹出“系统和安全”窗口；单击窗口内“Windows 防火墙”图标或文字链接，系统会弹出“Windows 防火墙”窗口。

步骤2：打开“允许的程序”窗口。单击“允许程序或功能通过 Windows 防火墙”文字链接，系统会弹出“允许的程序”窗口。

步骤3：设置规则。单击“更改设置”按钮，选中“文件和打印机共享”复选框，并在其右侧选中所需的网络类型，如图 3-12 所示。单击“确定”按钮。

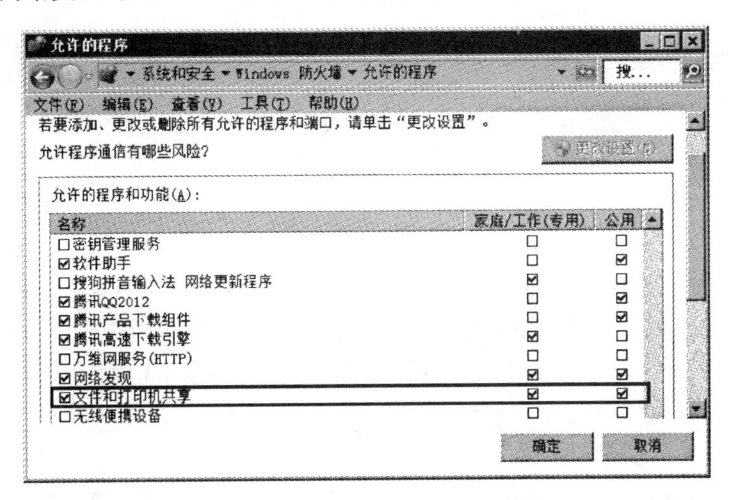

图 3-12 设置“文件和打印机共享”

2. 在局域网中共享网络资源

由于网络中的计算机其硬件资源和软件资源并不能自动被网络中其他计算机所共享，因此需要对被访问的计算机资源进行共享设置。然后才能提供给网络中的其他计算机访问和使用。

1）设置共享文件夹

例如，利用 Windows 的共享功能，将本地计算机 C 盘中 Temp 文件夹设置为共享文件夹。操作步骤如下。

步骤1：显示共享文件夹。单击“开始”→“计算机”，打开“计算机”窗口。在该窗口中找到 C 盘并打开。

步骤2：调出“属性”对话框。右击 C 盘下 Temp 文件夹图标，在弹出的快捷菜单中执行“属性”命令，系统会弹出“属性”对话框。

步骤3：调出“文件共享”对话框。在“属性”对话框中，单击“共享”选项卡，单击“共享”按钮，系统会弹出“文件共享”对话框。

步骤4：设置共享。在下拉列表中选择可访问此共享资源的用户名称，如图 3-13 所示；

然后单击“添加”按钮，用户名称将出现在下面的列表中；单击列表中的共享用户名称，并在出现的下拉菜单中选择该用户对共享资源的访问权限；单击“共享”按钮。

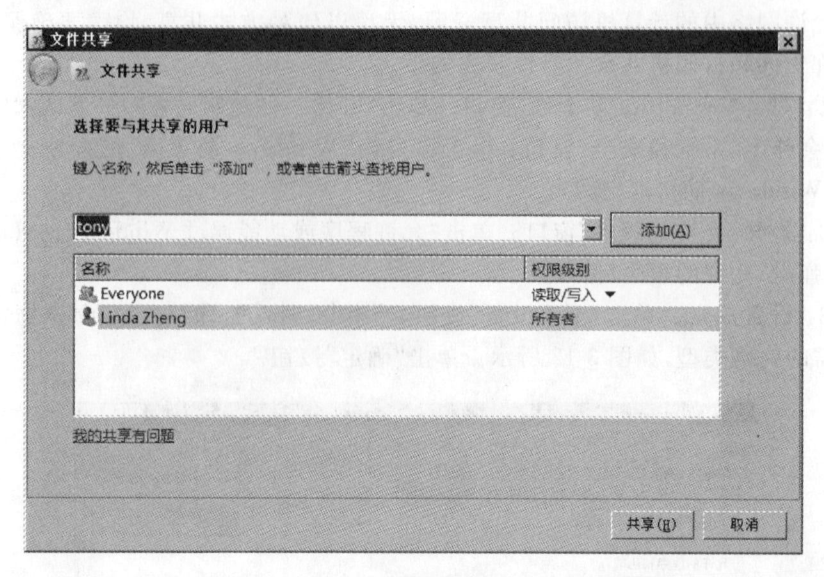

图 3-13 设置共享

注意：如果允许匿名用户也可访问共享资源，则需要选择 Everyone 用户。

步骤 5：结束设置。在弹出的对话框中，单击“完成”按钮。

完成共享设置后，在“计算机”窗口左侧窗格中展开“网络”选项，可以看到 Temp 文件夹，网络中的计算机就可以访问该文件夹了。

2) 浏览和使用共享资源

浏览和使用共享资源的方法很多，比如通过使用“计算机”或“资源管理器”窗口浏览、通过搜索计算机名称浏览和通过映射驱动器浏览等。下面介绍使用上述方法浏览 Temp 文件夹的操作。

第一，通过“计算机”窗口浏览。操作步骤如下。

步骤 1：展开“网络”选项。单击“开始”→“计算机”，打开“计算机”窗口。在该窗口左侧窗格中，单击“网络”选项，如图 3-14 所示。

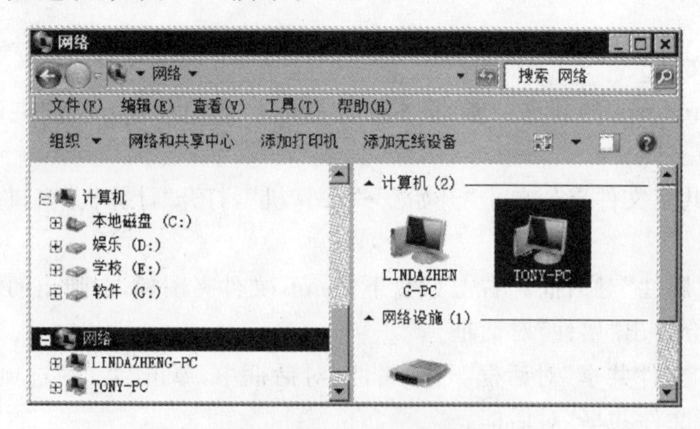

图 3-14 展开“网络”

步骤 2：登录计算机。双击要查找的主机名称，如果是第一次访问，系统会弹出“Windows 安全”对话框，输入合法的用户名称和密码后，单击“确定”按钮。

步骤 3：浏览共享文件夹内容。双击 Temp 文件夹，结果如图 3-15 所示。

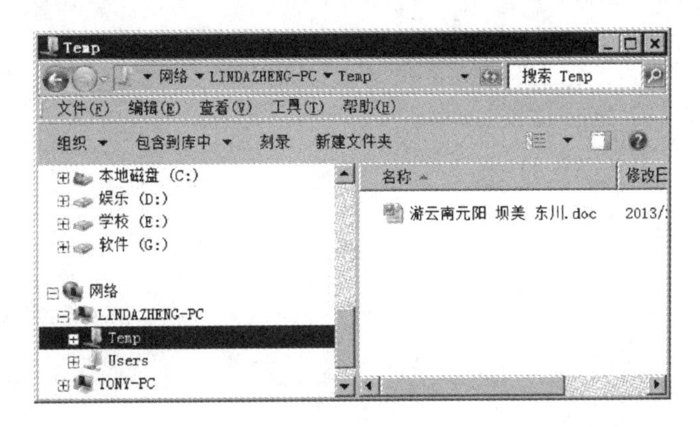

图 3-15 共享文件夹内容

第二，通过搜索计算机名称浏览。

假设已共享的 Temp 文件夹所属计算机名为 lindazheng-pc，操作方法是：在“开始”菜单的“搜索框”中输入“搜索 lindazheng-pc”并按 Enter 键，系统会直接打开“lindazheng-pc 资源管理器”窗口，如图 3-16 所示，然后再按照上面介绍的方法打开要浏览的文件夹。

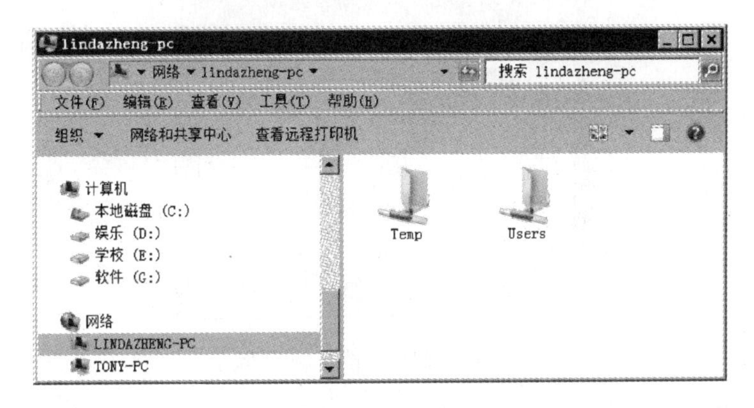

图 3-16 通过计算机名称访问网络主机

第三，通过映射驱动器浏览。操作步骤如下。

步骤 1：调出“映射网络驱动器”对话框。单击“开始”按钮，右击菜单中的“计算机”命令，在弹出的菜单中执行“映射网络驱动器”命令，系统会弹出“映射网络驱动器”对话框，如图 3-17 所示。

步骤 2：设置网络驱动器并调出“浏览文件夹”对话框。在“映射网络驱动器”对话框的“驱动器”下拉列表中选择一个盘符，如“Z：”，单击“文件夹”右侧“浏览”按钮，这时将弹出“浏览文件夹”对话框。

步骤 3：设置浏览文件夹。在“请选择共享的网络文件夹”列表中，选择 Temp，如图 3-18 所示。

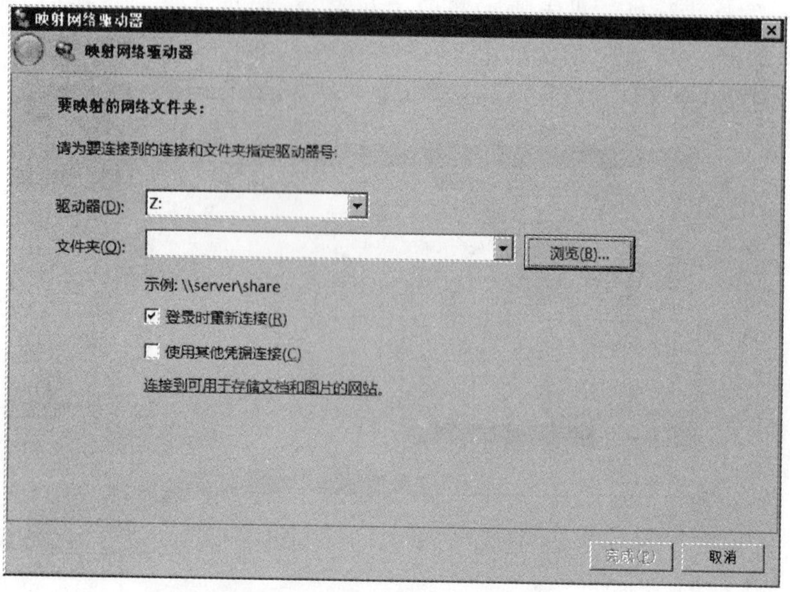

图 3-17 “映射网络驱动器”对话框

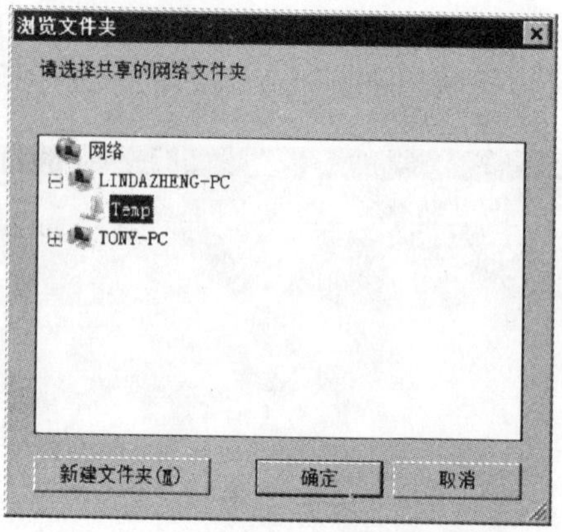

图 3-18 “浏览文件夹”对话框

步骤 4:结束设置。单击“确定”按钮。此时,可看到“文件夹”下拉列表中显示的共享文件夹的主机名称,如图 3-19 所示。单击“完成”按钮。

这时可以看到所设文件夹中的内容,同时在窗口左侧会显示出网络驱动器的图标。如图 3-20 所示。

注意:当需要浏览或使用共享资源时,双击网络驱动器图标即可。不用时,右击网络驱动器图标,从弹出的快捷菜单中执行“断开”命令,将映射的网络驱动器撤销。

上述 3 种方法虽然都可以浏览共享资源,但它们的操作方法不同,适应范围不同。第一种方法与使用“资源管理器”浏览文件夹的操作相似。由于大多数用户对此类操作比较熟悉,因此它是浏览共享资源最常使用的方法。第二种方法直接在“开始”菜单的“搜索框”中输入网络计算机名称,该方法需要清楚欲访问的文件夹所在的计算机名称,熟悉相应的操作。第三种方法是通过设置网络驱动器来浏览共享资源,所设驱动器与计算机中其他驱动

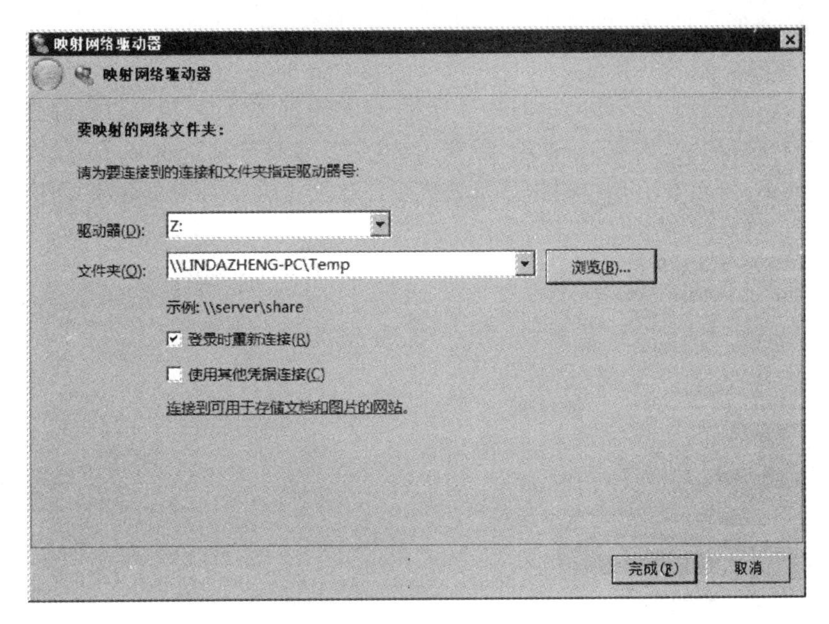

图 3-19 设置浏览文件夹结果

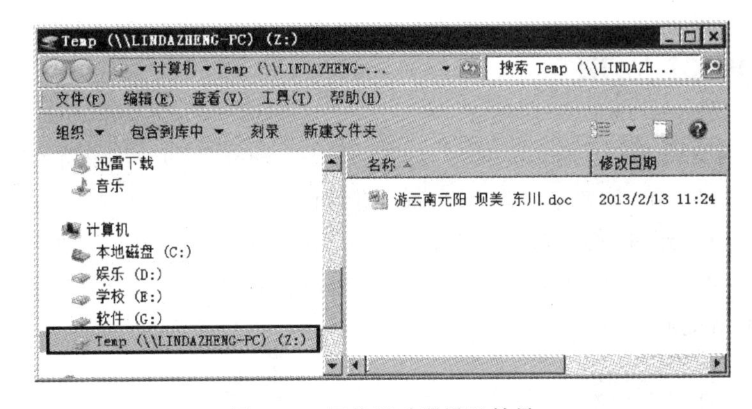

图 3-20 网络驱动器设置结果

器功能和使用方法相似，浏览时直接双击网络驱动器图标。为使用方便，可将经常访问的共享资源映射为网络驱动器。在浏览共享资源时，可根据实际使用情况灵活选择其中一种方法。

3. 在家庭组中共享网络资源

在 Windows 的家庭组中，共享资源的设置更加简单，只需简单的操作就可以将资源共享给整个家庭组，而其他家庭组成员就可以直接访问。

1) 将资源共享至家庭组

如果家庭组内的成员希望将新的资源共享到家庭组内，可以右击待共享的文件夹，在弹出的快捷菜单中选择“共享”→“家庭组(读取)”或“家庭组(读取/写入)”命令。这样家庭组中的其他计算机就可以看到共享的新文件夹，如图 3-21 所示。

当需要在家庭组内停止某共享的资源时，在相应的文件夹上右击，在弹出的快捷菜单中选择“不共享”命令。

2) 访问家庭组内的共享文件

当需要访问家庭组内某计算机的共享资源时,只要打开“计算机”或“资源管理器”窗口,然后选择左侧窗格中的“家庭组”选项,展开成员列表,选择要访问的成员,再选择其中要显示的共享文件夹,便可在右侧窗格中显示该成员所选文件夹的共享文件或文件夹,如图 3-21 所示。

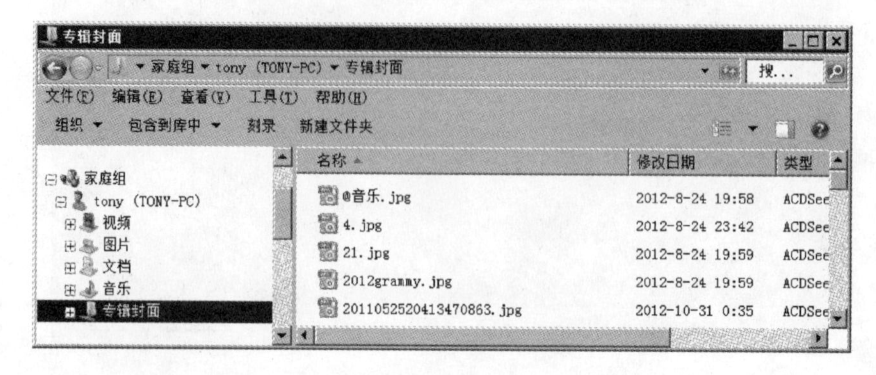

图 3-21 将资源共享至家庭组

3.2 Internet 应用

Windows 的 Internet 功能非常强大,它集成了 Internet Explorer(以下简称 IE)浏览器,利用该浏览器可以简单、快速地访问 Internet,进行网页浏览、文件上传和下载等操作;它提供了 Windows Live 组件,使用其中的 Windows Live Mail 服务,可以方便地进行电子邮件的收发和管理。本节将重点介绍 Internet 的主要应用,包括网页浏览、电子邮件使用、文件上传和下载、网络交流等。

3.2.1 网页浏览

使用 Internet 上网浏览网页信息,首先需要连接 Internet,然后才能通过使用 IE 浏览器按照需求进行网上操作。

1. 连接 Internet

在连接 Internet 之前,用户需要对系统的硬件和软件进行安装和设置。比如,要考虑采用何种物理连接方式接入 Internet,以及如何建立 Internet 连接等。连接 Internet 方式分为有线连接和无线连接两大类。有线连接方式包括 ADSL、有线局域网以及光纤等。无线连接方式包括无线局域网、3G 无线、卫星通信等。下面重点介绍 ADSL 连接方式和无线局域网连接方式。

1) ADSL 连接

ADSL(Asymmetric Digital Subscriber Line)是非对称数字用户线路的英文缩写。以现有普通电话线(双绞线)为传输介质,能够在普通电话线上提供高达 10Mb/s 的下行速率和

1Mb/s 的上行速率,传输距离可以达到 3000～5000m。ADSL 在保证不影响电话正常使用的前提下,利用原有电话双绞线进行高速数据传输,它是目前较为普及的宽带接入方式。使用 ADSL 连接 Internet 需要先向 ISP 申请一个账户,获取用户登录名称和密码,然后安装并配置 ADSL 硬件设备,最后建立 Internet 连接。

在 Windows 中,建立 Internet 连接的基本操作步骤如下。

步骤 1:打开“网络和共享中心”窗口。单击任务栏“通知区域”中的网络图标,单击“打开网络和共享中心”文字链接,系统会弹出“网络和共享中心”窗口,如图 3-1 所示。

步骤 2:选择连接选项。单击窗口内“设置新的连接或网络”文字链接,系统会弹出“设置连接或网络”对话框,选择“连接到 Internet”选项,单击“下一步”按钮。

步骤 3:选择连接到 Internet 的方式。在弹出的“连接到 Internet”对话框中,单击“否,创建新连接”单选钮,单击“下一步”按钮;单击对话框内“宽带(PPPoE)(R)”按钮,如图 3-22 所示。

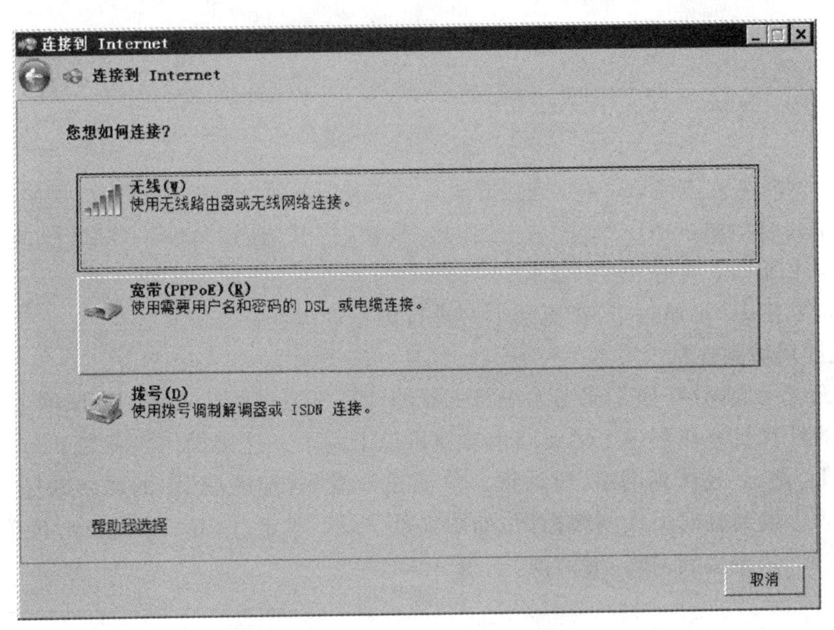

图 3-22 选择连接到 Internet 的方式

步骤 4:输入相关信息。在对话框内“用户名”和“密码”文本框中分别输入在 ISP 申请账户时获得的用户名和密码,在“连接名称”文本框中输入易于记忆的连接名称(如 ADSL),如图 3-23 所示。

步骤 5:连接 Internet。单击对话框内“连接”按钮,将开始尝试连接到 Internet,如果计算机与 ADSL 设备已经连接好,并且打开了 ADSL Modern 的电源,即可连接到 Internet。如果不想马上连接 Internet,单击“跳过”按钮。

注意:ISP(Internet Service Provider)是 Internet 服务提供商的英文缩写,是向广大用户提供 Internet 接入业务、信息业务以及增值业务的电信运营商。中国电信、中国移动和中国联通是目前我国最大的 ISP。

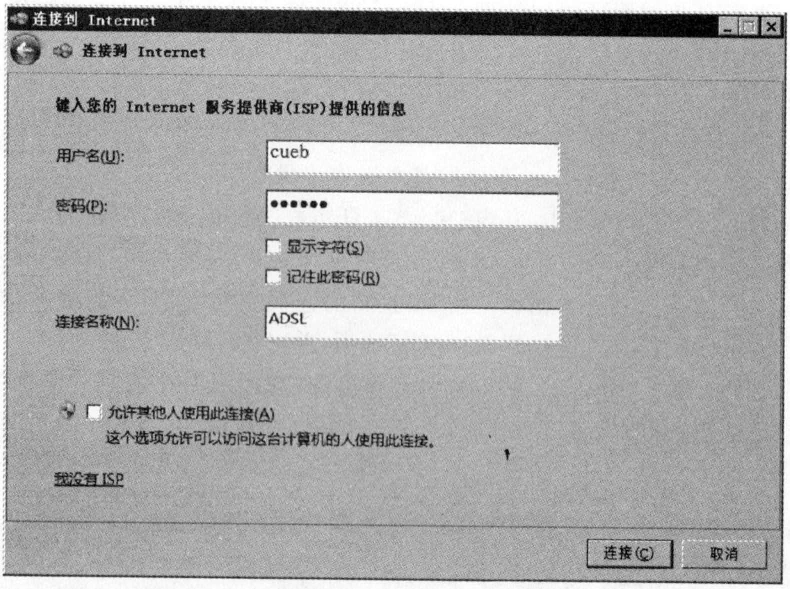

图 3-23 输入相关信息

每次上网时需要连接 ADSL。连接方法是:单击任务栏“通知区域”中的网络图标,在弹出的菜单列表中单击 ADSL,再单击“连接”按钮,打开“连接 ADSL”对话框,输入相关信息,如图 3-24 所示。单击“连接”按钮。

连接成功后,即可通过 IE 浏览器上网进行浏览等操作。

2) 无线局域网连接

组成无线局域网后,如果充当无线路由器的计算机通过网线连接到互联网上,那么拥有无线网卡的计算机连接到这个无线路由器就可以上网了。连接操作步骤如下。

步骤 1:调出“连接到网络”对话框。单击任务栏“通知区域”中的网络图标,在弹出的菜单列表中找到临时无线网络标识,如图 3-25 所示,单击 Temp-Network,再单击“连接”按钮,系统弹出“连接到网络”对话框。

图 3-24 连接 ADSL

图 3-25 网络连接列表

步骤2：输入安全密钥。在“安全密钥”文本框中输入安全密钥，如图3-26所示，然后单击“确定”按钮。此时系统验证安全密钥，密钥验证通过后系统开始连接，连接成功后就可以上网了。

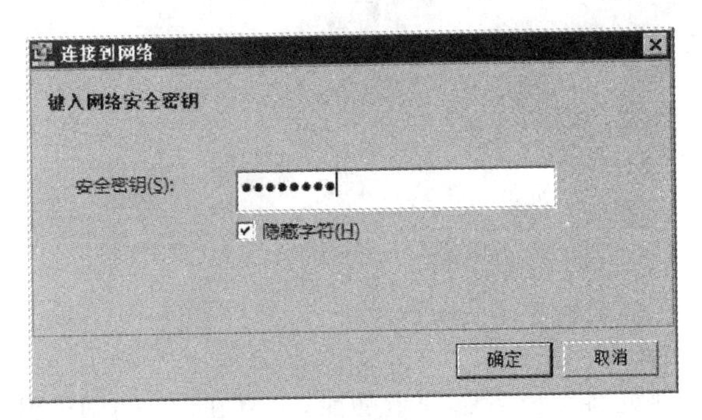

图3-26 输入安全密钥

注意：步骤2输入的安全密钥是在创建临时无线网络时设置的。

2. 设置IE浏览器

IE是一款优秀的浏览器软件，也是目前国内使用最为普及的浏览器软件，它与Windows操作系统的完美结合使其备受用户青睐。下面以Windows自带IE浏览器为例介绍其设置方法。

1) 设置默认主页

主页是指一个网站的入口网页，即通过浏览器打开某个网站后看到的第一个页面，通过主页上的超链接可以进入网站中其他相关页面。默认主页是指启动浏览器后，自动显示的第一个网页。为了能够更加方便地浏览Internet网页，可以将喜欢的、或经常访问的网页设置为默认主页。

例如，将搜狐主页设置为默认主页。操作步骤如下。

步骤1：调出搜狐主页。单击任务栏的“快速启动及程序按钮”中的Internet Explorer按钮，系统会弹出Windows Internet Explorer窗口，在URL地址行中输入http://www.sohu.com并按Enter键，系统会弹出搜狐主页。

注意：URL(Uniform Resource Locator)是统一资源定位器的英文缩写。它由3部分构成：协议、网页所在主机域名、路径及文件名。例如，http://www.sohu.com地址中的“http”指明使用的是HTTP协议，www.sohu.com指明要访问的服务器的主机名，此处省略了该主页的文件名。使用URL机制，用户可以指明要访问什么服务器、哪台服务器、服务器中哪个文件。

步骤2：调出“Internet选项”对话框。单击“工具”→“Internet选项”，系统会弹出“Internet选项”对话框。

步骤3：设置默认主页。在“Internet选项”对话框的“主页”区域中显示搜狐主页地址，单击“使用当前页”按钮。单击“确定”按钮，保存所做更改。

也可以在IE窗口中调出“命令栏”，然后单击“命令栏”中的“主页”按钮右侧下拉箭头，从弹出的菜单列表中选择“添加或更改主页”命令，在弹出的“添加或更改主页”对话框中选中"将此网页用作唯一主页"单选钮,如图 3-27 所示。最后单击"确定"按钮。

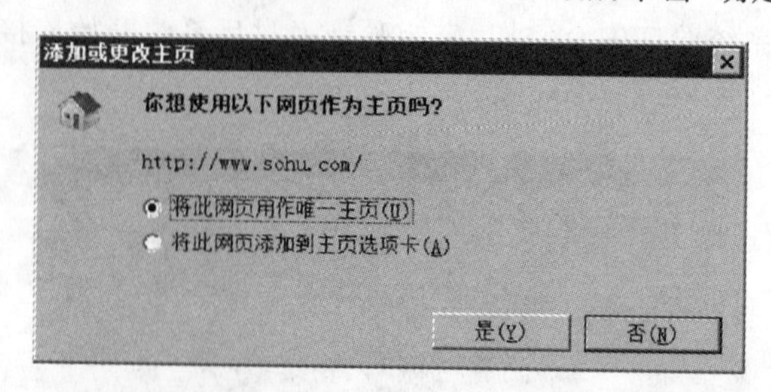

图 3-27 设置默认主页

2) 自定义选项卡浏览方式

Windows 中的 IE 浏览器支持多选项卡功能,可以在同一个 IE 窗口中同时打开多个网页。默认情况下,在打开一个网页时,系统会启动一个 IE 窗口,用户可以根据需要,使所有弹出的窗口均在当前 IE 窗口的新选项卡中打开。

设置自定义选项卡浏览方式的操作步骤如下。

步骤 1: 调出"选项卡浏览设置"对话框。在"Internet 选项"对话框中,单击"常规"选项卡,单击"选项卡"区域中的"设置"按钮,系统会弹出"选项卡浏览设置"对话框。

步骤 2: 自定义选项卡浏览方式。在"遇到弹出窗口时:"区域中,单击"始终在新选项卡中打开弹出窗口"单选按钮,结果如图 3-28 所示。最后单击"确定"按钮。

3) 放大或缩小页面

在浏览网页时,如果页面文字过小看不清楚内容,可以通过页面缩放功能放大文字。设置方法是:启动 IE 浏览器,单击命令栏中的"页面"→"缩放"→"自定义",在弹出的"自定义缩放"对话框中输入缩放百分比,单击"确定"按钮。

注意:也可以在"缩放"子菜单中直接执行"放大"命令或选择具体的缩放百分比;还可以单击状态栏右侧的"缩放级别"按钮,在弹出的"显示比例"对话框中设置缩放比例。

4) 设置网页中不显示图片

在浏览网页时,有时因网速较慢而影响网页下载速度。为解决这个问题,可以设置在网页中不显示图片。设置步骤如下:在"Internet 选项"对话框中,单击"高级"选项卡。在"设置"列表框中找到"多媒体",取消其中选中的"显示图片"复选框,结果如图 3-29 所示。最后单击"确定"按钮。

通常情况下,用户不需要更改"高级"选项的设置,但如果有特殊要求,可对其进行调整。比如,不希望将刚刚浏览过的网页保存在本地计算机中,可以在"设置"列表框的"安全"中,选中"关闭浏览器时清空 Internet 临时文件夹"复选框。

5) 管理收藏夹

IE 浏览器中的收藏夹是一个非常实用的工具,它可以保存用户喜欢的网页或经常访问的网页,帮助用户快速访问网页。将网页保存至收藏夹的操作步骤如下。

步骤 1: 调出"添加收藏"对话框。在已打开的网页窗口中,单击"收藏夹"→"添加到收藏夹"命令,系统会弹出"添加收藏"对话框。

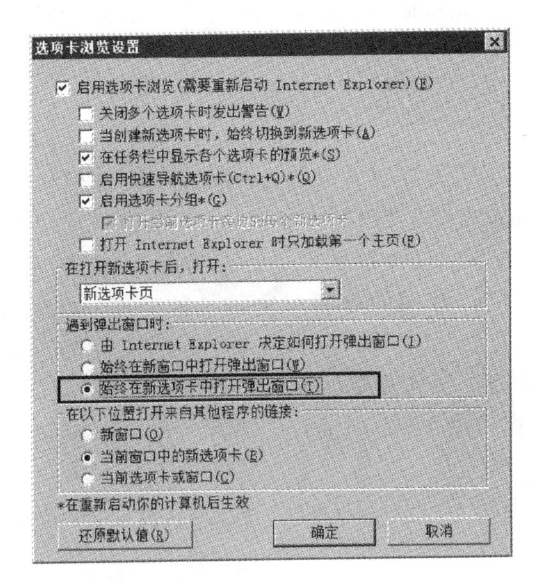

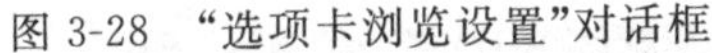
图 3-28　“选项卡浏览设置”对话框

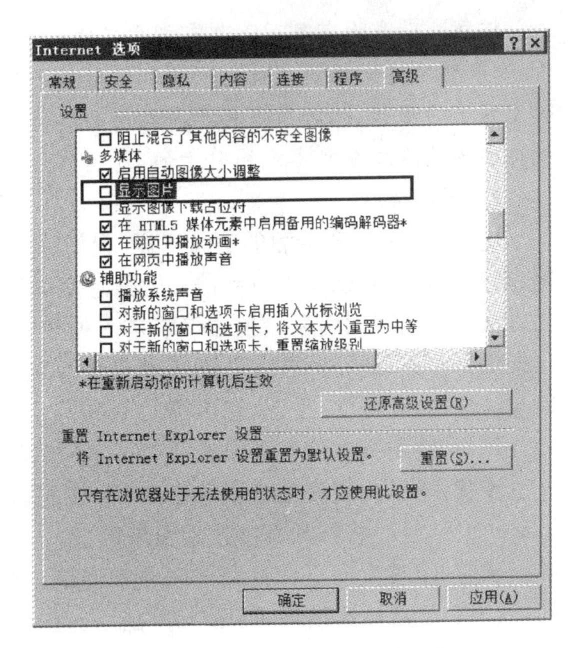

图 3-29　“Internet 选项”对话框

步骤 2：添加收藏。单击“添加”按钮，即可将当前显示的网页添加到收藏夹中。

注意：可以将网页保存至“收藏夹”中当前文件夹里，也可将网页存入一个新建的文件夹中。使用后者时，需要先创建新文件夹。

可以更改“收藏夹”中已保存网页的名字、存储位置，也可以删除不需要的网页。操作步骤如下。

步骤 1：调出“整理收藏夹”对话框。单击“收藏夹”→“整理收藏夹”命令，系统会弹出“整理收藏夹”对话框。

步骤 2：整理“收藏夹”。选定对话框中要更改的网页，单击“重命名”按钮，输入新的名称。单击“移动”按钮，在弹出的“浏览文件夹”对话框中，选中要存放网页的文件夹，然后单击“确定”按钮。单击“删除”按钮，删除所选网页。

3. 使用 IE 浏览器

使用 IE 浏览器，既可以搜索或浏览 Internet 上的网页，也可以下载或打印网页。

1）浏览网页

浏览网页的一般方法是在 IE 浏览器窗口的 URL 地址行中直接输入相应的地址，然后按 Enter 键。如果要浏览以前收藏或是最近访问过的网页，也可以通过收藏夹或历史记录快速访问。

浏览收藏夹中网页的方法是：单击“收藏夹”按钮，在弹出的列表中找到并单击要访问的网页名称。也可以在“IE 浏览器”窗口中，单击“收藏夹”菜单项，从弹出的菜单中选择要浏览的网页。

浏览“历史记录”文件夹中网页的方法是：单击“收藏夹”按钮☆，然后单击“历史记录”选项卡，从网址列表中单击要浏览的网页。

注意：几乎所有网页上都有指向其他网页的超链接。超链接是 Internet 常用的一种元素，它表明了不同网页文件之间的相互链接关系。当鼠标指针指向某一超链接时，鼠标指针会变为手的形状，此时用鼠标单击指向的超链接，就可以从当前页转到另一页。网页中的超链接通常是建立在文本或图片上的。

2）搜索网页

Internet 是一个浩瀚的信息海洋，漫游其间而不迷失方向有时是相当困难的。如何快速、准确地在 Internet 中找到需要的信息变得越来越重要。在 Internet 中，查找信息最常用的方法是使用搜索引擎。搜索引擎是一种能够通过 Internet 接受用户的查询指令，并向用户提供符合查询要求的信息资源网址的系统。目前，常用的搜索引擎国外的有 Google、Bing，国内的有百度、搜狗、有道等。

例如，使用百度搜索引擎查找闻一多的诗集信息。操作步骤如下。

步骤 1：调出百度搜索引擎。在“IE 浏览器”窗口的 URL 地址行中输入 http://www.baidu.com，这时将打开百度搜索引擎网页。

步骤 2：搜索网页。在网页中的查询信息框中输入“闻一多诗集”，单击“百度一下”按钮，这时将显示搜索结果，如图 3-30 所示。

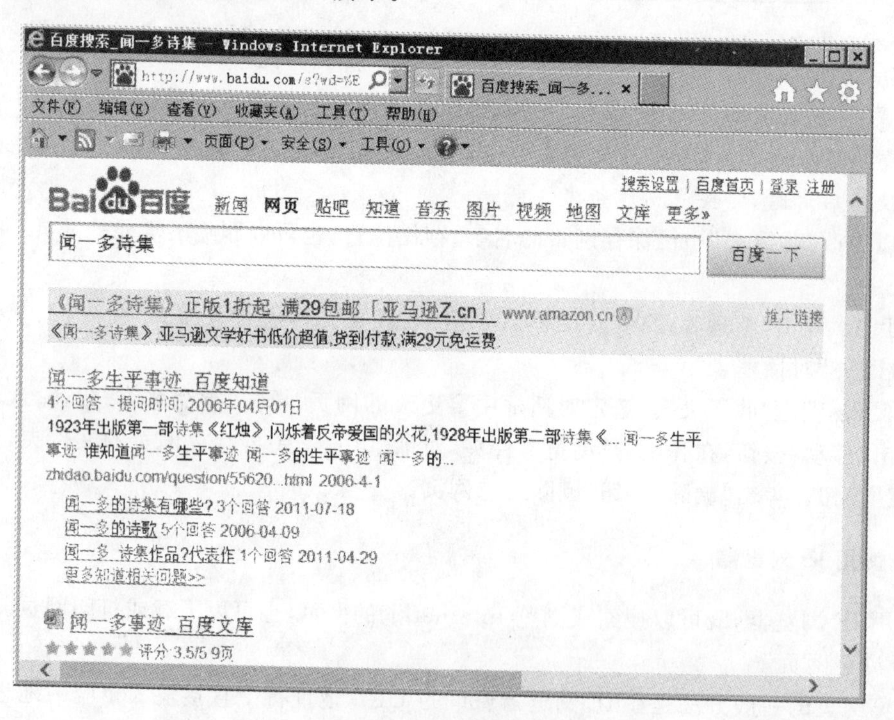

图 3-30　网页搜索结果

步骤 3：调出所查网页。在如图 3-30 所示网页中，单击其中一个链接，即可打开相应网页。

注意：使用搜索引擎应分析搜索资料的种类、资料的语种，同时还应根据搜索的内容和语言选择与之相适应的搜索引擎，这样可以得到较快的搜索结果。另外，提供的搜索信息应是查找内容中的关键词或字，有时也可以输入同义词等。

3.2.2　电子邮件使用

随着计算机及网络应用的迅猛发展，人们的信息交流日益频繁，利用电子邮件传递信息已成为一种常用方式。使用电子邮件主要包括 Web 方式和客户端软件方式。Web 方式是使用浏览器访问电子邮件服务商的电子邮件系统，并在该系统上处理电子邮件。客户端软件方式是通过安装在个人计算机上的支持电子邮件基本协议的应用软件来使用和管理电子邮件。比较著名的客户端软件有与 Windows 集成的 Windows Live Mail，此外还有 Foxmail、Netscape Mail 等。

1. 使用免费电子邮箱

通过 Web 方式使用免费电子邮箱不需特别安装设备或软件，只要连接 Internet 即可使用电子邮件服务商提供的电子邮件功能。下面以 163 免费电子邮箱为例，介绍其使用方法。

1) 申请免费电子邮箱

申请免费电子邮箱的操作步骤如下。

步骤 1：打开"注册网易免费邮箱"窗口。在"IE 浏览器"窗口的 URL 地址行中输入 http://mail.163.com，按 Enter 键，进入该电子邮箱主页，单击"注册"按钮。

步骤 2：输入注册信息。在弹出的"注册网易免费邮箱"窗口中按要求输入注册信息。输入完成后，单击"立即注册"按钮。

步骤 3：输入验证码。在弹出的窗口中输入验证码，然后单击"确定"按钮，完成注册。在申请到免费电子邮箱后，就可以使用电子邮件系统的各项功能了。

2) 登录电子邮箱

使用电子邮箱需要先登录。登录方法是：首先进入 163 电子邮箱主页，然后在登录区域分别输入申请时填写的用户名和密码，如图 3-31 所示。单击"登录"按钮，即可进入电子邮箱工作界面。

图 3-31　登录免费邮箱

3）撰写和发送电子邮件

一般来说，电子邮箱工作界面有两个区域，左侧为目录区，右侧为工作区。撰写和发送电子邮件的操作步骤如下。

步骤 1：调出撰写电子邮件页面。单击左侧的“写信”按钮，这时右侧显示出撰写电子邮件页面，所图 3-32 如示。

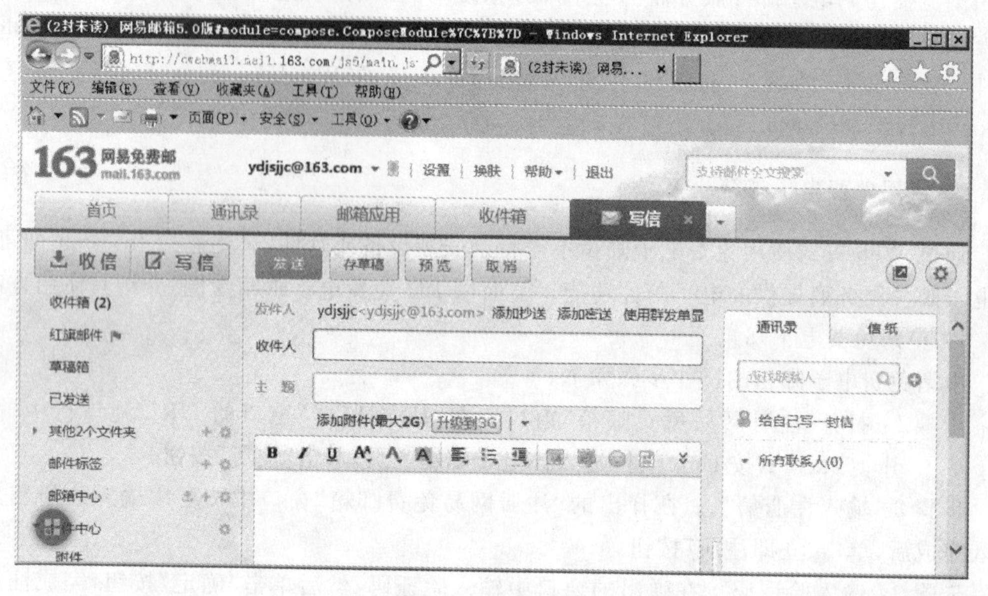

图 3-32 撰写电子邮件页面

步骤 2：撰写邮件。在“收件人”栏中填入收信人的电子邮箱地址，在“主题”栏中填入信件的主题，在正文区中输入信件的正文。另外，还可以通过“添加抄送”和“添加密送”功能将信件抄送或密送给第三方。利用“添加附件”功能则可以将多种类型和格式文件以附件形式发送给收件人。

步骤 3：发送电子邮件。单击页面上的“发送”按钮，即可将写好的信件发出。

4）接收和阅读电子邮件

如果想接收电子邮件，单击左侧的“收件箱”按钮，此时，右侧工作区将出现接收电子邮件页面，其中列出了收到的邮件标题清单。单击其中的一个邮件标题，屏幕上将出现信件的内容。阅读电子邮件后，如果需要回复信件或将信件转发给其他人，只要分别单击信件顶行相应的选项即可。

2. 使用电子邮件客户端软件

电子邮件客户端软件往往融合了多方面的电子邮件功能，利用这些软件可以进行远程电子邮件操作，特别是可以方便地处理多个账号的电子邮件。下面以 Windows Live Mail 为例，介绍其使用方法。

Windows Live 是微软公司近年推出的一套网络服务的名称，它包含了很多不同的软件和网络服务。其中，Windows Live Mail 是电子邮件客户端软件，用于电子邮件的收发和新闻组讨论。它包含了早期 Windows 版本的电子邮件客户端软件 Outlook Express 的所有功能，并增加了许多新的功能。Windows Live Mail 可从 Windows Live 网站免费下载并安装。

1）创建邮件账户

在收发电子邮件之前，必须先创建邮件账户。在此操作之前，用户必须拥有自己的电子邮件账户。例如，为 ydjsjjc@163.com 邮件地址创建一个邮件账户。操作步骤如下。

步骤1：调出 Windows Live Mail 对话框。单击"账户"→"电子邮件"按钮，系统会弹出 Windows Live Mail 对话框。

步骤2：设置账户信息。在该对话框的"电子邮件地址"、"密码"、"发件人显示名称"等文本框中输入相关信息，选中"将该账户设为默认电子邮件账户"，如图3-33所示。

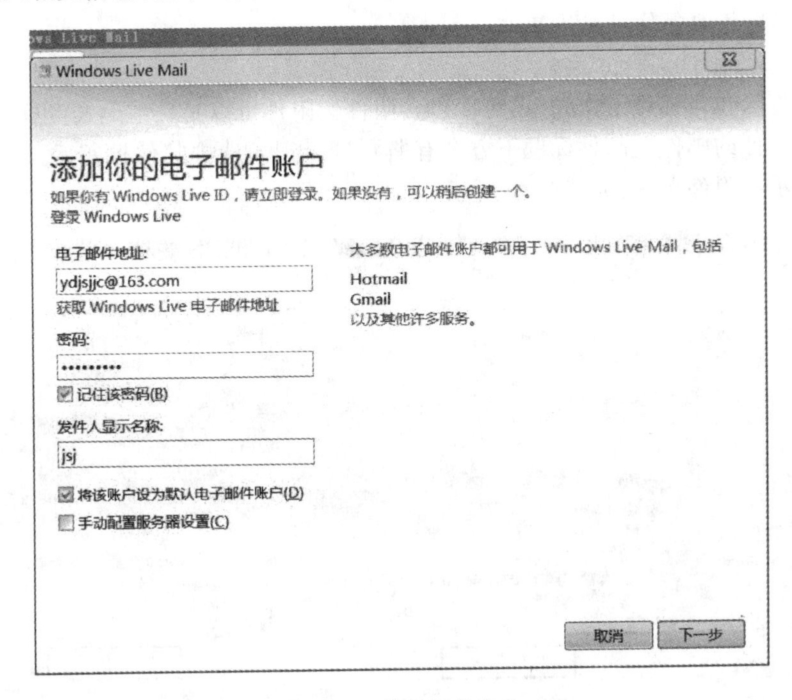

图3-33 输入相关信息

步骤3：结束账户创建。单击"下一步"按钮，单击"完成"。

2）撰写与发送电子邮件

收发邮件是 Windows Live Mail 的主要功能。撰写和发送邮件的操作步骤如下。

步骤1：打开"新邮件"窗口。在 Windows Live Mail 窗口中，单击"开始"→"电子邮件"按钮，系统会弹出"新邮件"窗口。

步骤2：撰写电子邮件。在"收件人"栏中填入收信人的电子邮件地址，在"主题"栏中填入邮件的主题，在正文区中输入邮件的正文。另外，还可以单击"显示抄送和密送"文字链接显示"抄送"和"密送"栏，将信件抄送或密送给第三方。单击功能区中的"添加附件"按钮，可以将附件文件发送给收件人。

步骤3：发送电子邮件。单击"发送"按钮，即可将写好的邮件发出。

3）接收和阅读电子邮件

接收和阅读电子邮件的操作步骤如下。

步骤1：接收电子邮件。在 Windows Live Mail 窗口中，单击功能区中的“发送和接收”按钮接收邮件。如果建立了多个邮件账户，并希望有选择地接收指定账户的邮件时，可以单击功能区中的“发送和接收”按钮右侧的下拉箭头，并从弹出的子菜单中选择要接收的邮件账户。

步骤2：阅读电子邮件。新到的邮件会自动存储在“收件箱”文件夹中。单击“收件箱”，在“邮件列表”窗格中将列出收到的邮件标题清单。单击其中的邮件标题，“邮件预览”窗格中将出现邮件的内容，如图3-34所示。

阅读邮件后，如果需要回复邮件或将邮件转发给其他人，只要分别单击功能区上的相应按钮即可。

注意：未阅读的邮件以粗体显示。

4）保存邮件附件

电子邮件除包含邮件正文外，还可以包含附件。附件可以是文本形式，也可以是多媒体形式。带有附件的邮件在邮件标题下方会有曲别针标记。选中邮件标题后，在“邮件预览”窗格中会显示出附件名称，如图3-34所示。

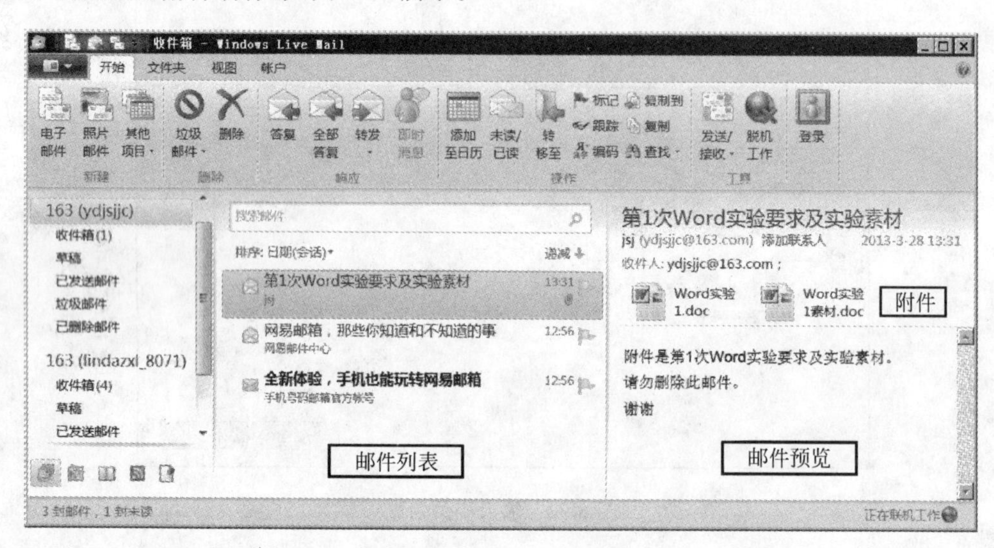

图3-34 接收邮件

保存邮件附件的操作步骤是：在“邮件预览”窗格中右击附件名称，从弹出的快捷菜单中选择“另存为”命令，打开“附件另存为”对话框，在该对话框中找到要保存附件的位置，然后单击“保存”按钮。

注意：邮件的附件可有一个或多个，可选择任意附件保存。

3.2.3 文件上传和下载

Internet 上有着丰富的资源，也提供了资源或文件的上传和下载方法。上传是将本地计算机上的文件发送到 Internet 上。下载是将 Internet 上的文件传送到本地计算机中。上传和下载方法很多，比较常用的有 FTP 和 HTTP 两种。

1. FTP 方式

FTP 方式使用文件传输协议(File Transfer Protocol,FTP)来实现文件的上传和下载。Internet 上有一些实现 FTP 功能的免费软件,下载并安装这些软件,便可以实现文件上传和下载功能。下面以 CuteFTP 软件为例介绍其使用方法。

1) 添加新站点

使用 CuteFTP 软件下载文件,首先需要在"站点管理器"中添加 FTP 站点,然后才可以按照需求从所建站点中上传或下载文件。

例如,添加北京大学站点。操作步骤如下。

步骤 1:打开 CuteFTP 窗口。单击"开始"→"所有程序"→GlabalSCAPE→CuteFTP Professional→CuteFTP 8 Professional,启动 CuteFTP 窗口。在左侧窗格中,单击"站点管理器"选项卡。

步骤 2:创建新站点。单击"工具栏"中的"新建"按钮,系统会弹出"此对象的站点属性"对话框。在"标签"文本框中输入"北京大学",在"主机地址"文本框中输入北京大学的 FTP 网址 ftp. pku. edu. cn,在"登录方式"中,选中"匿名"单选钮,结果如图 3-35 所示,单击"确定"按钮。至此,完成了"北京大学"FTP 站点的添加。

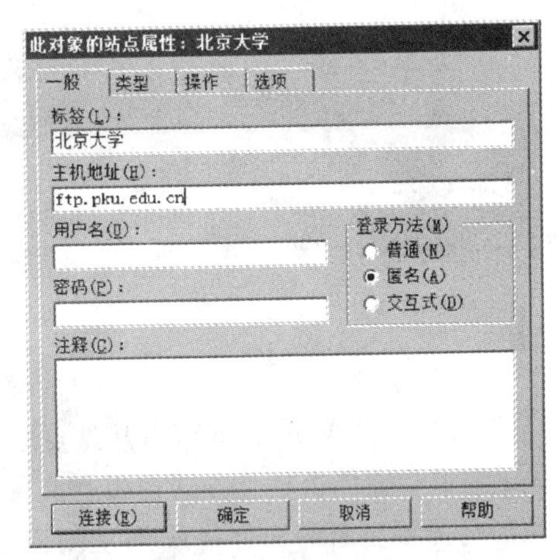

图 3-35 创建新站点

2) 连接站点

在"站点管理器"选项卡下,选中"北京大学",如图 3-36 所示。然后单击"连接"按钮。连接成功后,窗口显示内容如图 3-37 所示。

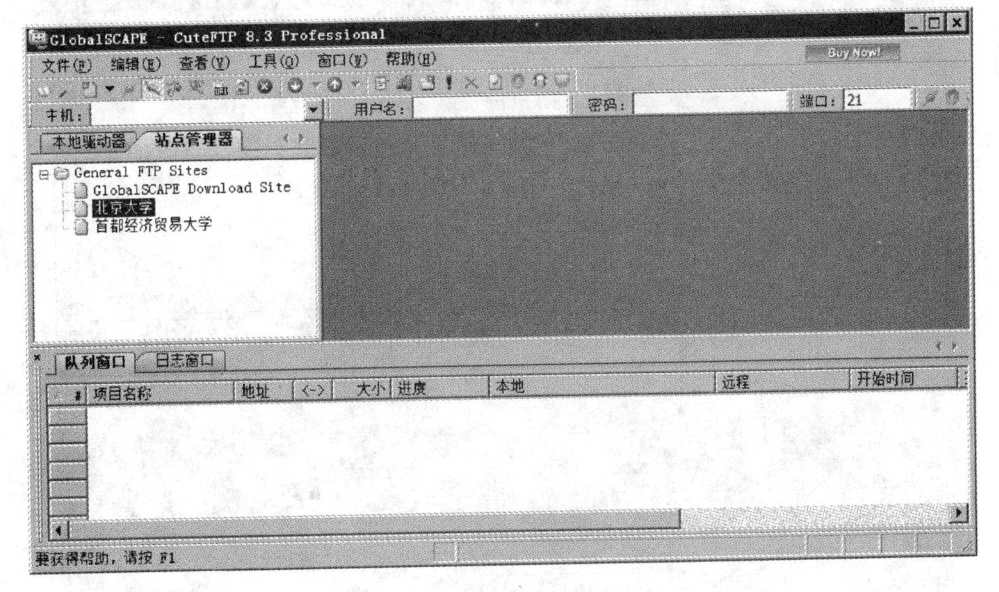

图 3-36 选中"北京大学"站点

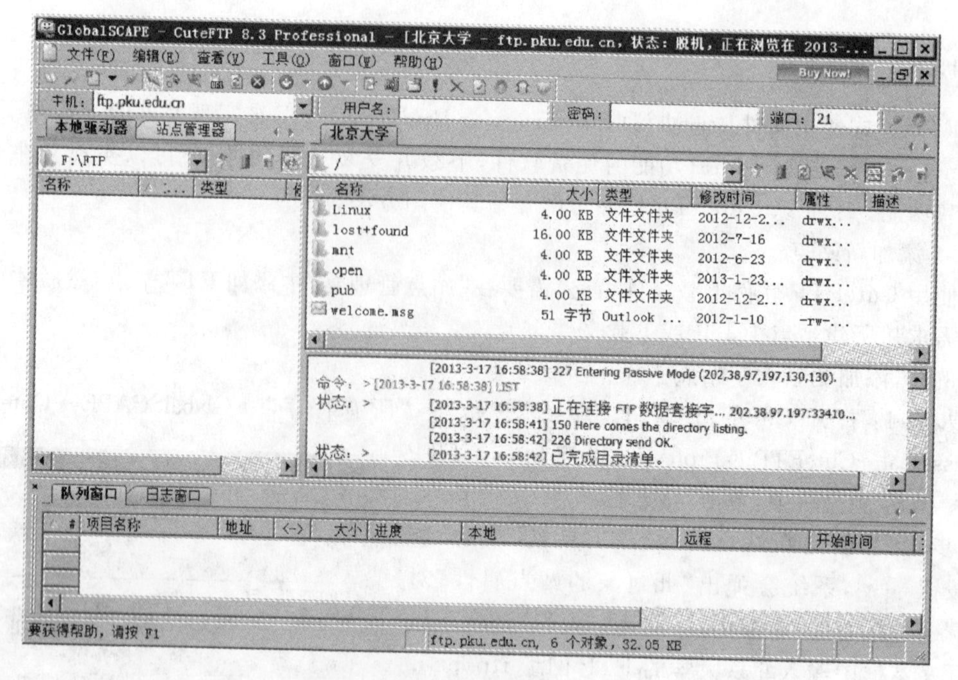

图 3-37 连接站点

3）下载文件

FTP 连接成功后，就可以从站点中下载文件或向站点内上传文件了。下载文件的方法是：在窗口左侧窗格上方选择保存文件的位置，在右侧窗格中找到要下载文件所在文件夹，然后将需要下载的文件拖放到左侧窗格中。这时 CuteFTP 开始下载该文件，下载结果如图 3-38 所示。

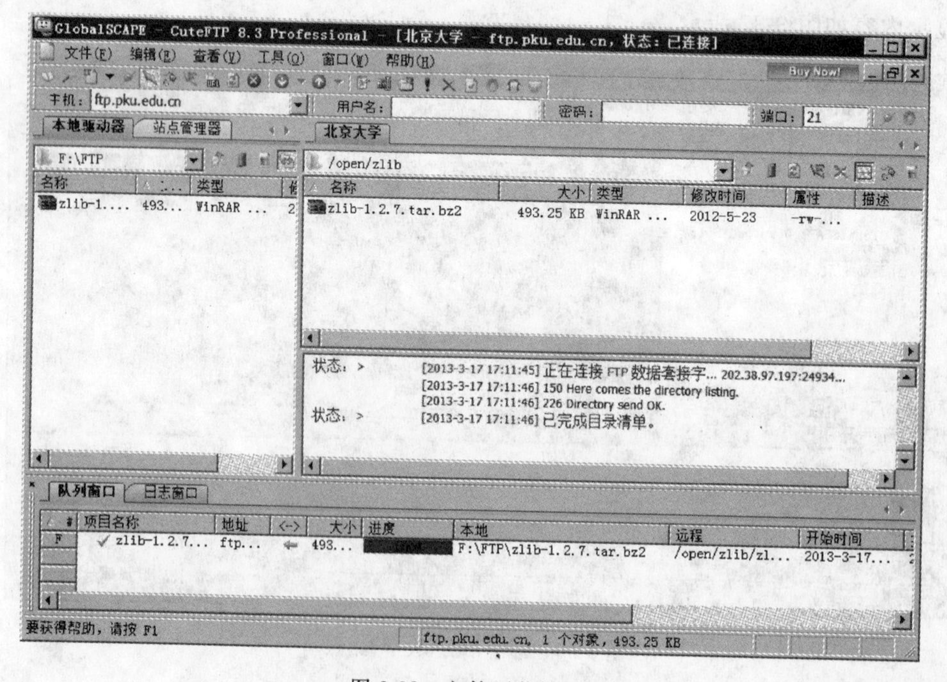

图 3-38 文件下载结果

注意：可以拖放文件夹图标，将整个文件夹中的所有内容下载到本地计算机中。

4）上传文件

使用 CuteFTP 上传文件的方法与下载文件相似，不同的是上传时需将文件从窗口的左侧拖放到右侧。上传文件必须使用拥有相应权限的账户登录 FTP 服务器，在连接站点时应选择“普通”登录方式。

注意：输入的用户名和密码必须是在要访问的站点中已经注册的。

2. HTTP 方式

HTTP 方式下载文件通常有两种方法，直接保存和通过软件下载。

1）直接保存

直接保存方法是：右击要下载的文件链接，从弹出的快捷菜单中选择“目标另存为”命令，并在弹出的“另存为”对话框中指定要保存的目录和文件名。直接下载的方式虽然比较简单、方便，不需要专门的软件，但当文件较大和网络状态不好时，下载时间会比较长，一旦出现断线，则需要重新下载。

2）软件下载

软件下载方法是：利用专用的下载软件来执行和管理下载活动。这类软件通常采用断点续传和多片段下载等技术来保证安全、高效地执行下载活动。断点续传是将文件的下载划分为几个阶段（可以人为划分，也可能是因网络故障而强制划分），完成一个阶段的下载后软件会做相应记录，下一次下载时会在上一次已经完成处继续进行，不必重新开始。多片段下载是将文件分成几个部分（片段）同时下载，全部下载完后再将各个片段拼接成一个完整的文件。目前，常用的下载软件有迅雷、网际快车、eMule（电驴）、QQ 旋风等。

3.2.4 网络交流

在 Internet 上，用户与用户之间的交流有许多方式，比如 BBS、聊天室、网上社区、新闻讨论组、即时通信等。

1. BBS

BBS（Bulletin Board System）是电子公告板系统的英文缩写。传统 BBS 是网络上的公告板，通过它可以进行信息发布与交流。随着网络的技术发展，BBS 已经不局限于信息发布，还包括在线即时交流、电子邮件、信息查询等功能。

例如，使用厦门大学鼓浪听涛 BBS。操作方法是：打开 IE 浏览器，在 URL 地址行中输入：http://bbs.xmu.edu.cn，按 Enter 键，结果如图 3-39 所示。

2. 网上社区

网上社区是综合了多种网上交流技巧，融合了多种形式的娱乐与服务的网上虚拟社区。各大门户网站和一些专业网站均建立了自己的网上社区。例如，在 IE 浏览器窗口的 URL 地址行中输入 http://www.renren.com，就可以打开非常著名的人人网，登录后即可进入人人网个人主页，如图 3-40 所示。

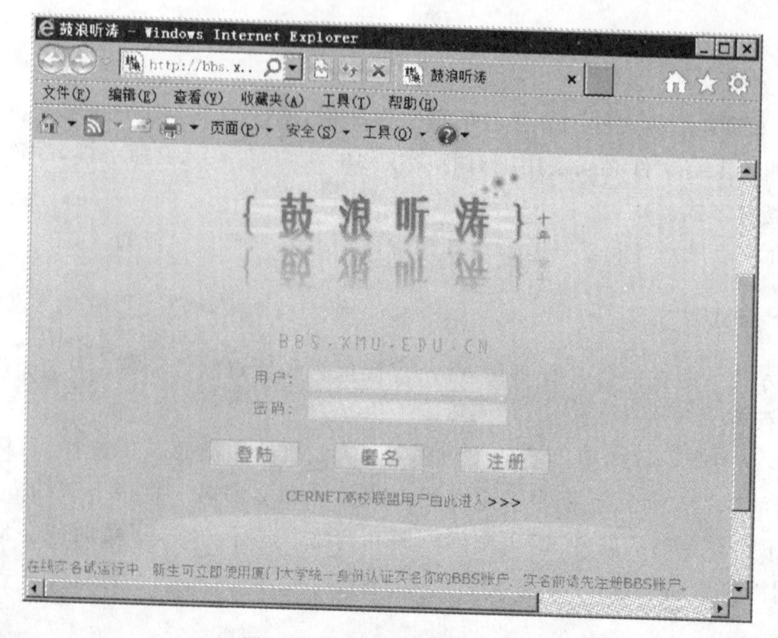

图 3-39 厦门大学 BBS 主页

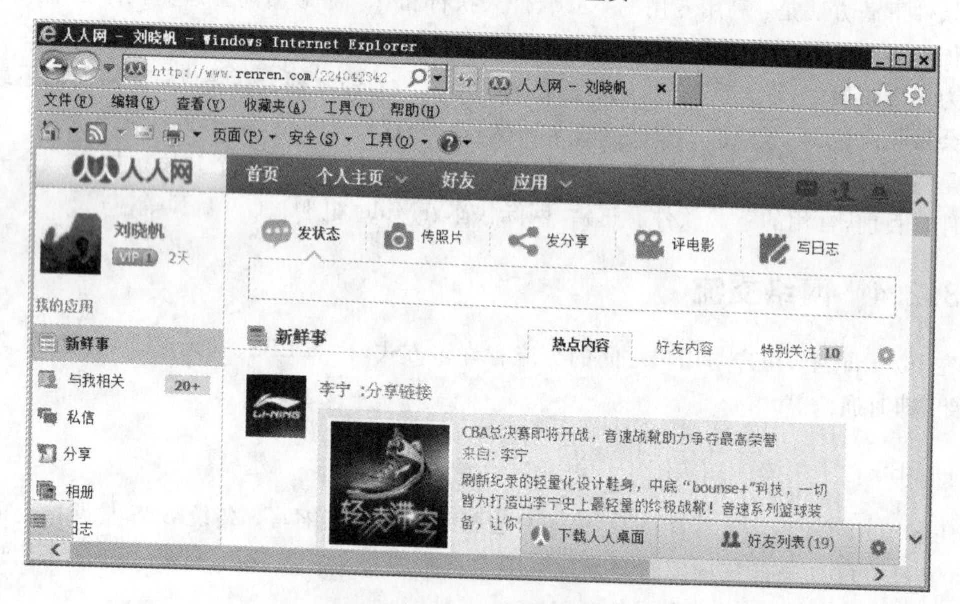

图 3-40 人人网个人主页

3. 即时通信

即时通信(Instant Messenger,IM)是指能够即时发送和接收互联网消息等的业务,是集交流、资讯、娱乐、搜索、电子商务、办公协作和企业客户服务等为一体的综合化信息平台。国内即时通信工具按照使用对象分为两类:一类是个人 IM,如 QQ、百度 Hi、网易泡泡、阿里旺旺等。目前 QQ 几乎垄断了国内在线即时通信软件的市场;百度 Hi 具备文字消息、音视频通话、文件传输等功能,通过它找到志同道合的朋友,并随时与好友联络感情。另一类是企业用 IM(简称 EIM),如 E 话通,UC,EC 企业即时通信软件,UcSTAR、商务通等。

随着移动互联网的发展，互联网即时通信也在向移动化扩张。目前微软、AOL、Yahoo等重要即时通信提供商都提供通过手机接入互联网即时通信的业务，用户可以通过手机与其他已经安装了相应客户端软件的手机或计算机收发消息。

4. 微博

微博是微型博客(MicroBlog)的简称，是一个信息分享、传播以及获取的平台，是目前最流行、最时尚的交流和表达工具，可以只用一句话、一张照片和一个视频来进行现场记录、独家爆料、心情随感等。2009年8月中国门户网站新浪推出“新浪微博”内测版，成为门户网站中第一家提供微博服务的网站，微博正式进入中文上网主流人群视野。2011年10月，中国微博用户总数达到2.498亿，成为世界第一大国。下面简单介绍微博的功能和使用方法。

1）注册微博账号

使用微博前，应先注册一个微博账号。例如，注册新浪微博账号。操作步骤如下。

步骤1：调出新浪微博主页。在IE浏览器URL中输入 http://t.sina.com.cn，系统会弹出新浪微博主页。

步骤2：注册新浪微博账号。单击主页中“立即注册”按钮，在弹出的“新浪微博注册”窗口中，输入电子邮箱、密码、昵称、姓名等相关信息，然后单击“立即注册”，并按照注册向导指示完成接下来的注册操作。

步骤3：激活微博。登录注册邮箱，单击新浪微博邮件中的链接，激活微博。

2）发表微博

登录微博后，在“我的首页”窗口上方输入框内，输入不超过140个字的文字，如图3-41所示，单击“发布”即可以发表微博。

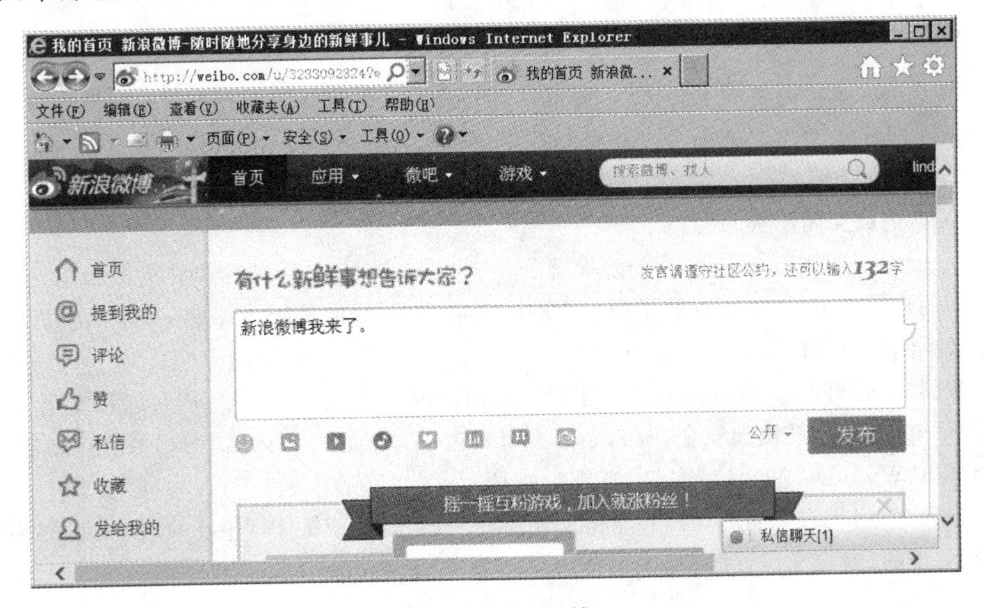

图3-41 发布微博

3）关注朋友

微博是一个用来交流的工具，用户可以通过关注自己感兴趣的人或组织，来随时查看他们的更新,即成为他们的粉丝,相反也可以被别人关注。

4) 转发评论

可以对别人发布的微博进行评论,也可以转发别人的微博。当与好友之间的对话不想让第三方知道时,可以通过私信进行交流。

注意:在微博中经常看到"@×××",它的意思是"向某某人说",只要在微博用户昵称前加上一个@,并在昵称后加空格或标点,这个用户就能够看到。

3.3 网络安全

随着网络技术的不断发展和 Internet 的广泛应用,人们对网络的依赖逐渐增强,使用 Internet 提供的各种服务已成为多数人离不开的一种生活方式。但不能忽视网络应用中的安全问题,应该了解各种应用的特点,找到保护网络安全的具体方法。本节主要介绍网络安全的防范措施。

3.3.1 操作系统安全

操作系统安全对整个计算机网络系统的安全至关重要。Windows 以它强大的功能、人性化的界面、超强的兼容性成为网络中应用最广的操作系统,其用户数量庞大也使其成为网络中最易被攻击的操作系统。因此,掌握 Windows 操作系统的安全技术具有重要意义。

Windows 提供了许多安全组件和服务,如用户账户控制、Windows 防火墙、Windows 更新、病毒防护和间谍软件防护等,并通过"操作中心"对安全功能进行实时监控和管理。

1. Windows 防火墙

Windows 系统内集成了防火墙,利用它可以阻止黑客软件和恶意程序通过网络访问本地计算机,也可以防止本地计算机中的程序在未经授权的情况下访问网络,从而有效提高本地计算机的安全性。

1) 启用或关闭防火墙

默认情况下,Windows 自带的防火墙处于开启状态,因此可以发挥其拦截和阻止未授权访问的作用。但是,如果安装了第三方的防火墙工具,则应关闭 Windows 自带的防火墙。启用或关闭防火墙的操作步骤如下。

步骤 1:打开"Windows 防火墙"窗口。单击"开始"→"控制面板"→"系统和安全"文字链接,系统会弹出"系统和安全"窗口;单击窗口内"Windows 防火墙"图标或文字链接,系统会弹出"Windows 防火墙"窗口,如图 3-42 所示。

步骤 2:启用或关闭防火墙。单击左侧窗格中的"打开或关闭 Windows 防火墙"文字链接,在弹出的"自定义设置"窗口中选择启用或者关闭 Windows 防火墙,如图 3-43 所示,单击"确定"按钮。

2) 允许或禁止程序通过防火墙

启用 Windows 防火墙后,防火墙会对所有访问网络的程序进行检查,并询问用户是否允许它们通过防火墙进行通信。为简化操作,可以将熟悉的程序(如 QQ、浏览器等)设置为

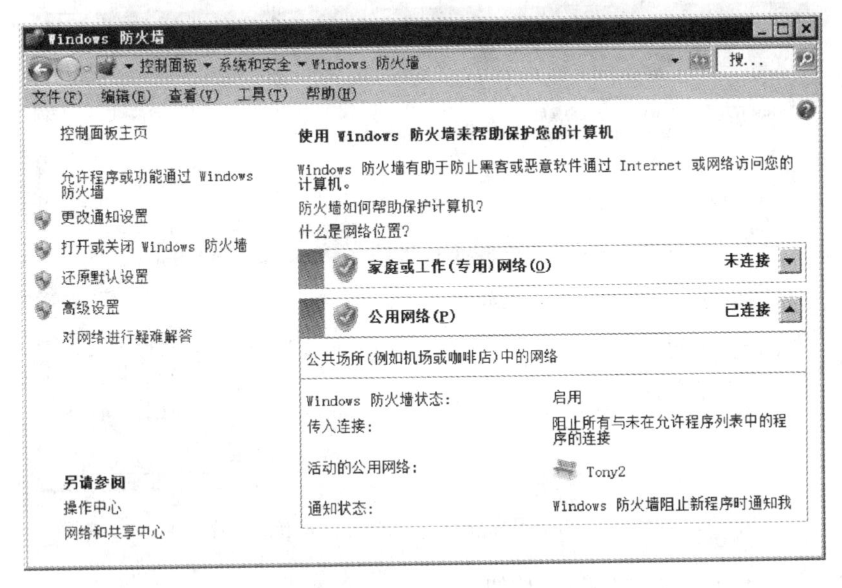

图 3-42　“Windows 防火墙”窗口

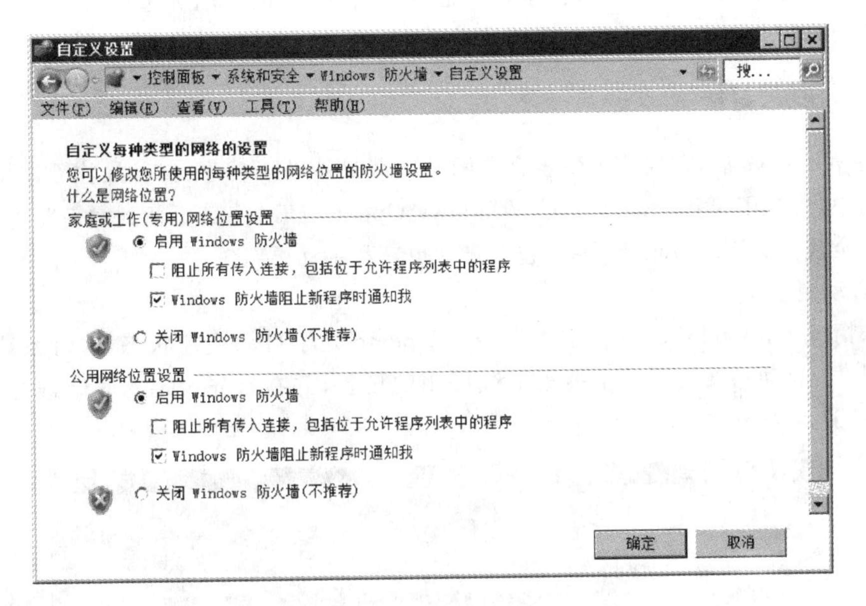

图 3-43　启动防火墙

允许通过防火墙，对于完全不了解的程序则选择禁止通过防火墙。

设置允许或禁止程序通过防火墙的操作步骤如下。

步骤 1：打开“允许的程序”窗口。在“系统和安全”窗口中，单击“Windows 防火墙”文字链接下方的“允许程序通过 Windows 防火墙”文字链接，系统会弹出“允许的程序”窗口。

步骤 2：指定允许或禁止通过防火墙的程序。单击“更改设置”按钮，在“允许的程序和功能”列表中可看到防火墙监控的程序和服务名称，其中“家庭/工作(专用)”表示计算机处于家庭或办公网络，“公用”表示计算机处于公共场所的网络，可根据需要设置在这两种网络环境下的防火墙。“√”表示允许访问，未打“√”表示禁止访问，如图 3-44 所示。

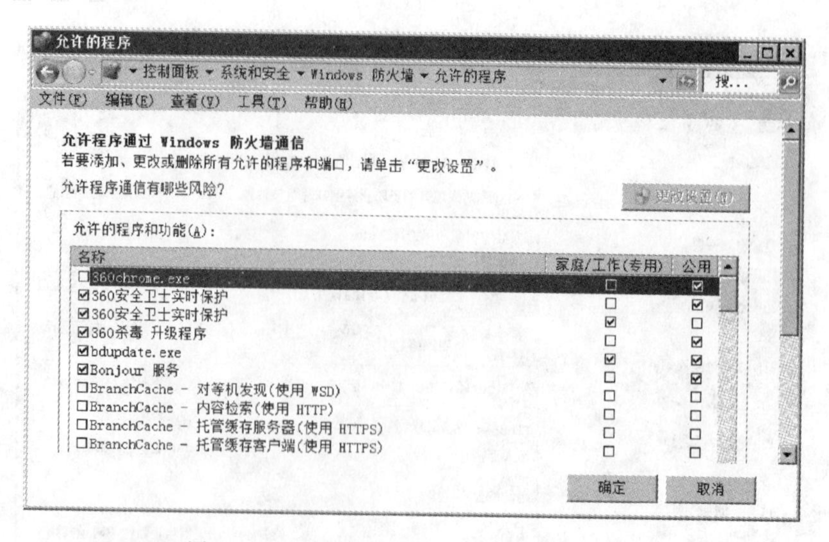

图 3-44　指定允许或禁止通过防火墙的程序

步骤 3：结束设置。单击“确定”按钮。

注意：如果希望了解“允许的程序和功能”列表中的程序细节，可选中程序行，然后单击窗口下方的“详细信息”按钮。

2. Windows 更新

安装 Windows 后，首先应到微软官方网站下载最新补丁程序，修补操作系统漏洞。在日常使用中，应利用 Windows 自带的 Windows Update，随时将其更新到最新状态，以抵御最新的安全攻击。Windows Update 包括自动更新和手动更新。

1）自动更新

默认情况下，Windows 自带的 Windows Update 处于自动更新状态，这时系统会每隔 17～22 小时，自动到微软网站上搜索下载可用的更新，并在预先设定的时间进行安装，如图 3-45 所示。

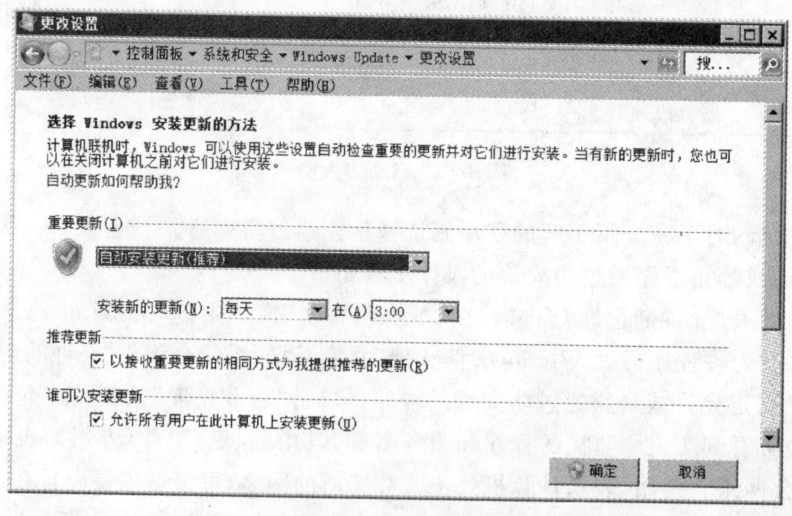

图 3-45　自动安装更新设置

2）手动更新

除自动更新外，还可以手动更新。操作步骤如下。

步骤 1：打开 Windows Update 窗口。在“系统和安全”中，单击 Windows Update 文字链接，系统会弹出 Windows Update 窗口，如图 3-46 所示。

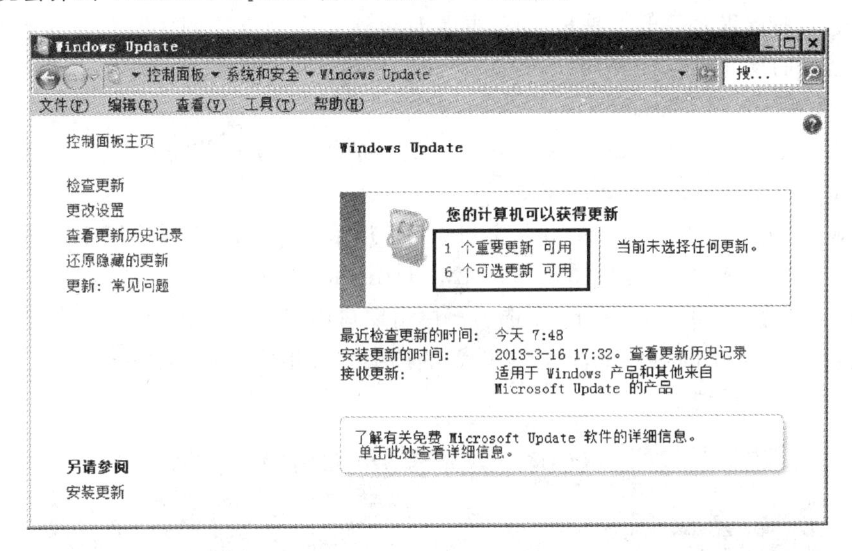

图 3-46　Windows Update 窗口

步骤 2：选择可用的更新补丁。在“您的计算机可以获得更新”区中显示了可用的更新。此时可以分别单击“重要更新可用”和“可选更新可用”选项，在弹出的“选择要安装的更新”窗口中选中所需安装的更新补丁，如图 3-47 所示。

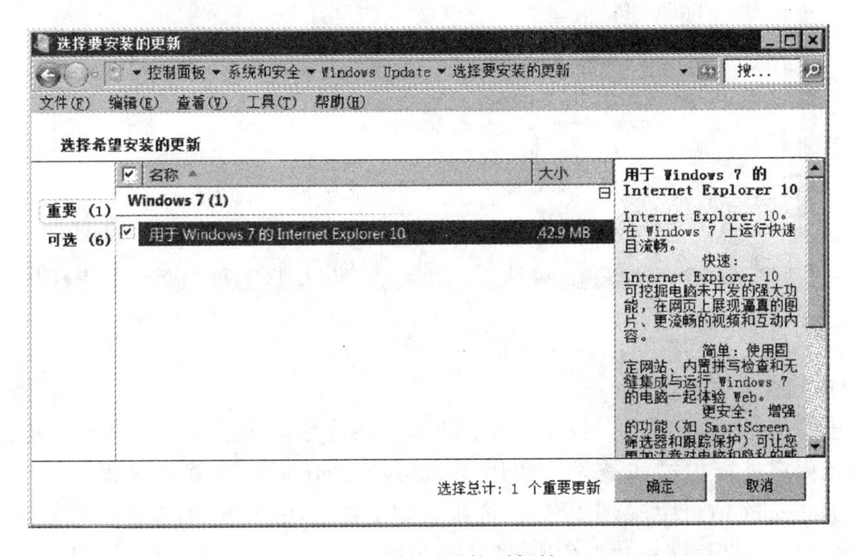

图 3-47　选择可用的更新补丁

注意：Windows Update 包括重要的更新和推荐的更新，其中重要的更新是指必须尽快安装的更新程序，否则会影响系统安全；而推荐的更新则不一定必须安装。

步骤 3：进行更新。单击“确定”按钮，单击“安装更新”按钮，系统开始下载所需的更新补丁。下载完毕后,系统自动安装所下载的更新补丁。

3. 间谍软件防护

在下载安装软件或浏览网页时,经常会有一些间谍软件悄悄地随之下载并自动安装在系统上。这些恶意程序一般不易被发现,并且难以通过手动方法彻底卸载。Windows 内置了一款非常好的反间谍软件 Windows Defender,利用它可以清除系统中的恶意程序。

1) 配置 Windows Defender

为了能够更充分发挥 Windows Defender 的防护作用,使用前需对其进行必要的配置。配置 Windows Defender 的操作步骤如下。

步骤 1: 打开 Windows Defender 窗口。在“开始”菜单的“搜索框”中输入 Windows Defender 并按 Enter 键,系统会弹出 Windows Defender 窗口。

步骤 2: 设置 Windows Defender 选项。单击窗口内“工具”按钮,然后单击面板中的“选项”文字链接。在弹出的窗口中,对所需设置的选项进行相关设置,如图 3-48 所示。最后单击“保存”按钮保存设置。

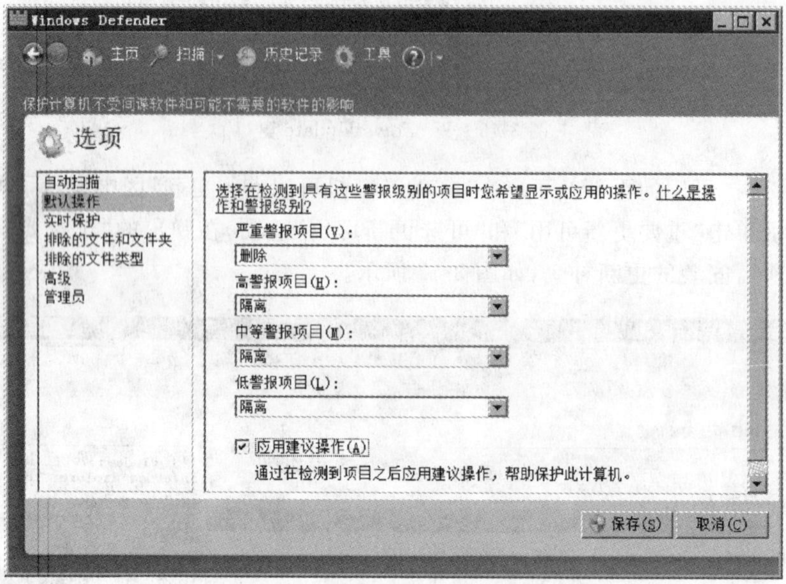

图 3-48　选项设置

2) 扫描和查杀恶意程序

为防止恶意程序非授权访问系统和网络,最大限度地保护系统和网络安全,应定期对系统中的恶意程序进行扫描和查杀。使用 Windows Defender 查杀恶意程序的方法是: 在 Windows Defender 窗口中,单击“扫描”按钮右侧下拉箭头,在展开的下拉菜单中可以看到三个菜单项,分别是“快速扫描”、“完全扫描”和“自定义扫描”,选择其中一种扫描方式,如图 3-49 所示。

注意: “快速扫描”扫描系统文件和用户文件夹; “完全扫描”扫描计算机中所有文件和当前运行的所有程序; “自定义扫描”扫描指定的硬盘分区或文件夹。

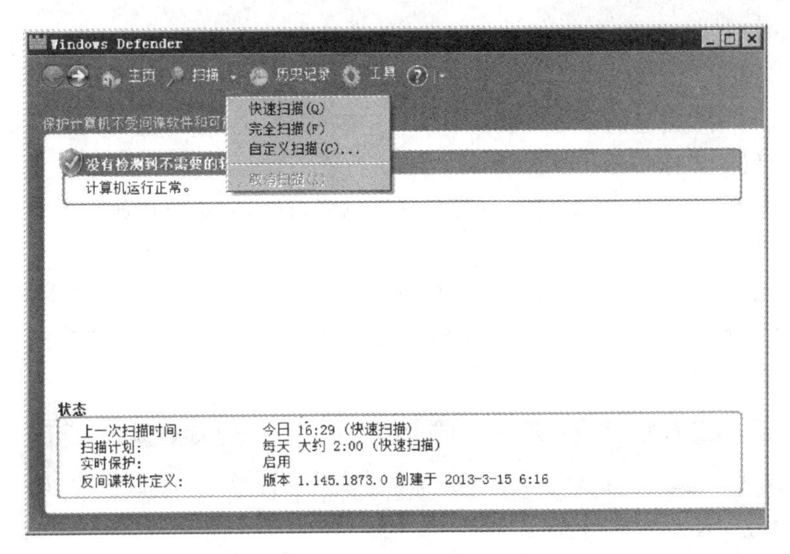

图 3-49 选择扫描方式

4. 用户账户控制

在 Windows 中,账户是用户进入系统和网络的通行证,是验证用户合法性的标识。使用用户账户和有效地控制用户账户是确保系统安全的重要内容。

1) 创建账户

例如,创建一个名为“cueb”的管理员级账户。创建新账户一般需要两步完成,即创建新账户名称和为新账户创建密码。创建新账户名称的操作步骤如下。

步骤 1:打开“管理账户”窗口。在“控制面板”窗口中,单击“用户账户和家庭安全”文字链接下方“添加或删除用户账户”文字链接,系统会弹出“管理账户”窗口。

步骤 2:添加新账户。单击窗口下方“创建一个新账户”文字链接,系统会弹出“创建新账户”窗口,在文本框中输入新账户名称,选中“管理员”单选钮,如图 3-50 所示。单击“创建账户”按钮。

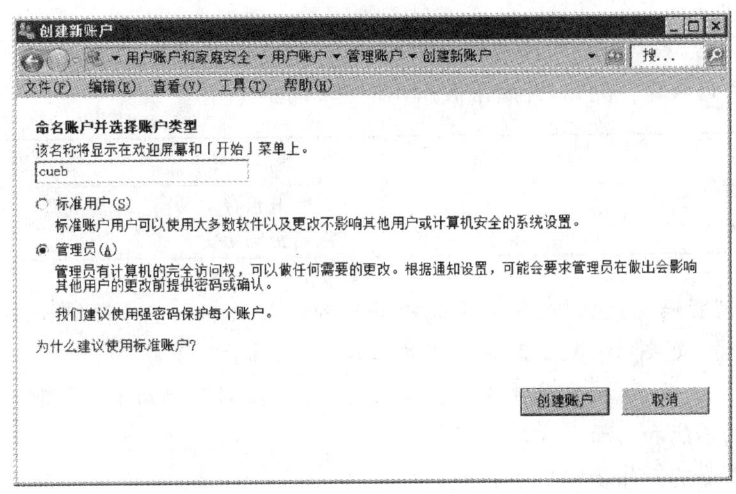

图 3-50 设置账户名称及类型

创建完毕后,在账户列表中可以看到新增加的账户,此后在开机登录界面可以选择使用新账户登录系统。

在 Windows 中,创建的新账户默认是没有密码的,为保护系统安全,应为新建账户创建密码。创建密码的操作步骤如下。

步骤 1: 打开"更改账户"窗口。在"管理账户"窗口中,单击要更改的账户,系统会弹出"更改账户"窗口。

步骤 2: 创建密码。单击窗口内"创建密码"文字链接,在"新密码"文本框中输入新密码,在"确认新密码"文本框中重复输入新密码,在"输入密码提示"文本框中,输入密码提示信息,如图 3-51 所示,单击"创建密码"按钮。

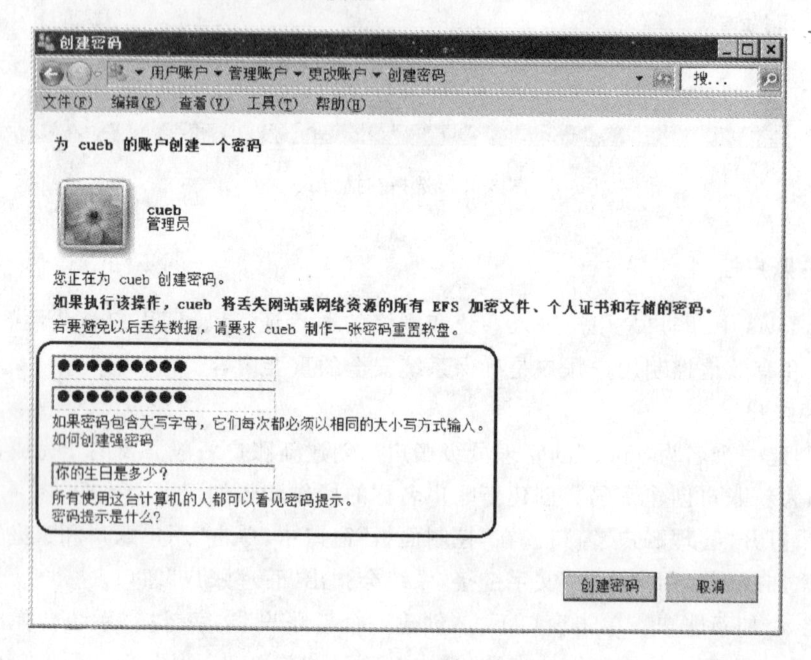

图 3-51 创建新密码

2) 控制账户

确保账户和密码的安全,可采取以下措施。

(1) 开启密码策略。例如,开启下表所示的密码策略。

策　略	设　置	策　略	设　置
密码复杂性	已启用	密码最长存留期	15 天
密码长度最小值	8 位	强制密码历史	5 次

注意: 启用"密码复杂性"是要求设置的密码必须是数字和字母的组合。"密码长度最小值"设置为 8 位,是要求密码长度至少为 8 位。"密码最长存留期"设置为 15 天,是要求当该密码使用超过 15 天后,就自动要求用户修改密码。"强制密码历史"设置为 5 次,是要求当前设置的密码不能和前面 5 次的密码相同。

开启密码策略的操作步骤如下。

步骤 1: 打开"本地组策略编辑器"窗口。在"开始"菜单的"搜索框"中输入 gpedit. msc,

并按 Enter 键，系统会弹出“本地组策略编辑器”窗口。

步骤 2：调出密码策略内容。在窗口左侧窗格中，展开“计算机配置”→“Windows 设置”→“安全设置”→“账户策略”→“密码策略”列表，选中“密码策略”，这时右侧窗格中将显示密码策略内容。

步骤 3：设置密码复杂性要求。双击“密码必须符合复杂性要求”行，在弹出的“密码必须符合复杂性要求属性”对话框中，选中“已启用”单选钮，然后单击“确定”按钮。

步骤 4：设置其他密码策略。使用步骤 3 相同方法，设置其他密码策略，设置结果如图 3-52 所示。

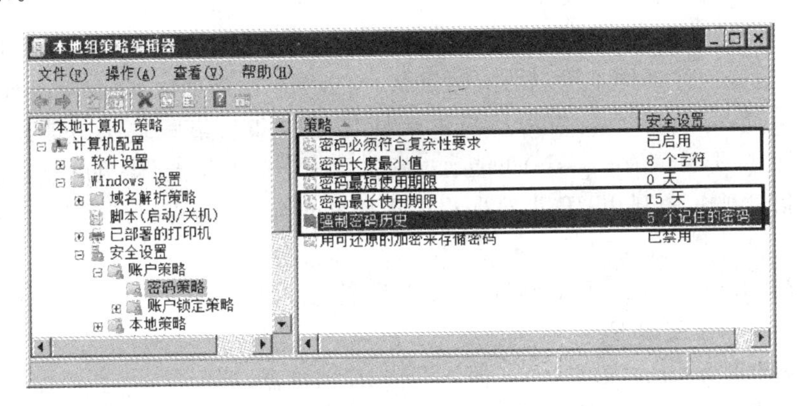

图 3-52 密码策略设置结果

(2) 设置多次登录失败后锁定账户。为防止攻击者恶意猜解密码，可设置系统在登录失败达到指定次数后，强行锁定账户，以提高系统安全。锁定账户的操作步骤如下。

步骤 1：调出账户锁定策略内容。在“本地组策略编辑器”窗口中，展开“计算机配置”→“Windows 设置”→“安全设置”→“账户策略”→“账户锁定策略”列表。选中“账户锁定策略”，这时右侧窗格中将显示账户锁定策略内容。

步骤 2：设置账户锁定阈值。在右侧窗格中，双击“账户锁定阈值”选项，在弹出的对话框中输入无效登录的次数，单击“确定”按钮，在弹出的“建议的数值改动”对话框中单击“确定”按钮。

设置登录失败达到指定次数锁定账户后，系统会自动对“账户锁定时间”和“重置账户锁定计数器”选项进行设置，默认为锁定 30 分钟后解锁，并重置锁定计数器，如图 3-53 所示。用户可根据需要进行调整。

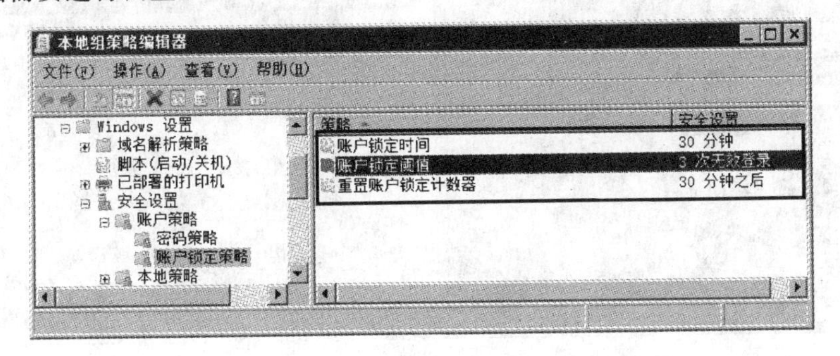

图 3-53 锁定账户设置结果

注意：设置账户锁定策略后，如果用户无意地连续输入错误，也会导致用户无法正常登录系统，因此需谨慎使用该策略。

3.3.2 Internet 访问安全

使用浏览器访问网页获取网上信息是 Internet 的基本应用，也是当今使用最多的应用。保证浏览网页的安全，关键在于如何安全使用浏览器。

1. Cookie 的管理

使用浏览器访问 Internet 的某些网站后，会产生一个相应的 Cookie 文件，并放置在用户计算机中，这些文件存储了用户的上网信息，包括登录网站的时间、登录次数、访问账号等。通常网站使用 Cookie 是为用户提供个性化体验和收集网站使用信息，但是有些 Cookie(如标题广告保存的 Cookie)可能通过跟踪用户访问的站点，使用户隐私暴露。为防止个人隐私信息被非法利用，IE 浏览器提供了隐私设置功能，可以通过设置提高上网安全性。

例如，调整 Internet 区域设置级别为“中”，设置允许网站将 Cookie 放入本地计算机，但拒绝第三方。操作步骤如下。

步骤 1：调出“Internet 选项”对话框。启动 IE 浏览器，单击菜单“工具”→“Internet 选项”，系统会弹出“Internet 选项”对话框。

步骤 2：调整 Internet 区域设置的安全级别。单击对话框内的“隐私”选项卡，拖动滑块至“中”，如图 3-54 所示。

步骤 3：设置 Cookie 策略。单击“高级”按钮，在弹出的对话框中，选中“替代自动 Cookie 处理”复选框，单击“第三方 Cookie”中的“阻止”单选钮，如图 3-55 所示。单击“确定”按钮完成全部设置。

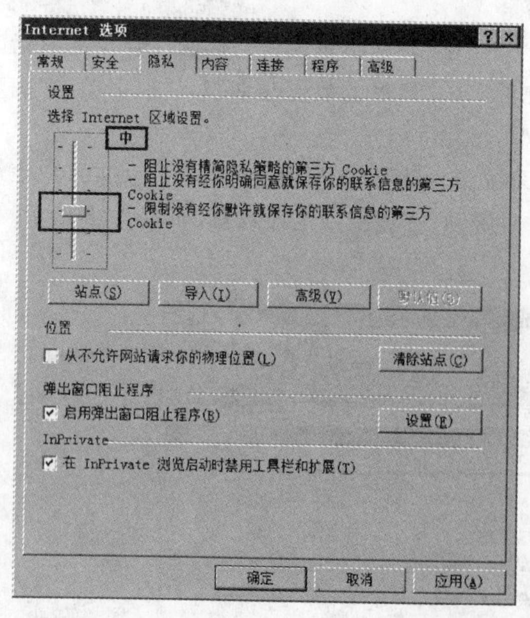

图 3-54 Internet 区域设置安全等级调整结果

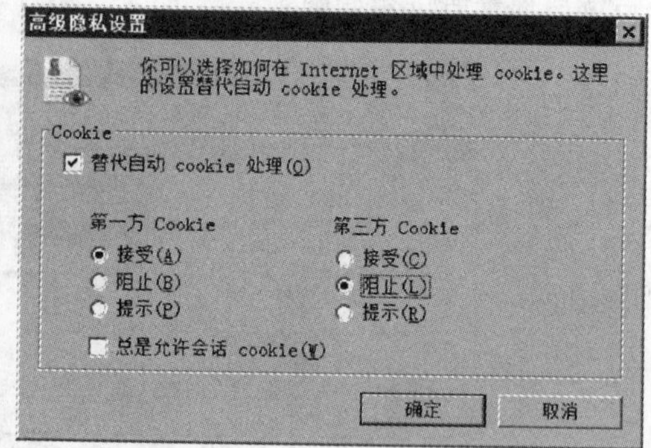

图 3-55 Cookie 策略设置结果

注意：第一方 Cookie 来自用户正在浏览的网站，可以是永久的，也可以是临时的。网站可能使用这些 Cookie 存储下次转至此站点时将重新使用的信息。第三方 Cookie 来自用户正在浏览的网站上的其他网站的广告（例如，弹出窗口或标题广告等）。出于市场目的，网站可能使用这些 Cookie 跟踪用户的操作。

2. 自动完成功能的调整

默认情况下，IE 浏览器设置为自动记住密码。当用户首次将密码输入到 Web 表单时，系统将询问是否希望 IE 浏览器记住该密码。此时，如果单击“是”，那么以后再次输入密码时，IE 浏览器将自动检索以前相同的密码。不仅如此，IE 浏览器还可以将输入的 URL 地址等文本信息通过自动完成功能保存起来，再次输入时，只需输入开头部分，后面的内容会自动完成。自动完成功能虽然为用户带来了使用上的便利，但同时也带来了安全问题。因此，建议取消 URL 输入联想和存储输入的用户名和密码。操作步骤如下。

步骤 1：调出“自动完成设置”对话框。在“Internet 选项”对话框中，单击“内容”选项卡，单击“自动完成”中的“设置”按钮，系统会弹出“自动完成设置”对话框。

步骤 2：取消自动完成功能。取消选中的“URL 输入联想”和“表单上的用户名和密码”复选框，结果如图 3-56 所示，单击“确定”按钮。

3. 上网记录的处理

为了加快浏览速度，IE 浏览器会自动将浏览过的网页和访问过的站点地址等保存在用户计算机中。这些信息不仅占用了有效的硬盘空间，而且也会暴露用户的隐私信息。因此，在每次关闭 IE 浏览器或使用完邮箱后，应清除历史记录和各类临时文件。清除步骤如下。

步骤 1：调出“删除浏览历史记录”对话框。在“Internet 选项”对话框中，单击“删除”按钮，系统会弹出“删除浏览历史记录”对话框，如图 3-57 所示。

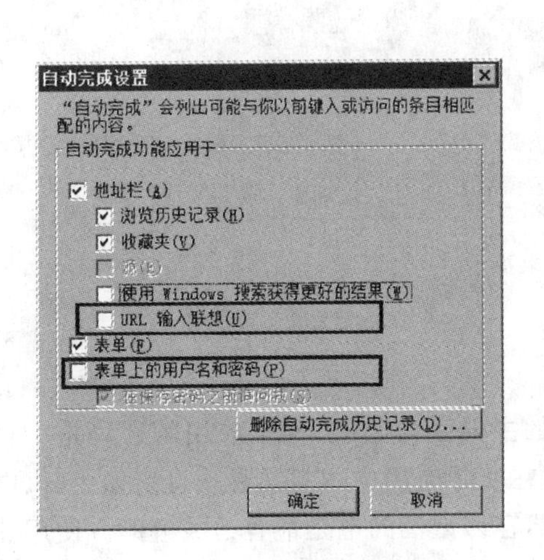

图 3-56 “自动完成设置”结果

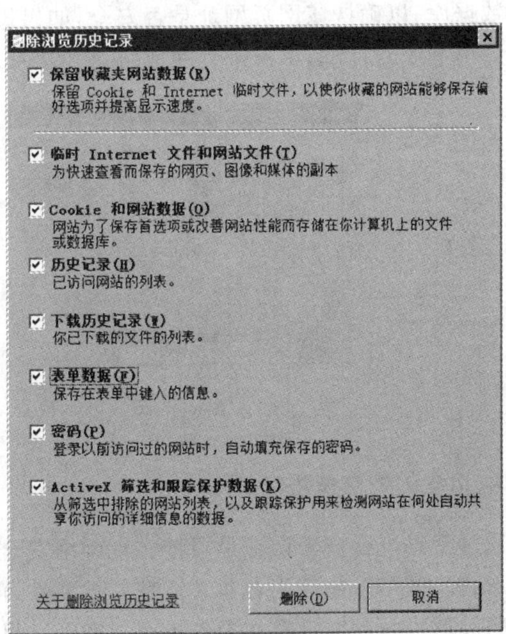

图 3-57 “删除浏览历史记录”对话框

步骤 2：删除历史记录。选中要删除项目左侧复选框，单击“删除”按钮。

4. 钓鱼网站的防范

网络钓鱼是黑客常用的攻击手段之一，它采用欺骗的手法，通过短信、即时通信消息、电子邮件，引诱受害者访问与知名机构(如银行)的官方网页的网址和外观都非常相似的网页，并暗中记录下用户在上网时输入的用户名、口令或信用卡信息。其目的是窃取用户隐私信息，并利用这些信息进行非法活动。为减少用户上网风险，帮助识别网页真伪，防止下载或安装恶意软件，IE 浏览器提供了 SmartScreen 筛选器。用户上网时，应启用 SmartScreen 筛选器，并通过它检查访问的网页是否安全。

检查网页是否安全的操作步骤如下。

步骤 1：调出“SmartScreen 筛选器”对话框。单击 IE 窗口中命令栏上的“安全”→“SmartScreen 筛选器”→“检查此网站”命令，系统会弹出“SmartScreen 筛选器”对话框，如图 3-58 所示。

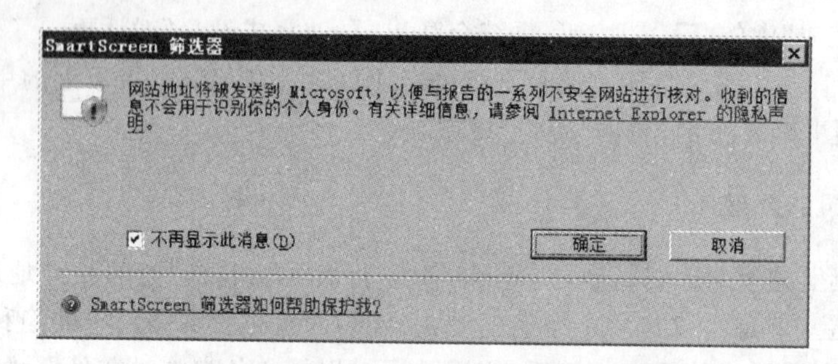

图 3-58 “SmartScreen 筛选器”对话框

步骤 2：检查网页安全性。单击“确定”按钮，IE 浏览器会将当前网页网址发送至微软官方数据库，以确认该网页网址是否安全，如果微软官方数据库未将该网页列入威胁名单，则会弹出一个对话框，提示未存在威胁，如图 3-59 所示，单击“确定”按钮。

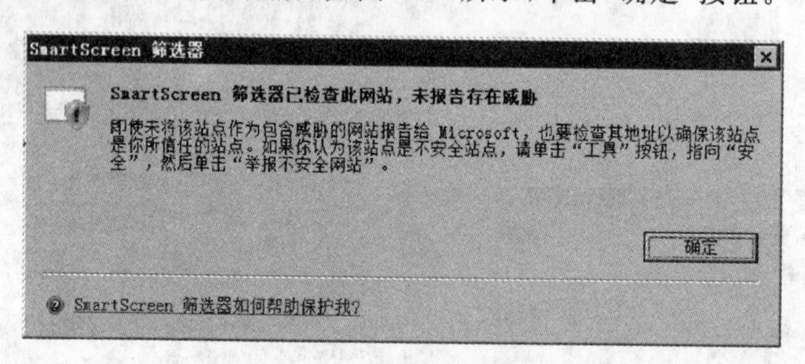

图 3-59 检查结果提示

5. 口令的安全使用

通过密码进行身份认证是目前实现网络安全的主要手段之一，网上应用的密码是一种口令形式。虽然多数使用者非常清楚其重要性，但在实际应用中却常常喜欢将诸如生日、电话号码等形式的数字组合作为各类网上密码。显然容易记忆的也是最容易破解的。使用什么样的口令结构比较安全？第一，长度不少于6位。第二，大小写字母混合使用。第三，将数字无序地加在字母中。第四，将～、!、@、#、$、%、^、& 等符号使用在口令中。在网络应用和计算机系统应用中，口令使用的场合非常多，比如，用于邮箱密码，用于进入网络或系统，用于登录论坛等。因此，口令的安全非常重要。

上述介绍的是如何保护操作系统安全和如何安全使用浏览器的一些方法。事实上，若要做到"上网无忧"，还应注意更多的问题。比如，及时更新杀毒软件和个人防火墙，及时修补系统安全漏洞，不随意下载和运行不明软件，不随意开启匿名或不知名邮件附件，抵挡恶意网站的诱惑等。只有养成良好的上网习惯，才能保证上网安全。

3.4　本章小结

通过本章的学习，应理解无线局域网络和有线局域网络的基本概念，理解资源共享的基本含义，掌握局域网管理与应用的基本方法和基本操作，了解 Internet 提供的基本服务，熟练运用 Internet 各种工具，能够充分利用 Internet 资源，了解网络安全的知识和保护系统与网络安全的措施和方法。

3.5　习题

1. 按照下述要求完成相关操作：

组建并设置无线局域网(或有线局域网)；

将已建局域网上的两台计算机组成家庭组；

使用两种以上方法实现在已建局域网的两台计算机之间进行文件复制操作。

2. 按照下述要求完成相关操作：

使用 IE 浏览器搜索并下载有关"Internet 发展史"信息；

使用某电子邮件客户端软件，收发电子邮件；

使用 FTP 软件，下载某 FTP 站点中的文件；

注册一个微博账号，发表、评论和转发一个微博。

3. 按照下述要求完成相关操作：

设置 Windows 自动更新。要求，每天中午12点自动下载最新补丁，并安装它们；

对本地计算机中存在的恶意程序进行扫描并清除；

设置防火墙，允许在家庭、工作或公共网络中文件和打印机共享。

第2篇

Word应用篇

Word是Office软件包中应用最多的应用软件之一，是一个界面友好、功能强大、操作方便的文字处理软件。除了进行一般的文字处理，如文字的录入、编辑以及各种格式（字体、字号、字形、颜色等）的设置之外，Word还提供了强大的排版功能，包括样式的设置、版式的设置、页面的设置以及插入各种文本框、公式、表格、图表、图片、动画、音频和视频对象等，特别是Word提供的自动编号、题注、交叉引用、文档结构图等工具，可以自动地适应写作过程中不断修改、增删和调整段落章节的需要，直观地显示文档的章节层次关系，使其成为写作专著、教材、学位论文等大型文档的写作平台。

本篇与Excel应用篇及PowerPoint应用篇分别以Word 2010、Excel 2010和PowerPoint 2010为例加以讲解。

第4章 简报制作

内容提要：本章主要通过简报制作案例介绍如何在 Word 中建立文档、编辑文档以及编排文档等有关文档的基本操作。具体包括应用 Word 模板新建文档、编辑文档、设置格式以及插入文本框、表格、图片等不同对象的方法和技巧。重点是学习应用 Word 进行建立文档和修饰文档的操作，掌握图文处理的方法和技巧，制作出图文并茂的简报。

主要知识点：

- 模板的应用；
- 文本的编辑；
- 格式的设置；
- 图形的处理；
- 表格的编辑。

简报是一种十分常见的出版物形式。如企业可以简报的形式宣传企业的理念、特色、概况等；学校可以简报的形式宣传学校的发展历史、专业特色、毕业生去向等；商家更是广泛应用各种简报的形式宣传自己的商品。简报可以根据形式、内容和应用目的不同，设计多种不同的形式，可以是一页的卡片形式，可以是多页的小册子，还可以是能够折叠的两折、三折或多折的折页。本案例通过建立一个三折页的旅游简报，讲述应用 Word 进行文字处理和排版的基本操作。

4.1 创建简报

在 Word 中进行文字处理工作，首先需要创建或打开一个文档，输入文档中需要处理的文本和数据内容；然后进行增删改、移动复制、查找替换等基本编辑操作；再进行字符、段落或版面等格式设置和排版操作。

4.1.1 版面的规划

在实际制作简报之前，首先需要做好有关简报的逻辑设计。即根据建立简报的目的、宣传的内容、受众对象的特点、印刷或出版的费用等多方面因素，大致规划简报的布局和版面，由哪几部分组成，分成几个层次，有哪些不同的组成要素等。在此基础上还需要搜集和准备有关的素材和资料。

本案例为介绍云南曲靖地区的 3 个旅游景区的简报。布局形式为三折页，用 A4 纸横向双面打印。从逻辑上分成两大部分：封页和内容。

封页分成三折，最右面一折为简报封面，包括简报标题、图片、日期等信息；最左面一折为曲靖地区的交通情况，包括铁路和公路里程和票价等信息；中间一折为折叠后的封底，包括公司的Logo、名称、联系地址等，如图4-1所示。

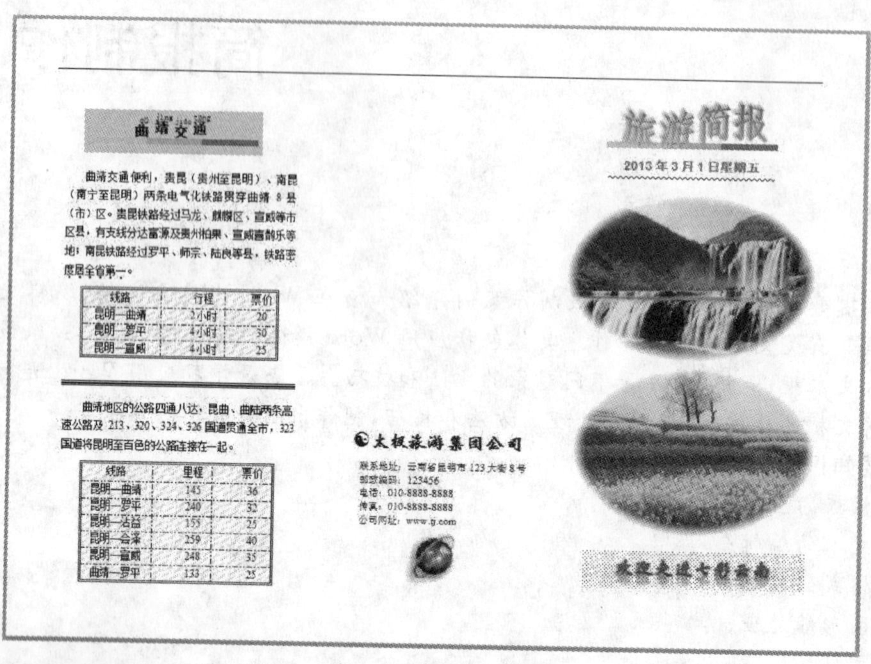

曲靖交通

曲靖交通便利，贵昆（贵州至昆明）、南昆（南宁至昆明）两条电气化铁路贯穿曲靖8县（市）区。贵昆铁路经过马龙、麒麟区、宣威等市区县，有支线分达富源及贵州柏果、宣威喜鹊乐等地；南昆铁路经过罗平、师宗、陆良等县，铁路密度居全省第一。

线路	行程	票价
昆明—曲靖	2小时	20
昆明—罗平	4小时	30
昆明—宣威	4小时	25

曲靖地区的公路四通八达，昆曲、曲陆两条高速公路及213、320、324、326国道贯通全市，323国道将昆明至百色的公路连接在一起。

线路	里程	票价
昆明—曲靖	145	36
昆明—罗平	240	32
昆明—沾益	155	25
昆明—会泽	259	40
昆明—宣威	248	35
曲靖—罗平	133	25

太极旅游集团公司

联系地址：云南省昆明市123大街8号
邮政编码：123456
电话：010-8888-8888
传真：010-8888-8888
公司网址：www.tj.com

旅游简报

2013年3月1日星期五

图4-1 封页版面效果

内容部分则主要是各旅游景区图文并茂的介绍，包括景区的特色景点、风景图片、交通概况、游客信息、天气情况等，如图4-2所示。

【景点介绍】

【罗平九龙瀑布群】

九龙瀑布群风景区位于罗平县城东北22公里，是罗平古十景之一的“三峡悬流”所在地。

九龙河原名喜旧溪，在长约4公里的河道上，凭借地貌差异形成了大小10级瀑布。或雄伟、或险峻、或秀美、或舒缓，美不胜收，绝伦无比。景区景观丰富，景点集中，特点突出，风景迷人；景点集雄、险、奇、秀为一体，组合较好；瀑间浅滩深潭千姿百态、异彩纷呈，景色随季节和水流大、小变幻无穷。

在九龙瀑布仅4公里长的河道上，便有大小数十个钙化滩和十多级瀑布，形状奇特，银镜亮好，在国内也属罕见。

【罗平油菜花海】

在每年的春节过后，罗平坝子便是油菜花的海洋。这恐怕是世界上最奇特的大海了。它是金色的，它是荡漾着清香的，它是吹奏着牧歌的。

过了师宗，沿南昆铁路或324国道东行，在浓绿的群山里，会展现出一片片的油菜花，黄得耀眼。这里有一座在喀斯特地形上筑成的腊子水库。美丽的水库把油菜花染得沉甸甸地。其实，这只是罗平油菜花海的一个一个的海湾，是罗平花海荡起的波涛，卷过来，冲撞在白腊大山上，溅起的一些碎片。

【彩色沙林】

位于陆良县城西南20公里终南山附近。景区面积6平方公里，其中，陆地5平方公里，水面1平方公里。彩色砂 林是陆良县人民政府于1988年12月新开发建设的一个旅游 新景区。彩色砂林是由于早期水土流失冲刷而形成峡峪、峰崖、丘陵、沟壑，异彩缤纷的风化砂石断面随处可见，在阳光的照射下更显得光彩夺目。

每年2月下旬至4月上旬，罗平的油菜花满坡皆是，不设景点，无需买门票，这时候来曲靖旅游观光是最合适的

图4-2 简报内容部分版面效果

4.1.2 应用模板

任何 Word 文档都是以模板为基础的，模板决定了文档的基本结构和不同样式的格式。除了通用型的空白文档模板之外，Word 中还内置了多种文档模板，如博客文章模板、书法字帖模板等。另外，Office.com 网站还提供了证书、奖状、名片、简历、小册子等特定功能模板。借助这些模板，用户可以高效方便地创建比较专业的 Word 文档。

本案例应用 Office.com 网站提供的“小册子”模板来建立，具体操作步骤如下。

步骤 1：打开 Word 2010 工作窗口。启动 Word 2010，进入其工作界面，如图 4-3 所示。

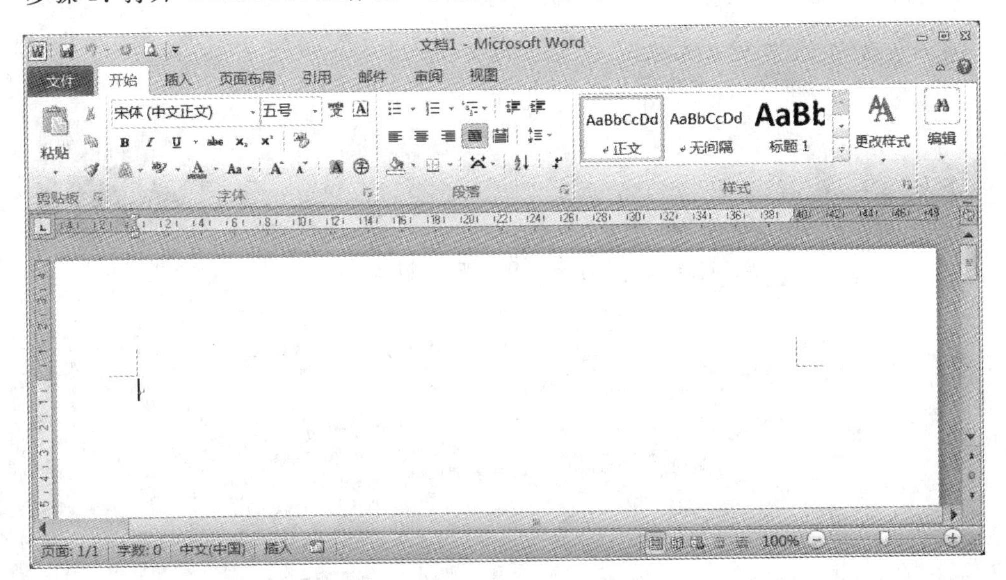

图 4-3　Word 2010 工作界面

Microsoft Office 2010 采用新式功能区用户界面，它以选项卡形式将各种相关功能组合在一起，替代了早期版本中的多层菜单和工具栏，使各种功能按钮不再是深深嵌入菜单之中，从而大大方便了用户的使用。功能区的外观还可以根据窗口的大小自动变化和调整。

注意：“快速访问工具栏”是在窗口标题栏左侧显示的一个标准工具栏，它提供了对“保存”、“撤销”、“恢复”等常用命令的访问。单击“快速访问工具栏”右侧的下拉箭头按钮，弹出“自定义快速访问工具栏”菜单，可以在该菜单中设置需要在“快速访问工具栏”上显示的命令图标。

步骤 2：打开“小册子和手册”模板列表页。单击“文件”→“新建”命令，打开“新建”面板页，拖曳“可用模板”窗格右侧滑块，找到“小册子和手册”并单击，打开“小册子和手册”模板列表页，如图 4-4 所示。

步骤 3：选择所需“小册子”模板。单击“小册子”文件夹图标，打开“小册子”模板列表页，选择“小册子(横排)”模板，如图 4-5 所示。

步骤 4：新建文档。双击“小册子(横排)”模板或单击右侧窗格“下载”按钮，下载“小册子”模板并以该模板为基础，新建一个名称为“文档 1”的文档，其中包括系统预先设计好的有关小册子的布局和各种样式。

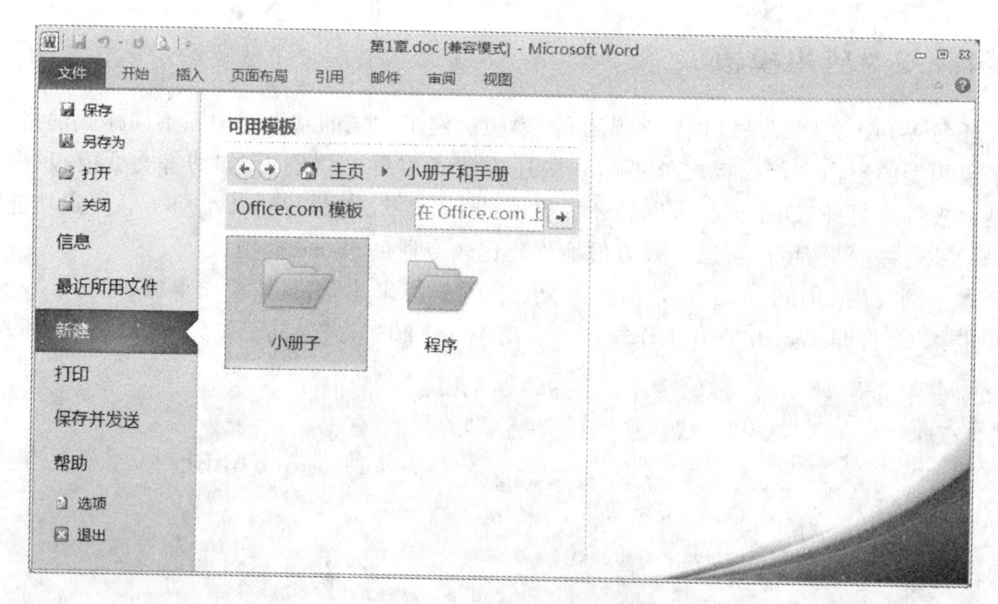

图 4-4 "小册子和手册"模板列表页

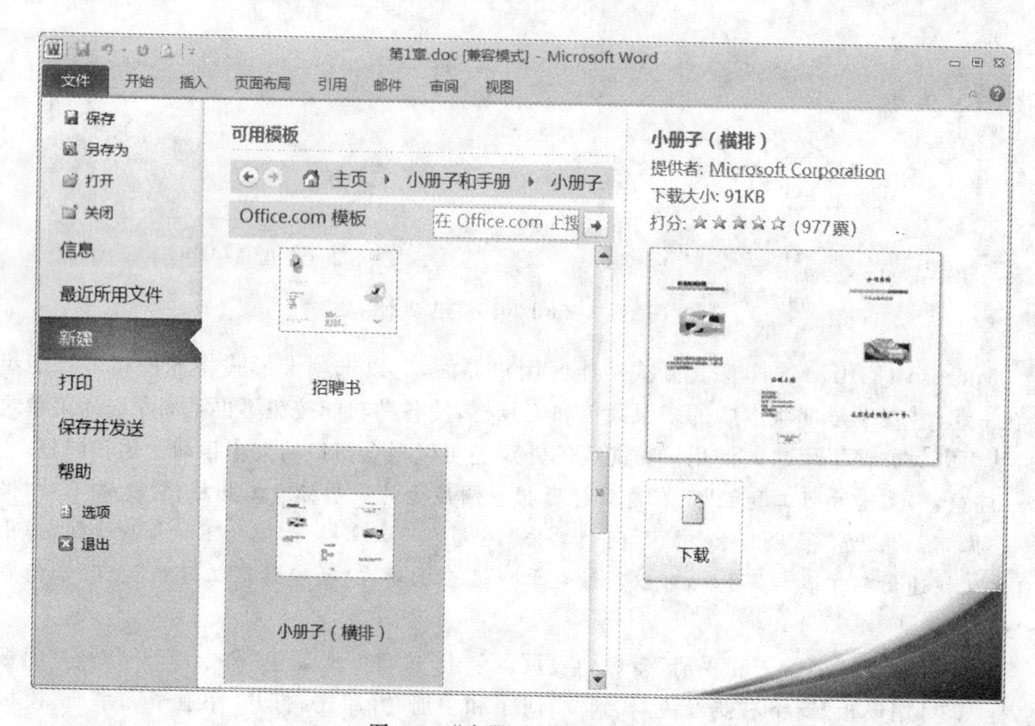

图 4-5 "小册子"模板列表页

注意：在下载 Office.com 提供的模板时，Word 2010 会进行正版验证，非正版的 Word 2010 版本无法下载 Office Online 提供的模板。

步骤 5：保存文档。单击"文件"→"另存为"命令，打开"另存为"对话框，指定保存位置、文件名和保存类型，去除勾选"保留与 Word 早期版本的兼容性"复选框，如图 4-6 所示，然后单击"保存"按钮。

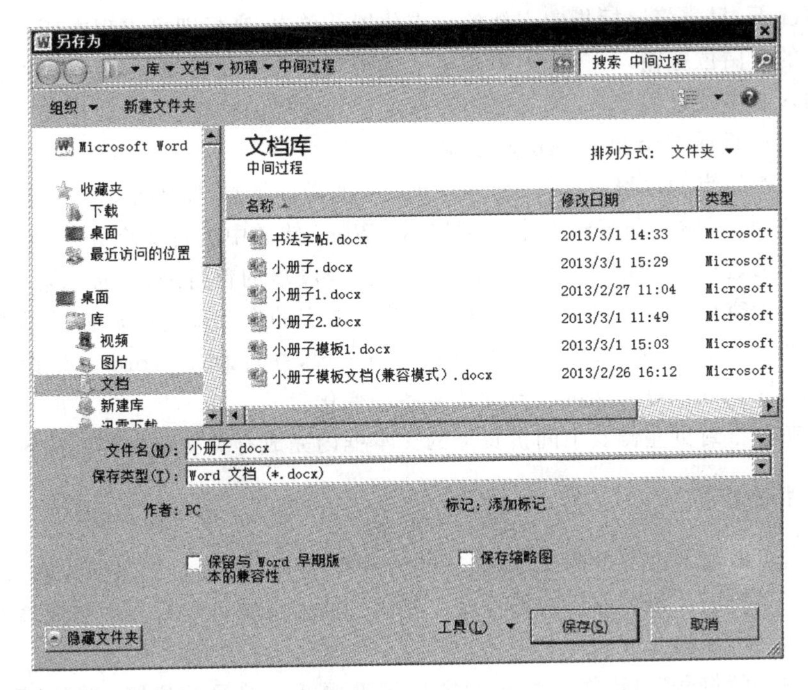

图 4-6 “另存为”对话框

注意：由于“小册子(横排)”模板是早期 Word 版本建立的，当按 Word 2010 版本保存时，系统会弹出提示对话框，如图 4-7 所示。单击“确定”按钮关闭对话框，即可将文档按 Word 2010 版本保存，且以后可以使用 Word 2010 版本的所有功能。

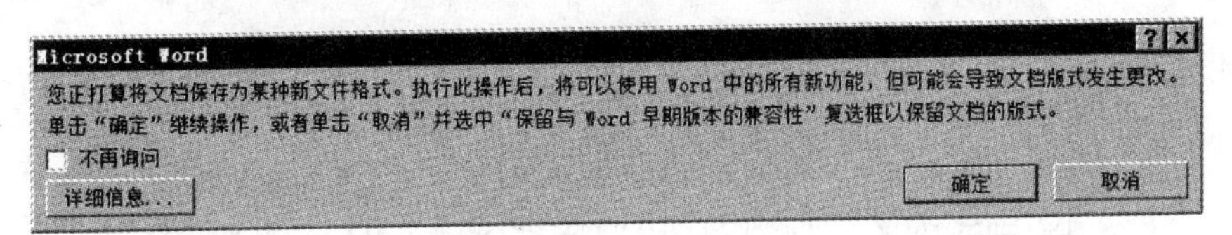

图 4-7 提示对话框

4.2 编辑简报

应用模板创建文档后，需要删除原模板中无关的内容，然后将搜集的素材文字添加到简报的适当位置。

4.2.1 输入文本

一般情况下用户输入的字符主要有 3 种：普通字符(如英文字母、数字等)、汉字和特殊字符(如℃、≥、λ、※等)。

1. 输入普通字符和文字

在文档中输入文本时，首先需要将插入点光标定位到指定位置，然后依次输入文本字符。一般情况下,只需将鼠标指向文档的相应位置并单击,光标即可出现在所选位置。如果需要在文档的空白位置输入文本,则需要将鼠标指向相应位置后双击,即可以直接快速定位光标。在输入文本的过程中,如果需要将光标定位到文档的特殊位置,如行首、行尾等,可以按相应的 Home 键或 End 键实现快速定位。

在进行文本编辑的过程中,应注意 Word 软件的操作特点,特别是尽量应用 Word 所提供的便捷功能,提高输入和编辑效率。例如,在 Word 软件中进行文字处理,原则上不需要人为地插入空格、空行。如果通过人工插入空格实现段落的首行缩进、标题居中,或是通过人工插入的若干空行另起一页,将来都有可能随着文字的变动或是打印需求的变化而出现错位。这些都可以由 Word 软件的排版功能自动实现,并且通过 Word 软件设置的首行缩进、标题居中、插入分页等功能可以自动适应各种变化。

请读者在简报封页左侧及中间折页上的文本框内完成有关文字内容的输入。

2. 输入特殊字符

通过键盘可以输入大部分的文本,但一些特殊符号则无法通过键盘完成输入。例如,本案例封页中间一折上公司名称前的符号就需要通过插入特殊符号的方法实现输入。插入特殊符号的具体操作步骤如下。

步骤 1: 打开“符号”对话框。将光标定位到需要插入符号的位置,单击“插入”选项卡“符号”组中“符号”按钮,打开下拉列表,单击“其他符号”命令,打开“符号”对话框,如图 4-8 所示。

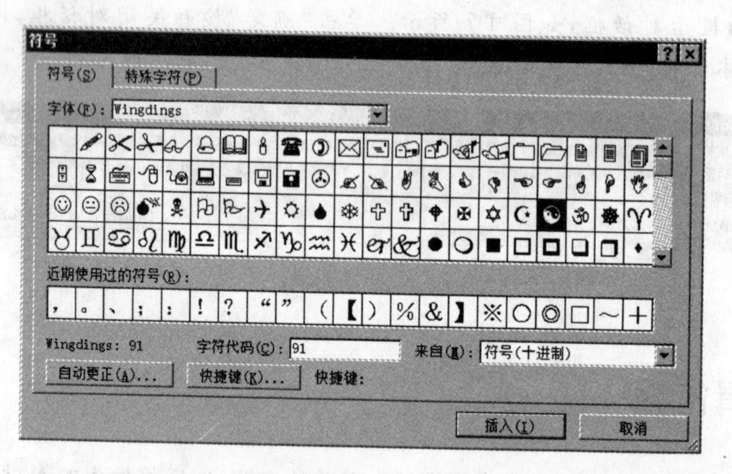

图 4-8 “符号”对话框

步骤 2: 插入符号。在“字体”列表框中选择 Wingdings 字体,在下方的符号列表中选定☯符号,单击“插入”按钮进行插入,也可以通过直接双击☯符号插入。可以一次性插入多个符号再关闭“符号”对话框。

注意: 通过“符号”对话框中“符号”和“特殊符号”选项卡,还可以插入多种形式的图形符号以及各种单位符号、数字符号、汉语拼音、标点符号、数学符号和其他特殊符号。

3. 插入日期

本案例封页右侧一折上方需要输入日期,具体操作步骤如下。

步骤1：打开“日期和时间”对话框。将光标定位到需要插入日期的位置(封面右上部第2个文本框内，并删除其中原有模板文本内容“产品及服务信息”)，选择“插入”选项卡，单击“文本”组中“日期和时间”按钮，打开“日期和时间”对话框。

步骤2：插入日期。在“可用格式”列表框中选择所需的日期格式，单击“确定”按钮插入日期。

如果在“日期和时间”对话框中选择日期格式后，勾选“自动更新”复选框，那么在以后打开该文档时，插入的日期将自动更新，即显示的日期为打开文档时的日期。

4.2.2 编辑文本

如果发现文档中有错误，或者对文档中的某些内容不满意，可以通过插入、删除、移动、复制等操作对文档进行编辑。

1. 基本编辑

文本的基本编辑主要包括插入、修改和删除操作，操作要点是先将光标定位到要编辑的地方，然后再进行插入、删除和修改操作。插入时，应直接输入要添加的内容；删除时，按退格键或删除键删除不要的文字。注意，按退格键删除的是插入点左边的内容，按删除键删除的是插入点右边的内容。

有时，可能会发现新输入的文字不是被插入进去，而是替换了原来的内容，这是因为编辑状态没有处于插入状态，而是处于改写状态。默认情况下在窗口下方状态栏中会有“插入”两字，说明目前编辑状态处于插入状态，通过按键盘上的 Insert 键或单击状态栏中“插入”字样，可以在“插入”/“改写”状态之间进行切换。

注意：右击 Word 窗口下方的状态栏，弹出快捷菜单，可自定义在状态栏中出现的内容。

2. 复制或移动文本

如果需要建立内容或格式类似的文本，可以利用复制操作，将现有的文本复制一份，然后在其基础上再进行编辑。如果需要调整部分文字或段落的次序，则可以利用移动操作，将现有的文本移动到其他位置。复制或移动文本时，首先需要选定文本，文本选定操作常用以下几种方法。

(1) 在文本区双击，可选定一个词。

(2) 在文本区按住鼠标左键拖放，可选定拖放过的部分文本。

(3) 在文本区用鼠标左键三击，可选定当前自然段。

(4) 在文档左侧的选择区单击，可选定指定的整行文本。

(5) 在文档左侧的选择区按住鼠标左键拖放，可选定拖放过的若干整行文本。

(6) 在文档左侧的选择区双击，可选定当前自然段。

(7) 在文档左侧的选择区用鼠标左键三击，可选定整个文档。

此外还有多种键盘以及鼠标配合键盘的操作来选定部分文档。例如，按住 Shift 的同时按上、下、左、右移动光标键或不同的翻页键，可以选定不同的部分文本；按 Ctrl＋A 组合键可以选定整个文档；如果需要准确选取较大篇幅的文档，可以先将光标定位在选取文本的一端,然后滚动文档到需要选取文本的另一端,按住 Shift 键的同时单击。

Word 提供了多种移动和复制的方法,用户可以使用鼠标移动或复制文本,也可以使用剪贴板移动或复制文本。

1) 使用鼠标

最直观的复制/移动操作是直接用鼠标拖曳选定的文本到指定位置。其中直接拖放为移动操作,按住 Ctrl 键再拖放(拖动时鼠标的指针带有"+"号)则为复制操作。

2) 使用剪贴板

使用剪贴板进行复制和移动操作通常可以使用以下几种方法。

- 单击"插入"→"剪贴板"→"复制"/"剪切"按钮,然后移动到需要复制/粘贴的位置,再单击"粘贴"按钮,完成文本的复制/移动操作。
- 右击选定的文本,在打开的快捷菜单中选择"复制"/"剪切"命令,然后移动到需要复制/粘贴的位置,再次右击,在打开的快捷菜单中选择"粘贴"命令,完成文本的复制/移动操作。
- 最快捷的复制/移动操作方法是使用相应的快捷键。复制操作为 Ctrl+C 组合键;剪切 Ctrl+X 组合键;粘贴操作为 Ctrl+X 组合键。

如果想了解剪贴板上的具体内容,可以单击"开始"→"剪贴板"启动器,打开"剪贴板"任务窗格,如图 4-9 所示。从这个窗格中可以很清楚地看到剪贴板上的内容,同时也可以直接单击"剪贴板"任务窗格中的对象实现粘贴操作。

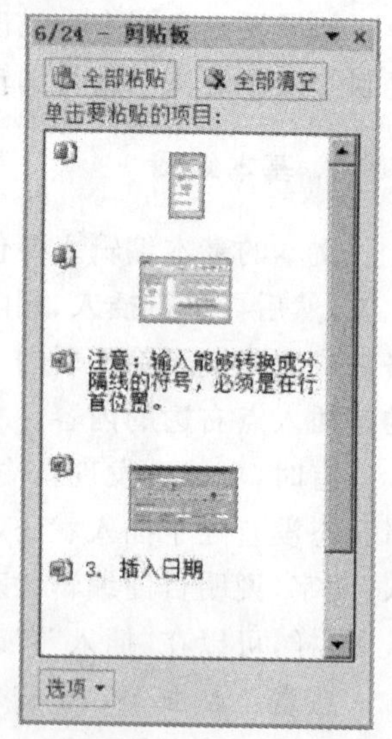

图 4-9 "剪贴板"任务窗格

注意:在 Word 2010 中,在进行粘贴时会出现粘贴选项,当鼠标指针移至各选项时,工作区会出现粘贴效果的预览图,用户可以根据预览效果选用适合的粘贴选项。

例如要将素材文档部分文本复制到简报内容页中,具体操作步骤如下。

步骤 1:选定需要复制的文本。打开相应素材文档,选定需要复制的文本。

步骤 2:执行复制操作。按 Ctrl+C 快捷键,选定的文本被复制到剪贴板中。

步骤 3:将光标定位到需要复制到的位置。打开简报文档"CHR04.DOC",如果已经打开可以按 Alt+Tab 复合键切换到简报文档,将光标定位到需要复制到的目标位置。

步骤 4:执行粘贴操作。按 Ctrl+V 快捷键,这时剪贴板中的文本被粘贴到指定的位置,从而实现复制操作。

在编辑文本时如果操作有误,可以撤销相应的多步操作。可以通过单击快速访问工具栏中"撤销"按钮;或是直接按 Ctrl+Z 快捷键撤销最近进行的操作。

4.2.3 自动更正

自动更正是 Word 软件一项非常有用的功能,全面了解、熟练掌握自动更正功能可以有效提高文本的输入和编辑效率。单击"文件"→"选项"命令,打开"Word 选项"对话框,选择"校对"选项卡,在其"自动更正选项"区域单击"自动更正选项"按钮,可以打开"自动更正"对话框,如图 4-10 所示。

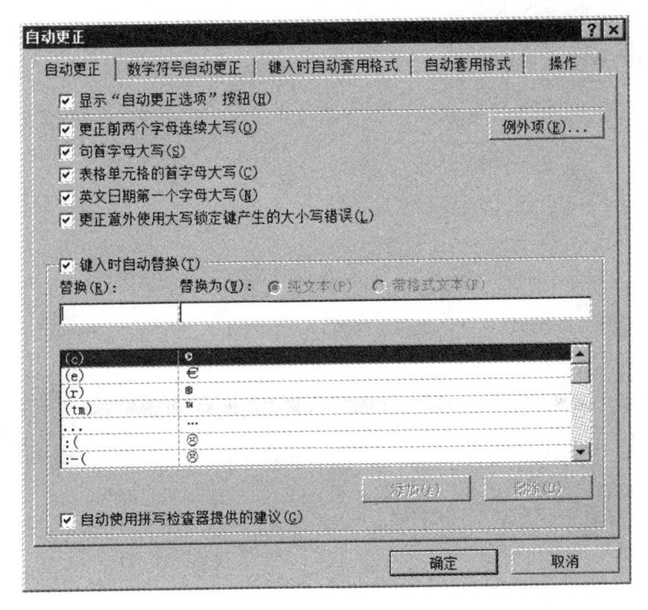

图 4-10 "自动更正"对话框

在"自动更正"选项卡上列出了自动更正的主要功能,可以看到 Word 会自动更正多种常见的英文输入错误。浏览下方"键入时自动替换"列表框中的内容,可以了解自动更正能自动识别并修改的英文单词拼写错误和汉语词汇常见错别字。例如,输入"abscence",会自动替换为"absence";输入"按步就班",会自动替换为"按部就班"等。并且当鼠标指向被自动更正的对象时,会打开自动更正选项标志,单击标志右侧的列表箭头,可以在弹出的列表框中选择撤销自动更正和修改自动更正选项等命令。

自动更正除了可以自动识别并更正输入的错误外,还可以由键盘快速输入特殊符号。例如输入"(C)"将被替换为"©",类似的还有各种表情符号(如":)"替换为"☺"、":("替换为"☹")、箭头符号("==>"替换为"➡"、"-->"替换为"→")等。

常用分隔线亦可快速输入。在旅游简报需要分隔的位置输入"~~~",然后按 Enter 键可以自动转换成一条贯穿整个页面(如果是分栏的页面则是贯穿整栏)的波浪线。如果输入"###",然后按 Enter 键可以得到一条中间加粗的三直线。相应效果如图 4-11 所示。

图 4-11 波浪线和三直线的效果

注意:输入能够转换成分隔线的符号,必须是在行首位置。

除了可以使用系统提供的各种自动替换外,还能以自定义方式创建新的自动替换。例如本案例中需要多次使用"【"和"】",通过插入符号的方式输入不太方便,可以通过创建自动替换项,使用自动更正快速输入,具体操作步骤如下。

步骤 1:打开"自动更正"对话框,如图 4-10 所示。

步骤 2:创建自动替换项。假设准备使用"[("输入"【"符号,首先确认自动更正选项卡上的"键入时自动替换"复选框被选中,然后在"替换"下方的文本框中输入"[(",在"替换为"下方的文本框中输入"【",输入完毕后单击"添加"按钮完成自动替换项的创建,结果如图 4-12 所示。最后单击"确定"按钮并关闭"自动更正"对话框。

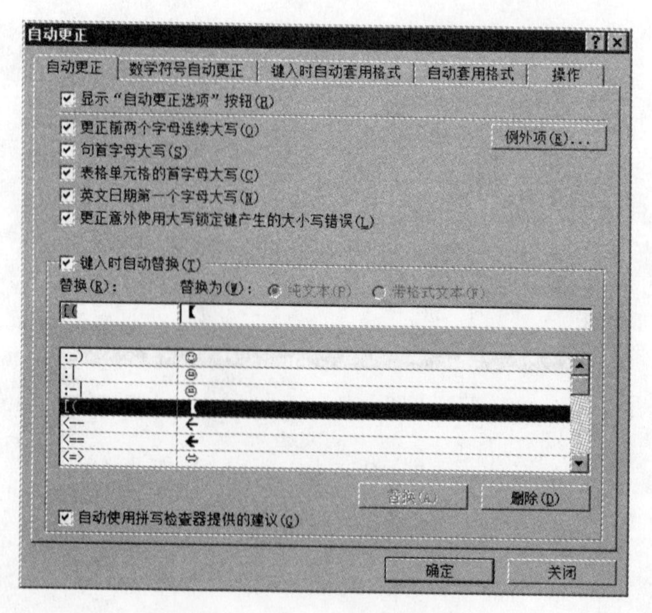

图 4-12 自动替换项创建结果

创建完成自动替换项后,当在文档中输入"[("时,系统自动将其替换为"【"。不必再创建")]"对应"】"的自动替换,当在需要输入"】"的位置直接输入")"、"]"或"}"时,系统会通过"键入时自动实现匹配左右括号"默认设置,将")"、"]"或"}"转换成"】"与"【"相匹配。

注意:如果实际需要输入"[("符号,可以在系统自动替换成"【"后马上按 Backspace 键,系统会自动还原成原来的"[("。所以在创建自动替换项时,应注意选择一般不太常用的符号组合。

4.3 格式设置

格式设置就是对文档在显示或打印时的外观进行设置,一篇被恰当地设定了格式的文档往往更令人赏心悦目、便于阅读。本节主要介绍如何进行字符的格式设置和段落的格式设置。

4.3.1 字符格式

设置字符格式主要包括设置字符的字体、字型和字号,为字符添加边框、底纹或下划线,设置文本效果、设置字体颜色、改变字符间距等。对于常用的字体、字形、字号以及字体颜色等格式,可通过单击"开始"选项卡"字体"组中相应的按钮进行设置;对于较为复杂的格式,如着重号、字符间距等,则需要通过"字体"对话框进行设置。下面对简报案例进行字符格式设置。

1. 设置着重号

要将案例中封页左侧一折上的文字"铁路密度居全省第一"加着重号显示,具体操作步骤如下。

步骤 1：选定文本。选定“铁路密度居全省第一”这部分文字。

步骤 2：打开“字体”对话框。单击“开始”选项卡“字体”组右下角的对话框启动器；或是右击选定的文字，在打开的快捷菜单中选择“字体”命令，打开“字体”对话框。

步骤 3：设置字符格式。单击“着重号”下拉列表框，选择着重号，注意“预览”框将显示相应格式设置后的效果，如图 4-13 所示，最后单击“确定”按钮。

图 4-13 “字体”对话框

2. 添加拼音标注

中文版 Word 专门增加了针对中文特点的一组中文版式设置，如“拼音指南”、“带圈字符”、“纵横混排”等。本案例要为“曲靖交通”标题添加拼音标注，具体操作步骤如下。

步骤 1：选定文本。选定“曲靖交通”标题文字。

步骤 2：打开“拼音指南”对话框。单击“字体”组中“拼音指南”按钮，打开“拼音指南”对话框，如图 4-14 所示。

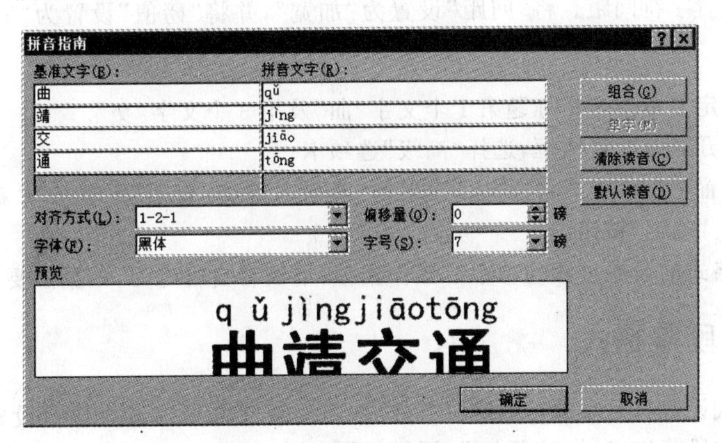

图 4-14 “拼音指南”对话框

步骤 3：设置选项。将“对齐方式”设置为“居中”，“字号”加大到“9”，单击“确定”按钮。设置完成的“曲靖交通”标题如图 4-15 所示。

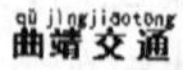

qǔ jìngjiāotōng
曲靖交通

图 4-15 添加拼音标注

注意：如果是为地名添加拼音标注，通常应选定“组合”选项，将几个汉字的拼音组合在一起；如果需要清除已经添加的拼音标注，单击“拼音指南”对话框中的“清除读音”按钮即可。

3. 设置字符间距

本案例要求为“曲靖交通”标题设置 5 磅的字符间距，并对其奇数位置字符(即“曲”字和“交”字)降低 2 磅，具体操作步骤如下。

步骤 1：选定文本。选定标题文字“qǔ jìng jiāo tōng 曲靖交通”。

步骤 2：打开“字体”对话框，选择“高级”选项卡，如图 4-16 所示。

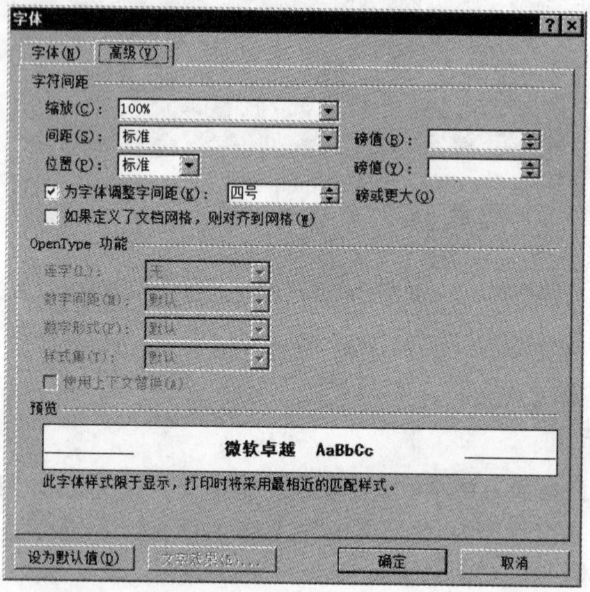

图 4-16 “高级”选项卡

步骤 3：设置字符间距。将“间距”设置为“加宽”，并将“磅值”设置为“5 磅”，单击“确定”按钮。

步骤 4：选定文本。选定标题第 1 个文字“qǔ 曲”及第 3 个文字“jiāo 交”。

步骤 5：打开“字体”对话框，选择“高级”选项卡。

步骤 6：设置字符位置。将“位置”设置为“降低”，并将“磅值”设置为“2 磅”，如图 4-17 所示。最后单击“确定”按钮。

其他字符格式的设置过程与本小节操作类似，请读者自行练习，根据需要灵活运用。

4.3.2 段落格式

字符的格式设置只是对选定的字符有效，很多时候还需要对某个段落设置某种段落格式。对于常用的段落格式(如对齐方式，增加、减少缩进量，行间距等)，可以直接通过“段落”

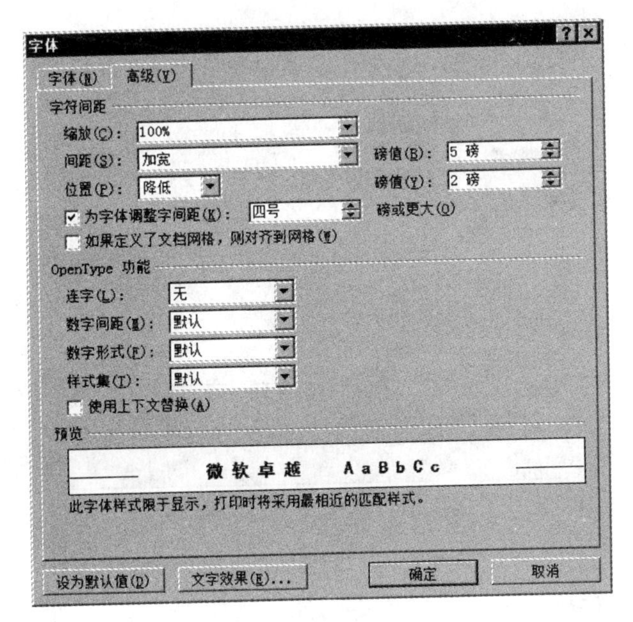

图 4-17 设置结果

组中相应的按钮进行设置；对于较为复杂或精细的段落格式(如特殊缩进格式，特殊的行间距，段前、段后间距等)，则需要通过“段落”对话框进行设置。下面对简报案例进行段落格式设置。

1. 调整段间距和行间距

本案例中“曲靖交通”部分文字较少，为了使布局较为均衡，可以适当调整段间距和行间距，具体操作步骤如下。

步骤 1：选定段落。除非要设定多个段落的格式，一般不需要选定整个段落，而只需要将光标定位到相应的段落中即可。

步骤 2：打开“段落”对话框。单击“开始”选项卡“段落”组右下角的对话框启动器；或者右击选定的段落，在弹出的快捷菜单中单击“段落”命令，打开“段落”对话框，如图 4-18 所示。

步骤 3：设置段落格式。本案例将“段前”间距设置为 0.5 行，“行距”设置为“固定值”，并在“设置值”框中设置为“18 磅”，单击“确定”按钮。从而使段落文字疏密适中。

2. 设置底纹

用户不仅可以在文档中为段落或文字设置纯色底纹，还可以为其设置图案底纹，以使设置了底纹的段落或文字更加突出。本案例要为“曲靖交通”标题段落添加 15%图案样式底纹，具体操作步骤如下。

步骤 1：选定段落。

步骤 2：打开“边框和底纹”对话框。在“开始”选项卡的“段落”组中单击“边框”按钮右侧下拉箭头按钮，在打开的下拉列表中选择“边框和底纹”命令，打开“边框和底纹”对话框。

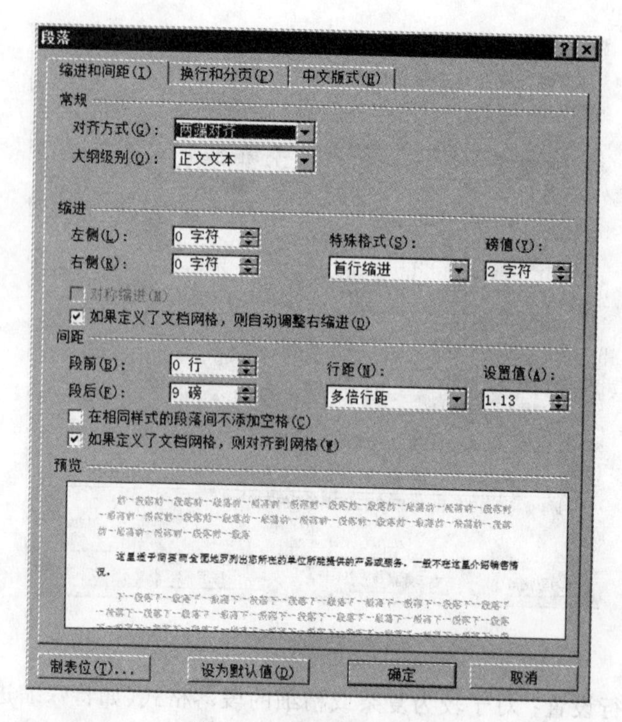

图 4-18 “段落”对话框

步骤 3：设置段落底纹。在打开的“边框和底纹”对话框中选择“底纹”选项卡，然后在“图案”区域的“样式”下拉列表中选择 15％图案样式，“应用于”下拉列表中选择“段落”，在右侧的“预览”部分可以看到设置的结果，如图 4-19 所示，最后单击“确定”按钮，

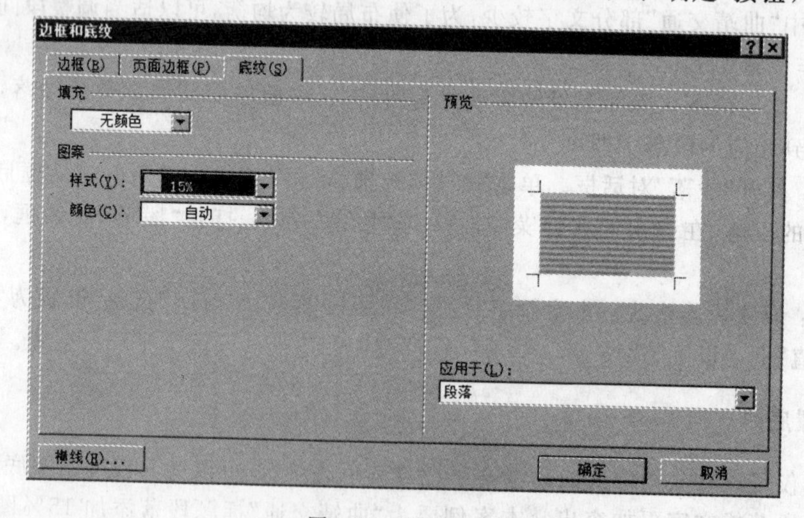

图 4-19 设置底纹

注意：如果要为文字添加边框和底纹，应该先选定文字；如果要为段落添加边框和底纹，应该先选定段落，二者的区别就在于是否选定了段落结尾的段落标记“↵”。如果事先未选好，也可以通过如图 4-19 所示的对话框的“应用于”下拉列表框进行选择。

3. 使用格式刷

如果文档的多个部分需要采用相同的格式,可以使用"格式刷"复制格式。例如,欲将刚刚设置的"曲靖交通"关于铁路交通信息的段间距、行间距等段落格式套用到公路信息段落上,其具体操作步骤如下。

步骤1:选定源段落。将光标定位到已设置好段落格式的段落中,即"曲靖交通"的第一自然段。

步骤2:激活格式刷按钮。单击"开始"选项卡中"剪贴板"组的"格式刷"按钮(这时鼠标指针变为格式刷形状)。

步骤3:复制格式。用格式刷形状的鼠标指针单击需要套用格式的段落(即"曲靖交通"的第二自然段),之后鼠标指针自动恢复原状。

注意:如果需要对多个段落套用同一格式,可以在选取设置好段落格式的段落后,双击"格式刷"按钮,此时的格式刷可以重复使用。完成对所需的所有段落格式套用后,再次单击"格式刷"按钮将其释放,可以使鼠标指针恢复原状。

本案例简报中有关其他段落格式设置的操作过程均类似,请读者自行设置,根据需要灵活运用。

4.4 图表处理

除了文本编辑功能以外,Word 还提供了强大的图表处理功能,可以在文档中加入表格、艺术字、图片和文本框等多种对象,以创建丰富多彩、引人入胜的文档。在简报制作过程中,这一点尤为重要,漂亮的图表和丰富的版面是吸引受众对象阅读的重要因素。充分利用Word 的图表处理功能,可以使制作的简报更具吸引力,提高宣传的力度。

4.4.1 插入表格

使用表格可以将相互关联的数据、文字等以更直观的方式显示出来。在 Word 中,可以方便地插入不同大小的表格,并设置多种美观的表格形式。本案例将曲靖地区的铁路、公路交通信息列举在表格中,具体操作步骤如下。

步骤1:插入表格。将光标定位在适当位置,单击"插入"→"表格"按钮,然后在打开的列表中拖放鼠标选择插入表格的大小。也可以单击列表中"插入表格"命令,打开"插入表格"对话框,通过设置相关参数插入表格。此时功能区出现"表格工具"上下文选项卡(所谓上下文选项卡就是根据用户正在使用的对象或正在执行的任务而显示的命令选项卡,可以根据所选对象的状态不同自动显示或关闭),该选项卡下有"设计"和"布局"两个子选项卡。

步骤2:输入表格内容。插入适当大小的表格后,单击任意一个单元格,光标出现在单元格内,可以在此单元格内输入文字。

步骤3:设置表格对齐方式。选定整个表格后,单击"布局"选项卡"对齐方式"组中"水平居中"按钮,设置表格中文字在单元格内水平和垂直方向都居中;也可以右击选定的表格,在打开的快捷菜单中选择“单元格对齐方式”→“水平居中”,对所有单元格的对齐方式进行设置。如果需要对个别单元格进行调整,只需选定相应的单元格后进行设置即可。

步骤4:设置表格边框。选定整个表格后,单击“布局”选项卡“表格样式”组中“边框”按钮右侧的下拉箭头,打开下拉列表,选择“边框和底纹”命令,打开“边框和底纹”对话框。本案例将表格的边框改为双线,网格线改为虚线,线型的颜色设置为深蓝色。在设置时,应当先选定“自定义”的边框形式,然后选择适当的线型、颜色和线条的宽度,再在右侧选择添加已定义好线条的添加位置,设置结果如图4-20所示。

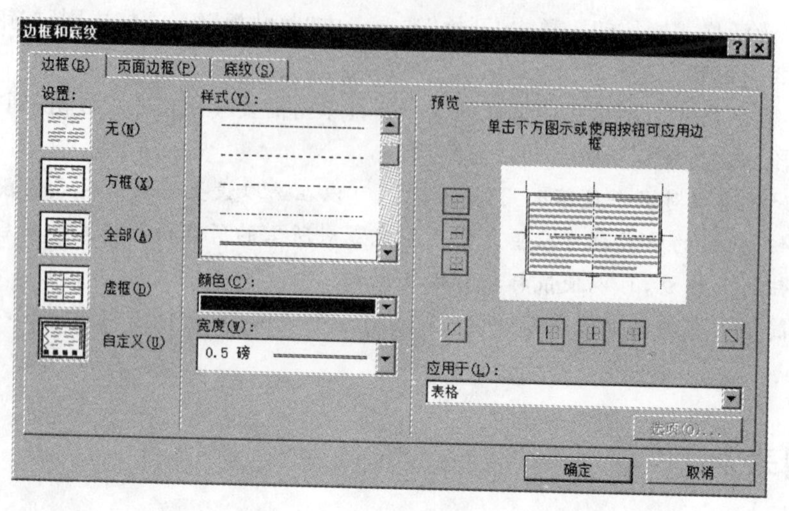

图4-20 “边框”选项卡的设置

步骤5:设置表格底纹。在“边框和底纹”对话框中单击“底纹”选项卡,在“图案”下方的“颜色”列表框中选择适当的底纹颜色,本案例选择黄色。在“样式”列表框中选择适当的底纹透明度,本案例选择25%,在右侧的“预览”部分可以看到设置的结果。最后单击“确定”按钮完成表格格式的设置。

4.4.2 插入艺术字

艺术字是Word内置的一种特殊图片,通常用来修饰各种标题。假设本案例封面上的标题“旅游简报”使用艺术字来修饰,具体操作步骤如下。

步骤1:光标定位。将光标定位到需要插入艺术字的位置(封面右上角“公司名称”文本框内,并删除原有模板文本内容“公司名称”)。

步骤2:打开“艺术字样式”库。单击“插入”选项卡“文本”组中“艺术字”按钮,打开“艺术字样式”库,如图4-21所示。

步骤3:插入艺术字。本案例选择第4行第2列的“渐变填充—橙色,强调文字颜色6,内部阴影”艺术字样式作为简报标题的基本样式,之后输入艺术字的内容:“旅游简报”。此时功能区中出现并自动切换至“绘图工具格式”上下文选项卡。

步骤4:设置艺术字的文字效果。单击“文字效果”按钮,从打开的菜单中选择“转换”→“波形2”样式,如图4-22所示。

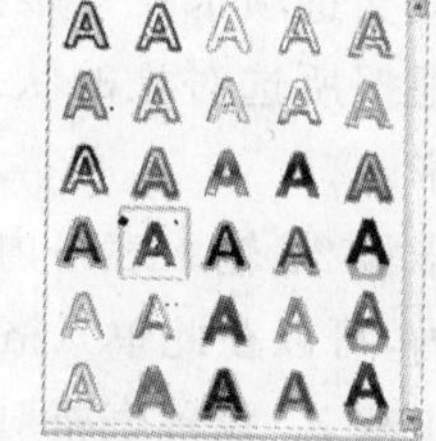

图4-21 “艺术字样式”库

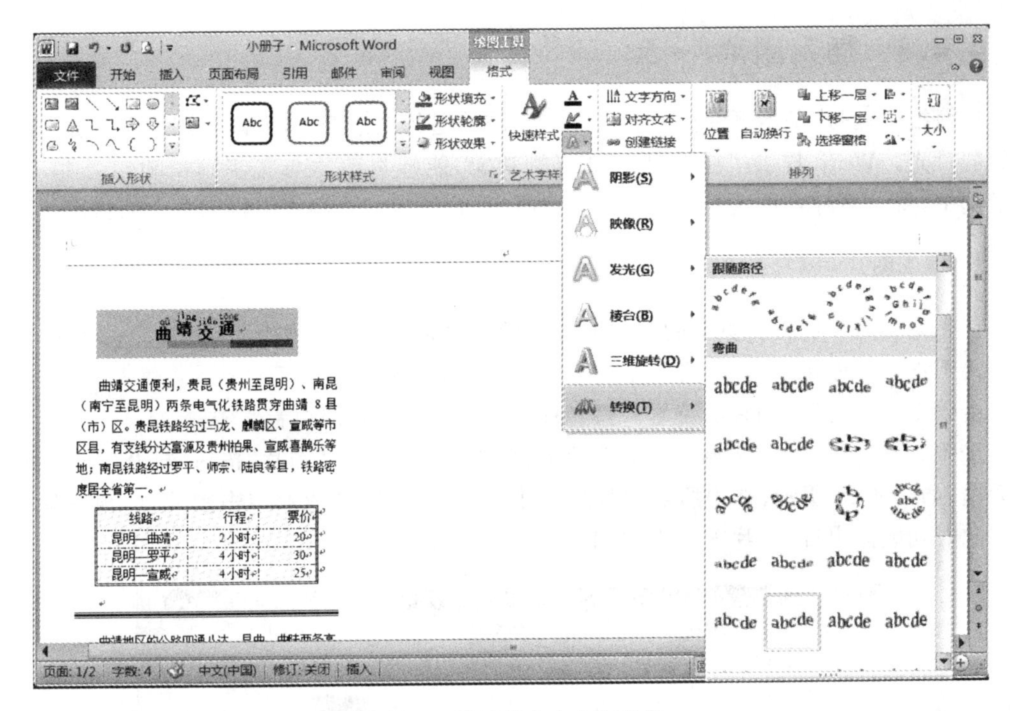

图 4-22　设置艺术字文字效果

步骤 5：设置艺术字的阴影效果。单击“文字效果”按钮，从打开的菜单中选择“阴影”→“左上斜偏移”样式，如图 4-23 所示。

步骤 6：设置艺术字的字体、字号。本案例设置字体为“宋体”，字号为“小一”，正常字形，结果如图 4-24 所示。

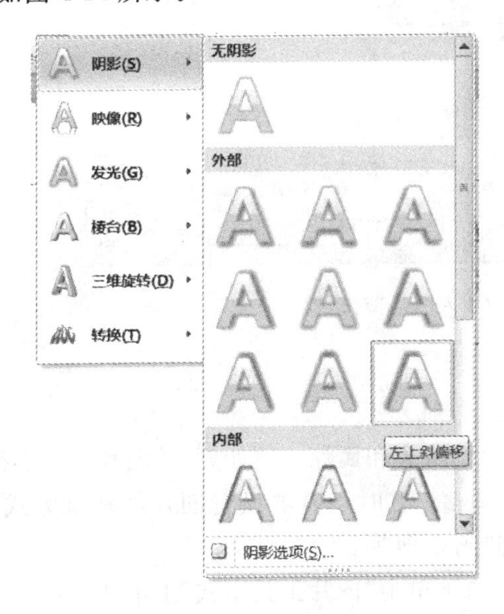

图 4-23　设置艺术字阴影效果

旅游简报

图 4-24　艺术字的效果

4.4.3 插入图片

在简报中,图片是不可缺少的元素之一。与普通的文本相比,丰富的图片更能吸引受众对象的目光。Word 提供了强大的图文混排功能,能够将图片与文字完美地结合在一起。本案例中,将为旅游景点插入介绍图片,这样可以让读者更直观地了解到景点的情况。

1. 插入图片

首先完成封页右侧折页上的图片插入。所用模板在封页右侧预先设置了一幅图片,由于格式不符合所需要求,因此将其删除。插入图片的操作步骤如下。

步骤 1:确定插入图片的位置。将光标在需要插入图片的位置双击。

步骤 2:插入图片。选择"插入"选项卡,单击"插图"组中"图片"按钮,打开"插入图片"对话框,如图 4-25 所示,选中所需图片后单击"插入"按钮,或直接双击图片,实现图片的插入。此时功能区出现"图片工具格式"上下文选项卡。

图 4-25 "插入图片"对话框

2. 设置图片格式

插入图片后,一般需要进一步设置图片的格式和属性。例如,原始图片的大小很难正好满足版面的要求,需要对图片的大小进行调整;有时还需要设置图片的环绕方式、颜色模式,修改图片的亮度、对比度,以及对图片进行裁剪等。

步骤 1:设置图片位置。在图片选中状态下单击"图片工具格式"上下文选项卡"排列"组中"位置"按钮,打开下拉列表,本案例选择"中间居右,四周型文字环绕"方式,如图 4-26 所示。然后将鼠标指向图片内,当鼠标指针变为十字箭头形状时,拖放鼠标调整图片至适当位置。

步骤 2:改变图片的大小。选定图片后,直接用鼠标拖放图片四边及四角的控制柄至所期望的大小即可。如果需要精确地设置图片大小，可以单击“图片工具格式”上下文选项卡“大小”组对话框启动器，打开“布局”对话框，如图 4-27 所示；也可以右击需要调整的图片，在弹出的快捷菜单中选择“大小和位置”命令，打开“布局”对话框。在“布局”对话框的“大小”选项卡中，可以精确设置图片的高度和宽度，也可以按比例缩放图片。如果需要保持图片的长宽比例，应选定“锁定纵横比”复选框，这时，独立调整图片的高度，图片的宽度也会按比例与之联动，反之亦然。

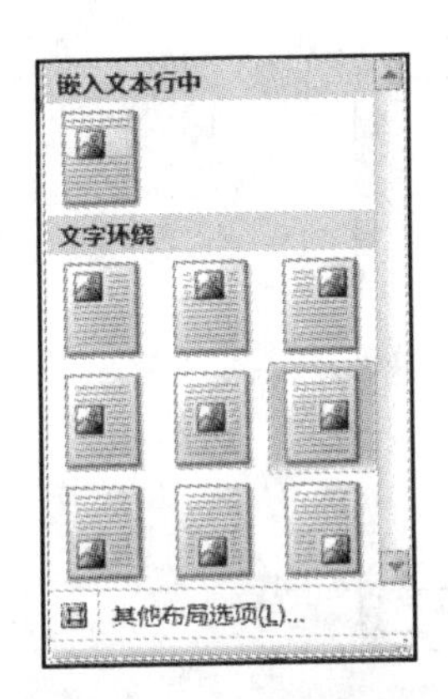

图 4-26 设置图片位置

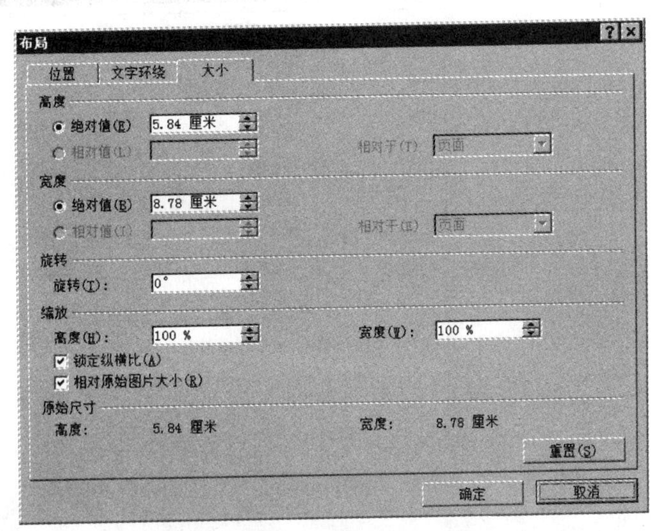

图 4-27 “布局”对话框“大小”选项卡

步骤 3：设置图片总体外观样式。选定图片后，单击“图片工具格式”上下文选项卡“图片样式”组中“总体外观样式”库右侧“其他”按钮，打开“总体外观样式”库如图 4-28 所示，本案例选择“柔滑边缘椭圆”样式。

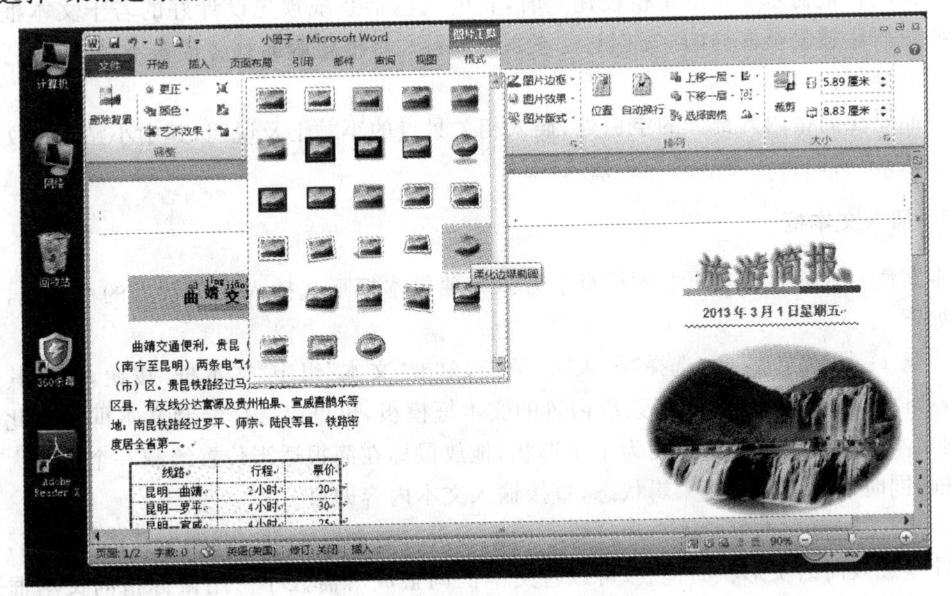

图 4-28 设置图片总体外观样式

如果需要设置图片的其他属性,可以单击“图片工具格式”上下文选项卡“图片样式”组右下角的对话框启动器;或右击图片,在弹出的快捷菜单中选择“设置图片格式”命令,打开“设置图片格式”对话框,如图 4-29 所示。然后根据需要对图片进行裁剪、设置图片的颜色、设置图片艺术效果等设置。也可以通过直接单击“图片工具格式”上下文选项卡中的相应按钮完成相关操作。

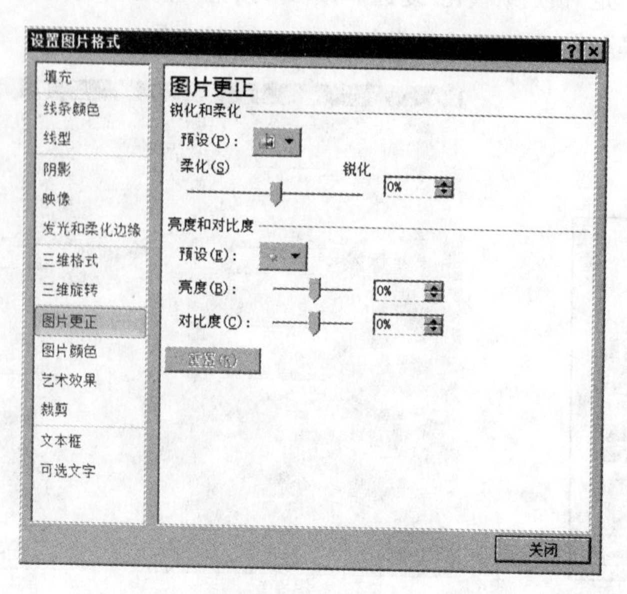

图 4-29 “设置图片格式”对话框

请读者自行插入简报案例中的其他图片并为其设置适当的格式。

4.4.4 插入文本框

本案例在最初基于小册子模板建立时,其中就包括系统预先设计好的若干文本框。对于一些版面比较复杂多样的文档,也应该通过多种文本框将版面划分成若干块,再进行文字和段落的排版。

下面要在简报内容部分的空白处,插入相关景点的小贴士及说明,其中小贴士以文本框形式插入,说明以自选图形的形式插入。

1. 插入文本框

本案例要在简报内容页左侧折页下方以单独文本框形式插入相关景点的小贴士,操作步骤如下。

步骤 1:插入文本框。选择“插入”选项卡,单击“文本”组中“文本框”按钮,打开其选项列表,如图 4-30 所示,可以选择系统内置的文本框模板,也可以选择绘制文本框。在此选择“绘制文本框”,这时鼠标指针变为十字形状,拖放鼠标在简报适当位置绘制一个适当大小的文本框,同时该文本框处于编辑状态,直接输入文本内容即可。

步骤 2:调整文本框的大小和位置。用鼠标指向文本框的四边或四个角的控制柄,当鼠标指针变成双向箭头形状时拖放,可以将文本框调整成所需大小。用鼠标指向文本框边缘其他位置时,鼠标指针变成十字箭头形状时拖放,可以将文本框移动到所需位置。

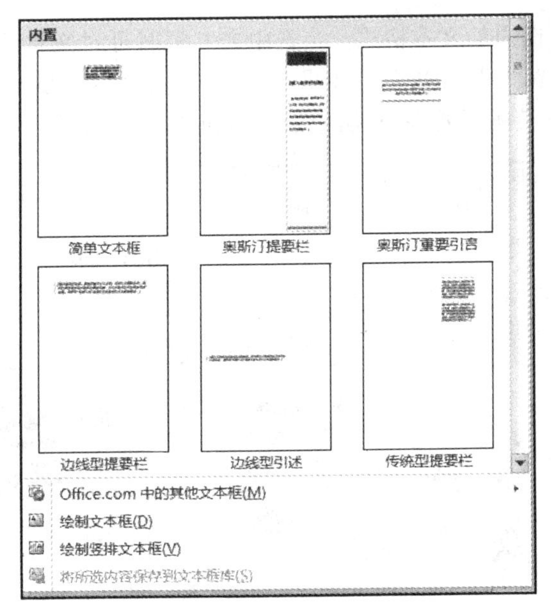

图 4-30　文本框选项

注意：如果需要使版面更加丰富，可以选择“绘制竖排文本框”命令插入竖排文本框，与其他文本形成对比。

插入后的文本框可以看作是特殊的图片。可以按照 4.4.3 节介绍的有关设置图片属性的操作方法设置文本框的有关属性。例如设置简报封页右侧折页底部文本框相关格式的操作步骤如下。

步骤 1：将原有文本框内的文本内容改为：“欢迎走进七彩云南”。

步骤 2：设置文本框填充方式。单击“图片工具格式”上下文选项卡“形状样式”组右下角的对话框启动器；或右击文本框，在弹出的快捷菜单中选择“设置形状格式”命令，打开“设置形状格式”对话框，选择“填充”选项卡，填充方式选择“图案填充”，选择所需填充颜色及图案样式，如图 4-31 所示，单击“关闭”按钮。

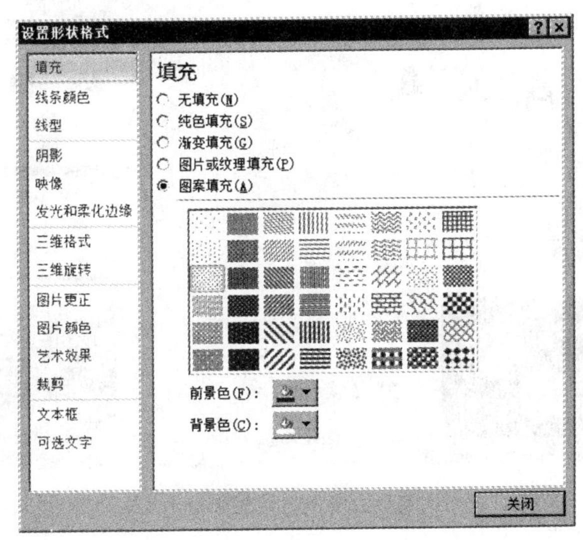

图 4-31　设置填充方式

步骤 3：设置文本框内的文本格式。当选中文本框时可对文本框内所有文本的格式统一进行设置，本案例中首先设置其文本效果为“渐变填充-紫色，强调文字颜色 4，映像”，如图 4-32 所示，然后设置其阴影效果为“居中偏移”，如图 4-33 所示。

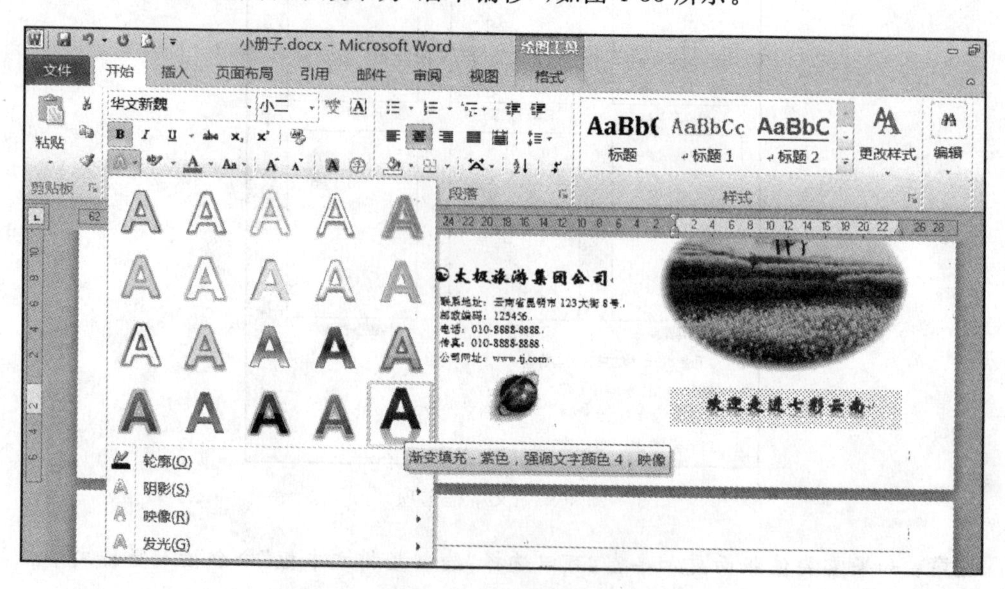

图 4-32 设置文本效果

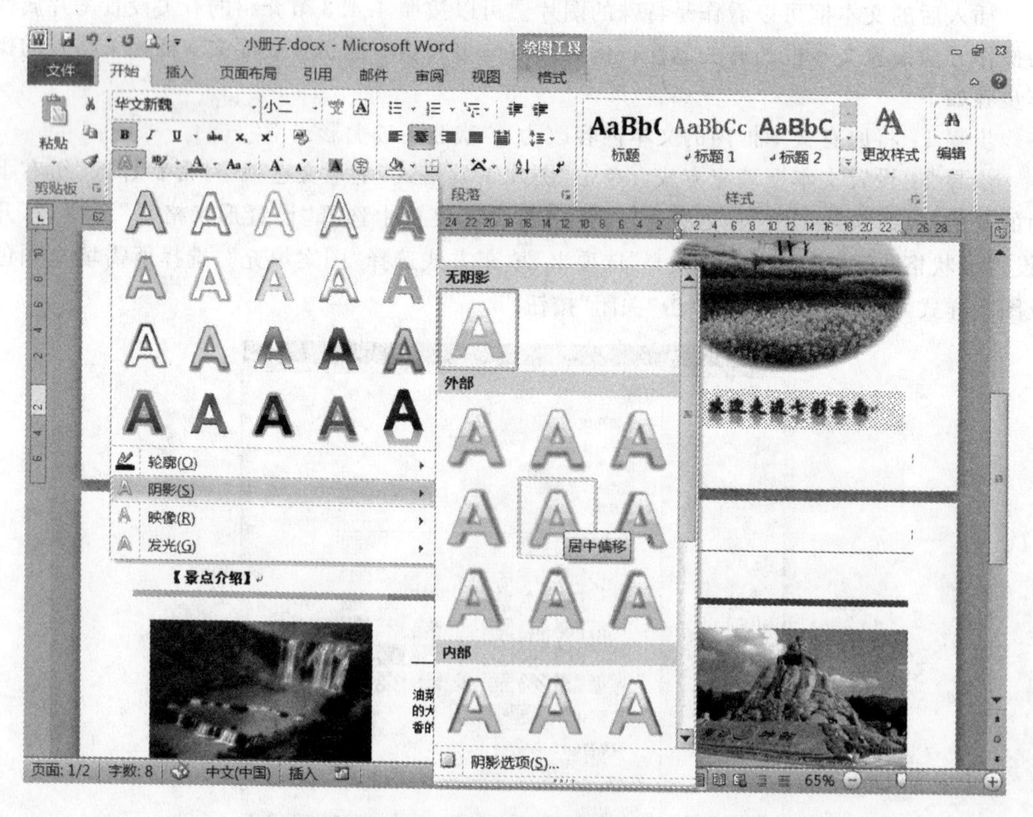

图 4-33 设置阴影效果

2. 插入自选图形

如果需要使用形式更为多样的小贴士，可以通过插入自选图形实现，具体操作步骤如下。

步骤 1：插入自选图形。选择“插入”选项卡，单击“插图”组中“形状”按钮，打开“形状库”，如图 4-34 所示。在“标注”选项区域单击“云形标注”（第 1 行，第 4 个标注）按钮，鼠标指针变为十字形状，拖放鼠标在简报适当位置绘制一个适当大小的云形标注，然后输入文本内容。

步骤 2：调整自选图形的形状。云形标注的标注指向方向默认为向下，需要调整其指向方向，可以用鼠标拖放黄色的菱形控制柄（此时鼠标指针变成三角箭头形状）使之指向需要的方向；用鼠标拖放绿色的圆形控制柄（此时鼠标指针变成弧形箭头形状）可以改变云形标注的整体的倾斜角度；调整自选图形大小和位置的操作与文本框相同。

步骤 3：设置自选图形的形状样式。单击“图片工具格式”上下文选项卡“形状样式”组中“总体外观样式”列表框右侧“其他”按钮，打开下拉列表，本案例选择 “彩色轮廓-红色、强调文字色 2”，如图 4-35 所示。

图 4-34　打开“形状库”

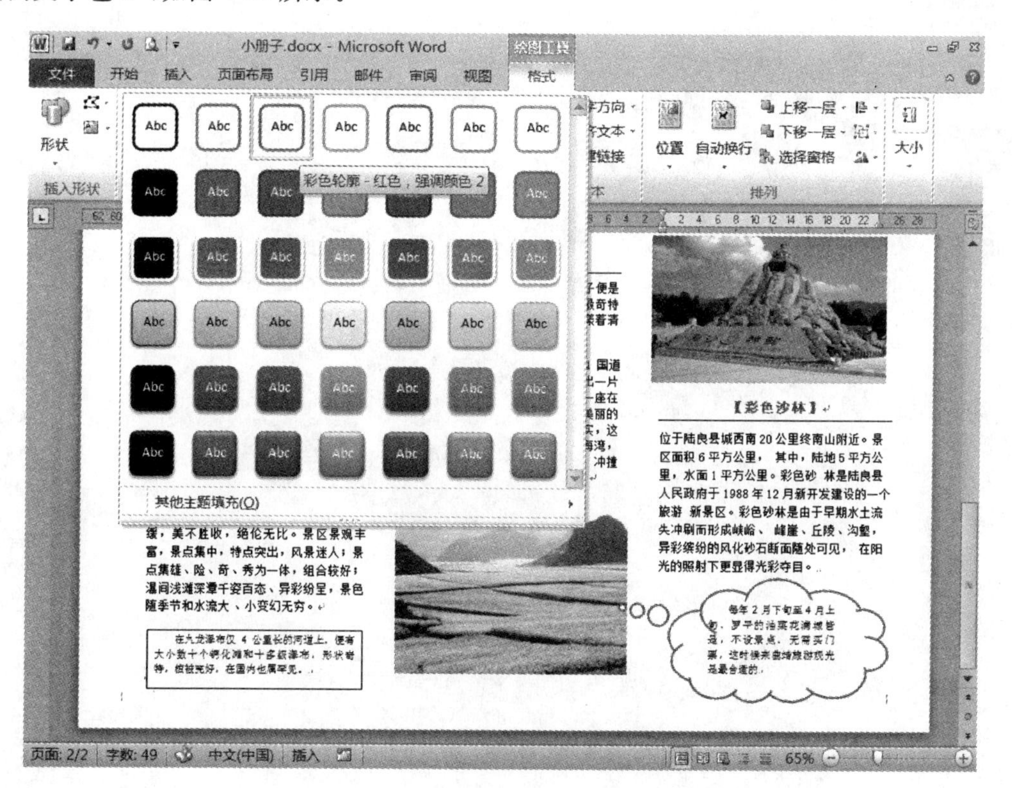

图 4-35　设置自选图形的形状样式

制作完整的简报请参见配套资源中的文件 CHR04.DOC。

4.5 本章小结

通过本章的学习，读者应理解 Word 模板的基本概念，了解在 Word 中输入文本的特点，熟练掌握如何输入不同形式的文本和常用符号，以及插入不同对象的方法和技巧，并根据需求设置各种字符格式或段落格式，完成修饰文档的操作，能够制作丰富多彩、形式多样的文档。

4.6 习题

1. 参考教材有关案例的说明和最后完成的结果，利用给定的素材文件(罗平九龙瀑布群.MHT、罗平油菜花海.MHT 和陆良彩色沙林.MHT)，完成旅游简报的制作。

2. 应用“书法字帖”模板新建一个书法字帖，书法字体为汉仪陆行繁，按次序添加字符“之”、“乎”、“者”、“也”，并设置其为绿色实心字。

3. 自选主题，自行搜集有关素材，结合本人特色，制作一个主题鲜明、创意新颖、版面丰富的简报(例如可以是童年记趣、中学时代、大学生活、军训剪影、我的宿舍、喜爱的运动、电影、书籍、人物等)。

第5章 书籍编排

内容提要：本章主要通过书籍编排案例介绍应用Word进行大型文档创作以及排版的方法和技巧。主要包括如何通过样式的设置、交叉引用的操作、自动编号以及查找替换的应用来辅助书稿的编写；书籍排版过程中索引和目录的建立；页眉和页脚的设置；以及如何利用Word提供的文档结构图、修订、批注、书签等工具审阅和编辑书稿。重点是学习应用Word处理大型文档时的各种自动功能，掌握快捷、规范地创建学位论文、调查报告、研究报告、教材、专著等大型文档的方法。

主要知识点：

- 样式的设置；
- 交叉引用；
- 查找替换；
- 页眉页脚设置；
- 索引和目录的建立；
- 文档视图与导航窗格；
- 修订工具的应用。

书籍是文字最主要的载体，各个学科、行业都要以书籍的形式记载资料、总结经验、发表成果等。书籍与其他出版物相比文字量较大，对书籍的编排如果能充分利用Word的各种功能，不仅可以大大减少排版的工作量和复杂程度，使版面美观易读，对于初期书籍的编写以及后期书籍的审阅编辑均能起到事半功倍的效果。本案例通过书籍的编排说明如何应用Word辅助书稿编写、书籍排版以及应用多种工具审阅和编辑书稿的操作。

5.1 辅助编写

由于书籍的文字量大，段落格式复杂多样，写作周期长，有时还可能由多名作者协同完成。因此需要重点解决两个问题：一是格式的统一问题；二是交叉引用的变动问题。例如，根据出版要求，需要修改某一级标题的字体、字号，或是修改某一种段落文字的间距、底纹，当文档篇幅较大时，手工操作的工作量是很大的。又如在写作过程中，某一章节需要调整顺序，将其中的一节移动到另外的位置，需要涉及到多个节编号的变动，如果其中有表格、图表、公式、脚注等，其编号也都需要相应变动。如果采用传统手工方式进行调整和统一，操作十分繁琐,还容易出现遗漏或错误;利用 Word 提供的样式、题注和交叉引用等功能,可以较好地实现书籍格式的统一规范,并能够让系统自动维护各章节的编号和特殊对象的编号,大大减轻书籍写作和编辑的工作负担。

5.1.1 样式的应用

样式是多种格式的综合对象,它包括字体、段落、制表位、边框、语言、图文框、编号等格式内容,可用于快速设置文档中的各种格式。当根据需要将文本设置为不同的样式后,可以通过修改样式的格式,达到修改所有同类文本格式的目的。在书籍写作前,规划好书籍中可能使用的样式,并定义好所用样式的格式,一方面可以使书籍的版面整齐统一;另一方面,还可以减轻排版的工作量,提高写作和编辑工作效率。这在书籍类的长篇文档写作过程中尤为重要。

1. 新建样式

在新建空白文档时,Word 会自动应用 Normal. dotm 模版,其中包含预先定义的“标题1”、“标题 2”、“标题 3”和“正文”等内建样式。不同出版社对不同书籍的版式都有不同的要求,内建样式往往不能满足排版的需求。可以根据需要新建样式以及修改内建样式,并将修改后的样式集合保存为个性化模版,以方便日后写作的使用。对于书籍编排来说,除了各级标题外,最好使用新建样式。本案例大致需要“!正文”、“内容提要”、“主要知识点”、“表身”、“表头”、“图片”、“注意”、“小结”等样式。

下面建立本案例正文部分所需样式,并将其命名为“!正文”,具体操作步骤如下。

步骤 1:打开“样式”任务窗格。单击“开始”选项卡“样式”命令组右下角的对话框启动器,打开“样式”任务窗格,如图 5-1 所示。

注意:当前样式列表中仅列出了“推荐的样式”,如果需要列出所有样式,可单击窗格底部区域“选项”命令,打开“样式窗格选项”对话框,如图 5-2 所示,进行相应设置即可。

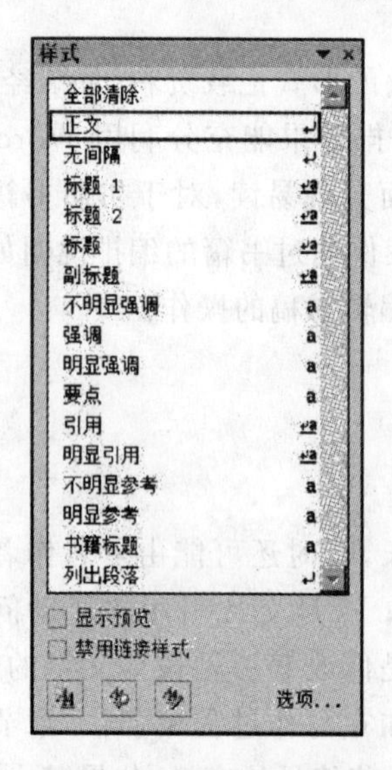

图 5-1 “样式”任务窗格

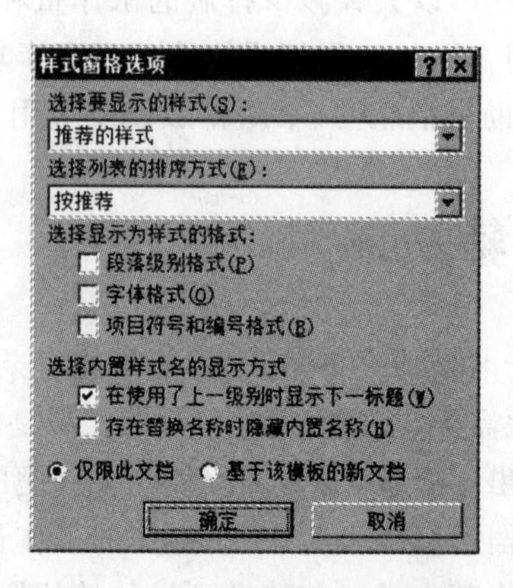

图 5-2 “样式窗格选项”对话框

步骤 2：打开"根据格式设置创建新样式"对话框。单击"样式"任务窗格底部区域的"新建样式"按钮，打开"根据格式设置创建新样式"对话框，如图 5-3 所示。

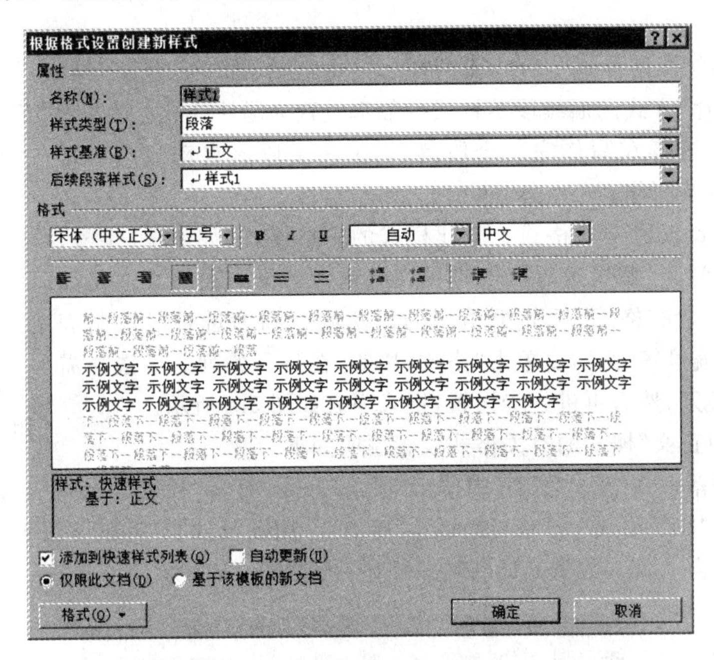

图 5-3 "根据格式设置创建新样式"对话框

步骤 3：设置新建样式属性。样式的属性包括名称、类型、继承属性和后续段落样式等。下面分别说明。

(1) 设置样式名称。在"名称"文本框中，输入新建样式的名称。为了区别于内建样式，可以在自定义样式名称前加上前缀，例如"!"。这样既可以区分内建样式与自定义样式，还可以在"样式"列表里使自定义样式集中在一起。在此，本案例将新建样式命名为"!正文"。

(2) 设置样式类型。Word 提供了多种样式类型，包括字符样式、段落样式、链接样式、列表样式以及表格样式。字符样式作用于选中的文字，包含可应用于文本的格式特征，如字体、字号、颜色、加粗、斜体、下划线、边框和底纹，不包括会影响段落特征的格式，如行距、文本对齐方式、缩进和制表位；段落样式作用于整个段落，除了包括字符样式包含的一切，还能控制段落外观的所有方面，如文本对齐方式、制表位、行距和边框等；链接样式可作为字符样式或段落样式，这取决于所选择的内容，如果在段落中单击或选择一个段落，然后应用链接样式，则该样式会作为一个段落样式应用。但如果选中段落中的单词或短语，然后应用链接样式，该样式将作为字符样式应用，不会影响总体段落格式。本案例中"!正文"样式属于段落样式，故在"样式类型"列表框中选择"段落"。

(3) 设置样式继承属性。为了方便样式格式的设置，Word 提供了样式间的继承属性。这样可以在某个现有样式的基础上定义新建样式的格式。在"样式基于"列表框中，可以选择当前样式基于的父样式。如果不需要继承其他样式，则在"样式基于"列表框中选择"(无样式)"。本案例中"!正文"样式选择"正文"作为父样式。

注意：样式的继承性是一对多的，即一个父样式可以衍生出多个子样式。同时，样式的继承性是单向的，即改变父样式的格式设置，子样式也会随之改变；但是，改变子样式的格式设置不会影响父样式。其中“正文”样式是 Word 最基础的内建样式,其他段落样式都是基于“正文”的。所以一般不直接修改“正文”样式,而是将“正文”样式作为新建样式的父样式。

(4) 设置后续段落样式。后续段落样式是指当前样式所在段落结束后,新段落的默认样式。例如“图片”样式的后续段落样式一般都设置为题注样式。本案例“后续段落样式”都设置为“!正文”,这样在写作完一个段落后,下一个段落自动成为“!正文”样式,方便继续写作。

步骤 4:设置新建样式格式。新建样式的简单格式,如字体、字号、对齐方式、段落间距、缩进量等可以直接在当前对话框中设置。但是如果需要设置更复杂的格式,例如更精细的段落间距和缩进量以及制表位、边框、底纹、编号等,则需要单击“格式”按钮,在打开的列表中选择需要设置的格式类别,然后再进一步设置,格式列表如图 5-4 所示。

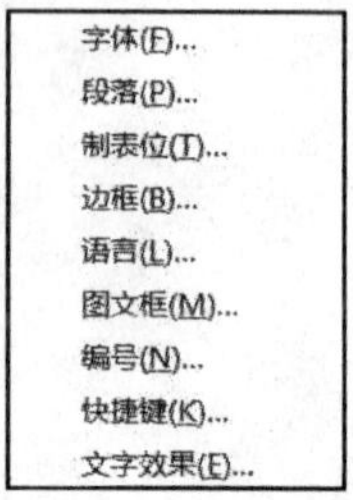

字体(F)...
段落(P)...
制表位(T)...
边框(B)...
语言(L)...
图文框(M)...
编号(N)...
快捷键(K)...
文字效果(E)...

图 5-4 格式列表

本案例中“!正文”样式的有关格式设置说明如下。

(1) 设置段落。在“格式”列表中单击“段落”命令,打开“段落”对话框。选择“缩进和间距”选项卡,设置“特殊格式”为“首行缩进”,“磅值”沿用默认的“2 字符”;设置“行距”为“多倍行距”,“设置值”为 1.25。设置完成的“段落”对话框如图 5-5 所示。

图 5-5 “段落”对话框的设置

注意:由于本案例设置的行距介于“单倍行距”和“1.5 倍行距”之间,故需要在选择“多倍行距”后设置行距的值。

(2) 设置快捷键。在“格式”列表中单击“快捷键”命令,打开“自定义键盘”对话框,如图 5-6 所示。其中可以为新建样式设置快捷键,并存储到指定的模板或文档中。本案例为

“!正文”样式设置快捷键为 Alt＋Z，并存储到 Normal. dotm 模板中。先将光标定位到“请按新快捷键”文本框，按 Alt＋Z 组合键，然后单击“指定”按钮，将 Alt＋Z 设置为“!正文”样式的快捷键，并设置其存储到系统默认的 Normal. dotm 模板中。这样当需要将某段文本设置成“!正文”样式时，只需按 Alt＋Z 组合键即可。

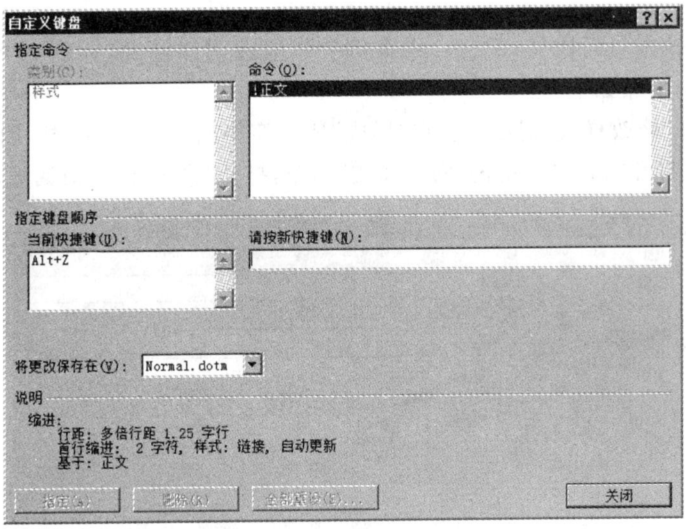

自定义键盘
指定命令
类别(C):
样式
命令(O):
!正文
指定键盘顺序
当前快捷键(U):
Alt+Z
请按新快捷键(N):
将更改保存在(V): Normal.dotm
说明
缩进:
行距: 多倍行距 1.25 字行
首行缩进: 2 字符, 样式: 链接, 自动更新
基于: 正文
指定(A) 删除(R) 全部重设(S)... 关闭

图 5-6 “自定义键盘”对话框

注意：因为大多数 Ctrl＋…类别的组合键都已被系统占用，所以设置个性化的快捷键通常可使用 Alt＋…类别的组合键。

设置完“!正文”样式的所有格式后，“根据格式设置创建新样式”对话框如图 5-7 所示，最后单击“确定”按钮。

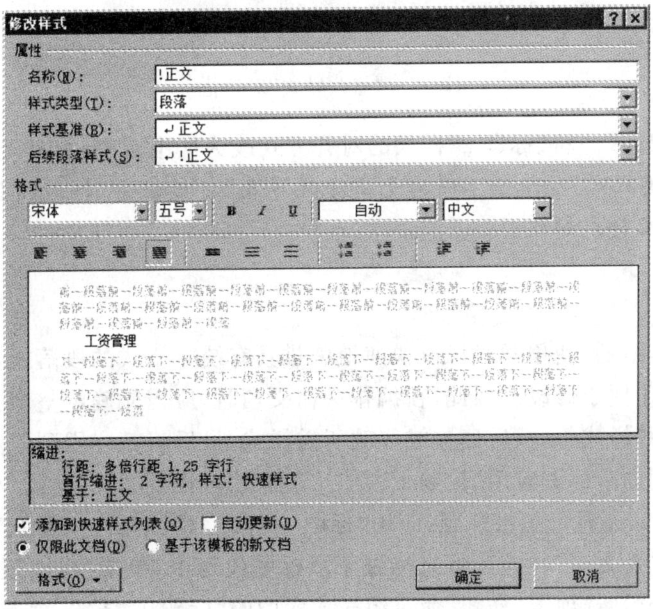

修改样式
属性
名称(N): !正文
样式类型(T): 段落
样式基准(B): ↵正文
后续段落样式(S): ↵!正文
格式
宋体 五号 B I U 自动 中文
工资管理
缩进:
行距: 多倍行距 1.25 字行
首行缩进: 2 字符, 样式: 快速样式
基于: 正文
添加到快速样式列表(Q) 自动更新(U)
仅限此文档(D) 基于该模板的新文档
格式(O) 确定 取消

图 5-7 新建“!正文”样式的设置

注意：如果需要将新建样式添加到模板，选定"添加到模板"复选框。该样式将添加到文档所基于的模板，即开始新建文档时选定的模板。如果新建的是空白文档，则该样式将保存到 Normal. dotm 模板中，这将影响到此后所有基于 Normal. dotm 模板新建的文档。

2. 修改样式

修改样式的操作与新建样式类似，本案例要求修改内建样式"标题 2"的对齐方式为居中对齐，具体操作步骤如下。

步骤 1：打开"修改样式"对话框。在"样式"任务窗格右击"标题 2"样式的名称或单击其右侧下拉箭头，在打开的菜单中单击"修改样式"命令，打开"修改样式"对话框，如图 5-8 所示。

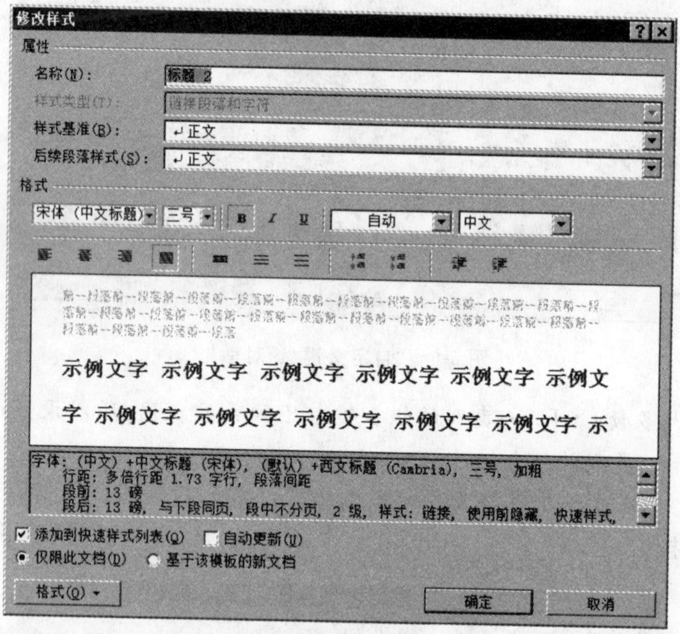

修改样式
属性
名称(N)：标题 2
样式类型(T)：链接段落和字符
样式基准(B)：↵正文
后续段落样式(S)：↵正文
格式
宋体（中文标题） 三号 B I U 自动 中文
示例文字 示例文字 示例文字 示例文字 示例文字 示例文字 示例文字 示例文字 示例文字 示例文字 示例文字 示
字体：（中文）+中文标题（宋体），（默认）+西文标题（Cambria），三号，加粗
行距：多倍行距 1.73 字行，段落间距
段前：13 磅
段后：13 磅，与下段同页，段中不分页，2 级，样式：链接，使用前隐藏，快速样式，
添加到快速样式列表(Q) 自动更新(U)
仅限此文档(D) 基于该模板的新文档
格式(O) 确定 取消

图 5-8 "修改样式"对话框

步骤 2：修改样式。将"标题 2"样式的对齐方式改为居中对齐，单击"确定"按钮。

注意：和"新建样式"对话框不同的是，"修改样式"对话框中"样式类型"下拉列表框是灰色的，即无法修改样式的类型。

3. 应用样式

正如前面所介绍的，使用样式可以快速地编排具有统一格式的段落或标题，并保证其格式严格一致，而且还便于修改。因此，在编排一篇文档时，应当先确定整个文档的风格，确定标题层次，采用哪些样式等，然后建立或修改所需样式，最后将其应用到段落或标题中。

下面将本案例的章标题应用"标题 1"样式，节标题应用"标题 2"样式，小节标题应用"标题 3"样式，小节内如还有下一级标题，应用"标题 4"样式，具体操作步骤如下。

步骤 1：应用"标题 1"样式。将光标置于章标题段落中，单击"样式"任务窗格中"标题 1"样式，或单击"开始"选项卡"样式"命令组样式库中的"标题 1"样式，被选中的章标题应用了"标题 1"样式。

步骤 2：应用"标题 2"、"标题 3"及"标题 4"样式。选中所有节标题段落，应用"标题 2"样式；再选中所有小节标题段落，应用"标题 3"样式，同样方法应用"标题 4"样式。也可以先设置好某一个节标题格式后，应用格式刷复制其格式到同级标题。

5.1.2 设置多级列表

在编辑文档时，编号和项目符号是很有用的格式工具。对于有顺序的项目一般使用编号，对于有并列关系的项目一般使用项目符号，而在编辑长文档时则经常使用章节编号。

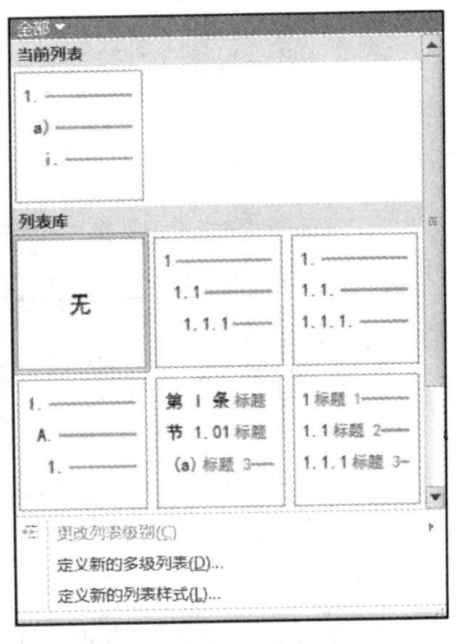

图 5-9　选择多级列表的样式

本案例的书籍中标题系列各个级别都需要编号，且下级编号会与上级编号存在关联，所以需要设置多级编号列表，而且要将各级列表与各级标题样式相链接。这样当某一章节需要调整顺序或需要增删章节时，涉及的多个节编号将会自动调整；另外还能为后续插入题注、交叉引用等打好基础。下面为本章案例文件设置多级编号列表，具体操作步骤如下。

步骤 1：应用多级列表样式。首先将光标置于章标题段落中，然后在"开始"选项卡的"段落"命令组中单击"多级列表"按钮打开下拉列表，如图 5-9 所示。在列表库中选择所需多级列表的样式，本案例选择列表库中第 2 行第 3 个列表样式。

接下来要在这个样式基础上做一些更改，以满足本案例书稿对章节编号的要求。

步骤 2：打开"定义新多级列表"对话框。单击"开始"选项卡"段落"命令组中"多级列表"按钮，在弹出的列表中选择"定义新的多级列表"命令，打开"定义新多级列表"对话框，单击对话框左下角的"更多"按钮，结果如图 5-10 所示。

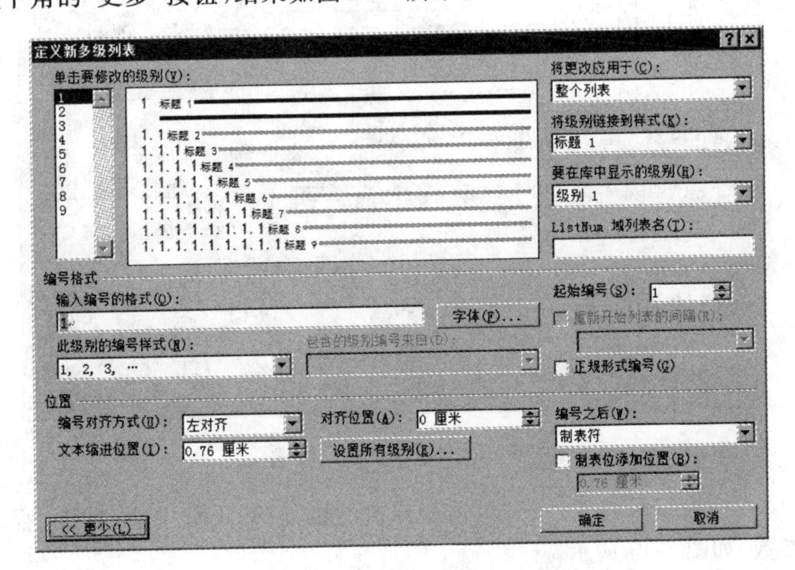

图 5-10　"定义新多级列表"对话框

步骤 3：设置 1 级编号格式。将“起始编号”数值设置为“7”(案例文件为本教材 Excel 篇章部分,从第 7 章开始)；在“输入编号的格式”文本框中除域以外的固定文字设置为“第 x 章”；其他参数取默认值；每设置一项,其相应效果都直观地反映在预览栏中,设置结果如图 5-11 所示。

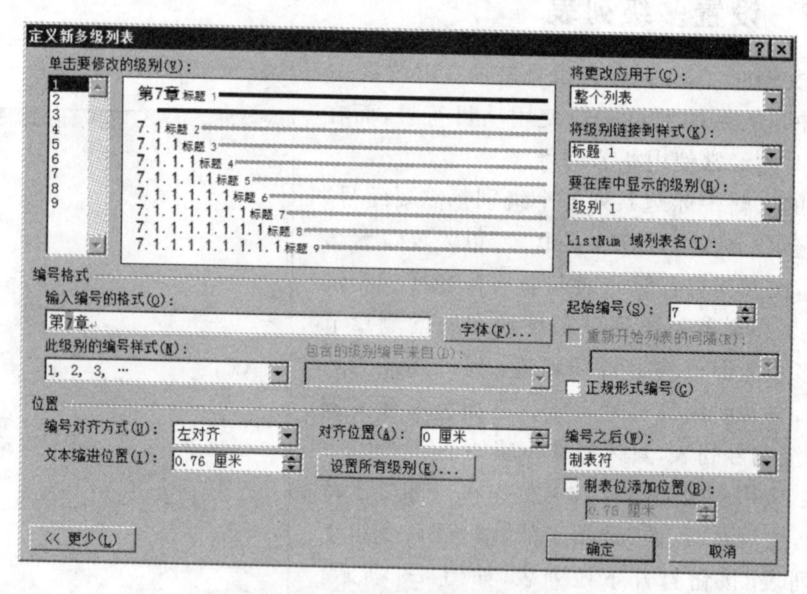

图 5-11 设置 1 级编号格式

步骤 4：设置 2 级编号格式。在“单击要修改的级别”列表框中选“2”级；然后设置其对齐方式、对齐位置、文本缩进位置等各项参数,如图 5-12 所示。

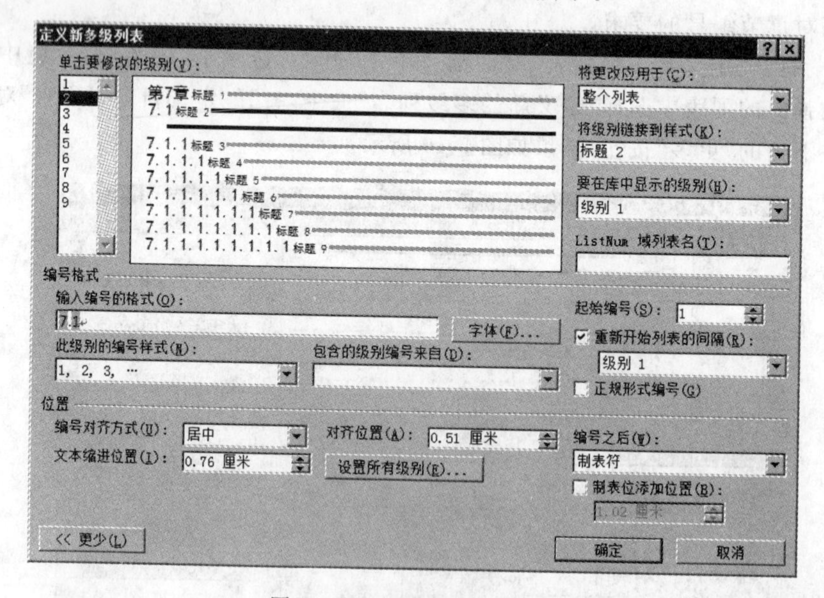

图 5-12 设置 2 级编号格式

步骤 5：设置 3 级编号格式。在“单击要修改的级别”列表框中选“3”级,然后设置第 3 级列表各项参数,如图 5-13 所示。

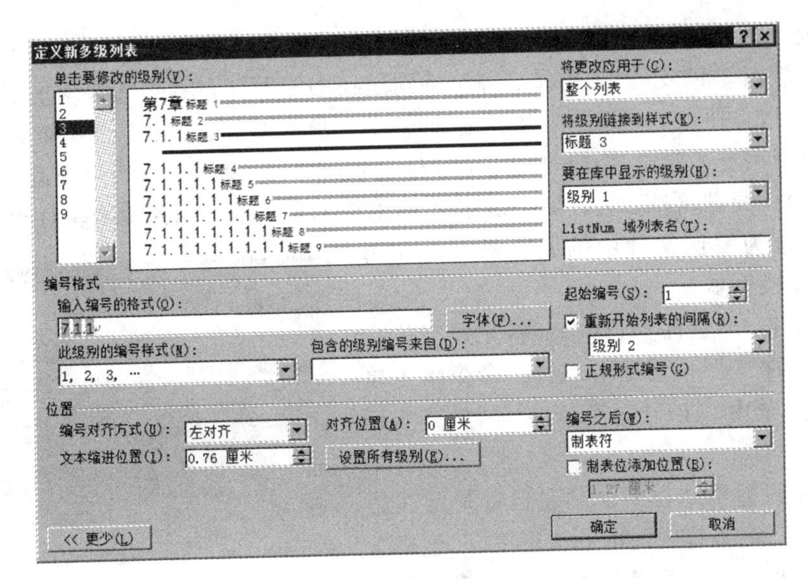

图 5-13　设置 3 级编号格式

步骤 6：设置 4 级编号格式。在“单击要修改的级别”列表框中选“4”级；在“输入编号的格式”文本框中删除前 3 个级别的域，只保留第 4 级域，并在其结尾处添加圆点符号；设置对齐方式、对齐位置、文本缩进位置等各项参数，结果如图 5-14 所示。

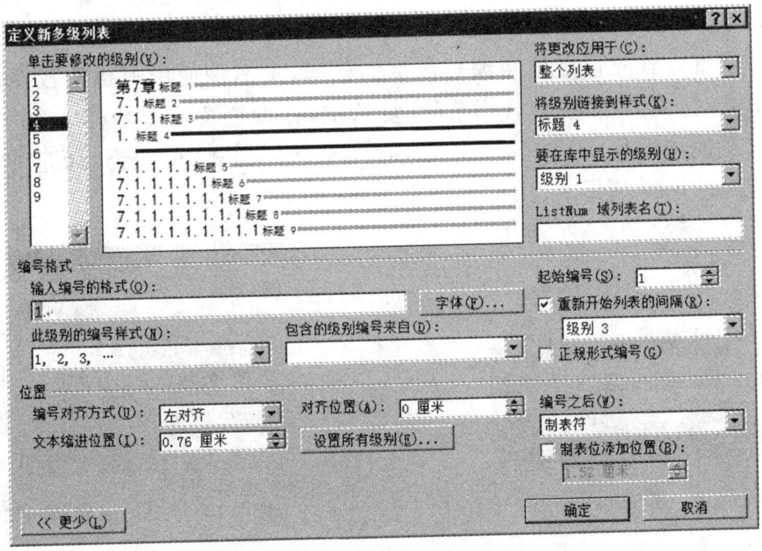

图 5-14　设置 4 级编号格式

最后单击“确定”按钮，完成对本案例中各级章节标题设置多级编号的工作。

注意：有些多级列表样式没有自动设置级别链接的样式，这时需要在“定义新多级列表”对话框的右侧“将级别链接到样式”下拉框中指定。

5.1.3 题注的插入

在写作书籍类长篇文档时，通常会用到大量的表格、图表、公式等对象，而且需要在正文中多处引用这些对象。通过插入题注,可以为这些对象添加不同形式的编号标签,例如“表Ⅱ”、“图 3-1”或是“公式(4)”等。特别是在书籍写作过程中如果增加、删除或是移动了题注,可以方便地更新所有题注的编号,而不再需要去手动一个个调整相应的编号。在正文中需要引用上述对象时,只要使用了题注编号,都可以使用交叉引用来进行引用(请参阅 5.1.4 节)。同样,当增加、删除或是移动了题注,对应的交叉引用也能够自动维护。

以下通过为案例文件中的图表插入题注为例,说明具体操作步骤。

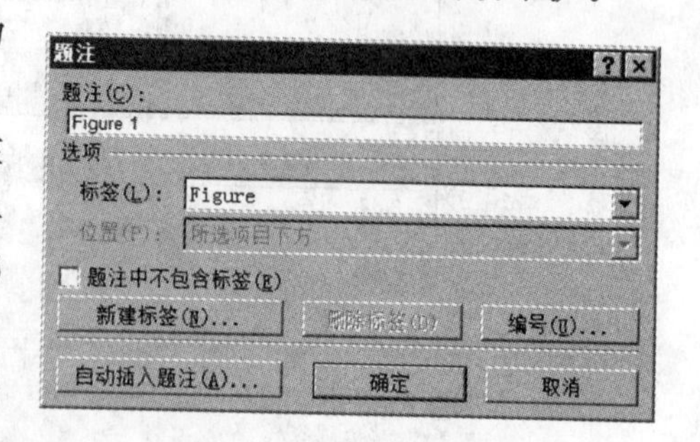

图 5-15 “题注”对话框

步骤 1:打开“题注”对话框。将光标定位在图片下一行,在“引用”选项卡“题注”命令组中单击“插入题注”按钮,打开“题注”对话框,如图 5-15 所示。

步骤 2:设置题注标签。题注标签是题注编号前分类的文字,系统内建的题注标签有“表格”、“公式”、“图表”3 种,不满足本案例所需。单击“新建标签”按钮,打开“新建标签”对话框,在“标签”文本框中输入“图”,如图 5-16 所示,单击“确定”按钮返回“题注”对话框,完成“图”题注标签的建立并默认选中该标签。

步骤 3:设置题注编号。由于书籍一般会划分为多个章节,每个章节的图片、公式等对象的题注都应按章节重新编号,所以书籍中的题注编号格式一般为“章节号-题注号”的形式。要设置带章节号的题注编号,应在“题注”对话框中单击“编号”按钮,打开“题注编号”对话框进行相关设置。首先设置题注编号数字的格式,本案例使用阿拉伯数字编号;其次添加题注的章节号时,需要选定“包含章节号”复选框,并设置章节起始样式和分隔符的格式。本案例章节标题使用的是“标题 1”样式,故将“章节起始样式”设置为“标题 1”,分隔符使用“-(连字符)”,如图 5-17 所示。

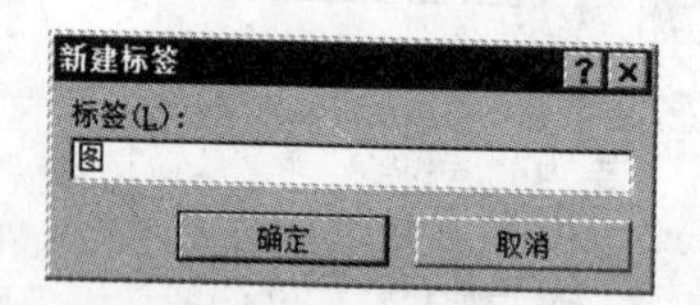

图 5-16 新建题注标签

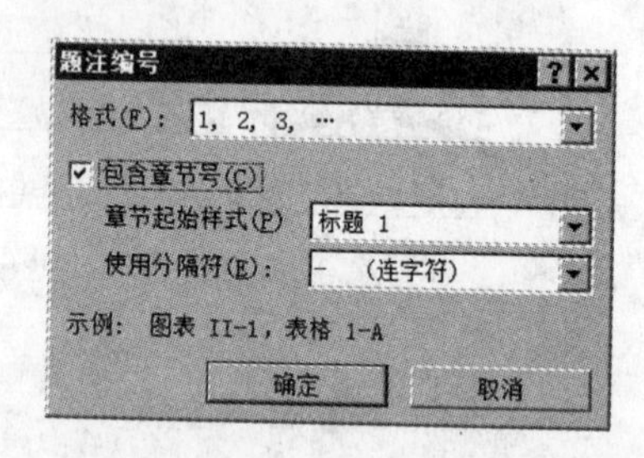

图 5-17 “题注编号”对话框

步骤 4:插入题注。在“题注”对话框中单击“确定”按钮后即可完成题注的插入,系统将会根据设置,自动从含有章节号的“标题 1”样式中提取章节号,并按顺序编排题注号。同时系统也会自动将题注设置为内建的“题注”样式,可以将其重新设置为自定义的“!题注”样式。

系统每次插入新的题注,都会根据插入的对象和位置对同类型所有题注的编号进行调整和维护。例如在“图 7-5”和“图 7-6”之间插入一个新的图表题注,新的图表题注会自动编号为“图 7-6”,而原来的“图 7-6”会自动更新为“图 7-7”,原来“图 7-6”后面的其他图表题注也会以此类推重新编号。这也是为什么对于书籍类大型文档中的图表、公式等对象,应尽量使用题注自动编号，而不手工输入编号的原因。

5.1.4 交叉引用

在书籍写作中，经常需要使用参照和引用。例如对上下文内容或特定章节的引用，对表格、图表以及公式的引用等。而在书籍的编排过程中，可能需要调整章节、段落的顺序，或是增加、删除一段内容，这些都有可能会引起引用内容编号的变化。人工去调整和维护引用的一致性是十分繁琐的操作，给作者和编辑人员带来很大负担。利用 Word 提供的交叉引用功能则可以很容易地解决这一问题。

以下通过为案例文件中的图表插入交叉引用为例，说明具体操作步骤。

步骤 1：光标定位。将光标定位在需要插入引用文字的位置，例如“如所示”的“如”字的后面。

步骤 2：打开“交叉引用”对话框。单击“引用”选项卡“题注”命令组的“交叉引用”按钮，打开“交叉引用”对话框，如图 5-18 所示。

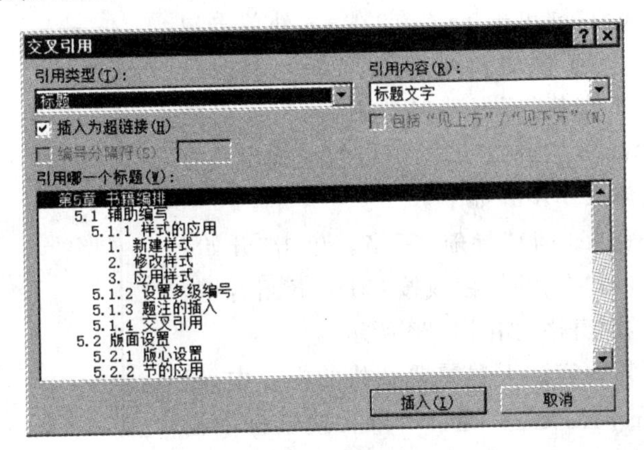

图 5-18 “交叉引用”对话框

步骤 3：设置“引用类型”。Word 提供了多种引用的类型，如“编号项”、“标题”、“脚注”、“尾注”、“表格”、“图表”和“公式”以及各种内建题注和自定义题注等。对这些内容的引用都可以使用交叉引用功能。本案例中的“引用类型”选择“图”，即图片题注的标签项。

步骤 4：设置“引用内容”。“引用内容”是指引用文字包含的内容，可以是整项题注、只有标签和编号、只有题注文字、页码和见上方/见下方等，应根据需要进行选择。本案例选择“只有标签和编号”。

步骤 5：选择引用项。在对话框下方的“引用哪一个题注”列表框中选择要引用的题注项。例如选择“图 7-1”，单击“插入”按钮后，插入的交叉引用如图 5-19 所示。

如图 7-1 所示。

图 5-19 交叉引用效果

可以看到，当将光标定位到插入的交叉引用中时，系统会显示灰色底纹，说明交叉引用“图 7-1”与手工输入的文字“图 7-1”是不同的。它实际上是 Word 的一种域，当引用对象变化时，它可以方便地更新以反映相应的变化。例如，在原来的“图 7-1”前面新插入了一个图片，这时原来的题注“图 7-1”会自动更新为“图 7-2”。要更新对原来“图 7-1”的交叉引用，可以右击该交叉引用，然后在弹出的快捷菜单中选择“更新域”命令即可。因为插入一个新的图片可能会引起多个图表题注改变的连锁反应,要更新所有的交叉引用,可以按 Ctrl+A 组合键选定全部文档,然后按 F9 键更新所有的域。

注意:默认情况下,插入的交叉引用为超链接,按住 Ctrl 键并单击交叉引用的文字即可直接定位到引用的内容,方便编辑。如果不需要这一超链接,可以在插入交叉引用时取消图 5-18 中“插入为超链接”复选框的选定。

5.1.5 查找替换

在书籍写作过程中,经常需要对书稿进行批量编辑操作。这时如果灵活地运用 Word 的查找替换功能,将可以大大提高编辑效率,达到事半功倍的效果。下面通过几个实例的操作说明应用查找替换功能的常用技巧。

1. 通过“导航窗格”查找

在编辑过程中经常需要按某种要求查找,按特定内容定位到需要编辑的位置。例如,书稿中多处出现“用鼠标右键单击 ** ”或“在 ** 处单击鼠标右键”等不同叙述,为了简洁和规范,需要统一修改为“右击 ** ”。如果人工查找,不但费时费力,而且还可能会出现遗漏。使用 Word 的查找功能,可以快速找出所有需要查找的内容,具体操作步骤如下。

步骤 1:打开关键字(词)“导航”窗格。单击“开始”选项卡“编辑”命令组的“查找”按钮或按 Ctrl+F 组合键,打开关键字(词)“导航”窗格,如图 5-20 所示。

步骤 2:查找所需内容。上述需要查找的内容中,相对共性且比较特殊的词汇是“右键”,所以在搜索框中输入关键词:“右键”,“导航”窗格中就会列出包含关键词的导航链接,单击这些导航链接,可以快速定位到文档的相关位置,进行文字的编辑即可。

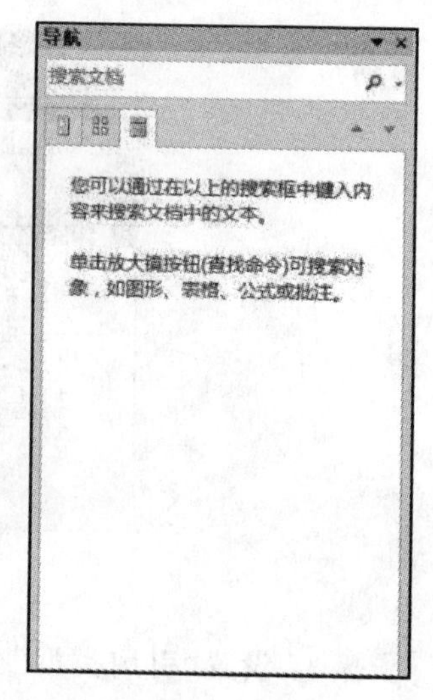

图 5-20 关键字(词)“导航”窗格

2. 高级查找

步骤 1:打开“查找和替换”对话框。在“开始”选项卡“编辑”命令组中单击“查找”按钮的下拉箭头,弹出命令列表,选择“高级查找”,打开“查找和替换”对话框并显示“查找”选项卡。

步骤 2:输入查找内容。在“查找内容”文本编辑框中输入“右键”,如图 5-21 所示。

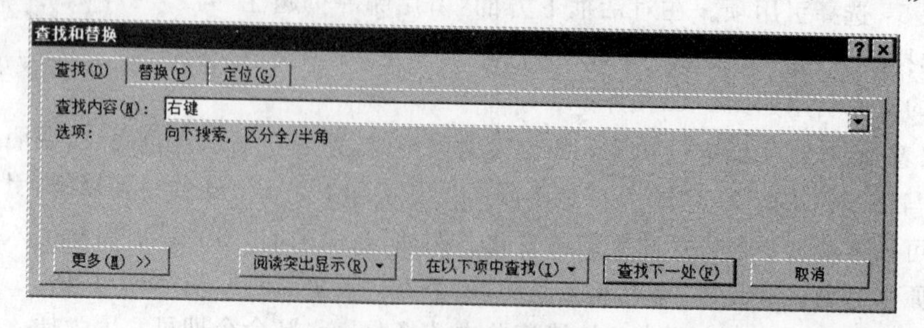

图 5-21 “查找”选项卡

注意：如果要查找的内容曾经在本次编辑过程中查找过，可以在“查找内容”下拉列表框中选择要查找的内容。

步骤 3：显示和统计查找结果。单击“在以下项中查找”按钮，在打开的列表中选择“主文档”，Word 会将文档中所有“右键”文字选中，并在对话框中显示查找到的项目数；单击“阅读突出显示”按钮，在打开的列表中选择“全部突出显示”命令，Word 会将文档中所有的“右键”文字标记出来，并在对话框中显示查找到的项目数。

步骤 4：逐一浏览编辑查找内容。单击“查找下一处”按钮，Word 会选中查找到的下一个“右键”文字，将光标定位到书稿中完成该处文字的编辑，然后再将光标定位到“查找和替换”对话框，重复查找和编辑的操作即可。

如果需要进行高级查找，应单击“更多”按钮，对查找进行高级设置，高级设置的界面如图 5-22 所示。

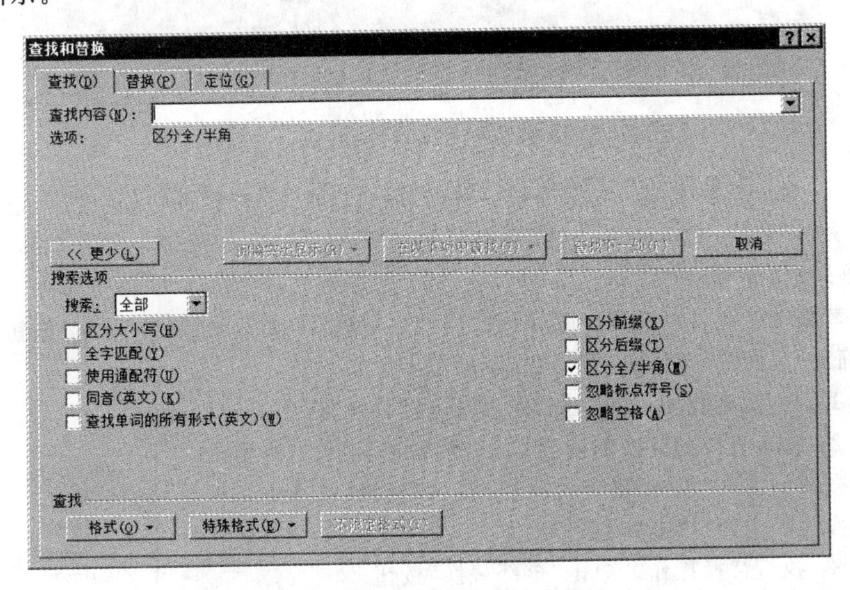

图 5-22 “查找”选项卡的高级设置界面

在高级部分可以设置搜索的范围和方向，对中英文字符的进一步精确限定内容等。单击“格式”按钮，可以在列表框中选择格式命令，查找特定格式的内容。如果要清除对查找内容的格式限制，可以单击“不限定格式”按钮。单击“特殊格式”按钮，可以在列表中选择“段落标记”、“制表符”、“分隔符”等特殊字符作为查找内容。

3. 替换文本

在编辑过程中，更常用的操作是将查找的内容替换为其他内容。例如需要将书稿中出现的所有“Excel”替换为“EXCEL”，即全部改为大写，具体操作步骤如下。

步骤 1：打开“查找和替换”对话框。单击“开始”选项卡“编辑”命令组的“替换”按钮或按 Ctrl+H 组合键，打开“查找和替换”对话框，并显示“替换”选项卡。

步骤 2：输入查找和替换的内容。在“查找内容”文本编辑框中输入要查找的内容“Excel”，在“替换为”文本编辑框中输入替换为的内容“EXCEL”，因为需要修改英文的大小写，所以选定“区分大小写”复选框，如图 5-23 所示。

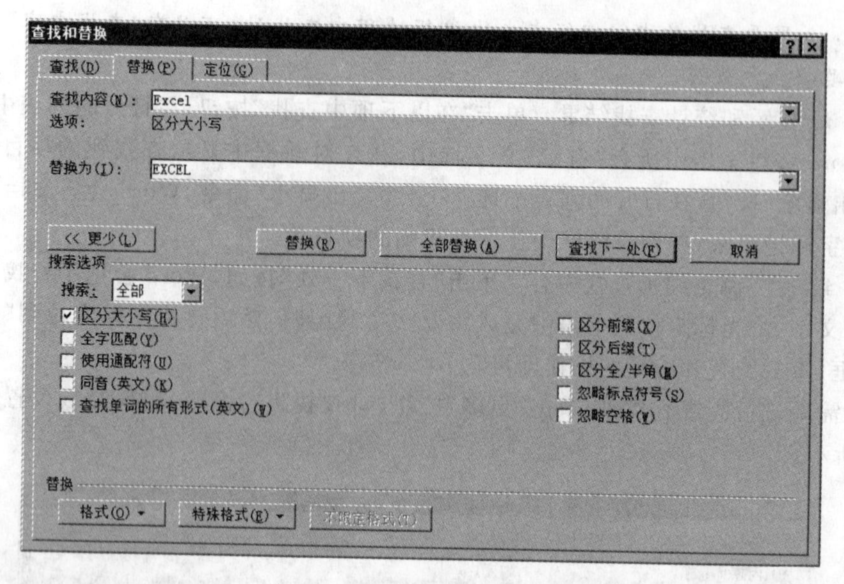

图 5-23 "替换"选项卡

步骤 3：执行替换操作。如果要逐一替换，应通过单击"查找下一处"按钮，定位到需要替换的"Excel"文字，单击"替换"按钮将其替换为"EXCEL"。如果确定需要全部替换，单击"全部替换"按钮即可。

通过替换功能还可以实现删除操作。例如，书稿中多次出现"单击'确定'按钮"的叙述，欲删除"确定"后面的"按钮"二字，其具体操作步骤如下。

步骤 1：打开"查找和替换"对话框，并选择"替换"选项卡。

步骤 2：输入查找和替换的内容。在"查找内容"文本编辑框中输入要查找的内容"单击'确定'按钮"，在"替换为"文本编辑框中输入替换为的内容"单击'确定'"。

步骤 3：执行替换操作。单击"全部替换"按钮。

4. 替换格式

本案例书稿中很多标准名称的描述都采用了在其两侧添加""的表示方法，现希望将它们的字形统一更改为加粗字形，这也可以应用替换功能实现。具体操作步骤如下。

步骤 1：打开"查找和替换"对话框，并选择"替换"选项卡。

步骤 2：输入要查找的内容。因为需要查找的内容是""括起的不同字符，所以需要选定"搜索选项"中的"使用通配符"复选框；在"查找内容"文本框中输入""，并将光标定位在""的中间，单击"特殊字符"按钮，打开下拉列表如图 5-24 所示，选择"零个或多个字符"，Word 自动将通配符"＊"添加到"查找内容"文本框的指定位置。

注意：是否选定"使用通配符"复选框，单击"特殊字符"按钮后显示的下拉列表的内容是不同的。

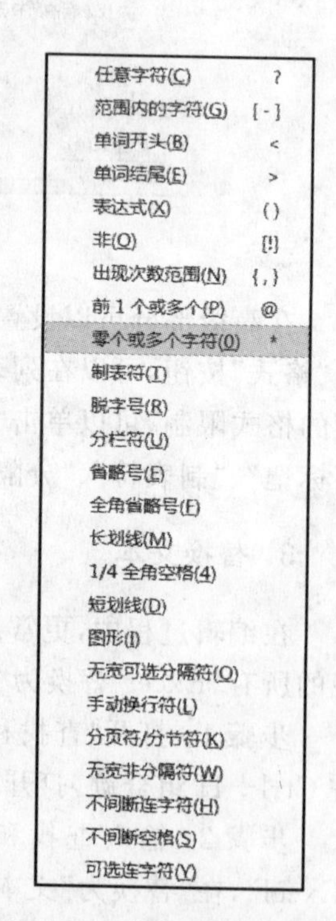

图 5-24 "特殊字符"列表

步骤 3：输入要替换的内容。将光标定位在“替换为”文本框，单击“格式”按钮，在弹出的下拉列表框中选“字体”，并在打开的“字体”对话框中设置“字形”为“加粗”；单击“特殊字符”按钮，在打开的下拉列表框中选择“查找内容”，Word 自动将“^&”添加到“替换为”文本框中。设置完成的“查找和替换”对话框如图 5-25 所示。

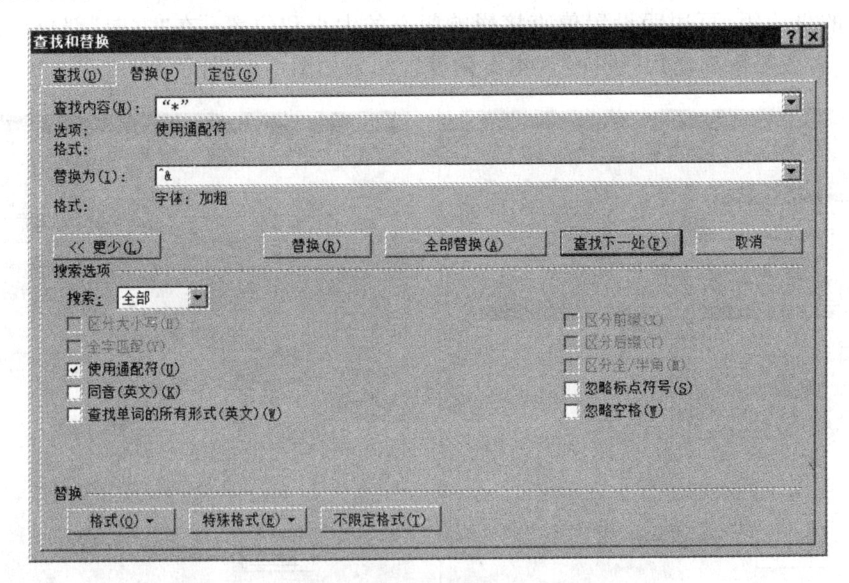

图 5-25 “查找和替换”对话框的设置

步骤 4：执行替换操作。单击“全部替换”按钮，即可将书稿中所有“”括起的内容设置为加粗字形。

请读者考虑，如果希望将上述替换内容更改成“加粗”、“倾斜”，并删除内容两侧的“”，应如何操作。

5.2 版面设置

对于书籍排版，应当设置好整本书籍的版面结构，包括纸张大小、页边距、页眉页脚、页码格式等。另外还应当根据书籍的结构划分成若干节，以区分目录、正文、索引等部分，使页码可以分别编号。对正文各章节有时也需要分节，以方便设置不同章节能够使用不同的页眉内容。

5.2.1 版心设置

版心是指文档中文本在纸面的范围，可以理解为确定纸型后除去页边距空白部分后的纸面部分。进行设置时，首先应当设置书籍所用纸张的大小，然后再对版心进行具体设置。

下面通过为案例书籍进行版心设置为例，说明具体操作步骤。

步骤 1：打开“页面设置”对话框。在“页面布局”选项卡中单击“页面设置”命令组对话框启动器，打开“页面设置”对话框，如图 5-26 所示。

步骤 2：设置纸张大小。选择“纸张”选项卡，在“纸张大小”列表框中列出了常用的纸张型号,选择相应的纸型,纸张的宽度和高度就会由系统自动确定。如果所列的纸型不能满足需要,可以选择“自定义大小”,并输入需要的纸张宽度和高度。本案例使用16开纸型,如图5-26所示。

步骤3:设置版心的大小和位置。选择“页边距”选项卡,在“页边距”部分可以设置上、下、左、右的页边距,页边距设置值直接影响版心的大小和位置;在“方向”部分可以设置文档的方向,一般书籍都使用“纵向”。本案例设置结果如图5-27所示。

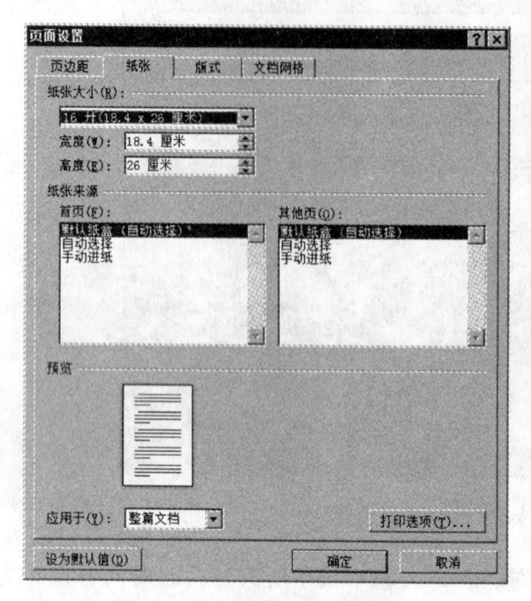

图5-26 “纸张”选项卡的设置

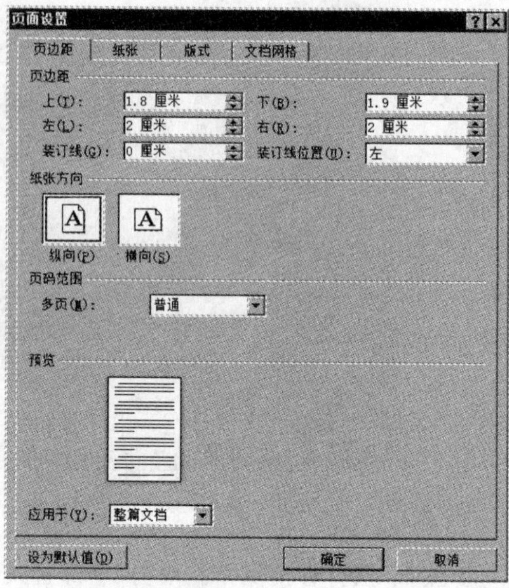

图5-27 “页边距”选项卡的设置

通过对纸张大小和页边距的确定,就完成了版心大小和位置的设置。

5.2.2 节的应用

在书籍排版过程中,有时需要对目录、正文等部分分别进行页码编号,有时需要对不同的章节设置不同的页眉,这些都可以通过将文档划分成不同的节以后方便地实现。例如本案例要求各章的页眉显示各章的标题,因此需要将每一章设置为一节。

划分节实际上是在需要划分节的位置插入分节符实现的,具体操作步骤如下。

步骤1:光标定位。将光标定位在需要分节的位置前。

步骤2:插入分节符。单击“页面布局”选项卡“页面设置”命令组的“分页符”按钮,打开的列表框如图5-28所示。在“分节符”区域中根据需要选择适当的分节符类型,本案例选择“下一页”。

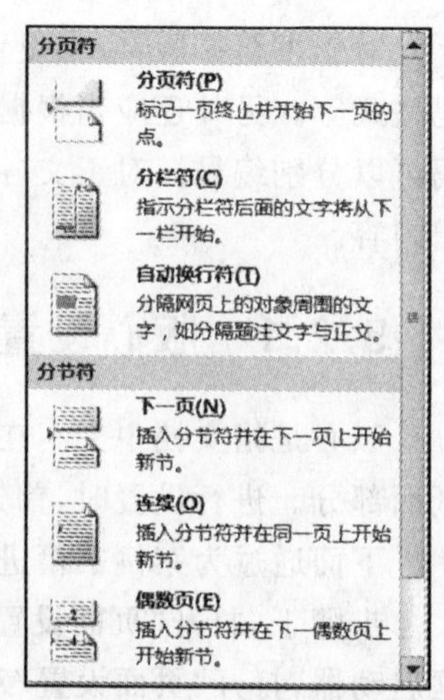

图5-28 “分页符”对话框

划分成不同节以后,每个节都可以独立设置页眉页脚和重新编排页码。

5.2.3 页眉页脚设置

页眉是指文档中每个页面的顶部区域，页脚是指文档中每个页面的底部区域，这两个区域都位于版心和页边距空白部分之间，通常用于显示文档的附加信息。一般书籍都会用页眉和页脚来显示章节名、书名和页码等内容。

本案例要求设置偶数页页眉显示书名，奇数页页眉显示章的标题，其中对于每章首页要求不显示页眉。进行相关设置的具体操作步骤如下。

步骤 1：设置"页眉和页脚"。双击页眉区域或在"插入"选项卡"页眉和页脚"命令组中单击"页眉"按钮，在打开的列表中选择"编辑页眉"命令，功能区会出现并自动切换至"页眉和页脚工具-设计"上下文选项卡，如图 5-29 所示。本案例设置偶数页页眉显示书名，奇数页页眉显示章的标题，所以选定"选项"组中"奇偶页不同"复选框；其中对于每章首页要求不显示页眉，所以还应选定"首页不同"复选框。其他选项均沿用系统默认的设置。

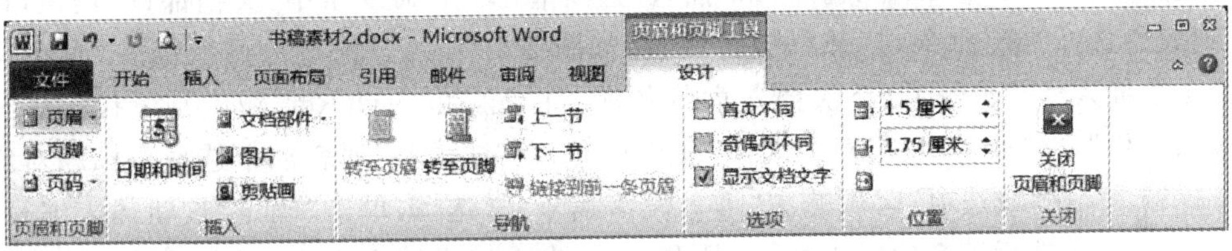

图 5-29 "版式"选项卡

步骤 2：设置偶数页页眉。单击"导航"组中"前一节"或"下一节"按钮，定位到偶数页页眉，然后在页眉中输入书名文字"计算机应用基础教程"。

步骤 3：设置奇数页页眉。单击"导航"组"下一节"按钮，定位到奇数页页眉后，可以直接输入相应章的标题文字，如"第 7 章 工资管理"，也可以通过插入交叉引用的方法，插入对相应的标题项的引用。但是需要分两次分别插入对该标题项的标题编号和标题文字的交叉引用。第 1 次插入"引用内容"为"标题编号(无上下文)" 的交叉引用，如图 5-30 所示；第 2 次再插入"引用内容"为"标题文字"的交叉引用。

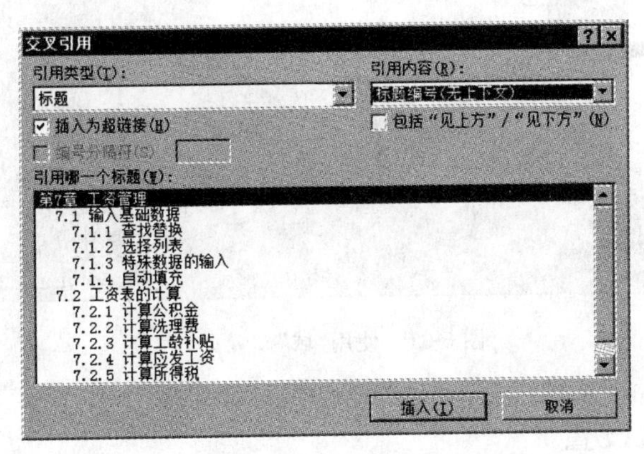

图 5-30 使用交叉引用设置页眉

注意：使用交叉引用设置页眉文字的好处是当标题文字改变时，页眉文字能够自动相应改变。

步骤 4：设置下一节偶数页页眉。单击"导航"组中"下一节"按钮，切换到下一节的首页页眉，首页不设置页眉。再次单击"下一节"按钮，切换到偶数页页眉，沿用系统默认的"与上一节相同"设置。

步骤 5：设置下一节奇数页页眉。单击"下一节"按钮，切换到奇数页页眉。单击"导航"组中"链接到前一条页眉"按钮，切断该页眉与上一节页眉的链接。按照步骤 3 类似的方法插入对"第 8 章 档案管理"标题编号和标题文字的引用。

最后单击"页眉和页脚工具-设计"上下文选项卡中"关闭页眉和页脚"按钮，退出页眉和页脚编辑状态，返回文档正文编辑状态。

上述在页眉中插入章节标题的方法需要事先在每章前插入分节符，实际上，在 Word 中还可以通过插入"StyleRef"域的方法实现上述操作。这样即使不划分节，也能够为不同章节设置不同的页眉。下面以对偶数页页眉的设置说明应用"StyleRef"域的具体操作步骤。

步骤 1：定位到第 1 节偶数页页眉。

步骤 2：插入"StyleRef"域。单击"插入"选项卡"文本"命令组中"文档部件"按钮，在打开的列表中选择"域"命令，打开"域"对话框，如图 5-31 所示。需要分两次插入"StyleRef"域，第 1 次插入章节编号，第 2 次插入章节名称。首先，在"StyleRef"域类别下拉框中选择"链接和引用"，在"域名"列表框中选择"StyleRef"，在"样式名"列表框中选择章标题对应的样式"标题 1"，在"域选项"区域选中"插入段落编号"复选框，单击"确定"按钮插入编号，完成第 1 次插入；然后第 2 次插入"StyleRef"域时，在上述设置中去除"域选项"区域中"插入段落编号"复选框的勾选再进行插入。结果将在偶数页页眉插入了当前页所在章节的章节编号及章节名称。

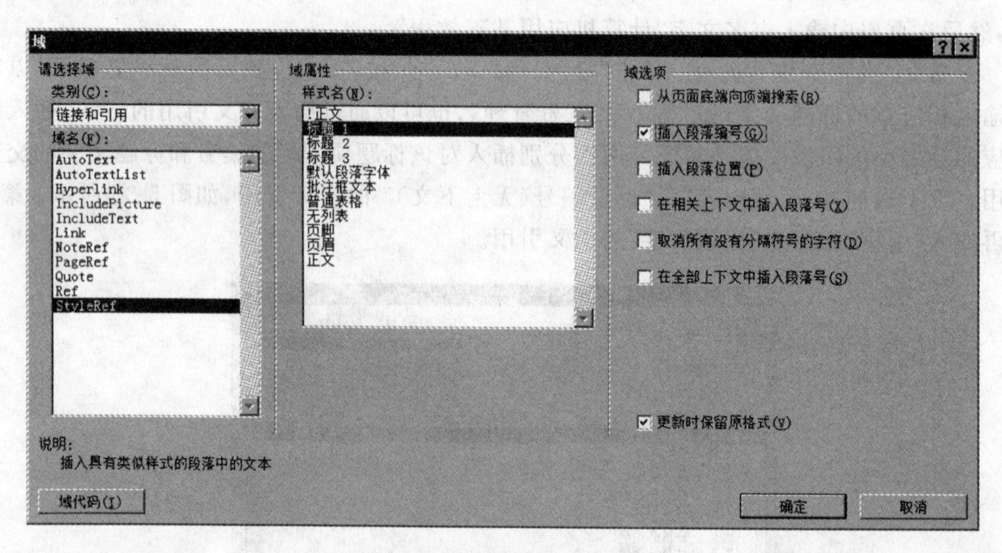

图 5-31 使用"域"设置页眉

5.2.4 页码设置

在书籍类长篇文档中，页码是不可缺少的元素。页码应根据要求放置在页眉或是页脚。另外，一般书籍中要求将前言、目录、正文分别编排页码，且页码格式也可能有所不同。要实现上述要求，首先需要将文档按上述结构分节，然后再对不同结构部分独立编排页码。

本案例书籍中，要求偶数页页码显示在页脚左侧，奇数页页码在页脚右侧，每章的首页不显示页码。本案例书籍已为每章设置分节，并已设置每节的页眉页脚“奇偶页不同”、“首页不同”，为某一节插入页码的操作步骤如下。

步骤1：设置页码的“格式”。单击“插入”选项卡“页眉和页脚”命令组中“页码”按钮，在打开的列表中选择“设置页码格式”命令，打开“页码格式”对话框，如图5-32所示，可对页码格式进行详细的设置。

图5-32 “页码格式”对话框

(1) 设置“编号格式”。通过“编号格式”下拉列表框中可以设置页码的数字格式，如“1,2,3,…”、“- 1 -,- 2 -,- 3 -,…”、“a,b,c,…”、“i,ii,iii,…”等。在正文部分一般设置为连续的阿拉伯数字格式，在前言和目录等部分可以依作者的习惯选择罗马数字或其他格式的页码。有些书籍需要按章节编排页码，并在页码中显示章节号，这就需要将“包含章节号”复选框选定，并设置相关的内容。

(2) 设置“页码编号”。“页码编号”部分的设置是按文档结构独立编排页码的关键。在划分好节的前提下(请参阅5.2.2节)，前言、目录以及正文的第1节一般应选择“起始页码”单选钮，并设置从“1”开始编排。而正文部分后续各节一般选择“续前节”，即延续上一节的页码继续编排。

步骤2：插入偶数页页码。在需要插入页码的节中双击页脚区域，功能区自动切换至“页眉和页脚工具”下的“设计”选项卡，单击“导航”组“前一节”或“下一节”按钮，定位到偶数页页眉；然后单击“页眉和页脚”命令组的“页码”按钮，在打开的命令列表中选择“页面底端”→“普通数字1”页码样式，结果在页脚左侧插入页码。

步骤3：插入奇数页页码。单击“导航”组“下一节”按钮，定位到奇数页页眉；单击“页眉和页脚”命令组的“页码”下拉箭头，在打开的命令列表中选择“页面底端”→“普通数字3”页码样式，结果在页脚右侧插入页码。单击“关闭页眉和页脚”按钮，退出页眉和页脚编辑状态，返回文档正文编辑状态。

5.3 目录索引自动化

为书籍建立目录和索引的目的主要是为了方便读者的阅读。一般篇幅稍长的书籍要建立目录，而一般的科技文献特别是工具书要建立有关的索引。目录和索引都直接与文档的内容密切关联，如果文档的内容发生改变，对目录和索引的维护就会成为一项很繁琐的工作。利用Word提供的样式和题注等功能，可以方便地快速生成相应的目录和索引，并由系统进行动态维护。

5.3.1 目录的建立

目录主要由各级标题及其在书籍中对应的页码组成。只要在书籍写作过程中，将需要制作成目录的标题项设置了不同的标题样式,Word 就可以将这些样式中的标题文字提取出来,自动生成不同级别的目录。以本案例书籍为例,建立目录的具体操作步骤如下。

步骤 1:打开"目录"对话框。将光标定位到需要建立目录的位置,单击"引用"选项卡"目录"命令组中"目录"按钮,在弹出的列表中选择"插入目录"命令,打开"目录"对话框,如图 5-33 所示。

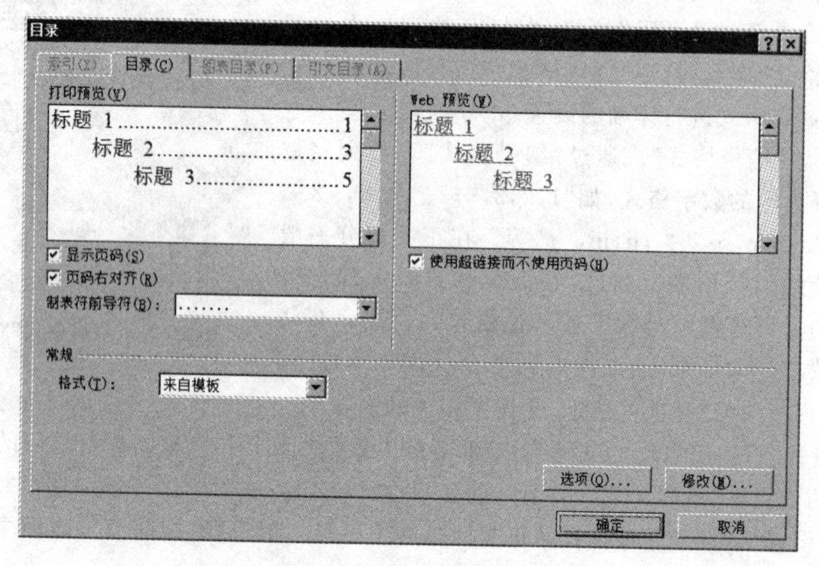

图 5-33 "目录"选项卡

步骤 2:设置目录中出现的内容。Word 默认使用"标题 1"到"标题 3"的内置样式建立目录,如果需要使用的是其他样式,则需要单击"选项"按钮,打开"目录选项"对话框,如图 5-34 所示,按需要更改各级目录提取的样式即可。本案例设置如图 5-34 所示。

步骤 3:修改目录格式。本案例将目录 1 的字体更改为黑体。选定"目录 1"目录样式,然后单击"修改"按钮,打开"修改样式"对话框,如图 5-35 所示,进行设置即可。具体修改样式的方法请参阅 5.1.1 节。

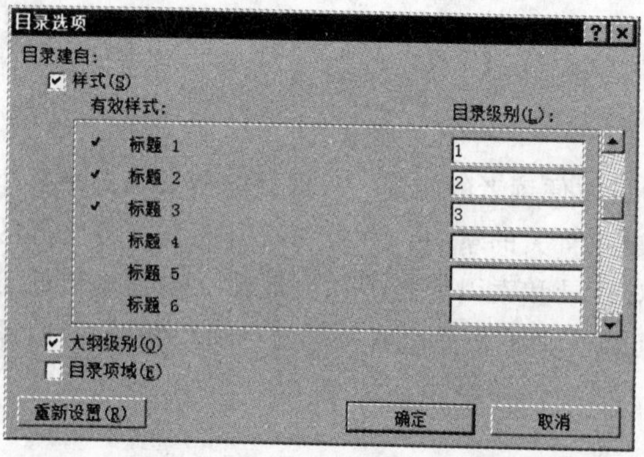

图 5-34 "目录选项"对话框的设置

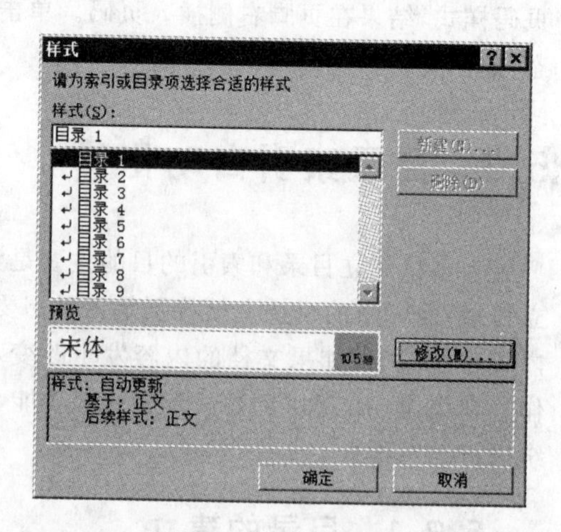

图 5-35 "样式"对话框

设置好各级目录的样式后，逐个单击各对话框的“确定”按钮返回到上一个对话框，最后单击“目录”对话框的“确定”按钮就完成了目录的插入，如图 5-36 所示。

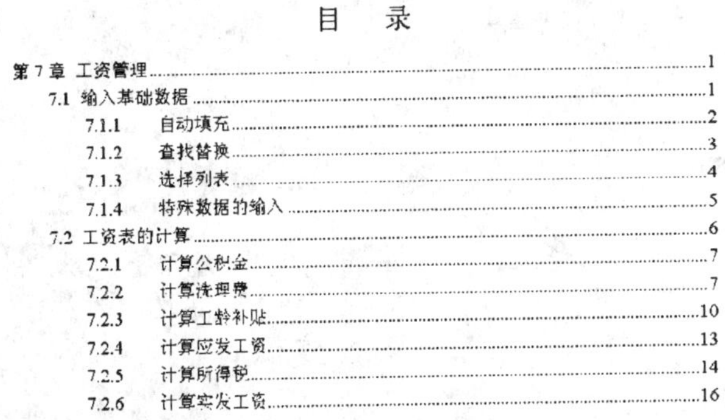

目　录

第 7 章 工资管理 1
　7.1 输入基础数据 1
　　7.1.1　自动填充 2
　　7.1.2　查找替换 3
　　7.1.3　选择列表 4
　　7.1.4　特殊数据的输入 5
　7.2 工资表的计算 6
　　7.2.1　计算公积金 7
　　7.2.2　计算洗理费 7
　　7.2.3　计算工龄补贴 10
　　7.2.4　计算应发工资 13
　　7.2.5　计算所得税 14
　　7.2.6　计算实发工资 16

图 5-36　插入目录

注意：*插入后的目录以超链接的方式与书籍内容相关联，如果需要取消这种关联，可以选定目录后，按 Ctrl＋Shift＋F9 组合键取消超链接。*

除了可以自动创建书籍正文的目录之外，Word 还可以为书籍单独创建有关表格、图表、公式等的图表目录。只要对上述对象使用题注进行编号，在创建目录时设置选项将创建目录的样式改为题注的样式即可。插入图表目录可以通过单击“引用”选项卡“题注”命令组中“插入表目录”按钮，打开“图表目录”对话框进行设置和建立。图表目录不划分级别，所有目录项均处于同一级别。

5.3.2　索引的建立

索引是将书籍中具有检索意义的关键词提取出来，按特定顺序排列在一起，并标记出在书籍中的出现位置，以方便读者阅读时通过关键词在书籍中搜索相关内容。建立索引需要作者在书籍写作的过程中将关键词标记成索引项，再由 Word 根据索引项自动生成索引。在索引排列时，英文索引会按主索引项的首字母顺序排序，而中文索引可以根据需要设置按照主索引项首字的笔画或拼音排序。下面分别介绍标记索引项和建立索引的操作步骤。

1. 标记索引项

标记索引项的具体操作步骤如下。

步骤 1：打开“域”对话框。单击“插入”选项卡“文本”命令组中“文档部件”按钮，在打开的列表中选择“域”命令，打开“域”对话框。在“类别”下拉列表框中选“索引和目录”；在“域名”列表中选“XE”，如图 5-37 所示。

步骤 2：打开“标记索引项”对话框。单击“标记索引项”按钮，打开“标记索引项”对话框，如图 5-38 所示。

步骤 3：选定关键词。选定需要标记的关键词，如果“标记索引项”对话框挡住了正文，可以适当移动对话框的位置。本案例在正文中选定“自动填充”关键词。

步骤 4：填入关键词。单击“标记索引项”对话框，这时标记的关键词会被自动提取，填入到“主索引项”编辑框中，如图 5-39 所示。

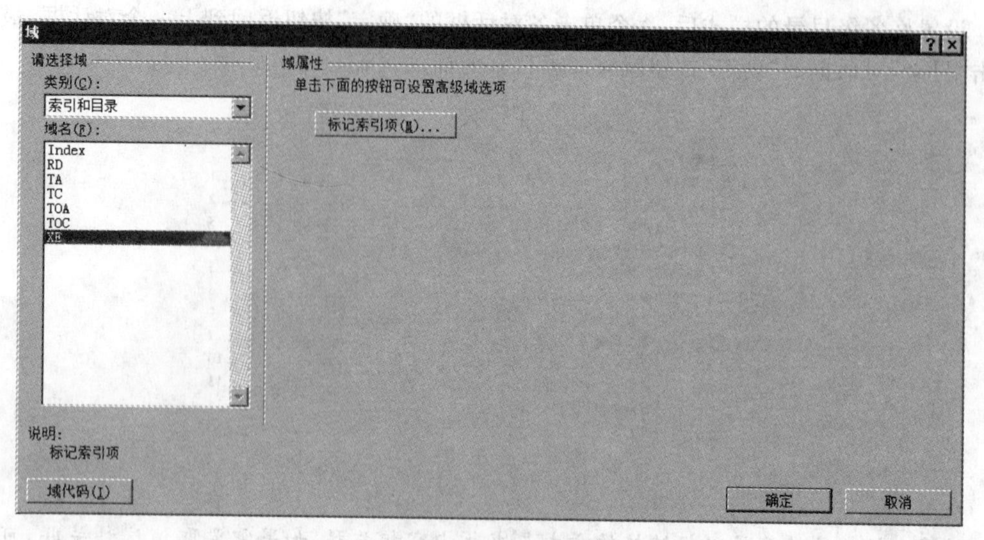

图 5-37 "域"对话框

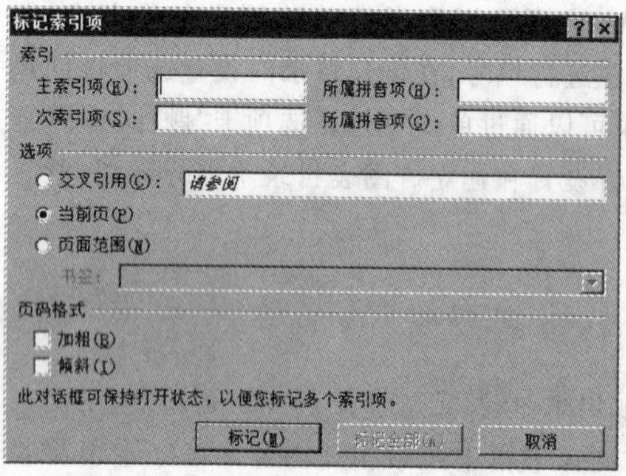

图 5-38 "标记索引项"对话框

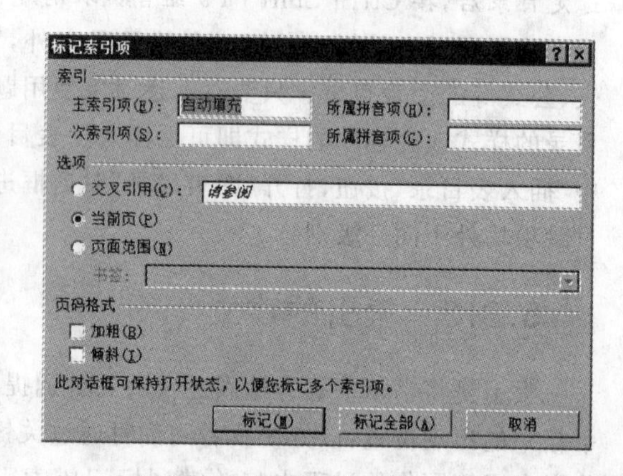

图 5-39 自动提取的"主索引项"

步骤 5:标记索引项。如果只标记当前关键词,单击"标记"按钮。如果需要标记正文中该关键词所有出现的位置,则单击"标记全部"按钮。本案例单击"标记全部",将所有"自动填充"关键词都标记为索引项。标记为索引项的关键词如图 5-40 所示。

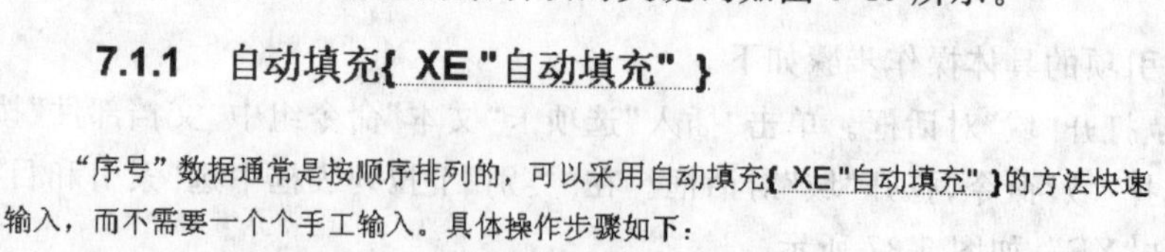

7.1.1 自动填充{ XE "自动填充" }

"序号"数据通常是按顺序排列的,可以采用自动填充{ XE "自动填充" }的方法快速输入,而不需要一个个手工输入。具体操作步骤如下:

图 5-40 标记为索引项的关键词

注意:如果未显示有关标记域的隐藏文字,可以单击"文件"→"选项"按钮,在打开的"Word 选项"对话框中选择"显示"选项卡,在"始终在屏幕上显示这些格式标记"区域勾选"隐藏文字"选项的选定。

重复步骤 3 到步骤 5,可以继续标记其他关键词。

2. 建立索引

所有关键词都标注成索引项以后，即可为书籍建立索引了，其具体操作步骤如下。

步骤 1：光标定位。将光标定位到需要插入索引的页面，一般索引都位于正文的最后。本案例在正文最后插入一个分节符，另起一页建立索引。

步骤 2：打开"索引"对话框。单击"引用"选项卡"索引"命令组的"插入索引"按钮，打开"索引"对话框，如图 5-41 所示。

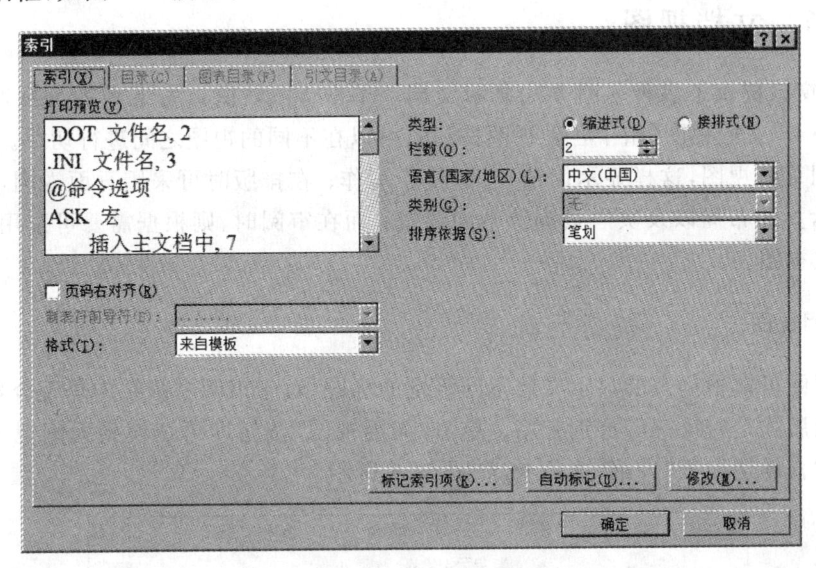

图 5-41 "索引"对话框

步骤 3：设置索引格式。本案例设置"类型"为"缩进式"；"栏数"为 2；"排序依据"指定为"拼音"；并选定"页码右对齐"复选框。如果需要修改索引的样式，可以单击"修改"按钮，有关设置操作与修改目录样式相同。单击"确定"即可按设置的要求，在指定位置插入索引，如图 5-42 所示。

索　引

IF........................203, 210, 211, 217, 218
MIN........................213, 214, 215, 216
ROUND........................203, 218, 219
SUM........................203, 215, 216
TODAY........................212, 213, 215, 239, 240
YEAR........................203, 212, 213, 214, 215, 239
插入函数........................208
查找替换........................1, 203, 205, 206
打印区域........................1, 224
打印预览........................1, 227, 228, 229, 230
共享工作簿........................234
合并工作簿........................236
合并及居中........................220, 254
选择列表........................1, 3, 203, 206
页面设置....1, 203, 224, 225, 226, 227, 228
字体........................219, 220, 221, 223, 248
自定义序列........................246
自动求和........................210, 213, 216
自动套用格式........................3, 223
自动填充1, 3, 203, 204, 205, 207, 209, 215

图 5-42 插入索引的效果

5.4 文档的审阅

在书籍写作的过程中,为了前后呼应或是风格、格式的统一,经常需要浏览文本的不同部分;初稿大致完成后,更是需要认真审阅和编辑。应用好 Word 提供的多种工具,可以为上述工作带来极大的方便。

5.4.1 文档视图

Word 窗口提供了多种视图方式显示文档。单击 Word 窗口右下角各种视图按钮(或"视图"选项卡"文档视图"组中各种视图按钮),可以在不同的视图之间进行切换。一般在写作时可采用草稿视图,这样显示简洁连贯,便于写作;在排版时可采用页面视图,这样可以直观地显示页面布局以及页眉页脚等不同要素;而在审阅时,则根据需要可采用大纲视图或阅读版式视图。

1. 大纲视图

大纲视图可以根据需要显示文档不同级别的标题,对于审阅书籍结构是否合理,风格是否协调以及版式是否统一等特别有用。单击"大纲视图"按钮即可切换到大纲视图,同时功能区出现并自动切换至"大纲"选项卡,如图 5-43 所示。

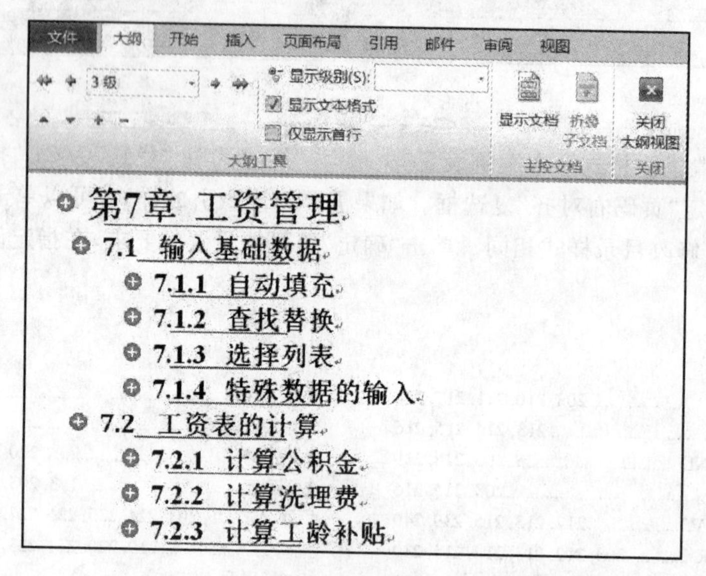

图 5-43 大纲视图

在"大纲工具"组的"显示级别"下拉列表中可以根据需要指定显示级别。通常从上级到下级逐级审阅,先指定"显示级别 1",调整编辑合适后,再指定"显示级别 2",……。如图 5-43 所示为指定"显示级别 3"的显示界面。当需要折叠或展开某一个标题的下一级标题时,可以将光标定位到该标题后,单击"大纲工具"组的"折叠"或"展开"按钮。如多次单击"展开"按钮可以逐级展开该标题下的各级标题,直至正文。图 5-44 显示的是折叠标题 7.1 的效果，图 5-43 显示的是展开标题 7.1 的效果。

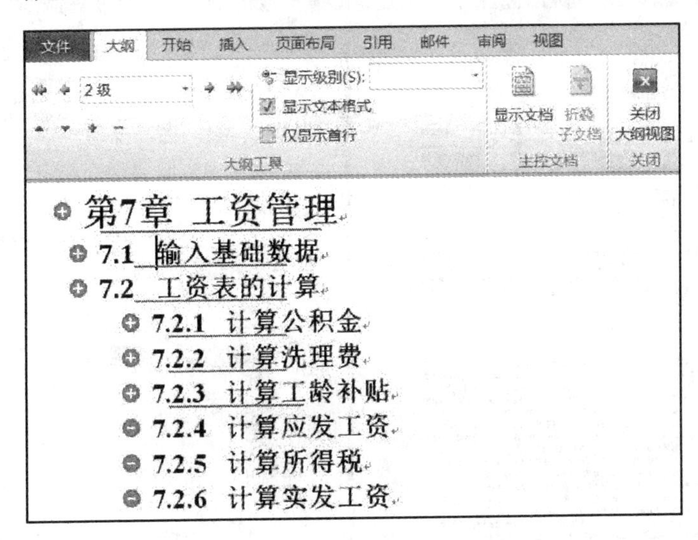

图 5-44 折叠标题 7.1 的效果

在大纲视图下，可以方便地调整各级标题的级别和次序。其操作方法是：先将光标定位到需要编辑的标题，然后根据需要进行调整。单击“升级”、“降级”按钮可以将当前标题的级别提升或降低 1 级；单击“提升至标题 1”、“降级为正文”按钮则可以直接将当前标题的级别提升到标题 1 或降为正文文本。单击“上移”、“下移”按钮可以将当前标题及其下面的各级标题直至正文上移或下移一个单位。

例如，需要调整标题顺序，将“7.2.3 计算工龄补贴”小节调整到“7.2.1 计算公积金”小节前面，具体操作步骤如下。

步骤 1：将光标定位到需要编辑的标题“7.2.3 计算工龄补贴”段落中。

步骤 2：单击“上移”按钮两次。结果将当前标题“7.2.3 计算工龄补贴”及其下属的正文上移 2 个单位，变为 7.2.1 小节；而原来的“7.2.1 计算公积金”和“7.2.2 计算洗理费”自动调整为 7.2.2 节和 7.2.3 小节。

2. 阅读版式

阅读版式视图是进行了优化的视图，以便于在计算机屏幕上阅读文档。单击“阅读版式视图”按钮即可切换到阅读版式，如图 5-45 所示。

在阅读版式方式下，单击页面下角的箭头或标题栏中间的导航箭头，可以逐页查看文档。单击标题栏右侧的“视图选项”按钮，打开下拉列表，如图 5-46 所示，可设置一次显示一页或两页，以及是否按打印效果显示页面等。当未选中“显示打印页”选项时，通过单击“增大文本字号”、“减小文本字号”可以放大或缩小文档字体。

在阅读版式视图中，还可以突出显示内容、修订、添加批注以及审阅修订。例如，在阅读书稿过程中，要突出显示某些内容，操作步骤如下。

步骤 1：单击标题栏中“以不同颜色突出显示文本”按钮右侧下拉箭头，打开颜色列表。

步骤 2：单击要使用的突出显示颜色。

步骤 3：在书稿中选中要突出显示的文本或图形。

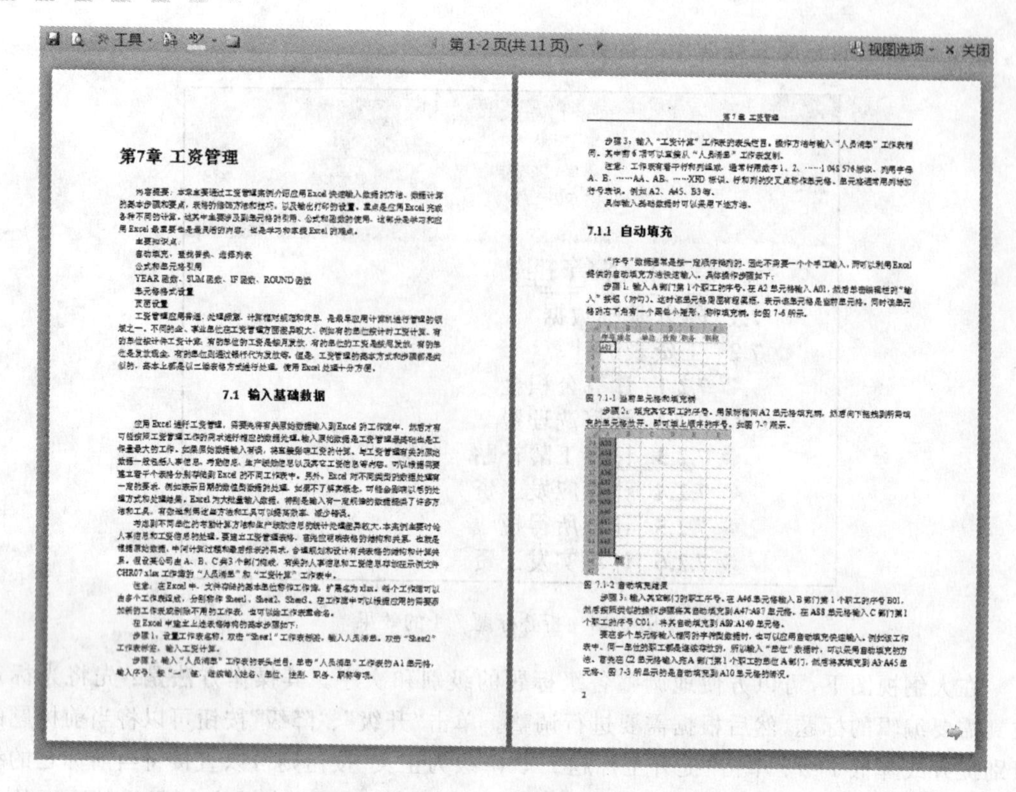

图 5-45 阅读版式

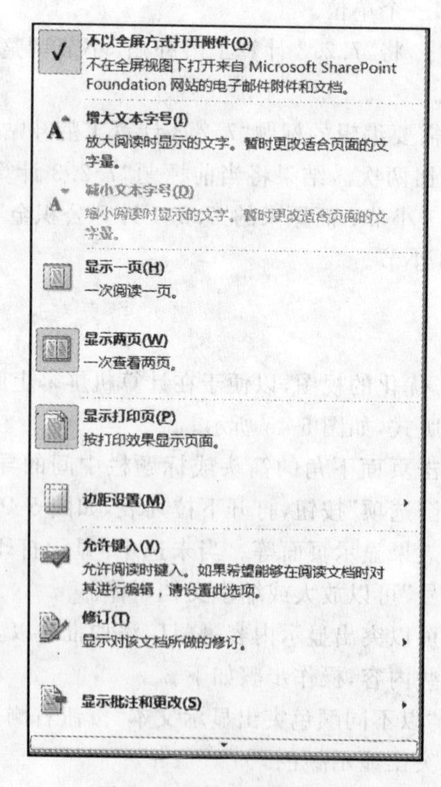

图 5-46 “视图选项”列表

注意：要关闭突出显示，再次单击“以不同颜色突出显示文本”按钮或按 Esc 键即可。

3. 参照视图

如果需要对比审阅两个文档，可以使用 Word 提供的“并排查看”功能。其具体操作步骤如下。

步骤 1：打开需要比较的两个文档。

步骤 2：并排比较。单击“视图”选项卡“窗口”组中“并排查看”按钮，这时系统会打开两个并排窗口同时显示两个文档。

注意：当打开的文档多于两个时，单击“并排查看”按钮后，将打开“并排比较”对话框，需要选择与当前文档进行并排比较的文档。执行并排比较后，“窗口”组中“同步滚动”按钮自动被选中，单击将其释放，可取消自动同步滚动。

步骤 3：参照比较。审阅时可以随时在两个并排比较的文档中切换，并采用不同视图和编辑方法对两个文档分别进行处理。

如果需要参照同一文档的某个部分来审阅该文档的另一部分，可以用鼠标拖放文档窗口右侧滚动条上方的分隔条（这时鼠标指针会变成上下箭头形状），将当前文档分成上下两个窗格显示。这时可以分别在两个窗格中显示该文档的不同部分，而且在编辑过程中，上下两个文档可以设置成不同的视图方式，因而可以对照审阅文档的不同部分，也可以方便地参照文档的某一部分编辑文档的另一部分。

5.4.2 导航窗格

对于书籍等大型文档，使用 Word 提供的导航窗格可以为文档审阅提供极大的便利。单击“视图”功能区“显示”组中的“导航窗格”按钮，勾选其复选框，即可打开“导航”窗格。如果需要在审阅时同时查看页面效果，最好在页面视图下打开“导航”窗格，如图 5-47 所示。

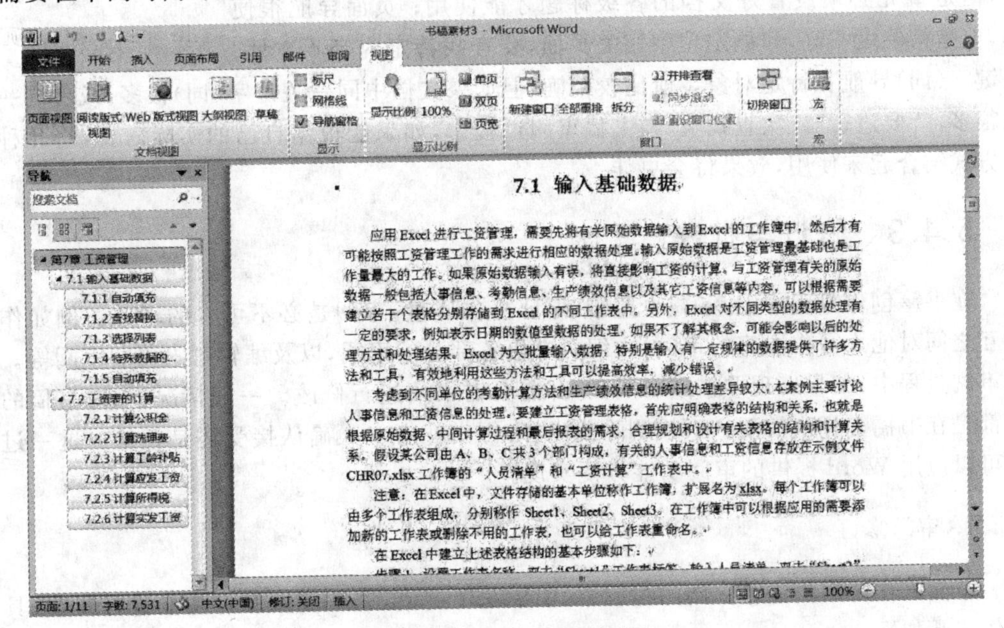

图 5-47 使用“导航”窗格

Word 的导航功能提供有多种导航方式,包括标题导航、页面导航、关键字(词)导航和特定对象导航。应用各种不同的导航方式可以让审阅者轻松查找、快速定位到想查阅的段落或特定的对象。

打开"导航"窗格后,单击"浏览你的文档中的标题"按钮,可以切换到"文档标题导航"导航方式,如图 5-47 所示。Word 2010 会对文档进行智能分析,并将文档的各级标题在"导航"窗格中列出,单击其中某个标题时,窗口右侧就会显示当前标题所对应的文档内容。在"导航"窗格中,如果某个标题前面有实心三角标记,表示该标题有下一级标题,并呈展开状态,单击该标记可以折叠其下级标题;如果某个标题前面有空心三角标记,表示该标题有下一级标题,但呈折叠状态,单击该标记可以展开其下级标题。右击某个标题,弹出快捷菜单,可对其进行"升级"、"降级"等处理。

单击"导航"窗格中的"浏览你的文档中的页面"按钮,文档导航方式切换到"文档页面导航",在"导航"窗格中将以缩略图形式列出文档各个页面,单击页面缩略图,就可以定位到相关页面进行查阅。

单击"导航"窗格中的"浏览你当前搜索的结果"按钮,切换到"关键字(词)导航"方式,如图 5-20 所示。在"搜索框"中输入关键(词),"导航"窗格上就会列出包含关键字(词)的导航链接,单击这些导航链接,就可以快速定位到文档的相关位置。具体操作方法请参阅 5.1.5 节内容。

一篇完整的文档,往往包含有图形、表格、公式、批注等对象,利用 Word 2010 的导航功能可以快速查找文档中的这些特定对象。单击搜索框右侧放大镜后的下拉箭头,在打开的列表中选择"查找"组中的相关选项,如图 5-48 所示,可以快速查找文档中的图形、表格、公式和批注等。

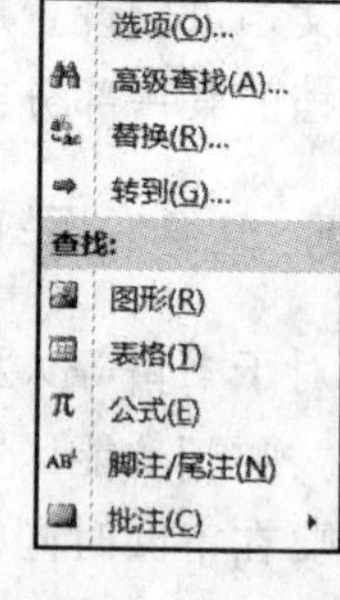

图 5-48 查找选项

Word 2010 提供的 4 种导航方式各有其优缺点,标题导航很实用,但是事先必须设置好文档的各级标题才能使用;页面导航很便捷,但是精确度不高,只能定位到相关页面,要查找特定内容不方便;关键字(词)导航和特定对象导航比较精确,但如果文档中同一关键字(词)很多,或者同一对象很多,就要进行"二次查找"。在书稿审阅过程中,如果能根据自己的实际需要,将几种导航方式结合起来使用,效果将会更佳。

5.4.3 修订与批注

在书籍创作过程中,为了减少差错,保证写作质量,审阅是必不可少的环节。例如作者相互之间对他人写作内容的审阅,主编对书稿各部分的审阅,以及编辑对书稿的审阅等。而在审阅过程中,如果发现差错或有疑义,都需要对书稿进行修改。一般情况下,对书稿的修改都是在书稿上标出需要插入或删除的内容,再由作者本人确认接受还是拒绝。这一过程都可以应用 Word 提供的审阅功能方便实现。

1. 审阅修订

审阅者在对书稿进行审阅的过程中,如果发现差错,通常使用修订功能进行修改,具体操作步骤如下。

步骤 1：开启修订模式。在“审阅”选项卡的“修订”组中，单击“修订”按钮，使其处于选中状态。

注意：也可以通过单击状态栏中“修订”指示器打开或关闭修订。若要向状态栏添加修订指示器，请右击该状态栏，在弹出的快捷菜单中选定“修订”。

步骤 2：进行编辑修订。进入修订状态以后，对文档所做修改都会以红色标出，删除的内容打上删除线，新增加的内容加下划线，格式修改则会在文档右侧标注说明。若文档还经过其他人修改，则不同人的修改会以不同颜色表示。“审阅”选项卡及插入、删除文本的修订标记如图 5-49 所示。

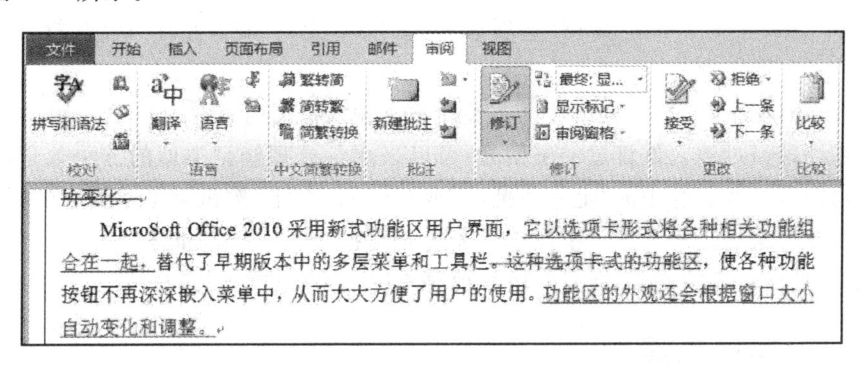

图 5-49 “审阅”选项卡及插入、删除文本的修订标记

注意：这些标记形式可以通过单击“修订”按钮下拉列表中的“修订选项”命令，打开“修订选项”对话框重新设置。另外通过“显示标记”下拉列表中的选项，可以设置显示的具体内容。

2. 处理修订

作者处理经过他人修订过的书稿时，首先应通篇浏览所有修订的摘要，然后定位到具体修改的内容，选择接受或拒绝当前的修订。具体操作步骤如下。

步骤 1：浏览所有修订。在“审阅”选项卡“修订”组中单击“审阅窗格”按钮，打开审阅窗格，如图 5-50 所示，可以通篇浏览所有修订的摘要。

步骤 2：处理修订。在“更改”组中单击“下一条”或“上一条”按钮，或者单击审阅窗格中的相应链接，光标定位到文档窗口中相应的修订内容，如果认为修订正确并接受修订，单击“更改”组中“接受”按钮下拉箭头，选择接受修订的具体方式；否则，单击“拒绝”按钮下拉箭头，选择拒绝修订的具体方式。

注意：经过接受或拒绝处理过的修订标记将会被抹除。直接单击“显示以供审阅”下拉列表中的“最终状态”，也会隐藏修订标记，但隐藏修订不会从文档中删除现有的修订。隐藏修订能够轻松查看文档，而免受删除线、下划线和批注框的干扰。

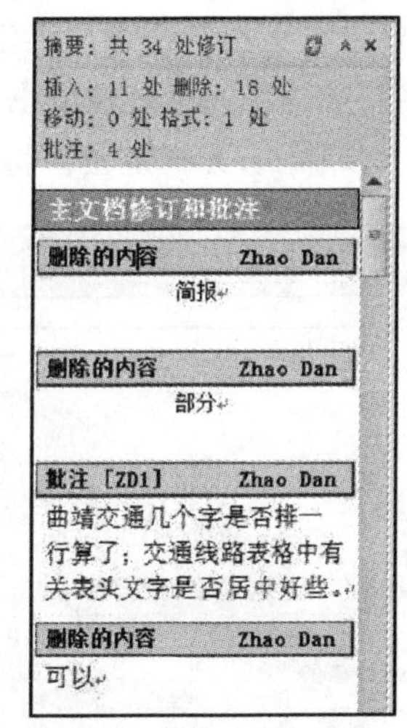

图 5-50 审阅窗格

3. 使用批注

在文档审阅过程中,审阅者对文档的内容存在疑问,但又不方便直接修改文档时,可以采用在文档相应位置插入批注的方法,提出审阅者的意见和建议,由作者斟酌修改。另外,在阅读文档时如果需要记录一些看法、感想,也可以通过插入批注实现。在文档中插入批注的具体步骤如下。

步骤1:光标定位。将光标定位到需要添加批注的位置。也可以直接在文档中选择需要添加批注的文字。

步骤2:插入批注。单击"审阅"选项卡"批注"命令组的"新建批注"按钮,打开可以输入批注文字的文本编辑框。

步骤3:添加批注内容。在批注文本编辑框中输入批注内容。

作者在处理经过他人修订过的书稿时,可以采用与处理修订类似的方法处理批注。通过"审阅"功能区"批注"组中的"上一条批注"或"下一条批注"按钮浏览书稿中的批注,根据批注对文档进行编辑。当处理完批注以后需要删除批注时,单击"批注"组中"删除批注"按钮,或者右击批注对应的文本,在打开的快捷菜单中单击"删除批注"命令即可。

5.4.4 其他工具

在书籍审阅和写作过程中,Word 还提供了许多其他的工具可以辅助应用。在此仅介绍比较常用的书签、自动拼写与语法检查、英汉双语字典、字数统计等工具的应用。

1. 书签的使用

在文档审阅的过程中,经常要在文档的一些特定位置添加标记,以便在日后需要审阅该部分文档内容时能够快速定位到相应的位置。在书籍等大型文档的写作和审阅过程中,由于无法在连续的时间段完成,这个功能尤为重要。Word 的书签就提供了这一功能,可以根据要求在文档的任意位置添加不同名称的书签;并在需要时从书签列表中选定需要定位的书签,快速将光标定位到书签所在位置。添加书签的具体操作步骤如下。

步骤1:光标定位。将光标定位在需要插入书签的位置。

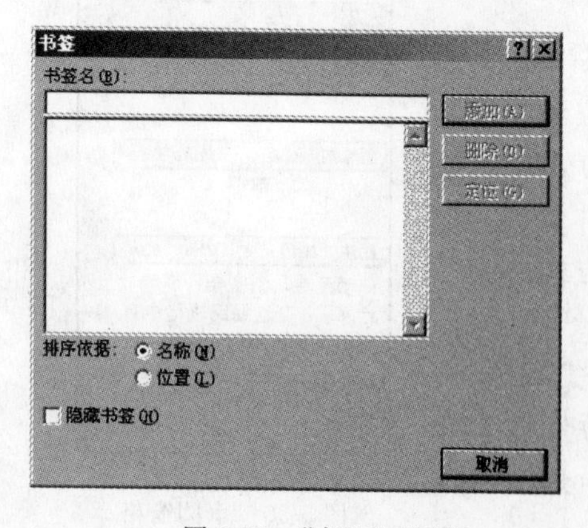

图 5-51 "书签"对话框

步骤2:打开"书签"对话框。单击"插入"选项卡"链接"组中"书签"按钮,打开"书签"对话框,如图 5-51 所示。

步骤3:添加书签。本案例需要建立名为"一审"的书签。在"书签名"文本框中输入:"一审",这时"添加"按钮由无效变为有效,单击"添加"按钮,将新建的书签标记在文档当前光标的位置。如果要将文档中已有的书签标记在当前位置,则首先在书签列表中选定要使用的书签名,使之出现在"书签名"文本中,再单击"添加"按钮。

重复上述步骤,可以在文档的不同位置添加不同书签。

当需要定位到某个书签时，首先打开“书签”对话框，然后选定需要定位的书签名，单击“定位”按钮，光标就会定位在选定书签所在的位置。如果需要删除无用的书签，在“书签”对话框中选定需要删除的书签名，然后单击“删除”按钮。

注意：需要定位到某个书签时，也可以在“开始”选项卡“编辑”命令组中单击“查找”按钮的下拉箭头，在弹出命令列表中选择“转到”命令，打开“查找和替换”对话框并显示“定位”选项卡，然后在“定位目标”列表框中选择“书签”，并在“请输入书签名称”下拉列表框中选择需要定位的书签名，单击“定位”按钮。

2. 拼写与语法检查

Word 能够帮助检查并标记文档中的英文乃至简体中文文本的拼写错误与语法错误，从而保证其正确性。

如果希望在输入文本的同时，自动进行拼写与语法检查，具体操作步骤如下。

步骤 1：打开“选项”对话框。单击“文件”→“选项”命令，打开“Word 选项”对话框。

步骤 2：设置自动拼写和语法检查功能。勾选“校对”选项卡中“在 Word 中更正拼写与语法时”区域中相关复选框，如图 5-52 所示，单击“确定”按钮。

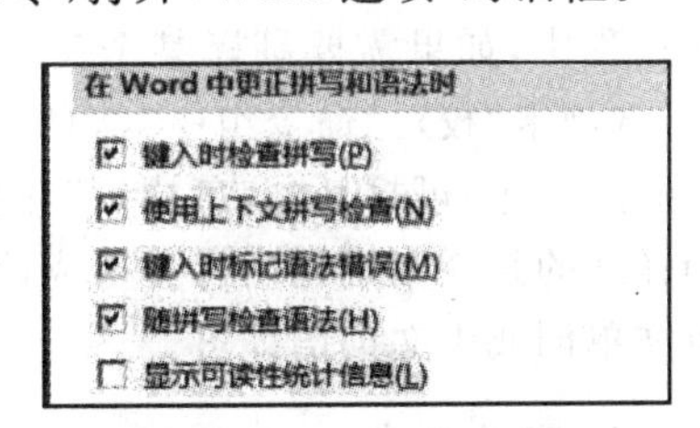

图 5-52 设置自动拼写和语法检查功能

注意：设置完成后，当文档中出现可疑的错误时，系统将用红色波浪线标记可能的拼写错误，用绿色波浪线标记可能的语法错误。如果不希望系统进行自动拼写与语法检查，则可以清除对话框中的相关复选框，将该项功能关闭。

用户也可以在整个文档输入完毕后，再对其进行拼写与语法检查，方法如下。

单击“审阅”选项卡“校对”命令组的“拼写和语法”按钮，或按 F7 键，当搜索到拼写错误的单词或含有语法错误的句子时，将会打开“拼写和语法”对话框，如图 5-53 所示。单击对话框右侧各个命令按钮进行相应处理即可，各命令按钮的含义如表 5-1 所示。

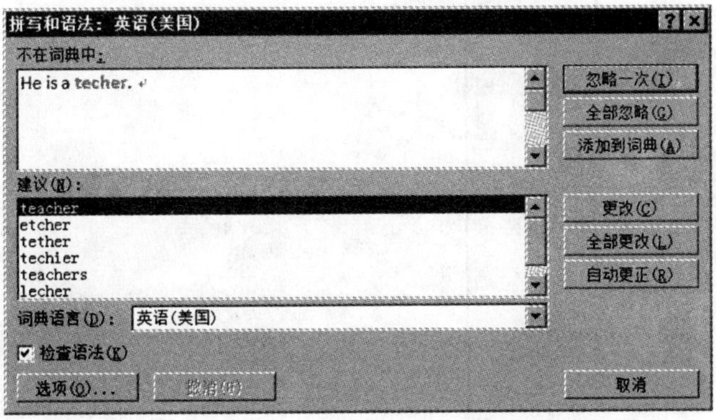

图 5-53 “拼写和语法”对话框

表 5-1 "拼写和语法"对话框命令按钮说明

命令按钮	含 义
忽略一次	不更改本次找出的错误,继续查找下一处错误
全部忽略	不更改文档中所有与本次找出错误相同的内容
添加到词典	将本次疑为错误的单词添加至词典中
更改	将本次显示为错误的内容更改为在建议框中选定的条目
全部更改	将文档中所有与本次找出错误相同的内容,全部更改为在建议框中选定的条目
自动更正	将拼写错误及其更正方案添加至"自动更正"列表,以便 Word 以后在用户输入时自动更正这些内容

如对 Word 检查并标记的拼写与语法错误不需进行处理,欲取消波浪线标记,方法如下。

选择欲取消标记的文本,单击"审阅"功能区"语言"组中"语言"按钮下拉箭头,在打开的列表中选择"设置校对语言",打开"语言"对话框,清除"不检查拼写或语法"复选框即可。

3. 英汉与汉英词典功能

Word 提供了词汇丰富、翻译准确、使用方便的英汉与汉英双语词典。在书籍审阅或写作过程中,如果需要翻译某个英文单词或是中文词语,只要选定需要翻译的词汇,单击"审阅"选项卡"校对"命令组中"信息检索"按钮,或右击选中的词汇,在弹出的快捷菜单中选择"翻译"命令,可打开"信息检索"任务窗格,如图 5-54 所示。在"双语词典"区域中显示出相当详细的翻译和说明内容。更为简便的方法是,只需在按住 Alt 键的同时单击想要翻译的英文单词或中文词语即可。

4. 字数统计

在书籍审阅和写作的过程中,经常需要了解已完成文档的页数、字数、行数以及段落数等信息,使用字数统计工具即可方便地统计上述信息,具体操作步骤如下。

步骤 1:在文档中选定需要统计的文本。如果未选中文本,则将进行全文统计。

步骤 2:进行统计。单击"审阅"选项卡"校对"命令组中"字数统计"按钮,打开如图 5-55 所示的"字数统计"对话框,可查看统计结果。

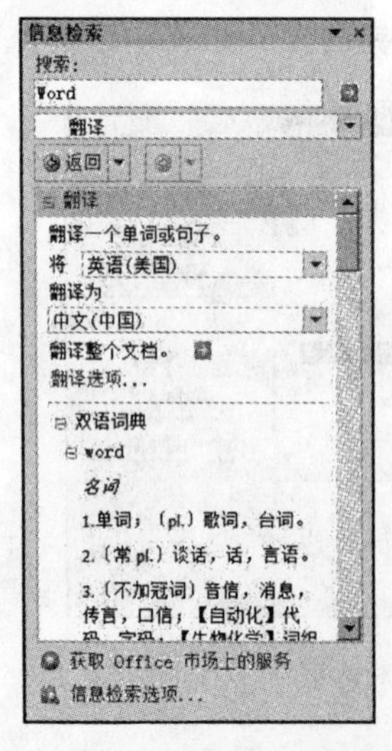

图 5-54 "信息检索"任务窗格

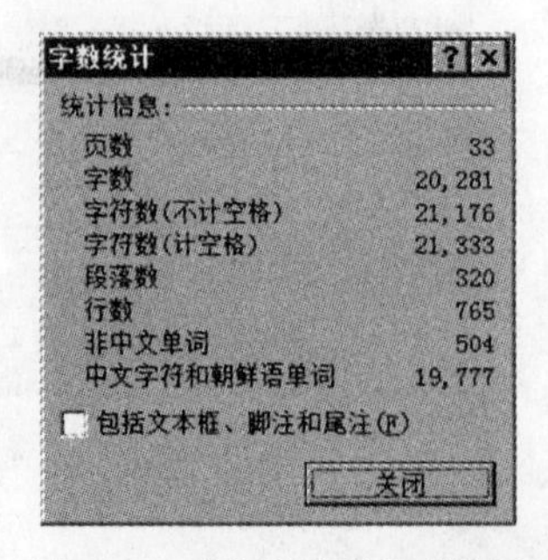

图 5-55 "字数统计"对话框

5.5　本章小结

通过本章的学习，应全面理解模板和样式的基本概念和强大功能，掌握样式的建立和编辑方法，特别是熟练运用题注、交叉引用、索引、目录以及自动编号来辅助书籍写作，熟练运用查找替换工具实现文本的批量编辑。同时还应掌握文档结构图、批注、修订以及其他工具，能够高效率地完成书稿的审阅工作。

5.6　习题

1. 将教材给定的案例文档 CHR05. DOC 设置纸张为“A4”，每页 40 行，每行 40 字，并设置合适的页眉页脚，重新排版。

2. 将教材给定的素材文档中多余的空格、空行等删除，并为各级标题设置合适的样式和格式。

3. 写作一部专著，内容不限，要求如下。

- 至少包含 3 级标题。
- 设置页眉：偶数页页眉的文字是所在位置第 1 级标题文字，奇数页页眉文字是所在位置第 2 级标题编号和文字，如果同一页上有多个 2 级标题，以最后一个标题为准。
- 设置目录：正文目录包含标题级别为 3 级。正文目录后面插入图表目录。
- 设置索引：不少于 20 项；索引分成两栏。
- 至少有 5 个图片或者表格，并加入题注。
- 至少 10 篇参考文献，使用交叉引用功能插入参考文献编号项。

第6章 批量制作通知

内容提要：本章主要通过批量制作通知的案例介绍 Word 邮件合并功能的应用。包括建立主文档、编辑数据源、邮件合并以及制作信封、文档打印等操作的方法和有关技巧。重点是掌握 Word 的邮件合并操作，能够快捷地建立批量文档，例如通知、请柬、信封、标签和各种证书等。

主要知识点：

- 主文档的建立；
- 数据源的建立；
- 邮件合并；
- 打印设置。

在实际工作中，有时需要处理批量文档。例如通知、请柬、奖状、信封、标签以及各种证书等。这些文档的特点是其中的主要内容包括格式都基本相同，但是文档中包含的某些数据项是变化的。例如答辩通知，其中主要内容都是一样的，只是答辩人的姓名、时间等有所不同。对于这类文档按照传统方法逐个进行编辑打印，即使是每个文档需要修改的内容不多，但是当批量较大时，工作也是相当繁重的。而如果掌握了 Word 的邮件合并这一工具，可以快捷地完成上述工作，有效提高工作效率。

6.1 制作通知

所谓邮件合并实质上就是要将两个不同性质和特点的文档按照特定的要求合并成一个文档。这两个文档一个称为主文档，主要包括在合并文档中重复出现的通用信息以及预先设置好的格式；另一个称为数据源，主要包括在合并文档中各不相同的专用信息。要实现邮件合并功能，除了要分别建立上述两个文档外，关键步骤是要在主文档中特定的位置插入合并域，用来指示 Word 在什么位置插入数据源的什么数据。下面结合制作答辩通知的案例，介绍应用邮件合并工具的基本步骤。

6.1.1 创建通知主文档

创建邮件合并主文档初始时与一般文档没有什么区别，只是一般需要在填入专用信息文字处使用特殊标记，以便将来插入合并域。本案例中使用特殊符号“××”和特殊字体表示。本案例要制作一个答辩通知，具体内容如图 6-1 所示，具体操作步骤如下。

步骤 1：新建空白文档，输入并编辑主文档内容。其中字体格式要求：通用文字为“隶书”字体，专用文字（××）为“华文新魏”字体；字号格式要求：标题文字为“小二号”字，正文文字为“四号”字，最后的落款日期为“小四号”字。

步骤 2：将主文档保存为“CHR06_1. DOCX”。

图 6-1 通知主文档

6.1.2 编辑通知数据源

所谓数据源即为邮件合并提供专用信息的列表文件，可以使用 Word 表格、Excel 工作表、Access 数据库文件等。本案例使用 Excel 创建的工作簿文件“CHR06_2 . XLSX”，具体内容包含答辩学生的姓名，答辩的日期、时间、地点等信息，部分记录如下所示。

学号	姓名	日期	上下午	教室号	开始时间
200900101	陈皓	2013/6/11	上午	601	8:30
200900102	陈建平	2013/6/11	上午	602	8:00
200900103	陈文欣	2013/6/11	上午	601	11:00
200900104	戴桂兰	2013/6/10	下午	603	15:30
200900105	刁政	2013/6/11	下午	602	15:30
200900106	董国庆	2013/6/10	上午	601	10:30
200900107	郝建设	2013/6/10	上午	601	8:00
200900108	胡珊珊	2013/6/10	下午	603	14:00
200900109	黄骄夏	2013/6/11	下午	603	14:30
200900110	李黎	2013/6/12	上午	601	10:30

注意：如果使用 Excel 工作簿作为数据源，必须保证工作表是数据清单格式，即工作表的第一行必须是字段名，而且各数据行中间不能有空行。有关 Excel 工作簿的建立等内容请参见第 7 章。

6.1.3 邮件合并

准备好主文档和数据源两个文件以后，就可以进行邮件合并操作了，具体操作步骤如下。

步骤 1：打开主文档。本案例打开 6.1.1 节创建的通知主文档“CHR06_1. DOCX”。

步骤 2：关联数据源。单击“邮件”选项卡“开始邮件合并”命令组中“选择收件人”按钮，在弹出的下拉列表选择“使用现有列表”，打开“选取数据源”对话框。指定存储数据源文件所在的磁盘、文件夹，文件名，本案例指定 6.1.2 节编辑的文件“CHR06_2. XLSX”，单击“打开”按钮，然后在“选择表格”对话框中选择“Sheet1”工作表并单击“确定”按钮，系统将建立主文档和数据源的关联。这时的“邮件”选项卡中“编辑收件人列表”、“插入合并域”等多个按钮都变为可用状态。

步骤 3：插入合并域。选中“××同学”前的“××”，然后在“邮件”选项卡的“编写和插入域”命令组中，单击“插入合并域”按钮，在随即打开的下拉列表中单击“姓名”选项，如图 6-2 所示，结果在文档当前位置上插入“姓名”域。

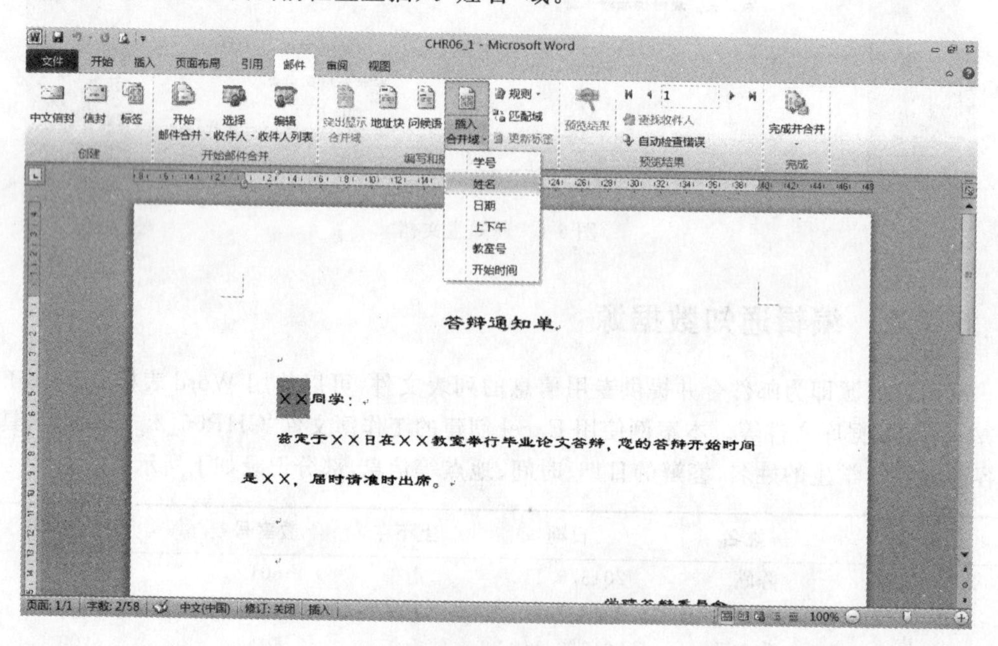

图 6-2 插入合并域

按照类似的方法在主文档中插入“日期”、“教室号”及“开始时间”合并域。插入合并域后的主文档如图 6-3 所示，为便于以后使用此步操作结果，将其另存为“CHR06_2. DOCX”。

注意：添加合并域后的主文档中会出现合并域字符“《》”，而且以后打开该主文档时，系统都会打开警告框，提示“打开此文档将运行下列 SQL 命令……”，并询问是否继续，如果选择“是”，数据源文件的数据将关联到主文档中；如果选择“否”，则不再与数据源文件链接，还原成普通文档。

步骤 4：预览合并数据。在开始合并之前，可以先预览合并数据。单击“预览结果”命令组中“预览结果”按钮，系统会在插入的合并域中显示实际数据，如图 6-4 所示。可以通过单击“首记录”、“上一记录”、“下一记录”或“尾记录”按钮查看其他记录的显示效果，也可以在“记录”框中输入记录号，直接查看指定的记录。

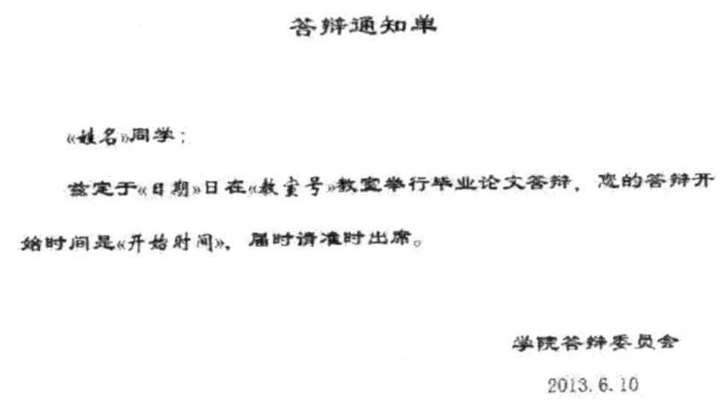

答辩通知单
«姓名»同学：
兹定于«日期»日在«教室号»教室举行毕业论文答辩，您的答辩开
始时间是«开始时间»，届时请准时出席。
学院答辩委员会
2013.6.10

图 6-3　插入合并域后的主文档

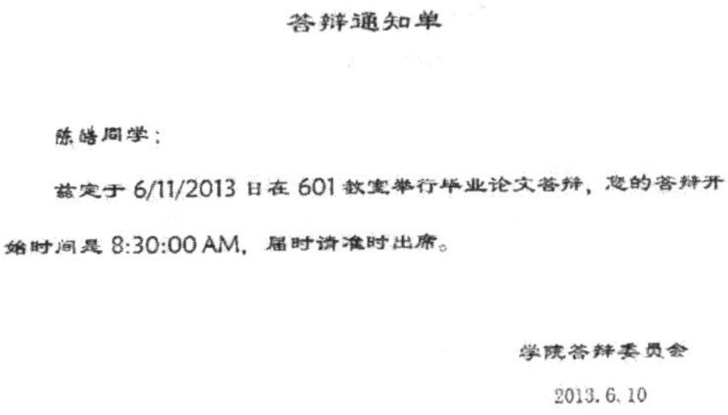

答辩通知单
陈皓同学：
兹定于 6/11/2013 日在 601 教室举行毕业论文答辩，您的答辩开
始时间是 8:30:00 AM，届时请准时出席。
学院答辩委员会
2013.6.10

图 6-4　合并域中显示实际数据的效果

注意：预览结束后需再次单击“预览结果”按钮退出预览状态，返回编辑状态。

步骤 5：进行合并。单击“邮件”选项卡“完成”命令组中“完成并合并”按钮，打开下拉列表，选择“编辑单个文档”命令，打开“合并到新文档”对话框，如图 6-5 所示。选择要合并记录的范围，在此选择“全部”单选按钮，单击“确定”按钮，生成合并后的答辩通知结果文档。

合并到新文档
合并记录
全部(A)
当前记录(E)
从(F)：
到(T)：
确定
取消

图 6-5　“合并到新文档”对话框

邮件合并操作也可以通过单击“开始邮件合并”命令组中“开始邮件合并”按钮，在打开的下拉列表中选择“邮件合并分步向导”命令，打开“邮件合并”任务窗格，在分步向导指导下一步步完成。

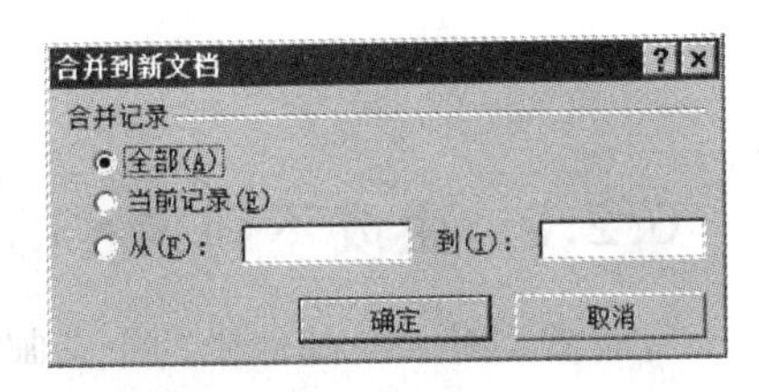

6.2　邮件合并技巧

在邮件合并过程中，由于合并的对象多种多样，经常会有一些特殊的合并要求。例如，有时希望在文档中每页能够放置数据源的多个记录，有时希望只合并满足条件的记录，还有的时候希望能够合并包含图片的记录等。下面进一步说明邮件合并的操作技巧。

6.2.1　每页对应多条记录

如果合并的邮件内容较少，为了节省纸张，可以设置主文档每页对应数据源的多条记录。例如上一节生成的答辩通知每页纸张上的内容对应一名学生的数据记录，其内容只占半页纸，可以设置每页对应数据源的两条记录。具体操作步骤如下。

步骤 1：打开添加合并域后的主文档“CHR06_2 . DOCX”，并保持与数据源文件链接。

步骤 2：将全部内容在下方复制一份。

步骤 3：插入“下一记录”合并域。光标定位到两份通知之间，单击“编写和插入域”命令组中“规则”按钮，在打开的下拉列表中选择“下一记录”，结果如图 6-6 所示。为便于以后使用此步操作结果，将其另存为“CHR06_3 . DOCX”。

步骤 4：合并到文档。详细步骤参阅 6.1.3 节，合并结果如图 6-7 所示。

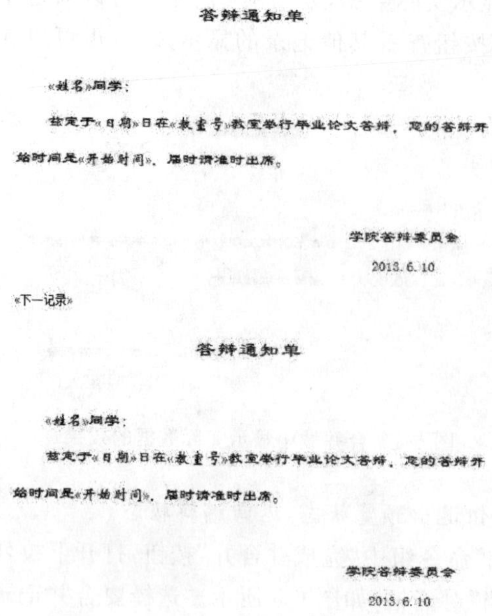

答辩通知单
«姓名»同学：
兹定于«日期»日在«教室号»教室举行毕业论文答辩，您的答辩开始时间是«开始时间»，届时请准时出席。
学院答辩委员会
2013.6.10
«下一记录»
答辩通知单
«姓名»同学：
兹定于«日期»日在«教室号»教室举行毕业论文答辩，您的答辩开始时间是«开始时间»，届时请准时出席。
学院答辩委员会
2013.6.10
图 6-6　建好的主文档

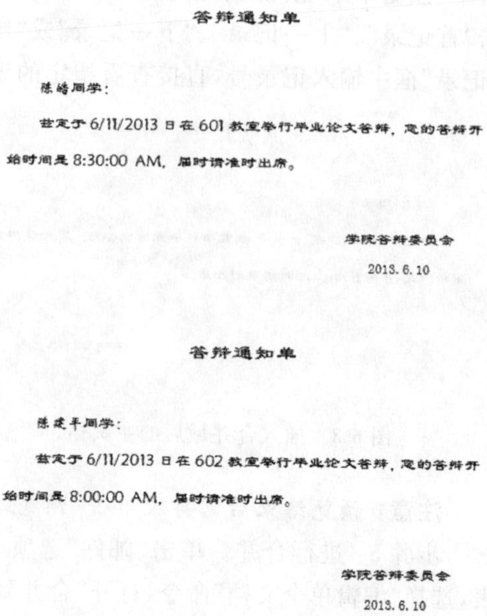

答辩通知单
陈皓同学：
兹定于 6/11/2013 日在 601 教室举行毕业论文答辩，您的答辩开始时间是 8:30:00 AM，届时请准时出席。
学院答辩委员会
2013.6.10
答辩通知单
陈建平同学：
兹定于 6/11/2013 日在 602 教室举行毕业论文答辩，您的答辩开始时间是 8:00:00 AM，届时请准时出席。
学院答辩委员会
2013.6.10
图 6-7　合并结果

6.2.2 生成不同内容的文档

有时需要对大批邮件中的个别邮件附加一些信息，此时可以通过指定“规则”来添加邮件合并的决策功能。例如，在制作答辩通知案例中，需要为在“602”教室进行答辩的同学的通知末尾添加一句提示：“提示：请自备笔记本计算机”，其具体操作步骤如下。

步骤 1：打开添加合并域后的主文档“CHR06_3 . DOCX”，并保持与数据源文件链接。

步骤 2：插入 Word 域：IF。光标定位到通知正文的下一行，单击“编写和插入域”命令组中“规则”按钮，打开的下拉列表，选择“如果…那么…否则…”，打开“插入 Word 域＝IF”对话框。在“域名”的下拉列表中选“教室号”；“比较条件”下拉列表中选“等于”；“比较对象”文本框中输入：“602”；“则插入此文字”文本框中输入：“提示：请自备笔记本计算机”，设置结果如图 6-8 所示，单击“确定”按钮，关闭对话框后，所设置的规则即被启用。

插入 Word 域：IF
如果
域名(F)：
教室号
比较条件(C)：
等于
比较对象(T)：
602
则插入此文字(I)：
提示：请自备笔记本计算机
否则插入此文字(O)：
确定
取消
图 6-8　“插入 Word 域”对话框的设置

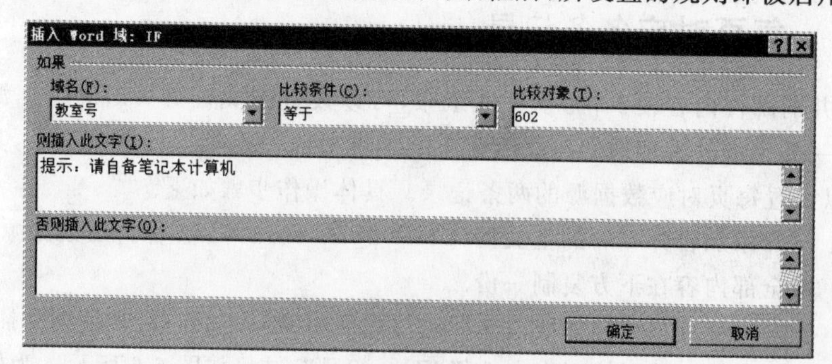

步骤 3：重复上步操作，在复制的通知正文末尾同样插入“插入 Word 域：IF”。为便于以后使用此步操作结果，将其另存为“CHR06_4 . DOCX”。

步骤 4：预览合并结果，如图 6-9 所示。

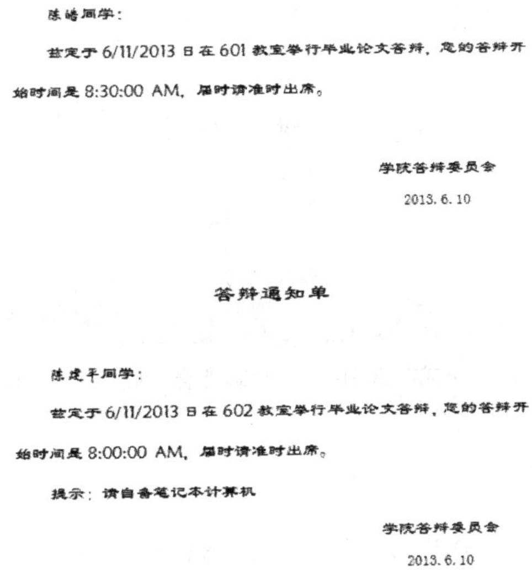

陈皓同学：

兹定于 6/11/2013 日在 601 教室举行毕业论文答辩，您的答辩开始时间是 8:30:00 AM，届时请准时出席。

学院答辩委员会

2013. 6. 10

答辩通知单

陈建平同学：

兹定于 6/11/2013 日在 602 教室举行毕业论文答辩，您的答辩开始时间是 8:00:00 AM，届时请准时出席。

提示：请自备笔记本计算机

学院答辩委员会

2013. 6. 10

图 6-9　合并结果

可以看到在“602”教室进行答辩的同学的通知中多了一句话，而其他同学的通知内容不变。

步骤 5：合并到文档。

6.2.3　合并满足条件的记录

在合并邮件的过程中，可以选择合并全部记录、合并当前记录或是合并指定范围的记录。但是如果需要按照特殊条件只合并满足条件的记录，则需要通过设置邮件合并收件人来完成。另外，通过设置邮件合并收件人还可以指定合并邮件时按特定顺序排列。例如，制作答辩通知案例中要求只生成 2013 年 6 月 10 日上午参加答辩同学的通知，并按照答辩开始时间的顺序生成通知，其具体操作步骤如下。

步骤 1：打开主文档“CHR06_4. DOCX”，并保持与数据源文件链接。

步骤 2：打开“邮件合并收件人”对话框。单击“开始邮件合并”选项组中“编辑收件人”按钮，打开“邮件合并收件人”对话框。

步骤 3：设置筛选条件。单击“邮件合并收件人”对话框中“日期”字段的筛选按钮，在弹出的下拉列表中选择“2013 年 6 月 10 日”。单击“上下午”字段的筛选按钮，在弹出的下拉列表中选择“上午”。

步骤 4：按开始时间排序。单击“邮件合并收件人”对话框中“开始时间”字段，数据源即按照该字段内容从小到大排序。如果需要从大到小降序排序，再次单击相应字段即可。完成筛选和排序的“邮件合并收件人”对话框如图 6-10 所示。

其他有关预览合并数据以及合并到文档的操作与前述邮件合并操作方法相同。

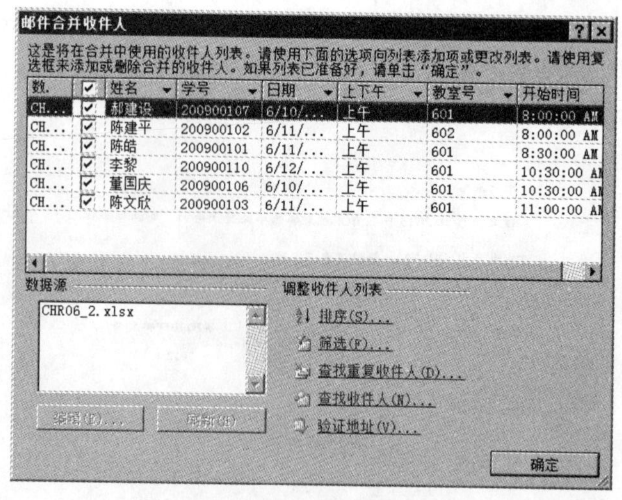

图 6-10 完成筛选和排序的"邮件合并收件人"对话框

6.2.4 合并有图片的记录

在制作准考证、学生证、工作证等文档时，数据源通常还有相应的相片。当进行包含有图片的邮件合并操作时，对图片字段需要特殊处理。例如需要制作包含照片的考试通知，其具体操作步骤如下。

步骤 1：建立主文档，内容如下。

考试通知

××同学：

请于××日××时在××考场参加考试，座位号××，届时请准时到场。

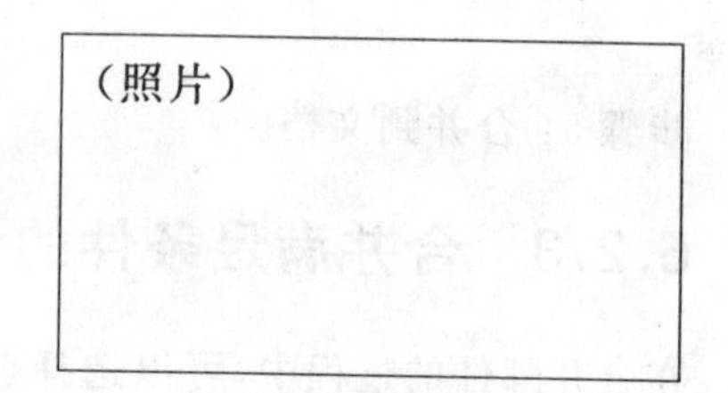

步骤 2：关联数据源。数据源中对应相片的数据存放的是相片文件的地址。其中要特别注意包含盘符、文件夹和文件名的格式。其中的分隔符应该使用"\\"，数据源文件部分记录如下所示。

学号	姓名	日期	上下午	教室号	开始时间	照　片
200900101	陈皓	2013/6/11	上午	601	8:30	E:\\准考证\\001.JPG
200900102	陈建平	2013/6/11	上午	602	8:30	E:\\准考证\\002.JPG
200900103	陈文欣	2013/6/11	上午	601	8:30	E:\\准考证\\003.JPG
200900104	戴桂兰	2013/6/10	下午	603	13:30	E:\\准考证\\004.JPG
200900105	刁政	2013/6/11	下午	602	13:30	E:\\准考证\\005.JPG
200900106	董国庆	2013/6/10	上午	601	10:30	E:\\准考证\\006.JPG
200900107	郝建设	2013/6/10	上午	601	8:30	E:\\准考证\\007.JPG
200900108	胡珊珊	2013/6/10	下午	603	13:30	E:\\准考证\\008.JPG
200900109	黄骄夏	2013/6/11	下午	603	13:30	E:\\准考证\\009.JPG
200900110	李黎	2013/6/12	上午	601	8:30	E:\\准考证\\010.JPG

步骤3：插入文字合并域。插入“姓名”、“日期”、“开始时间”、“教室号”、“学号”等合并域，插入方法与前面的制作答辩通知案例方法相同，结果如图6-12所示。

步骤4：插入“照片”域。对于照片的处理要分两步进行，首先将光标定位到需要插入相片的文本框中，单击“插入”选项卡“文本”命令组中“文档部件”按钮，在打开的列表中选择“域”命令，打开“域”对话框。在“类别”下拉列表框中选择“链接和引用”；在“域名”列表中选择“Includepicture”，在“域属性”文件名文本框中，输入“照片”，如图6-11所示，单击“确定”按钮。

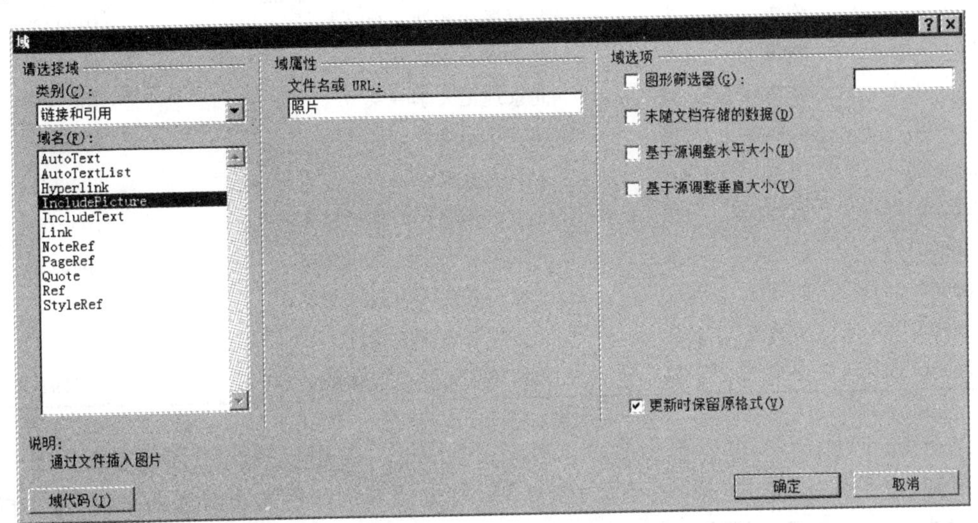

图6-11　“域”对话框

由于图片文件名不能直接给出，所以出现错误信息。单击错误图片，按Shift＋F9组合键切换为域代码方式，然后选择“照片”文字，并在“邮件”选项卡的“编写和插入域”命令组中，单击“插入合并域”按钮，在打开的下拉列表中选择“照片”选项，结果插入“照片”合并域。插入完成合并域的主文档如图6-12所示。

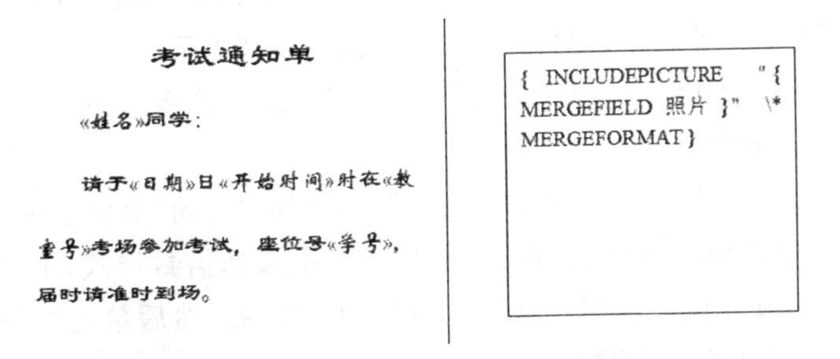

图6-12　插入完合并域的主文档

步骤5：预览合并数据。

注意：有时预览合并数据时不立即显示相片，或是都显示同一个人的相片，这时可以按Ctrl＋A组合键选定整个文档，然后按F9键刷新域即可。

关于邮件合并应用，还有一些更复杂的变化和技巧，大多都是通过应用不同的域实现的。请有兴趣的读者参考联机帮助或专门介绍Word的书籍学习。

6.3 制作信封

本节案例需要为答辩通知制作信封,数据源为 Excel 工作簿文件“CHR06_1. XLSX”,具体内容包含答辩学生的姓名、通讯地址、邮政编码等信息,部分内容如下所示。

学号	姓名	性别	通讯地址	邮政编码
200900101	陈皓	男	北京海淀区博望苑 2 号楼	100038
200900102	陈建平	女	北京安外东后巷 28 号	100710
200900103	陈文欣	男	北京理工大学一系	100061
200900104	戴桂兰	男	北京兵器工业部 5 所	100089
200900105	刁政	女	上海光电所	200090
200900106	董国庆	男	北京市朝阳区酒仙桥路 16 号	100016
200900107	郝建设	女	北京工业大学计算机学院	100022
200900108	胡珊珊	女	北京商务部人事教育劳动司	100731
200900109	黄骄夏	男	北方交通大学理学院	100044
200900110	李黎	男	天津理工大学电信学院	300191

Word 的邮件合并,可以根据合并文档的不同用途,为用户提供不同的模板。其中包括:信函、电子邮件、信封、标签、目录、普通 Word 文档等。前面的答辩通知案例,主文档是自己设定的格式和排版样式,而本节的信封制作案例则可以使用 Word 邮件合并提供的信封模板。与前述制作通知案例的操作区别是在创建主文档时先要将其设定为“信封”类型主文档(单击“邮件”选项卡“开始邮件合并”命令组中“开始邮件合并”按钮,在弹出的下拉列表选择“信封”,设置信封选项),然后再进行关联数据源、插入合并域等操作。具体操作请读者参考前述讲解自行实践。

在 Word 中,还可以通过“中文信封制作向导”方便地制作信封。下面就使用 Word“中文信封制作向导”完成本节的信封制作案例,具体操作步骤如下。

步骤 1:打开信封制作向导。在“邮件”选项卡的“创建”命令组中单击“中文信封”按钮,打开“信封制作向导”对话框。

步骤 2:选择信封样式。在“信封制作向导”对话框的“开始”页面中单击“下一步”按钮,打开“选择信封样式”页面。在“信封样式”下拉列表中选择信封样式,本案例选择“国内信封-DL(220×110)”,其他选项保留默认值,如图 6-13 所示。然后单击“下一步”按钮,打开“选择生成信封的方式和数量”页面。

步骤 3:设置生成信封的方式和数量。选中“基于地址簿文件,生成批量信封”单选按钮,单击“下一步”按钮,打开“从文件中获取并匹配收信人信息”页面,如图 6-14 所示。

步骤 4:打开数据源文件。在“从文件中获取并匹配收信人信息”页面中单击“选择地址簿”按钮,打开“打开”对话框,选择 Excel 文件“CHR06_1. XLSX”作为数据源,单击“打开”按钮,返回到“从文件中获取并匹配收信人信息”页面。

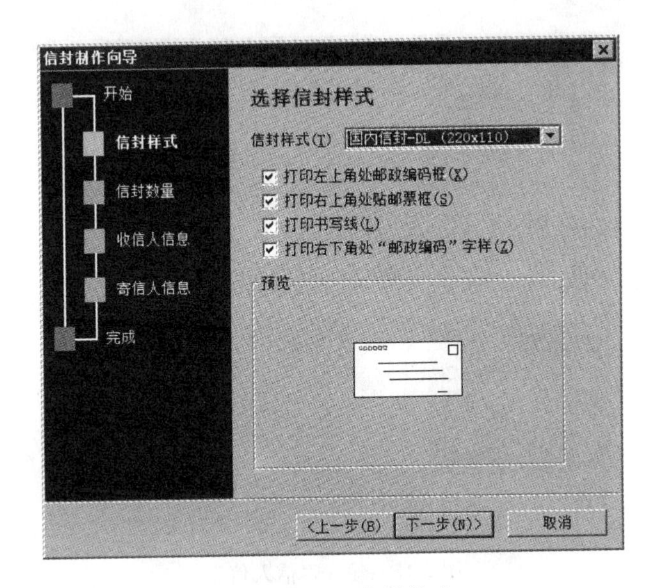

图 6-13 选择信封样式

步骤 5：匹配收信人信息。在“姓名”右侧的下拉列表中选择“姓名”选项，“地址”右侧的下拉列表中选择“通讯地址”选项，“邮编”右侧的下拉列表中选择“邮政编码”选项，将姓名、地址、邮编等选项与 Excel 表格中的对应项相匹配，结果如图 6-14 所示。继续单击“下一步”按钮，打开“输入寄信人信息”页面。

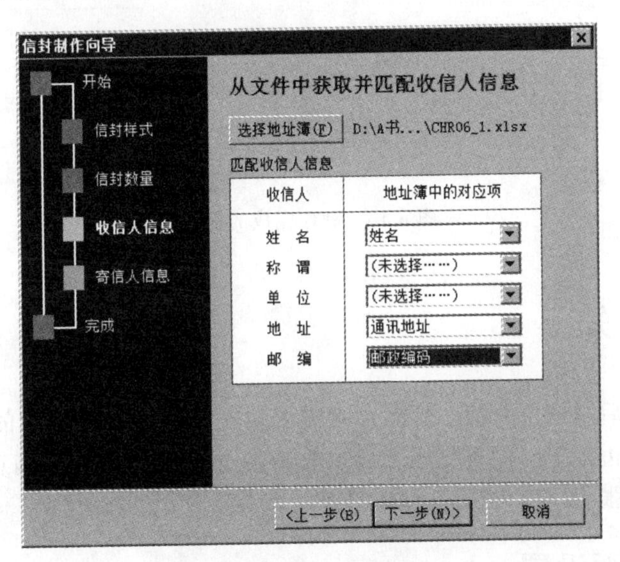

图 6-14 匹配收信人信息

步骤 6：输入寄信人信息。在“输入寄信人信息”页面中分别输入寄信人姓名、单位、地址和邮编等信息，如图 6-15 所示。

继续单击“下一步”按钮，在打开的完成页面中单击“完成”按钮，系统将自动批量生成包含寄信人、收件人信息的信封，部分信封如图 6-16 所示。

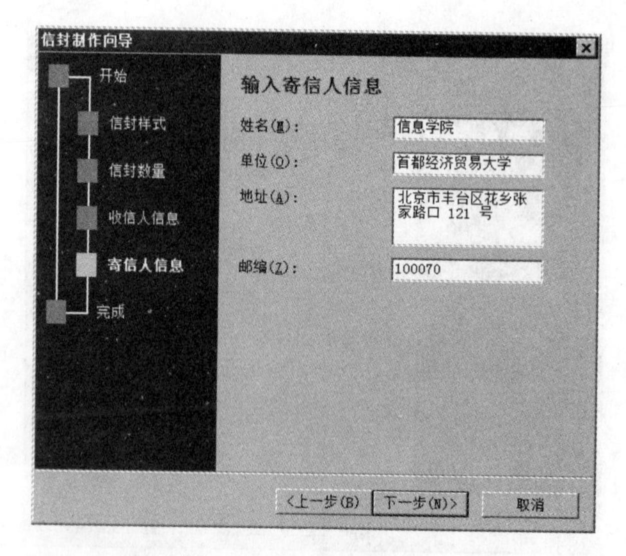

图 6-15　输入寄信人信息

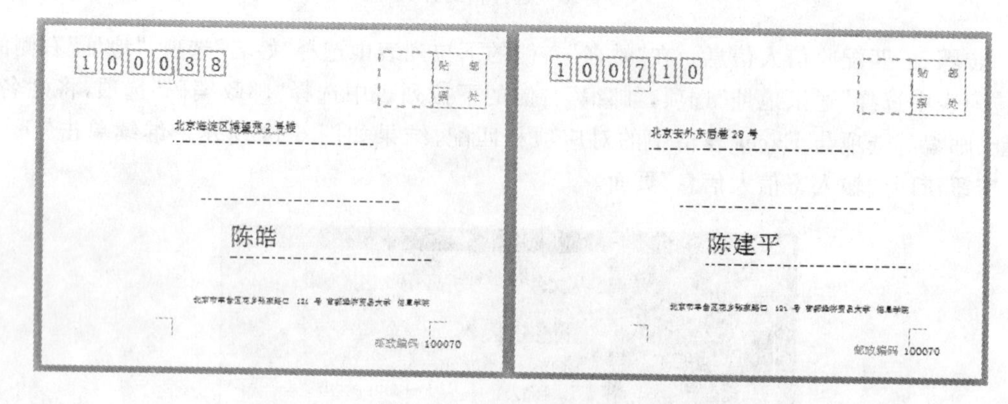

图 6-16　制作完成的信封

6.4　打印通知

文档制作完成后，在打印输出之前，通常需要对文档进行有关打印的设置，例如设置打印纸的大小以及页边距等。设置完成之后一般还要先预览打印效果，满意之后再打印输出。这样既可以节约纸张，又可以提高工作的效率。

6.4.1　页面设置

页面设置是打印文档之前必要的准备工作，主要包括设置页边距、纸张大小等。通过单击“页面布局”选项卡“页面设置”命令组中相关按钮可以设置文档的页面属性，也可以单击“页面设置”命令组右下角的对话框启动器，打开“页面设置”对话框，如图 6-17 所示，在此对话框中进行页面设置。页面设置操作较为简单，请读者自行实践。

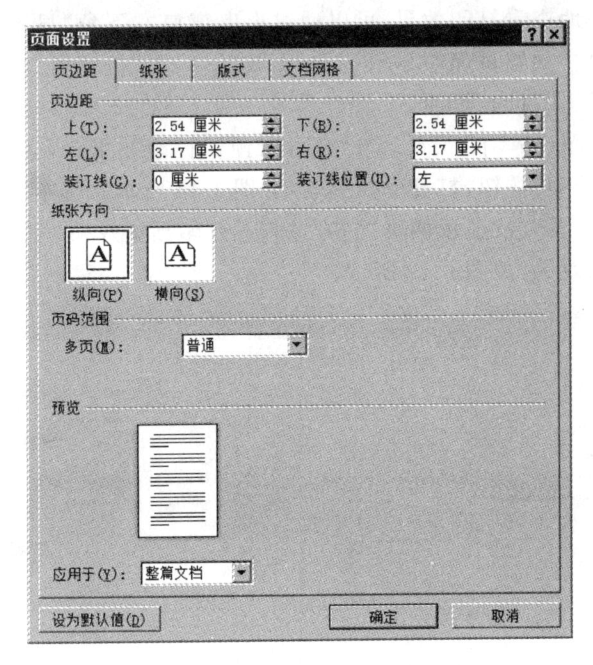

图 6-17　“页面设置”对话框

6.4.2　打印预览

虽然页面视图可以比较直观地显示文档的排版效果，但是还是和最终打印结果有些差异。为了节省纸张，最好在打印前通过打印预览方式进一步查看打印效果。单击“文件”→“打印”，可进入“打印”页面预览打印效果，如图 6-18 所示。

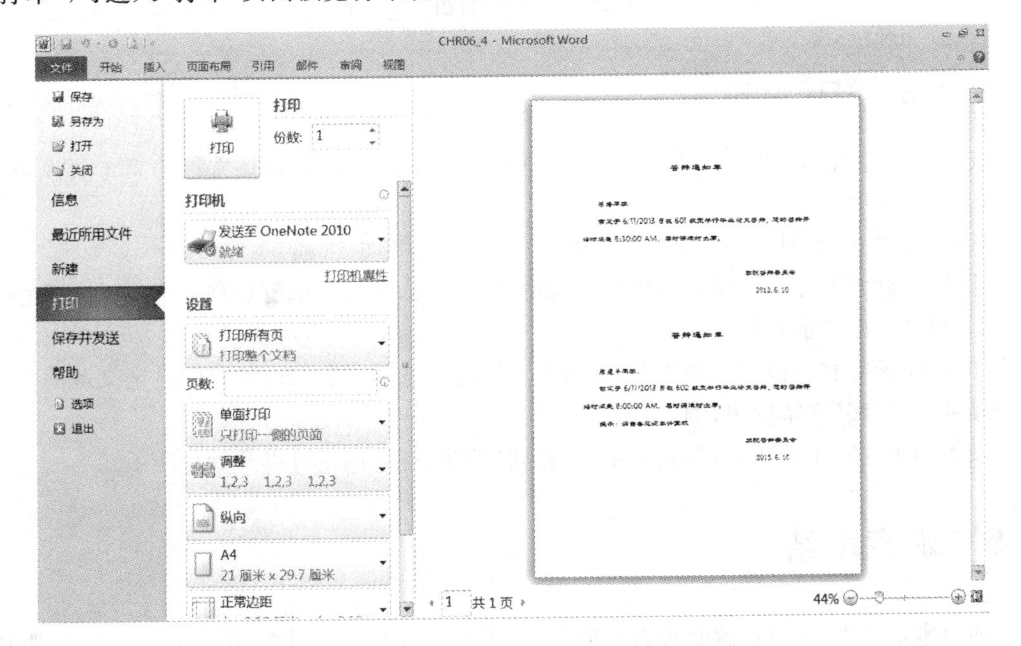

图 6-18　打印预览效果

如果需要更仔细地查看打印效果,可以通过拖曳窗口右下角“显示比例”滑块设置所需的显示比例。通过单击预览页面左下角“上一页”、“下一页”按钮可以查看其他页。再次单击“文件”选项卡可退出“打印”页面。

通过阅读版式视图(请参阅 5.4.1 节)也可以预览打印效果。在阅读版式方式下,单击标题栏右侧的“视图选项”按钮,打开下拉列表(如图 5-44 所示),选中“显示打印页”选项后,还可以选择以“显示一页”或“显示两页”的方式查看打印预览效果。以“显示两页”方式查看答辩通知的打印预览效果,如图 6-19 所示。

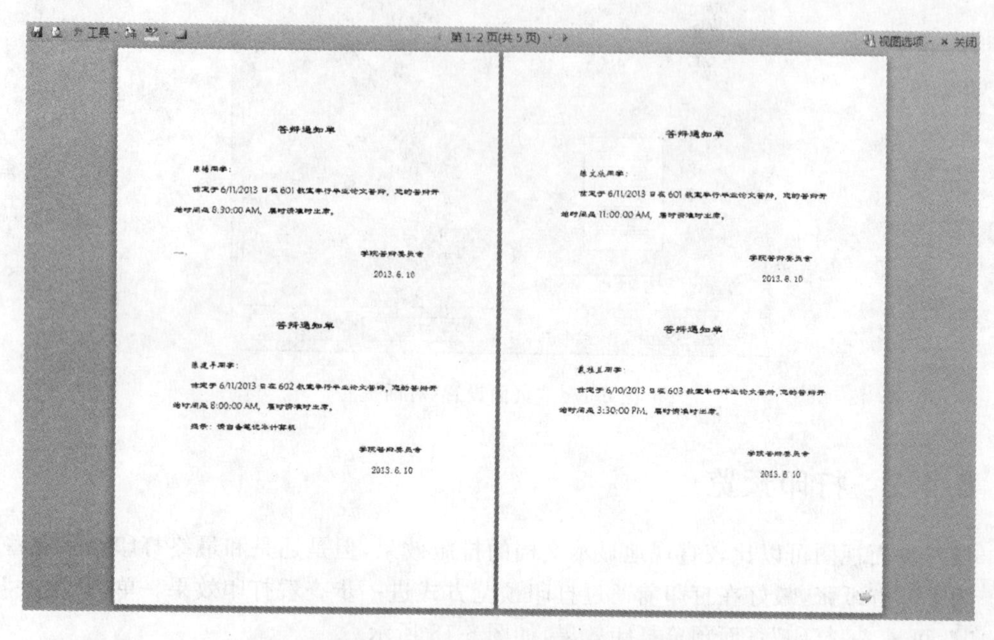

图 6-19 “显示两页”打印预览效果

6.4.3 打印通知

所有设置完成后,就可以开始打印了。例如,要求打印答辩通知文档的第 1 页及第 3 页,具体操作步骤如下。

步骤 1:单击“文件”→“打印”,打开“打印”页面,如图 6-18 所示。

步骤 2:选择打印机。单击打印机名称的下拉箭头,从打印机下拉列表中选择合适的打印机,这里选择默认的打印机。

步骤 3:设置打印范围。单击“打印所有页”,打开选项列表,选择“打印自定义范围”,光标自动移到“页面”文本框中,输入页号“1,3”。

其他选项均采用默认设置,最后单击“打印”按钮,打印机就可以开始打印了。

6.5 本章小结

通过本章的学习,应理解邮件合并的概念,了解邮件合并工具的功能和应用范围,掌握邮件合并操作的基本步骤,以及特殊邮件合并功能的操作技巧。能够在工作中熟练地运用邮件合并工具建立特殊的批量文档。

6.6　习题

1. 编排考试通知。根据期末考试的考场安排，利用邮件合并功能，生成关于排考明细文档(实例文件名 CHR06. DOC)中第 10 名到 30 名同学的考试通知。排考明细文档中包含学号、姓名、课程名、考试日期、考场号、考试时间、考试地点和任课老师等信息。考试通知的示例文本为：

张凯同学：

《计算机应用基础》的期末考试定于 2007 年 1 月 15 日举行，您在第 3 场进行考试，时间为 14：50，地点是 1015 教室。请携带学生证等有效证件，准时参加考试。如果有问题请联系您的任课老师王银宝。

2. 设计有关新年联欢会请柬的主文档和数据源，数据源主要包括邀请人的单位、姓名、座位号、通信地址等信息。利用邮件合并功能生成相应的请柬及信封。

第3篇

Excel应用篇

Excel是Office软件包中最重要的应用软件之一，是一个功能强大、技术先进、直观高效的电子数据表软件。它可以进行数据计算、数据管理以及数据分析等各种操作。Excel采用电子表格的形式对数据进行组织和处理，直观方便，符合人们日常工作的习惯。Excel提供了自动填充、自动完成、选择列表、自动套用格式等方法，可以快速输入数据、方便选择数据和快捷设置数据格式。Excel预先定义了数学、财务、统计、查找和引用等各种类别的计算函数，可以通过灵活的计算公式完成各种复杂的计算和分析。Excel提供了形如柱形图、条形图、折线图、散点图、饼图等多种类型的统计图表，可以直观地展示数据的各方面指标和特性。Excel还提供了数据透视表、模拟运算表、规划求解以及假设检验、方差分析、相关分析等多种数据分析与辅助决策工具，可以高效完成各种统计分析、辅助决策的工作。

第7章 工资管理

内容提要：本章主要通过工资管理案例介绍应用 Excel 快速输入数据的方法、数据计算的基本步骤和要点、表格的修饰方法和技巧以及输出打印的设置。重点是应用 Excel 完成各种不同的计算。这其中主要涉及到单元格的引用、公式和函数的使用，这部分是学习和应用 Excel 最重要也是最灵活的内容，也是学习和掌握 Excel 的难点。

主要知识点：

- 自动填充、查找替换、选择列表；
- 公式和单元格引用；
- YEAR 函数、SUM 函数、IF 函数、ROUND 函数；
- 单元格格式设置；
- 页面设置。

工资管理应用普遍、处理频繁、计算相对规范和简单，是最早应用计算机进行管理的领域之一。不同的企、事业单位在工资管理方面差异较大，例如，有的单位按计时工资计算，有的单位按计件工资计算；有的单位的工资是按月发放，有的单位的工资是按周发放；有的单位是发放现金，有的单位则通过银行代为发放等。但是，工资管理的基本方式和步骤都是类似的，基本上都是以二维表格方式进行处理，使用 Excel 处理十分方便。

7.1 输入基础数据

应用 Excel 进行工资管理，需要先将有关原始数据输入到 Excel 的工作簿中，然后才有可能按照工资管理工作的需求进行相应的数据处理。输入原始数据是工资管理最基础也是工作量最大的工作。如果原始数据输入有误，将直接影响工资的计算。与工资管理有关的原始数据一般包括人事信息、考勤信息、生产绩效信息以及其他工资信息等内容，可以根据需要建立若干个表格分别存储到 Excel 的不同工作表中。另外，Excel 对不同类型的数据处理有一定的要求，例如表示日期的数值型数据的处理，如果不了解其概念，可能会影响以后的处理方式和处理结果。Excel 为大批量输入数据，特别是输入有一定规律的数据提供了许多方法和工具，有效地利用这些方法和工具可以提高效率、减少错误。

考虑到不同单位的考勤计算方法和生产绩效信息的统计处理差异较大，本案例主要讨论人事信息和工资信息的处理。要建立工资管理表格，首先应明确表格的结构和关系，也就是根据原始数据、中间计算过程和最后报表的需求,合理规划和设计有关表格的结构和计算关系。假设某公司由 A、B、C 共 3 个部门构成,有关的人事信息和工资信息存放在示例文件 CHR07. xlsx 工作簿的“人员清单”和“工资计算”工作表中。

注意:在 Excel 中,文件存储的基本单位称作工作簿,扩展名为 xlsx。每个工作簿可以由多个工作表组成,分别称作 Sheet1、Sheet2、Sheet3。在工作簿中可以根据应用的需要添加新的工作表或删除不用的工作表,也可以给工作表重命名。

在 Excel 中建立上述表格结构的基本步骤如下。

步骤 1:设置工作表名称。双击“Sheet1”工作表标签,输入“人员清单”。双击“Sheet2”工作表标签,输入“工资计算”。

步骤 2:输入“人员清单”工作表的表头栏目。单击“人员清单”工作表的 A1 单元格,输入“序号”,按“→”键,继续输入“姓名”、“单位”、“性别”、“职务”、“职称”等项。

步骤 3:输入“工资计算”工作表的表头栏目。操作方法与输入“人员清单”工作表相同。其中前 6 项可以直接从“人员清单”工作表复制。

注意:工作表由若干行和列组成,通常行用数字 1、2、…1 048 576 标识,列用字母 A、B、…AA、AB、…XFD 标识。行和列的交叉点称作单元格。单元格通常用列标加行号标识,例如 A2、A45、B3 等。

具体输入基础数据时可以采用 7.1.1 节讲述的方法。

7.1.1 自动填充

“序号”数据通常是按一定顺序排列的,因此不需要一个个手工输入,而可以利用 Excel 提供的自动填充方法快速输入,具体操作步骤如下。

步骤 1:输入 A 部门第 1 个职工的序号。在 A2 单元格输入“A01”,然后单击编辑栏的“输入”按钮(对勾)。这时该单元格周围有粗黑框,表示该单元格是当前单元格。同时该单元格的右下角有一个黑色小矩形,称作填充柄,如图 7-1 所示。

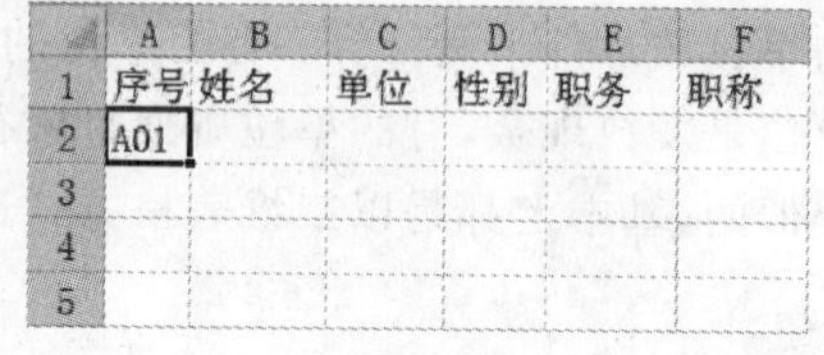

图 7-1 当前单元格和填充柄

步骤 2:填充其他职工的序号。用鼠标指向 A2 单元格填充柄,然后向下拖曳到所需填充的单元格放开,即可填上顺序的序号,如图 7-2 所示。

步骤 3:输入其他部门的职工序号。在 A46 单元格输入 B 部门第 1 个职工的序号“B01”,然后按照类似的操作步骤将其自动填充到 A47:A87 单元格。在 A88 单元格输入 C 部门第 1 个职工的序号“C01”,将其自动填充到 A89:A140 单元格。

要在多个单元格输入相同的字符型数据时,也可以应用自动填充快速输入。例如该工作表中,同一单位的职工都是连续存放的,所以输入“单位”数据时,可以采用自动填充的方法。首先在 C2 单元格输入完 A 部门第 1 个职工的单位“A 部门”,然后将其填充到 A3:A45 单元格。图 7-3 所显示的是自动填充到 A10 单元格的情况。

按照类似的方法,在 B46:B87 单元格区域输入“B 部门”,在 C88:C140 单元格区域输入“C 部门”。

注意:自动填充还可以用于日期型数据、等差数列、等比数列等其他有一定规律的数据的批量输入。对于常用的特殊序列,还可以按自定义序列自动填充。

	A	B	C	D	E	F
34	A33					
35	A34					
36	A35					
37	A36					
38	A37					
39	A38					
40	A39					
41	A40					
42	A41					
43	A42					
44	A43					
45	A44					
46						
47						

图 7-2 “序号”自动填充结果

	A	B	C	D	E	F
1	序号	姓名	单位	基本工资	职务工资	岗位津贴
2	A01	孙家龙	A部门			
3	A02	张卫华	A部门			
4	A03	何国叶	A部门			
5	A04	梁勇	A部门			
6	A05	朱思华	A部门			
7	A06	陈关敏	A部门			
8	A07	陈德生	A部门			
9	A08	彭庆华	A部门			
10	A09	陈桂兰	A部门			
11	A10	王成祥	A部门			
12	A11	何家強				
13	A12	曾伦清				
14	A13	张新民				

图 7-3 “单位”自动填充结果

7.1.2 查找替换

“性别”数据只有“男”、“女”两种，但是逐个输入汉字也比较繁琐。可以先用两个容易输入，但是工作表中不常用的特殊符号代表，例如用“/”表示“男”，用“\”表示“女”。待全部职工数据输入完毕后，用 Excel 的查找替换命令，再分别将符号替换为“男”、“女”。查找替换的具体操作步骤如下。

步骤 1：选择“性别”数据所在的列。这里单击“D”列标。

步骤 2：调出“查找和替换”对话框。单击“开始”选项卡“编辑”命令组的“查找和选择”，在弹出命令列表中选择“替换”，打开“查找和替换”对话框。

步骤 3：执行查找替换操作。在“查找内容”框输入“/”；在“替换为”框输入“男”；如图 7-4 所示。然后单击“全部替换”按钮，即将工作表指定列中所有的“/”替换成了“男”。

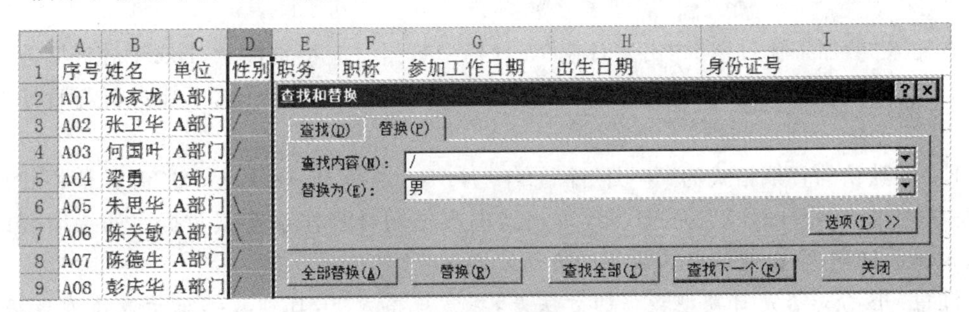

图 7-4 查找替换操作

注意：也可以直接选定所有需输入“男”的单元格，输入“男”后，按 Ctrl+Enter 组合键，完成多个单元格同时输入相同的内容的操作。

类似地，按上述步骤将“\”替换成“女”。

本例中“职务”数据种类不多，只有“经理”、“副经理”和“职员”等，也可以采用类似方法输入。

注意：Excel 的查找替换操作还可以通过“选项”的设置，实现不同查找范围、不同搜索方式、不同匹配方式的查找替换。

7.1.3 选择列表

“职称”数据的种类稍多一些,虽然也可以使用查找替换或成批输入的功能输入,但是相对来说要复杂一些。对于这类数据可以利用 Excel 的选择列表功能输入。具体操作步骤如下。

步骤 1:按一般方法输入若干个职工的职称。

步骤 2:在需要输入某个前面已经输入过的职称时,可以直接右击该单元格,然后在弹出的快捷菜单中单击“从下拉列表中选择”命令。

步骤 3:选择。在下拉列表中单击需要输入的职称“工程师”即可,如图 7-5 所示。

	A	B	C	D	E	F	G
1	序号	姓名	单位	性别	职务	职称	参加工作日期
2	A01	孙家龙	A部门	男	经理	工程师	
3	A02	张卫华	A部门	男	副经理	工程师	
4	A03	何国叶	A部门	男	副经理	工程师	
5	A04	梁勇	A部门	男	副经理	技师	
6	A05	朱思华	A部门	女	职员	高工	
7	A06	陈关敏	A部门	女	职员	技术员	
8	A07	陈德生	A部门	男	职员	技术员	
9	A08	彭庆华	A部门	男	职员		
10	A09	陈桂兰	A部门	女	职员	高工	
11	A10	王成祥	A部门	男	职员	工程师 技师	
12	A11	何家強	A部门	男	职员	技术员	

图 7-5　在下拉列表中选择输入的内容

如果是连续几个职工职称相同,也可以参阅 7.1.1 节介绍的自动填充方法输入。

7.1.4 特殊数据的输入

在输入“参加工作日期”、“出生日期”等日期型数据时应特别注意,Excel 对日期数据的处理有一定的格式要求。不符合要求的数据被当作字符型数据处理,不能进行与日期有关的计算。

Excel 默认的日期格式为“年-月-日”,“年/月/日”、“ ** 年 ** 月 ** 日”等其他格式也能够识别。但是“年.月.日”、“月-日-年”等格式的数据则会当作字符型数据。如果需要以这些形式显示日期,可以通过格式设置的方法实现。

注意:区分是否是日期型数据的方法是,在常规格式下,日期数据属于数值型数据,是右对齐的,而字符型数据是左对齐的。

在输入日期型数据时,应该采用尽量简便的方法。例如输入当年的日期,可以只输入“月-日”,Excel 会自动加上系统日期相应的年份。例如在 2013 年输入“4-10”,Excel 存入的实际上是“2013-4-10”。不是当年的数据,需要输入年份,但是一般只需输入后两位即可,Excel 会自动加上世纪数据。例如输入“12-4-10”,Excel 存入的实际上是“2012-4-10”,而输入“55-4-10”,Excel 存入的实际上是“1955-4-10”。但是如果要输入 1930 年以前的日期,年份必须输入完整。例如应输入“1926-12-19”,如果输入“26-12-19”,Excel 自动存入的是

“2026-12-19”。

在输入“身份证号”数据时也应注意，绝大多数身份证号都是由数字组成，而且位数为 18 位。这样 Excel 按默认设置都会按数值型数据处理。而由于 Excel 数值型数据处理的精度是 15 位，所以简单输入会出现问题。例如输入“110102196408080130”到 I2 单元格，单元格的值会变成“110102196408080000”，显示的结果可能是“1.10102E＋17”，即以科学计数法显示。要想避免上述情况，可以在输入时，在数据前面加一个半角单引号，即输入“'110102196408080130”，强制 Excel 按字符型数据处理。

也可以预先设置有关列的单元格格式分类为“文本”，这样直接输入数值型数据也都会按文本处理。

注意：其他应用中的有关编码数据，如果是由纯数字组成，最好都采用类似方法处理，以免在日后进行自动计算时会被当作数值型数据参与计算。

7.2　工资表的计算

输入完原始数据，即可以应用 Excel 的公式和函数进行工资管理所需的计算了。Excel 作为电子数据表软件，其强大的数据计算、数据分析功能主要体现在公式和函数的应用上。在 Excel 中使用公式时，首先要选择放置计算结果的单元格，然后输入公式前导符“＝”，也可以单击编辑栏的“插入函数”按钮，由 Excel 自动填入公式前导符，再输入相应的计算公式即可。如果计算公式比较复杂，则通常需要用到 Excel 提供的函数。使用函数时可以单击“公式”选项卡“函数库”命令组的“插入函数”按钮。如果对函数比较熟悉，也可以直接在“函数库”中相关类型函数列表中选择函数。还可以单击“开始”选项卡“编辑”命令组的“求和”按钮，然后选择相应的函数。编辑完有关计算公式后，按 Enter 键，或单击编辑栏的“输入”按钮，计算结果就会显示在相应的单元格中。

注意：当选定包含公式的单元格时，编辑栏中会显示相应的计算公式。

为了便于读者学习，以下按计算公式难易程度的顺序介绍各工资项的计算。

7.2.1　计算公积金

假设住房公积金统一按基本工资、职务工资和岗位津贴之和的 10％计算。则计算“公积金”的基本步骤如下。

步骤 1：选定第 1 个职工“公积金”所在的单元格 L2。

步骤 2：输入“公积金”的计算公式＝“(D2＋E2＋F2)＊0.1”。按 Enter 键或单击编辑栏的“输入”按钮，结果如图 7-6 所示。

L2　=(D2+E2+F2)*0.1

	A	B	C	D	E	F	G	H	I	J	K	L	M
1	序号	姓名	单位	基本工资	职务工资	岗位津贴	工龄补贴	交通补贴	物价补贴	洗理费	书报费	公积金	医疗险
2	A01	孙家龙	A部门	800	450	500						175	
3	A02	张卫华	A部门	700	450	300							
4	A03	何国叶	A部门	700	450	300							

图 7-6　公积金计算结果

注意：公式中用到了该职工的基本工资、职务工资和岗位津贴数据，引用方法就是在公式中使用相应单元格的地址。

由图 7-6 可以看出，L2 单元格中存储的是计算公式，显示的则是公式的计算结果。

步骤 3：将 L2 单元格的公式填充到 L3:L140 单元格，结果如图 7-7 所示。

L3 fx =(D3+E3+F3)*0.1

	A	B	C	D	E	F	G	H	I	J	K	L	M
1	序号	姓名	单位	基本工资	职务工资	岗位津贴	工龄补贴	交通补贴	物价补贴	洗理费	书报费	公积金	医疗险
2	A01	孙家龙	A部门	800	450	500						175	
3	A02	张卫华	A部门	700	450	300						145	
4	A03	何国叶	A部门	700	450	300						145	
5	A04	梁勇	A部门	800	400	300						150	
6	A05	朱思华	A部门	900	600	100						160	
7	A06	陈关敏	A部门	650	300	30						98	
8	A07	陈德生	A部门	700	300	50						105	
9	A08	彭庆华	A部门	800	450	70						132	
10	A09	陈桂兰	A部门	800	450	70						132	

图 7-7 公积金计算结果

注意：Excel 填充到 L3 单元格的公式自动变为“=(D3+E3+F3)*0.1”，而填充到 L4 单元格的公式自动变为“=(D4+E4+F4)*0.1”。这是 Excel 公式自动填充时的重要特征，即单元格的相对引用会随着公式填充单元格位置的变化而自动相应改变。如果不希望单元格引用自动改变，应使用单元格的混合引用或绝对引用，即在行号或列标前加一个“$”或是各加一个“$”。例如“D$3”、“$D3”或“$D$3”。

假设该公司“医疗险”和“养老险”的计算与“公积金”的计算方法类似，分别按“基本工资”、“职务工资”和“岗位津贴”之和的 2%和 4%扣除。相应的计算请读者自行完成。

7.2.2 计算洗理费

洗理费的计算较公积金的计算稍微复杂一些。假设该公司规定，洗理费标准按男职工每人每月 30 元，女职工每人每月 50 元发放。也就是说“工资计算”工作表中某个职工的洗理费数据项的计算，需要根据该职工的性别决定。可以使用 Excel 提供的逻辑类函数 IF 来处理。

IF 函数的语法规则是：

```
IF(Logical_test,Value_if_true,Value_if_false)
```

该函数有 3 个参数：Logical_test 为逻辑判断条件；Value_if_true 为条件为真时函数返回的结果；Value_if_false 为条件为假时函数返回的结果。计算时，IF 函数对 Logical_test 的值进行逻辑判断，根据其真假而返回不同的结果。利用 IF 函数计算洗理费的具体操作步骤如下。

步骤 1：选定第 1 个职工“洗理费”所在的单元格 J2。

步骤 2：选择“IF”函数。单击“公式”选项卡“函数库”命令组的“逻辑”按钮的下拉箭头，选择“IF”。这时将弹出 IF 的“函数参数”对话框，如图 7-8 所示。

步骤 3：设置函数参数。将焦点定位到 IF 函数的第 1 个参数 Logical_test 的文本编辑框中。再选定该职工在“人员清单”工作表中对应的“性别”单元格 D2；接着输入=“男”，如图 7-9 所示。

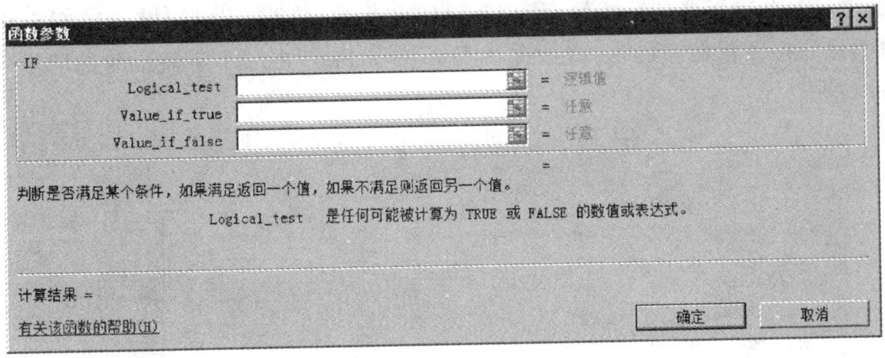

函数参数

IF

Logical_test = 逻辑值

Value_if_true = 任意

Value_if_false = 任意

=

判断是否满足某个条件，如果满足返回一个值，如果不满足则返回另一个值。

Logical_test 是任何可能被计算为 TRUE 或 FALSE 的数值或表达式。

计算结果 =

有关该函数的帮助(H)

确定 取消

图 7-8 IF 函数的“函数参数”对话框

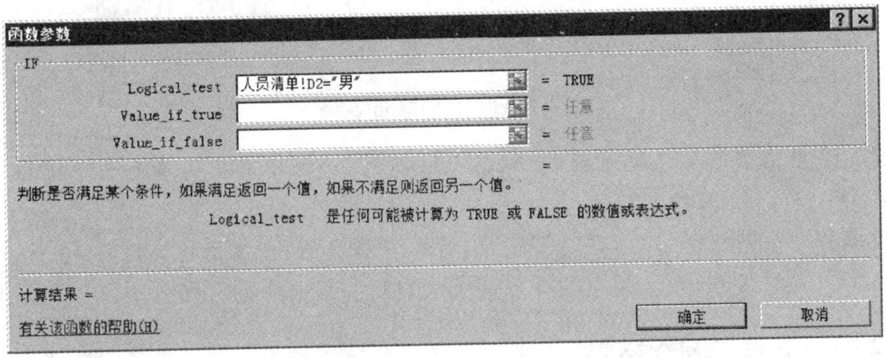

函数参数

IF

Logical_test 人员清单!D2="男" = TRUE

Value_if_true = 任意

Value_if_false = 任意

=

判断是否满足某个条件，如果满足返回一个值，如果不满足则返回另一个值。

Logical_test 是任何可能被计算为 TRUE 或 FALSE 的数值或表达式。

计算结果 =

有关该函数的帮助(H)

确定 取消

图 7-9 IF 函数第一个参数的设置

注意：在公式中引用其他工作表的某个单元格时，需要在单元格地址的前面加上工作表名称，并用“!”分隔。例如上例中的“人员清单!D2”。另外，在公式中输入的单元格、运算符、分隔符等必须使用半角字符。例如上例中的“人员清单!D2='男'”。

在 Value_if_true 和 Value_if_false 文本编辑框中分别输入“30”和“50”。输入完成的“函数参数”对话框如图 7-10 所示，单击“确定”按钮。

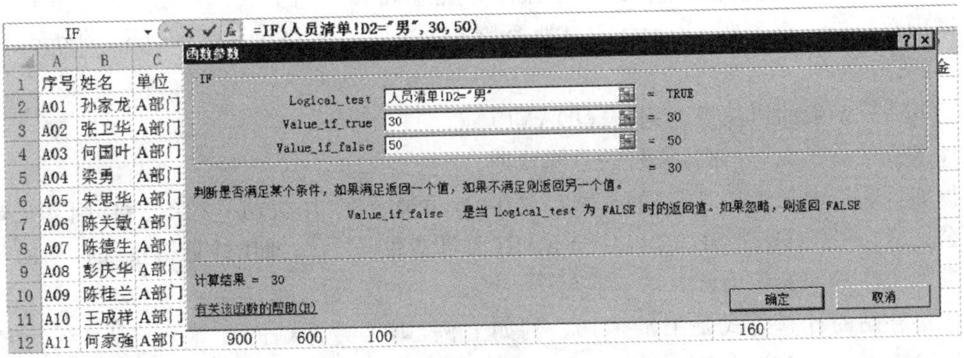

IF =IF(人员清单!D2="男",30,50)

	A	B	C
1	序号	姓名	单位
2	A01	孙家龙	A部门
3	A02	张卫华	A部门
4	A03	何国叶	A部门
5	A04	梁勇	A部门
6	A05	朱思华	A部门
7	A06	陈关敏	A部门
8	A07	陈德生	A部门
9	A08	彭庆华	A部门
10	A09	陈桂兰	A部门
11	A10	王成祥	A部门
12	A11	何家强	A部门

900 600 100 160

函数参数

IF

Logical_test 人员清单!D2="男" = TRUE

Value_if_true 30 = 30

Value_if_false 50 = 50

= 30

判断是否满足某个条件，如果满足返回一个值，如果不满足则返回另一个值。

Value_if_false 是当 Logical_test 为 FALSE 时的返回值。如果忽略，则返回 FALSE

计算结果 = 30

有关该函数的帮助(H)

确定 取消

图 7-10 IF 函数全部参数的设置

从图 7-10 编辑栏中可以看到所建立的完整公式“=IF(人员清单!D2="男",30,50)”。该公式的含义是：如果“人员清单”工作表 D2 单元格的值等于“男”，则函数返回值为 30，否则返回值为 50。

步骤4：将J2单元格的公式填充到J3:J140单元格区域。用鼠标指向J2单元格右下角的填充柄，然后按住鼠标左键，一直拖曳到J140单元格。图7-11所显示的是填充到J10单元格时的情况。

J2　　fx　=IF(人员清单!D2="男",30,50)

	A	B	C	D	E	F	G	H	I	J	K
1	序号	姓名	单位	基本工资	职务工资	岗位津贴	工龄补贴	交通补贴	物价补贴	洗理费	书报费
2	A01	孙家龙	A部门	800	450	500				30	
3	A02	张卫华	A部门	700	450	300				30	
4	A03	何国叶	A部门	700	450	300				30	
5	A04	梁勇	A部门	800	400	300				30	
6	A05	朱思华	A部门	900	600	100				50	
7	A06	陈关敏	A部门	650	300	30				50	
8	A07	陈德生	A部门	700	300	50				30	
9	A08	彭庆华	A部门	800	450	70				30	
10	A09	陈桂兰	A部门	800	450	70				50	
11	A10	王成祥	A部门	800	450	70					

图7-11　自动填充结果

注意：J2单元格的公式填充到J3、J4、…、J140时，公式中引用的单元格地址D2也会自动改变为D3、D4、…、D140。

假设该公司“书报费”计算与“洗理费”的计算方法类似，技术员每人每月40元，技师、工程师和高工每人每月60元。相应的计算请读者自行完成。

7.2.3 计算工龄补贴

一般单位的工资构成都包括工龄补贴。根据参加工作的年限给予一定的补贴。假设该公司工龄补贴的计算方式是每满一年增加10元，但是最高不超过300元，即300元封顶。工龄工资的计算比较复杂，需要用到多个函数，而且函数要嵌套使用。首先因为“人员清单”工作表中只有“参加工作日期”数据，而没有现成的工龄，所以需要先计算出职工的参加工作年份到计算工资年份的工龄。这可以利用YEAR函数和TODAY函数计算。

YEAR函数的语法规则是：YEAR(Serial_number)

该函数只有一个参数：返回指定日期参数Serial_number的年份，是1900到9999之间的数字。

TODAY函数的语法规则是：TODAY()

该函数没有参数，返回计算机的系统日期。

例如，职工“参加工作日期”的数据存放在“人员清单”工作表的G2单元格，则其工龄的计算公式为“=YEAR(TODAY())-YEAR(人员清单!G2)”，即用计算机系统日期的年份减去参加工作日期的年份。

工龄补贴的计算公式是工龄×10。例如上例，则工龄补贴的计算公式为“=(YEAR(TODAY())-YEAR(人员清单!G2))*10”。

因为工龄补贴有上限“300”，所以最后工龄补贴数应该是上述计算结果和“300”两个数中较小者。这可以用Excel的MIN函数实现。

MIN函数的语法规则是：MIN(Number1, Number2…)

该函数返回一组数值中的最小值。

最后完整的计算工龄补贴的计算公式为"=MIN(300,(YEAR(TODAY())-YEAR(人员清单!G2))*10)"。在工作表中建立上述公式的具体操作步骤如下。

步骤1：选定第1个职工"工龄补贴"所在的单元格G2。

步骤2：选择MIN函数。单击"公式"选项卡"函数库"命令组的"其他函数"按钮，在弹出的下拉列表中单击"统计"→"最小值"。这时将弹出MIN的"函数参数"对话框，如图7-12所示。

注意：如果只是简单使用MIN函数，更快捷的方法是直接单击"公式"选项卡"函数库"命令组"自动求和"按钮的下拉箭头，在弹出的命令列表中选择"最小值"。

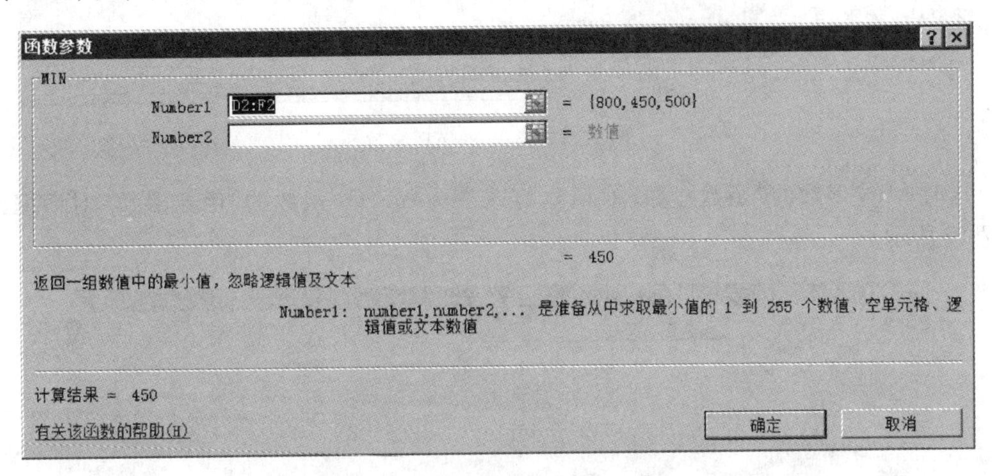

图7-12 MIN函数的"函数参数"对话框

步骤3：输入MIN函数的参数。在Number1框中输入工龄补贴的上限300，在Number2框中输入计算一般工龄补贴的公式。

步骤4：输入计算一般工龄补贴的公式。因为这时需要用到其他函数，所以单击"编辑栏"左端的函数下拉列表按钮，如图7-13所示。

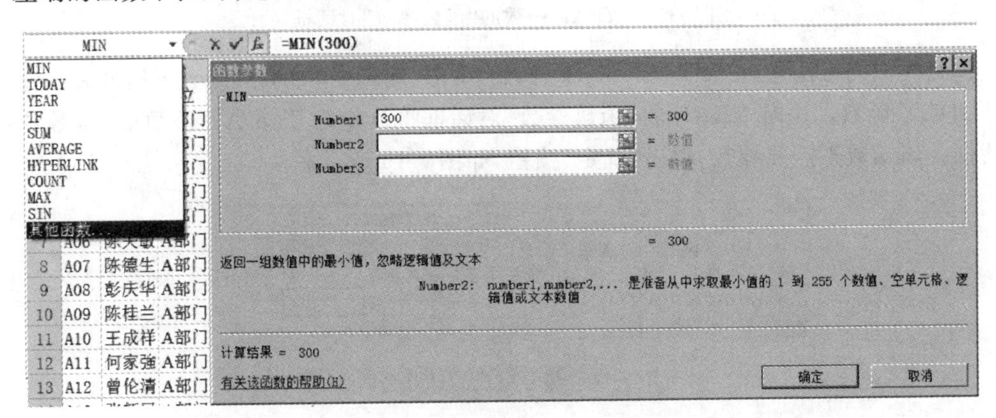

图7-13 "编辑栏"的函数下拉列表

从函数下拉列表中选择YEAR函数，如果下拉列表中没有YEAR函数，单击"其他函数"，然后在弹出的"插入函数"对话框中的"日期与时间"类别中选YEAR函数。如图7-14所示，单击"确定"按钮。

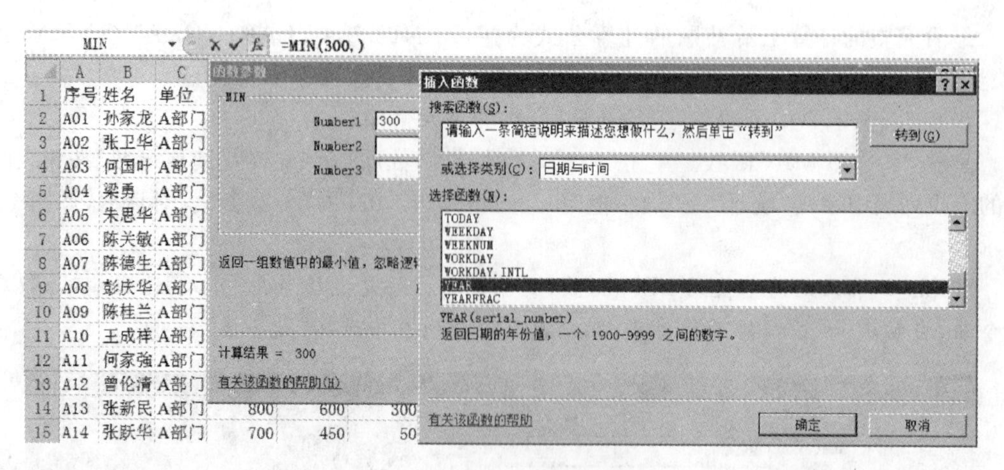

图 7-14　插入 YEAR 函数

这时 MIN 函数的"函数参数"对话框将改变为 YEAR 函数的"函数参数"对话框，如图 7-15 所示。

函数参数
YEAR
Serial_number　= 数值
=
返回日期的年份值，一个 1900-9999 之间的数字。
Serial_number Microsoft Excel 进行日期及时间计算的日期-时间代码
计算结果 =
有关该函数的帮助(H)　确定　取消

图 7-15　YEAR 函数的"函数参数"对话框

按照类似的方法输入 Serial_nubmer 参数：单击"编辑栏"左端的函数下拉列表按钮，选择 TODAY 函数。这时 YEAR 的"函数参数"对话框将改变为 TODAY 函数的"函数参数"对话框。该函数不需要参数，单击"确定"按钮，如图 7-16 所示。

G2　=MIN(300,YEAR(TODAY()))

	A	B	C	D	E	F	G	H
1	序号	姓名	单位	基本工资	职务工资	岗位津贴	工龄补贴	交通补贴
2	A01	孙家龙	A部门	800	450	500	300	
3	A02	张卫华	A部门	700	450	300		

图 7-16　部分完成的计算公式

在编辑栏最后一个右括号的前面输入"—"。单击编辑栏左端的函数下拉列表按钮，再次选择 YEAR 函数。选定 YEAR 函数的"函数参数"对话框中 Serial_nubmer 框，然后选定该职工在"人员清单"工作表中对应的"参加工作时间"单元格 G2，单击"确定"按钮。进一步完成的公式如图 7-17 所示。

G2　=MIN(300, YEAR(TODAY())-YEAR(人员清单!G2))

	A	B	C	D	E	F	G	H	I
1	序号	姓名	单位	基本工资	职务工资	岗位津贴	工龄补贴	交通补贴	物价补贴
2	A01	孙家龙	A部门	800	450	500	29		
3	A02	张卫华	A部门	700	450	300			
4	A03	何国叶	A部门	700	450	300			

图 7-17　进一步完成的计算公式

最后再将计算出的工龄数乘以 10 即可。在编辑栏中 MIN 函数的第二个参数表达式加上括号并乘以 10。完成的计算公式如图 7-18 所示。

G2　=MIN(300, (YEAR(TODAY())-YEAR(人员清单!G2))*10)

	A	B	C	D	E	F	G	H	I	J
1	序号	姓名	单位	基本工资	职务工资	岗位津贴	工龄补贴	交通补贴	物价补贴	洗理费
2	A01	孙家龙	A部门	800	450	500	290			30
3	A02	张卫华	A部门	700	450	300				30
4	A03	何国叶	A部门	700	450	300				30
5	A04	梁勇	A部门	800	400	300				30
6	A05	朱思华	A部门	900	600	100				50

图 7-18　完成的计算公式

注意：公式和函数应用熟练以后，也可以直接在单元格或是编辑栏输入公式的内容。

步骤 5：将 G2 单元格的公式填充到 G3:G140 单元格区域。将鼠标指向 G2 单元格右下角的填充柄，然后按住鼠标左键，一直拖曳到 G140 单元格。

这时，G3 单元格中的公式自动填充为"=MIN(300,(YEAR(TODAY())－YEAR(人员清单!G3)) * 10)"，G4 单元格中的公式自动填充为"=MIN(300,(YEAR(TODAY())－YEAR(人员清单!G4)) * 10)"，以此类推。

7.2.4　计算应发工资

应发工资的计算相对来说比较简单，只需将各类工资和补贴汇总，减去各种扣除即可。由于需要汇总的项数比较多，可使用 SUM 函数求和。

SUM 函数的语法规则是：SUM(Number1，Number2，…)

该函数计算单元格区域中所有数值的和。

具体操作步骤如下。

步骤 1：选定第 1 个职工"应发工资"所在的单元格 Q2。

步骤 2：选择 SUM 函数。单击"公式"选项卡"函数库"命令组的"求和"按钮。Excel 将自动填上有关 SUM 函数的计算公式，如图 7-19 所示。

YEAR　=SUM(D2:P2)

	D	E	F	G	H	I	J	K	L	M	N	O	P	Q	R	S
1	基本工资	职务工资	岗位津贴	工龄补贴	交通补贴	物价补贴	洗理费	书报费	公积金	医疗险	养老险	其它	奖金	应发工资	所得税	实发工资
2	800	450	500	290	22	50	30	60	175	35	70	0	3700	=SUM(D2:P2)		
3	700	450	300	230	22	50	30	60	145	29	58	0	3680	SUM(number1, [number2], ...)		
4	700	450	300	170	22	50	30	60	145	29	58	0	2680			

图 7-19　"自动求和"得到的 SUM 函数公式

步骤 3：编辑计算公式。将自动填入的公式改为“=SUM(D2:K2,O2,P2)-SUM(L2:N2)”，然后按 Enter 键。这时在 Q2 单元格将计算并显示应发工资的计算结果。

注意：如果 SUM 函数的参数是不连续的多个单元格区域，各单元格或单元格区域之间使用半角逗号“,”分隔符分隔。其他函数如 MIN、MAX、AVERAGE 等与此类似。

步骤 4：将 Q2 单元格的公式填充到 Q3:Q140 单元格区域。将鼠标指向 Q2 单元格右下角的填充柄，然后按住鼠标左键，一直拖曳到 Q140 单元格。应发工资计算结果如图 7-20 所示。

	A	B	C	D	E	F	G	H	I	J	K	L	M	N	O	P	Q
1	序号	姓名	单位	基本工资	职务工资	岗位津贴	工龄补贴	交通补贴	物价补贴	洗理费	书报费	公积金	医疗险	养老险	其它	奖金	应发工资
2	A01	孙家龙	A部门	800	450	500	290	22	50	30	60	175	35	70	0	3700	5622
3	A02	张卫华	A部门	700	450	300	230	22	50	30	60	145	29	58	0	3680	5290
4	A03	何国叶	A部门	700	450	300	170	22	50	30	60	145	29	58	0	2680	4230
5	A04	梁勇	A部门	800	400	300	170	22	50	30	60	150	30	60	0	3800	5392
6	A05	朱思华	A部门	900	600	100	300	22	50	50	60	160	32	64	100	2500	4426
7	A06	陈关敏	A部门	650	300	30	150	22	50	50	40	98	19.6	39.2	0	3260	4395.2
8	A07	陈德生	A部门	700	300	50	150	22	50	30	40	105	21	42	0	2900	4074
9	A08	彭庆华	A部门	800	450	70	170	22	50	30	60	132	26.4	52.8	0	3340	4780.8
10	A09	陈桂兰	A部门	800	450	70	290	22	50	50	60	132	26.4	52.8	0	3200	4780.8
11	A10	王成祥	A部门	800	450	70	170	22	50	30	60	132	26.4	52.8	-50	3200	4590.8

图 7-20　工资计算结果

7.2.5 计算所得税

现在越来越多的单位的财务部门都代征代缴税金，计算个人所得税是工资管理中不可缺少的一项工作。按照我国现行税收制度，不同收入水平其纳税税率是不同的，而且近几年还调高了纳税标准。现在假设按照下面所述规定计算个人所得税。

应发工资低于 1000 元的，不纳税。

应发工资低于 2000 元的，超出 1000 元的部分按 5%纳税。

应发工资低于 5000 元的，2000 元以下部分同上，超出 2000 元的部分按 10%纳税。

应发工资大于等于 5000 元的，5000 元以下部分同上，超出 5000 元的部分按 15%纳税。

所得税的计算也需要使用 IF 函数，但是比计算洗理费要复杂得多，需要多个 IF 函数嵌套使用。为了便于读者建立有关的公式，将计算所得税的公式抽象成下述分段函数：

$$r(x)=\begin{cases}0 & x<1000\\(x-1000)\times 0.05 & 1000\leqslant x<2000\\(x-2000)\times 0.10+50 & 2000\leqslant x<5000\\(x-5000)\times 0.15+350 & x>5000\end{cases}$$

其中 x 为应发工资数，$r(x)$是相应的应缴所得税值。第 3 行的 50 是 1000 到 2000 部分的应缴所得税值(1000×0.5)。类似的第 4 行的 350 是 1000 到 5000 部分的应缴所得税值(1000×0.5+3000×0.10)。

计算所得税的具体操作步骤如下。

步骤 1：选定第 1 个职工“所得税”所在的单元格 R2。

步骤 2：请参阅 7.2.2 节和 7.2.3 节的操作，选择 IF 函数。

步骤 3：设置第 1 个 IF 函数的参数。将焦点定位到 IF 函数第 1 个参数 Logical_test 的文本编辑框中。输入条件“Q2<1000”。在参数 Value_if_true 的文本编辑框中输入条件为

真时公式的计算结果“0”。

步骤 4：设置第 2 个 IF 函数的参数。将焦点定位到参数 Value_if_false 的文本编辑框。单击编辑栏左端的函数下拉列表按钮，再次选择 IF 函数。这时的“函数参数”对话框将改变为新的 IF 函数的“函数参数”对话框，需要设置计算应发工资大于等于 1000 的所得税计算公式。再次将焦点定位到 IF 函数第 1 个参数 Logical_test 的文本编辑框中。输入条件“Q2<2000”。在参数 Value_if_true 的文本编辑框中输入条件为真时公式的计算结果“(Q2－1000)＊0.05”。

步骤 5：设置第 3 个 IF 函数的参数。按照步骤 4 类似的方法第 3 次选择 IF 函数。在第 3 个 IF 函数的第 1 个参数 Logical_test 的文本编辑框中，输入条件“Q2<5000”。在参数 Value_if_true 的文本编辑框中输入条件为真时公式的计算结果“(Q2－2000)＊0.1＋50”。在参数 Value_if_false 的文本编辑框中输入条件为假(即应发工资≥5000)时公式的计算结果“(Q2－5000)＊0.15＋350”。最后的完整公式如图 7-21 的编辑栏中所示。

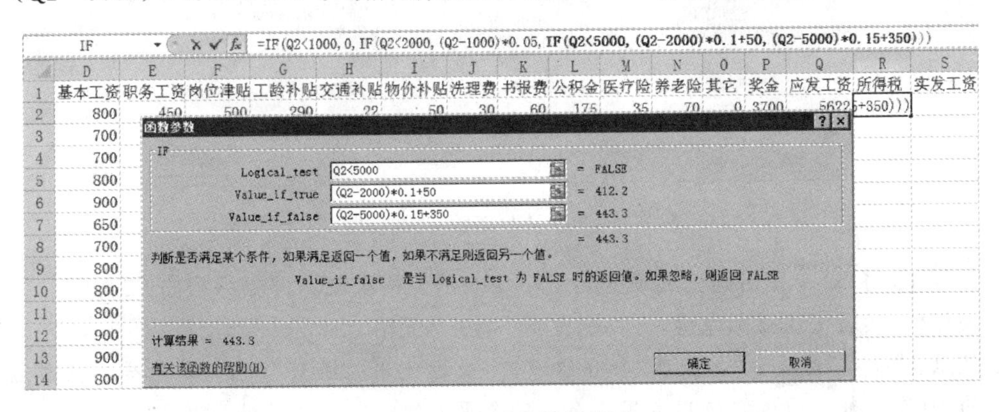

图 7-21　完成的计算公式

步骤 6：将 R2 单元格的公式填充到 R3:R140 单元格区域。将鼠标指向 R2 单元格右下角的填充柄，然后按住鼠标左键，一直拖曳到 R140 单元格。

注意：*在准备使用新的 IF 函数时，一定要将焦点定位到 Value_if_false 框，然后再选择新的 IF 函数。否则最后生成的计算公式可能会出现语法错误。*

7.2.6 计算实发工资

实发工资的计算非常简单，直接编写应发工资减去所得税的计算公式即可。有的单位为了减轻发放工资的工作量，将元以下的金额按四舍五入处理，这可以使用 ROUND 函数实现。

ROUND 函数的语法规则是：ROUND(Number，Num_digits)

该函数按指定位数 Num_digits 对数值 Number 进行四舍五入。

例如“ROUND(3458.275,2)”的结果是“3458.28”，表示按小数点后两位四舍五入；“ROUND(3458.275,0)”的结果是“3458”，表示按整数四舍五入；而“ROUND(3458.275,－2)”的结果是“3500”，表示按小数点前两位，即整数部分百位四舍五入。

计算实发工资的具体操作步骤如下。

步骤 1：选定第 1 个职工“实发工资”所在的单元格 S2。

步骤 2：选择 ROUND 函数。单击“公式”选项卡“函数库”命令组的“数学与三角函数”按钮的下拉箭头，选择 ROUND 函数，单击“确定”按钮。这时将弹出 ROUND 的“函数参数”对话框。

步骤 3：设置 ROUND 函数参数。在 ROUND 的“函数参数”对话框中参数 Number 的文本编辑框中输入“Q2－R2”，这是实发工资数，等于应发工资减去所得税；在参数 Num_digits 的文本编辑框中输入“0”，表示按整数部分个位四舍五入，如图 7-22 所示。

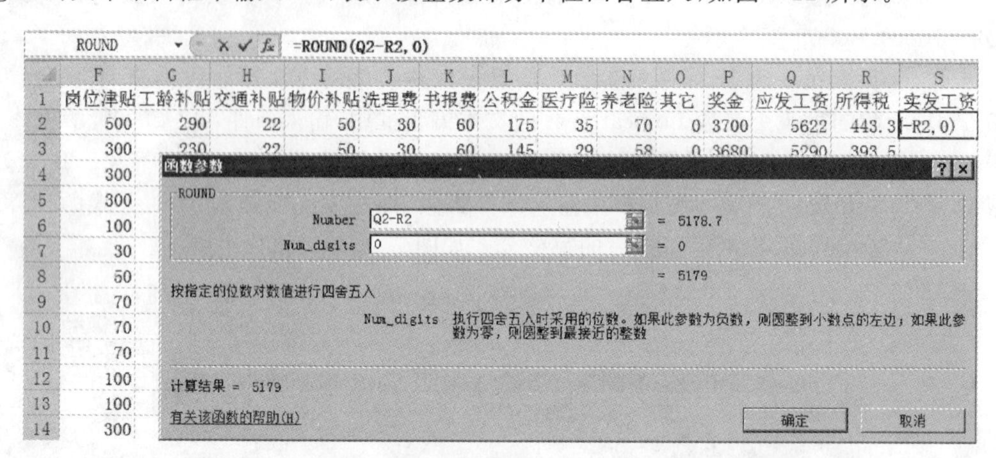

图 7-22 ROUND 函数参数的设置

步骤 4：将 S2 单元格的公式填充到 S3:S140 单元格区域。将鼠标指向 S2 单元格右下角的填充柄，然后按住鼠标左键，一直拖曳到 S140 单元格。

注意：“公式”选项卡“函数库”命令组中有“最近使用的函数”按钮，其中会列出最近使用过的 10 个函数。通过它使用常用函数一般会更方便。

7.3 工资表的修饰

有关的工资表格计算完后，为了更加美观、规范，特别是需要打印输出时，通常需要进行一定的修饰。例如添加标题、调整行高列宽，进行对齐方式、字体、边框等格式设置的操作。本节主要通过“工资打印”工作表的修饰，介绍工作表修饰有关的操作。

首先将计算完成的“工资计算”工作表复制一份，其具体操作步骤如下。

步骤 1：复制工作表。单击“工资计算”标签，按住 Ctrl 键的同时，将“工资计算”工作表标签拖曳到右边空白处。这时会将拖曳的工作表复制一个，其名称是“工资计算(2)”。

注意：如果在拖曳工作表标签时不按住 Ctrl 键，则实施的是工作表移动的操作。

步骤 2：工作表重命名。双击“工资计算(2)”工作表标签，将其改名为“工资打印”。

7.3.1 添加标题

先为“工资打印”工作表添加标题，具体操作步骤如下。

步骤 1：插入一空行。右击第 1 行行号，在弹出的快捷菜单中单击“插入”命令，即在工作表的最上方插入一个空行。

步骤 2：输入标题。选择 A1 单元格，输入“工资表”。

注意：对于存储内容为文本的单元格，当单元格宽度不足且相邻单元格内容为空时，会利用相邻单元格显示，但是相邻单元格内容不为空时，则会截断该单元格的内容。而对于存储内容为数值的单元格，当单元格宽度不足时，则会显示一串“#”符号。

步骤 3：设置标题行合并及居中。用鼠标选择 A1 到 S1 的所有单元格，然后单击“开始”选项卡“对齐方式”命令组的“合并后居中”按钮，这些单元格即合并成了一个大单元格，标题居中显示在整个表格的正上方。

步骤 4：设置标题的字体、字号。单击“开始”选项卡“字体”命令组的“字体”下拉列表框的下拉箭头，从列表框中选择“黑体”；再单击“字号”下拉列表框的下拉箭头，从列表框中选择“20”；最后单击“加粗”按钮。

设置好标题的工作表如图 7-23 所示。

	A	B	C	D	E	F	G	H	I	J	K	L	M	N	O	P	Q	R	S
1	工资表																		
2	序号	姓名	单位	基本工资	职务工资	岗位津贴	工龄补贴	交通补贴	物价补贴	洗理费	书报费	公积金	医疗险	养老险	其它	奖金	应发工资	所得税	实发工资
3	A01	孙家龙	A部门	800	450	500	290	22	50	30	60	175	35	70	0	3700	5622	443.3	5179
4	A02	张卫华	A部门	700	450	300	230	22	50	30	60	145	29	58	0	3680	5290	393.5	4897
5	A03	何国叶	A部门	700	450	300	170	22	50	30	60	145	29	58	0	2680	4230	273	3957
6	A04	梁勇	A部门	800	400	300	170	22	50	30	60	150	30	60	0	3800	5392	408.8	4983
7	A05	朱思华	A部门	900	600	100	300	22	50	50	60	160	32	64	100	2500	4426	292.6	4133
8	A06	陈关敏	A部门	650	300	30	150	22	50	50	40	98	19.6	39.2	0	3260	4395.2	289.52	4106
9	A07	陈德生	A部门	700	300	50	150	22	50	30	40	105	21	42	0	2900	4074	257.4	3817
10	A08	彭庆华	A部门	800	450	70	170	22	50	30	60	132	26.4	52.8	0	3340	4780.8	328.08	4453
11	A09	陈桂兰	A部门	800	450	70	290	22	50	50	60	132	26.4	52.8	0	3200	4780.8	328.08	4453
12	A10	王成祥	A部门	800	450	70	170	22	50	30	60	132	26.4	52.8	-50	3200	4590.8	309.08	4282

图 7-23 设置好标题的工作表

7.3.2 设置表头格式

从图 7-23 可以看出，现在的表头和表体的格式相同，下面通过单元格格式的设置使其更加醒目和突出，具体操作步骤如下。

步骤 1：调整表头的行高。用鼠标指向表头所在行的行号下沿（此时鼠标指针会变成黑色上下箭头形状），向下拖曳至合适的位置，这里调整为 27.00（45 像素）。

注意：通常情况下，Excel 会根据单元格中字体的大小自动设置合适的行高。如果需要人工定义不同行高，还可以右击要调整行高的行号，通过弹出的快捷菜单中的“行高”命令设置行高。

步骤 2：设置表头居中对齐。右击表头所在的行号，在弹出的快捷菜单中单击“设置单元格格式”命令。在弹出的“设置单元格格式”对话框中单击“对齐”选项卡，在“水平对齐”和“垂直对齐”下拉框中均选择“居中”，如图 7-24 所示。

注意：如果只是简单设置单元格居中对齐，可以在选定相应单元格后，直接单击“开始”选项卡“对齐”命令组的“居中”或“垂直居中”按钮。其中“居中”即水平居中。

步骤 3：设置表头的字体和字形。选择“字体”选项卡，在“字体”列表框中选择“黑体”，在“字形”列表框中选择“加粗”，设置好的表头如图 7-25 所示。

注意：设置字体、字形、字号、字体颜色、填充颜色等简单的单元格格式，都可以直接通过单击“开始”选项卡中相应的按钮实现。

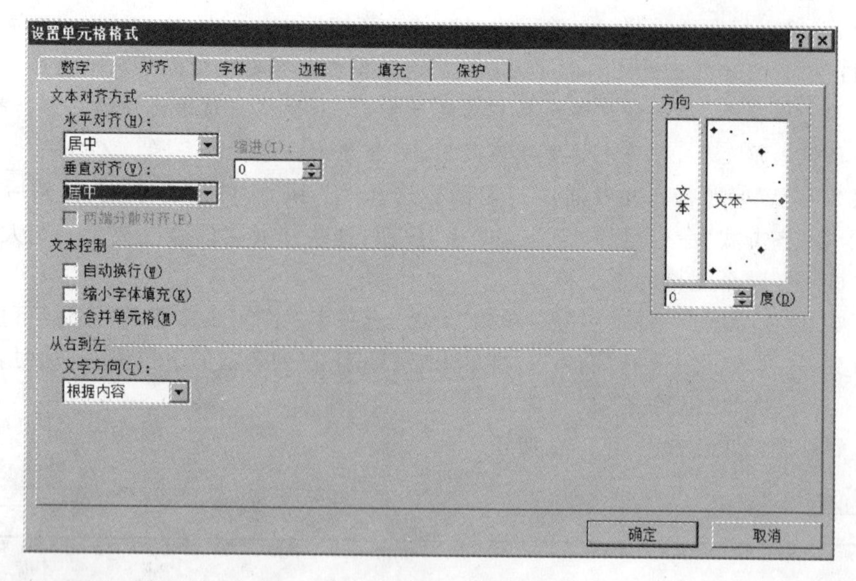

图 7-24　设置表头的居中格式

	A	B	C	D	E	F	G	H	I	J	K	L	M	N	O	P	Q	R	S
1	工资表																		
2	序号	姓名	单位	基本工资	职务工资	岗位津贴	工龄补贴	交通补贴	物价补贴	洗理费	书报费	公积金	医疗险	养老险	其它	奖金	应发工资	所得税	实发工资
3	A01	孙家龙	A部门	800	450	500	290	22	50	30	60	175	35	70	0	3700	5622	443.3	5179
4	A02	张卫华	A部门	700	450	300	230	22	50	30	60	145	29	58	0	3680	5290	393.5	4897
5	A03	何国叶	A部门	700	450	300	170	22	50	30	60	145	29	58	0	2680	4230	273	3957
6	A04	梁勇	A部门	800	400	300	170	22	50	30	60	150	30	60	0	3800	5392	408.8	4983
7	A05	朱思华	A部门	900	600	100	300	22	50	50	60	160	32	64	100	2500	4426	292.6	4133
8	A06	陈关敏	A部门	650	300	30	150	22	50	50	40	98	19.6	39.2	0	3260	4395.2	289.52	4106
9	A07	陈德生	A部门	700	300	50	150	22	50	30	40	105	21	42	0	2900	4074	257.4	3817
10	A08	彭庆华	A部门	800	450	70	170	22	50	30	60	132	26.4	52.8	0	3340	4780.8	328.08	4453
11	A09	陈桂兰	A部门	800	450	70	290	22	50	50	60	132	26.4	52.8	0	3200	4780.8	328.08	4453
12	A10	王成祥	A部门	800	450	70	170	22	50	30	60	132	26.4	52.8	-50	3200	4590.8	309.08	4282

图 7-25　表头格式的设置结果

7.3.3 设置表体格式

对于表体,也需要进行一些格式的设置,使其统一和规范。下面分别介绍数字格式、表格框线、填充颜色等格式设置的操作。

从图 7-25 可以看出,现在的工资表中显示的工资数字有的是整数,有的包含一位小数,有的包含两位小数,不够规范,需要将其统一,具体操作步骤如下。

步骤 1:选择需要设置数字格式的单元格区域 D3:S141。首先单击 D3 单元格,利用滚动条使 S141 单元格显示在窗口中,按住 Shift 键的同时单击 S140 单元格。

注意:*也可以通过单击 S141 单元格后,按住鼠标左键拖曳至 D3 单元格的方法选择 D3:S141 单元格区域。当需要通过鼠标拖曳操作选择较大范围的单元格区域时,为了控制拖放方便,通常从单元格区域的右下角向左上角拖曳较好。*

步骤 2:右击选择的单元格区域,在弹出的快捷菜单中单击“设置单元格格式”命令。在弹出的“设置单元格格式”对话框中单击“数字”选项卡,在“分类”列表框中选择“数值”,指定“小数位数”为“2”,如图 7-26 所示,单击“确定”按钮。

注意:*增加小数位数后,有些单元格会因为宽度不足而不能正常显示数据,而显示一串*

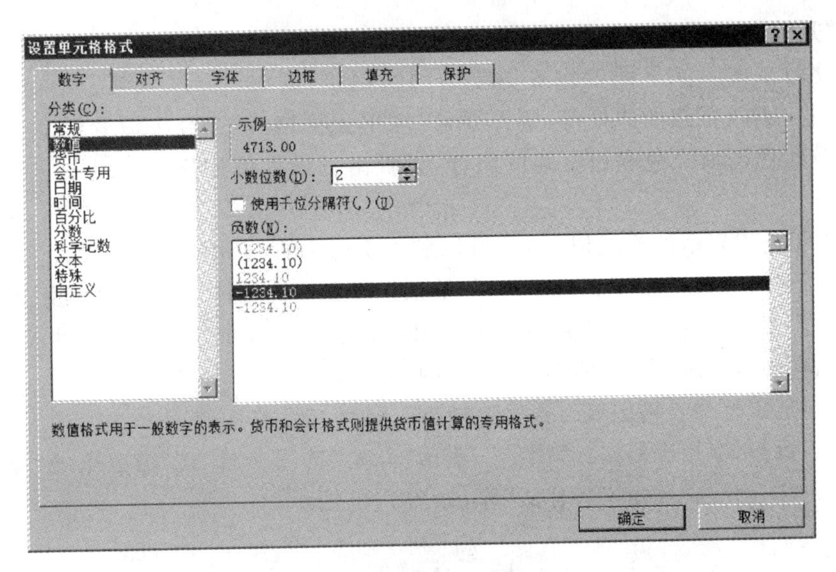

图 7-26　数值格式的设置

"#"。可以通过拖曳相应列的列标右边界调整宽度,也可以直接双击相应列的列标右边界,Excel 会自动调整为最适合的宽度。

虽然 Excel 的工作簿窗口显示出了表格的网格线,但它并不是真正的表格线,在打印输出时默认不打印,即使可以设置打印也比较单调。所以在有关表格数据需要打印之前,应该为其添加表格线。这样显示也更清晰美观,具体操作步骤如下。

步骤 1:选定要添加表格线的单元格区域。这里选择 A2:S141 单元格区域。

步骤 2:添加表格线。单击"开始"选项卡"字体"命令组的"边框"下拉列表框的下拉箭头,弹出"边框"示例按钮,如图 7-27 所示。选择"所有框线",选定区域将出现添加好的表格线。

步骤 3:添加外框线。再次单击"边框"按钮的下拉箭头,在弹出的"边框"示例按钮中选择"粗匣框线"。

为了使表头部分突出,还可以为表头部分加上"粗匣框线"。先选定表头区域(A2:S2 单元格区域),然后直接单击"边框"按钮即可。因为这时默认的边框线就是刚刚设置过的粗匣框线。设置好表格线的工资表如图 7-28 所示。

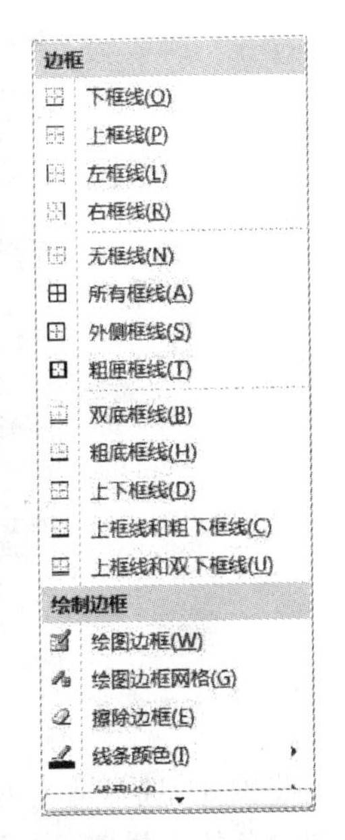

图 7-27　边框示例列表

工资表

序号	姓名	单位	基本工资	职务工资	岗位津贴	工龄补贴	交通补贴	物价补贴	洗理费	书报费	公积金	医疗险	养老险	其它	奖金	应发工资	所得税	实发工资
A01	孙家龙	A部门	800.00	450.00	500.00	290.00	22.00	50.00	30.00	60.00	175.00	35.00	70.00	0.00	3700.00	5622.00	443.30	5179.00
A02	张卫华	A部门	700.00	450.00	300.00	230.00	22.00	50.00	30.00	60.00	145.00	29.00	58.00	0.00	3680.00	5290.00	393.50	4897.00
A03	何国叶	A部门	700.00	450.00	300.00	170.00	22.00	50.00	30.00	60.00	145.00	29.00	58.00	0.00	2680.00	4230.00	273.00	3957.00
A04	梁勇	A部门	800.00	400.00	300.00	170.00	22.00	50.00	30.00	60.00	150.00	30.00	60.00	0.00	3800.00	5392.00	408.80	4983.00
A05	朱思华	A部门	900.00	600.00	100.00	300.00	22.00	50.00	50.00	60.00	160.00	32.00	64.00	100.00	2500.00	4426.00	292.60	4133.00
A06	陈关敏	A部门	650.00	300.00	30.00	150.00	22.00	50.00	50.00	40.00	98.00	19.60	39.20	0.00	3260.00	4395.20	289.52	4106.00
A07	陈德生	A部门	700.00	300.00	50.00	150.00	22.00	50.00	30.00	40.00	105.00	21.00	42.00	0.00	2900.00	4074.00	257.40	3817.00
A08	彭庆华	A部门	800.00	450.00	70.00	170.00	22.00	50.00	30.00	60.00	132.00	26.40	52.80	0.00	3340.00	4780.80	328.08	4453.00
A09	陈桂兰	A部门	800.00	450.00	70.00	290.00	22.00	50.00	50.00	60.00	132.00	26.40	52.80	0.00	3200.00	4780.80	328.08	4453.00
A10	王成祥	A部门	800.00	450.00	70.00	170.00	22.00	50.00	30.00	60.00	132.00	26.40	52.80	-50.00	3200.00	4590.80	309.08	4282.00

图 7-28　表格线的设置结果

使用“开始”选项卡中的“边框”按钮快速添加表格线的方法虽然快捷方便,但是表格线的样式比较单调。如果需要设置更复杂的边框线,例如,虚线、双线、点划线等线条样式,不同颜色、不同粗细的边框等,则需要通过“单元格格式”命令来设置。甚至还可以通过不同深浅颜色的填充色和边框线的组合,设置出三维立体的显示效果来。具体操作不再赘述。

除了手工设置表格的格式以外,还可以利用 Excel 的“套用表格格式”命令快速设置。Excel 提供了多种预设的常用表格格式,包括预先设置好的字体、字号、表格线、填充颜色等信息的集合。大多数情况下,只需要直接从预设的表格格式中选用合适的表格样式即可。应用“套用表格格式”命令的具体操作步骤如下。

步骤 1:选定整个表格区域。这里选择 A2:S141 单元格区域。

步骤 2:执行“套用表格格式”操作。单击“开始”选项卡“样式”命令组的“套用表格格式”命令,Excel 会弹出“预定义表样式”库,如图 7-29 所示。

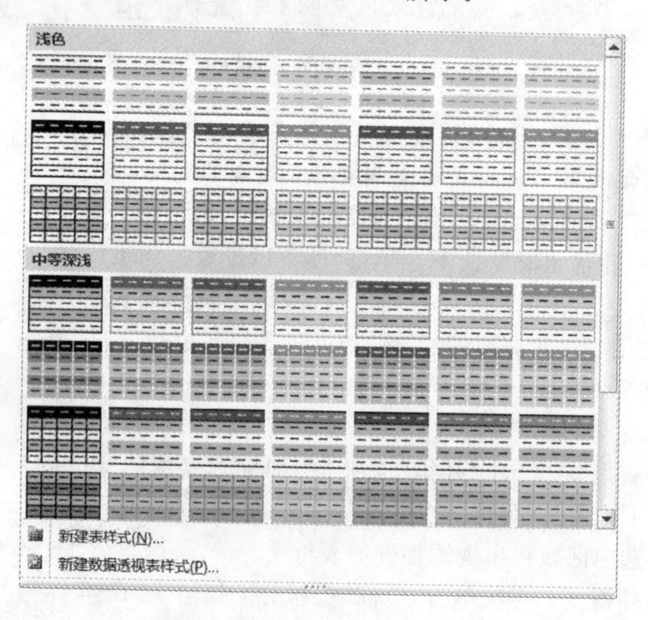

图 7-29 “自动套用格式”对话框

步骤 3:选择适当的格式。因为工资表比较长,为了避免浏览时串行,可以选择相邻行不同颜色的表样式,这里选择“中等深浅表样式 16”(“中等深浅”示例中第 3 行第 2 个)。单击“确定”按钮。

注意:“套用表格格式”操作除了将指定表格选定样式设置了格式以外,Excel 还会根据指定的单元格区域创建表。表是 Excel 2007 开始引入的处理数据表列的新概念。并被称为“智能表”,应用表可以方便地扩展数据区域,不用输入公式即可以完成常用计算和数据的排序、筛选等操作。需要时还可以方便地将表转换成普通的单元格区域。

步骤 4:将表转换成区域。在“表格工具设计”上下文选项卡下单击“工具”命令组的“转换为区域”命令,然后在弹出的要求确认对话框中单击“是”按钮。设置完成的工资表如图 7-30 所示。

工资表																		
序号	姓名	单位	基本工资	职务工资	岗位津贴	工龄补贴	交通补贴	物价补贴	洗理费	书报费	公积金	医疗险	养老险	其它	奖金	应发工资	所得税	实发工资
A01	孙家龙	A部门	800.00	450.00	500.00	290.00	22.00	50.00	30.00	60.00	175.00	35.00	70.00	0.00	3700.00	5622.00	443.50	5179.00
A02	张卫华	A部门	700.00	450.00	300.00	230.00	22.00	50.00	30.00	60.00	145.00	29.00	58.00	0.00	3680.00	5290.00	393.50	4897.00
A03	何国叶	A部门	700.00	450.00	300.00	170.00	22.00	50.00	30.00	60.00	145.00	29.00	58.00	0.00	2680.00	4230.00	273.00	3957.00
A04	梁勇	A部门	800.00	400.00	300.00	170.00	22.00	50.00	30.00	60.00	150.00	30.00	60.00	0.00	3800.00	5392.00	408.80	4983.00
A05	朱思华	A部门	900.00	600.00	100.00	300.00	22.00	50.00	50.00	60.00	160.00	32.00	64.00	100.00	2500.00	4426.00	292.60	4133.00
A06	陈关敏	A部门	650.00	300.00	30.00	150.00	22.00	50.00	50.00	40.00	98.00	19.60	39.20	0.00	3260.00	4395.20	289.52	4106.00
A07	陈德生	A部门	700.00	300.00	50.00	150.00	22.00	50.00	30.00	40.00	105.00	21.00	42.00	0.00	2900.00	4074.00	257.40	3817.00
A08	彭庆华	A部门	800.00	450.00	70.00	170.00	22.00	50.00	30.00	60.00	132.00	26.40	52.80	0.00	3340.00	4780.80	328.08	4453.00
A09	陈桂兰	A部门	800.00	450.00	70.00	290.00	22.00	50.00	50.00	60.00	132.00	26.40	52.80	0.00	3200.00	4780.80	328.08	4453.00
A10	王成祥	A部门	800.00	450.00	70.00	170.00	22.00	50.00	30.00	60.00	132.00	26.40	52.80	-50.00	3200.00	4590.80	309.08	4282.00

图 7-30　“套用表格格式”的结果

7.4　打印工资表

Excel 提供了丰富的打印功能。读者可以根据需要选择打印范围，打印顺序，可以设置形式多样的页眉/页脚，灵活的标题、表头，以及不同的缩放比例等。下面通过打印部门工资表(未进行套用表格格式的“工资打印”工作表)的操作过程，说明 Excel 有关打印功能设置的操作。

Excel 的打印功能设置主要包括打印区域的设置和页面设置。

7.4.1　打印区域设置

一般情况下，Excel 在打印工作表时会自动选择需要打印的单元格区域，也可以根据需要设置特定的打印区域。设置打印区域的基本步骤如下。

步骤 1：选定需要打印的单元格区域。这里选择“工资打印”工作表的 A1:S141 整个单元格区域。

步骤 2：设置打印区域。单击“页面布局”选项卡“页面设置”命令组的“打印区域”按钮，在弹出的选项中单击“设置打印区域”，这时可以看到工作表中设置的打印区域部分被用虚线标识出来。

注意：如果需要改变或取消打印区域的设置，可单击“页面布局”选项卡“页面设置”命令组的“打印区域”按钮，在弹出的选项中单击“取消打印区域”。

7.4.2　页面设置

Excel 的页面设置和 Word 类似，但是某些方面比 Word 功能更为复杂。主要包括“页面”、“页边距”、“页眉/页脚”和“工作表”的设置。下面结合打印部门工资表实例分别介绍。

由于工资表比较宽，需要将页面设置成 A4 纸、横向打印，其具体操作步骤如下。

步骤 1：调出“页面设置”对话框。单击“页面布局”选项卡“页面设置”对话框启动器，Excel 会弹出“页面设置”对话框，单击“页面”选项卡。

步骤 2：设置方向。在“方向”选项中，单击“横向”单选框。

步骤 3：设置纸张。在“纸张大小”下拉列表中选择“A4”项。设置完“页面”选项卡的“页面设置”对话框如图 7-31 所示。

注意：“缩放”选项可以调整打印时的缩放比例，通过设置“缩放比例”或是“调整为”选项来控制打印内容打印在指定的若干页面内。

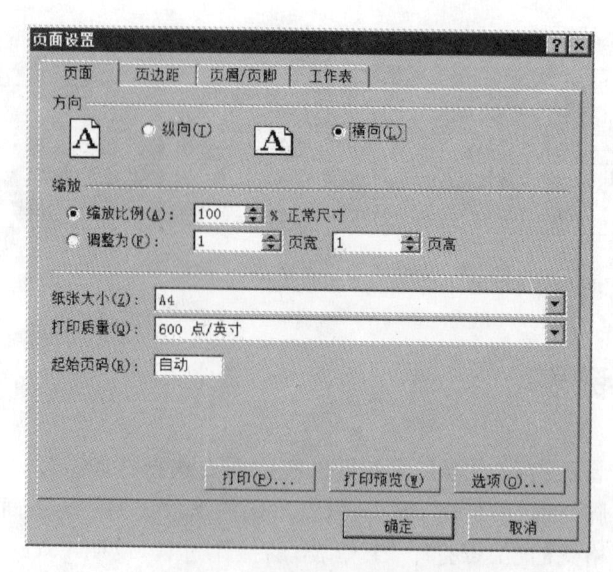

图 7-31 “页面”选项卡的设置

同样由于工资表比较宽的缘故,需要将页边距设置成左右边距为 0,并设置居中方式为水平、垂直同时居中,其具体操作步骤如下。

步骤 1:在打开的“页面设置”对话框中,选择“页边距”选项卡。

步骤 2:设置页边距。将“左”、“右”两项设置为“0”。

步骤 3:设置居中方式。在“居中方式”选项中,选择“水平”和“垂直”复选框。这样可以保证工资表打印时打在纸张的中间位置。设置完“页边距”选项卡的“页面设置”对话框如图 7-32 所示。

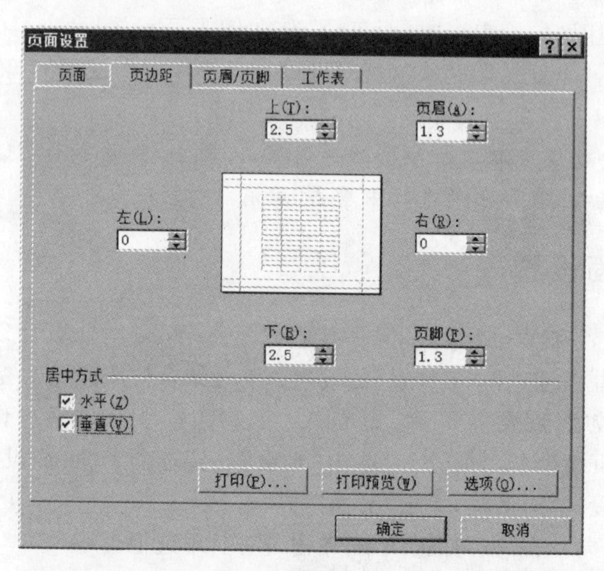

图 7-32 “页边距”选项卡的设置

由于工资表行列比较多,无法打印在一页中。这样会出现有些页面只有数据项,而没有标题和表头的现象,查看起来很不方便,所以希望在打印的每一页都打印出标题和表头。这可以通过“工作表”设置中的“打印标题”功能解决。“工作表”设置的具体操作步骤如下。

步骤 1：在打开的“页面设置”对话框中，选择“工作表”选项卡。

步骤 2：设定顶端标题行。单击“顶端标题行”右端的折叠按钮，选择“工资打印”工作表的第 1 行和第 2 行，如图 7-33 所示。

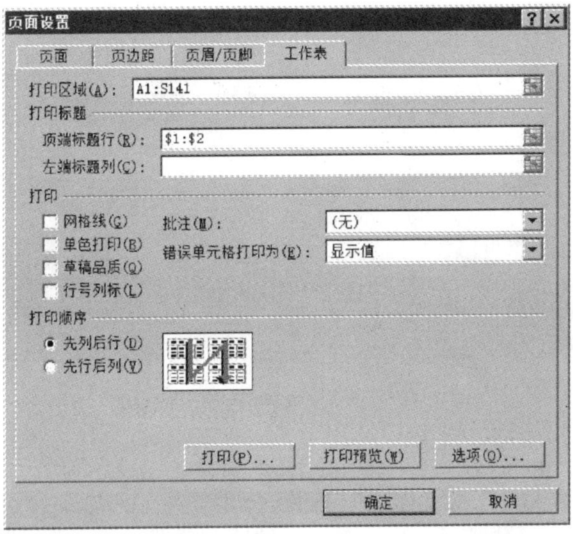

图 7-33 “工作表”选项卡的设置

这样当打印的内容一页打不下时，每页都会在页面上方打印指定的标题、表头两行内容。

注意：在“工作表”选项卡上，还可以设置打印网格线、单色打印、按草稿方式打印、打印行号列标等选项。

由于工资表由多页组成，为了便于装订，设置每页的页眉为“第 * 页 共 * 页”字样，同时设置每页的右下角为打印日期。“页眉/页脚”设置的具体操作步骤如下。

步骤 1：在打开的“页面设置”对话框中，选择“页眉/页脚”选项卡。

步骤 2：设定页眉。单击“页眉”下拉列表框的下拉按钮，从中选择“第 1 页，共 ? 页”选项。

步骤 3：设定页脚。由于 Excel 预设的页脚中没有所需的格式，所以单击“自定义页脚”按钮，弹出“页脚”对话框。将插入点放在右侧输入框中，单击“系统日期”按钮，然后单击“确定”按钮。设置完“页眉/页脚”选项卡的“页面设置”对话框如图 7-34 所示。

注意：“页眉/页脚”选项卡可以根据需要设置多种形式的页眉/页脚。其中“页眉”/“页眉”下拉列表中，可以选择页码、工作表名称、工作簿名称、作者、系统日期以及上述内容的不同组合。如果需要其他形式或内容的页眉/页脚，可以通过“自定义页眉”/“自定义页脚”按钮设置。图 7-35 给出的是单击“自定义页脚”按钮后弹出的对话框。可以灵活地在页脚的左、中、右分别设置不同的内容。

注意：如果单纯设置纸张方向、纸张大小、页边距等，可以直接单击“页面布局”选项卡“页面设置”命令组中的相应命令。

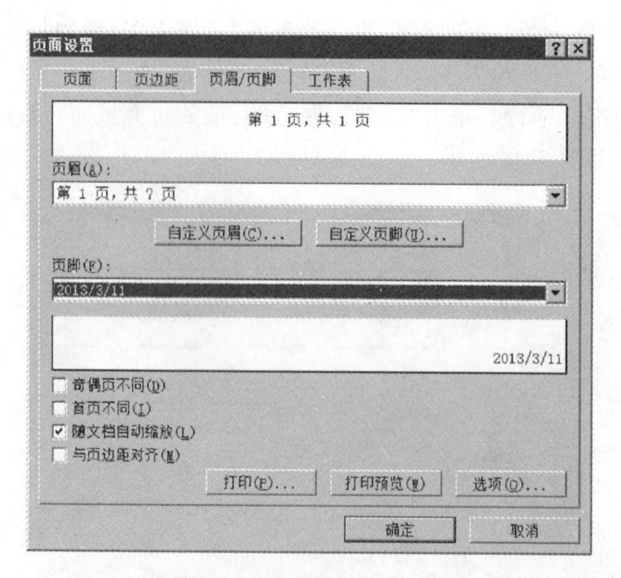

图 7-34 “页眉/页脚”选项卡的设置

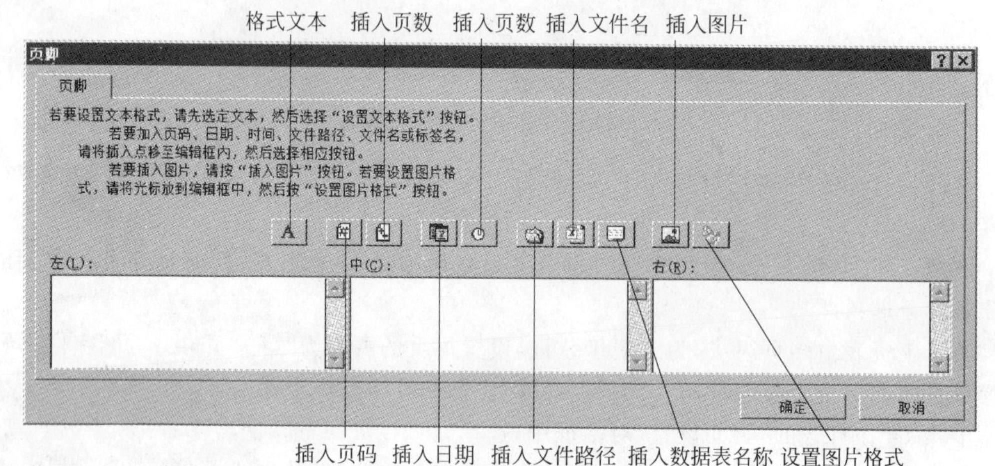

图 7-35 自定义页脚对话框

7.4.3 打印预览

页面设置完成后，在打印之前，还应利用打印预览功能查看打印的模拟效果。通过预览，可以更精细地设置打印效果，直到满意再打印。在打开的“页面设置”对话框中，每个选项卡里都有“打印预览”命令按钮。也可以单击“文件”→“打印”。打印预览效果如图 7-36 所示。

在窗口左侧可以继续调整有关纸张方向、大小、页边距和打印缩放的设置。单击打印预览窗口上的向左、向右箭头，或是直接输入页码，可浏览其他页面。这时可以观察到设置的顶端标题行显示在每一页的上端。

通过观察可发现工作表横向缺少两列，被分成了两页。因为多出的内容不多，可以通过“页面设置”中设置一定缩放比例，使其能够打印在一页上。具体操作步骤如下。

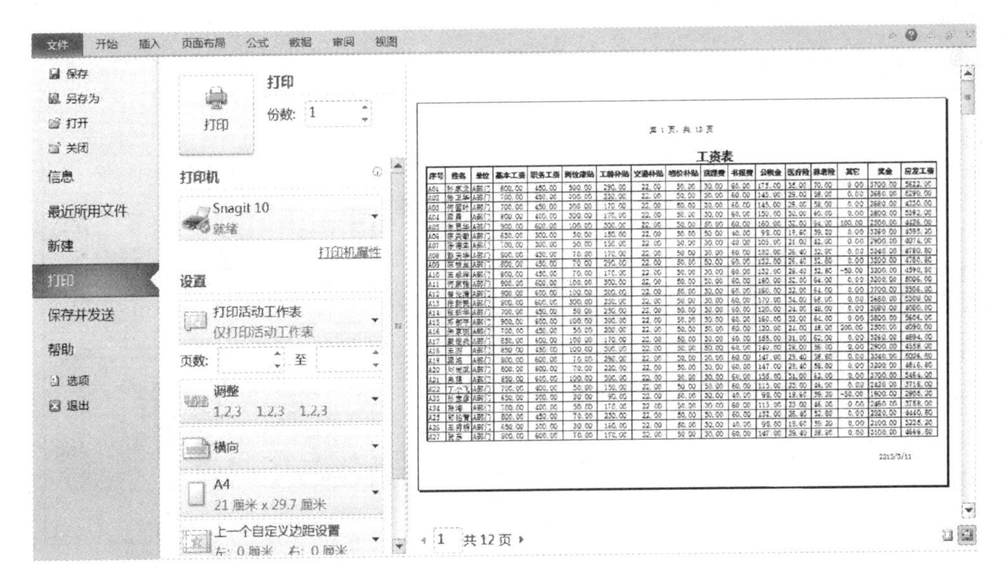

图 7-36 打印预览效果

步骤 1：调出“页面设置”对话框。单击打印预览窗口左侧“设置”下面的“页面设置”命令，Excel 会弹出“页面设置”对话框。

步骤 2：调整缩放比例。在“页面设置”对话框中选择“页面”选项卡，在“缩放”中勾选“调整为”单选钮，并设置为“1 页宽”，如图 7-37 所示，单击“确定”按钮。

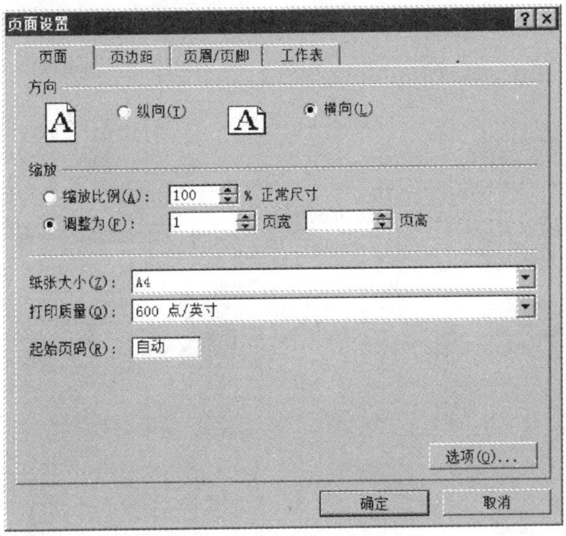

页面设置
页面 页边距 页眉/页脚 工作表
方向
纵向(T) 横向(L)
缩放
缩放比例(A): 100 % 正常尺寸
调整为(F): 1 页宽 页高
纸张大小(Z): A4
打印质量(Q): 600 点/英寸
起始页码(R): 自动
选项(O)...
确定 取消

图 7-37 “缩放”的设置

调整后的打印预览窗口如图 7-38 所示。

注意：*也可以直接在打印预览窗口左侧“设置”下面的缩放选项中选择“将所有列调整为一页”实现上述操作。*

如果希望将不同部门的工资表分别打印在不同的页面上，可以利用分页预览视图调整，具体操作步骤如下。

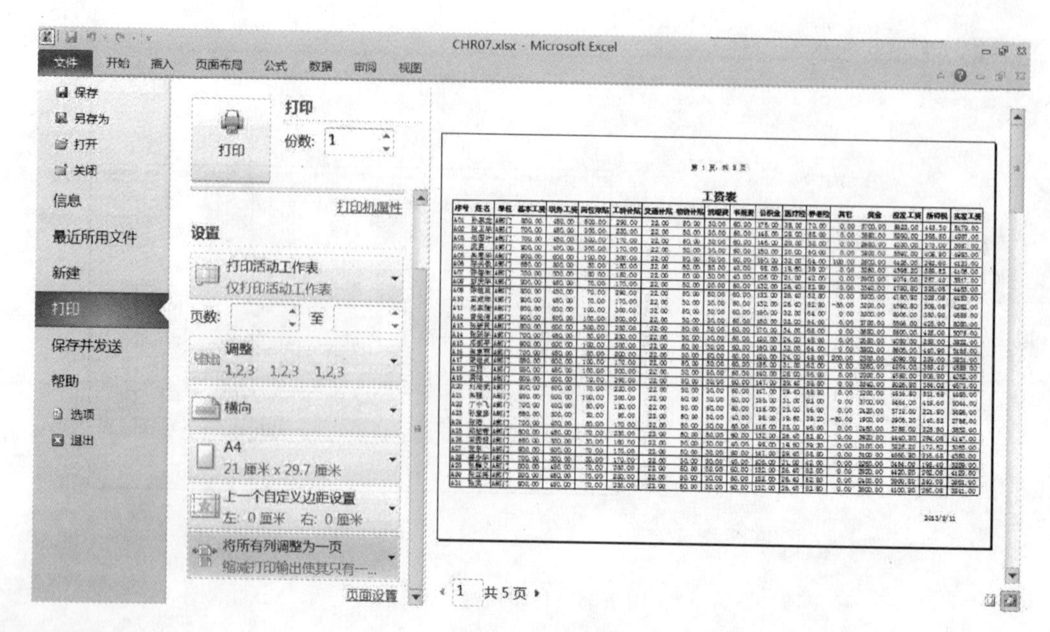

图 7-38 调整后的打印预览窗口

步骤 1：切换到“分页预览”视图。单击“视图”选项卡“工作簿视图”命令组的“分页预览”。分页预览视图如图 7-39 所示。

	A	B	C	D	E	F	G	H	I	J	K	L	M	N	O	P	Q	R	S	T
40	A38	姜鄂卫	A部门	850.00	600.00	100.00	170.00	22.00	50.00	30.00	60.00	155.00	31.00	62.00	-90.00	3260.00	4804.00	330.40	4474.00	
41	A39	胡冰	A部门	850.00	450.00	100.00	300.00	22.00	50.00	30.00	60.00	140.00	28.00	56.00	0.00	3360.00	4998.00	349.80	4648.00	
42	A40	朱明明	A部门	850.00	450.00	70.00	300.00	22.00	50.00	50.00	60.00	137.00	27.40	54.80	0.00	3220.00	4852.80	335.28	4518.00	
43	A41	谈应霞	A部门	800.00	450.00	70.00	170.00	0.00	50.00	30.00	60.00	132.00	26.40	52.80	0.00	2800.00	4218.80	271.88	3947.00	
44	A42	符智伟	A部门	800.00	450.00	70.00	270.00	0.00	50.00	30.00	60.00	132.00	26.40	52.80	0.00	3000.00	4518.80	301.88	4217.00	
45	A43	孙连进	A部门	800.00	450.00	70.00	200.00	0.00	50.00	50.00	60.00	132.00	26.40	52.80	0.00	2860.00	4328.80	282.88	4046.00	
46	A44	王永锋	A部门	850.00	450.00	100.00	300.00	22.00	50.00	30.00	60.00	140.00	28.00	56.00	0.00	3300.00	4938.00	343.80	4594.00	
47	B01	周小红	B部门	700.00	300.00	50.00	140.00	22.00	50.00	50.00	40.00	105.00	21.00	42.00	0.00	2200.00	3384.00	188.40	3196.00	
48	B02	钟洪成	B部门	700.00	300.00	300.00	140.00	0.00	50.00	30.00	40.00	130.00	26.00	52.00	0.00	2700.00	4052.00	255.20	3797.00	
49	B03	钟延	B部门	700.00	300.00	300.00	140.00	22.00	50.00	30.00	40.00	130.00	26.00	52.00	0.00	3100.00	4474.00	297.40	4177.00	
50	B04	汪勇	B部门	800.00	450.00	300.00	170.00	0.00	50.00	[illegible]	60.00	155.00	31.00	62.00	0.00	3260.00	4872.00	337.20	4535.00	
51	B05	陈文坤	B部门	900.00	600.00	500.00	300.00	22.00	50.00	30.00	60.00	200.00	40.00	80.00	0.00	4600.00	6742.00	611.30	6131.00	
52	B06	刘宇	B部门	800.00	450.00	300.00	170.00	22.00	50.00	30.00	60.00	155.00	31.00	62.00	0.00	3260.00	4894.00	339.40	4555.00	
53	B07	李少杰	B部门	700.00	300.00	50.00	140.00	22.00	50.00	30.00	40.00	105.00	21.00	42.00	0.00	2200.00	3384.00	186.40	3178.00	
54	B08	邹明鹏	B部门	650.00	300.00	30.00	140.00	22.00	50.00	30.00	40.00	98.00	19.60	39.20	-50.00	2060.00	3115.20	161.52	2954.00	
55	B09	张同高	B部门	700.00	400.00	50.00	140.00	0.00	50.00	30.00	60.00	115.00	23.00	46.00	0.00	2400.00	3646.00	214.60	3431.00	
56	B10	张苑昌	B部门	700.00	450.00	50.00	230.00	22.00	50.00	30.00	60.00	120.00	24.00	48.00	0.00	2880.00	4080.00	258.00	3822.00	
57	B11	曾良富	B部门	800.00	600.00	70.00	270.00	22.00	50.00	30.00	60.00	147.00	29.40	58.80	0.00	3300.00	4966.80	346.68	4620.00	
58	B12	冯开明	B部门	800.00	450.00	70.00	210.00	22.00	50.00	50.00	60.00	132.00	26.40	52.80	0.00	2880.00	4380.80	288.08	4093.00	
59	B13	张其森	B部门	800.00	450.00	70.00	230.00	22.00	50.00	30.00	60.00	132.00	26.40	52.80	0.00	2920.00	4420.80	292.08	4129.00	
60	B14	张良	B部门	700.00	300.00	50.00	70.00	22.00	50.00	30.00	40.00	105.00	21.00	42.00	0.00	2200.00	3294.00	179.40	3115.00	
61	B15	张雪平	B部门	700.00	300.00	50.00	230.00	22.00	50.00	30.00	40.00	105.00	21.00	42.00	0.00	2380.00	3634.00	213.40	3421.00	
62	B16	杨浩	B部门	800.00	600.00	70.00	270.00	22.00	50.00	30.00	60.00	147.00	29.40	58.80	0.00	3300.00	4966.80	346.68	4620.00	
63	B17	刘彦	B部门	700.00	400.00	50.00	200.00	22.00	50.00	50.00	60.00	115.00	23.00	46.00	0.00	2520.00	3868.00	236.80	3631.00	
64	B18	李文辉	B部门	800.00	450.00	70.00	170.00	22.00	50.00	50.00	60.00	132.00	26.40	52.80	0.00	2800.00	4260.80	276.08	3985.00	
65	B19	李开银	B部门	700.00	400.00	50.00	150.00	22.00	50.00	30.00	60.00	115.00	23.00	46.00	0.00	2420.00	3698.00	219.80	3478.00	
66	B20	赵荣珍	B部门	800.00	450.00	70.00	230.00	0.00	50.00	50.00	60.00	132.00	26.40	52.80	0.00	2920.00	4418.80	291.88	4127.00	
67	B21	张太贞	B部门	700.00	400.00	50.00	180.00	22.00	50.00	30.00	60.00	115.00	23.00	46.00	0.00	2480.00	3788.00	228.80	3559.00	

图 7-39 分页预览视图效果

步骤 2：调整分页。图 7-39 中显示的蓝色虚线就是 Excel 自动设置的分页符。可以用鼠标拖曳分页符(蓝色虚线)到所需位置。这里将第 2 页下面的分页符拖曳到第 46 行(A 部门的最后一行)下面。人工设置的分页符是蓝色实线。类似地,在B部门和C部门之间设置人工分页符。

需要退出“分页预览”视图时,只要单击“视图”选项卡“工作簿视图”命令组的“普通”命令即可切换回普通视图。

7.4.4 打印设置

所有设置完成且预览结果也符合要求后,就可以开始打印了。打印工资表的具体操作步骤如下。

步骤1:进入“打印预览”。单击“文件”→“打印”。

步骤2:选择打印机。单击打印机名称的下拉箭头,从打印机下拉列表中选择合适的打印机。这里选择默认的打印机。

注意:如果需要,可以单击“打印机属性”命令按钮,进一步设置打印机的具体属性。

步骤3:设置打印份数。可以通过“份数”数字微调钮设置,也可以直接输入所需的份数,这里设置为“1”。

步骤4:选择打印对象。可以选择“打印活动工作表”、“打印整个工作簿”或是“打印选定区域”,这里选择“打印活动工作表”。

步骤5:设置打印范围。当前活动工作表共5页,可以根据需要指定需要打印的起始和终止页码。这里需打印所有页,可以不选择。最后单击“打印”即可开始打印工资表。

7.5 本章小结

通过本章的学习,应理解Excel工作簿、工作表、单元格、单元格区域、单元格引用,特别是单元格的相对引用、绝对引用和混合引用的概念。掌握数据输入的基本操作。能够根据输入数据的不同特点,灵活地采用Excel提供的各种快捷方法。理解公式和函数的基本形式,能够根据计算的需要灵活运用公式和函数。掌握Excel关于工作表的修饰、打印各项功能的操作。

7.6 习题

1. 对给定的工资工作簿完成下述练习。

将公积金的计算变为可以根据比例调整的,即可以随时修改公积金的比例,自动完成重新计算;

将书报费的计算改为高工:80;工程师、技师:60;技术员:40;

自行设计一种公式计算奖金额,其中应适当考虑职工的年龄、工龄、职务。

2. 对给定的成绩工作簿完成下述练习。

计算出每个学生的总分、平均分;

根据学生的总分计算出每个学生的排名(提示:可以使用RANK函数);

适当修饰学生成绩表。

3. 根据下图所示内容,计算出不同职、级的岗位津贴金额。提示:注意计算公式中单元格引用的方式。

	A	B	C	D	E	F	G
1	岗位津贴对照表						
2	系数		科员	副科	正科	副处	正处
3	基数		1.0	1.2	1.5	1.8	2.0
4	初级	1000					
5	中级	1500					
6	高级	2000					

第8章 档案管理

内容提要：本章主要通过档案管理案例介绍应用 Excel 输入大批量数据的方法，合并计算工具的应用，数据的排序、筛选、查询等数据管理操作的基本步骤和要点，以及数据有效性的设置和数据的保护设置。重点是应用 Excel 完成各种不同需求的数据管理操作。这部分内容是 Excel 应用的重要方面，应用好这些功能可以有效提高管理水平和应用计算机的水平。

主要知识点：

- 共享工作簿；
- 工作表的编辑；
- 合并计算；
- 数据的排序；
- 数据的筛选；
- VLOOKUP 函数；
- 数据有效性；
- 数据的保护。

档案管理是计算机应用最为广泛的领域之一。在日常的管理工作中，企事业单位的人事档案、生产部门的产品资料、销售单位的顾客信息、学校的学生学籍档案、医院的病人病案以及图书馆的图书题录资料和流通信息等管理大致都属于档案管理的范畴。其主要特点是数据量大，数据类型复杂，特别是经常需要满足不同条件的查询需求。本章主要针对档案管理的上述特点，介绍应用 Excel 进行数据管理的方法和技巧。

8.1 人事档案的建立

通常档案管理所处理的数据量都比较大，有时候还有很强的时效性，要求在指定的时间内完成有关数据的处理。这种情况下可以利用 Excel 的共享工作簿功能，由多个人协调完成有关数据处理的任务。

注意：默认情况下，Excel 工作簿文件只能被一个用户以独占方式打开和编辑。如果试图打开一个已经被其他用户打开的工作簿文件时，Excel 会弹出"文件正在使用"对话框，表示该文件已被锁定。这时只能以只读方式打开该工作簿。如果希望由多人同时编辑同一个工作簿文件,只有利用“共享工作簿”功能实现。

假设某公司员工的人事档案包括员工本人的基本情况和与公司相关的档案资料两部分,由甲、乙两人分别负责处理。甲负责员工本人的基本信息,例如姓名、性别、出生日期、籍贯等;乙负责员工与公司相关的资料,例如任职部门、职务、参加工作时间、基本工资等。有关信息存放在示例文件 CHR08.XLSX 工作簿的“人事档案”工作表中。共享工作簿的操作主要包括下述过程。

8.1.1 建立共享工作簿

首先需要在已连接在网上的某台计算机的特定文件夹下建立一个共享工作簿。这个文件夹应该是甲乙二人均可访问的共享文件夹。假设共享工作簿由甲负责建立,具体操作步骤如下。

步骤 1:建立工作簿文件。启动 Excel,将工作表 Sheet1 改名为“人事档案”;输入表头信息,包括“序号”、“姓名”、“性别”、“出生年月”、“学历”、“籍贯”、“部门”、“工作年月”、“职务”、“职称”、“基本工资”等项;并输入所有人员的序号和姓名。

步骤 2:存储为共享工作簿。单击“审阅”选项卡“更改”命令组的“共享工作簿”,打开“共享工作簿”对话框。选择“允许多用户同时编辑,同时允许工作簿合并”复选框,如图 8-1 所示。

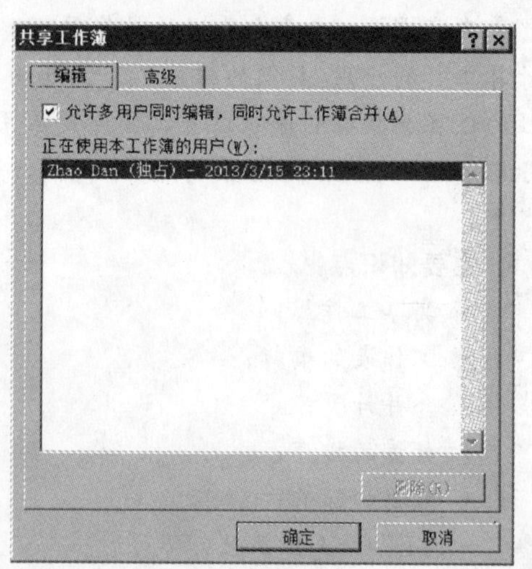

图 8-1 “共享工作簿”对话框的设置

单击“确定”按钮。如果是新建的工作簿,Excel 自动弹出“另存为”对话框,选择已设置好的共享文件夹,并输入文件名“CHR08.XLSX”。如果是已保存过的工作簿,Excel 会提示“此操作将导致保存文档,是否继续?”,单击“确定”按钮,此时工作簿窗口的标题栏出现“共享”标志,如图 8-2 所示。

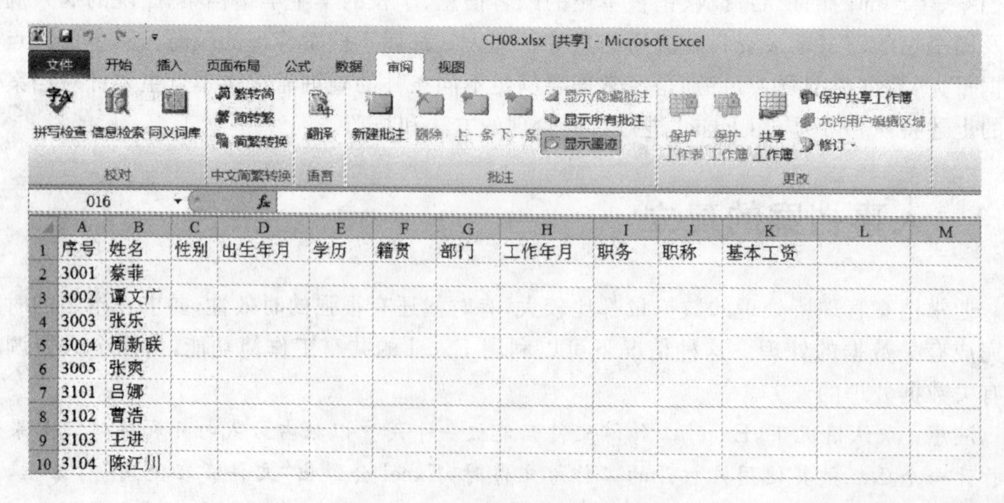

图 8-2 共享工作簿的窗口标题栏

8.1.2　分别输入数据

在已经建立好的共享工作簿的基础上，甲乙二人就可以同时进行数据的输入工作。甲乙二人协同输入数据的具体操作步骤如下。

步骤1：打开共享工作簿。甲或乙通过网络访问共享工作簿所在的共享文件夹，打开CHR08.XLSX文件。如果两人都在对该工作簿进行编辑，则通过单击“审阅”选项卡“更改”命令组的“共享工作簿”后，从弹出的“共享工作簿”对话框中可以看到有两个用户正在编辑，如图8-3所示。

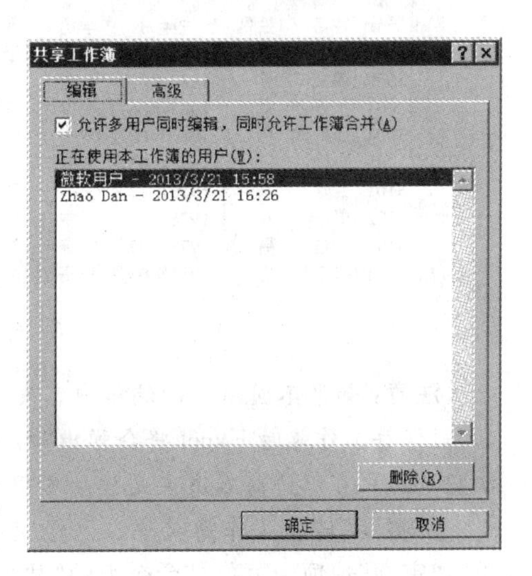

图8-3　多用户协同编辑时的“共享工作簿”对话框

步骤2：输入数据。在C2:F101单元格区域继续输入每位员工的性别、出生年月、学历、籍贯等信息。甲和乙输入完成的工作簿文件如图8-4和图8-5所示。

	A	B	C	D	E	F	G	H	I	J	K
1	序号	姓名	性别	出生年月	学历	籍贯	部门	工作年月	职务	职称	基本工资
2	3001	蔡菲	男	1961年01月	博士	浙江					
3	3002	谭文广	男	1982年01月	大本	浙江					
4	3003	张乐	女	1983年06月	大本	辽宁					
5	3004	周新联	男	1982年02月	博士	安徽					
6	3005	张爽	男	1977年05月	大专	辽宁					
7	3101	吕娜	女	1970年12月	初中	四川					
8	3102	曹浩	女	1978年12月	高中	北京					
9	3103	王进	男	1979年03月	中专	黑龙江					
10	3104	陈江川	男	1981年03月	职高	河北					

图8-4　甲输入完成的工作簿

	A	B	C	D	E	F	G	H	I	J	K
1	序号	姓名	性别	出生年月	学历	籍贯	部门	工作年月	职务	职称	基本工资
2	3001	蔡菲					经理室	1980年03月	董事长	高级经济师	5500
3	3002	谭文广					经理室	2004年05月	总经理	高级工程师	5200
4	3003	张乐					经理室	2003年12月	副总经理	高级工程师	5000
5	3004	周新联					经理室	2010年02月	副总经理	高级经济师	4600
6	3005	张爽					经理室	2000年07月	秘书	经济师	3100
7	3101	吕娜					财务部	1989年03月	部门经理	高级会计师	3100
8	3102	曹浩					财务部	1997年09月	高级职员	高级会计师	4300
9	3103	王进					财务部	1997年09月	普通职员	高级会计师	2200
10	3104	陈江川					财务部	2003年12月	高级职员	助理会计师	3600

图8-5　乙输入完成的工作簿

步骤3：保存共享工作簿。由于不同用户对工作簿进行了编辑操作，所以当保存共享工作簿时Excel会弹出对话框，提示“该工作簿已用其他用户保存的更改进行了更新”。单击“确定”按钮即可。

步骤4：查阅修订信息。经由不同用户编辑的工作表的有些单元格会显示多种颜色的三角符号,当鼠标指向这些单元格时会弹出有关提示,如图 8-6 所示。

	A	B	C	D	E	F	G	H	I	J	K
1	序号	姓名	性别	出生年月	学历	籍贯	部门	工作年月	职务	职称	基本工资
2	3001	蔡菲	男	1961年01月	博士	浙江	经理室			高级经济师	5500
3	3002	谭文广	男	1982年01月	大本	浙江	经理室			高级工程师	5200
4	3003	张乐	女	1983年06月	大本	辽宁	经理室			高级工程师	5000
5	3004	周新联	男	1982年02月	博士	安徽	经理室	2010年02月	副总经理	高级经济师	4600
6	3005	张爽	男	1977年05月	大专	辽宁	经理室	2000年07月	秘书	经济师	3100
7	3101	吕娜	女	1970年12月	初中	四川	财务部	1989年03月	部门经理	高级会计师	3100
8	3102	曹浩	女	1978年12月	高中	北京	财务部	1997年09月	高级职员	高级会计师	4300
9	3103	王进	男	1979年03月	中专	黑龙江	财务部	1997年09月	普通职员	高级会计师	2200
10	3104	陈江川	男	1981年03月	职高	河北	财务部	2003年12月	高级职员	助理会计师	3600

微软用户, 2013/3/21 17:07:
单元格 G2 从"<空白>"更改为"经理室"。

图 8-6 显示的其他用户更改信息

注意:如果不同用户的编辑内容发生冲突,例如两个用户对同一单元格输入了不同内容,则保存工作簿时 Excel 将会弹出"解决冲突"对话框,给出冲突的内容,并询问如何解决冲突。用户可以协商后决定是接受本用户的编辑还是其他用户的编辑。

步骤 5:停止工作簿共享。已经完成协同输入的共享工作簿可以停止工作簿的共享。单击"审阅"选项卡"更改"命令组的"共享工作簿",在弹出的"共享工作簿"对话框中取消"允许多用户同时编辑,同时允许工作簿合并"选项的选择,然后保存即可。

注意:停止工作簿共享时 Excel 会弹出警告对话框,停止共享后,正在编辑该工作簿的其他用户将不能保存他们所做的修改。所以执行该操作前应确认其他用户都已经完成并保存了他们对该工作簿所做的编辑操作。

以上利用 Excel 共享工作簿的方式,两人协作建立好了公司人事档案工作簿。凡是需要输入大批量数据,特别是时间要求比较紧迫时都可以采用这种方式。另外,对于跨省市、甚至是跨国公司的实时信息管理,也可以采用共享工作簿方式,由多人在异地协同完成同一工作簿的数据处理工作。

8.2 人事档案的维护

人事档案的维护主要包括表格的增删改或行列调整等编辑操作,数据的更新以及一些必要的计算操作。下面主要通过表列的调整介绍 Excel 的表格编辑操作;通过年龄的计算复习 Excel 有关函数和公式的使用;特别是通过工资的调整计算学习 Excel 有关选择性粘贴和合并计算的操作。

8.2.1 表列的调整

由于人事档案工作簿是由两人分别输入的,表列顺序是按照两人的分工次序排列的。下面根据需要作适当调整,即将部门字段信息适当左移,而将学历、籍贯字段信息右移,具体操作步骤如下。

步骤 1:复制"部门"信息。选定 G1:G101 单元格区域,单击"开始"选项卡"剪贴板"命令组的"复制"按钮或是直接按 Ctrl+C 组合键,也可以右击该区域,在弹出的快捷菜单中单击"复制"命令。

步骤 2：插入“部门”信息。右击 B1 单元格，在弹出的快捷菜单中单击“插入复制的单元格”命令，如图 8-7 所示，这时 Excel 会弹出“插入粘贴”对话框，选择“活动单元格右移”选项，单击“确定”按钮。

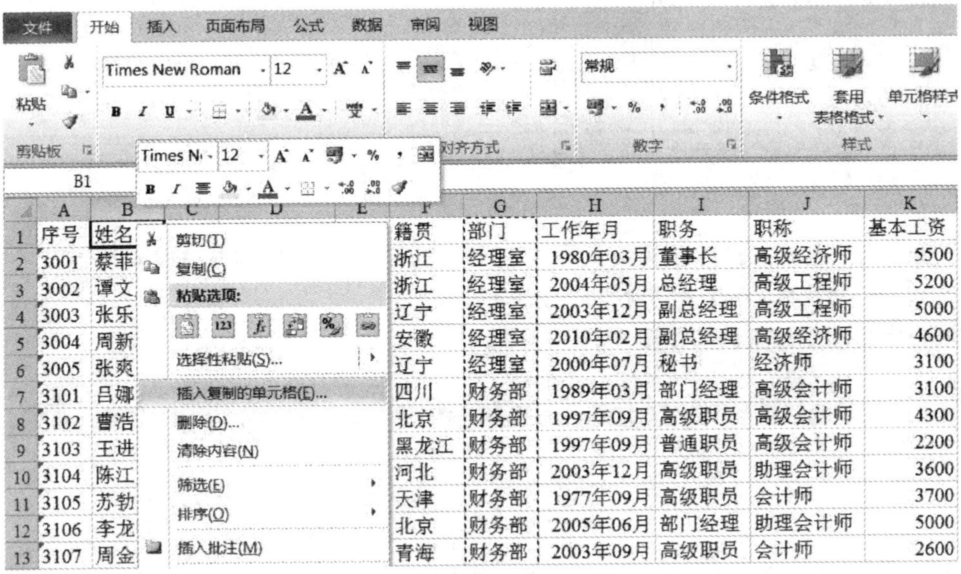

	A	B	F	G	H	I	J	K
1	序号	姓名	籍贯	部门	工作年月	职务	职称	基本工资
2	3001	蔡菲	浙江	经理室	1980年03月	董事长	高级经济师	5500
3	3002	谭文	浙江	经理室	2004年05月	总经理	高级工程师	5200
4	3003	张乐	辽宁	经理室	2003年12月	副总经理	高级工程师	5000
5	3004	周新	安徽	经理室	2010年02月	副总经理	高级经济师	4600
6	3005	张爽	辽宁	经理室	2000年07月	秘书	经济师	3100
7	3101	吕娜	四川	财务部	1989年03月	部门经理	高级会计师	3100
8	3102	曹浩	北京	财务部	1997年09月	高级职员	高级会计师	4300
9	3103	王进	黑龙江	财务部	1997年09月	普通职员	高级会计师	2200
10	3104	陈江	河北	财务部	2003年12月	高级职员	助理会计师	3600
11	3105	苏勃	天津	财务部	1977年09月	高级职员	会计师	3700
12	3106	李龙	北京	财务部	2005年06月	部门经理	助理会计师	5000
13	3107	周金	青海	财务部	2003年09月	高级职员	会计师	2600

图 8-7 插入复制单元格的操作

注意：插入新的一列后，原来的列宽可能改变。可以用鼠标拖曳列标的分隔线以调整列宽到合适的宽度。也可以用鼠标双击某个列标的右边界，设置“最合适的列宽”。

步骤 3：删除原来的部门信息。右击 H 列列标，在弹出的快捷菜单中单击“删除”命令。将部门信息从 I 列移动到 B 列后的工作表如图 8-8 所示。

	A	B	C	D	E	F	G	H	I	J	K
1	序号	部门	姓名	性别	出生年月	学历	籍贯	工作年月	职务	职称	基本工资
2	3001	经理室	蔡菲	男	1961年01月	博士	浙江	1980年03月	董事长	高级经济师	5500
3	3002	经理室	谭文广	男	1982年01月	大本	浙江	2004年05月	总经理	高级工程师	5200
4	3003	经理室	张乐	女	1983年06月	大本	辽宁	2003年12月	副总经理	高级工程师	5000
5	3004	经理室	周新联	男	1982年02月	博士	安徽	2010年02月	副总经理	高级经济师	4600
6	3005	经理室	张爽	男	1977年05月	大专	辽宁	2000年07月	秘书	经济师	3100
7	3101	财务部	吕娜	女	1970年12月	初中	四川	1989年03月	部门经理	高级会计师	3100
8	3102	财务部	曹浩	女	1978年12月	高中	北京	1997年09月	高级职员	高级会计师	4300
9	3103	财务部	王进	男	1979年03月	中专	黑龙江	1997年09月	普通职员	高级会计师	2200
10	3104	财务部	陈江川	男	1981年03月	职高	河北	2003年12月	高级职员	助理会计师	3600

图 8-8 部门列移动后的工作表

以上是利用复制、插入、删除操作实现单元格区域或行、列的移动操作。也可以利用移动操作直接实现上述功能。假设需要将“学历”、“籍贯”移动到“职称”的后面，具体操作步骤如下。

步骤 1：选定“学历”、“籍贯”信息。选定 F1:G101 单元格区域。

步骤 2：移动“学历”、“籍贯”信息到“职称”列的后面。将鼠标指向该区域的左边或右边的边缘，这时鼠标指针会由十字变成十字箭头，按住鼠标右键，拖曳到 K1 单元格。在弹出的快捷菜单中单击“移动选定区域，原有区域右移”，如图 8-9 所示。

	A	B	C	D	E	F	G	H	I	J	K
1	序号	部门	姓名	性别	出生年月	学历	籍贯	工作年月	职务	职称	基本工资
2	3001	经理室	蔡菲	男	1961年01月	博士	浙江	1980年03月	董事长	高级经济师	5500
3	3002	经理室	谭文广	男	1982年01月	大本	浙江	2004年05月	总经理	高级工程师	5200
4	3003	经理室	张乐	女	1983年06月	大本	辽宁	2003年12月	副总经理	高级工程师	5000
5	3004	经理室	周新联	男	1982年02月	博士	安徽	2010年02月	副总经理	高级经济师	4600
6	3005	经理室	张爽	男	1977年05月	大专	辽宁	2000年07月	秘书	经济师	3100
7	3101	财务部	吕娜	女	1970年12月	初中	四川	1989年03月	部门经理	高级会计师	3100
8	3102	财务部	曹浩	女	1978年12月	高中	北京	1997年09月	高级职员	高级会计师	4300
9	3103	财务部	王进	男	1979年03月	中专	黑龙江	1997年09月	普通职员	高级会计师	2200
10	3104	财务部	陈江川	男	1981年03月	职高	河北	2003年12月	高级职员	助理会计师	3600
11	3105	财务部	苏勃	男	1959年01月	大本	天津	1977年09月	高级职员	会计师	3700
12	3106	财务部	李龙吟	男	1985年04月	职高	北京	2005年06月	部门经理	助理会计师	5000
13	3107	财务部	周金馨	女	1984年09月	大本	青海	2003年09月	高级职员	会计师	2600

移动到此位置(M)
复制到此位置(C)
仅复制数值(V)
仅复制格式(F)
链接此处(L)
在此创建超链接(H)
复制选定区域，原有区域下移(S)
复制选定区域，原有区域右移(T)
移动选定区域，原有区域下移(D)
移动选定区域，原有区域右移(R)
取消(A)

图 8-9 列信息移动操作

注意：上述整列数据的移动操作，也可以通过选定相应列标，然后将鼠标指向该列区域的左边或右边的边缘，再拖曳到所需列的位置。

调整完列顺序的工作表如图 8-10 所示。

	A	B	C	D	E	F	G	H	I	J	K
1	序号	部门	姓名	性别	出生年月	工作年月	职务	职称	学历	籍贯	基本工资
2	3001	经理室	蔡菲	男	1961年01月	1980年03月	董事长	高级经济师	博士	浙江	5500
3	3002	经理室	谭文广	男	1982年01月	2004年05月	总经理	高级工程师	大本	浙江	5200
4	3003	经理室	张乐	女	1983年06月	2003年12月	副总经理	高级工程师	大本	辽宁	5000
5	3004	经理室	周新联	男	1982年02月	2010年02月	副总经理	高级经济师	博士	安徽	4600
6	3005	经理室	张爽	男	1977年05月	2000年07月	秘书	经济师	大专	辽宁	3100
7	3101	财务部	吕娜	女	1970年12月	1989年03月	部门经理	高级会计师	初中	四川	3100
8	3102	财务部	曹浩	女	1978年12月	1997年09月	高级职员	高级会计师	高中	北京	4300
9	3103	财务部	王进	男	1979年03月	1997年09月	普通职员	高级会计师	中专	黑龙江	2200
10	3104	财务部	陈江川	男	1981年03月	2003年12月	高级职员	助理会计师	职高	河北	3600

图 8-10 调整完列顺序的工作表

8.2.2 年龄的计算

在人事档案中，员工的年龄会随着时间的推移而发生变化，所以人事档案中都是填写出生日期信息，再根据出生日期计算出相应的年龄。年龄的计算与 7.2.3 节讨论的工龄的计算不完全相同。工龄是按年头计算，即每到新的一年的 1 月 1 日，每人的工龄都增加一年，而不管是 1 月 1 日参加工作的，还是 12 月 31 日参加工作的。所以可以用下述公式计算：

=YEAR(TODAY())−YEAR(参加工作日期)

而年龄通常需要计算实足年龄，即到了生日相对应的日期才增加一年。所以应使用下述公式计算：

=(TODAY()−出生日期)/365.25

在“人事档案”工作表中增加“年龄”字段并计算出员工年龄的具体步骤如下。

步骤 1：插入一列。右击 F 列的列标，在弹出的快捷菜单中单击“插入”命令。这时在 F 列插入一空列，原来的 F 列以及右侧的各列相应右移。

步骤 2：输入年龄。单击 F1 单元格，输入“年龄”。

步骤 3：输入计算年龄的公式。单击 F2 单元格，输入公式“=(TODAY()−E2)/365.25”，如图 8-11 所示。

	A	B	C	D	E	F	G
1	序号	部门	姓名	性别	出生年月	年龄	工作年月
2	3001	经理室	蔡菲	男	1961年01月	1900年02月	1980年03月
3	3002	经理室	谭文广	男	1982年01月		2004年05月
4	3003	经理室	张乐	女	1983年06月		2003年12月
5	3004	经理室	周新联	男	1982年02月		2010年02月

F2 =(TODAY()-E2)/365.25

图 8-11 输入的计算公式和结果

注意：一般情况下，如果单元格的公式中包含了日期函数，Excel会自动按日期格式显示数据。这时可以通过单击“开始”选项卡“字体”、“对齐方式”或“数字”命令组的“设置单元格格式”对话框启动器，或是通过右击单元格弹出的快捷菜单中的“设置单元格格式”命令，将单元格的格式设置为“常规”，然后通过单击“开始”选项卡“数字”命令组的“减少小数位数”按钮，使其只显示整数。也可以将单元格的格式设置为“数值”格式，并指定“小数位数”为0。

步骤4：计算出每个员工的年龄。选定F2单元格，双击F2单元格的填充柄即可将F2单元格中输入的公式以及设置的格式快速填充到F3:F101单元格区域，计算出所有员工的年龄，计算结果如图8-12所示。

	A	B	C	D	E	F	G	H	I	J	K	L
1	序号	部门	姓名	性别	出生年月	年龄	工作年月	职务	职称	学历	籍贯	基本工资
2	3001	经理室	蔡菲	男	1961年01月	52	1980年03月	董事长	高级经济师	博士	浙江	5500
3	3002	经理室	谭文广	男	1982年01月	31	2004年05月	总经理	高级工程师	大本	浙江	5200
4	3003	经理室	张乐	女	1983年06月	30	2003年12月	副总经理	高级工程师	大本	辽宁	5000
5	3004	经理室	周新联	男	1982年02月	31	2010年02月	副总经理	高级经济师	博士	安徽	4600
6	3005	经理室	张爽	男	1977年05月	36	2000年07月	秘书	经济师	大专	辽宁	3100
7	3101	财务部	吕娜	女	1970年12月	42	1989年03月	部门经理	高级会计师	初中	四川	3100
8	3102	财务部	曹浩	女	1978年12月	34	1997年09月	高级职员	高级会计师	高中	北京	4300
9	3103	财务部	王进	男	1979年03月	34	1997年09月	普通职员	高级会计师	中专	黑龙江	2200
10	3104	财务部	陈江川	男	1981年03月	32	2003年12月	高级职员	助理会计师	职高	河北	3600

F2 =(TODAY()-E2)/365.25

图 8-12 年龄的计算结果

8.2.3 工资的调整

在人事档案管理的维护当中，“基本工资”数据是变动最多的数据项。有的时候是所有员工统一调整，有的时候是所有员工按不同幅度调整，还有的时候可能是个别调整。下面介绍利用选择性粘贴、按位置合并和按类别合并等方法完成不同工资调整需求的操作。

1. 统一调整

假设由于物价指数变化的影响，所有员工的基本工资上调30元，应用选择性粘贴实现的具体步骤如下。

步骤1：将“30”复制到剪贴板中。任选一个空单元格，输入“30”，选中该单元格，按Ctrl+C组合键或是单击“开始”选项卡“剪贴板”命令组的“复制”按钮。

步骤2：将剪贴板中的“30”加到“基本工资”数据项。选定L2:L101单元格区域，右击选定的区域，在弹出的快捷菜单中单击“选择性粘贴”命令。在弹出的“选择性粘贴”对话框中选择“运算”选项区域中的“加”单选钮，如图8-13所示，单击“确定”按钮。

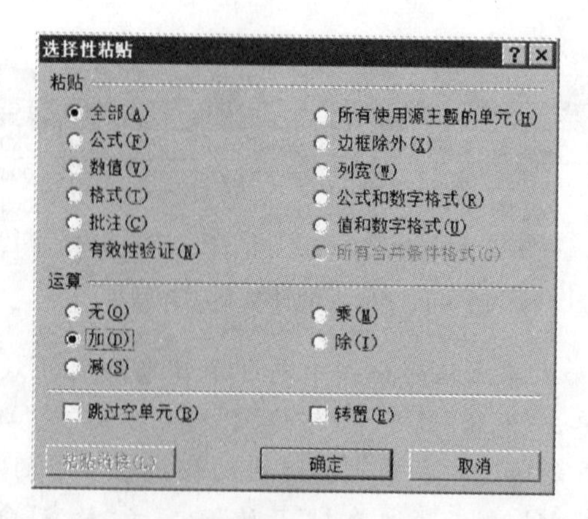

图 8-13 “选择性粘贴”对话框的设置

Excel 即自动将剪贴板中存储的“30”加到所有选定的单元格。

2. 按不同幅度调整

更多的情况是按照不同幅度调整工资。这时可以根据特定要求或标准,先建立员工的调整工资表。然后利用 Excel 的合并计算功能,将调整工资表与人事档案表合并即可。假设调整工资幅度是按照高级职称上调 200 元,中级职称上调 150 元,初级职称上调 50 元实施,则合并计算的具体步骤如下所示。

步骤 1:建立原工资表。将“人事档案”工作表复制一个;将复制后的工作表重命名为“调整前工资”。

步骤 2:建立调整工资表。将“人事档案”工作表复制一个;将复制后的工作表重命名为“普调工资”;将原来的“基本工资”栏改为“调整工资”,并根据要求计算出调整工资额。建立好的调整工资表如图 8-14 所示。

	A	B	C	D	E	F	G	H	I	J	K	L
1	序号	部门	姓名	性别	出生年月	年龄	工作年月	职务	职称	学历	籍贯	调整工资
2	3001	经理室	蔡菲	男	1961年01月	52	1980年03月	董事长	高级经济师	博士	浙江	200
3	3002	经理室	谭文广	男	1982年01月	31	2004年05月	总经理	高级工程师	大本	浙江	200
4	3003	经理室	张乐	女	1983年06月	30	2003年12月	副总经理	高级工程师	大本	辽宁	200
5	3004	经理室	周新联	男	1982年02月	31	2010年02月	副总经理	高级经济师	博士	安徽	200
6	3005	经理室	张爽	男	1977年05月	36	2000年07月	秘书	经济师	大专	辽宁	150
7	3101	财务部	吕娜	女	1970年12月	42	1989年03月	部门经理	高级会计师	初中	四川	200
8	3102	财务部	曹浩	女	1978年12月	34	1997年09月	高级职员	高级会计师	高中	北京	200
9	3103	财务部	王进	男	1979年03月	34	1997年09月	普通职员	高级会计师	中专	黑龙江	200
10	3104	财务部	陈江川	男	1981年03月	32	2003年12月	高级职员	助理会计师	职高	河北	100

图 8-14 调整工资表

因为“调整前工资”、“普调工资”和“人事档案”3 个工作表的格式完全一致,所以,可以应用 Excel 的按位置合并工作表进行合并计算。

步骤 3:选定存放合并结果的单元格区域。这里选定“人事档案”工作表的 L2 单元格或 L2:L101 单元格区域。

步骤 4:执行合并计算命令。单击菜单“数据”选项卡“数据工具”命令组的“合并计算”,打开“合并计算”对话框,如图 8-15 所示。

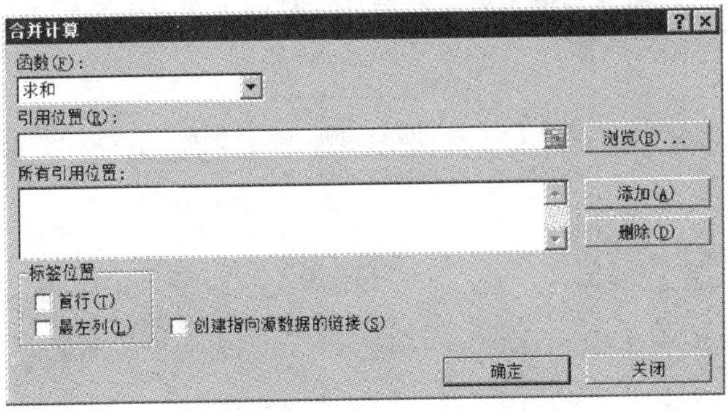

合并计算

函数(F)：

求和

引用位置(R)：

浏览(B)...

所有引用位置：

添加(A)

删除(D)

标签位置

首行(T)

最左列(L)

创建指向源数据的链接(S)

确定 关闭

图 8-15 “合并计算”对话框

步骤 5：输入合并计算选项。将焦点定位到“引用位置”文本框，选定“调整前工资”工作表的 L2:L101 单元格区域，单击“添加”按钮；再选定“普调工资”工作表的 L2:L101 单元格区域，单击“添加”按钮。输入完合并计算选项的对话框如图 8-16 所示，单击“确定”按钮。

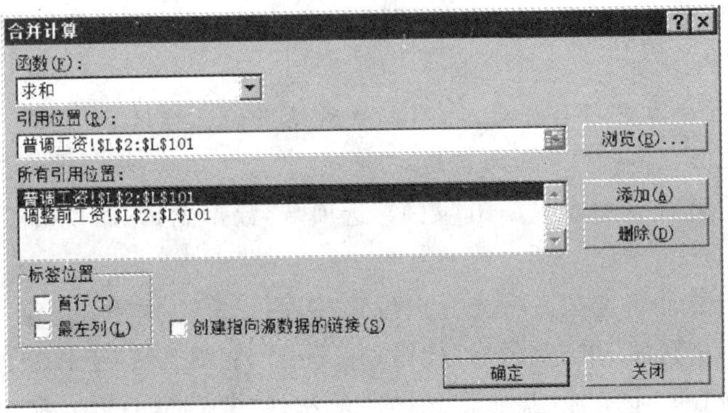

合并计算

函数(F)：

求和

引用位置(R)：

普调工资!$L$2:$L$101

浏览(B)...

所有引用位置：

普调工资!$L$2:$L$101

调整前工资!$L$2:$L$101

添加(A)

删除(D)

标签位置

首行(T)

最左列(L)

创建指向源数据的链接(S)

确定 关闭

图 8-16 “合并计算”对话框的设置

注意：*在第二次或以后选定新的引用位置时，只需要在工作表标签区域单击要合并的工作表标签，Excel 会自动选定与上一次引用位置相同的单元格区域。*

完成工资普调计算的“人事档案”工作表如图 8-17 所示。

	A	B	C	D	E	F	G	H	I	J	K	L
1	序号	部门	姓名	性别	出生年月	年龄	工作年月	职务	职称	学历	籍贯	基本工资
2	3001	经理室	蔡菲	男	1961年01月	52	1980年03月	董事长	高级经济师	博士	浙江	5700
3	3002	经理室	谭文广	男	1982年01月	31	2004年05月	总经理	高级工程师	大本	浙江	5400
4	3003	经理室	张乐	女	1983年06月	30	2003年12月	副总经理	高级工程师	大本	辽宁	5200
5	3004	经理室	周新联	男	1982年02月	31	2010年02月	副总经理	高级经济师	博士	安徽	4800
6	3005	经理室	张爽	男	1977年05月	36	2000年07月	秘书	经济师	大专	辽宁	3250
7	3101	财务部	吕娜	女	1970年12月	42	1989年03月	部门经理	高级会计师	初中	四川	3300
8	3102	财务部	曹浩	女	1978年12月	34	1997年09月	高级职员	高级会计师	高中	北京	4500
9	3103	财务部	王进	男	1979年03月	34	1997年09月	普通职员	高级会计师	中专	黑龙江	2400
10	3104	财务部	陈江川	男	1981年03月	32	2003年12月	高级职员	助理会计师	职高	河北	3700

图 8-17 工资普调计算后的结果

3. 个别调整

还有的时候需要对部分员工的工资进行调整，这时的调整工资表只包含需要调整工资的员工,如图 8-18 所示,也就是说需要进行合并计算的工作表的格式不同,行数不一样多,这时需要按分类进行合并计算。

	A	B	C	D	E	F	G	H	I	J	K	L
1	序号	部门	姓名	性别	出生年月	年龄	工作年月	职务	职称	学历	籍贯	调整工资
2	3307	技术部	董婕	男	1954年04月	59	1973年03月	普通职员	工程师	博士	浙江	200
3	3308	技术部	曾丽	女	1970年10月	42	1989年06月	普通职员	助理工程师	高中	辽宁	100
4	3312	技术部	潘梅	女	1968年06月	45	1989年10月	高级职员	工程师	中专	河北	200
5	3405	客服部	李仪	女	1963年04月	50	1981年05月	普通职员	工程师	初中	江苏	200
6	3603	市场部	董康	女	1963年12月	49	1983年10月	高级职员	高级工程师	职高	黑龙江	300
7	3611	市场部	冯玲	女	1969年04月	44	1989年06月	高级职员	高级经济师	硕士	河北	300
8	3804	信息部	姜曼	女	1957年05月	56	1980年04月	高级职员	高级工程师	高中	天津	300
9	3807	信息部	沈核	男	1964年05月	49	1986年09月	普通职员	经济师	高中	山西	200
10	3814	信息部	魏婕	男	1956年02月	57	1979年03月	普通职员	高级工程师	博士	黑龙江	300
11												

图 8-18　个别调整的个调工资表

假设“调整前工资”和“个调工资”工作表已分别建立好,按分类合并计算的具体操作步骤如下。

步骤 1:选定存放合并结果的单元格区域。这里选定“人事档案”工作表的 A2 单元格或 A2:L101 单元格区域。

注意:因为是按分类进行合并计算,所以存放结果的目标区域、计算的数据区域都需要包含分类依据(这里是“序号”)所在的区域。

步骤 2:执行合并计算命令。单击“数据”选项卡“数据工具”命令组的“合并计算”,打开“合并计算”对话框。

步骤 3:输入合并计算选项。将光标定位到“引用位置”文本框,选定“调整前工资”工作表的 A2:L101 单元格区域,单击“添加”按钮;再选定“个调工资”工作表的 A2:L10 单元格区域,单击“添加”按钮;选择“标志位置”中的“最左列”复选框。输入完合并计算选项的对话框如图 8-19 所示,单击“确定”按钮。

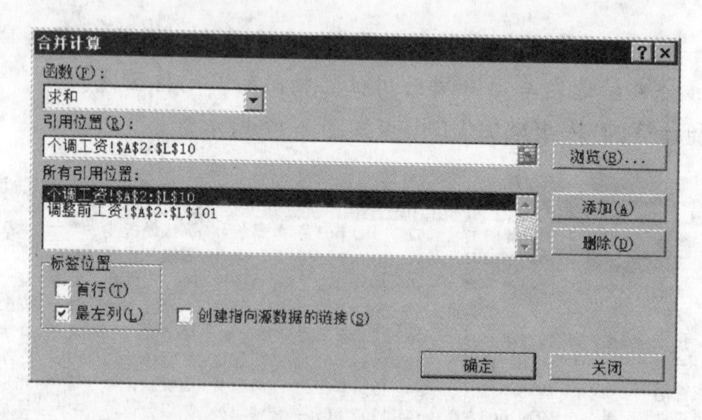

图 8-19　“合并计算”对话框的设置

注意:按分类合并计算的关键步骤是要勾选“标志位置”中的“首行”或“最左列”选项,或是同时勾选“首行”和“最左列”选项,这样 Excel 才能够正确地按指定的分类进行合并计算。

这时 Excel 将对指定单元格区域中所有包含数值的单元格进行合并计算,并忽略其他单元格。因为日期型数据也属于数值型数据，所以除了“年龄”，“出生年月”、“工作年月”也被错误地实施求和运算了。可以将“调整前工资”工作表的有关内容重新复制粘贴到“人事档案”工作表来。

8.3 人事档案的管理

人事档案管理日常应用最多的是查询操作。不同的查询需求可以通过 Excel 的排序和筛选操作完成。为了更方便地实施排序、筛选等数据管理的操作，可以先将普通的单元格区域转换成表。创建表的具体操作步骤如下。

注意：需要转换成表进行管理的单元格区域，相关数据之间不能有空行、空列，否则无法实现有关表的完整操作。

步骤 1：指定要转换成表的单元格区域。单击需转换成表的单元格区域中的任意单元格。

步骤 2：创建表。单击“插入”选项卡“表格”命令组的“表格”命令，打开“创建表”对话框，要求指定“表数据的来源”所在的单元格区域。由于步骤 1 的操作，Excel 会自动选定相应的单元格区域，如图 8-20 所示，单击“确定”按钮。

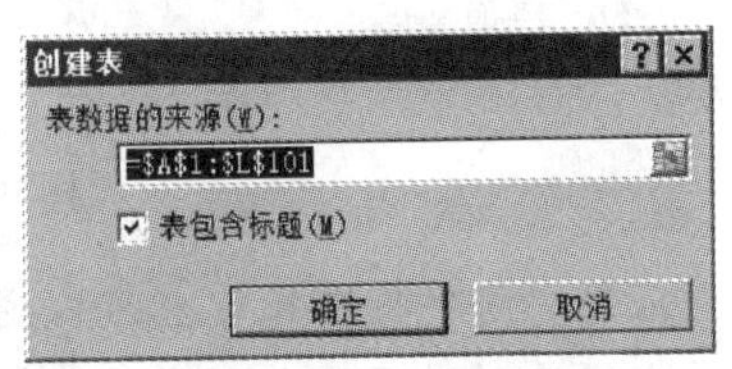

图 8-20 “创建表”对话框

创建表以后，表的第一行会出现“排序和筛选”箭头，而 Excel 功能区会自动出现并切换到“表格工具设计”上下文选项卡。可以通过该选项卡的命令快速完成设置表的表格样式以及常用的编辑、计算操作。当前显示的表格样式是“镶边行”，即表格内容以蓝白相间的方式显示，如图 8-21 所示。如果选择“汇总行”复选框，则自动在表的最下方显示表的汇总行。其他选项的功能请读者自行体验。

序号	部门	姓名	性别	出生年月	年龄	工作年月	职务	职称	学历	籍贯	基本工资
3001	经理室	蔡菲	男	1961年01月	52	1980年03月	董事长	高级经济师	博士	浙江	5700
3002	经理室	谭文广	男	1982年01月	31	2004年05月	总经理	高级工程师	大本	浙江	5400
3003	经理室	张乐	女	1983年06月	30	2003年12月	副总经理	高级工程师	大本	辽宁	5200
3004	经理室	周新联	男	1982年02月	31	2010年02月	副总经理	高级经济师	博士	安徽	4800
3005	经理室	张爽	男	1977年05月	36	2000年07月	秘书	经济师	大专	辽宁	3250
3101	财务部	吕娜	女	1970年12月	42	1989年03月	部门经理	高级会计师	初中	四川	3300
3102	财务部	曹浩	女	1978年12月	34	1997年09月	高级职员	高级会计师	高中	北京	4500
3103	财务部	王进	男	1979年03月	34	1997年09月	普通职员	高级会计师	中专	黑龙江	2400
3104	财务部	陈江川	男	1981年03月	32	2003年12月	高级职员	助理会计师	职高	河北	3700

图 8-21 新创建的表

注意：当向下滚动表时，表的标题会代替列标始终显示在表的上方，方便用户参照。

人事档案的数据通常是按照员工编号的顺序排列的，在日常管理中经常需要按照特定的次序,例如姓名、年龄或是职称等重新排列。经过重新排列的人事档案使用起来更为方便,这在 Excel 中可以十分方便地实现。本节主要介绍不同排序方法的应用。

8.3.1 简单排序

当需要按照单个字段排序时,可以通过单击“数据”选项卡“排序和筛选”命令组的“升序”和“降序”按钮实现。例如需要按照年龄从大到小排序,其操作步骤是:先选定“年龄”字段名所在的单元格 F1,然后单击“数据”选项卡“排序和筛选”命令组的“降序”按钮,排序结果如图 8-22 所示。

	序号	部门	姓名	性别	出生年月	年龄	工作年月	职务	职称	学历	籍贯	基本工资
2	3703	销售部	姜峰	男	1952年11月	60	1975年07月	部门经理	工程师	大本	广东	2850
3	3307	技术部	董婕	男	1954年04月	59	1973年03月	普通职员	工程师	博士	浙江	1250
4	3814	信息部	魏婕	男	1956年02月	57	1979年03月	普通职员	高级工程师	博士	黑龙江	1300
5	3804	信息部	姜曼	女	1957年05月	56	1980年04月	高级职员	高级工程师	高中	天津	2100
6	3801	信息部	曾洪	女	1958年04月	55	1981年09月	高级职员	工程师	中专	安徽	3550
7	3409	客服部	叶康	男	1958年06月	55	1980年02月	部门经理	高级工程师	高中	山东	2600
8	3105	财务部	苏勃	男	1959年01月	54	1977年09月	高级职员	会计师	大本	天津	3850
9	3706	销售部	蒋丽	女	1960年02月	53	1983年03月	高级职员	高级工程师	高中	四川	2500
10	3001	经理室	蔡菲	男	1961年01月	52	1980年03月	董事长	高级经济师	博士	浙江	5700
11	3206	工程部	余纲	男	1961年11月	51	1985年01月	部门经理	经济师	大专	广东	3350

图 8-22 按年龄“降序”排序的结果

注意:简单排序操作也可以通过“排序和筛选”箭头完成。单击相应字段的筛选箭头,然后在弹出的选项中直接单击“升序”或“降序”即可。

如果需要按照年龄从小到大排序,则应该单击“数据”选项卡“排序和筛选”命令组的“升序”按钮。如果需要恢复原来的次序,即按“序号”从小到大排序。则可以先选定“序号”字段名所在的单元格 A1,然后单击“数据”选项卡“排序和筛选”命令组的“升序”按钮,即可恢复原来的次序。

8.3.2 复合排序

有的时候需要同时按照多个字段进行复合排序。假设需要按照部门排序,同一部门的按照性别排序,同一部门、相同性别的按照年龄排序。这虽然也可以应用多次简单排序的方法实现,但是直接应用“排序”命令更为方便,具体操作步骤如下。

步骤 1:执行排序命令。将光标定位到表中任意单元格,单击“数据”选项卡“排序和筛选”命令组的“排序”,打开“排序”对话框。

步骤 2:指定排序参数。在“主要关键字”下拉框中选“部门”,“排序依据”和“次序”按默认设置;然后单击“添加条件”按钮,对话框中会出现“次要关键字”参数选项,在“次要关键字”下拉框中选“性别”,“排序依据”和“次序”按默认设置;再次单击“添加条件”按钮,对话框中会出现新的“次要关键字”参数选项,在下拉框中选“年龄”;假设年龄按从大到小排列,选定第二个“次要关键字”的“次序”下拉列表中的“降序”选项,如图 8-23 所示;单击“确定”按钮。

排序结果如图 8-24 所示。

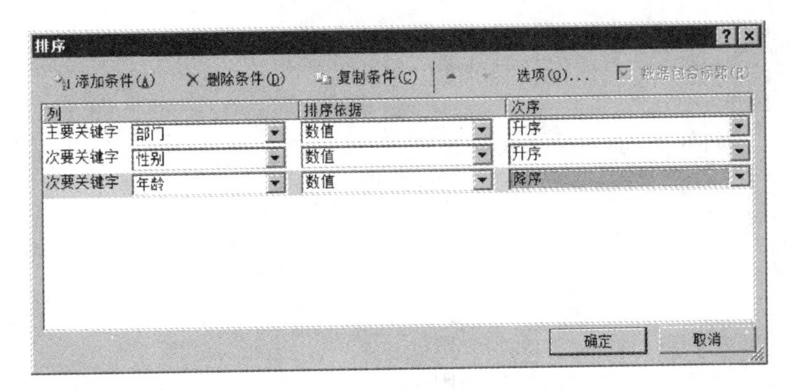

图 8-23 复合排序的设置

	序号	部门	姓名	性别	出生年月	年龄	工作年月	职务	职称	学历	籍贯	基本工资
2	3105	财务部	苏勃	男	1959年01月	54	1977年09月	高级职员	会计师	大本	天津	3850
3	3103	财务部	王进	男	1979年03月	34	1997年09月	普通职员	高级会计师	中专	黑龙江	2400
4	3104	财务部	陈江川	男	1981年03月	32	2003年12月	高级职员	助理会计师	职高	河北	3700
5	3106	财务部	李龙吟	男	1985年04月	28	2005年06月	部门经理	助理会计师	职高	北京	5100
6	3108	财务部	尹洪群	男	1988年03月	25	2011年08月	高级职员	助理会计师	高中	甘肃	1600
7	3101	财务部	吕娜	女	1970年12月	42	1989年03月	部门经理	高级会计师	初中	四川	3300
8	3102	财务部	曹浩	女	1978年12月	34	1997年09月	高级职员	高级会计师	高中	北京	4500
9	3109	财务部	俞丽	女	1979年06月	34	1999年01月	部门经理	高级会计师	大本	湖北	4800
10	3107	财务部	周金馨	女	1984年09月	28	2003年09月	高级职员	会计师	大本	青海	2750
11	3206	工程部	余纲	男	1961年11月	51	1985年01月	部门经理	经济师	大专	广东	3350
12	3202	工程部	李大德	男	1975年07月	38	1997年10月	普通职员	高级工程师	高中	河北	2300
13	3210	工程部	李进	男	1978年10月	34	1998年05月	高级职员	高级工程师	大本	天津	4800
14	3205	工程部	刘润杰	男	1984年11月	28	2004年03月	部门经理	经济师	博士	贵州	4850
15	3211	工程部	苏峰	女	1972年08月	41	1994年04月	部门经理	工程师	大专	贵州	2550
16	3204	工程部	潘梅	女	1974年07月	39	1994年06月	部门经理	高级经济师	大专	云南	3600

图 8-24 复合排序的结果

8.3.3 特殊排序

Excel 的排序命令还有多种选项可以选择。例如，一般情况下 Excel 都是按照字母序列排序的，但是按中文姓名排序有时需要按姓氏笔画排序。这时需要通过设置排序选项实现，具体操作步骤如下。

步骤 1：执行排序命令。单击“数据”选项卡“排序和筛选”命令组的“排序”，打开“排序”对话框。

步骤 2：指定排序关键字。在“主要关键字”下拉框中选“姓名”。

步骤 3：设置排序选项。单击“排序”对话框中的“选项”按钮，打开“排序选项”对话框。指定“方法”为“笔画排序”，如图 8-25 所示，单击“确定”按钮结束排序选项的设置，返回“排序”对话框。

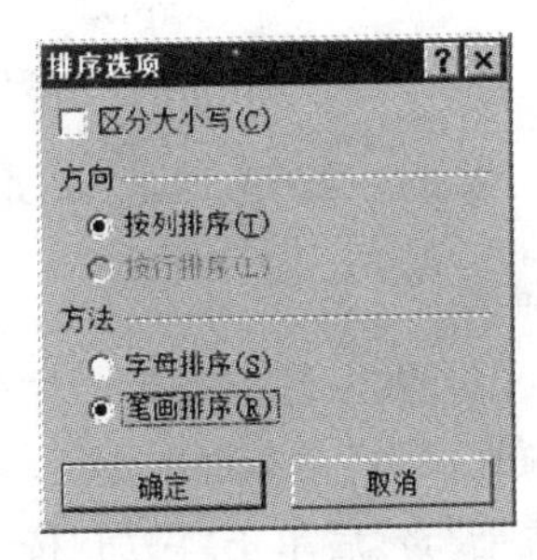

图 8-25 “排序选项”对话框的设置

单击“确定”执行指定的排序操作，排序结果如图 8-26 所示。

	序号	部门	姓名	性别	出生年月	年龄	工作年月	职务	职称	学历	籍贯	基本工资
2	3511	人力部	于康	女	1973年11月	39	1993年05月	部门经理	经济师	大本	上海	2450
3	3305	技术部	于琳	女	1974年01月	39	1993年07月	高级职员	工程师	硕士	辽宁	4050
4	3103	财务部	王进	男	1979年03月	34	1997年09月	普通职员	高级会计师	中专	黑龙江	2400
5	3408	客服部	王利华	女	1983年05月	30	2002年07月	普通职员	助理工程师	中专	河北	2300
6	3318	技术部	王霞	女	1980年01月	33	1999年04月	部门经理	工程师	大专	北京	4450
7	3108	财务部	尹洪群	男	1988年03月	25	2011年08月	高级职员	助理会计师	高中	甘肃	1600
8	3702	销售部	邓惠	男	1963年04月	50	1982年03月	部门经理	经济师	大本	黑龙江	4650
9	3409	客服部	叶康	男	1958年06月	55	1980年02月	部门经理	高级工程师	高中	山东	2600
10	3809	信息部	叶琳	女	1975年02月	38	1996年08月	部门经理	工程师	大本	吉林	4650
11	3611	市场部	冯玲	女	1969年04月	44	1989年06月	高级职员	高级经济师	硕士	河北	1800

图 8-26　按“姓名笔画升序”排序的结果

需要按照学历高低排序时，如果应用简单排序的方法排序，排出来的顺序是字母序：“博士”、“初中”、“大本”、“大专”……。这时需要人为定义一个自定义序列，然后按照指定的序列排序，具体操作步骤如下。

步骤 1：打开“Excel 选项”对话框。单击“文件”→“选项”，打开“Excel 选项”对话框，选择“高级”选项卡并拖曳右侧滚动条至最下方，出现“编辑自定义列表”按钮，如图 8-27 所示。

Excel 选项
常规
公式
校对
保存
语言
高级
自定义功能区
快速访问工具栏
加载项
信任中心
提供声音反馈(S)
提供动画反馈(A)
忽略使用动态数据交换(DDE)的其他应用程序(O)
请求自动更新链接(U)
显示加载项用户接口错误(U)
缩放内容以适应 A4 或 8.5 x 11" 纸张大小(A)
显示客户提交的 Office.com 内容(B)
启动时打开此目录中的所有文件(L):
Web 选项(P)...
启用多线程处理(P)
禁用撤消大型数据透视表刷新操作以减少刷新时间
禁用撤消至少具有此数目的数据源行(千)的数据透视表: 300
创建用于排序和填充序列的列表: 编辑自定义列表(O)...
Lotus 兼容性
Microsoft Excel 菜单键(M): /
Lotus 1-2-3 常用键(K)
Lotus 兼容性设置(L): 人事档案
转换 Lotus 1-2-3 表达式(F)
转换 Lotus 1-2-3 公式(U)
确定
取消

图 8-27　“Excel 选项”对话框

步骤 2：建立自定义序列。单击“编辑自定义列表”按钮，打开“自定义序列”对话框。在“输入序列”文本框中逐行输入“初中”、“中专”、“职高”、“高中”、“大专”、“大本”、“硕士”和“博士”，然后单击“添加”按钮。刚刚输入的序列按照输入的顺序，进入左边的“自定义序列”列表中，如图 8-28 所示，单击“确定”按钮，然后关闭“Excel 选项”对话框。

注意：也可事先在某个单元格区域输入有关的自定义序列，然后利用“从单元格中导入序列”功能导入。

步骤 3：按自定义序列排序。单击“数据”选项卡“排序和筛选”命令组的“排序”，打开

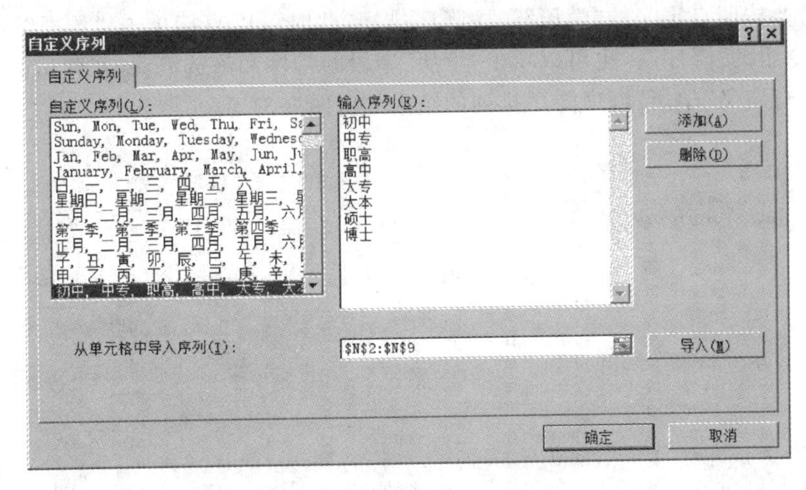

图 8-28 “自定义序列”的设置

“排序”对话框。在“主要关键字”下拉框中选“学历”。在“次序”下拉框中选“自定义序列”，在弹出的“自定义序列”对话框中，从“自定义序列”列表中选刚刚建立的“初中、中专、职高、高中、大专、大本、硕士、博士”序列，单击“确定”按钮，关闭“自定义序列”对话框，如图 8-29 所示。

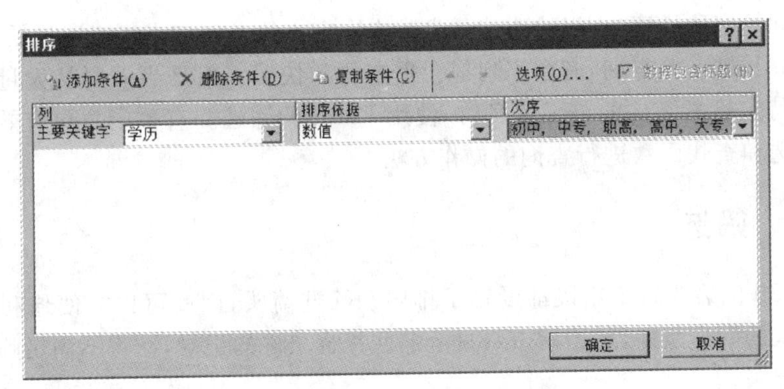

图 8-29 “排序”对话框的设置

单击“确定”执行指定的排序操作，排序结果如图 8-30 所示，可以比较清楚地查看公司的学历构成情况。

	序号	部门	姓名	性别	出生年月	年龄	工作年月	职务	职称	学历	籍贯	基本工资
4	3502	人力部	曾惠	女	1978年08月	35	2001年05月	普通职员	高级经济师	初中	重庆	2000
5	3701	销售部	李小平	男	1980年12月	32	2000年10月	高级职员	经济师	初中	云南	4950
6	3705	销售部	焦戈	女	1986年11月	26	2007年07月	高级职员	工程师	初中	吉林	1450
7	3708	销售部	李燕	女	1983年10月	29	2006年05月	高级职员	经济师	初中	黑龙江	2750
8	3805	信息部	李红	女	1972年10月	40	1991年03月	高级职员	高级经济师	初中	贵州	1700
9	3103	财务部	王进	男	1979年03月	34	1997年09月	普通职员	高级会计师	中专	黑龙江	2400
10	3209	工程部	余娜	女	1978年05月	35	2000年12月	部门经理	工程师	中专	贵州	3450
11	3312	技术部	潘梅	女	1968年06月	45	1989年10月	高级职员	工程师	中专	河北	1350
12	3403	客服部	苑平	男	1983年05月	30	2002年06月	高级职员	工程师	中专	江西	3150
13	3408	客服部	王利华	女	1983年05月	30	2002年07月	普通职员	助理工程师	中专	河北	2300
14	3412	客服部	余凯	女	1963年05月	50	1981年09月	高级职员	助理工程师	中专	河南	3800
15	3507	人力部	赵希明	女	1980年06月	33	2003年06月	普通职员	工程师	中专	浙江	2850

图 8-30 按“学历”排序的结果

如果需要按照自定义的“学历”顺序降序排序,此时可以直接单击“数据”选项卡“排序和筛选”命令组的“降序”。也可以单击“学历”字段的排序和筛选箭头,在弹出的选项中选择“降序”。按自定义“学历”顺序降序排列的结果如所图 8-31 示。

	序号	部门	姓名	性别	出生年月	年龄	工作年月	职务	职称	学历	籍贯	基本工资
2	3001	经理室	蔡菲	男	1961年01月	52	1980年03月	董事长	高级经济师	博士	浙江	5700
3	3004	经理室	周新联	男	1982年02月	31	2010年02月	副总经理	高级经济师	博士	安徽	4800
4	3205	工程部	刘润杰	男	1984年11月	28	2004年03月	部门经理	经济师	博士	贵州	4850
5	3207	工程部	曾曼	女	1977年09月	36	1999年12月	高级职员	工程师	博士	北京	3950
6	3306	技术部	高俊	男	1984年07月	29	2004年04月	高级职员	高级工程师	博士	湖南	3700
7	3307	技术部	董婕	男	1954年04月	59	1973年03月	普通职员	工程师	博士	浙江	1250
8	3311	技术部	戴家宏	男	1973年10月	39	1999年03月	部门经理	工程师	博士	河北	2750
9	3316	技术部	袁静	女	1976年01月	37	1996年03月	高级职员	工程师	博士	四川	3850
10	3317	技术部	蒋惠	女	1964年02月	49	1984年03月	高级职员	工程师	博士	辽宁	2250
11	3404	客服部	张淑纺	女	1986年08月	27	2007年05月	普通职员	工程师	博士	山东	1950
12	3806	信息部	曹明菲	女	1981年11月	31	2000年05月	高级职员	经济师	博士	江西	3050
13	3813	信息部	沈宁	女	1989年03月	24	2009年04月	部门经理	工程师	博士	青海	5050
14	3814	信息部	魏婕	男	1956年02月	57	1979年03月	普通职员	高级工程师	博士	黑龙江	1300
15	3203	工程部	任萍	女	1985年05月	28	2008年10月	高级职员	工程师	硕士	湖南	3150

图 8-31　按“学历”降序排序的结果

8.4 人事档案的查询

按照不同的字段排序,可以给查找信息带来一定方便。例如查找工资最低的,学历最高的,或是按部门、姓名等查询,有序序列都会更方便和快捷。但是当需要从大量的人事档案中找到符合特定检索条件的员工信息时,使用 Excel 的筛选和有关函数更有效。本节主要介绍利用筛选和查找函数进行查询的操作方法。

8.4.1 筛选

由于 Excel 的表为每个字段都设置了排序和筛选箭头,因此可以方便地利用这些箭头设置多种形式的筛选条件,使当前表只显示那些符合条件的记录,而将不满足筛选条件的记录暂时隐藏起来。

假设需要检索所有职务为“部门经理”的员工,具体操作步骤如下。

单击“职务”字段的排序和筛选箭头,Excel 会弹出排序和筛选选项,如图 8-32 所示。

取消“全部”复选框的勾选,再勾选“部门经理”,单击“确定”按钮,筛选结果如图 8-33 所示。

注意:筛选结果的行号字体颜色由黑色变成了蓝色,而且行号也不是连续的,说明有一些不满足筛选条件的记录被隐藏了。

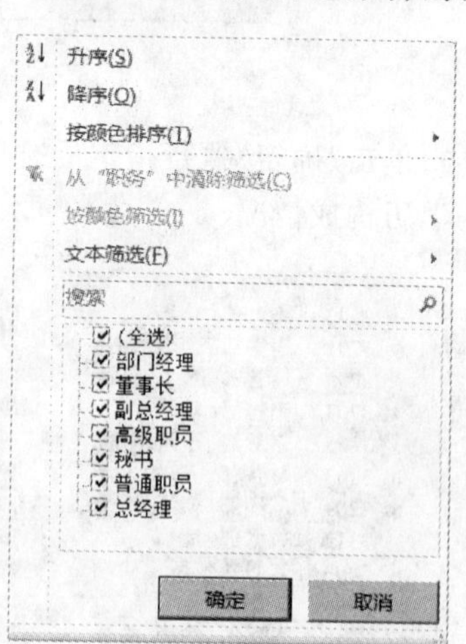

图 8-32　排序和筛选选项

除了简单地选择选项进行筛选以外,不同类型的字段还可以通过设置多种不同的筛选条件进行更复杂的筛选。

假设需要检索所有高级职称的员工,具体操作步骤

	序号	部门	姓名	性别	出生年月	年龄	工作年月	职务	职称	学历	籍贯	基本工资
7	3101	财务部	吕娜	女	1970年12月	42	1989年03月	部门经理	高级会计师	初中	四川	3300
12	3106	财务部	李龙吟	男	1985年04月	28	2005年06月	部门经理	助理会计师	职高	北京	5100
15	3109	财务部	俞丽	女	1979年06月	34	1999年01月	部门经理	高级会计师	大本	湖北	4800
19	3204	工程部	潘梅	女	1974年07月	39	1994年06月	部门经理	高级经济师	大专	云南	3600
20	3205	工程部	刘润杰	男	1984年11月	28	2004年03月	部门经理	经济师	博士	贵州	4850
21	3206	工程部	余纲	男	1961年11月	51	1985年01月	部门经理	经济师	大专	广东	3350
23	3208	工程部	蔡勃	女	1975年09月	38	1997年02月	部门经理	工程师	大本	湖南	4750
24	3209	工程部	余娜	女	1978年05月	35	2000年12月	部门经理	工程师	中专	贵州	3450
26	3211	工程部	苏峰	女	1972年08月	41	1994年04月	部门经理	工程师	大专	贵州	2550
35	3309	技术部	胡大冈	男	1975年03月	38	1994年05月	部门经理	工程师	高中	青海	4250

图 8-33 “部门经理”筛选结果

如下。

单击“职称”字段的排序和筛选箭头，Excel 会弹出与图 8-32 类似的“职称”字段的排序和筛选选项。单击“文本筛选”→“开头是”，打开“自定义自动筛选方式”对话框。左侧的运算符下拉框中自动选定“开头是”，如图 8-34 所示。

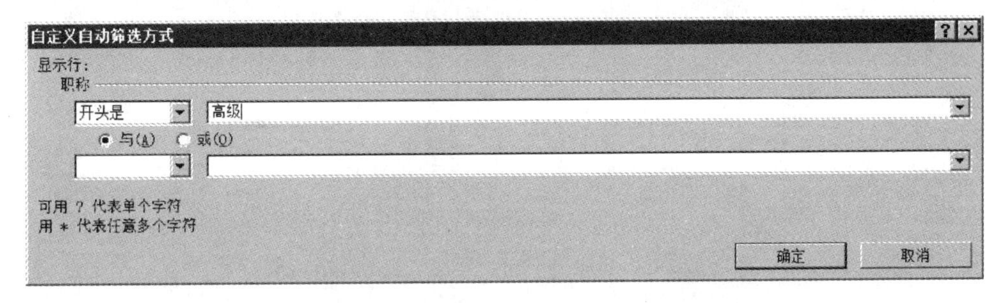

图 8-34 “自定义自动筛选方式”对话框

在右侧运算值文本框输入“高级”，单击“确定”按钮，筛选结果如图 8-35 所示。

	序号	部门	姓名	性别	出生年月	年龄	工作年月	职务	职称	学历	籍贯	基本工资
2	3001	经理室	蔡菲	男	1961年01月	52	1980年03月	董事长	高级经济师	博士	浙江	5700
3	3002	经理室	谭文广	男	1982年01月	31	2004年05月	总经理	高级工程师	大本	浙江	5400
4	3003	经理室	张乐	女	1983年06月	30	2003年12月	副总经理	高级工程师	大本	辽宁	5200
5	3004	经理室	周新联	男	1982年02月	31	2010年02月	副总经理	高级经济师	博士	安徽	4800
7	3101	财务部	吕娜	女	1970年12月	42	1989年03月	部门经理	高级会计师	初中	四川	3300
8	3102	财务部	曹浩	女	1978年12月	34	1997年09月	高级职员	高级会计师	高中	北京	4500
9	3103	财务部	王进	男	1979年03月	34	1997年09月	普通职员	高级会计师	中专	黑龙江	2400
15	3109	财务部	俞丽	女	1979年06月	34	1999年01月	部门经理	高级会计师	大本	湖北	4800
16	3201	工程部	李小东	女	1983年05月	30	2006年04月	高级职员	高级工程师	大专	山东	1600
17	3202	工程部	李大德	男	1975年07月	38	1997年10月	普通职员	高级工程师	高中	河北	2300
19	3204	工程部	潘梅	女	1974年07月	39	1994年06月	部门经理	高级经济师	大专	云南	3600

图 8-35 “高级”职称的筛选结果

注意：该筛选条件表示所有以“高级”二字开始的职称，即包括“高级工程师”、“高级经济师”和“高级会计师”等。也可以用“*”代表任意多个字符，在左侧运算符下拉框选“等于”；在右侧运算值框中输入“高级*”。

自定义自动筛选方式还可以设置更复杂的条件。假设需要检索 20 世纪 80 年代参加工作的员工，即在 1980 年 1 月至 1989 年 12 月时间段参加的员工，具体操作步骤如下。

单击“工作年月”字段的排序和筛选箭头，Excel 会弹出与图 8-32 类似的“工作年月”字段的排序和筛选选项。单击“日期筛选”→“自定义筛选”，打开“自定义自动筛选方式”对话框。上面一组筛选条件：在左侧的运算符下拉框中选“在以下日期之后或与之相同”，右侧运算值文本框中输入“1980 年 1 月”；下面一组筛选条件：在左侧的运算符下拉框中选“在以下日期之前或与之相同”，右侧运算值文本框中输入“1989 年 12 月”；两个条件的关系设置为“与”，设置完成的对话框如图 8-36 所示。

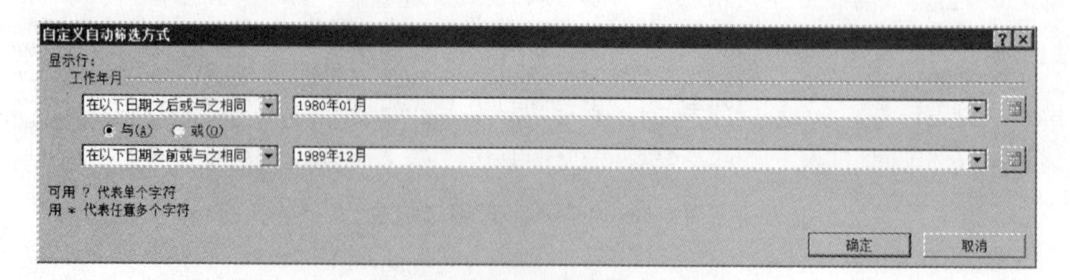

图 8-36　设置完成的“自定义自动筛选方式”对话框

单击“确定”按钮，筛选结果如图 8-37 所示。

	序号	部门	姓名	性别	出生年月	年龄	工作年月	职务	职称	学历	籍贯	基本工资
2	3001	经理室	蔡菲	男	1961年01月	52	1980年03月	董事长	高级经济师	博士	浙江	5700
7	3101	财务部	吕娜	女	1970年12月	42	1989年03月	部门经理	高级会计师	初中	四川	3300
21	3206	工程部	余纲	男	1961年11月	51	1985年01月	部门经理	经济师	大专	广东	3350
34	3308	技术部	曾丽	女	1970年10月	42	1989年06月	普通职员	助理工程师	高中	辽宁	1400
38	3312	技术部	潘梅	女	1968年06月	45	1989年10月	高级职员	工程师	中专	河北	1350
43	3317	技术部	蒋惠	女	1964年02月	49	1984年03月	高级职员	工程师	博士	辽宁	2250
45	3401	客服部	曹婕	女	1970年05月	43	1988年11月	部门经理	工程师	大本	辽宁	2450
46	3402	客服部	曹玲	女	1965年08月	48	1985年09月	部门经理	助理工程师	高中	浙江	5100
49	3405	客服部	李仪	女	1963年04月	50	1981年05月	普通职员	工程师	初中	江苏	1250
51	3407	客服部	彭平利	男	1969年10月	43	1989年01月	高级职员	工程师	硕士	陕西	4850

图 8-37　“20 世纪 80 年代”参加工作的筛选结果

筛选操作也可以实现制作类似排行榜的功能。假设需要检索出公司中基本工资最高的 5 名员工，具体操作步骤如下。

单击“基本工资”字段的排序和筛选箭头，Excel 会弹出与图 8-32 类似的“基本工资”字段的排序和筛选选项。单击“数字筛选”→“10 个最大的值”，打开“自动筛选前 10 个”对话框。调整中间的数字调节钮，设置为“5”，设置完成的对话框如图 8-38 所示。

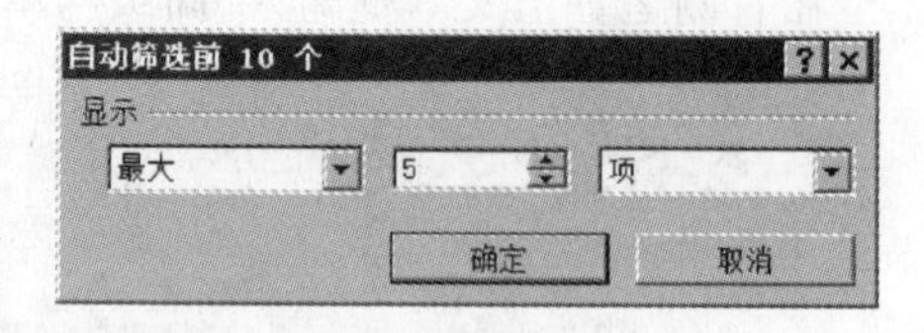

图 8-38　“自动筛选前 10 个”对话框的设置

单击“确定”按钮，筛选结果如图 8-39 所示。

	序号	部门	姓名	性别	出生年月	年龄	工作年月	职务	职称	学历	籍贯	基本工资
2	3001	经理室	蔡菲	男	1961年01月	52	1980年03月	董事长	高级经济师	博士	浙江	5700
3	3002	经理室	谭文广	男	1982年01月	31	2004年05月	总经理	高级工程师	大本	浙江	5400
4	3003	经理室	张乐	女	1983年06月	30	2003年12月	副总经理	高级工程师	大本	辽宁	5200
12	3106	财务部	李龙吟	男	1985年04月	28	2005年06月	部门经理	助理会计师	职高	北京	5100
46	3402	客服部	曹玲	女	1965年08月	48	1985年09月	部门经理	助理工程师	高中	浙江	5100

图 8-39　“基本工资最高的 5 名员工”筛选的结果

应用排序和筛选箭头还可以同时对多个字段设置筛选条件，这时 Excel 将筛选同时符合所设置的多个筛选条件的记录。假设需要检索学历为“大本”、职称为“工程师”的女员工。则可以分别对“学历”、“职称”和“性别”设置筛选条件，筛选结果如图 8-40 所示。

注意：当需要取消某个字段设置的筛选条件时，可以单击该字段的排序和筛选箭头，然后单击相应的“从……中清除筛选”命令即可。

	序号	部门	姓名	性别	出生年月	年龄	工作年月	职务	职称	学历	籍贯	基本工资
23	3208	工程部	蔡勃	女	1975年09月	38	1997年02月	部门经理	工程师	大本	湖南	4750
28	3302	技术部	邵林	女	1982年09月	31	2003年12月	高级职员	工程师	大本	四川	1950
45	3401	客服部	曹婕	女	1970年05月	43	1988年11月	部门经理	工程师	大本	辽宁	2450
96	3809	信息部	叶琳	女	1975年02月	38	1996年08月	部门经理	工程师	大本	吉林	4650
97	3810	信息部	张玟	女	1984年01月	29	2003年02月	高级职员	工程师	大本	河南	4850

图 8-40 复合筛选的结果

8.4.2 高级筛选

8.4.1 节介绍的筛选一般称作自动筛选，虽然自动筛选的功能很强，但是也有一定的局限性：同一个字段的自定义自动筛选方式最多只能设置两个条件；不同字段之间筛选条件的关系只能是“与”的关系。所以有的筛选功能无法实现。假设需要筛选出到 2012 年 12 月 31 日已达到退休年龄(男 60 岁，女 55 岁)的人员名单，用自动筛选就无法实现。这可以通过 Excel 的高级筛选命令实现。高级筛选的功能更强，但是操作也相对复杂。首先需要在工作表的某个单元格区域，按照一定的格式要求设置筛选条件，然后再执行高级筛选操作。要筛选出到 2012 年 12 月 31 日达到退休年龄的人员名单，其具体操作步骤如下。

步骤 1：设置条件区域。在数据区域的下方 D103:E105 单元格区域设置高级筛选条件，如图 8-41 所示。

注意：*条件区域的格式是第 1 行为字段名(可以从要筛选的表复制)，以下可以设置多行筛选条件。相同行的筛选条件为“与”的关系，不同行的筛选条件为“或”的关系。*

步骤 2：执行高级筛选命令。单击“数据”选项卡“排序和筛选”命令组的“高级”，打开“高级筛选”对话框。

步骤 3：设置高级筛选选项。在“列表区域”框中指定 A1:L101 单元个区域，在“条件区域”框中指定 D103:E105 单元格区域，其他选项按默认设置，如图 8-42 所示。

性别	出生年月
男	<1953/1/1
女	<1958/1/1

图 8-41 设置高级筛选条件

高级筛选
方式
在原有区域显示筛选结果(F)
将筛选结果复制到其他位置(O)
列表区域(L)： $A$1:$L$101
条件区域(C)： $D$103:$E$105
复制到(T)：
选择不重复的记录(R)
确定 取消

图 8-42 “高级筛选”对话框的设置

单击“确定”按钮，筛选结果如图 8-43 所示。

	A	B	C	D	E	F	G	H	I	J	K	L
1	序号	部门	姓名	性别	出生年月	年龄	工作年月	职务	职称	学历	籍贯	基本工资
81	3703	销售部	姜峰	男	1952年11月	60	1975年07月	部门经理	工程师	大本	广东	2850
91	3804	信息部	姜曼	女	1957年05月	56	1980年04月	高级职员	高级工程师	高中	天津	2100
102												
103				性别	出生年月							
104				男	<1953/1/1							
105				女	<1958/1/1							

图 8-43 高级筛选的结果

注意：高级筛选的条件区域通常设置在数据区域的下方，以免筛选后被隐藏。同时注意条件区域与数据区域之间至少应空一行。

8.4.3 单个查询

在人事档案查询工作中，经常需要完成的是根据给定的某个字段值，快速查找到相应员工的详细信息。下面介绍如何通过预先设置的函数和公式，实现自动根据用户输入的员工序号实时查询员工详细信息的功能。

该功能可以使用 Excel 的查找函数 VLOOKUP 实现。VLOOKUP 函数的功能是在指定单元格区域中的第 1 列查找满足条件的数据，并根据指定的列号返回对应的数据。其语法规则是：

```
VLOOKUP(Lookup_value,Table_array,Col_index_num,Range_lookup)
```

该函数有 4 个参数。Lookup_value 为需要在指定单元格区域中第 1 列查找的数值，可以为数值、引用或字符串；Table_array 为指定的需要查找数据的单元格区域；Col_index_num 为 Table_array 中待返回的匹配值的列序号；Range_lookup 为一逻辑值，它决定 VLOOKUP 函数的查找方式：如果为 FALSE，函数进行精确匹配，如果找不到会返回错误值 #N/A；如果为 TRUE 或省略，函数进行近似匹配，也就是说找不到时会返回小于 Lookup_value 的最大值。但是，这种查找方式要求数据表必须按第 1 列升序排列。

使用 VLOOKUP 函数完成上述功能的具体操作步骤如下。

步骤 1：建立查询工作表。将"人事档案"工作表复制一个，并将新复制的工作表重命名为"查询"，保留第 1 行信息，删除其他单元格内容。

步骤 2：输入查询条件。在 A2 单元格任意输入一名员工的序号，例如"3001"。

步骤 3：建立"部门"查询公式。选定 B2 单元格，单击"公式"选项卡"函数库"命令组的"查找与引用"，选择 VLOOKUP 函数。在弹出的"函数参数"对话框中设置相应参数，如图 8-44 所示。

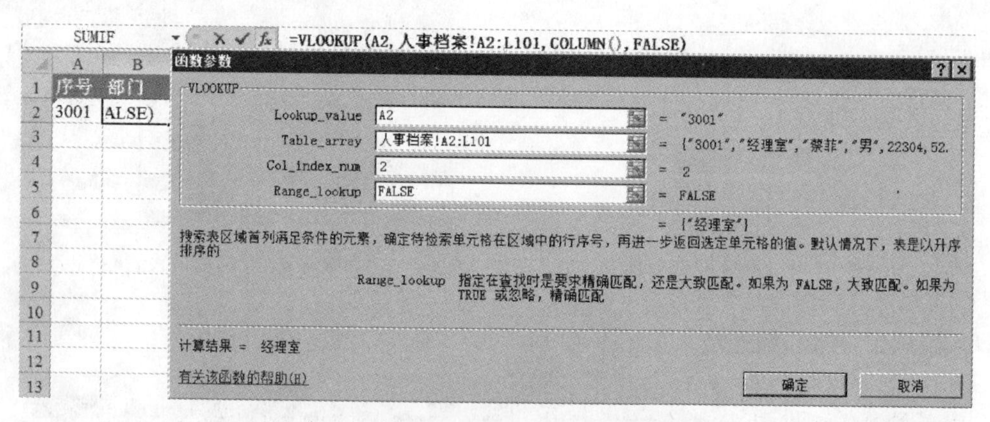

图 8-44 VLOOKUP 函数"函数参数"的设置

注意：该函数参数对话框有关 Range_lookup 参数说明有误。

根据公式可以看出，要查找的数值是 A2 单元格中指定的序号；需要查找的单元格区域是"人事档案"工作表的 A2:L101(其中第 1 列为"序号")；待返回的列序号为"2"，即"部门"

所在的列；查找方式为精确匹配。因为指定的序号是“3001”，所以该函数的返回值是“经理室”。

步骤4：完善“部门”的查询公式。如果希望利用自动填充的方法，根据“部门”的查询公式建立其他信息的查询公式，还需进一步完善该公式。分析上述公式可以看出，其他信息的查询公式与“部门”的查询公式类似，只是需要返回的列序号相应地改为“3”、“4”、“5”等。这正好和公式所在的列号一致，所以可以将公式中 VLOOKUP 函数的第 3 个参数改为 COLUMN()。另外，由于在自动填充公式时，公式中的单元格相对引用会自动改变，而这里希望不变，所以应将它们改成绝对引用。完善后的“部门”查询公式为“=VLOOKUP($A$2,人事档案!$A$2:$L$101,COLUMN(),FALSE)”。

注意：COLUMN 函数返回公式所在单元格的列的序号，类似的还有 ROW 函数，可以返回公式所在单元格的行号。

步骤5：建立“姓名”、“性别”、“出生日期”等其他信息的查询公式。采用自动填充方式，将 B2 单元格的公式填充到 C2:L2 单元格区域，如图 8-45 所示。

B2 =VLOOKUP($A$2,人事档案!$A$2:$L$101,COLUMN(),FALSE)

	A	B	C	D	E	F	G	H	I	J	K	L	M
1	序号	部门	姓名	性别	出生年月	年龄	工作年月	职务	职称	学历	籍贯	基本工资	
2	3001	经理室	蔡菲	男	22304	52.3	29285	董事长	高级经济师	博士	浙江	5700	
3													

图 8-45 自动填充的结果

此时在 A2 单元格输入不同的序号，B2:L2 单元格区域将会自动显示相应员工的各项明细档案信息。

现在 B2:L2 单元格区域中的公式虽然正确无误，但是如果在 A2 单元格输入了错误的序号，则在 B2:L2 单元格区域将会显示“#N/A”等错误信息。为了避免这种情况发生，可以对 A2 单元格的输入内容设置有效性控制。有效性设置是指对单元格或是单元格区域的输入设置有效性条件，例如，限制只允许输入某个范围内的整数，或是只允许输入某个范围内的日期或时间，或是只允许输入指定长度的文本等。这里可以设置只允许输入现有员工的序号序列。设置有效性为序列的具体操作步骤如下。

步骤1：执行数据有效性命令。单击菜单“数据”选项卡“数据工具”命令组的“数据有效性”命令，打开“数据有效性”对话框。

步骤2：设置数据有效性条件。在“数据有效性”对话框中“设置”选项卡的“允许”下拉列表中选“序列”，然后在“来源”中指定“人事档案”工作表的 A2:A101 单元格区域，如图 8-46 所示，单击“确定”按钮。

从表面上看，设置好有效性为序列的单元格与其他单元格没有什么差异，但是当选定该单元格时，该单元格的右侧会出现一个下拉箭头，单击该箭头会显示相应的序列列表，如图 8-47 所示，可以从中选定所需要输入的内容。如果在该单元格输入了该序列以外的数值，Excel 会给出“输入值非法”的错误信息，并要求重新输入或是取消非法输入。

注意：“数据有效性”对话框还可以根据需要设置“输入信息”、“出错警告”和“输入法模式”等选项。所谓“输入信息”即当选定该单元格时 Excel 自动弹出的有关输入的提示信息。所谓“出错警告”即当输入非法数值时 Excel 自动弹出的有关警告信息。所谓的“输入法模式”即当选定该单元格时 Excel 自动切换到指定的输入法模式。

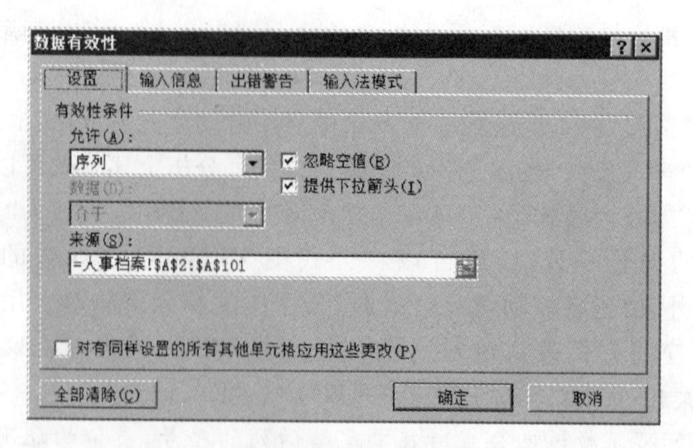

图 8-46 “数据有效性”对话框的设置

	A	B	C	D	E	F	G	H	I	J	K	L
1	序号	部门	姓名	性别	出生年月	年龄	工作年月	职务	职称	学历	籍贯	基本工资
2	3001	经理室	蔡菲	男	22304	52.2	29285	董事长	高级经济师	博士	浙江	5700
3	3001											
4	3002 3003 3004											
5	3005 3101											
6	3102 3103											
7												

图 8-47 设置有效性后的序号列表

设置了有效性虽然一定程度上保证了“查询”工作表的可靠性。但是如果用户不慎修改了单元格的公式,或是故意取消了有效性设置,都会导致“查询”工作表失效。对于这些潜在的问题,可以通过设置工作表的保护来解决。

设置了保护的工作表将不允许修改工作表中锁定单元格的内容。默认情况下,工作表中所有单元格都预先设置为锁定,但是锁定只有在设置保护工作表以后才起作用。所以,设置保护工作表以后,所有的单元格也就不允许修改了,这样“查询”工作表也因为不能输入查询员工的序号而无法进行查询操作了。所以在设置保护工作表之前应该取消存放序号的单元格的锁定,具体操作步骤如下。

步骤 1:取消 A2 单元格的锁定。右击 A2 单元格,在弹出的快捷菜单中单击“设置单元格格式”命令,打开“设置单元格格式”对话框,单击“保护”选项卡,取消“锁定”复选框的选择,如图 8-48 所示,单击“确定”按钮。

步骤 2:设置保护工作表。单击“审阅”选项卡“更改”命令组的“保护工作表”,打开“保护工作表”对话框。

步骤 3:设置保护工作选项。在“保护工作表”对话框的“取消工作表保护时使用的密码”框中输入所需密码;在“允许此工作表的所有用户进行”列表框中选择不列入保护的选项,如图 8-49 所示;单击“确定”按钮,系统会要求重新输入一次确认密码。

设置了保护的“查询”工作表,用户只能通过设置了有效性的下拉列表选择要查询的员工序号来进行查询。不允许修改其他单元格中的现有公式,也不允许进行单元格格式的设置等操作。

注意:除了可以设置保护工作表以外,还可以设置保护工作簿。有关操作与此类似,请读者自行练习应用。

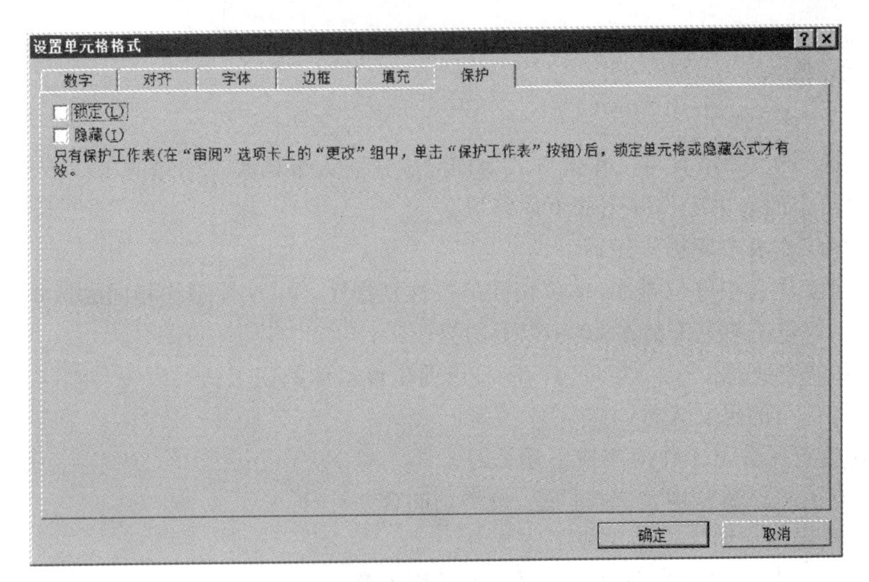

图 8-48 单元格保护的设置

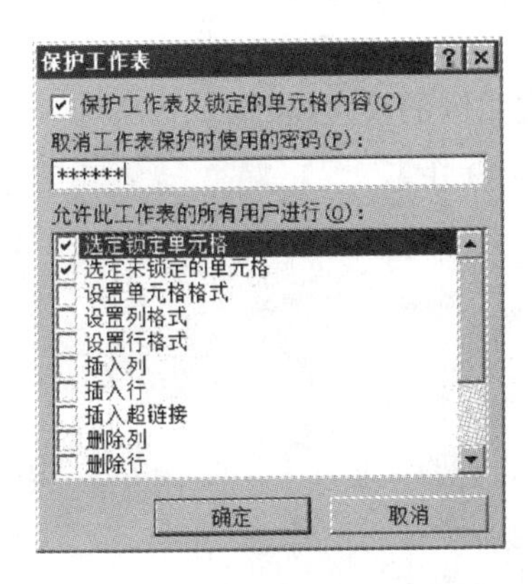

图 8-49 "保护工作表"对话框的设置

从图 8-48 可以看到，单元格格式中与保护有关的还有"隐藏"选项。与"锁定"选项相同，也是在设置了保护工作表以后才起作用。与"锁定"选项相反的是，默认情况下，所有单元格都预先设置为不隐藏。如果希望不显示 B2:L2 单元格区域中的公式，可以在设置保护工作表之前，设置这些单元格格式为"隐藏"。这样在设置保护工作表之后，选定这些单元格时，应该显示单元格公式的编辑栏显示空白。有关单元格隐藏的设置，请读者自行完成。

8.5 本章小结

通过本章的学习，应掌握共享工作簿操作的基本要点。理解按位置合并计算和按分类合并计算的不同特点。进一步熟练应用公式和函数，在函数和公式中能够正确应用单元格的相对引用、绝对引用和混合引用。能够根据不同的需求灵活进行各种数据的排序、筛选操作。掌握数据有效性设置和数据保护设置的基本操作。

8.6 习题

1. 三人一组,采用共享工作簿方式协同完成建立人事档案工作簿的工作。

2. 对给定的人事工作簿完成下述练习。

对人事工作表按职称排序;

对人事工作表按单位排序,单位相同的按性别排序,单位、性别均相同的按年龄排序;

用自动筛选查询:工龄在20年以上的男职工;

用高级筛选查询:2012年12月31日以前应该退休的职工;

统计各部门的男女人数。

3. 对给定的练习工作簿完成下述练习。

应用有关工作表分别完成按位置、按类别的合并计算。

4. 对给定的成绩工作簿完成下述练习。

计算出每门课程的优、良、中、及格和不及格人数;

自行设计筛选条件并完成相应的筛选操作。

5. 对给定的股票工作簿完成下述练习。

自行设计筛选条件并完成相应的筛选操作;

练习工作簿、工作表的保护操作。

第9章 销售管理

内容提要：本章主要通过销售管理案例介绍应用 Excel 进行各种数据计算和分析的技巧，包括条件统计函数、数据库函数、分类汇总、数据透视表和数据透视图等应用的基本步骤和特点，以及通过图表展示数据特征的基本操作。重点是应用数据透视表对数据进行全方位统计分析的操作方法。数据透视表是 Excel 进行统计分析的最常用工具，功能强大，使用方便，完全可以适应一般日常工作中数据统计分析的要求。

主要知识点：

- SUMIF 函数；
- 数据库函数；
- 分类汇总；
- 数据透视表；
- 图表。

在激烈的市场竞争中，企业为了生存和发展，一方面要提高生产的数量和质量，提高企业的竞争力；另一方面也要加强销售管理，提高企业的经济效益。所以在企业信息管理系统中，销售管理是其中的重要组成部分。销售管理的主要特点是经常需要从不同的角度对销售情况进行统计分析。例如，从销售部门来说，需要了解不同销售人员在不同时间段的销售业绩，以便进行绩效考核；而从计划部门和生产部门来说需要了解不同产品在不同地区的销售情况，以便进行生产计划的安排和调度。本章主要针对销售管理的上述特点，首先介绍应用 Excel 的多种函数和分类汇总工具统计销售信息的操作，然后重点介绍应用数据透视表对数据进行多角度统计分析的方法和技巧。

9.1 销售信息的统计汇总

假设某公司 2012 年的销售信息已经输入完成，存放在示例文件 CHR09. XLSX 工作簿的“销售清单”工作表中，如图 9-1 所示。

注意：销售清单的建立可以根据不同数据项的特点，灵活采用前面章节介绍的多种数据输入方法和技巧完成。

在已经建立的销售清单基础上，经常需要进行各种统计汇总计算，例如，统计每个销售员的销售业绩，汇总不同产品的销售数量，以及某些特定条件的统计汇总等。下面分别介绍应用 Excel 提供的多种函数和工具进行统计汇总操作的方法和技巧。

编号	日期	销售员	商品	城市	数量	单价	销售额
1	2012年01月02日	韩峰	空调	郑州	11	2200	¥24,200.00
2	2012年01月04日	程彬	音响	济南	28	1300	¥36,400.00
3	2012年01月05日	韩峰	音响	济南	34	1300	¥44,200.00
4	2012年01月06日	苏惠君	电磁炉	济南	48	800	¥38,400.00
5	2012年01月06日	董丽娜	音响	济南	21	1300	¥27,300.00
6	2012年01月07日	曹梅	音响	重庆	49	1300	¥63,700.00
7	2012年01月10日	姜雷	微波炉	南京	37	360	¥13,320.00
8	2012年01月10日	袁纲	音响	北京	38	1300	¥49,400.00
9	2012年01月10日	冯梅	空调	广州	25	2200	¥55,000.00
10	2012年01月11日	苏惠君	微波炉	重庆	20	360	¥7,200.00
11	2012年01月12日	蒋辰	洗衣机	长春	38	1800	¥68,400.00
12	2012年01月12日	丁建斌	电视	天津	48	4800	¥230,400.00
13	2012年01月12日	杜静	冰箱	北京	24	2500	¥60,000.00
14	2012年01月12日	赵云飞	音响	杭州	16	1300	¥20,800.00
15	2012年01月13日	丁凯	空调	广州	18	2200	¥39,600.00
16	2012年01月16日	程彬	洗衣机	成都	48	1800	¥86,400.00
17	2012年01月18日	方一心	音响	杭州	19	1300	¥24,700.00

销售清单

图 9-1 销售清单

9.1.1 应用条件求和函数

假设需要统计每个销售员的销售业绩,该任务可以应用 SUMIF 函数来完成。

SUMIF 函数的语法规则是: SUMIF(Range,Criteria,Sum_range)

该函数有 3 个参数。Range 为要进行计算的单元格区域; Criteria 为指定的条件; Sum_range 为用于求和的实际单元格区域。利用 SUMIF 函数进行汇总的具体操作步骤如下。

步骤 1: 建立销售员清单,如图 9-2 所示。

注意: 销售员清单可以在销售清单的基础上,利用“数据”选项卡“数据工具”命令组的“删除重复项”命令筛选出所有销售员的名单。

步骤 2: 选择 SUMIF 函数。选定 B2 单元格,单击“公式”选项卡“函数库”命令组的“数学与三角函数”按钮的下拉箭头,选择 SUMIF,单击“确定”按钮。这时将弹出 SUMIF 的“函数参数”对话框。

步骤 3: 设置函数参数。在参数 Range 框指定销售员信息所在的单元格区域为“销售清单”工作表的 C2:C380; 在参数 Criteria 框设置条件,这里指定为第 1 个销售员所在的单元格 A2; 在参数 Sum_range 框指定需要汇总的销售额单元格区域为“销售清单”工作表的 H2:H380,如图 9-3 所示。

销售员	销售额
蔡芳菲	
蔡静	
蔡峻峰	
蔡玲	
曹涤清	
曹芳	
曹刚	
曹梅	
陈明华	
程彬	
程洪涛	

图 9-2 建立完成的销售员清单

函数参数
SUMIF
Range 销售清单!C2:C380 = {"韩峰";"程彬";"韩峰";"苏惠君";"...
Criteria A2 = "蔡芳菲"
Sum_range 销售清单!H2:H380 = {24200;36400;44200;38400;27300;637C
= 93400
对满足条件的单元格求和
Criteria 以数字、表达式或文本形式定义的条件
计算结果 = 93400
有关该函数的帮助(H)
确定 取消

图 9-3 SUMIF 函数“函数参数”的设置

步骤 4：计算出第 1 个销售员的销售额。单击“确定”按钮，完成的计算公式如图 9-4 所示。

B2 fx =SUMIF(销售清单!C2:C380,A2,销售清单!H2:H380)

	A	B	C	D	E	F	G	H
1	销售员	销售额						
2	蔡芳菲	93400						
3	蔡静							

图 9-4 完成的计算公式

注意：这时完成的计算公式是“=SUMIF(销售清单!C2:C380,A2,销售清单!H2:H380)”，如果将该公式填充到 B3 单元格，相应公式会自动变为“=SUMIF(销售清单!C3:C381,A3,销售!H3:H381)”而计算错误，因此不能直接应用自动填充计算其他销售员的销售额。应将函数的第 1 个和第 3 个参数的单元格引用改为混合引用，以保证公式中这两个参数不随公式填充自动变化。而第 2 个参数保持相对引用不变，自动随公式填充相应改变。修改后的计算公式为“=SUMIF(销售清单!C$2:C$380,A2,销售!H$2:H$380)”。如果对 SUMIF 函数的格式和用法比较熟悉，也可以直接在 B2 单元格中输入该公式，这种方法称为直接输入法。

步骤 5：计算其他销售员的销售额。选定 B2 单元格，然后将鼠标指向 B2 单元格右下角的填充柄并双击。

注意：Excel 2007 及以后的版本还提供了功能类似但是功能更强大的 SUMIFS 函数，请读者借助有关函数帮助尝试应用。

9.1.2 应用数据库函数

条件求和函数一般只能进行条件相对简单的求和计算，虽然 SUMIFS 函数扩充了条件设置的功能，但是对于不同条件计算都需要修改相应公式。对于更为复杂条件的计算或是需要依据不同条件进行各种统计计算时使用数据库函数更为方便。数据库函数是一些在原来数学函数的前面增加了字母 D 的函数，例如 DSUM、DMAX、DMIN、DAVERAGE、DCOUNT 等。不同数据库函数功能各不相同，但是参数形式都是一样的，下面以 DSUM 函数为例说明。

DSUM 函数的语法规则是：DSUM(Database,Field,Criteria)

所有数据库函数都包含上述 3 个参数。Database 为构成数据库的单元格区域；Field 为需要计算的列，可以列标签或是列序号形式给出；Criteria 为设置的条件区域。条件区域的格式与高级筛选条件区域的格式相同，第 1 行为字段名，以下可以设置多行条件，相同行的条件为“与”的关系，不同行的条件为“或”的关系。

假设需要统计汇总销售员“袁纲”2012 年第三季度的销售额，应用数据库函数的具体操作步骤如下。

	L	M	N
1	销售员	日期	日期
2	袁纲	>2012/6/30	<2012/10/1
3			

图 9-5 设置完成的条件区域

步骤 1：设置条件区域。在 L1:N2 单元格区域输入有关统计条件，如图 9-5 所示。

步骤 2：选择 DSUM 函数。选定 J2 单元格。单击“公式”选项卡“函数库”命令组的“插入函数”按钮，打开“插入函数”对话框，如图 9-6 所示。在“或选择类别”下拉框中选“数据库函数”,在“选择函数”列表中选 DSUM,单击“确定”按钮,打开 DSUM 函数的“参数设置”对话框。

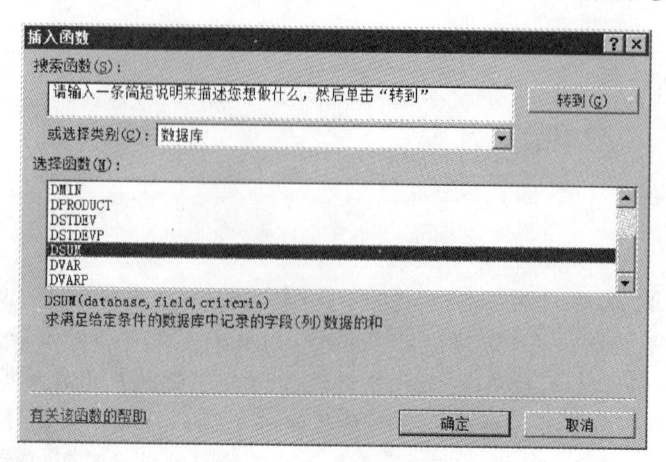

图 9-6 “插入函数”对话框

步骤 3：设置函数参数。在参数 Database 框指定数据清单所在的单元格区域 A1：H380；在参数 Filed 框指定要汇总的销售额所在的列标识 H1；在参数 Criteria 框指定条件区域所在的单元格区域 L1:N2,如图 9-7 所示。

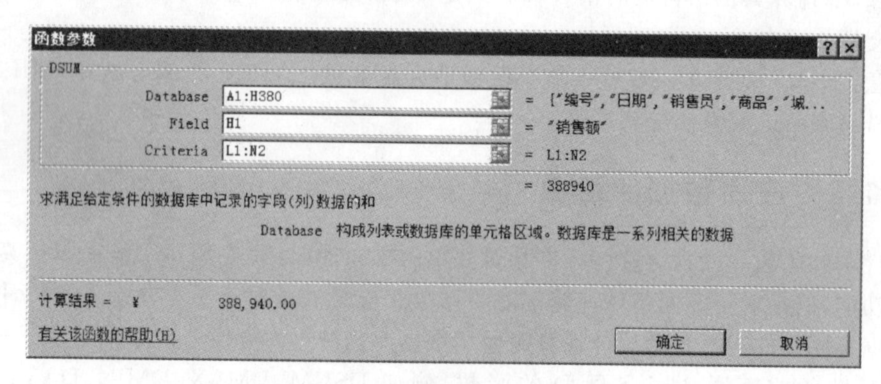

图 9-7 DSUM 函数“函数参数”的设置

步骤 4：完成计算。单击“确定”按钮,完成的计算公式和计算结果如图 9-8 所示。

J2 =DSUM(A1:H380,H1,L1:N2)

	A	B	C	D	E	F	G	H	I	J	K	L	M	N
1	编号	日期	销售员	商品	城市	数量	单价	销售额				销售员	日期	日期
2	1	2012年01月02日	韩峰	空调	郑州	11	2200	¥24,200.00		¥ 388,940.00		袁纲	>2012/6/30	<2012/10/1
3	2	2012年01月04日	程彬	音响	济南	28	1300	¥36,400.00						
4	3	2012年01月05日	韩峰	音响	济南	34	1300	¥44,200.00						

图 9-8 完成的计算公式和计算结果

注意：如果需要统计其他销售员的销售额,或是需要统计其他时间段的销售额,可以通过直接修改条件区域中相应数据实现。

9.1.3 应用分类汇总

对于日常统计汇总,虽然可以使用 Excel 提供的多种函数实现,但有时直接使用 Excel

提供的分类汇总工具更为方便。在进行分类汇总操作之前,首先要确定分类的依据。例如,如果要考查不同销售人员的销售业绩,可以按销售员分类汇总;如果要了解不同商品的销售情况,则可以按商品分类汇总;还可以按销售日期、城市等其他指标分类汇总。在确定了分类依据以后,还不能直接进行分类汇总,必须先按照选定的分类依据将数据清单排序。否则可能会造成错误的分类汇总结果。这里假设需要统计不同类别商品的销售额总计数据,使用分类汇总工具的具体操作步骤如下。

步骤1:将数据清单按分类字段排序。选定“商品”字段名所在的单元格D1,单击“数据”选项卡“排序和筛选”命令组的“升序”按钮。

步骤2:执行分类汇总命令。单击“数据”选项卡“分级显示”命令组的“分类汇总”命令,打开“分类汇总”对话框。

步骤3:设置分类汇总命令参数。在“分类汇总”对话框的“分类字段”下拉框中选择分类依据“商品”;在“汇总方式”下拉框中选“求和”;在“选定汇总项”列表框中选择“销售额”;其他各项按默认选项,如图9-9所示。单击“确定”按钮,将显示分类汇总结果。

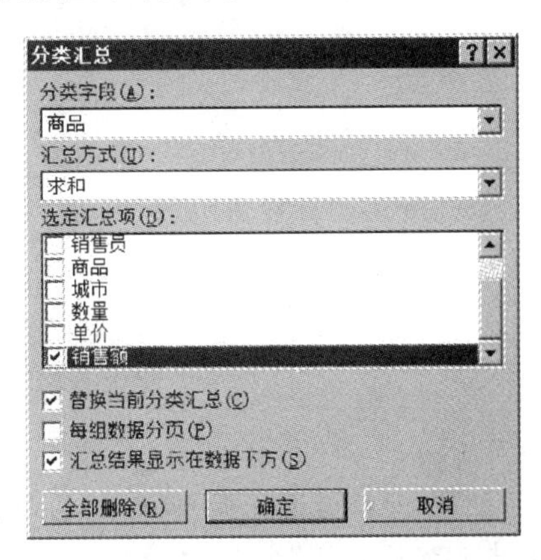

图 9-9 “分类汇总”对话框的设置

步骤4:浏览汇总结果。可以根据需要显示不同级别的分类汇总结果。单击工作表左上角的分级显示按钮“2”,可以只显示分类汇总数据,如图9-10所示。单击某一类别前的“+”,可以显示该类别的明细数据。单击分级显示按钮“1”,将只显示总的汇总数据。单击分级显示按钮“3”,将同时显示明细数据和汇总数据。这时单击某一类别前的“-”,可以隐藏该类别的明细数据。

1 2 3		A	B	C	D	E	F	G	H
	1	编号	日期	销售员	商品	城市	数量	单价	销售额
+	55				冰箱 汇总				¥3,925,000.00
+	107				电磁炉 汇总				¥1,349,600.00
+	151				电视 汇总				¥6,566,400.00
+	206				空调 汇总				¥3,443,000.00
+	267				微波炉 汇总				¥681,120.00
+	332				洗衣机 汇总				¥3,450,600.00
+	387				音响 汇总				¥2,113,800.00
-	388				总计				¥21,529,520.00

图 9-10 分类汇总的结果

注意:当需要取消分类汇总结果时,可以单击“数据”选项卡“分级显示”命令组的“分类汇总”命令,然后在弹出的“分类汇总”对话框中单击“全部删除”按钮。

9.2 销售业绩的分析

当需要对数据做全面分析时,Excel的数据透视表是最佳工具。它有机地结合了分类汇总和合并计算的优点,可以方便地变换分类汇总的依据,灵活地以多种不同的方式来展示数据的特征。

9.2.1 建立数据透视表

由于数据透视表功能众多,以往创建数据透视表的操作也比较复杂。Office 2007 版以后的 Excel 大大简化了创建数据透视表的过程,只需一个命令,简单通过一个对话框即可轻松创建数据透视表的框架,其具体操作步骤如下。

选定数据清单中任意单元格,然后单击“插入”选项卡“表格”命令组的“数据透视表”按钮,打开“创建数据透视表”对话框。Excel 会自动将当前数据清单所在的单元格区域填入到“表/区域”框,并默认将新创建的数据透视表放置在新的工作表,如图 9-11 所示。

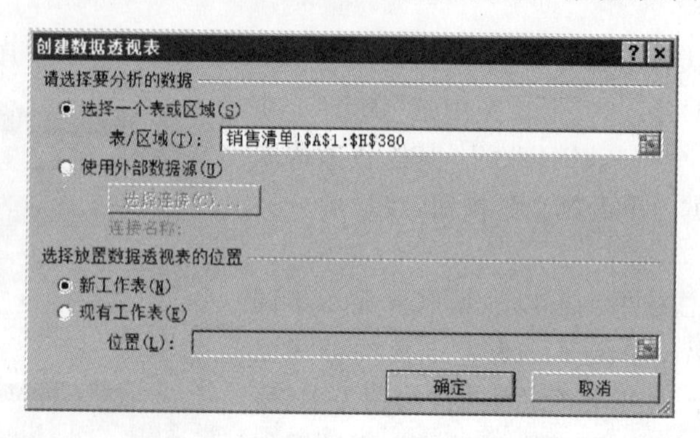

图 9-11 “创建数据透视表”对话框

注意:“数据透视表”按钮是包含上下两部分的拆分按钮,单击上半部分可以直接启动“创建数据透视表”命令,单击下半部分则会弹出有关数据透视表的命令列表供进一步选择。

单击“确定”按钮。Excel 将自动创建一新的工作表,在该工作表中显示新创建的数据透视表的雏形,同时自动显示“数据透视表工具”上下文选项卡和“数据透视表字段列表”窗格,如图 9-12 所示。

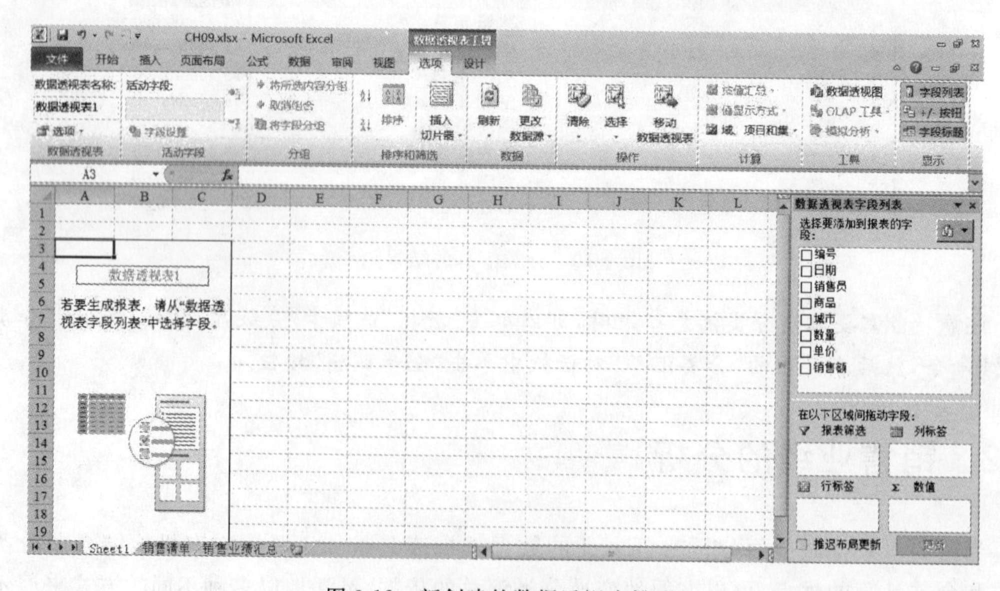

图 9-12 新创建的数据透视表雏形

注意：如果没有显示“数据透视表字段列表”窗格，可以单击数据透视表区域，Excel会自动显示。如果仍然不显示，可以单击“数据透视表工具”上下文选项卡的“选项”子卡“显示”命令组的“字段列表”按钮。

创建数据透视表的最关键操作是根据分析的需求设置数据透视表布局，即设置数据透视表的行字段、列字段、报表筛选段和数值字段。假设要分析各种商品在不同时期的销售情况，可以用“日期”作为行字段，“商品”作为列字段，而将“销售额”作为数值字段。从“数据透视表字段列表”中，将相应的字段分别拖曳到“行标签”、“列标签”和“数值”区域。本案例暂时没有用到筛选字段。这时创建的数据透视如图 9-13 所示。其中最右一列有每天的销售额合计，最下一行有每种商品的销售额合计。

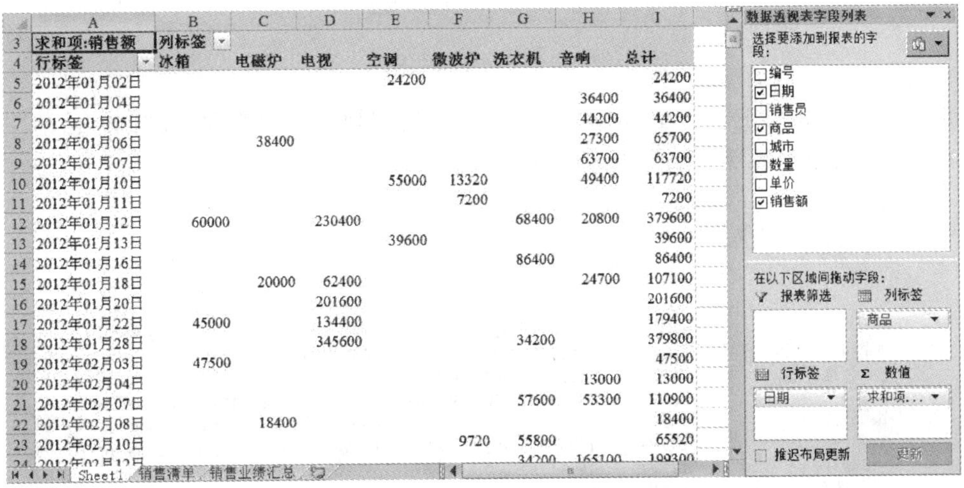

求和项:销售额	列标签							
行标签	冰箱	电磁炉	电视	空调	微波炉	洗衣机	音响	总计
2012年01月02日				24200				24200
2012年01月04日							36400	36400
2012年01月05日							44200	44200
2012年01月06日		38400					27300	65700
2012年01月07日							63700	63700
2012年01月10日				55000	13320		49400	117720
2012年01月11日					7200			7200
2012年01月12日	60000		230400			68400	20800	379600
2012年01月13日				39600				39600
2012年01月16日						86400		86400
2012年01月18日		20000	62400				24700	107100
2012年01月20日			201600					201600
2012年01月22日	45000		134400					179400
2012年01月28日			345600			34200		379800
2012年02月03日	47500							47500
2012年02月04日							13000	13000
2012年02月07日						57600	53300	110900
2012年02月08日		18400						18400
2012年02月10日					9720	55800		65520
2012年02月12日						34200	165100	199300

数据透视表字段列表
选择要添加到报表的字段：
编号 日期 销售员 商品 城市 数量 单价 销售额
在以下区域间拖动字段：
报表筛选 列标签 商品
行标签 日期 数值 求和项...
推迟布局更新 更新

图 9-13 创建完成的数据透视表

注意：当在“数据透视表字段列表”窗格的“选择要添加到报表的字段”列表中勾选某个字段时，Excel会自动将其添加到某个区域，如果需要调整到其他区域，可以在不同的区域之间直接用鼠标拖动。也可以右击需要添加到报表的字段，然后在弹出的快捷菜单中指定要添加到的区域。

9.2.2 应用数据透视表

数据透视表的突出优点是可以利用它对数据进行多角度透视分析。可以根据不同的分析要求，对数据透视表进行各种操作，例如，根据需要对数据进行分组，添加、删除或调整分析指标，对汇总数据进行多种形式的排序和筛选，选择不同的分析计算函数，改变数据的显示方式等。

1. 组合数据

如图 9-13 所示的数据透视表的日期数据过于详细，可以根据需要调整分析的步长，指定其按月、季度或年重新进行分组。假设需要更清楚地比较企业的月度销售数据，应指定其按月进行汇总，其具体操作步骤如下。

步骤 1：右击日期字段中的任一日期数据单元格，在弹出的快捷菜单中单击“创建组”命令。打开“分组”对话框,如图 9-14 所示。

图 9-14 “分组”对话框

步骤 2：指定按月汇总。在“分组”对话框的“步长”列表框中指定“月”,单击“确定”按钮。按月汇总的数据透视表如图 9-15 所示。

	A	B	C	D	E	F	G	H	I
3	求和项:销售额	列标签							
4	行标签	冰箱	电磁炉	电视	空调	微波炉	洗衣机	音响	总计
5	1月	105000	58400	974400	118800	20520	189000	266500	1732620
6	2月	205000	181600	600000	517000	116280	338400	302900	2261180
7	3月	397500	65600	465600	39600	52200	199800	66300	1286600
8	4月	542500	200000		323400	41040	300600	205400	1612940
9	5月	502500	132800	436800	127600	50040	277200	232700	1759640
10	6月	155000	102400	513600	591800	38880	221400	232700	1855780
11	7月	342500	104000	254400	209000	87480	334800	37700	1369880
12	8月	295000	101600	604800	178200	54720	572400	222300	2029020
13	9月	145000	61600	825600	492800	55440	432000	85800	2098240
14	10月	675000	130400	566400	486200	43920	59400	237900	2199220
15	11月	440000	77600	446400	294800	64800	264600	96200	1684400
16	12月	120000	133600	878400	63800	55800	261000	127400	1640000
17	总计	3925000	1349600	6566400	3443000	681120	3450600	2113800	21529520

图 9-15 按月汇总的数据透视表

如果需要分析更宏观的情况,可以在“分组”对话框中的“步长”列表框中,清除“月”选项,选定“季度”选项。如果希望同时查看月度和季度的数据,也可以同时选定“月”和“季度”选项。按季度汇总的数据透视表如图 9-16 所示。

	A	B	C	D	E	F	G	H	I
3	求和项:销售额	列标签							
4	行标签	冰箱	电磁炉	电视	空调	微波炉	洗衣机	音响	总计
5	第一季	707500	305600	2040000	675400	189000	727200	635700	5280400
6	第二季	1200000	435200	950400	1042800	129960	799200	670800	5228360
7	第三季	782500	267200	1684800	880000	197640	1339200	345800	5497140
8	第四季	1235000	341600	1891200	844800	164520	585000	461500	5523620
9	总计	3925000	1349600	6566400	3443000	681120	3450600	2113800	21529520

图 9-16 按季度汇总的数据透视表

对于其他类型的字段也可以根据需要来组合。例如,当按销售城市进行汇总时,可以将具体的城市组合成东北、华北、华中、西北、西南、中南等地区,具体操作步骤如下。

步骤 1：创建新的数据透视表。以“日期”为行字段,“商品”为列字段,“销售额”为数值字段创建新的数据透视表。

步骤 2：执行组合操作。首先选定需要组合的项：按住 Ctrl 键的同时，用鼠标逐个选中需要组合的城市名，例如北京、天津……，然后右击任意城市名，在弹出的快捷菜单中单击“创建组”命令，Excel 会增加一个字段，并为新的字段命名为“数据组 1”。选定该组合所在的单元格，输入新的组合名“华北”。重复上述步骤将其他城市分别组合。

步骤 3：删除“城市”字段。在“数据透视表字段列表”窗格中取消“城市”字段的选择。按地区汇总的数据透视表如图 9-17 所示。

	A	B	C	D	E	F	G	H
3	求和项:销售额	列标签						
4	行标签	东北	华北	华中	西北	西南	中南	总计
5	第一季	1273040	1028480	1124500	554480	476900	823000	5280400
6	第二季	690680	822900	1354540	698840	450800	1210600	5228360
7	第三季	1187000	762480	1574420	563220	163800	1246220	5497140
8	第四季	1101100	771400	1687700	221220	651380	1090820	5523620
9	总计	4251820	3385260	5741160	2037760	1742880	4370640	21529520

图 9-17 按地区汇总的数据透视表

2. 调整字段

当需要分析不同的指标时，并不需要重新创建数据透视表，而是在原数据透视表的基础上，根据需要简单地添加或删除字段即可。例如对于如图 9-17 所示的数据透视表，如果需要进一步分析不同季度、不同地区、不同商品的销售情况，可以在现有数据透视表的基础之上添加“商品”字段，并重新调整数据透视表的布局，具体操作步骤如下。

步骤 1：添加“商品”字段到列字段。从“数据透视表字段列表”框中将“商品”字段拖曳到“列标签”区域。

步骤 2：将“地区”字段调整到行字段。从“列区域”将“地区”字段拖曳到“行区域”。修改以后的数据透视表如图 9-18 所示。

	A	B	C	D	E	F	G	H	I
3	求和项:销售额	列标签							
4	行标签	冰箱	电磁炉	电视	空调	微波炉	洗衣机	音响	总计
5	第一季	707500	305600	2040000	675400	189000	727200	635700	5280400
6	东北	285000	116800	403200		17640	414000	36400	1273040
7	华北	180000		624000	145200	29880		49400	1028480
8	华中	47500	134400	508800	125400	70200	66600	171600	1124500
9	西北			316800	110000	17280	55800	54600	554480
10	西南	85000			72600	18000	120600	180700	476900
11	中南	110000	54400	187200	222200	36000	70200	143000	823000
12	第二季	1200000	435200	950400	1042800	129960	799200	670800	5228360
13	东北	107500	85600	134400	237600	20880	30600	74100	690680
14	华北	267500	58400	144000	261800	28800		62400	822900
15	华中	272500	107200	216000	281600	44640	214200	218400	1354540
16	西北	210000	32800	235200	68200	8640	50400	93600	698840
17	西南	125000	77600				196200	52000	450800
18	中南	217500	73600	220800	193600	27000	307800	170300	1210600
19	第三季	782500	267200	1684800	880000	197640	1339200	345800	5497140
20	东北	172500	66400	288000	198000	79200	311400	71500	1187000
21	华北	250000	12000	216000	107800	49680	82800	44200	762480

Sheet1 销售清单 销售业绩汇总

数据透视表字段列表
选择要添加到报表的字段：
编号
日期
销售员
商品
城市
数量
单价
销售额
地区
在以下区域间拖动字段：
报表筛选
列标签
商品
行标签
数值
日期
地区
求和项...
推迟布局更新
更新

图 9-18 修改后的数据透视表

现在的数据透视表行区域有两个字段，有时分析起来不太方便。如果希望单独分析不同地区的销售情况，可以将“地区”字段设置为“报表筛选”字段。直接用鼠标将“地区”从“行标签”区域拖曳到“报表筛选”区域即可。调整后的数据透视表如图 9-19 所示。

	A	B	C	D	E	F	G	H	I
1	地区	(全部)							
2									
3	求和项:销售额	列标签							
4	行标签	冰箱	电磁炉	电视	空调	微波炉	洗衣机	音响	总计
5	第一季	707500	305600	2040000	675400	189000	727200	635700	5280400
6	第二季	1200000	435200	950400	1042800	129960	799200	670800	5228360
7	第三季	782500	267200	1684800	880000	197640	1339200	345800	5497140
8	第四季	1235000	341600	1891200	844800	164520	585000	461500	5523620
9	总计	3925000	1349600	6566400	3443000	681120	3450600	2113800	21529520

图 9-19 设有报表筛选字段的数据透视表

这时显示的是所有地区的销售汇总数据,如果要查看某个地区的销售数据,可以单击报表筛选字段的下拉箭头,然后在弹出的选项中指定要进行汇总计算的地区,有关选项如图 9-20 所示。如果要汇总多个地区,可以先选择"选择多项"复选框。这时各地区前都会出现复选框,依次勾选即可。

图 9-20 报表筛选字段选项列表

注意:从数据透视表删除字段有多种方法,可以右击要删除字段的任意单元格,然后在弹出的快捷菜单中单击"删除"命令;也可以直接用鼠标将要删除的字段从"数据透视表字段列表"窗格中所在的行标签、列标签、报表筛选或数值区域拖离;最简单的方法是直接在"数据透视表字段列表"窗格中取消要删除字段的勾选。

3. 筛选数据

在数据透视表中,除了可以应用报表筛选字段数据透视表进行整体筛选处理以外,各个行字段、列字段也可以根据其数据类型的不同实现不同的筛选功能。Excel 2010 更是提供了切片器,可以方便地对数据透视表进行直观的筛选处理。

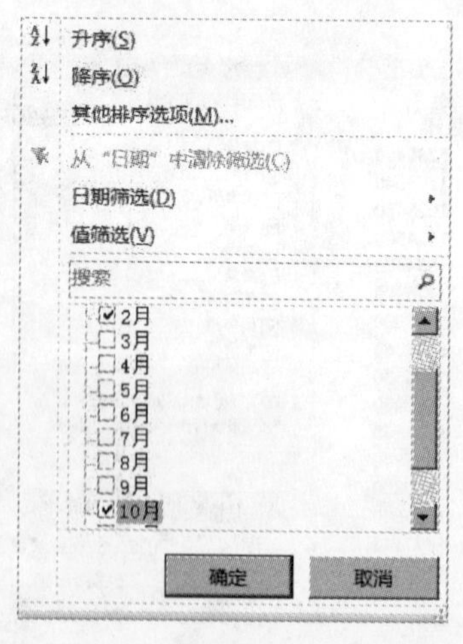

图 9-21 "日期"字段筛选条件的设置

例如对于如图 9-15 所示的数据透视表,如果希望进一步分析春节、十一两个黄金周的销售情况,可以重点显示 2 月和 10 月不同商品的销售数据。具体操作步骤是单击"日期"字段右侧的下拉箭头,然后在下拉列表中取消"全选"复选框,勾选"2 月"和"10 月"复选框,如图 9-21 所示。

单击"确定"按钮将只显示选定月份的汇总数据,如图 9-22 所示。

注意:对于日期型字段还可以设置更复杂的日期筛选条件,具体内容如图 9-23 所示。其他类型的字段还可以按值、按文本、按标签、使用通配符、使用搜索功能等多种途径对数据透视表进行筛选操作。

	A	B	C	D	E	F	G	H	I
3	求和项:销售额	列标签							
4	行标签	冰箱	电磁炉	电视	空调	微波炉	洗衣机	音响	总计
5	2月	205000	181600	600000	517000	116280	338400	302900	2261180
6	10月	675000	130400	566400	486200	43920	59400	237900	2199220
7	总计	880000	312000	1166400	1003200	160200	397800	540800	4460400

图 9-22 指定月份汇总的数据透视表

Excel 2010 新增了切片器工具，可以更加方便地对数据透视表进行筛选操作。切片器可以看作一个选择器。每个切片器对应一个数据透视表字段，其中包含了该字段所有的项。所以切片器实际上就是通过对相应字段中的数据项筛选实现对数据透视表的筛选。例如对如图 9-16 所示的数据透视表创建城市和销售员两个切片器，具体操作步骤如下。

步骤 1：插入切片器。单击"数据透视表工具"上下文选项卡"选项"子卡"排序和筛选"命令组的"插入切片器"命令，打开"插入切片器"对话框。选择"销售员"和"城市"复选框，如图 9-24 所示。单击"确定"按钮。

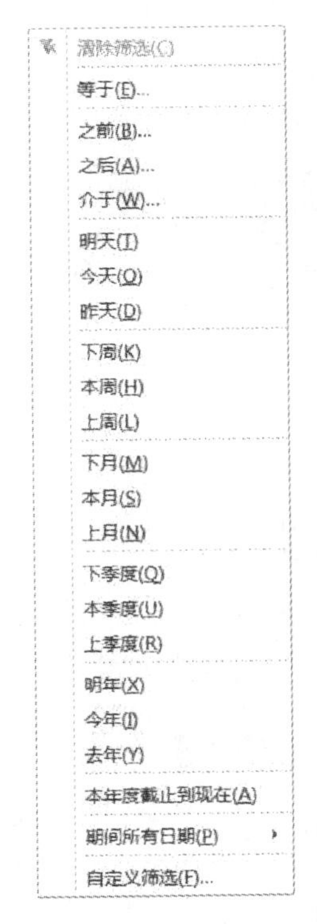

图 9-23 日期型字段筛选条件

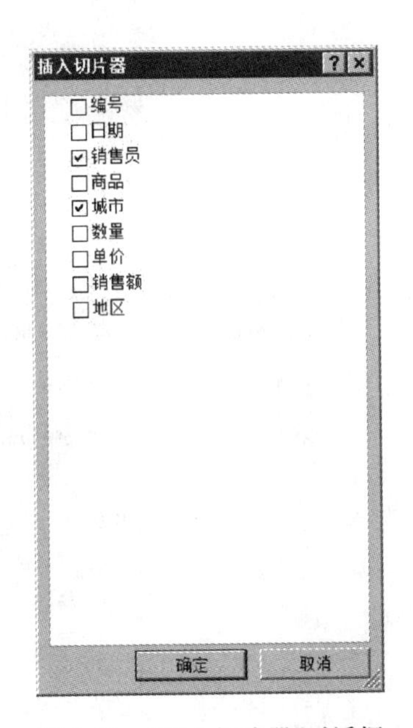

图 9-24 "插入切片器"对话框

步骤 2：调整切片器外观。刚刚插入的切片器通常都是层叠排列的，为了方便筛选操作和查看筛选结果，可以设置切片器的大小、位置、外观和排列方式等，操作方法和一般图形对象类似，不再赘述。简单设置好的切片器外观如图 9-25 所示。

步骤 3：筛选数据。单击切片器中的数据项即可对数据透视表进行筛选。例如在"城市"切片器中选"北京"，切片器中的"北京"将高亮显示，数据透视表也将只显示城市是"北京"的销售数据，同时"销售员"切片器也会受影响，那些没有在北京有销售记录的销售员会变成浅色显示。图 9-26 显示的是"销售员"切片器设置为"袁纲"，"城市"切片器设置为"北京"的筛选结果。

注意：在切片器中可以选择多个数据项。如果需要在切片器中选择连续多个数据项，可以先单击要选的第一个数据项，然后按住 Shift 键再单击要选的最后一个数据项。如果是要选择不连续的多个数据项，可以按住 Ctrl 键再逐个单击要选的数据项。

当需要清除某个切片器设置的筛选时，单击切片器右上角的"清除切片器"按钮即可。

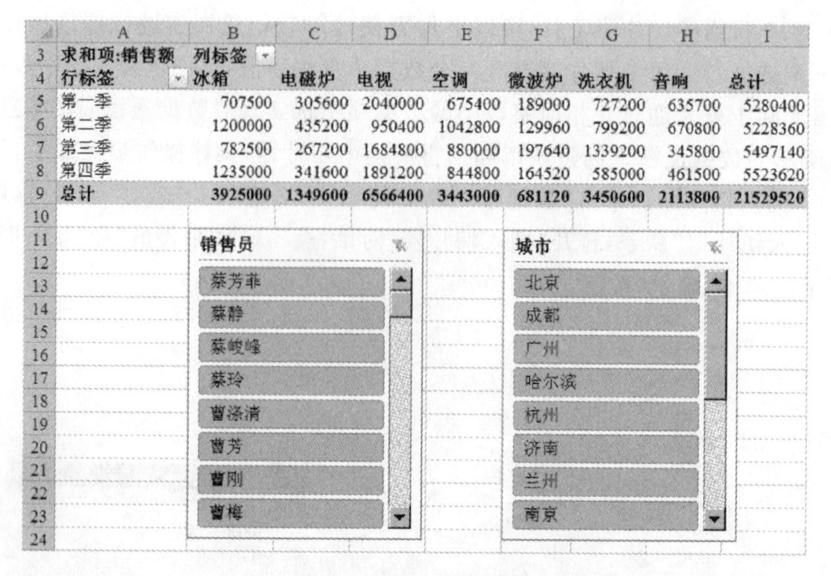

求和项:销售额	列标签							
行标签	冰箱	电磁炉	电视	空调	微波炉	洗衣机	音响	总计
第一季	707500	305600	2040000	675400	189000	727200	635700	5280400
第二季	1200000	435200	950400	1042800	129960	799200	670800	5228360
第三季	782500	267200	1684800	880000	197640	1339200	345800	5497140
第四季	1235000	341600	1891200	844800	164520	585000	461500	5523620
总计	3925000	1349600	6566400	3443000	681120	3450600	2113800	21529520

图 9-25　切片器外观

求和项:销售额	列标签				
行标签	冰箱	电视	微波炉	音响	总计
第一季				49400	49400
第三季	92500		6840		99340
第四季		153600	3600		157200
总计	92500	153600	10440	49400	305940

图 9-26　应用切片器筛选结果

当需要删除某个切片器时，右击该切片器，然后在弹出的快捷菜单中单击“删除”命令。

4. 定制外观

默认创建的数据透视表外观样式通常不能满足用户的需求，可以使用 Excel 提供的多种功能来定制数据透视表的外观，包括设置数据透视表的布局形式、不同元素的隐藏或显示、汇总方式和汇总结果的显示方式、数据的格式、报表的样式等。

如图 9-18 所示的数据透视表的布局是压缩形式的，单击“数据透视表工具”上下文选项卡“设计”子卡“布局”命令组的“报表布局”按钮，然后在弹出的下拉列表中选择“以大纲形式显示”，则数据透视表会以大纲布局形式显示。行标签和列表签都直接显示相应的字段名，多个字段的标签会出现折叠和展开按钮，如图 9-27 所示。

	A	B	C	D	E	F	G	H	I	J
3	求和项:销售额		商品							
4	日期	地区	冰箱	电磁炉	电视	空调	微波炉	洗衣机	音响	总计
5	⊟第一季		**707500**	**305600**	**2040000**	**675400**	**189000**	**727200**	**635700**	**5280400**
6		东北	285000	116800	403200		17640	414000	36400	1273040
7		华北	180000		624000	145200	29880		49400	1028480
8		华中	47500	134400	508800	125400	70200	66600	171600	1124500
9		西北			316800	110000	17280	55800	54600	554480
10		西南	85000			72600	18000	120600	180700	476900
11		中南	110000	54400	187200	222200	36000	70200	143000	823000
12	⊟第二季		**1200000**	**435200**	**950400**	**1042800**	**129960**	**799200**	**670800**	**5228360**
13		东北	107500	85600	134400	237600	20880	30600	74100	690680
14		华北	267500	58400	144000	261800	28800		62400	822900
15		华中	272500	107200	216000	281600	44640	214200	218400	1354540
16		西北	210000	32800	235200	68200	8640	50400	93600	698840
17		西南	125000	77600				196200	52000	450800
18		中南	217500	73600	220800	193600	27000	307800	170300	1210600
19	⊟第三季		**782500**	**267200**	**1684800**	**880000**	**197640**	**1339200**	**345800**	**5497140**

图 9-27　大纲形式布局的数据透视表

数据透视表中的字段汇总数据，行、列汇总数据等实际都是可选项。用户可以根据需要决定显示还是隐藏其中的某个汇总数据。还可以设置其他一些显示选项。例如，如图 9-27 所示的数据透视表，如果希望不显示各季度的汇总数据，可以右击日期字段，在弹出的快捷菜单中取消“分类汇总(日期)”选项的勾选。也可以通过“数据透视表工具”上下文选项卡“设计”子卡“布局”命令组的“分类汇总”和“总计”命令设置。取消了“日期”分类汇总数据的数据透视表如图 9-28 所示。

	A	B	C	D	E	F	G	H	I	J
3	求和项:销售额		商品							
4	日期	地区	冰箱	电磁炉	电视	空调	微波炉	洗衣机	音响	总计
5	⊟第一季									
6		东北	285000	116800	403200		17640	414000	36400	1273040
7		华北	180000		624000	145200	29880		49400	1028480
8		华中	47500	134400	508800	125400	70200	66600	171600	1124500
9		西北			316800	110000	17280	55800	54600	554480
10		西南	85000			72600	18000	120600	180700	476900
11		中南	110000	54400	187200	222200	36000	70200	143000	823000
12	⊟第二季									
13		东北	107500	85600	134400	237600	20880	30600	74100	690680
14		华北	267500	58400	144000	261800	28800		62400	822900
15		华中	272500	107200	216000	281600	44640	214200	218400	1354540
16		西北	210000	32800	235200	68200	8640	50400	93600	698840
17		西南	125000	77600				196200	52000	450800
18		中南	217500	73600	220800	193600	27000	307800	170300	1210600
19	⊟第三季									

图 9-28　取消分类汇总的数据透视表

如果需要隐藏总计数据，可以右击总计单元格，在弹出的快捷菜单中单击“删除总计”命令。另外，为了突出报表中的空单元格，可以设置空单元格显示一些醒目的符号。其操作是右击任意数值单元格，在弹出的快捷菜单中单击“数据透视表选项”命令，打开“数据透视表选项”对话框，在“布局和格式”选项卡中设置“对于空单元格，显示”“ ******* ”，如图 9-29 所示。

设置了隐藏总计，并突出显示空单元格的数据透视表如图 9-30 所示。

注意： 如果要恢复数据透视表显示分类汇总或总计项，可以通过“数据透视表工具”上下文选项卡“设计”子卡“布局”命令组的“分类汇总”或“总计”命令设置。

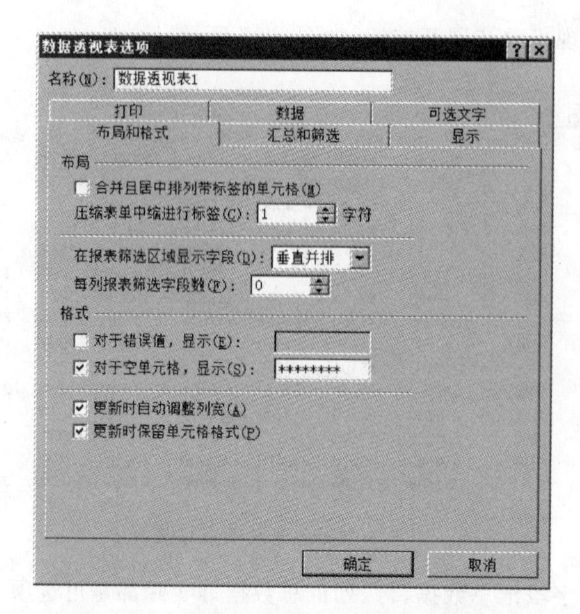

图 9-29 “数据透视表选项”对话框的设置

	A	B	C	D	E	F	G	H	I
3	求和项:销售额		商品						
4	日期	地区	冰箱	电磁炉	电视	空调	微波炉	洗衣机	音响
5	⊟第一季								
6		东北	285000	116800	403200	********	17640	414000	36400
7		华北	180000	********	624000	145200	29880	********	49400
8		华中	47500	134400	508800	125400	70200	66600	171600
9		西北	********	********	316800	110000	17280	55800	54600
10		西南	85000	********	********	72600	18000	120600	180700
11		中南	110000	54400	187200	222200	36000	70200	143000
12	⊟第二季								
13		东北	107500	85600	134400	237600	20880	30600	74100
14		华北	267500	58400	144000	261800	28800	********	62400
15		华中	272500	107200	216000	281600	44640	214200	218400
16		西北	210000	32800	235200	68200	8640	50400	93600
17		西南	125000	77600	********	********	********	196200	52000
18		中南	217500	73600	220800	193600	27000	307800	170300
19	⊟第三季								

图 9-30 删除总计的数据透视表

默认情况下,在数据透视表的数值型字段的计算函数是求和函数,非数值型字段的计算函数是计数函数。实际应用中可以根据需要,选择其他函数进行多种计算。Excel 对数据透视表提供的计算函数有计数、平均值、最大值、最小值以及乘积等。假设需要统计如图 9-27 所示数据透视表中的销售业务数,而不是销售额合计,可以使用计数函数。其具体操作是:右击数值区域任意单元格,在弹出的快捷菜单中单击“值汇总依据”→“计数”。按计数函数计算的数据透视表如图 9-31 所示。

出于不同分析的目标,有时需要显示数据之间的关系,例如,不同时期销售的增长情况,不同地区销售的差异,或是不同商品所占的百分比。这些都可以通过设置值显示方式实现。假设需要分析如图 9-27 所示数据透视表中不同商品销售额所占的百分比,其具体操作是:单击“数据透视表工具”上下文选项卡“选项”子卡“计算”命令组的“值显示方式”按钮的下拉箭头,在弹出的选项中选择“行汇总的百分比”。按行汇总百分比显示的数据透视表如图 9-32 所示。

	A	B	C	D	E	F	G	H	I	J
3	计数项:销售额		商品							
4	日期	地区	冰箱	电磁炉	电视	空调	微波炉	洗衣机	音响	总计
5	第一季		**11**	**10**	**14**	**10**	**16**	**13**	**16**	**90**
6		东北	4	4	2		1	7	1	19
7		华北	3		5	2	2		1	13
8		华中	1	4	3	2	7	2	6	25
9		西北			2	1	1	1	2	7
10		西南	1			1	2	2	3	9
11		中南	2	2	2	4	3	1	3	17
12	第二季		**16**	**18**	**5**	**18**	**13**	**16**	**17**	**103**
13		东北	2	4	1	5	2	1	2	17
14		华北	4	2	1	4	2		3	16
15		华中	4	5	1	4	5	5	4	28
16		西北	2	1	1	1	1	1	2	9
17		西南	1	3				3	1	8
18		中南	3	3	1	4	3	6	5	25
19	第三季		**10**	**12**	**11**	**13**	**16**	**23**	**10**	**95**

图 9-31 按计数函数计算的数据透视表

	A	B	C	D	E	F	G	H	I	J
3	求和项:销售额		商品							
4	日期	地区	冰箱	电磁炉	电视	空调	微波炉	洗衣机	音响	总计
5	第一季		**13.40%**	**5.79%**	**38.63%**	**12.79%**	**3.58%**	**13.77%**	**12.04%**	**100.00%**
6		东北	22.39%	9.17%	31.67%	0.00%	1.39%	32.52%	2.86%	100.00%
7		华北	17.50%	0.00%	60.67%	14.12%	2.91%	0.00%	4.80%	100.00%
8		华中	4.22%	11.95%	45.25%	11.15%	6.24%	5.92%	15.26%	100.00%
9		西北	0.00%	0.00%	57.13%	19.84%	3.12%	10.06%	9.85%	100.00%
10		西南	17.82%	0.00%	0.00%	15.22%	3.77%	25.29%	37.89%	100.00%
11		中南	13.37%	6.61%	22.75%	27.00%	4.37%	8.53%	17.38%	100.00%
12	第二季		**22.95%**	**8.32%**	**18.18%**	**19.95%**	**2.49%**	**15.29%**	**12.83%**	**100.00%**
13		东北	15.56%	12.39%	19.46%	34.40%	3.02%	4.43%	10.73%	100.00%
14		华北	32.51%	7.10%	17.50%	31.81%	3.50%	0.00%	7.58%	100.00%
15		华中	20.12%	7.91%	15.95%	20.79%	3.30%	15.81%	16.12%	100.00%
16		西北	30.05%	4.69%	33.66%	9.76%	1.24%	7.21%	13.39%	100.00%
17		西南	27.73%	17.21%	0.00%	0.00%	0.00%	43.52%	11.54%	100.00%
18		中南	17.97%	6.08%	18.24%	15.99%	2.23%	25.43%	14.07%	100.00%
19	第三季		**14.23%**	**4.86%**	**30.65%**	**16.01%**	**3.60%**	**24.36%**	**6.29%**	**100.00%**

图 9-32 按行汇总百分比显示的数据透视表

注意：“值显示方式”命令包含了按总计、行汇总、列汇总百分比，差异，差异百分比等多种显示方式的选项，甚至可以按升序或降序排列后显示。

5. 查看明细

数据透视表中的数据一般都是由多项数据汇总得来的，如果需要，可以方便地查看明细数据。例如，从如图 9-27 所示的数据透视表可以看到，第一季度华北地区电视的销售额较高，如果希望查看其明细数据，可以双击该数据。这时，Excel 将自动创建一个新的工作表，显示该数据所对应的明细数据。图 9-33 是双击数据透视表 E7 单元格后 Excel 自动新建的明细数据工作表。

	A	B	C	D	E	F	G	H
1	编号	日期	销售员	商品	城市	数量	单价	销售额
2	82	2012/3/16	李丽丽	电视	北京	21	4800	100800
3	78	2012/3/13	吕峰	电视	北京	10	4800	48000
4	70	2012/3/2	吕峰	电视	北京	25	4800	120000
5	24	2012/1/28	叶丽蕴	电视	北京	26	4800	124800
6	12	2012/1/12	丁建斌	电视	天津	48	4800	230400

图 9-33 明细数据工作表

9.2.3 更新数据透视表

数据透视表中的数据都是汇总计算的结果,所以如果数据透视表中的数据有误时,不能直接在其上进行修改,而需要修改数据来源工作表,然后通过刷新命令,使数据透视表更新为依据修改后的数据重新计算的结果。仍以如图 9-27 所示的数据透视表为例,假设“销售清单”工作表中 F13 单元格数据输入有误,销售员“丁建斌”在“天津”完成的这笔业务数量不是“48”,而是“18”,则更新数据透视表的具体步骤操作如下。

步骤 1:修改源数据。选定存放源数据的“销售清单”工作表,将 F13 单元格的数值改为“18”。

步骤 2:更新数据透视表。选定数据透视表,单击“数据透视表工具”上下文选项卡“选项”子卡“数据”命令组的“刷新”命令。数据透视表中的数据将根据修改的源数据自动更新,其中第一季度华北地区的电视销售数据由原来的“624000”更新为“480000”。

注意:*更新数据透视表时,也可以在修改完源数据后右击数据透视表中的任意单元格,在弹出的快捷菜单中单击“刷新”命令。*

通过以上介绍可以看出,从形式上看数据透视表与一般的工作表没有什么明显的差别,但是实际上它有两个重要特性。

“透视”特性:虽然数据透视表也是一个二维表,但是由于其每个数据都是汇总计算的结果,实际上可以说是一个三维表格。而且可以根据用户的需要,对数据透视表的汇总方式、显示方式进行调整,从而为用户从多角度分析数据提供了极大的方便。

“只读”特性:数据透视表可以向一般工作表一样进行修饰或是制作图表,但是不能直接修改,而必须通过修改源数据和刷新数据的方法进行编辑。

9.3 展示分析结果

各种分析计算的结果在提交之前,还应该进行一些修饰和美化,以便使数据更为直观、醒目。以下主要介绍应用数据透视表样式修饰数据透视表和应用数据透视图展示数据的基本操作。

9.3.1 设置数据透视表样式

对于数据透视表除了可以采用一般的格式化方法进行修饰以外,更方便的是应用 Excel 提供的数据透视表样式。Excel 2010 内置了 85 种数据透视表样式供用户选用。利用它们可以快捷方便地修饰数据透视表,使数据透视表更具可读性。以如图 9-32 所示的数据透视表为例,应用数据透视表样式的具体操作步骤如下。

步骤 1:调整数据透视表布局。为了查看方便,将数据透视表布局设置为“以表格形式显示”并“重复所有项目标签”。先后单击“数据透视表工具”上下文选项卡“设计”子卡“布局”命令组的“报表布局”按钮下的“以表格形式显示”和 “重复所有项目标签”。

步骤 2:设置数据透视表样式。单击“数据透视表工具”上下文选项卡“设计”子卡“数据透视表样式”滚动条的下箭头,在弹出的样式库中选“中等深浅”下的第 2 行第 2 个。设置完成的数据透视表如图 9-34 所示。

	A	B	C	D	E	F	G	H	I	J
3	求和项:销售额		商品							
4	日期	地区	冰箱	电磁炉	电视	空调	微波炉	洗衣机	音响	总计
5	⊟第一季	东北	22.39%	9.17%	31.67%	0.00%	1.39%	32.52%	2.86%	100.00%
6	第一季	华北	17.50%	0.00%	60.67%	14.12%	2.91%	0.00%	4.80%	100.00%
7	第一季	华中	4.22%	11.95%	45.25%	11.15%	6.24%	5.92%	15.26%	100.00%
8	第一季	西北	0.00%	0.00%	57.13%	19.84%	3.12%	10.06%	9.85%	100.00%
9	第一季	西南	17.82%	0.00%	0.00%	15.22%	3.77%	25.29%	37.89%	100.00%
10	第一季	中南	13.37%	6.61%	22.75%	27.00%	4.37%	8.53%	17.38%	100.00%
11	第一季 汇总		13.40%	5.79%	38.63%	12.79%	3.58%	13.77%	12.04%	100.00%
12	⊟第二季	东北	15.56%	12.39%	19.46%	34.40%	3.02%	4.43%	10.73%	100.00%
13	第二季	华北	32.51%	7.10%	17.50%	31.81%	3.50%	0.00%	7.58%	100.00%
14	第二季	华中	20.12%	7.91%	15.95%	20.79%	3.30%	15.81%	16.12%	100.00%
15	第二季	西北	30.05%	4.69%	33.66%	9.76%	1.24%	7.21%	13.39%	100.00%
16	第二季	西南	27.73%	17.21%	0.00%	0.00%	0.00%	43.52%	11.54%	100.00%
17	第二季	中南	17.97%	6.08%	18.24%	15.99%	2.23%	25.43%	14.07%	100.00%
18	第二季 汇总		22.95%	8.32%	18.18%	19.95%	2.49%	15.29%	12.83%	100.00%

图 9-34 应用数据透视表样式后的数据透视表

9.3.2 以图表方式显示

图表是展示数据最直观有效的手段。一组数据的各种特征、发展变化趋势或是多组数据之间的相互关系都可以通过图表一目了然地反映出来。Excel 为数据透视表提供了配套数据透视图,任何时候都可以方便地将数据透视表以数据透视图的形式展示。下面以图 9-17 为例说明有关数据透视图的建立和编辑操作。

1. 建立数据透视图

建立数据透视图的具体操作是:选定数据透视表的任意单元格,单击“数据透视表工具”上下文选项卡“选项”子卡“工具”命令组的“数据透视图”命令,打开“插入图表”对话框,如图 9-35 所示。

图 9-35 “插入图表”对话框

根据需要选择所需的图表类型即可。单击“确定”按钮,按照 Excel 默认的图表类型(簇状柱形图)创建的数据透视图如图 9-36 所示。

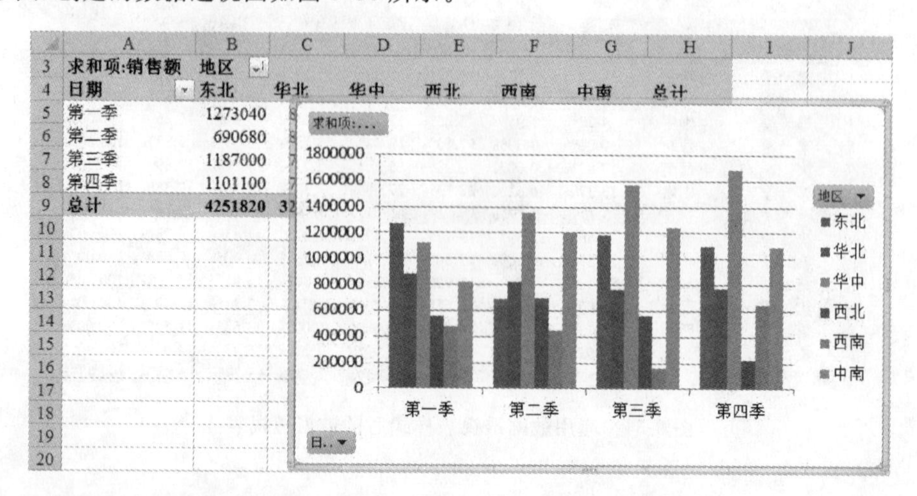

图 9-36 按默认图表类型创建的数据透视图

注意:当选定数据透视图时,数据透视表字段列表下方的“列区域”会变为“图例字段(系列)”,“行区域”会变为“轴字段(分类)”。也可以理解为数据透视图的垂直坐标轴对应的是数据透视表的列区域(数据系列),水平坐标轴对应的是行区域(数据分类)。

2. 调整数据透视图布局

可以根据分析的需要对数据透视图的布局进行设置和调整。例如希望重点比较不同地区的销售情况,这时应该是地区字段作为轴字段,而将日期作为图例字段。具体操作方法是直接用鼠标在“数据透视表字段列表”窗格的不同区域之间拖曳相应字段即可。调整后的数据透视图如图 9-37 所示。

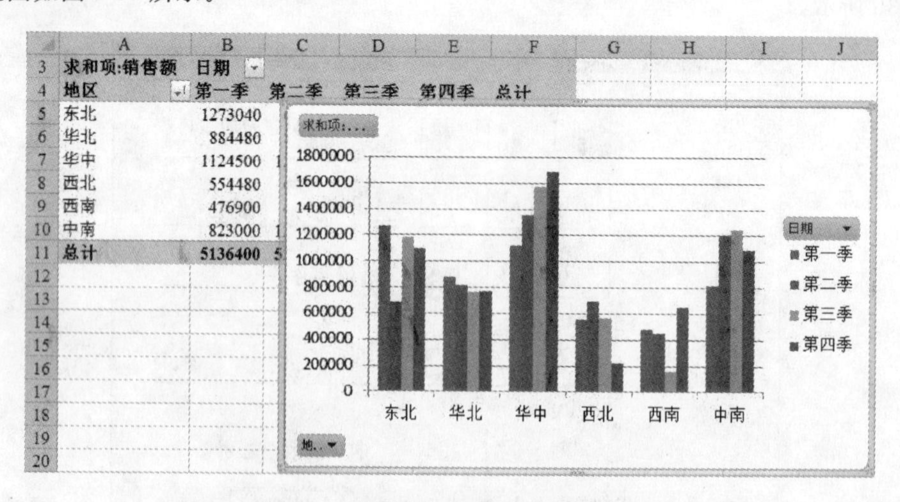

图 9-37 调整图表布局后的数据透视图

3．更改数据透视图类型

如果希望能够更加直观地反映出不同季度销售额的变化情况，可以改变数据透视图的图表类型。具体操作方法是：单击“数据透视图工具”上下文选项卡“设计”子卡“类型”命令组的“更改图表类型”命令，打开“更改图表类型”对话框中。选择“折线图”，单击“确定”按钮。改变图表类型后的数据透视图如图 9-38 所示。

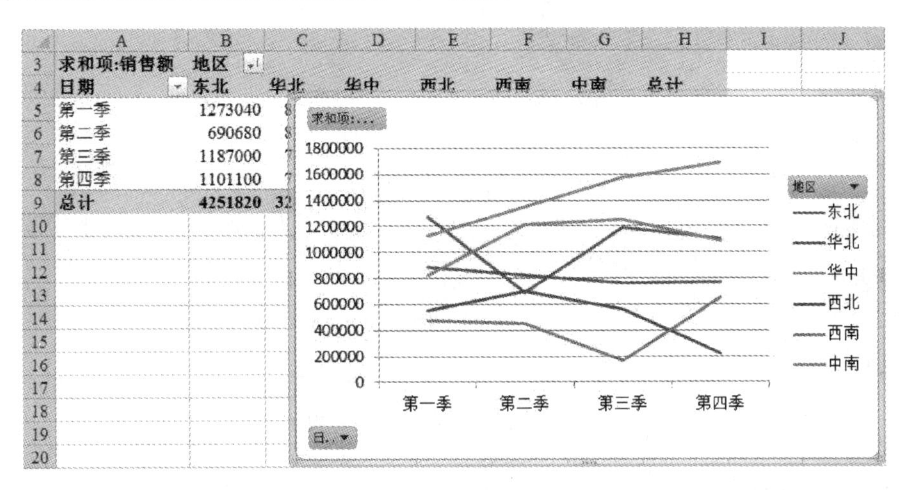

图 9-38　改变图表类型后的数据透视图

4．数据透视图的数据操作

数据透视图的重要特点之一是具有方便的交互性，可以根据需要在图表上进行数值字段计算的设置，数据系列或分类字段的筛选或排序等操作。例如要重点比较“华中”和“中南”两地区的销售情况。可以单击“地区”手动筛选按钮，然后在弹出的选项列表中取消“全部”的勾选，并勾选“华中”和“中南”，单击“确定”按钮。筛选后的数据透视图如图 9-39 所示。

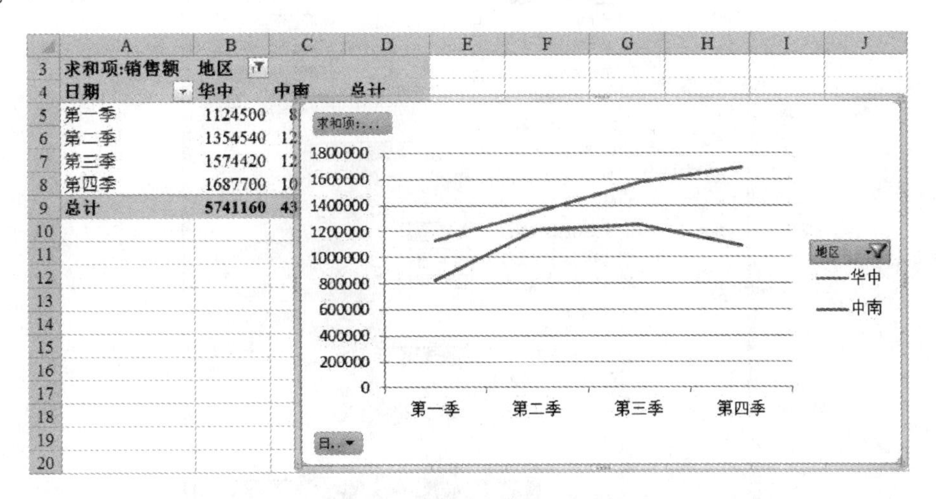

图 9-39　筛选后的数据透视图

注意观察图 9-36 按默认图表、图 9-37 调整图表和图 9-39，可以发现当设置和调整数据透视图时，对应的数据透视表也会同步改变。与之类似，当编辑数据透视表时，数据透视图也能自动改变，保持一致。例如，如果要将如图 9-39 所示的数据透视表的日期分析步长由“季度”改成“月”，则修改完数据透视表后，相应的数据透视图也会自动改变，如图 9-40 所示。

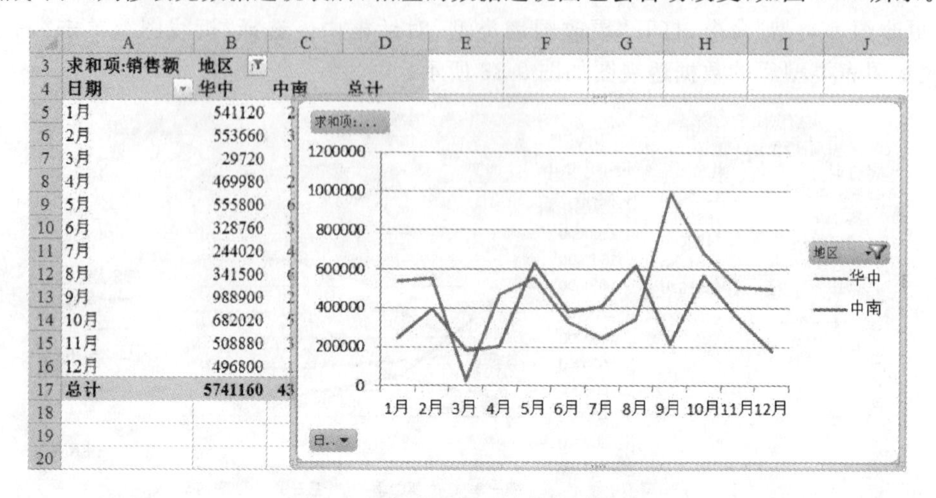

图 9-40 自动调整后的数据透视图

5. 数据透视图的编辑

从图 9-40 可以看到，数据的最大值约为 1 000 000，而数据系列坐标轴的最大值是 1 200 000，不太合理。这可以通过设置相应的图形要素调整。具体操作步骤是单击“数据透视图工具”上下文选项卡“布局”子卡“坐标轴”命令组的“主要纵坐标轴”命令，在弹出的选项中单击“其他主要纵坐标轴选项”，打开“设置坐标轴格式”对话框。设置坐标轴选项中的最大值为固定，并输入 1.0E6 或 1 000 000，如图 9-41 所示。

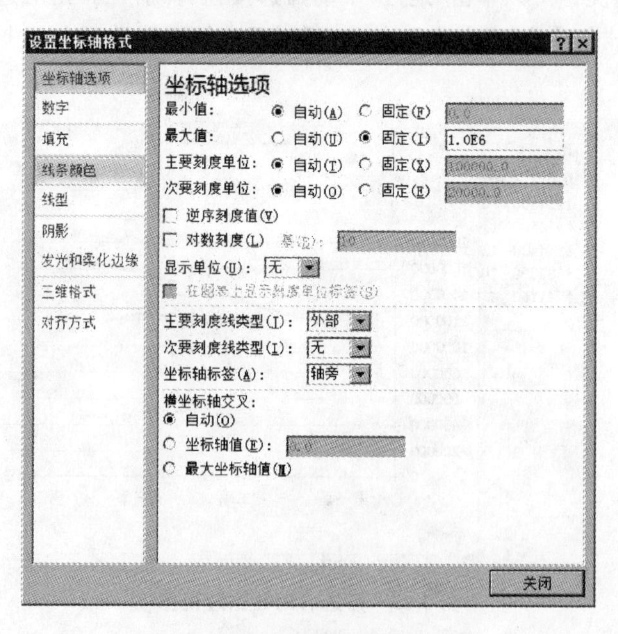

图 9-41 “设置坐标轴格式”对话框

单击“确定”按钮。重新设置了坐标轴最大值的数据透视图如图 9-42 所示。

图 9-42　调整坐标轴格式后的数据透视图

注意：除了图表类型、坐标轴以外，图表区、绘图区、网格线、图例、数据系列等图形要素都可以根据需要分别设置不同的属性。其操作方法除了通过功能区的有关命令外，大多可以通过右击相应的图形要素，在弹出的快捷菜单中单击设置相应图形要素格式的命令，然后在对话框中具体设置不同的属性。也可以双击相应的图形要素，直接调出设置相应图形要素格式的对话框。

6. 数据透视图的位置

默认情况下创建的数据透视图与数据透视表位于同一个工作表中。可以根据需要将建好的数据透视图移动到独立的工作表中，这种独立的存放图表的工作表称作图表工作表。具体操作步骤是：单击“数据透视图工具”上下文选项卡“设计”子卡“位置”命令组的“移动图表”命令，打开“移动图表”对话框，选定“新工作表”单选钮，如图 9-43 所示。

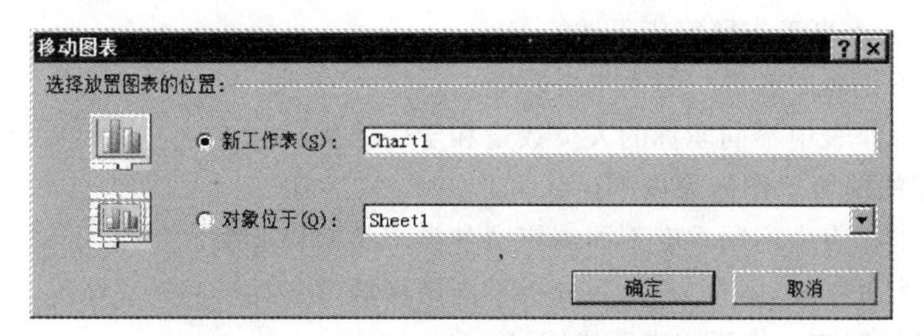

图 9-43　“移动图表”对话框

单击“确定”按钮，所建的数据透视图被移动到图表工作表中，如图 9-44 所示。

在普通工作表中建立图表和编辑图表的方法与此类似，只是不像数据透视图与数据透视表结合这样紧密，应用这样灵活。请读者自行练习在普通工作表中通过功能区“插入”选项卡“图表”命令组的不同图表按钮建立各种形式的图表。并根据需要展示的数据特点，针对不同的图表要素进行设置，制作出各具特色的图表。

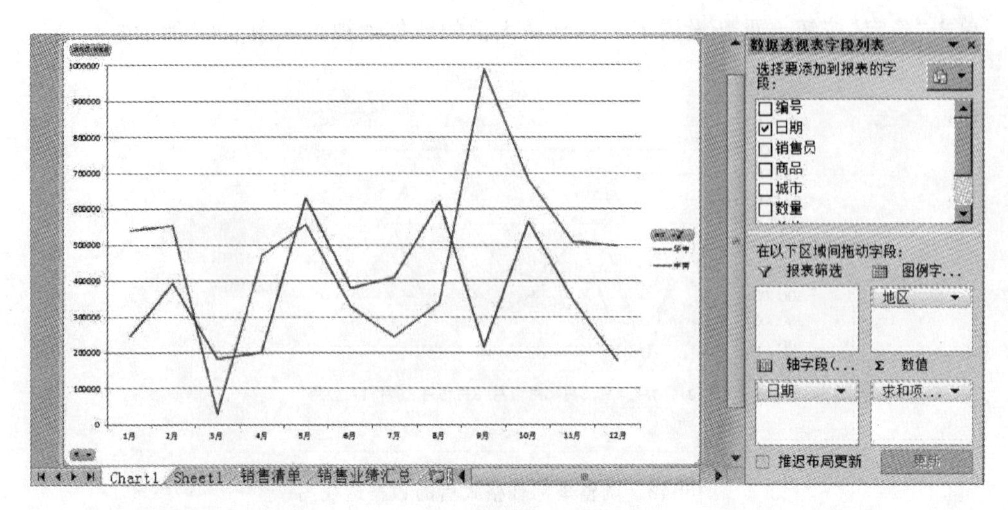

图 9-44 图表工作表

9.4 本章小结

通过本章的学习,应掌握条件统计函数和数据库函数的应用特点。掌握应用分类汇总工具进行统计汇总的基本要点。特别是应熟练掌握数据透视表和数据透视图工具,能够灵活地运用数据透视表的强大功能完成各种形式的统计分析需求。注意归纳总结合并计算、分类汇总和数据透视表 3 种工具的适用范围、不同特点和操作要点。

9.5 习题

1. 对给定的人事工作簿完成下述练习。

统计人事工作表中各部门基本工资总额;

统计人事工作表中不同职称的人员数量和学历状况。

2. 对给定的销售工作簿完成下述练习。

统计销售工作表中不同季度不同销售员各类产品销售业绩;

以日期作为页字段,组合为“月”,分析不同销售城市各类产品销售情况。

3. 对给定的客户工作簿完成下述练习。

分别统计 USA 和 Mexico 的男女人数;

分别统计 USA 和 Canada 的平均汽车数;

自行设计分析条件从中发现有价值的客户信息;

自行设计的条件请在上机报告中说明。

第10章 卡片管理

内容提要：本章主要通过卡片管理案例进一步介绍 Excel 有关多工作表计算和可变单元格引用的操作技巧，在工作表中应用窗体控件的步骤和方法，宏的基本概念和简单应用，自定义用户界面的设置等。重点是窗体控件的灵活运用和宏的操作。应用好这些功能可以有效提高 Excel 的自动化程度和工作效率。

主要知识点：

- INDIRECT、COUNTA 函数；
- 窗体控件；
- 录制宏；
- 自定义用户界面。

在很多传统的日常管理应用中，经常采用卡片管理的方式进行管理。例如人员管理、图书管理、仪器设备管理等。这些管理除了应用数据清单或列表方式建立花名册、图书清单以及各种明细账、汇总账之外，通常还要求登记相应的卡片。以卡片的形式记录相应人员、图书或是仪器设备的情况。本章主要以仪器设备管理为例，针对卡片管理的特点，介绍应用 Excel 窗体控件的方法和技巧。

10.1 建立物品账目

应用卡片方式管理物品，同样需要先建立相应的账目系统，包括明细账、汇总账等。可以根据管理对象的复杂程度、数量多少，对应适当的工作表和工作簿进行管理。本章重点介绍卡片管理的操作，有关账目管理尽量简化。

10.1.1 建立明细账

明细账通常根据管理的仪器、设备的特点，设定不同的数据项目。假设某公司的仪器、设备有关详细信息存放在示例文件 CHR10.XLSM 工作簿的“明细账”工作表中，其中前 8 列的部分记录如图 10-1 所示。

注意：建立明细账时，可以根据不同数据项的特点，灵活运用前面章节介绍的多种数据输入方法和技巧完成。

	A	B	C	D	E	F	G	H
1	序号	分类	物品编号	品名	厂商	型号	规格	单价
2	1	DY	DY-0307	心肺功能仪	德国JAEGER公司	LE6000		¥ 600,000.00
3	2	SY	SY-0101	自动加样器	瑞士TACAN公司	RSP505		¥ 110,000.00
4	3	DJ	DJ-0310	VHS录像机	日本松下公司	松下NV-J25MC		¥ 3,250.00
5	4	BG	BG-1001	冰箱、冰柜	海尔青岛冰柜厂	青岛得贝BD-375		¥ 4,100.00
6	5	DY	DY-0301	荧光分光光度计	日本日立公司	F-4010		¥ 125,000.00
7	6	DJ	DJ-0401	翻拍碘钨灯	德国辉达公司	幻灯机	KREFLECTA-SEL	¥ 541.00
8	7	DJ	DJ-0103	A4投胶片影仪	郑州金德曼公司	投影仪郑州金德曼		¥ 1,630.00
9	8	SY	SY-0310	离心沉淀器	上海离心机厂	80-2		¥ 1,400.00
10	9	SY	SY-0417	多用真空泵	郑州真空泵厂	SHB-B		¥ 582.00
11	10	SY	SY-0203	电热保温干燥箱	重庆四达仪器厂	WG2003		¥ 1,330.00

图 10-1 “明细账”工作表

10.1.2 建立汇总账

当需要根据物品明细账建立年度分类汇总账时,可以利用 9.2.1 节介绍的数据透视表实现。其数据透视表的结构是:“分类”作为列字段,“登记日期”作为行字段,“金额”作为数值字段,并将“登记日期”按“年”组合。数据透视表的布局设置为“以大纲形式显示”。建好的分类汇总账如图 10-2 所示。

	A	B	C	D	E	F	G	H	I	J	K
3	求和项:金额	分类									
4	登记日期	BG	DJ	DY	JY	KT	PC	PT	SY	YZ	总计
5	2001年			600000					110000		710000
6	2002年	4100	3250	125000							132350
7	2003年		2712	156437					42630		201779
8	2004年		1454	831000	6400	109120			3413		951387
9	2005年	4190		539593					46431		590214
10	2006年	84104		1347000		36100	85850		49940	14800	1617794
11	2007年		14890			10260	112700		44990	7400	190240
12	2008年		54090	4237463		62900		9273	3331	1850	4368907
13	2009年			1217050	57630		35799				1310479
14	2010年	8480	13540	5346725		31000	53400		26825	1300	5481270
15	2011年	6950	19960		16236	32560	124050			19650	219406
16	2012年	19900	15380	1901137	3200		112018		427118	31380	2510133
17	2013年		4480							9850	14330
18	总计	127724	129756	16301405	83466	281940	523817	9273	754678	86230	18298289

图 10-2 利用数据透视表建立的分类汇总账

虽然通过物品明细账可以随时查询各种设备、仪器的使用和保管情况,但是由于明细账上记录的信息较多,查看起来不太方便。管理人员一般习惯使用卡片形式来查看有关设备、仪器的情况,为此,可以建立更加方便友好的图形用户界面完成上述工作。

10.2 建立管理卡片

过去,创建图形用户界面必须是计算机专业人员,并使用专用的软件工具才能完成的工作。而现在,几乎不用编写什么程序,就可以在 Excel 工作表中直接使用各种图形化的窗体控件,创建符合用户习惯的图形用户界面。

10.2.1 建立管理卡工作表

首先建立有关的物品管理卡片工作表。卡片的形式可以根据用户的习惯和要求,利用

Excel 的格式设置功能，设置不同的数字格式、对齐方式、字体、边框和图案等。示例文件 CHR10.XLSM 工作簿中的“管理卡”工作表是该公司物品管理卡片的实例，如图 10-3 所示。

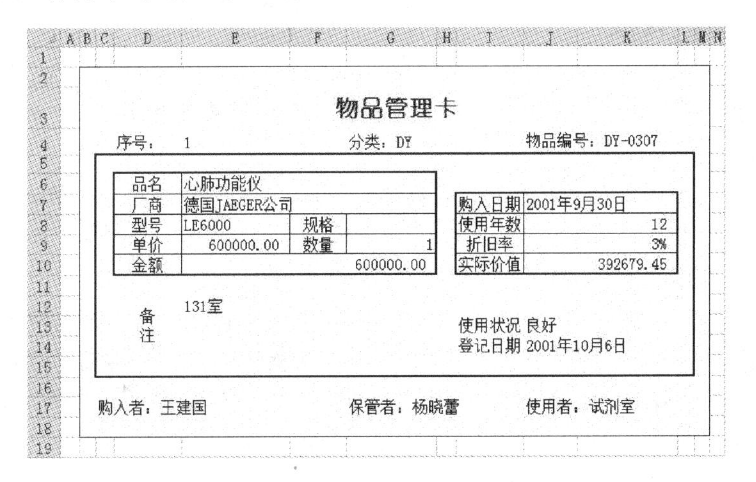

图 10-3 “管理卡”工作表

卡片中的数据均可以根据在 E4 单元格中输入的物品序号，通过公式在“明细账”工作表中查找匹配的记录，并显示相应的信息。公式中主要使用的是 8.4.3 节介绍的 VLOOKUP 函数。即根据 E4 单元格的内容在“明细账”工作表的序号列（即 A 列）中查找，然后返回对应行的指定列信息。例如 E6 单元格中的计算公式可以是：

```
= VLOOKUP($E$4,明细账!$A$2:$T$207,4,FALSE)
```

其中“$E$4”为要查找的序号；“明细账！$A$2：$T$207”为整个数据清单所在的单元格区域；“4”表示函数返回数据清单的第 4 列，即 D 列“品名”信息；“FALSE”指定函数的查找方式为精确查找。当 E4 单元格中为“1”时，则 E6 将显示第 1 台仪器设备的品名“心肺功能仪”。

考虑到“明细账”工作表的数据是动态增加的，即当前最后一行是 207 行，增加一台仪器设备后，就会变成 208 行。以后还有可能会增加到 209 行、210 行、……。所以，VLOOKUP 函数的查找和引用范围也应该是动态变化的。这种动态变化的单元格区域的引用在信息管理过程中经常需要用到。可以应用 Excel 的引用函数解决，也可以通过单元格区域命名或是建立列表解决。

限于篇幅，下面仅介绍解决的方法之一：将动态变化的单元格区域以字符串的形式存放在某个单元格中，再利用 INDIRECT 函数间接引用。这其中需要用到 COUNTA 函数、INDIRECT 函数和字符串拼接运算。

COUNTA 函数的语法规则是：COUNTA(Value1,Value2……)

该函数计算给定的参数中非空单元格的数目。例如 COUNTA(A:A)将返回 A 列非空单元格的数目，实际上就是当前明细账的行数。

INDIRECT 函数的语法规则是：INDIRECT(Ref_text,A1)

该函数将有两个参数，第 1 个参数是单元格引用地址，通常该单元格中存放的是另一个单元格或单元格区域的地址。第 2 个参数是逻辑值，用以指定第 1 个参数的单元格引用方式，如果采用 A1 形式，则可以省略。

Excel除了数值运算、逻辑运算以外,还可以利用字符串函数、字符串拼接运算符进行字符串运算。最简单的字符串运算是将两个字符串首位相连拼接起来,其运算符是"&"。例如"首都"&"北京"将拼接成"首都北京",又如"Microsoft "&"Word"将拼接成"Microsoft Word"。

注意:在公式中使用类似"="首都"&"北京""这样的表达式时,其中的引号都须使用半角符号。

应用COUNTA函数、INDIRECT函数和字符串拼接运算实现动态单元格区域引用的具体操作步骤如下。

步骤1:计算出当前明细账的行数。在Q6单元格输入公式"=COUNTA(明细账!A:A)"。当前计算结果为"207",并且会自动随着明细账记录的增减而动态增减。

步骤2:建立数据清单的地址字符串。在R6单元格输入公式"="明细账!A2:T"&Q6"。当前计算结果为"明细账!A2:T207",同样会自动随着明细账记录的增减而动态变化。

步骤3:建立查找公式。例如在E6单元格输入公式"=VLOOKUP($E$4,INDIRECT($R$6),4,FALSE)"。对照前面的公式可以看出,这里只是用能够动态变化的"INDIRECT($R$6)"代替了固定的"明细账! $A$2:$T$207"。

其他单元格的查找公式与此类似,只是根据需要返回值的不同,将公式中第3个参数分别改为5、6、……即可。

注意:大多数公式中的VLOOKUP函数的第3个参数与所在单元格的行数有一定关系,可以使用ROW()函数。例如E6、E7、E8单元格中的VLOOKUP函数的第3个参数可以用ROW()-2;而J7、J8、J9、J10单元格中的VLOOKUP函数的第3个参数可以用ROW()+4。

这样在"管理卡"工作表中,只需输入物品序号,即可全面地了解该物品的所有信息,而不用像查看明细账那样来回滚动水平滚动条。

10.2.2 添加窗体控件

用直接输入序号的方式查看物品信息有时还不够方便,例如当看完了第150张卡片,希望看上一张或下一张卡片,还需要重新输入"149"或"151"。特别是当序号输入错误时,例如输入了"0"或是超过了实际卡片序号的数时,整个卡片将会出现混乱,给不熟悉Excel的用户带来麻烦。为了避免输入错误的情况发生,同时也为了可以更方便地浏览卡片,下面为"管理卡"工作表中添加有关的窗体控件。

在添加窗体控件之前,首先应在功能区添加"开发工具"选项卡。其操作步骤是单击"文件"→"选项"→"自定义功能区",选择"开发工具",如图10-4所示。

单击"确定"按钮,Excel功能区将会出现"开发工具"选项卡。应用"控件"命令组的"插入"命令即可方便插入各种表单控件和Active X控件。在工作表上应用滚动条控件的具体操作步骤如下。

步骤1:建立滚动条控件。单击"开发工具"选项卡"控件"命令组的"插入"命令,在弹出的控件库中选"表单控件"的"滚动条"(表单控件的第2行第3个),鼠标指针变成十字形状,在物品管理卡的右侧拖曳出一个长宽适中的矩形,即创建了一个滚动条控件,如图10-5所示。

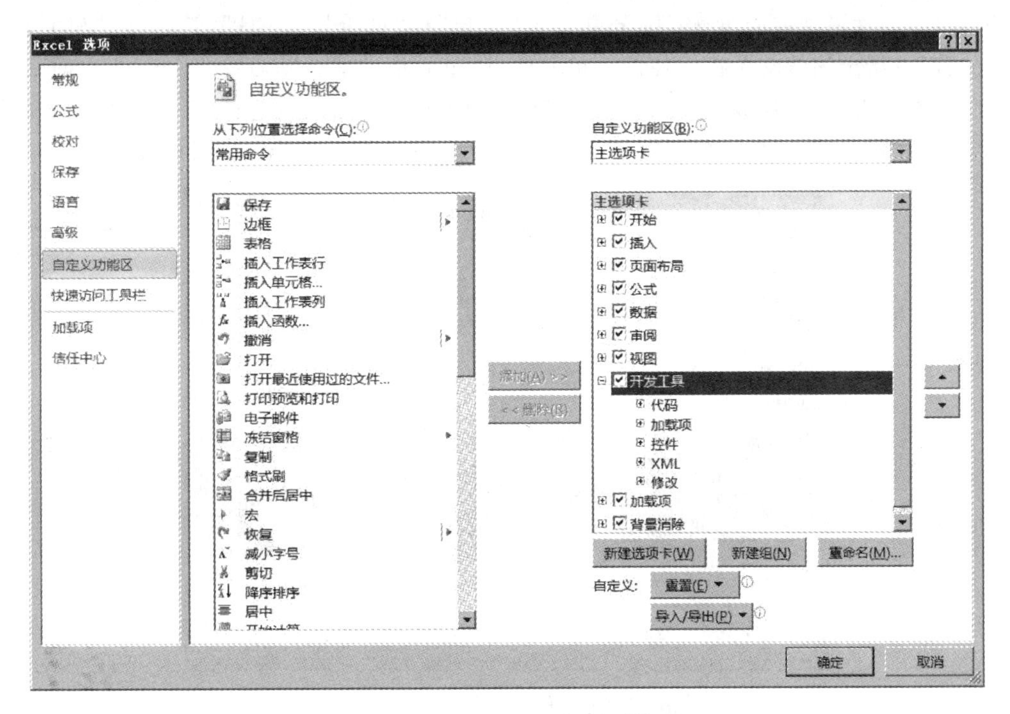

图 10-4 “Excel 选项”对话框

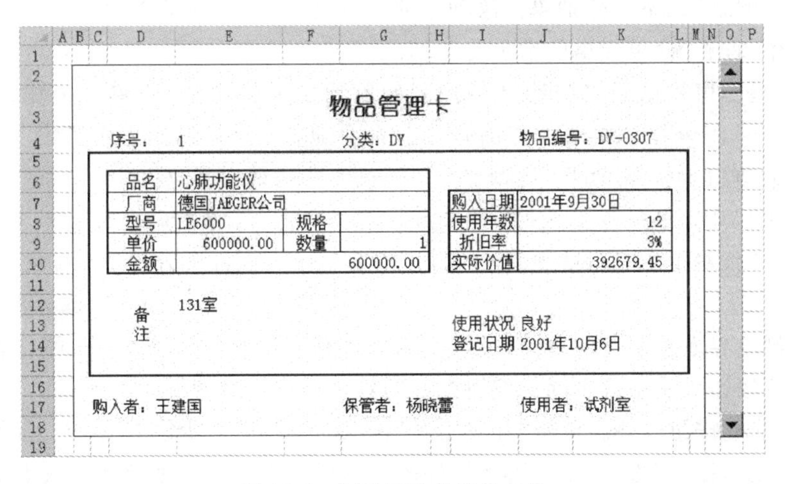

物品管理卡

序号：1　　分类：DY　　物品编号：DY-0307

品名	心肺功能仪		
厂商	德国JAEGER公司		
型号	LE6000	规格	
单价	600000.00	数量	1
金额			600000.00

购入日期	2001年9月30日
使用年数	12
折旧率	3%
实际价值	392679.45

备注　131室

使用状况 良好

登记日期 2001年10月6日

购入者：王建国　　保管者：杨晓蕾　　使用者：试剂室

图 10-5 创建滚动条后的卡片

步骤 2：设置滚动条控件格式。右击该滚动条，在弹出的快捷菜单中单击“设置控件格式”命令，打开“设置控件格式”对话框。

滚动条控件常用来控制输入特定范围的数据。可以根据需要设置其最小值、最大值、步长、页步长和单元格链接等选项。其中“最小值”和“最大值”选项决定了滚动条上滑块的变化范围。假设卡片序号的变化范围是 1 到 500，则分别设置“最小值”和“最大值”选项为“1”和“500”。“步长”选项表示当用鼠标单击滚动条两端箭头时滑块增加或减少的值，即滑块移动的最小步长。“页步长”选项表示当用鼠标单击滚动条的空白处时滑块移动的增加量。假设希望当用鼠标单击滚动条两端箭头时，序号每次增加或减少 1，当用鼠标单击滚动条的空白处时序号每次增加或减少 10,则分别设置“步长”和“页步长”为“1”和“10”。“单元格链接”选项可以指定该滚动条控件控制的单元格,该单元格的值将随着滚动条的变化而变化。为了防止操作失误,不让该滚动条直接控制卡片的序号,而是让其临时与 S6 单元格链接。设置完成的“设置控件格式”对话框如图 10-6 所示。单击“确定”按钮完成设置。

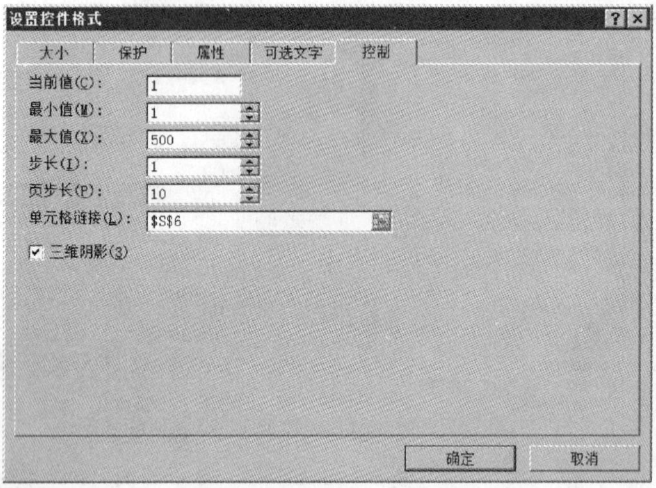

图 10-6 “设置控件格式”对话框的设置

步骤 3:测试滚动条。分别单击滚动条的两端箭头,单击滚动条滑块上下的空白处,或是拖动滚动条,查看 S6 单元格的数据变化情况。

步骤 4:设置序号单元格与滚动条控制的单元格关联。在 E4 单元格输入公式“=IF(S6=Q6,Q6-1,S6)”,这时,整个卡片的信息都会随着滚动条的操作而变化。

注意:Q6 单元格存放的是“明细账”工作表中数据的行数,是利用公式“=COUNTA(明细账!A:A)”计算出来的。公式“=IF(S6=Q6,Q6-1,S6)”的含义是如果滚动条链接的单元格 S6 的值超出了明细账数据的范围,则按“Q6-1”计算序号,否则按 S6 的值计算序号。

一般的浏览界面除了滚动条控件以外,通常还有直接定位第一个、最后一个、上一个和下一个的浏览按钮。建立常用浏览按钮控件的具体操作步骤如下。

步骤 1:建立按钮控件。单击“开发工具”选项卡“控件”命令组的“插入”命令,在弹出的控件库中选“表单控件”的“按钮”(表单控件的第 1 行第 1 个),鼠标指针变成十字形状,在物品管理卡的下方左侧拖曳出一个长宽适中的矩形,即创建了一个按钮控件。这时会弹出“指定宏”对话框,因为现在还没有创建宏,所以先单击“取消”按钮。

步骤 2:将建立的按钮复制 3 个。右击新建的命令按钮,在弹出的快捷菜单中单击“复制”命令。右击工作表中适当的位置,在弹出的快捷菜单中单击“粘贴”命令。再重复两次,即建立了 4 个相同外观的命令按钮。分别将 4 个按钮上的文字改为“首张”、“上一张”、“下一张”和“末张”,并将这 4 个按钮均匀排列在物品管理卡的下方,如图 10-7 所示。

注意:可以让 Excel 自动将 4 个按钮排列整齐。具体操作步骤是先选定 4 个按钮(按住 Ctrl 键后依次单击 4 个按钮),然后单击“页面布局”选项卡“排列”命令组的“对齐”下的“顶端对齐”和“横向分布”。

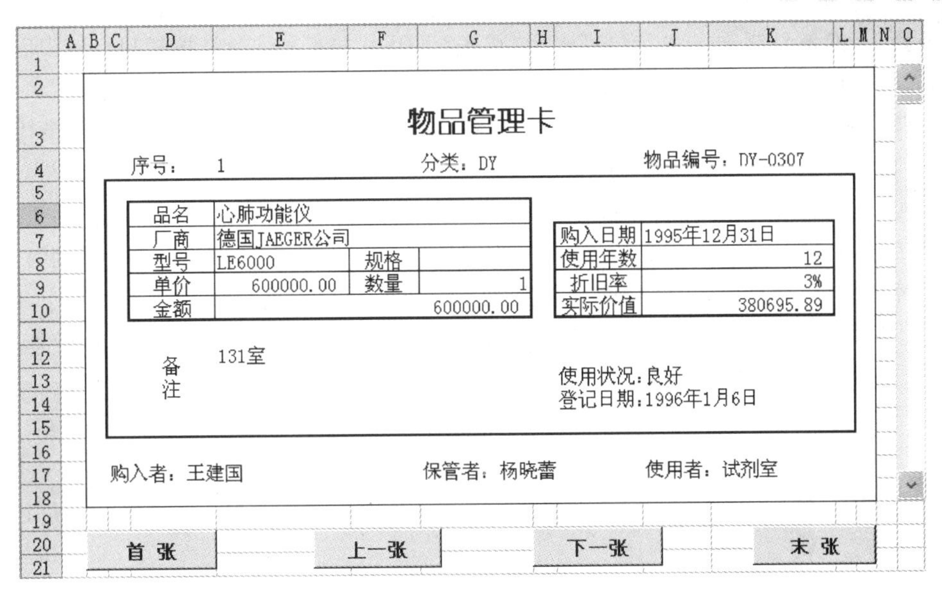

图 10-7 创建按钮后的物品管理卡

10.2.3 给按钮指定宏

下面给各按钮指定宏。所谓宏，实际上是一段用 VBA 编写的程序。对于普通用户来说，掌握编写 VBA 程序的方法是比较困难的。但是对于一些简单的操作，利用 Excel 提供的录制宏功能，一般都可以快速掌握。

所谓录制宏，与录音、录像类似。即打开录制宏开关，然后将要执行的操作做一遍，Excel 将自动录制所做的操作，并将其转换成对应的 VBA 程序段，以宏的形式保存起来。待以后再需要执行同样操作时，直接执行该宏即可。录制关于"首张"按钮对应的宏的具体操作步骤如下。

步骤 1：调出录制宏对话框。单击"开发工具"选项卡"代码"命令组的"录制宏"命令，打开"录制新宏"对话框，如图 10-8 所示。

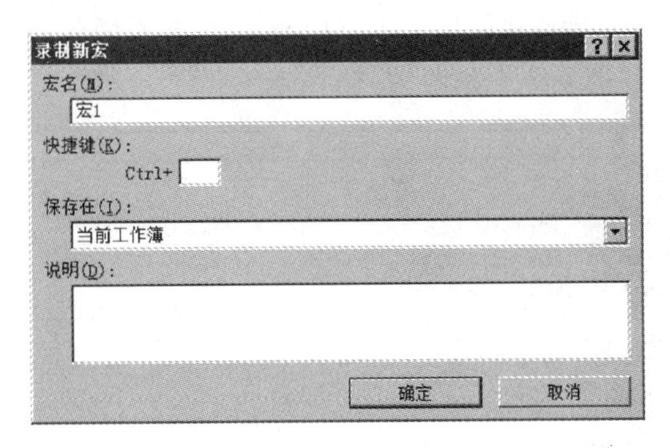

图 10-8 "录制新宏"对话框

注意：功能区的"视图"选项卡也有"宏"、"录制宏"等命令，功能相同，但是不如"开发工具"选项卡中的宏命令功能齐全。因此以下介绍有关"宏"的操作都通过"开发工具"选项卡进行。

步骤2：准备录制宏。将“宏名”改为“首张”。因为主要通过命令按钮执行宏，所以不指定快捷键。单击“确定”按钮，这时功能区原来的“录制宏”命令会变成“停止录制”命令。此后所进行的操作，Excel将自动记录下来，并将其转换成相应的VBA程序，直到单击“停止录制”工具栏的“停止录制”按钮为止。

步骤3：录制宏。单击S6单元格，输入“1”，单击编辑栏的“输入”按钮。这时，工作表中将显示序号为“1”的卡片。然后单击“开发工具”选项卡“代码”命令组的“停止录制”。

这时有关显示首张卡片的宏即录制完成了。如果要查看或编辑刚刚录制的宏，可以单击“开发工具”选项卡“代码”命令组的Visual Basic，打开Microsoft Visual Basic for Applications窗口，刚刚录制的宏如图10-9所示。

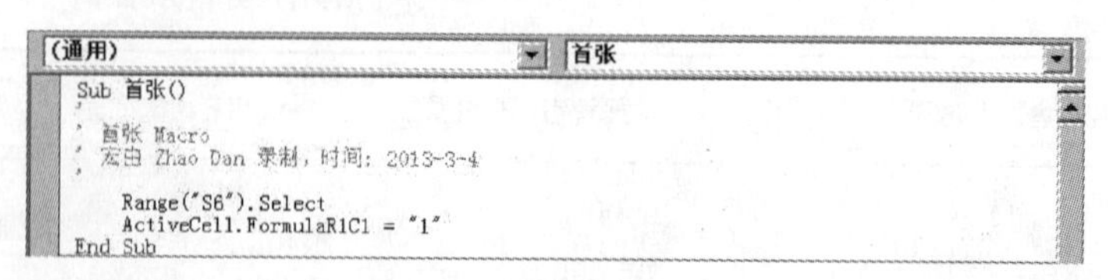

图10-9 录制的宏代码

从图10-9可以看出，Excel录制了以下两步操作。

“Range("S6"). Select”：将S6单元格设置为活动单元格。

“ActiveCell. FormulaR1C1 = "1"”：将活动单元格(即S6单元格)的值设置为“1”。

参照这个宏，可以直接编写出“末张”和“上一张”、“下一张”的宏。只需将中间的VBA语句分别改为“ActiveCell. FormulaR1C1 = Range("Q6")”、“ActiveCell. FormulaR1C1 = ActiveCell. FormulaR1C1 + 1”和“ActiveCell. FormulaR1C1 = ActiveCell. FormulaR1C1 − 1”。

这样这几个宏就都可以执行了，但是，“上一张”和“下一张”所对应的宏还有点小问题，这就是当S6单元格的当前值已经是“1”时，如果再执行“上一张”的宏，将会出现“0”甚至是负的序号。类似地，当S6单元格的当前值已经等于“明细账”的最后一行时，如果再执行“下一张”的宏，将会出现超过现有序号的数。要避免出现上述情况，还需进一步修改完善这两个宏，也就是在执行“+1”或“−1”操作前先进行判断，如果已经到达边界，就不再继续“+1”或“−1”操作。为了保证操作按钮时屏幕不来回跳动，将每个宏的最后一句统一为定义选定P20单元格。最后编写好的4个宏如图10-10所示。

```
(通用)                                    下一张
Sub 首张()
'
' 首张 Macro
' 宏由 Zhao Dan 录制，时间: 2013-3-4
'
    Range("S6").Select
    ActiveCell.FormulaR1C1 = "1"
    Range("P20").Select
End Sub
--------------------------------------------------
Sub 末张()
    Range("S6").Select
    ActiveCell.Value = Range("Q6")
    Range("P20").Select
End Sub
--------------------------------------------------
Sub 上一张()
    Range("S6").Select
    If ActiveCell.Value <> 1 Then ActiveCell.Value = ActiveCell.Value - 1
    Range("P20").Select
End Sub
--------------------------------------------------
Sub 下一张()
    Range("S6").Select
    If ActiveCell.Value <> Range("Q6") Then ActiveCell.Value = ActiveCell.Value + 1
    Range("P20").Select
End Sub
```

图10-10 编写好的宏代码

下面还需要将编制好的宏指定到相应的按钮上，具体操作步骤如下。

步骤1：调出“指定宏”对话框。右击工作表上的“首张”按钮，然后在弹出的快捷菜单中单击“指定宏”命令，打开“指定宏”对话框。

步骤2：指定宏。在“指定宏”对话框的“宏名”列表框中选择“首张”，“位置”选择“当前工作簿”，如图10-11所示。单击“确定”按钮。

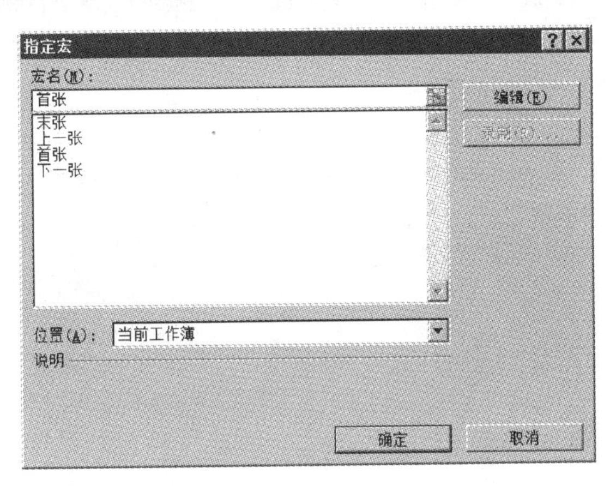

图10-11　“指定宏”对话框

重复上述操作步骤，为“上一张”、“下一张”和“末张”按钮指定相应的宏。

注意：新建了宏的工作簿保存或关闭时，Excel会弹出如图10-12所示的对话框。如果单击“是”按钮，则新建的宏不予保存。所以应单击“否”按钮，然后在“另存为”对话框中将工作簿保存成类型为“Excel启用宏的工作簿(*.xlsm)”文件。

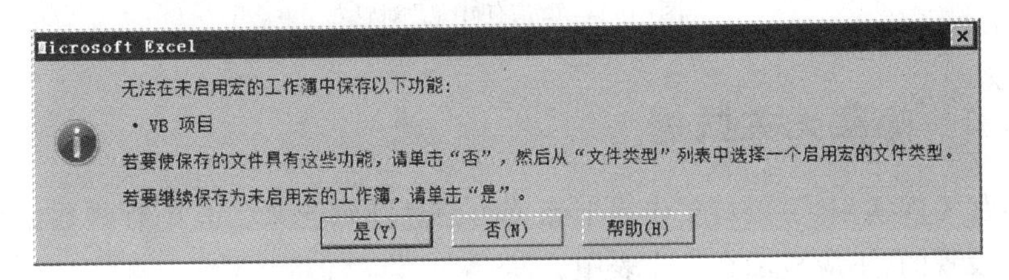

图10-12　警告对话框

注意：当新打开包含有宏的工作簿时，通常会显示如图10-13所示的安全警告提示栏，如果确认是安全的宏，可以单击“启用内容”按钮，正常使用工作簿中包含的宏。有关宏的应用涉及到的理论、知识以及内容众多，这里只是其中最简单的用法。需要进一步深入学习的读者可以参考相应的书籍。

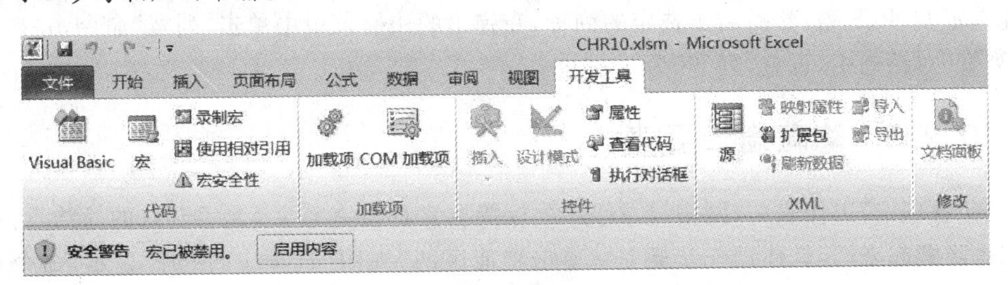

图10-13　安全警告信息

注意：如果创建的宏被禁用，可以设置“宏安全性”解除禁用。具体操作是单击“开发工具”选项卡“代码”命令组的“宏安全性”命令，打开“信任中心”对话框，从中选择合适的选项。一般推荐“禁用所有宏，并发出通知”，如图10-14所示。这样须用户确认启动后宏才能运行。

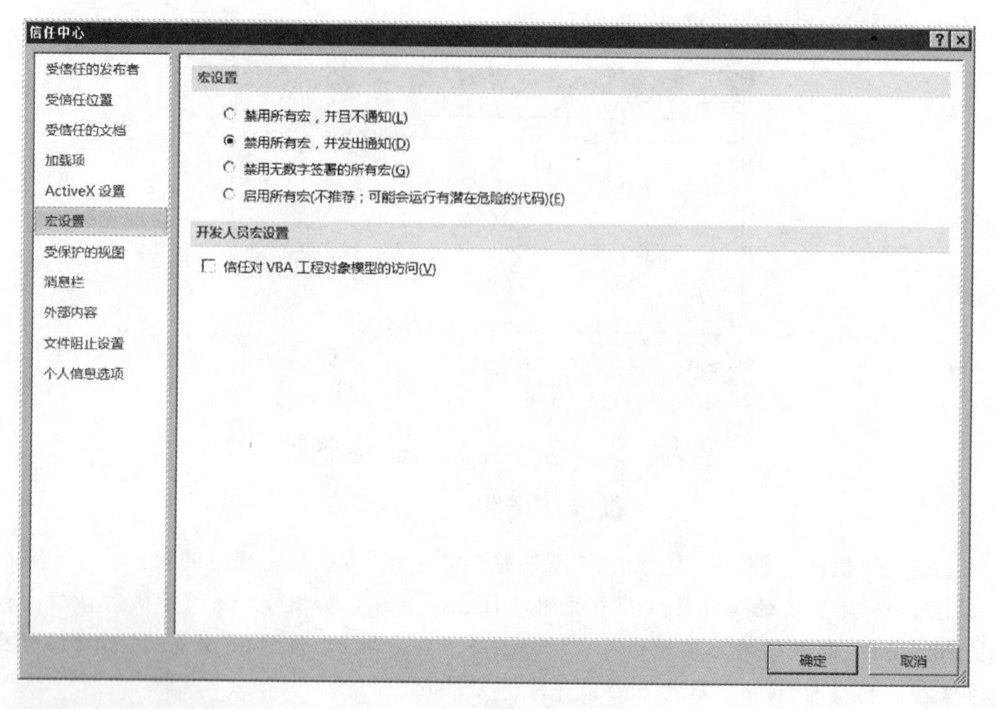

图 10-14 “信任中心”对话框

10.2.4 隐藏无关数据

为了更加美观实用，可以将工作表上无关的信息隐藏起来。其中有些数据是为了公式引用方便而设置的，不应显示在工作表中。

例如Q6、R6、S6单元格的内容，应该将其隐藏起来。其操作方法是：选定Q6:S6单元格，单击“开始”选项卡“字体”命令组的“字体颜色”按钮的下拉箭头，然后选定“白色”。这样工作表中将看不到这些数据。

也可以将Q、R、S列的列宽设置为0，同样可以达到隐藏这些数据的目的。操作方法是：将鼠标指向S列列标的右侧，待鼠标指针变成双向箭头形状后，向左拖曳到P列。也可以先选定Q、R、S列，然后右击选定的列标，在弹出的快捷菜单中单击“列宽”命令，并在弹出的“列宽”对话框中，设置“列宽”为0。

10.2.5 隐藏窗口要素

在“管理卡”工作表中，网格线、行号、列标等要素都没有意义，为了窗口的简洁，可以将它们也隐藏起来，其具体操作步骤是：单击功能区的“视图”选项卡，取消“显示”命令组中“网格线”和“标题”复选框的选择。

10.2.6　隐藏锁定公式

在该工作表中有大量复杂的计算公式，当用户查看卡片时，有可能给用户带来不便，应该将其隐藏起来。另一方面，这些复杂的计算公式如果不加以保护，也可能由于用户的误操作而修改，导致不能正常工作。隐藏和锁定有关公式的具体操作步骤如下。

步骤 1：设置隐藏和锁定。选定要隐藏公式的单元格区域，右击，在弹出的快捷菜单中单击“设置单元格格式”命令。打开“设置单元格格式”对话框，选定“保护”选项卡，选定“隐藏”和“锁定”复选框。其中“锁定”选项是为了保护工作表中的计算公式不被他人随意修改。

注意：系统默认单元格格式的属性是锁定、不隐藏。但是锁定和隐藏属性都只有设置保护工作表之后才起作用。

步骤 2：取消需要改变的单元格的锁定。因为 S6 单元格中存放的是当前查看的记录序号，它是需要变动的。所以右击 S6 单元格，在弹出的快捷菜单中单击“设置单元格格式”命令。打开“设置单元格格式”对话框。选定“保护”选项卡，取消“锁定”复选框。

步骤 3：设置保护工作表。单击“审阅”选项卡“更改”命令组的“保护工作表”命令。打开“保护工作表”对话框。在“保护工作表”对话框的“取消工作表保护时使用的密码”框中输入所需密码；在“允许此工作表的所有用户进行”选项框设置取消保护的选项。单击“确定”按钮。系统会要求重新输入一次确认密码。

至此，带有命令按钮和滚动条窗体控件，能够快捷、方便浏览的“管理卡”工作表就设置完成了。操作者可以通过单击相应的按钮快速地定位到第一张、上一张、下一张或是最后一张卡片，也可以利用滚动条操作方便地浏览不同的卡片。最后完成的“管理卡”工作表如图 10-15 所示。

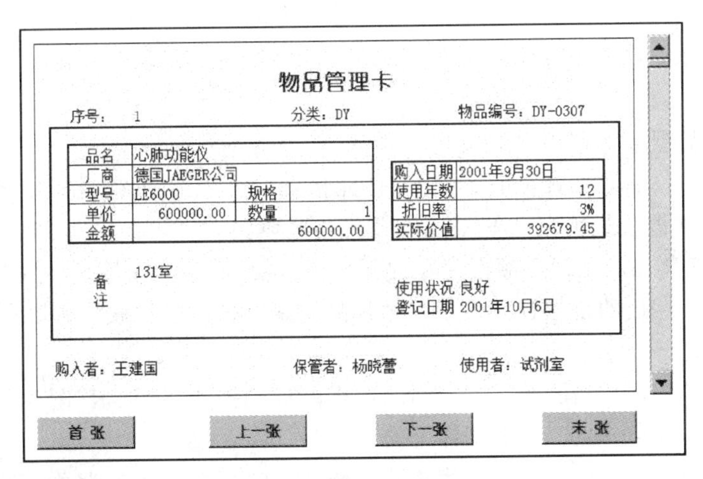

图 10-15　完成的“管理卡”工作表

10.3　建立用户界面

在物品管理过程中，有可能种类繁多、数量庞大。但是应该注意到，不同物品的价值大小、资金占用等有很大的差异，是不均匀的。往往较少种类的物品其金额占了整个物品金额的大部分。广泛应用的ABC分类管理法就是将物品按某种因素划分成A、B、C 3类区别对待。A类是管理的重点,B类是次重点,C类是一般。从而简化了物品的管理工作,同时也能有效地管理好物品,达到事半功倍的效果。

本节说明如何利用Excel提供的各种工具完成ABC分类分析。特别是利用Excel提供的宏,进一步使日常工作自动化。并通过自定义的用户界面,使不太熟悉Excel操作的人员也能够方便地完成有关的分析。

10.3.1 分析计算

假设某公司现有物品的编号、品名、型号、价格等信息存放在示例文件CHR10. XLSM工作簿的"物品管理"工作表中,如图10-16所示。

	A	B	C	D	E
1	序号	物品编号	品名	型号	价格
2	1	DY-0307	心肺功能仪	LE6000	600000.00
3	2	SY-0101	自动加样器	RSP505	110000.00
4	3	DJ-0310	VHS录像机	松下NV-J25MC	3250.00
5	4	BG-1001	冰箱、冰柜	青岛得贝BD-375	4100.00
6	5	DY-0301	荧光分光光度计	F-4010	125000.00
7	6	DJ-0401	翻拍碘钨灯	KREFLECTA-SELI000	541.00
8	7	DJ-0103	A4投胶片影仪	投影仪郑州金德曼	1630.00
9	8	SY-0310	离心沉淀器	80-2	1400.00
10	9	SY-0417	多用真空泵	SHB-B	582.00
11	10	SY-0203	电热保温干燥箱	WG2003	1330.00
12	11	SY-0310	离心机	TGL-16高速台式	1200.00
13	12	SY-0201	二氧化碳培养箱	LAB-2300	36000.00
14	13	DY-0104	高效液相色谱仪	HP1050	156437.00

图10-16 "物品管理"工作表

应用ABC分类管理法首先需要将管理的物品按照价格累计并分类,其具体操作步骤如下。

步骤1:将数据清单按价格从大到小排序。

步骤2:计算物品的累计金额。在F2单元格输入公式"=E2",在F3单元格输入公式"=F2+E3",并将该公式填充到F4:F165单元格区域。

步骤3:计算物品的累计金额占库存的百分比。在G2单元格输入公式"=F2/F$165",其中F165单元格存放的是累计到最后一种物品的累计金额。将该公式填充到G3:G165单元格区域。

步骤4:作ABC分析图。选定G列的数据,单击"插入"选项卡"图表"命令组的"折线图",在弹出的折线图库中选"带数据标记的折线图"。

步骤5:修饰图表。由于默认图表格式一般,需进行适当修饰:将垂直坐标轴的最小值和最大值分别指定为0.1和1;将水平坐标轴的对齐方式中"文字方向"设置为"横排","自定义角度"为"0";删除图例;优化标题字体;适当调整图表的其他要素。创建并修饰好的图表如图10-17所示。

分析上述图表可以看出,虽然库存物品的种类有160余种,但是处于高位的前16种物品的累计金额占了所有物品金额的80%以上,而此后的20种物品的累计金额占了所有物品金额的15%,余下的100余种物品的金额不到所有物品金额的5%,可以按此分别将所管

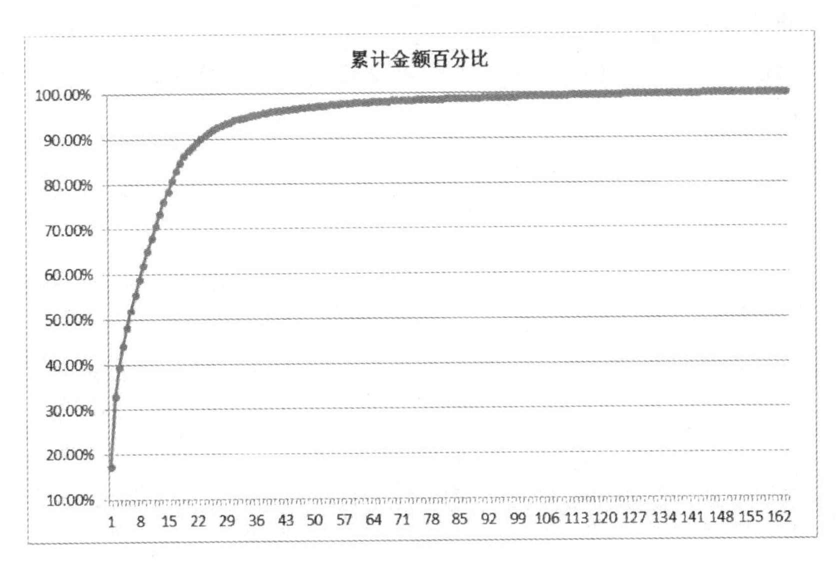

图 10-17 “累计金额百分比”折线图

理的物品分为 A、B、C 3 类。

ABC 分类的目的主要是分清主次、抓住重点，所以 3 类不同物品的管理方法应该各不相同。其中 A 类物品数量不多，但是所占金额比重最大，管好了 A 类物品就等于管好了绝大部分，所以应重点管理、严格控制、精细核算。通常需要定期或不定期地统计汇总，上报给有关部门。利用 Excel 的制作重要物品管理报表的具体操作步骤如下。

步骤 1：将数据清单转换成表格。选定数据清单中任意单元格，单击“插入”选项卡“表格”命令组的“表格”命令。打开“创建表”对话框，确认表数据的来源后，单击“确定”按钮。

步骤 2：筛选出累计金额百分比前 80％的物品。单击“累计金额百分比”单元格的排序和筛选箭头，在排序和筛选选项中单击“数字筛选”→“小于或等于”，在弹出的“自定义自动筛选方式”对话框的右侧文本框中输入“0.8”。单击“确定”按钮。这时将自动筛选出累计金额百分比前 80％的记录，如图 10-18 所示。

	A	B	C	D	E	F	G
1	序	物品编	品名	型号	价格	累计金额	累计金额百分
2	99	DY-0215	气相色谱/高分辨质谱仪	HP6890/Mat95XL	3090049.86	3090049.86	17.26%
3	75	DY-0212	气相色谱/质谱-质谱联用仪	HP5890II-TSQ7000	2792400.00	5882449.86	32.86%
4	111	DY-0216	气相色谱/同位素比质谱仪	HP6890/DELTAplus	1173000.00	7055449.86	39.41%
5	137	DY-0217	气相色谱/质谱联用仪	HP6890A-5973N	837736.33	7893186.19	44.09%
6	100	DY-0214	气相色谱/质谱联用仪	HP6890A-5973	725330.65	8618516.84	48.15%
7	70	DY-0211	气相色谱/质谱联用仪	HP6890-5973A	672869.00	9291385.84	51.91%
8	88	DY-0213	气相色谱/质谱联用仪	HP6890A-5973	667692.33	9959078.17	55.64%
9	1	DY-0307	心肺功能仪	LE6000	600000.00	10559078.17	58.99%
10	47	DY-0210	气相色谱/质谱联用仪	HP6890A-5972	544000.00	11103078.17	62.03%
11	27	DY-0205	气相色谱/质谱联用仪	GC8000-MD800	539592.99	11642671.16	65.04%
12	46	DY-0105	高效液相色谱仪	HP1090B	523000.00	12165671.16	67.96%
13	78	DY-0401	毛细管电泳仪(CE)	BIO-FOCUS3000	492693.76	12658364.92	70.71%
14	147	DY-0504	化学发光影像系统	Fuji Las1000	486574.19	13144939.11	73.43%
15	86	DY-0316	气体分析仪	MAX-1	459358.00	13604297.11	76.00%
16	24	DY-0206	气相色谱/质谱联用仪	HP5890B-5972	420000.00	14024297.11	78.35%
166							

图 10-18 累计金额百分比前 80％的记录筛选结果

步骤3：建立重要物品管理报表。插入一新工作表，输入“重要物品一览表”的标题和表头，并设置适当的格式。将“物品管理”工作表自动筛选的结果复制并粘贴到表的下方。完成后的重要物品一览表如图10-19所示。

	A	B	C	D	E	F	G
1	重要物品一览表						
2	序号	物品编号	品名	型号	价格	累计金额	累计金额百分比
3	99	DY-0215	气相色谱/高分辨质谱仪	HP6890/Mat95XL	3090049.86	3090049.86	17.26%
4	75	DY-0212	气相色谱/质谱-质谱联用仪	HP5890II-TSQ7000	2792400	5882449.86	32.86%
5	111	DY-0216	气相色谱/同位素比质谱仪	HP6890/DELTAplus	1173000	7055449.86	39.41%
6	137	DY-0217	气相色谱/质谱联用仪	HP6890A-5973N	837736.33	7893186.19	44.09%
7	100	DY-0214	气相色谱/质谱联用仪	HP6890A-5973	725330.65	8618516.84	48.15%
8	70	DY-0211	气相色谱/质谱联用仪	HP6890-5973A	672869	9291385.84	51.91%
9	88	DY-0213	气相色谱/质谱联用仪	HP6890A-5973	667692.33	9959078.17	55.64%
10	1	DY-0307	心肺功能仪	LE6000	600000	10559078.17	58.99%
11	47	DY-0210	气相色谱/质谱联用仪	HP6890A-5972	544000	11103078.17	62.03%
12	27	DY-0205	气相色谱/质谱联用仪	GC8000-MD800	539592.99	11642671.16	65.04%
13	46	DY-0105	高效液相色谱仪	HP1090B	523000	12165671.16	67.96%
14	78	DY-0401	毛细管电泳仪(CE)	BIO-FOCUS3000	492693.76	12658364.92	70.71%
15	147	DY-0504	化学发光影像系统	Fuji Las1000	486574.19	13144939.11	73.43%
16	86	DY-0316	气体分析仪	MAX-1	459358	13604297.11	76.00%
17	24	DY-0206	气相色谱/质谱联用仪	HP5890B-5972	420000	14024297.11	78.35%

图10-19 完成后的重要物品一览表

注意：将筛选结果粘贴到“重要物品”工作表时，应采用选择性粘贴，并在“粘贴”选项中选择“值和源格式”。如果是通过“选择性粘贴”对话框操作，则应选择“值和数字格式”单选钮。以免原来计算公式中的单元格引用出现错误，同时保持源表格中设置的格式。

请读者采用类似的方法自行建立“次要物品一览表”，其中的筛选条件应该是大于0.8而且小于等于0.95。

10.3.2 自动计算

在日常工作中，有些操作需要重复进行，为了有效地提高工作效率，减少差错，可以利用Excel提供的宏自动完成。通过宏的应用，可以更方便地操作Excel，全面提高应用Excel的水平。

假设10.3.1节介绍的制作重要物品一览表的操作需要经常进行，可以制作一个宏自动完成相应的多步操作。当以后需要制作该报表时，直接执行该宏即可。制作宏的具体操作步骤如下。

步骤1：试操作。因为该操作步骤较多，所以在录制宏之前，应先将所要录制的操作做几遍，保证准确无误。

步骤2：准备录制宏。单击“开发工具”选项卡“代码”命令组的“录制宏”命令。打开“录制新宏”对话框。在“录制新宏”对话框的“宏名”框中输入“重要物品”，在“快捷键”框中设置“Ctrl+Shift+Z”，单击“确定”按钮。这时功能区原来的“录制宏”命令会变成“停止录制”命令。

注意：因为类似Ctrl+…的快捷键大多已被Windows或是Excel使用，所以自定义的快捷键一般都设置为Ctrl+Shift+…的形式。定义快捷键时，Ctrl键为缺省的，故只需按Shift键和相应的字母键即可。

步骤 3：开始录制宏。执行一遍 10.3.1 节介绍的制作重要物品一览表有关的筛选、新建、复制和选择性粘贴等操作，然后单击“开发工具”选项卡“代码”命令组的“停止录制”命令。

注意：为了保证录制的宏可以在任何情况下都能正确执行，第一步应执行选定“物品管理”工作表操作；为了使宏执行完后，“库存物品”工作表恢复原样，最后应清除对于“累计金额百分比”字段设置的筛选，也就是说应将上述两步操作也录制在宏中。因为每次筛选出的记录数可能不同，运行前应删除原有的“重要物品”工作表中的数据。

步骤 4：测试宏。单击“开发工具”选项卡“代码”命令组的“宏”命令，打开“宏”对话框，选择刚刚录制的“重要物品”宏，单击“执行”按钮，测试录制的宏的运行情况。也可以直接按 Ctrl+Shift+Z 快捷键执行该宏。

注意：如果录制的宏有错误，可以单击“开发工具”选项卡“代码”命令组的“宏”命令，打开“宏”对话框中并选择该宏，单击“删除”按钮，将其删除后重新录制。如果对 VBA 比较熟悉，也可以单击“开发工具”选项卡“代码”命令组的 Visual Basic 命令，打开 Microsoft Visual Basic for Applications 窗口，直接修改有关代码。

宏运行正常后，保存工作簿。以后当需要制作“重要物品一览表”时，只需执行该宏即可。制作的宏可以通过单击“开发工具”选项卡“代码”命令组的“宏”命令，打开“宏”对话框并选择该宏，然后单击“编辑”按钮查看或编辑。也可以单击“开发工具”选项卡“代码”命令组的 Visual Basic 工具按钮查看所有的宏。正确录制的完整的宏以及有关注释如下所示。

```
Sub 重要物品()
'重要物品 宏
'快捷键: Ctrl + Shift + Z
    Sheets("物品管理").Select                '选定“物品管理”工作表
    ActiveSheet.ListObjects("表 2-").Range.AutoFilter Field: = 7, Criteria1: = " = 0.8" _
        , Operator: = xlAnd                  '筛选出≤0.8 的记录
    Range("A1:G16").Select                   '选定筛选出的记录
    Selection.Copy                           '复制筛选出的记录
    Sheets("重要物品").Select                '选定“重要物品”工作表
    Range("A2").Select                       '选定粘贴位置
    Selection.PasteSpecial Paste: = xlPasteAllUsingSourceTheme, Operation: = xlNone _
        , SkipBlanks: = False, Transpose: = False
    Selection.PasteSpecial Paste: = xlPasteValues, Operation: = xlNone, SkipBlanks _
        : = False, Transpose: = False        '选择性粘贴复制的数值和格式
    Sheets("物品管理").Select                '选定“物品管理”工作表
    ActiveSheet.ListObjects("表 2").Range.AutoFilter Field: = 7
End Sub                                      '清除前面设置的筛选条件
```

注意：这样建立的宏是比较死板的，每次复制和粘贴的单元格区域是固定的。如果需要建立能够适应筛选结果记录个数不同的宏，需要了解有关 Excel 操作以及宏的更多技巧，请有兴趣的读者参考有关更深入介绍 Excel 和 Excel VBA 的书籍。

请读者自行建立有关“次要物品一览表”和“一般物品一览表”的宏。

执行宏可以有多种方式，一般情况下可以通过单击“开发工具”选项卡“代码”命令组的“宏”命令，打开“宏”对话框并选择该宏，然后单击“执行”按钮。但是这样显然不是很方便。通过预设的快捷键直接执行宏虽然方便快捷，但是操作不直观，特别是当宏比较多时难以记忆。对于针对某个工作表操作的宏，可以利用窗体控件，在相应的工作表上建立宏的命令按钮来运行宏。对于使用较为普遍的宏，可以在功能区为其建立相应的命令，使其像 Excel 的

内部命令一样使用。下面通过以为“重要物品”宏建立命令按钮和功能区命令为例介绍相应的操作步骤。

10.3.3 宏命令按钮

在“重要物品”工作表中创建运行宏的命令按钮的具体操作步骤如下。

步骤1：建立按钮控件。单击“开发工具”选项卡“控件”命令组的“插入”命令，在弹出的控件库中选“表单控件”的“按钮”(表单控件的第1行第1个)，鼠标指针变成十字形状。在指定工作表上根据所需按钮的大小拖曳出一个矩形，即创建了一个按钮控件，Excel会弹出“指定宏”对话框。

注意：因为执行自动筛选后，会有某些行被隐藏。所以最好在工作表的上方插入一空行，并设置适当的高度，将创建的命令按钮放置在工作表的上方。

步骤2：为命令按钮指定宏。在“指定宏”对话框中为创建的按钮指定“重要物品”宏，单击“确定”按钮。

步骤3：修改按钮文字。将按钮上的文字改为“重要物品一览表”，并根据需要设置适当的字体、字号和颜色等，如图10-20所示。

	A	B	C	D	E	F	G
1				重要物品一览表			
2	序	物品编	品名	型号	价格	累计金额	累计金额百分
3	99	DY-0215	气相色谱/高分辨质谱仪	HP6890/Mat95XL	3090049.86	3090049.86	17.26%
4	75	DY-0212	气相色谱/质谱-质谱联用仪	HP5890II-TSQ7000	2792400.00	5882449.86	32.86%
5	111	DY-0216	气相色谱/同位素比质谱仪	HP6890/DELTAplus	1173000.00	7055449.86	39.41%
6	137	DY-0217	气相色谱/质谱联用仪	HP6890A-5973N	837736.33	7893186.19	44.09%
7	100	DY-0214	气相色谱/质谱联用仪	HP6890A-5973	725330.65	8618516.84	48.15%
8	70	DY-0211	气相色谱/质谱联用仪	HP6890-5973A	672869.00	9291385.84	51.91%
9	88	DY-0213	气相色谱/质谱联用仪	HP6890A-5973	667692.33	9959078.17	55.64%
10	1	DY-0307	心肺功能仪	LE6000	600000.00	10559078.17	58.99%
11	47	DY-0210	气相色谱/质谱联用仪	HP6890A-5972	544000.00	11103078.17	62.03%

图10-20 加入宏命令按钮后的工作表

这以后当需要制作重要物品一览表时，只需单击“重要物品一览表”按钮，将会立刻执行创建的“重要物品”宏。自动完成创建“重要物品一览表”的一系列操作。

注意：由于新插入了一行，前面制作的宏中的某些语句需要适当修改。例如“Range("A1:G16").Select”应改为“Range("A2:G17").Select”。

10.3.4 自定义功能区

对于应用较为普遍的宏，执行宏最为有效的方法是将宏与功能区的命令结合起来，即通过选择功能区相应的命令来执行所创建的宏。根据创建和使用的宏的数量和类别，可以在功能区创建新的命令、命令组，甚至是选项卡。有关操作大同小异，下面仅以将创建的“重要物品”宏添加到功能区为例，说明有关操作。

要将宏命令添加到功能区，首先要确定要添加到的选项卡，然后在该选项卡下创建新的命令组，最后才能将有关的宏命令添加到新建的命令组中。假设需要将“重要物品”宏添加到“数据”选项卡中，其具体操作步骤如下。

步骤 1：调出“Excel 选项”对话框。右击功能区，在弹出的快捷菜单中选择“自定义功能区”命令，打开“Excel 选项”对话框，如图 10-21 所示。

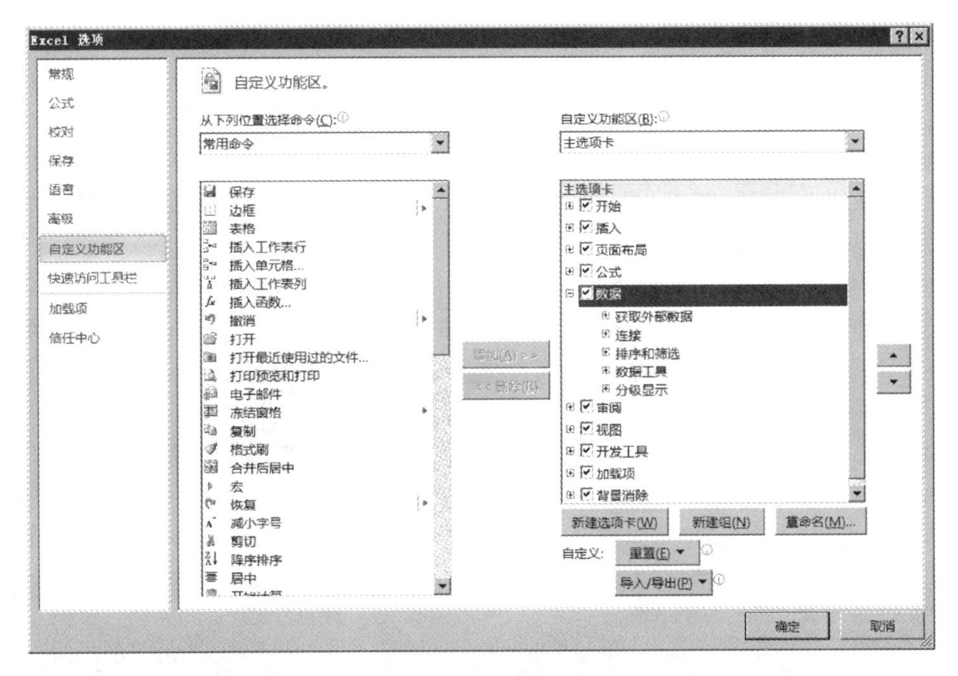

图 10-21 “Excel 选项”对话框

步骤 2：新建“报表”命令组。在右侧列表框中选定“数据”，再单击下方的“新建组”按钮。Excel 会在数据选项卡中新建一个命令组。选定新建的命令组，单击“重命名”命令。打开“重命名”对话框，为新建的命令组指定名称和符号，如图 10-22 所示。单击“确定”按钮。

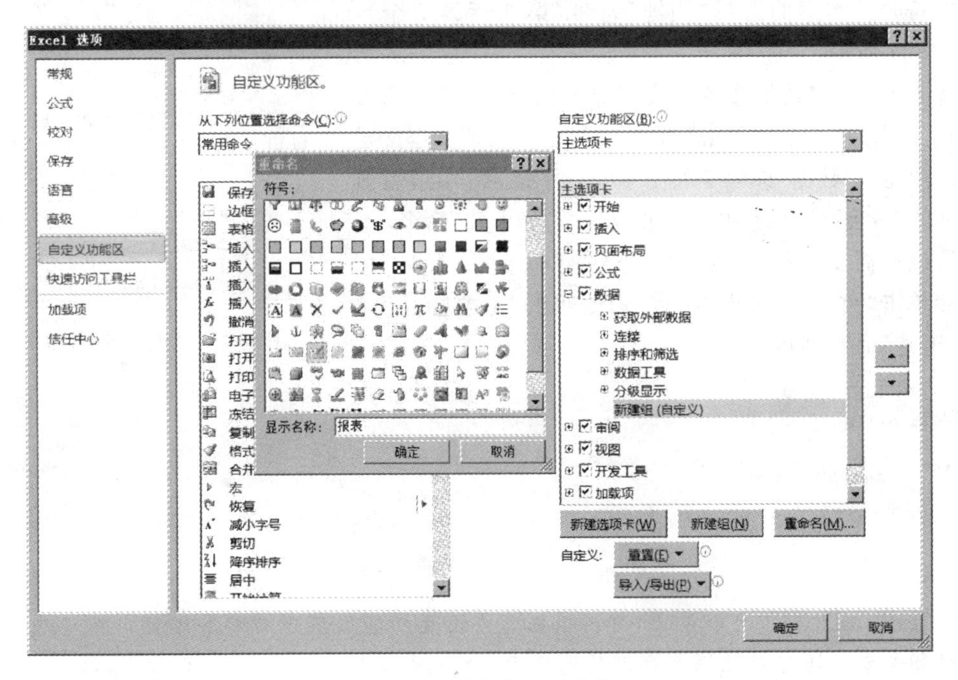

图 10-22 为命令组重命名

步骤 3：新建"重要物品"命令。在"从下列位置选择命令"下拉列表框中选"宏"；并选择"重要物品"宏，单击"添加"按钮，如图 10-23 所示。

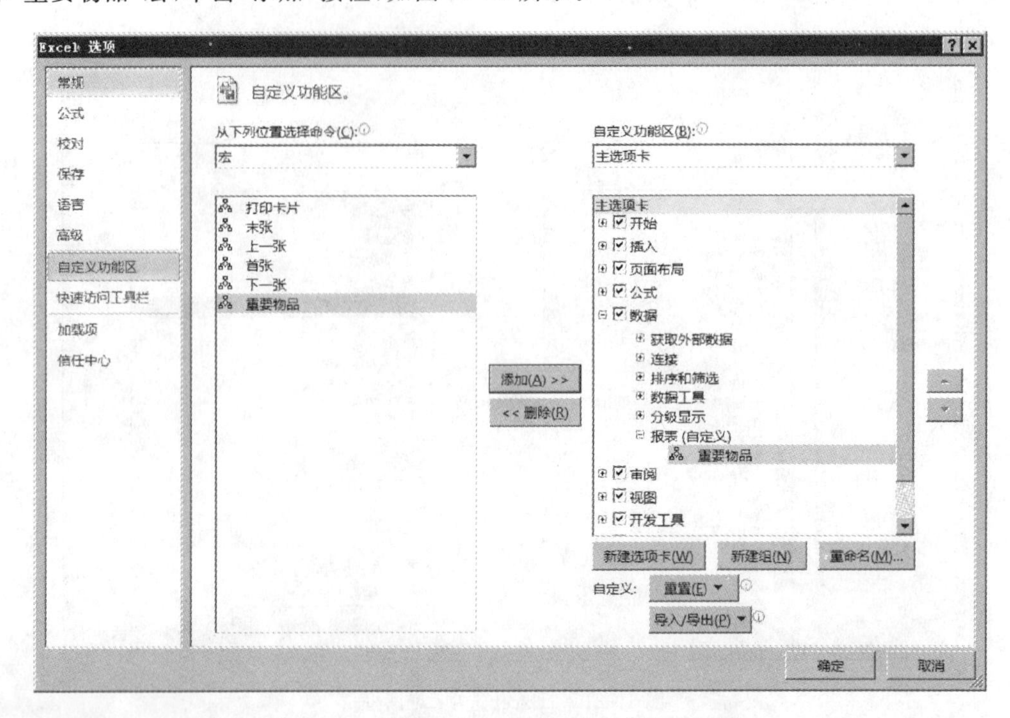

图 10-23 添加了"重要物品"宏命令的对话框

步骤 4：为"重要物品"命令设置符号。选定"重要物品"，单击"重命名"命令，打开"重命名"对话框，选择一个合适的符号。本案例选择"钥匙"符号(第 3 行第 7 个)，如图 10-24 所示。

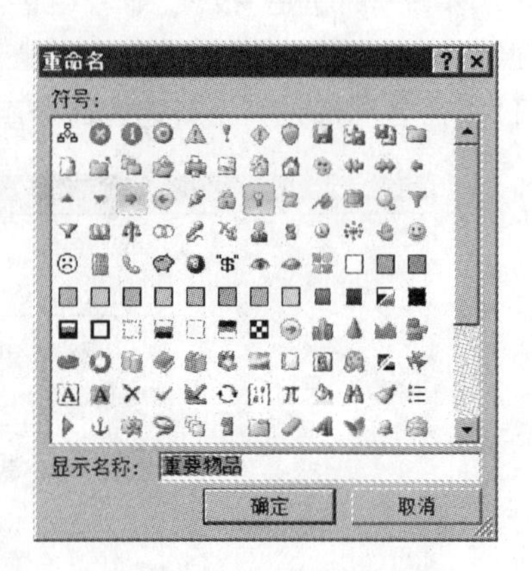

图 10-24 "重命名"对话框

步骤 5：添加其他命令。按照类似的操作方法，添加"打印卡片"命令。最后单击"确定"按钮。添加了自定义宏命令的功能区"数据"选项卡如图 10-25 所示。其中最右侧是添加的"报表"命令组和"重要物品"、"打印卡片"命令。

这以后需要执行"重要物品"或"打印卡片"宏时，可以直接单击"数据"选项卡"报表"命令组的"重要物品"或"打印卡片"命令即可。

图 10-25 功能区"数据"选项卡

注意：从图 10-21 可以看出，可以根据需要设置功能区显示哪些和不显示哪些选项卡、命令组和命令。还可以根据需要调整选项卡、命令组和命令的次序。

掌握了上述方法，就可以根据工作或学习的需要来重新设置 Excel 的工作环境。将常用的操作命令以个人习惯的方式在功能区重新排列组合，而将不太常用的命令暂时从功能区中移除，以方便操作和提高工作效率。

10.4　本章小结

通过本章内容的学习，应全面复习 Excel 有关单元格引用、函数、排序、筛选、图表、数据透视表的操作，并初步掌握窗体的使用、录制宏和执行宏的操作，以及根据需要自定义功能区，能够将全篇的内容融会贯通，使用 Excel 更加得心应手。

10.5　习题

1. 根据给定的计算器工作簿，模仿股票收益计算器，应用窗体工具建立某个险种的保险收益计算器。根据客户的性别、年龄和缴款方式给出相应的缴款额。要求应用下述窗体控件。

通过"单选钮"选择性别；

通过"微调项"选择年龄，范围是 18～60 岁；

通过"组合框"选择缴款方式，分为趸缴、5 年、10 年、15 年、20 年、25 年和 30 年几种。

2. 根据给定的人事工作簿，在人事工作表中建立 4 个命令按钮，分别实现高级职称、中级职称、初级职称和其他职工的自动筛选操作。

3. 自定义 Excel 工作环境。

在"开始"选项卡中新建"个性"命令组，并在其中添加"上下标"、"文本"和"照相机"命令。

第4篇

PowerPoint 应用篇

PowerPoint 和 Word、Excel 一样，都是 Microsoft 公司推出的 Office 系列产品之一，利用 PowerPoint 可以制作色彩绚丽、图文并茂、感染力极强的幻灯片演示文稿。PowerPoint 创建的文件称为演示文稿，演示文稿中的每一页叫做幻灯片。可以在幻灯片中编排文字、绘制图形、插入图表、建立组织结构图、添加声音和视频剪辑，以及设置超链接、动作按钮等供放映时方便操作的对象。通过 PowerPoint 提供的主题和设计模板、配色方案与母版等功能，可以快捷高效地制作出统一风格外观的演示文稿。用户也可以为幻灯片选择合适的版式，添加自己喜欢的背景，创建形式多样的演示文稿。此外，为了提高演示文稿的表现能力，还可以应用 PowerPoint 为幻灯片设置各种动画效果，以及幻灯片放映时的各种切换效果，使得幻灯片在播放时，能够生动有趣，引人入胜。

第11章

宣传片制作

内容提要：本章主要通过宣传片制作案例介绍应用 PowerPoint 软件制作幻灯片演示文稿的基本方法、基本步骤及应用技巧。在本案例的制作过程中，几乎涉及到 PowerPoint 的全部常用功能。

主要知识点：

- 创建演示文稿；
- 插入幻灯片；
- 编排文本；
- 插入图片；
- 插入声音等多媒体；
- 插入 SmartArt 图形；
- 幻灯片切换与动画设置；
- 录制排练计时和旁白。

当今的社会，人们的交流比以往任何时候都更加迫切和频繁。而在交流过程中，如何使信息更乐于被人们接受，已经成为了一门艺术。例如公司的产品推介、青年人的求职、教师的授课等。往往在这些活动中，PowerPoint 的使用是必不可少的。本章将以一个"宋词欣赏"宣传片为例，详细介绍 PowerPoint 的基本操作方法，目的在于使学习者掌握应用 PowerPoint 规划和制作演示文稿的基本技能。

宣传片的内容主要包括：片头、宋词介绍和欣赏 3 个部分，如图 11-1 所示。

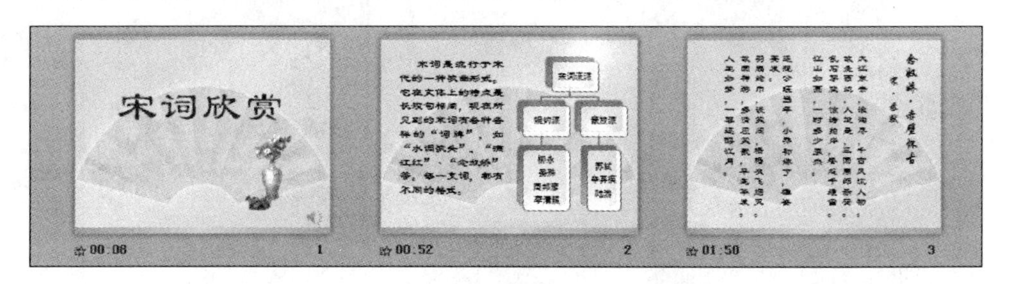

图 11-1 "宋词欣赏"宣传片案例

11.1 创建宣传片

在 PowerPoint 中创建演示文稿主要有两种方式：使用已有的“模板和主题”或是直接创建空白演示文稿。其中利用“模板和主题”制作演示文稿是一种简单而快捷的方式，可以使演示文稿中的幻灯片具有专业美工水平的幻灯片外观。特别是模板，除了已经预先设置好了幻灯片的外观，还规定了幻灯片的结构。所以在使用模板生成的幻灯片上，创建者只要将幻灯片上原有的内容替换成自己的内容即可，非常方便。本案例选择用 PowerPoint 自带的“暗香扑面”主题制作宣传片，即幻灯片的外观，包括色调、背景都使用主题中的设置，只有幻灯片的结构和内容还需要自己添加和制作。

11.1.1 规划宣传片

要创建具有自己特色的演示文稿，首先需要规划和设计演示文稿，包括主题的确定，素材的选择，颜色、布局、字体和动画的设计。对演示文稿“宋词欣赏”的规划如下。

(1) 主题是介绍我国的文化瑰宝——宋词。

(2) 主色调为古典风格，字体选择隶书，诗词内容采用竖排，突出怀古风格。

(3) 第 1 页是片头，第 2 页是宋词介绍，第 3 页为苏轼的词“念奴娇·赤壁怀古”。

(4) 添加诗词朗诵，播放时文字颜色的变化与朗诵同步，做出字幕的效果。

(5) 宣传片为影片模式，播放时自动播放，不需人为控制。

11.1.2 应用主题创建宣传片

规划完成后就可以着手制作了，具体步骤如下。

步骤 1：使用指定的主题创建新演示文稿。单击功能区“文件”→“新建”，窗口中显示“可用的模板和主题”。单击其中的“主题”，在随后显示的各种主题中单击“暗香扑面”，最后单击窗口右侧的“创建”按钮，创建一个新演示文稿，如图 11-2 所示。

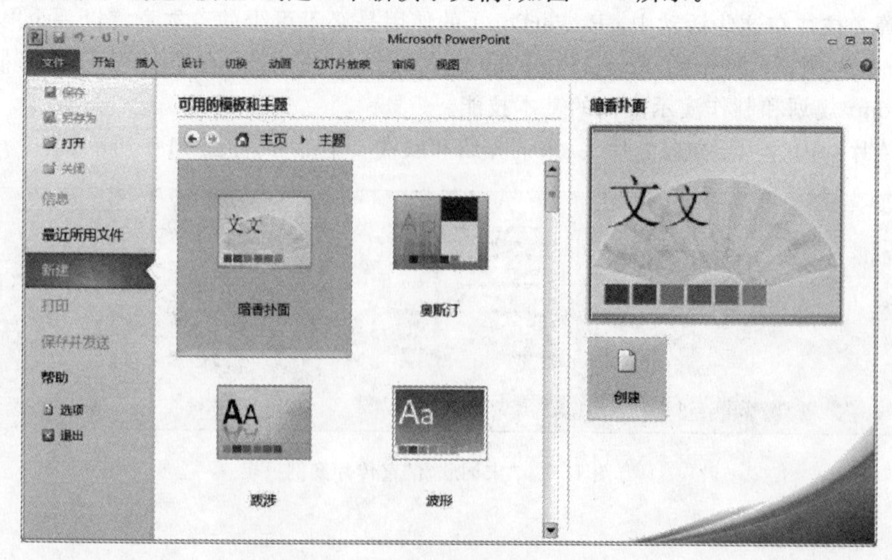

图 11-2 选择主题创建演示文稿

步骤2：保存演示文稿。单击“文件”→“保存”，在打开的“另存为”对话框中将演示文稿以“CHR11”为文件名保存，其中的保存类型使用默认类型“PowerPoint 演示文稿(.pptx)”。

这时从 PowerPoint 窗口左侧的大纲窗口中可以看到，新创建的演示文稿只有一张标题幻灯片，如图 11-3 所示。

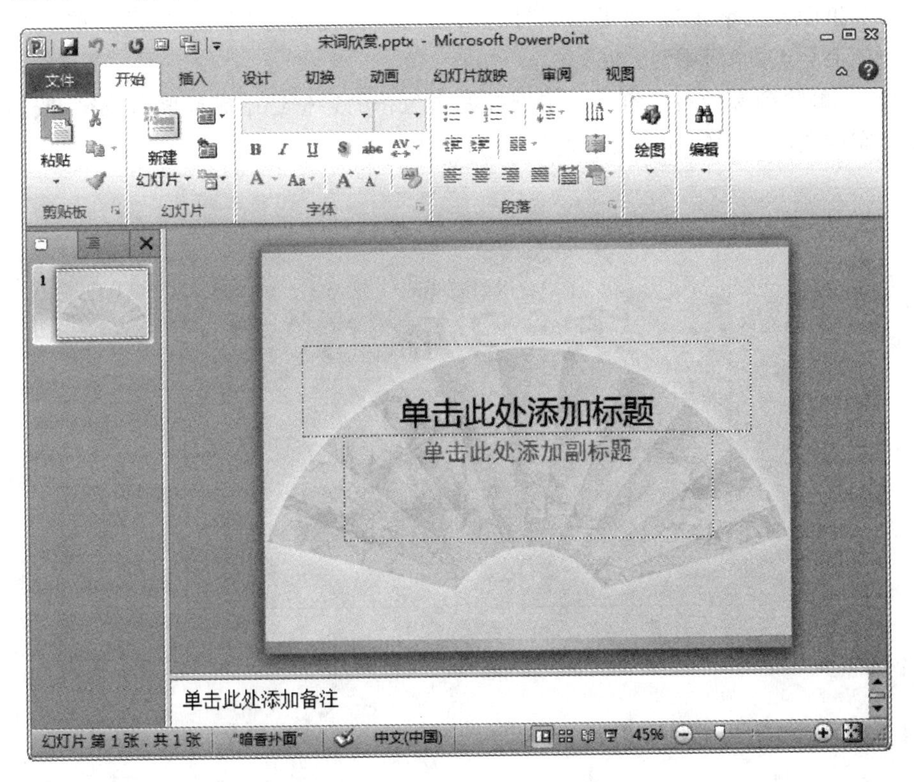

图 11-3　新创建的演示文稿

注意：PowerPoint 的默认视图是普通视图。在普通视图下，屏幕左侧是大纲窗口，显示演示文稿中所有幻灯片的缩略图，右侧是编辑窗口。只要在大纲窗口中单击对应编号的幻灯片，即可以在幻灯片编辑窗口中显示该编号的幻灯片，并可以在其中进行各种对象的编辑操作。

下面的工作就是使用 PowerPoint 的各种设计方法编辑和修饰演示文稿。

11.2　编辑片头

按照预先的规划，片头上要添加文字标题和一幅修饰用的图片。

11.2.1　插入文字标题

文本往往充当幻灯片的主要角色。而在 PowerPoint 中，文本都是放在文本占位符中的。这些占位符就像文本框，可以设置它们的边框、填充、阴影、三维效果，调整摆放的位置等。

目前的片头页上由主标题和副标题两个占位符组成。首先需要先输入主标题的内容，设置其格式，然后删除副标题占位符，具体操作步骤如下。

步骤1：输入主标题内容。单击幻灯片上方的主标题占位符，输入标题“宋词欣赏”。

步骤2：设置标题文本的格式。在幻灯片上选中“宋词欣赏”4个字，在“开始”选项卡的“字体”命令组中设置字体为“隶书”，字号为“115”，字符间距为“很松”。最后单击“开始”选项卡“段落”命令组的“居中”按钮。

步骤3：删除副标题占位符。单击副标题占位符的边框选中副标题占位符，按Del键将其删除。完成文本设置的片头幻灯片如图11-4所示。

图11-4　编辑片头文字

11.2.2　插入修饰图片

图片对象是幻灯片中最常用的元素之一。图片既可以是幻灯片要介绍的内容，也可以作为背景衬托主题，另外图片还可以被放置在其他位置做装饰用。在幻灯片中插入的图片，其来源可以是“我的电脑”中的任意一幅图片，也可以是PowerPoint自带的剪贴画，还可以直接从网上搜寻需要的图片。

下面要在片头幻灯片插入一幅图片，用以衬托已经输入的片头文字，具体操作步骤如下。

步骤1：插入图片。单击“插入”选项卡“图像”命令组的“图片”按钮，打开“插入图片”对话框，从中选择预先准备的图片。插入后的效果如图11-5所示。

注意：当选中幻灯片上插入的图片时，功能区将增加“图片工具—格式”上下文选项卡。有关图片的所有设置都可以通过这个选项卡完成。

步骤2：改变图片的大小和亮度。单击图片，用鼠标拖动图片的右下角调整到合适的大小。由于选用的图片较暗，需要增加亮度。单击“图片工具—格式”上下文选项卡“调整”命令组的“更正”按钮，从弹出的示例库中选择合适的亮度和对比度。本案例选择“亮度：+40 对比度：−20”。

步骤3：去掉图片的背景。选用的图片原本是一个矩形，现要去掉其中的背景，只保留中间的花瓶和花。单击“图片工具—格式”上下文选项卡“调整”命令组的“删除背景”按钮。

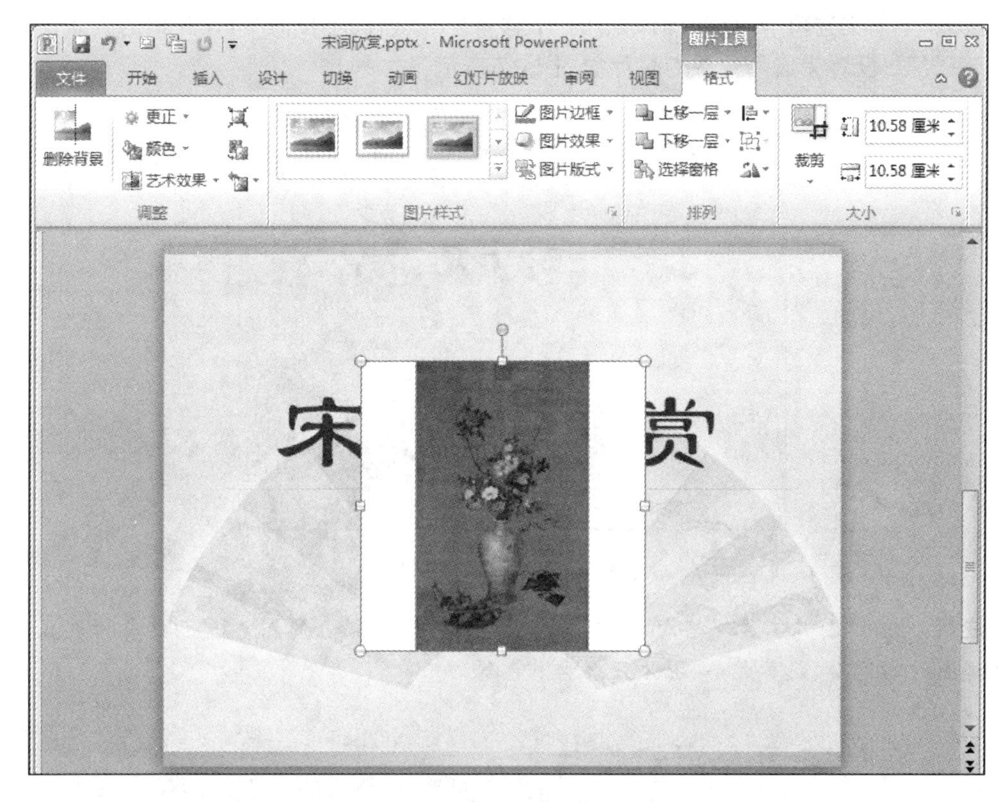

图 11-5 插入的图片

这时选项卡处显示“背景消除”选项卡，同时图片中间出现选择方框。用鼠标调整方框的大小直到包含整个要保留的部分，并使要被删除的部分呈紫色，如图 11-6 所示。单击“背景消除”选项卡的“保留更改”按钮，图片的原始背景被消除，只留下了中间部分。

图 11-6 删除背景时标记要保留的部分

注意：选中图片后如果未出现“删除背景”按钮，可单击功能区的“图片工具—格式”上下文选项卡使其显现。

步骤 4：调整图片的位置并置于底层。最后将图片拖到幻灯片的右下角。单击“图片工具—格式”上下文选项卡“排列”命令组的“下移一层”按钮的下拉箭头，在弹出的列表中选择“置于底层”。设置完成的片头幻灯片如图11-7所示。

图11-7 片头幻灯片

注意：使用“图片工具—格式”上下文选项卡还可以对插入的图片进行更多的设置。例如修饰图片的边框、裁剪大小、图片效果和着色等。

11.3 编辑宋词介绍幻灯片

宣传片的第2页有两个元素，左侧用文本介绍宋词，右侧用图形介绍宋词流派。

11.3.1 插入两栏内容版式的幻灯片

首先要在已有的演示文稿中插入一张具有两栏内容版式的新幻灯片，具体操作步骤如下。

步骤1：新建幻灯片。单击“开始”选项卡“幻灯片”命令组的“新建幻灯片”按钮，弹出该主题下的版式库，如图11-8所示。

步骤2：选择幻灯片的版式。版式库中是PowerPoint预先设置的各种版式。选择其中的“两栏内容”版式，创建一张新幻灯片。

步骤3：调整幻灯片的布局。单击幻灯片上方的标题占位符的边框，选中标题占位符，按Del键将其删除。按住鼠标的左键将余下的左右两个占位符的上边线适当上移。

注意：版式就是幻灯片上各个元素的布局。好的幻灯片首先要有好的布局。可以自己设计布局，而制作出专业幻灯片的快捷方法是使用PowerPoint预先提供的各种版式。

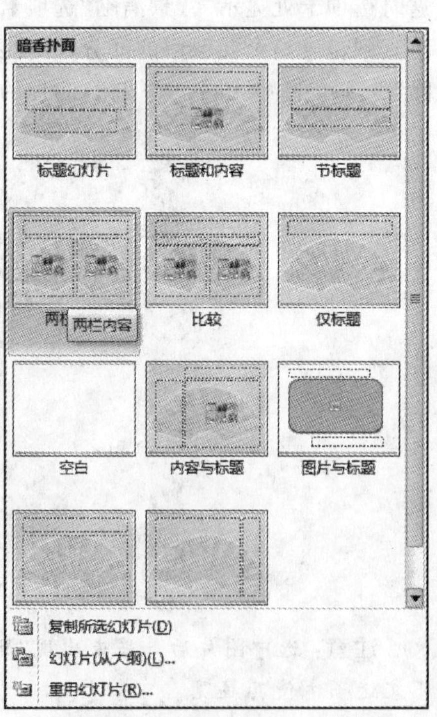

图11-8 所用主题下的版式库

11.3.2 编辑介绍文本

下面在幻灯片左侧的占位符中插入宋词介绍的文本。

编辑文字的内容和格式。单击幻灯片左侧的文本占位符，在文本框中输入文字。然后选中所有文字，设置字体为“隶书”，字号为“32”，对齐方式为“两端对齐”。编辑完成的宋词介绍文本如图 11-9 所示。

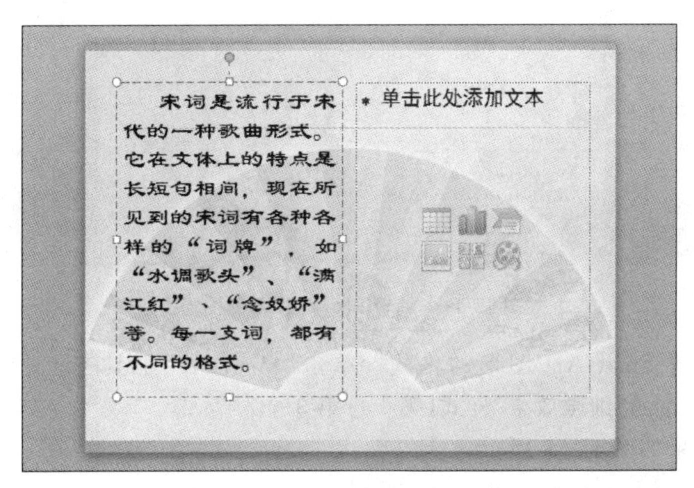

图 11-9 编辑文本

11.3.3 绘制流派图形

本案例关于宋词流派关系的介绍使用图形更为直观。所用图形可以自己绘制，更快捷的方法是使用 SmartArt 图形。

步骤 1：插入 SmartArt 图形。单击幻灯片右侧占位符中间第 1 排按钮中右边的第 1 个按钮“插入 SmartArt 图形”，打开“选择 SmartArt 图形”对话框。在对话框中选择样式“层次结构”选项，如图 11-10“选择 SmartArt 图形”对话框所示。这时幻灯片上插入一个 SmartArt 图形，同时功能区增加“SmartArt 工具”上下文选项卡。

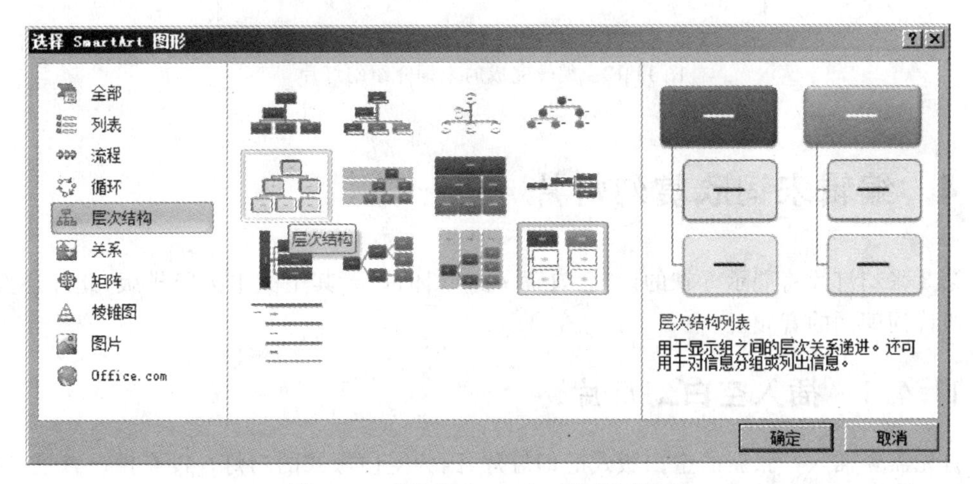

图 11-10 “选择 SmartArt 图形”对话框

步骤 2：编辑 SmartArt 图形。单击“SmartArt 工具—设计”上下文选项卡“创建图形”命令组的“文本窗格”按钮，在左端显示的文本窗格中输入文字，如图 11-11 所示。

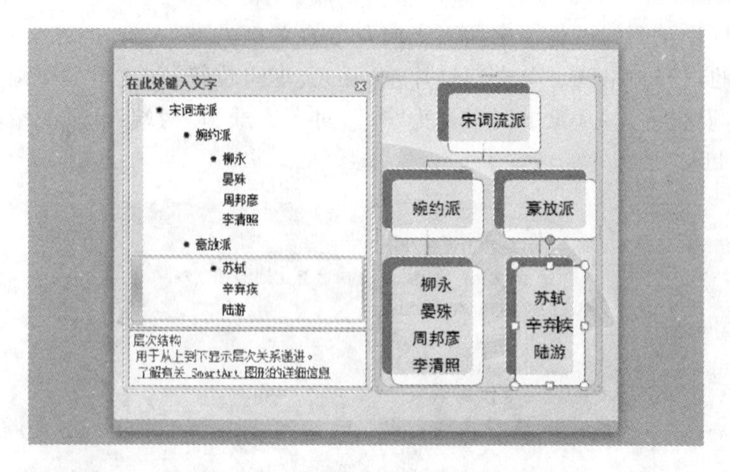

图 11-11 编辑 SMARTART 图形

步骤 3：设置 SmartArt 图形的格式。单击“SmartArt 工具—设计”上下文选项卡“SmartArt 样式”组的“细微效果”样式(第 1 行第 3 个)。

完成后的效果如图 11-12 所示。

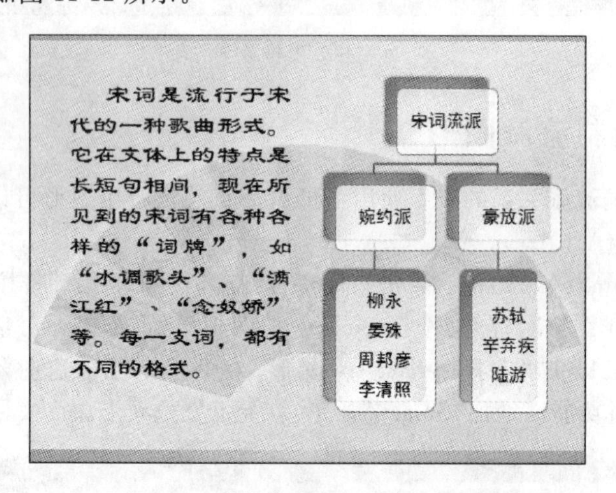

图 11-12 编辑完成的宋词介绍幻灯片

11.4 编辑宋词欣赏幻灯片

第 3 张幻灯片将展示苏轼的词“念奴娇·赤壁怀古”。其中文本为竖排版，此外还要插入一段诗词朗诵的音频。

11.4.1 插入空白幻灯片

首先需要插入一张新的空白版式的幻灯片，因为空白版式的幻灯片没有预设背景，所以要为新幻灯片设置与前两张幻灯片一样的背景，具体操作步骤如下。

步骤1：插入新幻灯片。单击“开始”选项卡“幻灯片”命令组的“新建幻灯片”按钮，在弹出的版式库中选择“空白”，增加一张新幻灯片。

步骤2：打开背景样式库。单击“设计”选项卡“背景”命令组的“背景样式”按钮，打开背景样式库。

步骤3：选择背景样式。在样式库中选择“样式10”。这时，第3张幻灯片上有了和前两张幻灯片一样的背景。

注意：幻灯片的背景设置还可以有多种选择，单击“背景样式”按钮下的“设置背景格式”命令可以设置背景为单色填充、渐变色填充、图片或纹理填充、图案填充等。

11.4.2　输入诗词内容

下面输入诗词文本，并进行适当修饰，具体操作步骤如下。

步骤1：插入竖排文本占位符。单击“插入”选项卡“文本”命令组的“文本框”按钮的下半个按钮，在弹出的列表中选择“垂直文本框”，按住鼠标的左键在幻灯片上添加一个竖排版文本框。

步骤2：输入文本内容。在文本框中输入苏轼的词“念奴娇·赤壁怀古”。

步骤3：设置文本格式。选中词的标题“念奴娇·赤壁怀古”和作者名，设置字体为“华文行楷”，标题字的大小为36，作者名的大小为30；选中词的正文文字，设置字体为“隶书”，字的大小为30。编辑和修饰后的幻灯片如图11-13示。

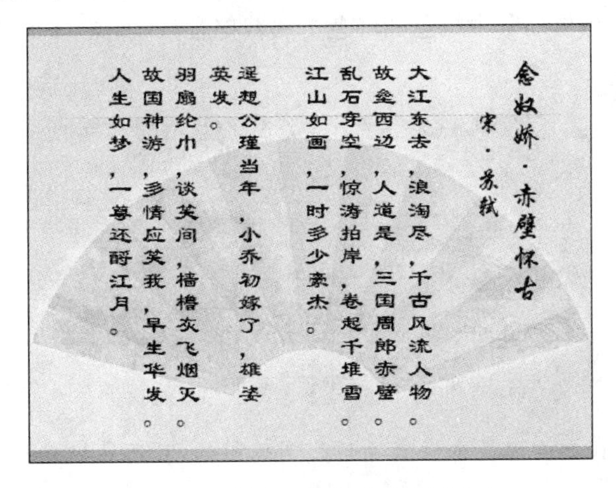

图11-13　插入和修饰后的诗词文本

11.4.3　插入诗词音频

可以为幻灯片加入各种多媒体信息。声音的来源可以是Office媒体剪辑库，也可以是自己预先准备的声音文件。同样，也可以在幻灯片中插入影片剪辑，用以增加幻灯片的表现力。

为宋词欣赏幻灯片添加诗词朗诵音频文件的具体操作步骤如下。

步骤1：插入指定的声音。单击“插入”选项卡“媒体”命令组的“音频”按钮，在列表中选择“文件中的声音”,打开“插入音频”对话框,在对话框中选择要插入的音频文件,如图 11-14 所示。插入音频后幻灯片中间会出现一个代表音频文件的喇叭图标。

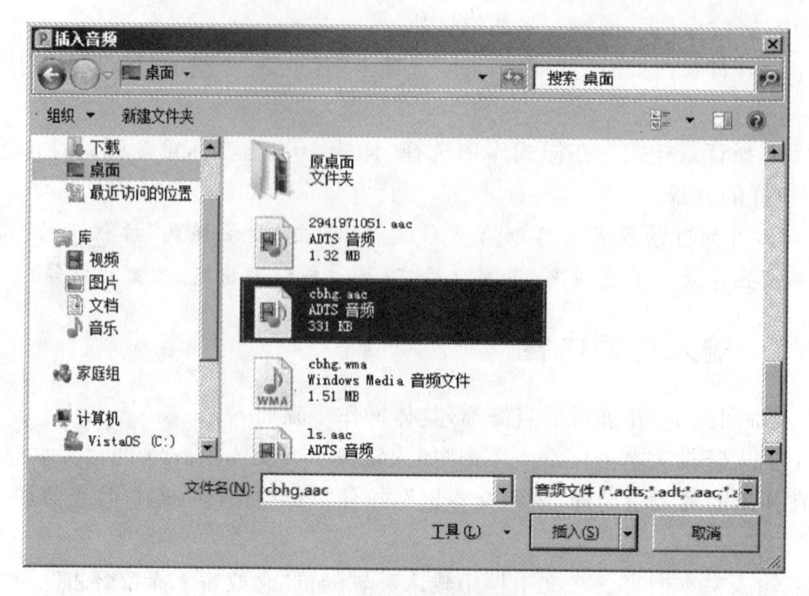

图 11-14 “插入音频”对话框

步骤 2:裁剪声音。如果只需要音频文件的一部分,可以对现有声音进行裁剪。方法是用鼠标右击幻灯片上的音频文件图标,在弹出的快捷菜单中选择“裁剪音频”命令。打开“剪裁音频”对话框,用鼠标拖动其中绿色和红色滑块裁剪音频,如图 11-15 所示。最后单击“确定”按钮。

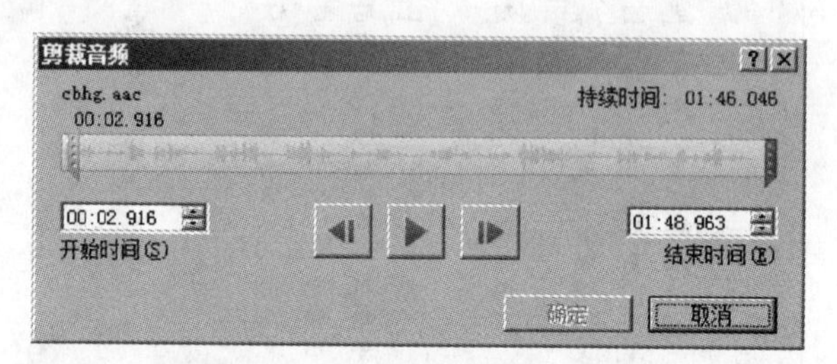

图 11-15 “剪裁音频”对话框

注意:如果不想在播放时显示代表音频的喇叭图标,可用鼠标将其拖到幻灯片边框外。

11.5 设置宣传片的动画效果

演示文稿的动态效果包括幻灯片的切换效果和幻灯片上各个元素进入、强调或退出的动画效果。

11.5.1 设置片头文字的动画

演示文稿中最精彩的就是动画制作。用户可以按个人意愿随心所欲地为幻灯片中的各个对象设置多种形式、生动有趣、引人入胜的动画效果。在 PowerPoint 中，所有的动画都是通过“动画”选项卡添加的。

按照预先的设计，片头的文字应该逐个依次显现。为片头文字添加动画效果的操作步骤如下。

步骤 1：设置片头文字逐个显现。在窗口左侧的大纲中单击第 1 张幻灯片，在编辑窗口选中标题“宋词欣赏”，单击“动画”选项卡“高级动画”命令组的“添加动画”按钮，在弹出的动画库中选择“进入”的动画“淡出”，如图 11-16 所示。

图 11-16 “添加动画”选项

注意：*在 PowerPoint 中可以为对象添加进入、强调、退出和动作路径 4 种类型的动画。*

添加动画之后，更重要的是对已添加的动画进行设置，包括动画开始的方式、播放的速度等。要设置动画效果，应首先调出动画窗格。

步骤 2：调出动画窗格。单击“动画”选项卡“高级动画”命令组的“动画窗格”按钮，这时屏幕的右方显示出动画窗格。在动画窗格的列表中，列出了已经添加的动画。

步骤 3：设置动画的开始方式。动画的开始方式有 3 种，分别是单击时开始、上一动画同时开始和上一动画之后开始。本例因为要自动播放，故选择上一动画之后开始。设置的方法是在动画窗格的动画列表中选择第 1 个动画，单击其右侧的下拉箭头，在列表中选择“从上一项之后开始”，如图 11-17 所示。

步骤 4：设置动画的效果。默认的动画效果是整个标题文本淡出，为了做出每个字逐个显现的效果，单击动画列表中标题动画右侧的下拉箭头，如图 11-17 右侧所示。在弹出的列表中选择“效果选项”，打开“淡出”对话框。单击“动画文本”下拉箭头，将文本的发送方式改为“按字母”，并设置“字母之间的延迟百分比”为“100”，如图 11-18 所示。

设置完成后可以单击动画窗格的“播放”按钮查看动画的播放效果。

图 11-17 使用动画窗格设置动画

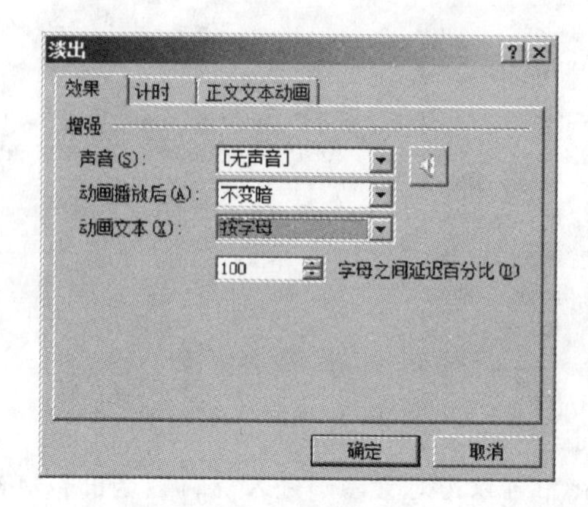

图 11-18 设置动画效果

11.5.2 复制片头的动画

第 2 张幻灯片的动画包括文字的动画和 SmartArt 图形的动画。其中文字的动画与第 1 张幻灯片片头的文字动画相同,所以可以用复制动画的方法快速设置,具体操作步骤如下。

步骤 1:选取片头动画。选中第 1 张幻灯片的片头 4 个字,单击"动画"选项卡"高级动画"命令组的"动画刷"按钮,这时鼠标的指针出现了小刷子,表示带有动画格式。

步骤 2:复制片头动画到宋词介绍。用带有动画的鼠标单击第 2 张幻灯片的宋词介绍文字,这时第 2 页的文字动画开始播放。同时,右端的动画窗格的列表中出现了新的动画,如图 11-19 所示。

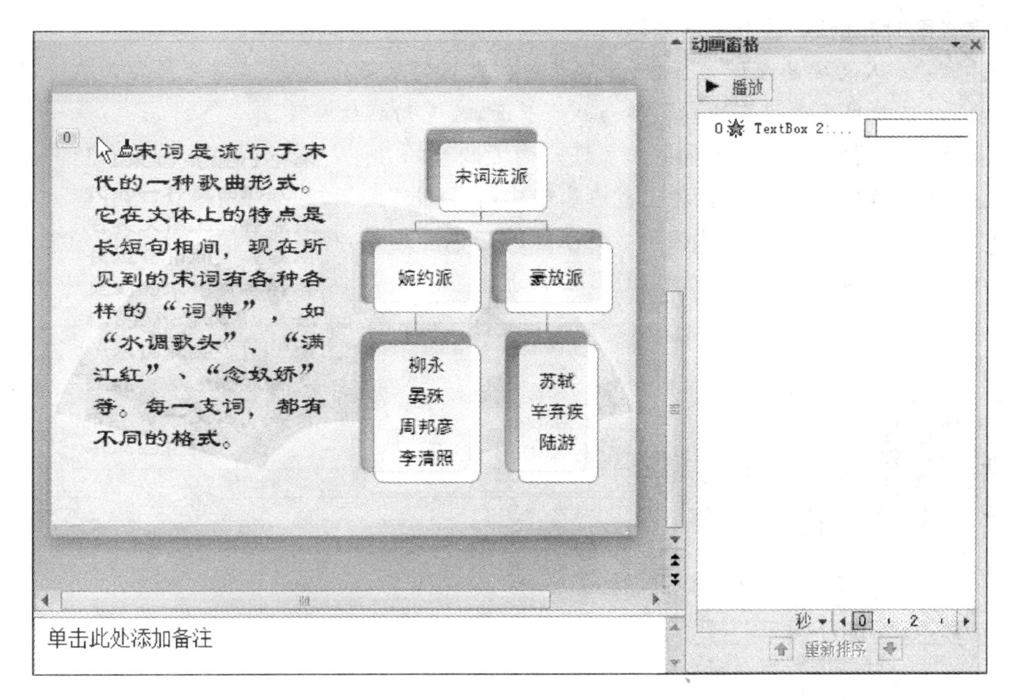

图 11-19 使用动画刷复制动画

11.5.3 设置图形的动画

SmartArt 图形的动画效果应是各个文本框按流派分支逐个显现。为其添加动画效果的具体操作步骤如下。

步骤 1：设置动画。选中 SmartArt 图形，单击“动画”选项卡“高级动画”命令组的“添加动画”按钮，添加一个“淡出”动画。

步骤 2：设置动画效果。在动画窗格中的动画列表中单击新增加动画右侧的下拉箭头，在弹出的列表中选择“效果选项”。在打开的“淡出”对话框中选择“SmartArt 动画”选项卡，在“组合图形”中设置“逐个按分支”。然后用前面介绍的方法设置该动画的开始方式为“从上一项之后开始”。

11.5.4 设置声音和文字的同步

第 3 页要添加的动画效果是自动播放已经插入的声音，在朗诵的同时文字同步改变颜色，做出字幕提示的效果。

选择第 3 张幻灯片，可以看到在动画窗格的动画列表中已经插入了一个声音动画。下面添加文字的强调动画，并使该动画与声音同步，具体操作步骤如下。

步骤 1：添加文字的强调动画。选中所有文字，单击“动画”选项卡“高级动画”命令组的“添加动画”按钮，在弹出的动画库中选择“强调”动画“字符颜色”。

步骤 2：设置文字的强调动画与声音同时开始。选中动画窗格中的第 1 个动画——声音动画，将开始方式设置为“从上一项之后开始”。同样的方法将文字动画的开始方式设置为与声音同时开始即“从上一项开始”。

注意:加入文字的强调动画后,如果在动画窗格的动画列表中,声音动画被排在了文字动画之后,可以用鼠标将其拖到文字动画的前面,改变动画的顺序。

步骤 3:设置文字与声音的同步显现。为了调整的方便,应首先调整动画窗格的宽度,使右边的时间轴也显示出来。单击动画窗格中的“播放”按钮,记录下第 2 句作者名开始的时间。用鼠标拖动时间轴上代表第 2 句动画的橙色动画条,将其拖到声音开始的位置。后面的每一句都用同样的方法设置,如图 11-20 所示。

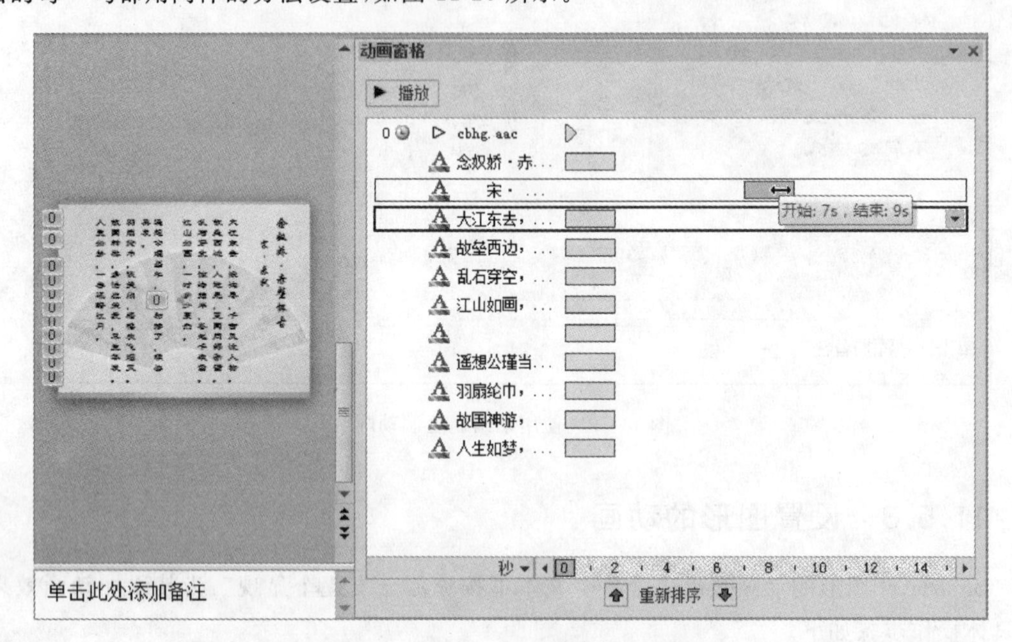

图 11-20 拖动动画条使其与声音同步

注意:这一步设置的关键是让从第 2 句开始的动画每个起始时间均向后延迟一段时间,延迟的多少由声音的开始时间决定。

11.5.5 设置幻灯片切换

在演示文稿中除了可以设置幻灯片中各元素的动画效果,还可以在幻灯片切换时加入动画效果。本案例中设置幻灯片切换效果的具体操作步骤如下。

步骤 1:设置第 1 张幻灯片的切换方式。选择第 1 张幻灯片,单击“切换”选项卡,在“切换到此幻灯片”命令组中选择切换方式“擦除”,在“计时”命令组中设置“持续时间”为 2 秒。单击“效果选项”按钮,选择“自左侧”。

步骤 2:设置其余幻灯片的切换方式。单击“切换”选项卡“计时”命令组的“全部应用”按钮,设置另外两张幻灯片的切换方式与第 1 张相同。

11.5.6 添加背景音乐

构成宣传片的各个幻灯片已经编辑完成,最后,还要为整个宣传片的播放过程添加背景音乐。背景音乐实际就是添加在第 1 页幻灯片的声音动画,通常,应是整个幻灯片的第 1 个动画，具体操作步骤如下。

步骤1：插入指定的声音。选择第1张幻灯片，单击“插入”选项卡“媒体”命令组的“音频”按钮。在列表中选择“文件中的声音”，打开“插入音频”对话框，选择要插入的音频文件。然后在动画窗格中用鼠标将该动画拖到动画列表的最前边，使其成为第1个动画。

步骤2：设置声音的开始方式和结束时间。在动画窗格的动画列表中单击新增的声音动画右侧下拉箭头，在弹出的列表中选择“从上一项之后开始”。同样的方法选择“效果选项”，在打开的“播放音频”对话框中将“停止播放”时间设置为最后一张幻灯片之后，本例为第3张之后，如图11-21所示。

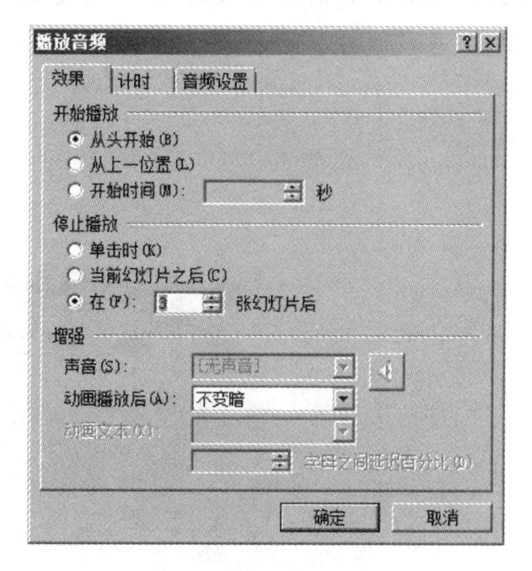

图11-21 “播放音频”对话框

11.6 播放

宣传片已经基本制作完成了。这时只要单击PowerPoint窗口右下角的“幻灯片放映”按钮就可以全屏播放。但是，在播放过程中还需要单击鼠标手动换片，而作为最终完成的宣传片应能实现自动换片，并且还需要有旁白。这就需要为幻灯片录制排练计时和旁白，即记录下每张幻灯片的解说词以及实际播放时间。以后只要按照排练计时，幻灯片就可以实现自动换片了。

11.6.1 录制排练计时和旁白

下面为幻灯片录制排练计时和朗诵旁白。

步骤1：开始录制。选择“幻灯片放映”选项卡，单击“设置”命令组的“录制幻灯片演示”按钮。这时出现“录制幻灯片演示”对话框，选择默认设置。单击“开始录制”按钮。幻灯片开始全屏播放，同时，屏幕上会显示“录制”对话框，其中记录已经过的时间，如图11-22所示。

步骤2：朗诵旁白。朗诵并录制旁白，当每张幻灯片上的动画自动播放完成后，单击鼠标切换到下一张幻灯片。

步骤3：结束录制。当最后一张幻灯片的所有动画播放完成后，单击鼠标结束录制。

注意：单击“幻灯片放映”选项卡的“录制幻灯片演示”按钮右下角的箭头，在弹出的列表中选择“清除”，可以删除排练计时和旁白。

步骤4：查看排练计时的结果。单击PowerPoint窗口底部状态栏右端的“幻灯片浏览”按钮，转到幻灯片浏览视图，从每张幻灯片下方可以看到记录的幻灯片的播放时间，如图11-23所示。

注意：幻灯片浏览视图适用于从整体上浏览和修改幻灯片效果，在此视图下可以很方便地改变幻灯片的总体布局(例如改变幻灯片的顺序、增加、删除、复制、移动幻灯片等)、设置幻灯片放映特征等,但不能编辑幻灯片的内容。

图 11-22 录制排练计时和旁白

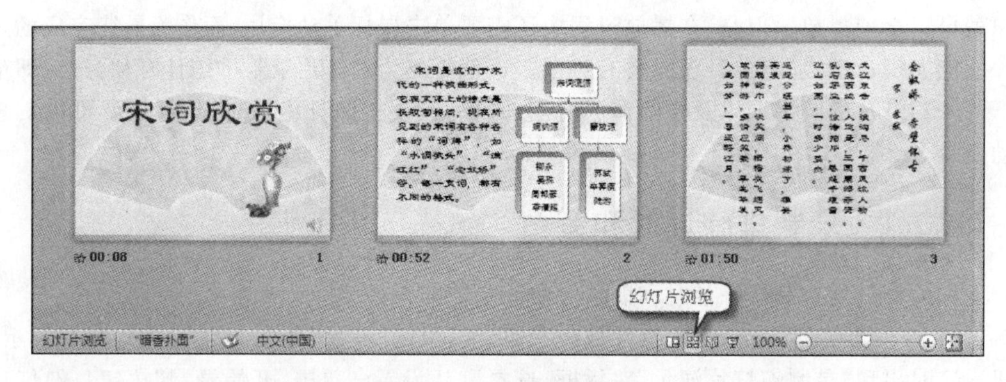

图 11-23 幻灯片浏览视图

11.6.2 播放宣传片

现在,宣传片终于制作完成了。单击 PowerPoint 窗口右下角的按钮“幻灯片放映”或者“幻灯片放映”选项卡的“从头开始”按钮就可以播放宣传片。如果要实现宣传片的循环播放,还需要设置幻灯片的放映方式,具体操作步骤如下。

单击“幻灯片放映”选项卡“设置”命令组的“设置幻灯片放映”按钮,打开“设置放映方式”对话框。在对话框的“放映选项”中选中“循环放映”复选框。另外,在本例的“换片方式”中,请务必选择“如果存在排练时间,则使用它”,如图 11-24 所示。

最后可将本案例演示文稿另存为“PowerPoint 放映”类型(. ppsx)的文件。对于这种类型的文件,播放时不需启动 PowerPoint,只要双击该文件即可自动放映。

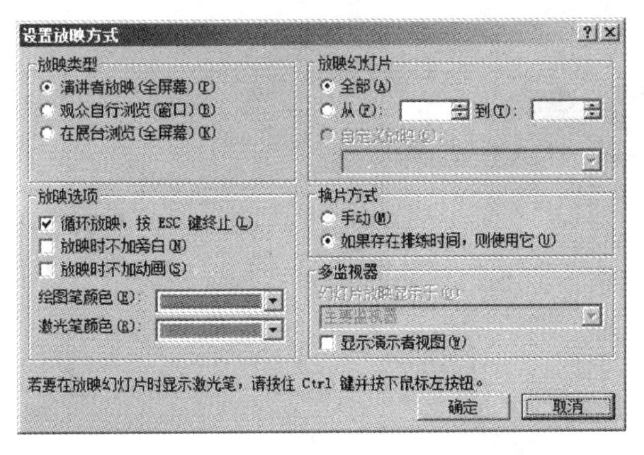

图 11-24 “设置放映方式”对话框

11.7 本章小结

通过本章的学习，应掌握如何创建演示文稿，并且根据需要添加、删除幻灯片，编排幻灯片中文字、图片、声音等对象，以及如何通过设置幻灯片动画效果制作美观、富有个性的演示文稿的方法和技巧。

11.8 习题

1. 建立看图识字幻灯片。首先输入标题：看图识字。第二步：插入动物图片，插入文本框并输入相应的动物名称及拼音。第三步：组合动物图片和动物名称文本框为一个对象，并设动画顺序和时间为单击鼠标出现；效果为溶解、再次单击后隐藏。第四步重复第二、三步骤输入另一种动物图片及其名称及拼音，播放时，第一次单击鼠标出现第一种动物，再次单击，第一种动物隐藏，出现第二种动物，如图 11-25 所示。

看图识字

图 11-25 幻灯片参考图样

2. 制作个人简历宣传片。要求：有对本人基本信息、特长和兴趣爱好的介绍。有图片、音频或视频等多媒体信息，并为幻灯片上的元素设置动画。有配乐，能够自动播放。不少于 5 张幻灯片。

第12章 课件制作

内容提要：本章主要介绍课件案例的制作过程。内容包括课件文本的导入，PowerPoint母版的应用，在幻灯片中插入超链接、表格、公式和Excel对象，播放课件的相关操作，以及课件的保存和打印操作。

主要知识点：

- 导入文本；
- 设置母版；
- 更换颜色方案；
- 插入表格、公式和Excel对象；
- 设置超级链接；
- 打印和演示控制。

课件是将课程中一些概念、原理、有关操作过程和方法等内容，以形象生动、图文并茂的方式展现在学生面前，引导学生去探索所述内容的本质及内在联系，以便使学生能够真正了解和掌握所学内容。本章将以课件制作为例，重点介绍PowerPoint的母版和对象操作。

课件的层次是课件总体结构的反映。本章案例所设计的课件主要包括封面、目录、具体教学内容3个层次。具体内容如图12-1所示。

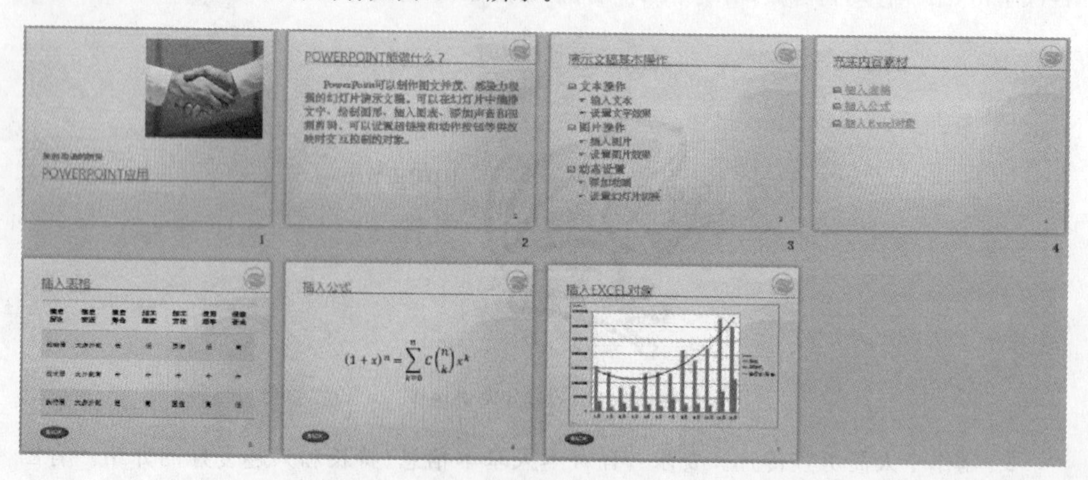

图 12-1　课件案例

12.1 创建课件

和其他案例一样,创建课件也需要先规划课件,然后再按照规划的要求创建演示文稿。

12.1.1 规划课件

课件一般由多张幻灯片组成。其中第1页通常是课件的标题,后面是课件的具体内容。内容里一般还会有目录,以便于学生了解和掌握课程的结构。对课件外观的要求一般应具有统一的风格,还可以有学校或单位的Logo标志等。此外,课件中还需要有一些交互控制。对本案例课件的具体规划如下。

(1) 整套课件采用统一的背景、字体和颜色。

(2) 每张幻灯片有学校的Logo。

(3) 每页有幻灯片编号。

(4) 课件中关于对象操作的各个目录项应为超级链接,可链接到相应的幻灯片。

(5) 从相应的幻灯片应有回目录页的跳转按钮。

12.1.2 创建与保存课件

本案例采用PowerPoint自带的"跋涉"主题创建,具体操作步骤如下。

步骤1:创建演示文稿。单击"文件"→"新建",在"可用的模板和主题"中选择"主题",在随后打开的主题库中选择主题"跋涉",单击窗口右侧的"创建"按钮创建新演示文稿。

步骤2:保存演示文稿。单击"文件"→"保存",将演示文稿以"CHR12"为文件名保存。

课件的主要元素是课件上的文字。接下来可以在各个文本占位符中输入文本。但通常在制作课件之前,预先都已经准备好相应的电子教案。所以完全可以将这些文档中的文字粘贴或导入到演示文稿中,从而省去重新输入的过程。

12.1.3 从Word导入大纲文本

将Word文档中的内容以大纲形式导入演示文稿是最快捷的方法。但这样做的前提是预先已经在Word文档中规定了不同文字的级别,并编排了样式。需要注意的是,采用这种方法只能导入各级标题的内容,而正文不被导入。将Word文档的标题导入到演示文稿的具体操作步骤如下。

步骤1:准备要导入文本的Word文档。打开存有电子教案的Word文档,设置各级标题文字的级别和样式。设置完成的Word文档(大纲视图)如图12-2所示。然后关闭Word文档。

步骤2:从Word导入大纲。单击"开始"选项卡"幻灯片"组的"新建幻灯片"按钮,在弹出的菜单中选择"幻灯片(从大纲)"命令,打开"插入大纲"对话框。在对话框中指定要导入的Word文档。导入的文本被放置于第2张及以后的幻灯片上,因此需要将第1张空白的幻灯片删除。单击左侧大纲窗格中第1张幻灯片的缩略图,按Del键将其删除,原来的第2张幻灯片自动成为第1张。

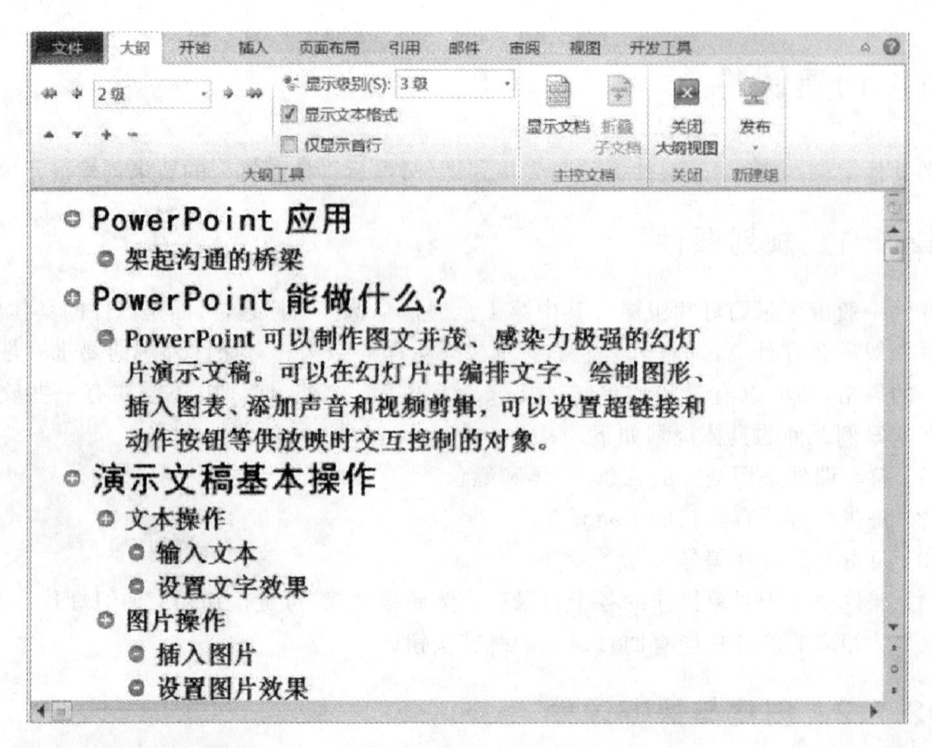

图 12-2 准备 Word 文档

步骤 3：修改标题幻灯片的版式。在大纲窗格中选中第 1 张幻灯片，单击“开始”选项卡“幻灯片”组的“版式”按钮，在弹出的版式库中选择“标题幻灯片”版式，结果如图 12-3 所示。

图 12-3 导入 Word 大纲后的演示文稿

注意：导入时，除第 1 级标题被置于标题占位符外，其他各级标题均被置于文本占位符中。同时，在 Word 中的所有标题级别和格式均被带入，并且优先于 PowerPoint 母版规定的格式。

12.1.4 从剪贴板粘贴文本

如果导入之前不能确定分页的位置和文本的格式，可以采用将文本通过剪贴板粘贴到演示文稿再进行设置的方法。采用这种方法，粘贴时不会带入原来的标题级别，便于在 PowerPoint 中重新分页。也可以选择不带入原来的格式，这样可在后面介绍的 PowerPoint 母版中重新设定各级标题的格式，具体操作步骤如下。

步骤 1：复制文本到剪贴板。在 Word 等应用程序中选定要粘贴的文本，单击“开始”选项卡“剪贴板”命令组的“复制”命令或是直接按 Ctrl＋C 组合键，将选定的文本复制到剪贴板中。

步骤 2：从剪贴板粘贴文本。切换到 PowerPoint 普通视图下，在左侧的大纲窗格中选择“大纲”选项卡，右击第 1 张幻灯片，在弹出的快捷菜单的“粘贴选项：”中选择“只保留文本”。

步骤 3：分页。在大纲窗格中，单击要另起一页的地方，按 Enter 键分页。如图 12-4 所示。这时第 1 页自动使用“标题幻灯片”版式，第 2 页以后各页自动使用“标题和内容”版式。

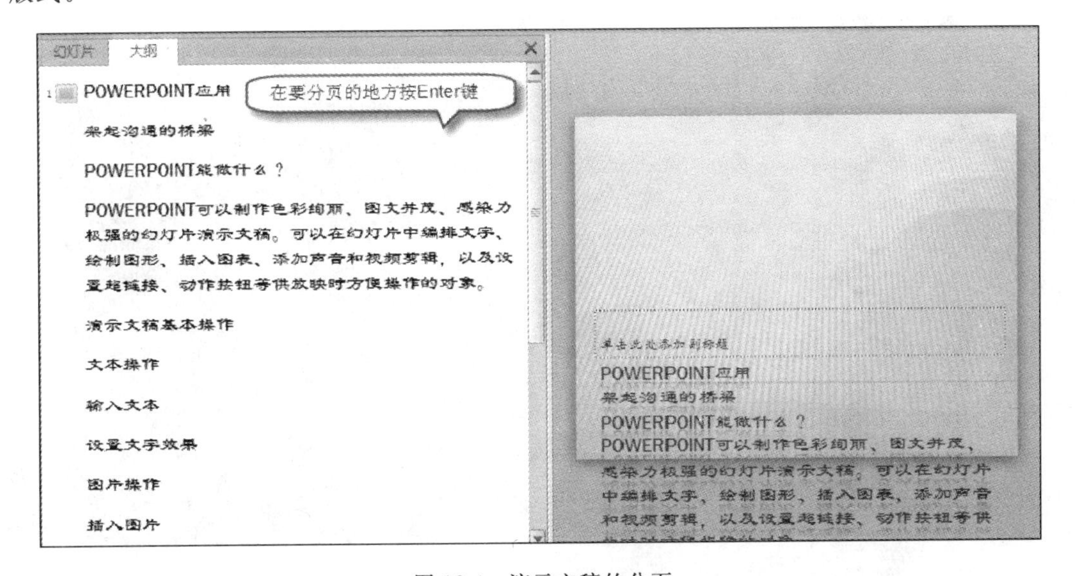

图 12-4 演示文稿的分页

步骤 4：调整文本的标题级别。选定第 1 页上的副标题“架起沟通的桥梁”，将其剪切并粘贴到上面的副标题占位符中。同样的方法将其余页上第 2 行开始的有关内容移到所在页的文本占位符中。

注意：所有被粘贴进来的文本都为第 1 级标题，并被置于幻灯片的标题占位符中。因此除第 1 页的标题，对其他页可以根据实际需要，将一些文本移到下方的文本占位符中。然后使用“开始”选项卡“段落”命令组的“降低列表级别”和“提高列表级别”按钮调整文本的级别。

12.2 统一课件外观

在 PowerPoint 中,母版记录了当前选用的主题的所有信息,比如占位符的大小和位置、文本的字体和效果、颜色方案、背景设置、动画方案等。通过修改主题的母版,可以设置所有基于此主题建立的幻灯片的外观样式。

12.2.1 切换至母版视图

设置母版时首先需要切换到母版视图,其基本操作步骤是:单击“视图”选项卡下“母版视图”命令组的“幻灯片母版”按钮。这时将切换到幻灯片母版视图,同时功能区增加“幻灯片母版”选项卡,并自动打开该选项卡,如图 12-5 所示。

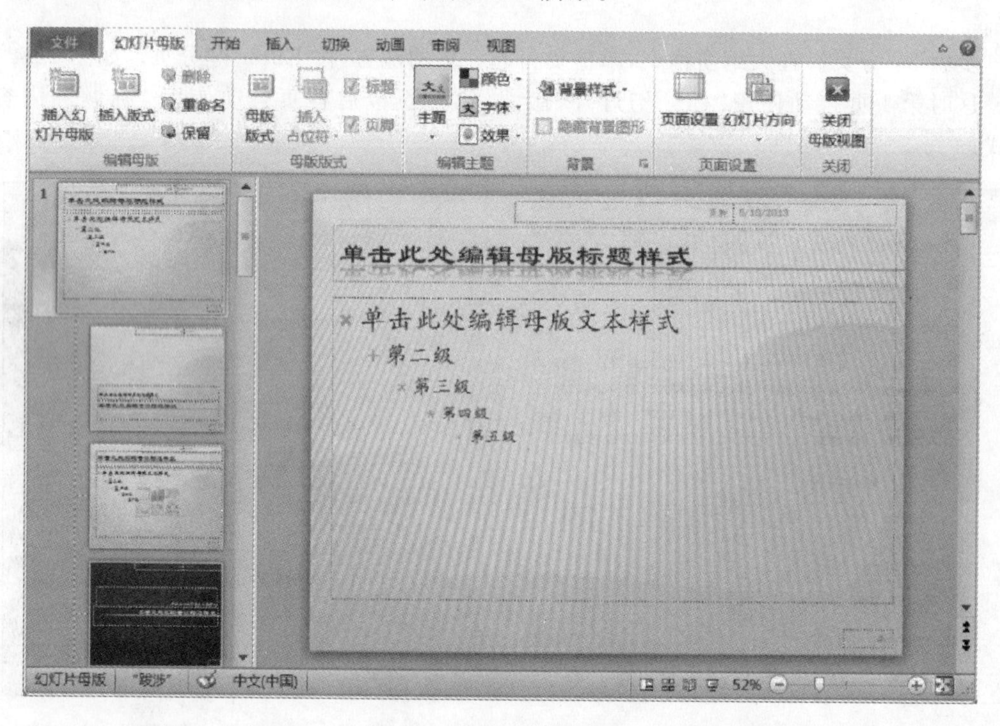

图 12-5 幻灯片母版视图

注意:在第 1 张“跋涉幻灯片母版”中设置的内容将影响该模板的所有幻灯片。而在母版下方则有多种不同的版式。在不同版式中设置的内容则只影响相应版式的幻灯片。

12.2.2 设置字体格式

通常课件的标题和文本应具有统一的格式,这些也应该在母版上设置。课件上的字体一般不宜过多,否则会显得凌乱。下面在母版上规定标题和文本的格式。

步骤 1:选择母版。在幻灯片母版视图下,选择“跋涉幻灯片母版”。

步骤 2:设置标题的字体格式。选中标题占位符中的标题,将字体设置为“微软雅黑”,字号为 36。

步骤 2：设置文本的字体样式。选中文本占位符中的各级文本，将字体设置为“华文宋体”，加粗，字号不变。

注意：如果整套演示文稿采用同一种字体，更简单的方法是单击“幻灯片母版”选项卡“编辑主题”命令组的“字体”按钮进行设置。

12.2.3 设置项目符号

下面重新设置第一级和第二级文本的项目符号。

步骤 1：设置第一级文本的项目符号。选中文本占位符中的第一级文本，单击“开始”选项卡“段落”命令组的“项目符号”按钮，单击项目符号库下方的“项目符号和编号”命令。在打开的“项目符号和编号”对话框中单击“自定义”按钮，在符号库中选择字体“Windings”的第 38 个符号(第 1 行左边第 7 个)，如图 12-6 所示。

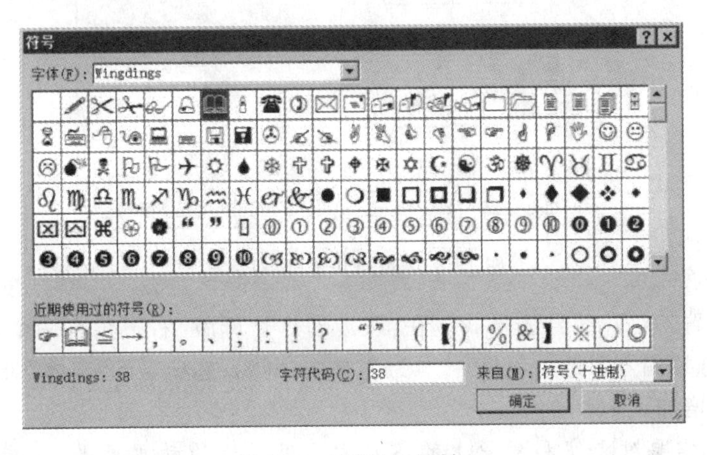

图 12-6 “符号”对话框

步骤 2：设置第二级文本的项目符号。同样的方法设置第二级文本的项目符号为“Windings”的第 70 个符号(第 2 行右边第 6 个)。

12.2.4 更换颜色方案

Office 预先内置了多种颜色方案可供选择。本案例采用的跋涉主题默认选择的颜色方案是跋涉。在使用过程中可以随时更换演示文稿的颜色方案，具体操作步骤如下。

步骤 1：打开颜色库。在幻灯片母版视图下，单击“幻灯片母版”选项卡“编辑主题”命令组的“颜色”按钮，打开颜色库。这时如果将鼠标悬停在颜色库的某个颜色方案上，编辑窗口中当前幻灯片上会显示相应颜色方案的预览效果。

步骤 2：更换主题颜色。在颜色库中单击要选用的颜色方案“精装书”，如图 12-7 所示。

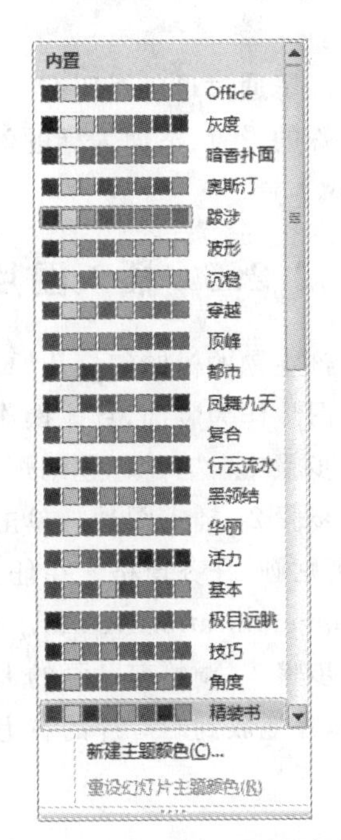

图 12-7 单击选定的颜色方案

12.2.5 插入幻灯片编号

为了控制授课进度和学生学习方便,可以为幻灯片插入编号,具体操作步骤如下。

步骤 1:插入幻灯片编号。在幻灯片母版视图下,单击“插入”选项卡“文本”命令组的“页眉和页脚”按钮,打开“页眉和页脚”对话框。在对话框中选择“幻灯片编号”复选框,并且选择“标题幻灯片中不显示”复选框,最后单击“全部应用”按钮,如图 12-8 所示。

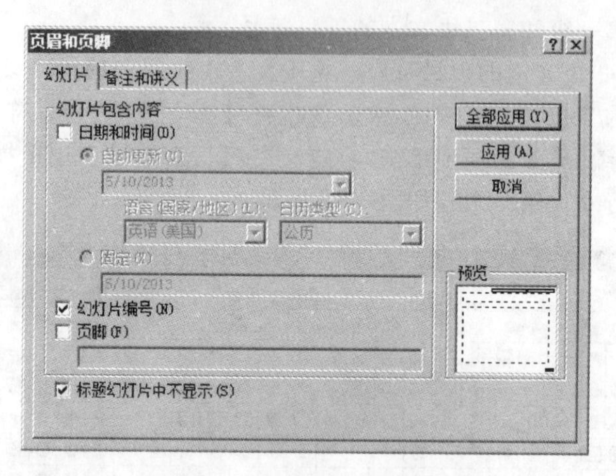

图 12-8 “页眉和页脚”对话框

步骤 2:设置幻灯片编号的格式。在“跋涉幻灯片母版”右下角有一个占位符,其中的“(#)”就是幻灯片编号。选中编号“＜#＞”,单击“开始”选项卡的“字体”命令组的“增大字号”按钮将字号增加到 18。

注意:如果需要对文字和背景上的各元素设置同样的动画效果,也应在母版上进行设置。

除了通过母版对所有幻灯片进行统一的设置外,对不同版式的幻灯片有时需要进行一些特殊的设置,下面为标题幻灯片版式和内容幻灯片版式插入不同的图片,分别作为装饰和 Logo。

12.2.6 插入图片

该主题的标题幻灯片原来的背景略显单调,为了丰富标题幻灯片,在标题幻灯片上插入一个图片作为装饰,具体操作步骤如下。

步骤 1:选择“标题幻灯片”版式。在窗口左侧单击“标题幻灯片”版式。

步骤 2:插入图片。单击“插入”选项卡“图像”命令组的“剪贴画”按钮,这时窗口右侧显示“剪贴画”任务窗格。在任务窗格中“搜索文字”框输入“交流”进行搜索,在搜索结果中单击“communications,cuffs,greets...”插入剪贴画。

步骤 3:调整剪贴画的大小和位置。用鼠标拖动剪贴画的控制柄,将剪贴画调整到合适大小,并拖放到幻灯片的右上方,如图 12-9 所示。

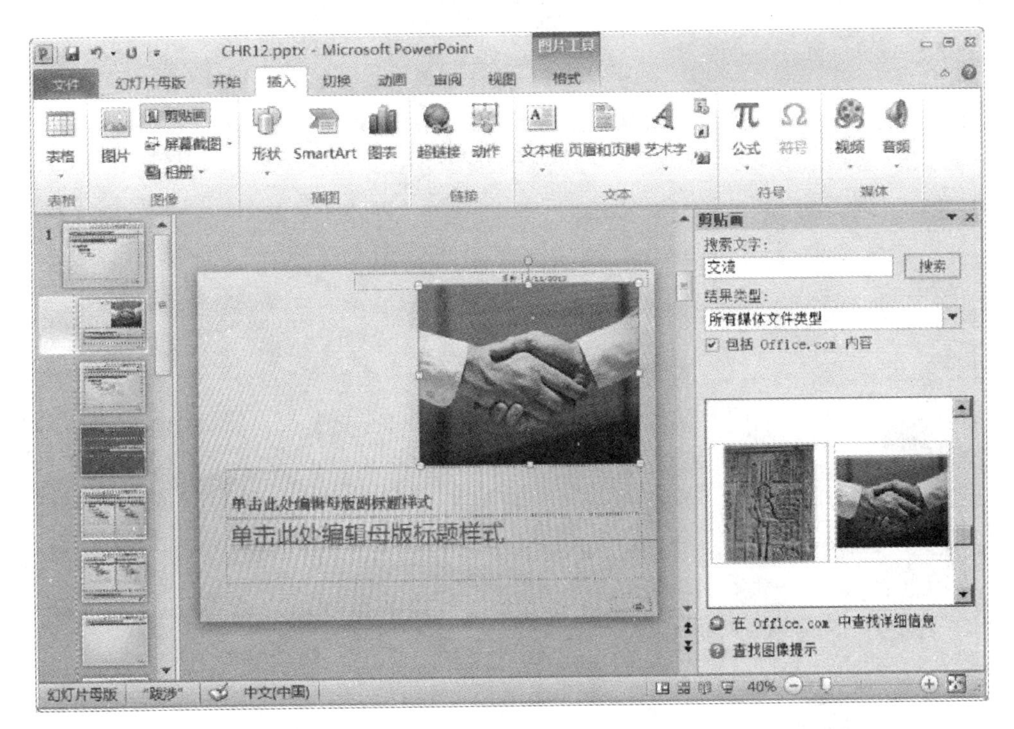

图 12-9 插入图片

12.2.7 添加 Logo

为了突出课件的识别性以及统一课件的风格，在除标题幻灯片外的每张幻灯片的右上角添加一个 Logo 图片。本案例选择剪贴画作为 Logo，具体操作步骤如下。

步骤 1：选择“标题和内容”版式。在窗口左侧单击“标题和内容”版式。

步骤 2：插入 Logo 图片。单击“插入”选项卡“图像”命令组的“剪贴画”按钮，这时窗口右侧显示“剪贴画”任务窗格。在任务窗格中“搜索文字”框输入“环保”进行搜索，在搜索结果中单击“绿叶的环保标志”插入剪贴画。

步骤 3：调整剪贴画的大小和位置。用鼠标拖动剪贴画的控制柄，将剪贴画调整到合适大小，并拖放到幻灯片的右上角，如图 12-10 所示。

步骤 4：将剪贴画置于底层。右击剪贴画，在弹出的快捷菜单中选择“置于底层”。

步骤 5：复制 Logo。因为本案例还需要用到“仅标题”版式，所以将设置好的 Logo 图片复制粘贴到“仅标题”版式中。

注意：用鼠标分别指向“跋涉幻灯片母版”、“标题幻灯片”版式或“标题和内容”版式时，分别会弹出“由幻灯片 1-4 使用”、“由幻灯片 1 使用”和“由幻灯片 2-4 使用”的提示。

现在，单击“幻灯片母版”选项卡上的“关闭母版视图”按钮，回到普通视图。也可以单击“视图”选项卡“演示文稿视图”命令组的“普通视图”按钮切换到普通视图。查看母版设置后各种幻灯片的效果。“标题幻灯片”、“标题和文本”两种版式的幻灯片效果分别如图 12-11 和图 12-12 所示。

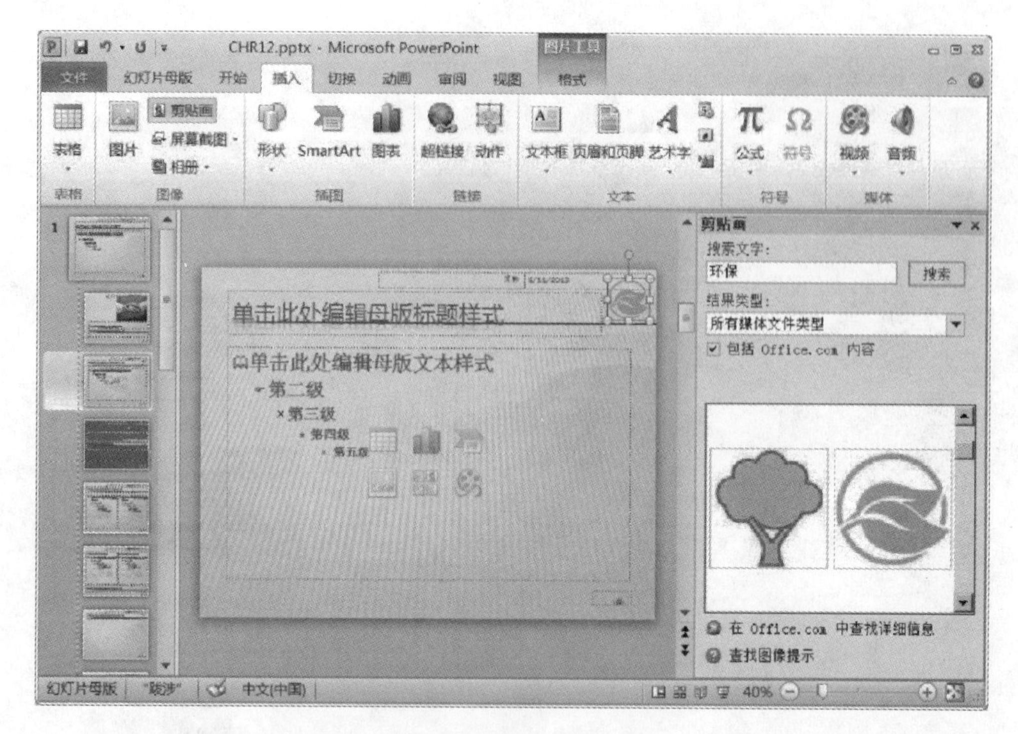

图 12-10 添加 Logo

图 12-11 “标题幻灯片”的效果

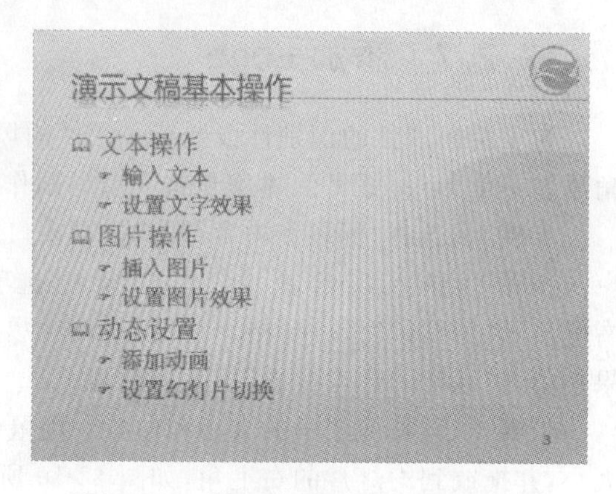

图 12-12 “标题和文本”幻灯片的效果

12.3 在课件中插入对象

表格、公式、图表等都是课件中经常出现的元素，有时可能还需要插入音频或视频对象。下面重点介绍插入表格、公式和 Excel 图表对象的基本操作。

12.3.1 插入表格

步骤 1：添加新幻灯片。选中课件的第 4 页，单击“开始”选项卡“幻灯片”命令组的“新建幻灯片”按钮，选择“仅标题”版式创建一张新幻灯片。

步骤 2：输入标题。在幻灯片上方的标题占位符中输入“插入表格”。

步骤 3：插入表格。单击“插入”选项卡“表格”命令组的“表格”按钮，插入一个 4 行 7 列的表格。这时功能区增加“表格工具”上下文选项卡。

步骤 4：输入表格中的文字内容。

步骤 5：设置表格的样式。单击“表格工具”上下文选项卡的“布局”子选项卡，在“对齐方式”命令组中将表格的文字水平和垂直方向均设置为居中对齐。单击“表格工具”上下文选项卡“设计”子选项卡，在“表格样式”库中选择“浅色样式 1-强调 2”(第 1 行第 3 个)。完成的表格如图 12-13 所示。

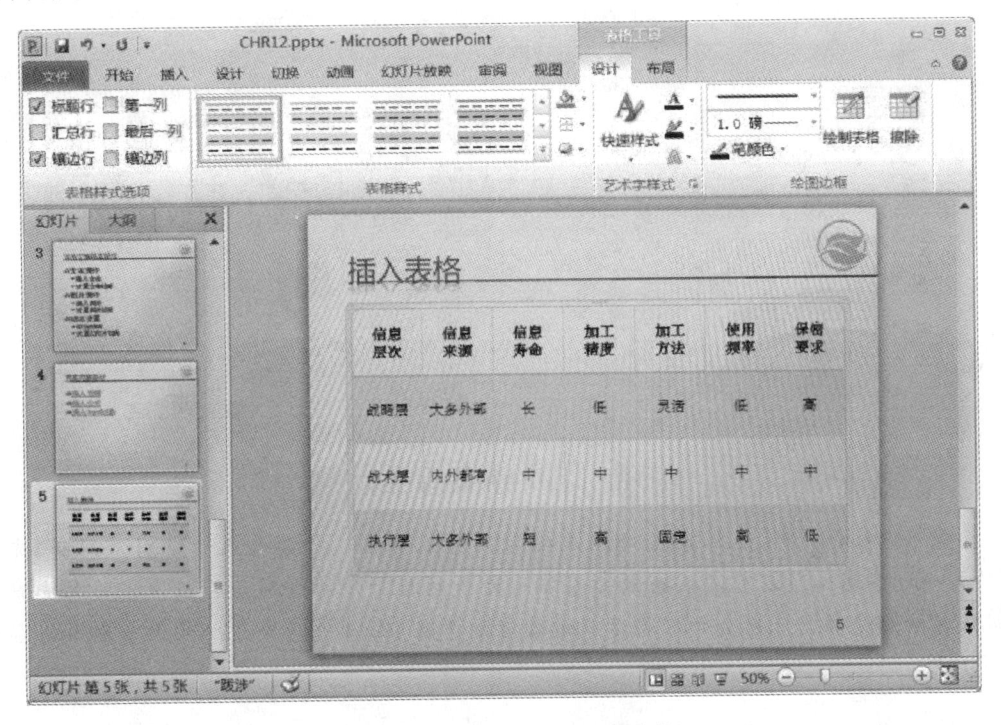

图 12-13 插入并设置完成的表格

注意：关于表格的各项设置与 Word 中介绍的完全相同，可参阅本书前面内容。

12.3.2 输入数学公式

步骤 1：添加新幻灯片。单击“开始”选项卡“幻灯片”命令组的“新建幻灯片”按钮，选择“仅标题”版式创建一张新幻灯片。

步骤 2：输入标题。在幻灯片上方的标题占位符中输入“插入公式”。

步骤 3：插入公式。单击“插入”选项卡“符号”命令组的“公式”按钮，在打开的公式库中选择“二项式定理”模板，插入一个公式模板。这时功能区增加“公式工具—设计”上下文选项卡。

注意：“公式”按钮是拆分按钮。单击上半部分按钮，可以插入一个空白公式。单击下半部分按钮，会弹出一个公式模板列表供选择。

步骤 4：编辑公式。可以使用“公式工具—设计”上下文选项卡的各个按钮编辑公式。本案例在已插入的二项式公式模板上进行编辑。选中等号左侧的“$x+a$”将其改为“$1+x$”。在等号右侧的公式中增加字母“C”，删除公式最后的“a^{n-k}”。编辑完成的公式如图 12-14 所示。

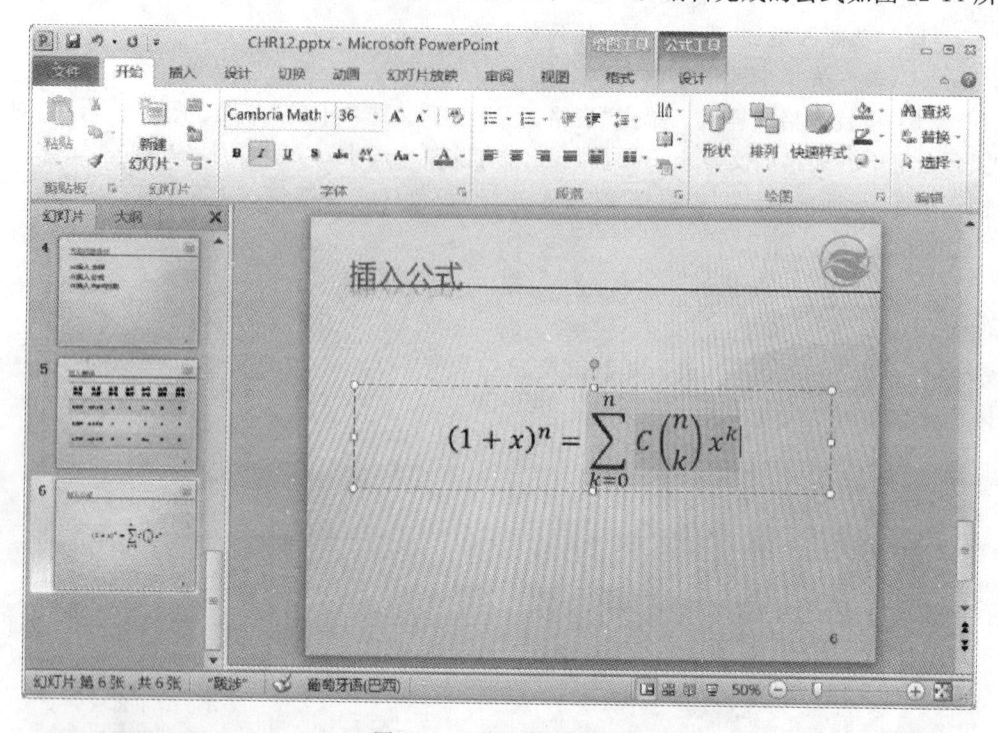

图 12-14　插入数学公式

注意：输入公式时，使插入点处在正确的级别很重要。当插入点的级别不同时，光标“I”的大小也不同。所以可以根据光标闪烁的大小判断所处的级别是否正确。另外光标所在级别对应部分的背景色会加深显示。请读者注意图 12-14 公式中光标的大小和加深显示的部分。

12.3.3　链接 Excel 对象

如果需要在课件中引用某个 Excel 图表，可以采用多种形式插入。例如“复制”→“粘贴”、“插入”、“插入链接”等，可以根据需要将 Excel 图表以图片形式、静态图表或动态图表等不同方式插入到课件中。本案例将 Excel 图表以工作簿形式嵌入到课件中，并建立与源工作簿的链接。以保证当 Excel 工作簿中图表变化时，课件中的图表能同步变动，具体操作步骤如下。

步骤 1：添加新幻灯片。单击“开始”选项卡“幻灯片”命令组的“新建幻灯片”按钮，选择“仅标题”版式创建一张新幻灯片。

步骤 2：输入标题。在幻灯片上方的标题占位符中输入“插入 Excel 对象”。

步骤 3：插入并链接 Excel 对象。单击“插入”选项卡“文本”命令组的“对象”按钮，打开“插入对象”对话框。设置对象的来源为“由文件创建”，然后单击“浏览”按钮选择要链接的 Excel 工作簿，最后选中“链接”复选框，如图 12-15 所示。

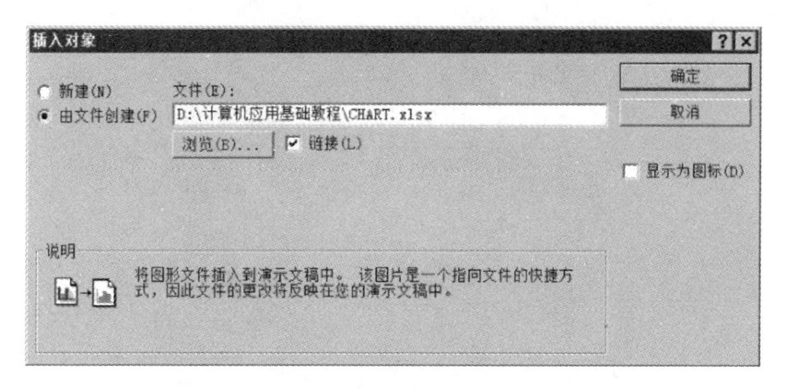

图 12-15　“插入对象”对话框

单击“确定”按钮关闭对话框后，幻灯片上插入了一个 Excel 对象，结果如图 12-16 所示。

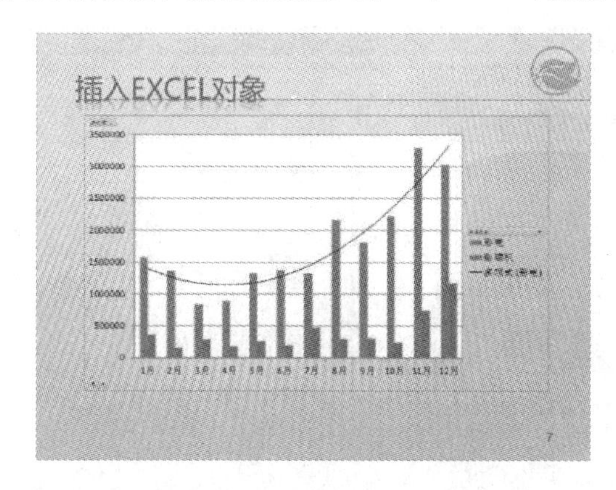

图 12-16　链接 Excel 对象

注意：每次打开演示文稿时，PowerPoint 会询问是否更新链接，可根据实际情况选择。如果选择了更新链接，一定要保证被链接的对象的位置不变。例如在本案例中，如果被链接的 Excel 工作簿的保存位置改变，幻灯片上的内容将无法更新。

12.4　给课件添加交互控制

为了授课的需要，通常课件还需要具备交互控制功能。本案例课件的交互控制如下。

(1) 课件的第 4 页有一个目录，如图 12-17 所示。单击各目录项应能链接到指定的幻灯片。

(2) 幻灯片的第 5～7 页应有返回第 4 页目录幻灯片的按钮。

12.4.1　添加超级链接

步骤 1：设置第 1 个超级链接。选中目录中的第 1 项“插入表格”，右击并在弹出的快捷菜单中选择“超链接”命令，打开“插入超链接”对话框。在对话框左侧“链接到”选择“本文档中的位置”，在“请选择文档中的位置：”列表框中选择第 5 张幻灯片，如图 12-18 所示。

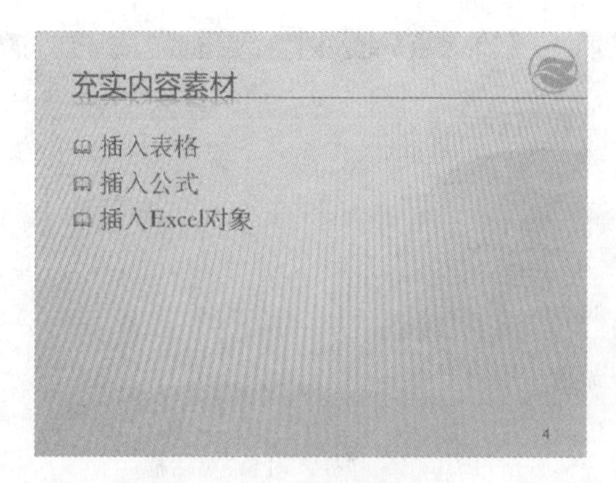

图 12-17 第 4 页的目录

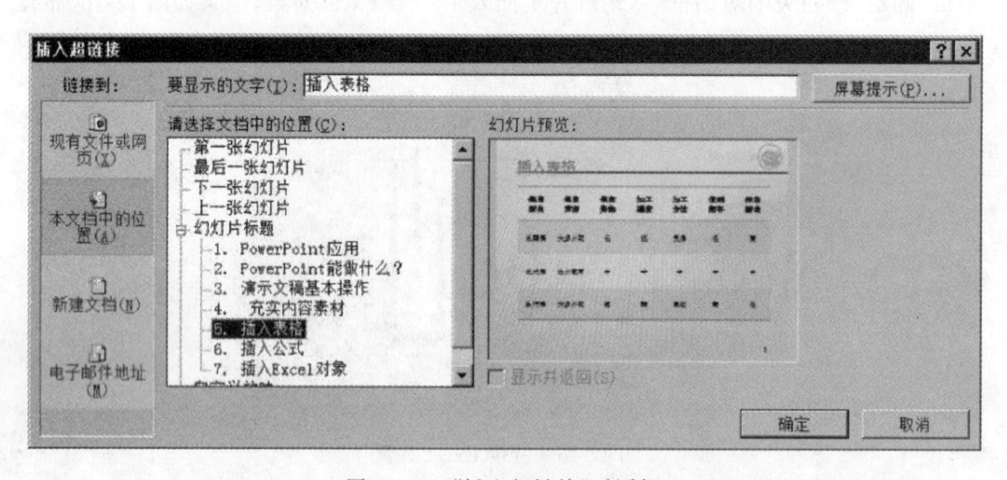

图 12-18 “插入超链接”对话框

步骤 2：设置另外两个超级链接。用同样的方法设置后面的两个目录项分别链接到第 6 张和第 7 张幻灯片。

注意：设置了超链接的文字会自动添加下划线。在放映幻灯片过程中，当鼠标指向该文字时，鼠标指针会变成手的形状；当单击该文字时，会跳转到超链些指定的幻灯片或其他对象。

12.4.2 添加交互按钮

下面要在幻灯片上添加能够返回第 4 页的跳转按钮。本案例选用一个立体的椭圆形作为按钮。因为要在第 5～7 张幻灯片上都添加同样的按钮，所以应将按钮添加在幻灯片母版的“仅标题”版式上。

步骤 1：切换到幻灯片母版视图。单击“视图”选项卡“母版视图”命令组的“幻灯片母版”按钮，转到幻灯片母版视图。

步骤 2：选择“仅标题”版式。在窗口左侧选择“仅标题”版式。

步骤 3：绘制椭圆形作按钮。单击“插入”选项卡“插图”命令组的“形状”按钮，在弹出的“形状”库“基本形状”中选择“椭圆”(第 1 行第 3 个)，在母版的左下角绘制一个椭圆。

步骤 4：设置按钮的三维效果。右击椭圆图形，在弹出的快捷菜单中选择“设置形状格式”命令。在打开的“设置形状格式”对话框中设置椭圆形的填充色为主题色中的“深红色”，线条颜色为“无线条”，三维格式的棱台顶端为“圆”(第 1 行第 1 个)，如图 12-19 所示。

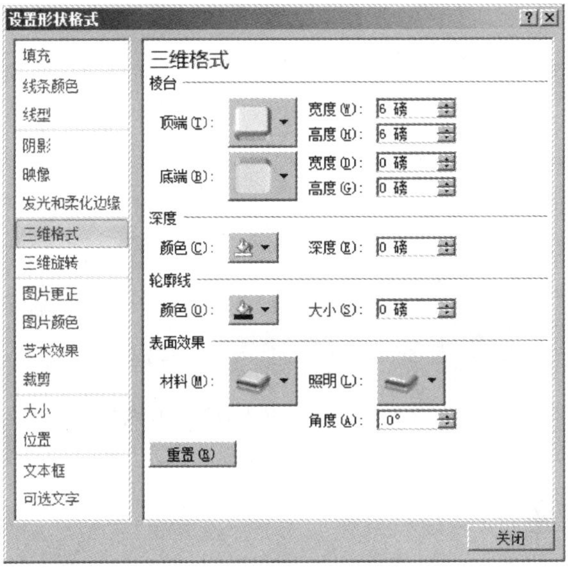

图 12-19 设置椭圆的三维效果

步骤 5：输入按钮上的文字。右击椭圆图形，在弹出的快捷菜单中选择“编辑文字”，然后在椭圆上输入文字“BACK”，并设置文字的颜色为白色。

步骤 6：设置按钮的超级链接。右击椭圆图形，在弹出的快捷菜单中选择“超链接”命令，打开“插入超链接”对话框。在对话框左侧“链接到”选择 “本文档中的位置”。在“请选择文档中的位置：”列表框中选择第 4 张幻灯片。设置完成的按钮如图 12-20 所示。

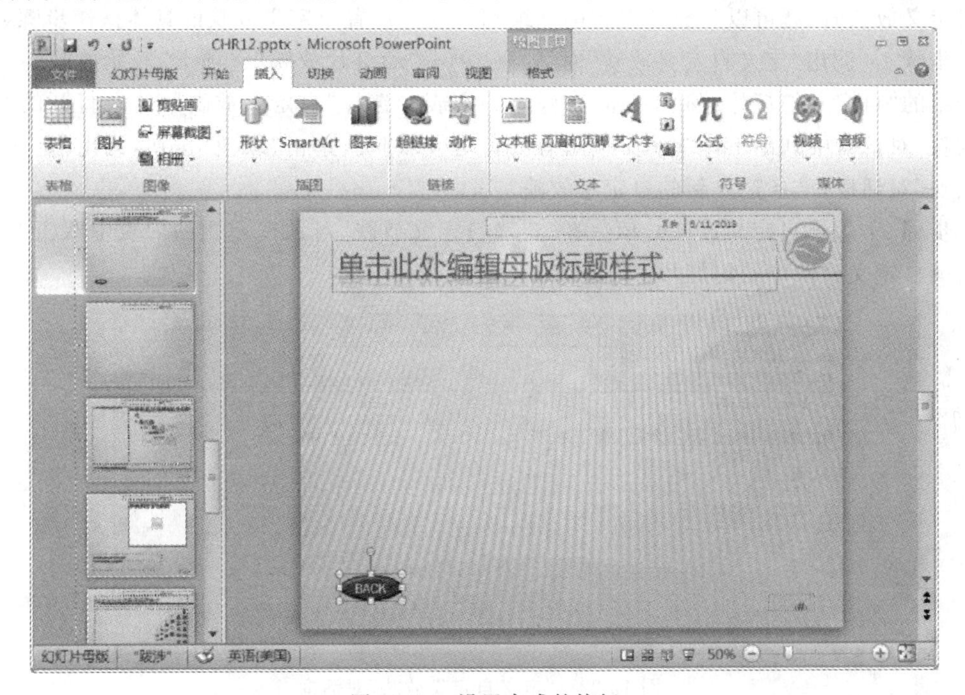

图 12-20 设置完成的按钮

步骤 7：切换回普通视图。单击“视图”选项卡“演示文稿视图”命令组的“普通视图”按钮，切换回普通视图。添加了按钮的幻灯片效果如图 12-21 所示。

图 12-21　添加了按钮的幻灯片效果

12.5　放映课件

课件制作完成后，一般是在课堂上进行播放。有时，同一门课程讲授的对象不同，内容也会有删减。这时，可以在同一套幻灯片上就播放的内容设置不同的播放方案——自定义放映。

12.5.1　自定义放映

自定义放映就是根据需要，从演示文稿中抽出部分幻灯片组成一组。这样当放映范围为自定义放映时，就可以只放映指定的这组幻灯片。设置自定义放映的具体操作步骤如下。

步骤 1：调出“定义自定义放映”对话框。单击“幻灯片放映”选项卡“开始放映幻灯片”命令组的“自定义幻灯片放映”按钮，在弹出的列表中选择“自定义放映”，这时打开的“自定义放映”对话框中列出了该演示文稿已有的自定义放映。单击“新建”按钮，调出“定义自定义放映”对话框，准备建立新的自定义放映。

步骤 2：编辑自定义放映。依次在“定义自定义放映”对话框左侧的列表中双击要添加到右侧自定义放映中的幻灯片，如图 12-22 所示。

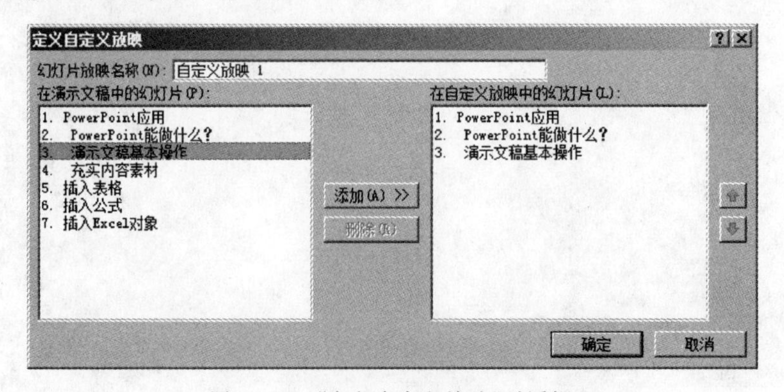

图 12-22　“定义自定义放映”对话框

步骤 3：命名自定义放映。在“定义自定义放映”对话框上部的“幻灯片放映名称”文本框输入自定义放映的名称。

注意：当需要按照“自定义放映”内容放映时，需要在“设置放映方式”对话框中指定要播放的自定义放映。方法是单击“幻灯片放映”选项卡“设置”命令组的“设置幻灯片放映”按钮，打开“设置放映方式”对话框，从中选择要使用的自定义放映，如图 12-23 所示。

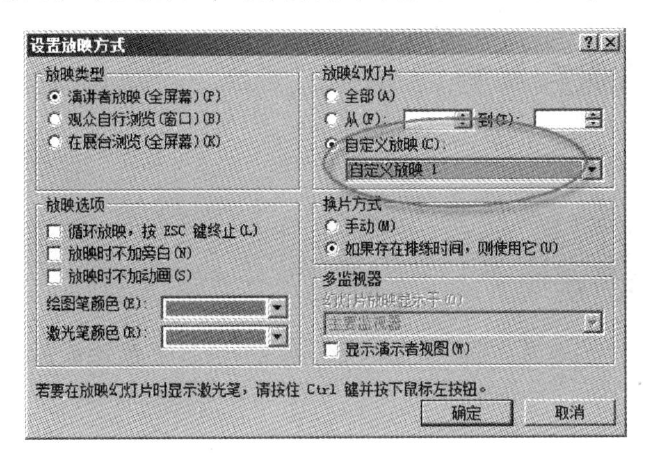

图 12-23 “设置放映方式”对话框

12.5.2 在播放时使用荧光笔

在放映课件的过程中，除了可以使用鼠标和键盘进行翻页外，有时教师还需要在屏幕上使用荧光笔做出强调的标记、书写板书等，操作的具体方法如下。

步骤 1：使用荧光笔做标记。在播放过程中右击鼠标，在弹出的快捷菜单中选择“指针选项”，在下一级菜单中选择“荧光笔”，即可以在放映的幻灯片上做标记了，如图 12-24 所示。

步骤 2：使用笔书写板书。在播放过程中右击鼠标，在弹出的快捷菜单中选择“指针选项”，在下一级菜单中选择“笔”，即可以在放映的幻灯片上按住鼠标的左键进行书写，如图 12-25 所示。

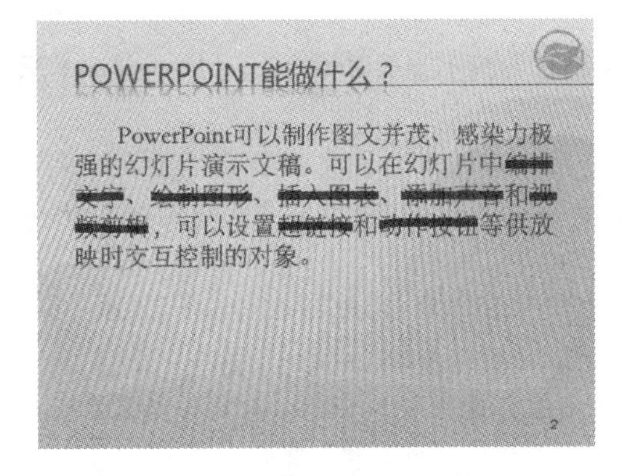

图 12-24 选择使用荧光笔及其效果

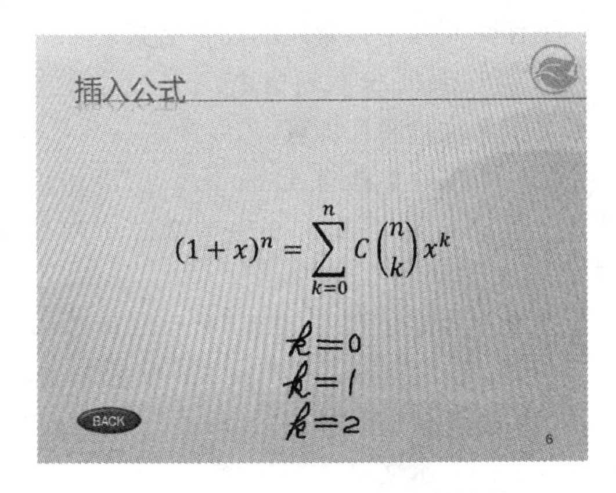

图 12-25 使用笔书写板书的效果

注意：在使用荧光笔或是笔的过程中，可以右击鼠标，在弹出的快捷菜单中选"指针选项"，然后根据需要选择"墨迹的颜色"。如果标记或书写有误，也可以右击鼠标，在弹出的快捷菜单中选"指针选项"，然后选"橡皮擦"擦除墨迹。

步骤3：保存墨迹。当播放完成时，PowerPoint会询问是否保存墨迹，可根据需要进行选择。

12.6 课件的保存和打印

课件制作完成后，通常被保存成演示文稿文件。有的时候为了查看方便，也会选择将课件打印成讲义输出。

12.6.1 保存课件

课件制作完成后，默认保存成.pptx文件。此外，还可以根据情况选择以其他格式保存。方法是单击"文件"→"另存为"，在"另存为"对话框的"保存类型"中选择需要保存的文件类型，如图12-26所示。

PowerPoint 演示文稿 (*.pptx)
启用宏的 PowerPoint 演示文稿 (*.pptm)
PowerPoint 97-2003 演示文稿 (*.ppt)
PDF(*.pdf)
XPS 文档(*.xps)
PowerPoint 模板 (*.potx)
PowerPoint 启用宏的模板 (*.potm)
PowerPoint 97-2003 模板 (*.pot)
Office Theme (*.thmx)
PowerPoint 放映 (*.ppsx)
启用宏的 PowerPoint 放映 (*.ppsm)
PowerPoint 97-2003 放映 (*.pps)
PowerPoint Add-In (*.ppam)
PowerPoint 97-2003 Add-In (*.ppa)
PowerPoint XML 演示文稿 (*.xml)
Windows Media 视频 (*.wmv)
GIF 可交换的图形格式 (*.gif)
JPEG 文件交换格式 (*.jpg)
PNG 可移植网络图形格式 (*.png)
TIFF Tag 图像文件格式 (*.tif)
设备无关位图 (*.bmp)
Windows 图元文件 (*.wmf)
增强型 Windows 元文件 (*.emf)
大纲/RTF 文件 (*.rtf)
PowerPoint 图片演示文稿 (*.pptx)
OpenDocument 演示文稿 (*.odp)

图12-26 PowerPoint各种文件格式

下面介绍其中最常用的几种格式。

(1) PowerPoint放映格式(.ppsx)。播放这种格式的演示文稿时不需启动PowerPoint，只要双击演示文稿图标即可。

(2) 可移植文档格式(.pdf)。PDF可以保留文档格式并允许文件共享。还可以设置使他人无法轻易更改文件中的数据。对于要使用专业印刷方法进行复制的文档十分有用。

注意：要查看PDF文件，必须在计算机上安装PDF读取器，比如Acrobat Reader。

(3) Office Theme(.thmx)。可将演示文稿中的设置保存成Office主题。

(4) PowerPoint模板(.potx)。以POTX格式保存成模板后，可以该演示文稿为模板创建其他的演示文稿。

12.6.2 打印课件讲义

打印课件讲义的操作步骤如下。

步骤1：打印设置。单击功能区的“文件”→“打印”，在窗口的右边进行各项设置，其中包括打印机、打印范围、幻灯片的摆放格式等。本例选择了每张打印纸上打印6张幻灯片，如图12-27所示。

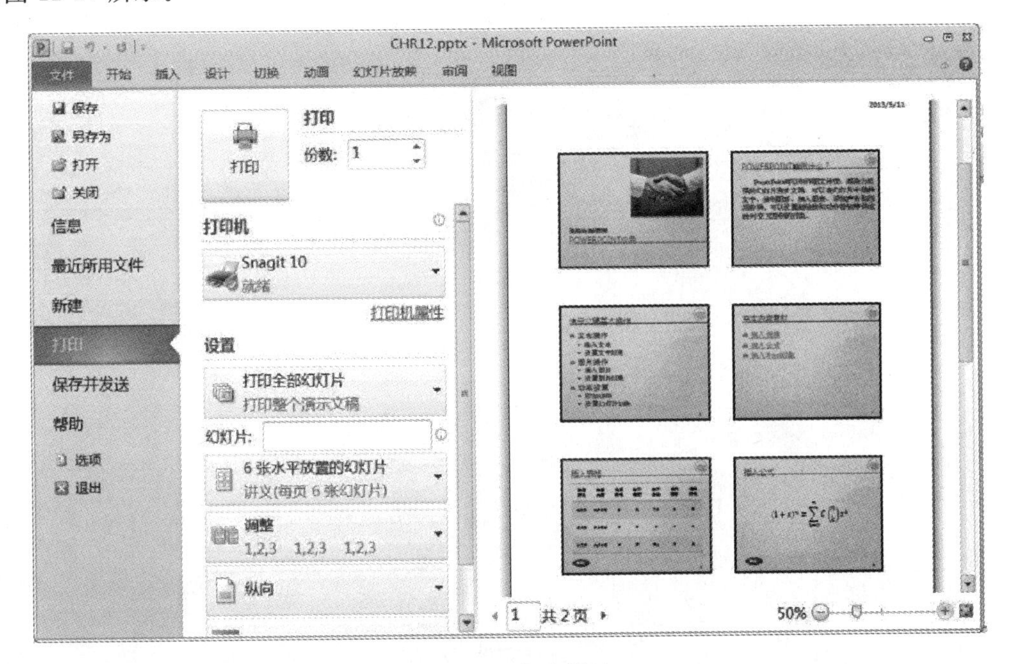

图 12-27 打印设置

步骤2：打印。一切设置完成后，单击窗口上方的“打印”按钮开始打印。

12.7 本章小结

通过本章的学习，应掌握如何通过使用幻灯片母版、颜色方案设置等方法为幻灯片设置统一的外观，能够根据需要在幻灯片中插入表格、公式、Excel图表以及其他对象，熟练运用超链接在幻灯片中实现交互控制功能，能够根据需要选择合适的文件格式保存幻灯片以及选择合适的方式打印幻灯片。

12.8 习题

1. 制作一个课件主题。
2. 任选一门课程使用上面的主题制作教学课件。

第5篇

计算机应用理论篇

计算机应用理论篇重点介绍计算机技术及其应用的基础理论。其目的是使读者将前4篇学习到的各种计算机应用知识和基本操作融会贯通，并在应用有关知识和基本操作解决实际问题时，不仅了解如何做，而且清楚为什么这样做。只有这样，才能更好地运用相关理论和应用技术解决实际问题。全篇分两章。首先对计算机的特点、应用领域和信息的数字化表示方法等基础理论进行了系统的介绍，并重点讲解了计算机的硬件、软件构成和基本工作原理。然后对计算机网络的基本概念、局域网技术、Internet技术以及网络安全问题进行了细致的讲述和深入的分析，并给出了解决和安全防范的具体方法。

第13章 计算机原理

内容提要：在现代社会中，一切信息的存储和处理都离不开计算机，学习并掌握计算机的基本原理是更好地使用计算机的前提。本章介绍了计算机的发展史、特点及应用领域，计算机的数制和信息的表示，并重点讲解了计算机的硬件、软件构成和基本工作原理，为以后学习和使用计算机打下良好的基础。

主要知识点：

- 计算机的分类、特点及其应用领域；
- 常用数制间的转换；
- 信息数字化的表示方法；
- 计算机的组成结构与工作原理；
- 计算机系统及软件、硬件的基本概念。

13.1 计算机概述

电子计算机是自动化的信息处理工具，是一种具有快速运算能力、逻辑判断能力和巨大记忆能力的机器，是20世纪的一项重大科研成果与卓越的技术发明。电子计算机的出现、发展与广泛应用，促使人类进入了数字化、信息化和网络化的时代。

13.1.1 计算机发展史

人类在认识自然、改造自然的实践活动中，进行数字的记载和计算比使用文字还要早。在不同的历史时期，用来记载和计算数字的工具自然会受到当时生产发展水平的制约。在原始社会，人们用石子和绳结记数；公元前11世纪，在我国周朝时期，开始使用算筹记数和运算；公元6世纪，在我国的战国时期，发明了珠算；到了公元7世纪的唐朝初期，出现了现代式样的算盘。随着生产的发展，1642年法国数学家布莱茨·帕斯卡(Blaise Pascal)制成了机械式加减法计算机；1671年法国数学家莱布尼兹(G. W. Leibniz)又使这种计算机具有了乘除功能；到了19世纪英国数学家查尔斯·巴贝奇(Charles Babbage)成功设计了能够进行函数及对数运算的差分机和分析机，使计算工具从手动机械进入了自动机械的新时代；20世纪初，在美国又相继研制成功机电式数字计算机。人类在计算工具方面的一系列发明和创造为电子计算机的诞生奠定了基础。

现代电子计算机的奠基人是英国科学家艾兰·图灵(Alan Mathison Turing)和美籍匈牙利科学家冯·诺依曼(von Neumann)。图灵建立了称为图灵机的理论模型,发展了可计算性理论,提出了可定义机器智能的图灵测试。而冯·诺依曼则确立了现代计算机的基本结构,并第一次提出了存储程序的思想。

到了20世纪40年代,由于电子学和半导体技术的产生与发展,加上前人提出的程序自动化的解题思路,以及当时对于高速计算工具的迫切需要,世界上第一台电子计算机ENIAC在美国应运而生。它是现代电子计算机的鼻祖,是人类计算工具发展史上的一个重要里程碑。ENIAC是电子数值积分计算机(The Electronic Numerical Integrator And Computer)的英文缩写,于1946年2月15日在美国宾夕法尼亚大学诞生。ENIAC占地170平方米、重30吨,由18 000个电子管和数千个电阻、电容构成,运算速度为每秒5000次加法。自它问世以来,电子计算机技术不断发展和创新,已经历了好几代的发展变化。传统的计算机代别划分是以构成计算机的电子元器件的更新为主要标志的。表13-1说明了计算机发展的代别划分及其主要技术标志。

表13-1 计算机发展的代别划分

代别	年份	逻辑元件	代表软件
第一代	1946—1958	电子管	机器语言、汇编语言、FORTRAN
第二代	1959—1964	晶体管	批处理系统、ALGOL、COBOL等语言
第三代	1965—1970	中、小规模集成电路	分时操作系统、BASIC、PASCAL等
第四代	1971年至今	大、超大规模集成电路	数据库、大型程序系统、网络系统

当然,计算机的发展应该是全方位的,除了构成计算机的电子元器件的更新换代之外,各种相关的新技术和新设备层出不穷,包括各种计算机体系结构技术、处理器技术、存储器技术、输入与输出设备技术、接口技术、软件及其开发技术、多媒体技术和计算机网络技术等。从计算机系统发展来划分,又可以分成大型主机阶段、小型计算机阶段、微型计算机阶段、客户机/服务器、Internet阶段以及云计算时代。

需要特别指出的是计算机发展过程中两个重要的里程碑:一是自20世纪70年代开始个人计算机的诞生和广泛应用,个人计算机具有体积小、重量轻、价格低、维护容易等诸多优点,而其功能则越来越强大,从而不仅使计算机进入了各行各业,并且大量地走进了寻常百姓家,使得计算机到了真正的普及;二是自20世纪80年代开始计算机技术和通信技术紧密地结合起来,形成了可以相互通信和共享资源的计算机网络,并逐步发展成为覆盖全世界的计算机网络Internet,从而使人类社会进入了一个全球化的信息网络时代。至于目前流行的云计算对计算机发展的影响还有待时间的验证。

随着科学技术的高速发展,现有的各种计算机系统将无法满足人们日益扩大的多样化应用要求,因此人们在不断地采用新设想、新技术和新工艺使计算机的功能更完善,使计算机不仅可以重复执行命令,而且可以提供逻辑推理及知识学习的能力。因此,未来的计算机主要是把信息采集、存储、处理、通信和人工智能结合在一起,并突破当前计算机的结构模式,向巨型化、微型化、网络化、智能化等方向发展。近年来已有神经网络计算机、DNA计算机、光子计算机等新一代计算机相继问世。

13.1.2 计算机的特点

计算机问世以后的半个多世纪里，其硬件不断更新进步，软件的发展更是日新月异。计算机在国民经济的各个领域和人们生活中的应用已是无孔不入。现代计算机之所以能够显示出如此巨大的威力，是因为它具有如下一些特点。

1. 运算速度快

运算速度是衡量计算工具先进性的一个重要指标。由于构成计算机的逻辑元件的集成度越来越高，计算机中CPU的工作频率越来越高，加之许多技术的不断更新，使得计算机的运算速度越来越快。第一台计算机(ENIAC)的运算速度为每秒钟可进行5000次加法运算，而截止到2012年，借助于多CPU和并行处理等高新技术，世界上最快的计算机的运算速度已经超过了每秒上千万亿次浮点运算。即使是普通的个人计算机其运算速度也已经超过了每秒几十亿次。

正是由于当今计算机运算的高速度，使得大量以前用手工计算无法解决的复杂问题有了解决的可能性，例如气象预报需要分析大量数据资料，如果用手工计算可能需要很多天，完全失去了预报的意义。另一方面也使得许多要求快速响应的自动控制功能得以实现，例如计算机控制的飞机导航系统，就要求其运算速度要比飞机的飞行速度快许多倍。所以电子计算机的应用大大提高了人们的工作效率。

2. 存储容量大

电子计算机具有存储和记忆大量信息的能力，这是区别于其他计算工具的一个极为重要的特点。近年来，由于电子元器件集成度和存取速度的不断提高，各种类型的计算机内部存储器的容量也日益增大，这就为在计算机中解决复杂问题或同时执行多个任务提供了必要的条件。计算机的外部存储器是用来长期保存各种信息的存储介质，其存储容量的攀升则更为迅速，几乎达到了不受限制的"海量存储"程度，这就为收集、存储和加工大量的数据和信息提供了无限的空间。

3. 具有逻辑判断能力

具有逻辑判断与逻辑运算能力是电子计算机的一大特点，所以又称之为"电脑"。计算机不仅能够完成加、减、乘、除等数值运算，还能实现逻辑运算。这就是说计算机能够做出对与错、真与假的逻辑判断，分析命题是否成立，并可根据命题成立与否做出相应的对策。正是这一特点使得计算机在自动控制、人工智能、机器人学以及专家系统和决策支持系统等领域内发挥着越来越重要的作用。

4. 按程序自动工作

一般的机器都是由人操控，给机器一个指令，机器完成一个操作。而电子计算机虽然也是由人操控，但是由于其具备强大的存储能力和逻辑运算能力，可以将多条复杂的指令预先输入到计算机中存储起来。当计算机开始工作以后，可以实现自动到存储器中读取指令控制计算机的操作，不必再由人来操控，从而实现计算机的高度自动化工作方式。

5. 通用性强

由于电子计算机使用二进制码来表示数值及各种类型的信息，因而它不仅能进行数值计算，也能够进行各种非数值信息的处理，例如文字处理、图形图像处理、音频视频处理，可以胜任信息检索、事务管理、逻辑推理和家庭娱乐等各种需求。这就使得计算机具有极强的通用性，可以应用到生产、科研以及人类生活的各个方面，发挥其不可缺少的重要作用。

总之，计算机是一种高效的自动化信息处理工具，除了上述几个基本特点外，还具有计算精确度高、技术高度密集及发展速度快等诸多特点，可用于各种信息的加工处理和人类生活的方方面面。

13.1.3 计算机应用简介

目前，人类几乎已经离不开计算机。从应用的广度来看，计算机已经渗透到国民经济和社会生活的方方面面，并且越来越多地进入了普通家庭；从应用的深度来看，它已远远不仅是一种计算工具，而是作为人脑智力的扩充和延伸。电子计算机在数据处理、经济管理、工农业生产、工程设计、医疗诊断以及文化教育等各项事业中发挥着极为重要的作用。一般来说，计算机的应用主要可归类为以下几个方面。

1. 科学与工程计算

从 1946 年计算机诞生到 20 世纪 60 年代初的约 15 年间，计算机的应用主要是以自然科学为基础、以解决重大科研和工程问题为目标，而进行大量复杂的数值运算，以求将人们从重复繁琐的计算中解放出来。

世界上第一台计算机 ENIAC，即所谓“电子数值积分计算机”，就是这方面应用的一个例子。它首次应用于美国阿贝丁火炮实验场，计算了导弹弹道曲线的大量有关参数。电子计算机的出现，应该说是科技发展史上一个极其重要的里程碑，原先科学家几乎要花费毕生精力从事的计算工作，现在用计算机很快就可以完成了。许多能够列出方程而用手工无法求解的问题，现在运用计算机采用相应的数值计算方法即可求得任意精度的近似解。计算机在科学与工程上的应用，不仅在解决传统的数值问题方面得到了长足的发展，而且推动了以计算机为主导的一批新兴学科的出现。至今，计算机在这方面的应用仍具有十分的重要性。

2. 自动控制

所谓自动控制是指由计算机控制各种自动装置、自动仪表、自动加工设备的工作过程，在不同的应用场合自动控制又可分为实时控制和过程控制。计算机自动控制是 20 世纪 60 年代发展起来的一个重要的计算机应用领域。计算机把通过传感装置接收到的各种信息，根据有关控制模型进行计算，并按照最佳方案与流程给出相应的控制参数，以实现对工作过程的调度、调节、控制和管理，或实现对最终工作目标的调整与控制。对于用来进行实时控制的计算机，最主要的是要求其响应速度快，并要求有相当强的人机通信能力。

计算机自动控制，在科学实践、工农业生产、交通管理、医疗卫生、军事部门以及各种自动化系统中均有着广泛的应用。

3. 数据处理

数据处理一般也称为信息管理或事务管理，是指利用计算机对大量数据(包括数值、文字及其他各种信息)进行采集、分类、加工、存储、检索和统计分析等。从20世纪60年代中期开始，计算机在数据处理方面的应用得到了迅猛发展，从各行各业的办公自动化发展到企业管理、行政管理、财务管理、销售管理、库存管理、物流管理、情报检索和各种金融业务的管理等，甚至已经普及到了个人事务的料理。目前，数据处理或事务管理已成为计算机应用的一个最为广泛的领域。

数据处理的特点是数据量大且数据种类多，并要求有一定的实时性，而处理数据的算法却相对简单。企业资源计划、客户关系管理和人口普查信息的处理等都是计算机在数据处理方面的典型应用。

4. 计算机辅助系统

各种实用的计算机辅助系统主要包括如下几种。

(1) CAD(Computer Aided Design)：即计算机辅助设计。CAD系统配有专门的软件来帮助设计人员计算数据和设计图纸，采用CAD技术不但设计速度快、效果好，而且可以大大缩短产品开发周期并明显提高产品质量。目前，CAD技术被广泛应用于电路设计、机械零部件的设计、建筑工程设计和服装设计等。

(2) CAM(Computer Aided Manufacture)：即计算机辅助制造，是指利用计算机技术通过专门的数字控制机床和其他数字设备，自动完成产品的加工、装配、检测和包装等制造过程。目前许多先进的国家已将CAD技术与CAM技术有机地结合起来，构成了功能更为强大的CADAM系统，即计算机辅助设计与制造系统。近几年甚至还发明了三维打印机，可以直接“打印”出各种产品。

(3) CAI(Computer Aided Instruction)：即计算机辅助教学，是指利用计算机技术，包括多媒体技术及其设备来辅助教与学的过程。采用CAI技术可使教学内容生动丰富、形象逼真，并可通过交互方式帮助学员自学、自测、自练习，收到极好的教学效果。

(4) 其他计算机辅助系统：包括CAT(Computer Aided Test)计算机辅助测试、CAT(Computer Aided Translation)计算机辅助翻译和CASE(Computer Aided Software Engineering)计算机辅助软件工程等。

5. 人工智能

人工智能(Artificial Intelligence，AI)是利用计算机模拟人类的某些智能行为，如感知、理解、推理、学习等。其研究领域包括：模式识别、自然语言处理、模糊逻辑、神经网络、虚拟现实、专家系统和机器人等。

(1) 模式识别包括自然语言的理解与生成、景物分析，以及利用计算机来识别文字、图像、声音、影像，包括人的指纹等。

(2) 专家系统首先是将某个领域中的知识尽可能收集、分类、归档，在计算机中建立起相应的知识库，其解决问题的过程是根据知识库中提供的知识，通过机器的推理、判断和决策，用以回答用户的咨询。专家系统广泛应用于地质学与勘探、物质化学结构的研究、医疗诊断、遗传工程等领域。

(3) 机器人是一种模仿人类智能和肢体功能的计算机操作装置。目前已经研制出的机器人可分为两种,即工业机器人和智能机器人。工业机器人能够准确、迅速、精力集中地执行交给的任务;智能机器人则具有感知和理解周围环境并进行推理和操纵工具的能力。通常情况下,智能机器人还能学习和适应周围环境,从而相应做出某种动作,在人不便进入或不可能进入的场所发挥着重要的作用。

13.1.4 计算机的分类

按照计算机的主要性能指标,如字长、存储容量、运算速度、外围设备配备、指令系统的功能、系统软件的配置等,并根据体积、价格和应用范围的不同,可将计算机分类为微型计算机、小型计算机、大型主机和巨型计算机。需要说明的是,随着技术的进步和时间的推移,各种类别的计算机性能指标也在不断地攀升,如今一台微型计算机的性能早已远远超过了早期巨型计算机的水平。

1. 巨型计算机

巨型计算机(Supercomputer)也称为超级计算机,其主要性能指标位于各类计算机之冠,世界上只有少数几个公司能生产巨型机。目前,巨型计算机每秒钟能够执行的操作已超过千万亿次。它们对尖端科学、战略武器、气象预报、卫星影像处理、高清晰数字影视制作、社会及经济现象模拟等领域的研究和应用具有极为重要的意义。我国研制成功的“银河”、“曙光”系列计算机便是具有世界先进水平的巨型计算机。

2. 大型主机

大型主机(Mainframe)即通常所指的大型计算机或中型计算机。此种计算机硬件配置档次高、价格昂贵,具有相当强大的多任务处理能力及相应的输入输出能力。此外,大型主机可以同时连接更多的用户终端,集中存储和管理大量的数据,并且其可靠性和数据安全性非常高。目前的大型主机通常具备多个中央处理器并行操作的能力,每秒钟能够执行几万亿次操作,并能够同时处理几千个用户的请求。一般说来,此种计算机多数用于大、中型企事业单位和政府部门,尤其是在银行、保险、税务、海关、公安等部门常以它为核心组成信息处理中心。大型商务网站或政务网站的服务器通常也都是由大型机或是多台大型机组成。

3. 小型计算机

小型计算机(Minicomputer)的功能明显强于微型计算机,通常能够同时处理与之连接的多个用户终端的操作请求任务,并对所有用户的数据进行集中存储和管理。所谓终端通常是指一台仅包含键盘和显示器而不含有处理器的输入与输出设备,但实际上目前大多采用低档个人计算机作为终端。小型计算机系统在工作时,每个用户通过终端将处理请求发送给与之连接的小型计算机,经过小型计算机处理后再将处理结果传送回用户的终端。小型计算机适用于中小型企事业单位或综合部门,例如可用来处理公司总部的人事档案管理、财务管理、销售管理、客户资料管理等事务。此外,小型计算机还常常被用来作为企业内部计算机网络或校园网的各种服务器。

4. 微型计算机

微型计算机(Microcomputer)简称微机,更多地被称为个人计算机或 PC(personal computer)。具有价格便宜、软件丰富、维护容易、通用性好等特点。个人计算机可以单独使用,也可以联网使用,是目前日常办公和家庭使用最普遍的计算机。衡量个人计算机性能的一个重要指标是其处理器的运算速度,目前高档个人计算机每秒钟可执行的操作已超过几十亿次。个人计算机又可分为台式计算机和便携式计算机两大类。便携式计算机适合在流动性的工作环境中使用,常见的有笔记本电脑(notebook computer),其他还包括掌上电脑(palmtop computer)和 PDA(Personal Digital Assistant,个人数字助理)等。值得注意的是,近些年来,初步具备微机功能的智能手机的迅速崛起和普及也对计算机的发展带来了巨大影响。

5. 工作站

工作站(Workstation)是介于微机和小型机之间的高档微机。它的运算速度快,主存储器容量大,易于联网,具有较强的数据处理能力和高性能的图形图像处理功能,通常还配有高分辨率的大屏幕显示器,因而特别适合于 CAD/CAM 等领域中精密、复杂的特定工作。常见的工作站主要包括图形工作站、音频工作站和视频工作站等。

13.2 计算机中信息的表示方法

13.2.1 信息的数字化

电子计算机是一个自动化的信息处理工具,其中的各种信息(包括数据与程序)都是用机器内部两种不同物理状态所代表的二进制数码 0 或 1 来表示和存储的。用一系列的 0 与 1 数码来表示各种信息称为信息的数字化,信息数字化是信息时代一个最为重要的特征。

1. 二进制

信息的数字化离不开二进制(Binary notation),而要认识二进制,不妨先来研究一下人们所熟悉的十进制(Decimal notation)。

十进制有以下一些规律:

(1) 有 0、1、2、3、4、5、6、7、8、9 共 10 个基本数码;

(2) 逢十进一;

(3) 每个数位的位值,或称“权”,均是基数 10 的某次幂。如小数点左面第 1 位的权是 10 的零次幂,第 2 位的权是 10 的一次幂,以此类推;而小数点右面第 1 位的权是 10 的负一次幂,第 2 位的权是 10 的负二次幂等。

例如,十进制数 469.58 可写出成:

$$469.58=4\times10^2+6\times10^1+9\times10^0+5\times10^{-1}+8\times10^{-2}$$

上面的算式叫做“位权展开式”,我们可以看到每一位表示的数值不仅取决于该位的数码本身,还取决于所在位的位值——权。

与十进制的 3 个规律类似,二进制的规律为:

(1) 只有0和1两个数码;

(2) 逢二进一;

(3) 各位上的权均是2的某次幂,即小数点往左各位的权依次是2的零次幂、一次幂、二次幂等,小数点往右各位的权依次是二的负一次幂、负二次幂等。

由于二进制数没有"2",且逢二进一,所以须用"10"来表示十进制数的"2"。对于十进制数1到8,相应的二进制数分别为1、10、11、100、101、110、111和1000。

对于二进制数,同样可以写成位权展开式。例如二进制数1011.01可写成:

$$\begin{aligned}(1011.01)_2 &= (1\times 2^3 + 0\times 2^2 + 1\times 2^1 + 1\times 2^0 + 0\times 2^{-1} + 1\times 2^{-2})_{10} \\ &= (8+2+1+0.25)_{10} \\ &= (11.25)_{10}\end{aligned}$$

计算机内部之所以采用二进制数,是因为它具有下述特点。

1) 表示容易

二进制只有0和1两种数码,因此任何具有两种稳定状态的物理器件都能用来表示二进制数。如灯的亮和灭、晶体管的导通和截止、双稳态电路的高电位和低电位、磁性材料的正剩磁与负剩磁等。只要规定其中一种状态为"1",而另一种状态为"0",就可以用来表示二进制数。显然,采用二进制表示数据可以简化和节省硬件设备。

2) 运算简单

由于二进制只有0和1两种数码,因而它的加、减、乘、除运算要比十进制的同类运算简单得多。例如二进制数的加法,它只有下面4种相加情况:

0+0=0、0+1=1、1+0=1、1+1=10。

因而,配合"逢二进一"的规则很容易算得两数相加的结果。例如二进制数1101.01+1001.11=11001.00,其二进制加法算式如下:

$$\begin{array}{rl} 1101.01 & (13.25) \\ +1011.11 & (11.75) \\ \hline 11001.00 & (25.00) \end{array}$$

3) 工作可靠

因为二进制只有0和1两种数码,可以用两种截然不同的物理状态明确表示,不存在模糊不清的其他状态,所以二进制编码信息在表示、传输和处理的过程中不容易出错,并且可以再生,其工作十分稳定和可靠。

4) 逻辑性强

二进制的0和1两个数码,正好用来代表"真"和"假"两个逻辑值。这就为实现计算机的逻辑运算和内部逻辑电路的设计提供了便利。

当然二进制也有其缺点,首先二进制是面向机器的,因而并不符合人们的习惯;再者二进制数与等值的十进制数相比它的数位要多得多,因而人们在阅读和书写二进制数时既不方便也不直观。

2. 数制转换

1) 二进制数转换为十进制数

把一个二进制数转换成十进制数,只需采用前述的"位权展开"方法即可。例如,将二进制数 11011.101 转换为十进制数：

$$(11011.101)_2 = (1\times 2^4 + 1\times 2^3 + 0\times 2^2 + 1\times 2^1 + 1\times 2^0 + 1\times 2^{-1} + 0\times 2^{-2} + 1\times 2^{-3})_{10}$$
$$= (16+8+2+1+0.5+0.125)_{10}$$
$$= (27.625)_{10}$$

即：$(11011.101)_2=(27.625)_{10}$

2）十进制整数转换为二进制整数

十进制整数转换为二进制整数，通常采用“除以 2 取余”的方法。即对该十进制整数逐次除以 2，直至商数为 0，逆向取每次得到的余数，即可获得对应的二进制数。

例如，将十进制整数 89 和 225 分别转换成对应二进制数：

除数	被除数/商	余数
2	89	1 ↑
2	44	0
2	22	0
2	11	1
2	5	1
2	2	0
2	1	1
	0	

除数	被除数/商	余数
2	225	1 ↑
2	112	0
2	56	0
2	28	0
2	14	0
2	7	1
2	3	1
2	1	1
	0	

因此：$(89)_{10}=(1011001)_2$，$(225)_{10}=(11100001)_2$

3）十进制小数转换为二进制小数

十进制小数转换为二进制小数，可采用“乘以 2 取整”的方法。即对于十进制纯小数逐次乘以 2，直至乘积的小数部分为 0，取每次乘积的整数部分即可得到对应的二进制小数。要注意的是，每次相乘时只应乘前次乘积的小数部分。

例如，将十进制小数 0.34375 转换成对应的二进制小数：

```
  0.34375
×       2
---------
  0.68750   整数部分=0
×       2
---------
  1.37500   整数部分=1
×       2
---------
  0.75000   整数部分=0
×       2
---------
  1.50000   整数部分=1
×       2
---------
  1.00000   整数部分=1
```

即：$(0.34375)_{10}=(0.01011)_2$。

需要指出的是，用上述方法把一个十进制数转换成二进制数时，其整数部分均可用有限的二进制整数表示，但其小数部分却不一定能用有限位的二进制小数来精确表示。例如：

$(0.4)_{10}=(0.011001100110\cdots\cdots)_2$，

$(0.23)_{10}=(0.001110101110000101 00\cdots\cdots)_2$。

这就是说，用上述方法大多数十进制小数在转换成对应的二进制小数时，都将产生一定的误差,而不能精确转换。当然这个误差是可以控制的。事实上,对于二进制与十进制的互换,还广泛采用BCD(Binary Coded Decimal)码,即用4位二进制数码代表1-位十进制数码。这样,无论是整数还是小数的互换都将不会产生误差。

当然,对于既有整数部分又有小数部分的十进制数,应分别予以转换,然后再将转换结果合并,即可得到等价的二进制数。例如,$(43.625)_{10}=(101011.101)_2$。

4) 八进制与十六进制

为了弥补二进制数数位长和读写不便的不足,在实际工作中,常引入八进制数和十六进制数作为二进制数的缩写形式。八进制数和十六进制数与二进制数之间的转换相当简单,只需记住它们之间的对应关系,不必计算就可以相互直接转换。

八进制数的基数为8,有0、1、2、3、4、5、6、7共8个数码,逢八进一。由于8是2的3次方,因而它的一个数码对应二进制数的3个数码,这样互换起来就十分方便。

例如,将八进制数37.416转换成二进制数:

3　7　.　4　1　6　(八进制数)

011　111　.　100　001　110　(二进制数)

即:$(37.416)_8=(11111.10000111)_2$。

当需要将二进制数转换成八进制数时,则以小数点为基准,向左、向右每3位为一小节(前后端不足3位者用零补齐)对应1个八进制数。

例如,将二进制数1010110.00110101转换成八进制数:

001　010　110　.001　101　010　(二进制数)

1　2　6　.1　5　2　(八进制数)

即:$(1010110.00110101)_2=(126.152)_8$。

十六进制数的基数为16,它由数字0~9以及借用的6个字母A~F共16个数码,逢十六进一。由于16是2的4次方,故它的每个数码可对应二进制数的4个数码,与二进制数的相互转换也相当容易。

例如,将十六进制数5DF.9转换成二进制数:

5　D　F　.　9　(十六进制数)

010111011111.　1001　(二进制数)

即:$(5DF.9)_{16}=(10111011111.1001)_2$。

当需要将二进制数转换为十六进制时,则以小数点为基准,向左、向右每4位二进制数(前后端不足4位者用零补齐)对应1位十六进制数。

例如,将二进制数101011000100.0001011转换成十六进制数:

101011000100.　00010110　(二进制数)

A　C　4　.1　6　(十六进制数)

即:$(101011000100.0001011)_2=(AC4.16)_{16}$。

说明:通常可在数字后加字母H表示该数为十六进制数,故十六进制数AC4.16也写成AC4.16H。

3. 数字化信息的计量

在计算机中存储和处理的任何信息都是数字化的,在计算机网络中传输的各种信息同样是数字化的，信息的数字化是当今信息时代一个极为重要的标志。下面是用来计量数字化信息的几个常用术语。

1）比特(bit)

比特(bit，简写为小写字母 b)通常也称为“位”，被用来表示一个二进制数码，是计量数字化信息的最小单位。一个比特的取值只可能为 0 或者为 1。

2）字节(Byte)

字节(Byte，简写为大写字母 B)由排列在一起的 8 个比特组成，是计量数字化信息的基本单位。即：1 字节等于 8 位，或者，1Byte = 8bit。

目前计算机所能存储和处理的信息量以及计算机网络中传输的信息量，通常都是用 KB、MB、GB，甚至用 TB 来表示的，这些信息计量单位之间的关系为：

$1KB = 2^{10}B = 1024B$，

$1MB = 2^{20}B = 2^{10}KB = 1024KB$，

$1GB = 2^{30}B = 2^{10}MB = 1024MB$，

$1TB = 2^{40}B = 2^{10}GB = 1024GB$。

例如，目前个人计算机的内部存储器容量通常为 1GB、2GB、4GB 等，而目前硬盘的存储容量则大多为 500GB、1TB 或者 2TB 等。

13.2.2 数值的数字化

在计算机内部，数值和其他任何信息一样都是用一串二进制代码表示的，通常把数值在计算机内部的表示形式称为机器数，而将机器数所对应的原始数值称为真值。

1. 正数与负数的表示

在计算机中，通常把一个数的最高位(左端第一位)定义为该数的符号位，该位为 0 表示正数，该位为 1 表示负数。

例如，十进制 86 对应的二进制数为 1010110，则用 8 位二进制代码表示一个十进制正数 86 和负数－86 时，在计算机中的表示形式分别为：

＋86	0	1	0	1	0	1	1	0
－86	1	1	0	1	0	1	1	0

2. 定点数与浮点数

对于带有小数部分的数值，在计算机中可以有定点表示和浮点表示两种方式。定点表示方式是规定小数点的位置固定不变，这样的机器数称为定点数；浮点表示是小数点的位置以其指数的大小来确定，因而是可以浮动的，这样的机器数称为浮点数。无论是定点数还是浮点数，其小数点都不实际表示在机器数中。

定点表示方式通常将一个数值按整数的形式进行存放，而小数点则以隐含的方式固定在这个数的符号位之后，或者固定在这个数的最后。在实际运算时，操作数及运算结果均须用适当的比例因子进行折算,以便能够得到正确的计算结果。

定点表示方式虽然简单、方便,但其所能表示的数值范围十分有限,难以表示绝对值很大或者很小的数,因而大多数计算机都采用浮点表示方式。

浮点表示法与数值的科学计数方法相对应,采用阶符、阶码、数符、尾数的形式来表示一个实数。

例如:$(158.625)_{10}=(10011110.101)_2=(0.10011110101)_2\times 2^8$。

因而十进制数158.625的浮点数表示形式为:

阶符	阶码	数符	尾数
0	1000	0	10011110101

上述表示形式中,阶符占一位,用来表示指数为正或为负,0表示指数为正,1表示指数为负;阶码即指数的数值,这里的指数为十进制数8,所以是二进制数1000;数符也占一位,用来表示整个数值为正或为负,同样是0表示正数,1表示负数;尾数总是一个小于1的数,用来表示该数值的有效值。

3. 原码、反码与补码

在计算机中,为了实现将数值及其符号位同时进行计算处理,并使得减法运算能够归结为加法运算,常对机器数采用原码、反码、补码等不同表示形式。

原码是一种最简单的机器数编码形式,即用最高位为0表示正数,最高位为1表示负数。例如,用8位二进制代码表示:+86的原码为01010110,−86的原码为11010110。

反码的形成规则为:正数的反码与原码相同;负数的反码则由对原码各位求反(符号位除外)得到。例如用8位二进制代码表示:+86的反码仍为01010110,−86的反码则为10101001。

补码的形成规则为:正数的补码与原码相同;负数的补码则是在其反码的最后一位加1得到。例如,+86的补码仍为01010110,−86的补码为10101010。

机器数采用补码形式,不仅能将符号位与其有效值部分一起参加运算,而且能使减法运算转换为加法运算,从而进一步简化计算机中运算器的电路设计,因而被广泛采用。

例如对于十进制数减法运算:85−27 = 58。各数若用8位二进制代码表示,则85的补码就是其原码01010101,−27的补码为11100101。将此两数相加:

```
      0 1 0 1 0 1 0 1  (+85的补码)
  +   1 1 1 0 0 1 0 1  (−27的补码)
  ------------------------------------
  1   0 0 1 1 1 0 1 0  (+58的补码)
```

得到结果100111010,因最高位的1已超过8位而被溢出,所以最终结果为00111010,即对应的十进制数+58。

13.2.3 字符的数字化

计算机除了作各种数值运算外,还需要处理各种非数值的文字和符号。这就需要对文字和符号进行数字化处理,即用一组统一规定的二进制码来表示特定的字符集合,这就是字符编码问题。字符编码涉及到信息表示与交换的标准化,因而都以国际标准或国家标准的形式予以颁布与实行。

在计算机和其他信息系统中使用最广泛的字符编码是 ASCII 码(American Standard Code for Information Interchange,美国标准信息交换代码),它包括对大写和小写的英文字母、阿拉伯数码、标点符号和运算符号、各类功能与控制符号及其他一些符号的二进制编码。ASCII 码虽然是美国的国家标准,但已被国际标准化组织 ISO 认定为国际标准,因而该标准在世界范围内通用。

ASCII 码的编码原则是将每个字符用一组 7 位二进制代码来表示。由于 7 位二进制数可以组合成 128 种不同状态,所以共可定义 128 个不同的字符,这些字符的集合被称为基本 ASCII 码字符集,如表 13-2 所示。

表 13-2 字符 ASCII 码表

	000	001	010	011	100	101	110	111
0000	NUL	DLE	SP	0	@	P	`	p
0001	SOH	DC1	!	1	A	Q	a	q
0010	STX	DC2	“	2	B	R	b	r
0011	ETX	DC3	#	3	C	S	c	s
0100	EOT	DC4	$	4	D	T	d	t
0101	ENQ	NAK	%	5	E	U	e	u
0110	ACK	SYN	&	6	F	V	f	v
0111	AEL	ETB	‘	7	G	W	g	w
1000	BS	CAN	(	8	H	X	h	x
1001	HT	EM	)	9	I	Y	i	y
1010	LF	SUB	*	:	J	Z	j	z
1011	VT	ESC	+	;	K	[	k	{
1100	FF	FS	,	<	L	\	l	|
1101	CR	GS	—	=	M	]	m	}
1110	SO	RS	.	>	N	^	n	~
1111	SI	US	/	?	O	_	o	DEL

表 13-2 为国际通用的 7 位 ASCII 码表,它包含 34 个控制码、10 个阿拉伯数字、52 个英文大小写字母以及 32 个标点符号和运算符。其中两个以上字母表示的为特殊的控制符,例如,NUL 为空白、BEL 为警告、BS 为退格、LF 为换行、CR 为回车、SP 为空格、DEL 为删除等。应当指出:34 个控制码不能被直接显示和印刷,其余均为可显示和印刷的字符。

在表中查询某个字符的 ASCII 码时,应先看列后看行。例如大写字母 A 对应的 ASCII 码为二进制数码 1000001;小写字母 a 对应的 ASCII 码为二进制数码 1100001。从表中不难看出,各个英文字母所对应的 ASCII 码值的大小是按其字母顺序递增的。

通常,每个字符的 ASCII 码用一个字节(8 位二进制编码)来存储和表示。其最高位(即左端第一位)一般置“0”。而高位置“1”的 ASCII 码,即码值大于十进制数 128 的被称为扩展 ASCII 码,用于表示其他几种西文文字和一些特殊符号。为了表示方便,一般不将某个字符的 ASCII 码直接书写成二进制数码,而用其对应的十进制数或十六进制数表示。例如大写字母 A 的 ASCII 码为十进制数 65 或十六进制数 41H。

13.2.4 汉字信息的数字化

任何信息需要计算机处理,都必须采用一系列的0与1代码对其数字化,对于汉字信息当然也不例外。以下是有关汉字信息数字化及其编码的一些基本概念。

1. 国标GB2312—80

汉字编码方案有多种,GB2312—80标准编码是我国于1981年公布的“中华人民共和国国家标准信息交换汉字编码”,简称国标码。它是我国应用最为广泛、历史最悠久的汉字信息编码方案。

GB2312—80共收录了7445个图形字符,其中汉字6763个,常用字符、数字、标点符号、俄文字母、日语片假名、拉丁字母、希腊字母以及汉语拼音字母等符号682个。6763个汉字又按其使用频度划分为一级汉字3775个和二级汉字3008个。一级汉字按其拼音字母的顺序排列,二级汉字按其偏旁部首顺序排列。

GB2312—80标准规定,每个汉字的编码占用两个字节,每个字节只用其低7位,最高位置0。例如汉字“国”的国标码为397AH,即对应二进制编码的00111001 01111010。

2. 汉字机内码

汉字机内码(或称汉字内码)是指每个汉字在计算机内部表示或存储的二进制代码。我们知道,英文的计算机内部代码是ASCII码,那么对于汉字也应有一套统一的内部编码,使得用各种不同方式和方法输入的汉字信息具有互换性并可进行统一的处理。由于汉字的数量大,用一个字节的二进制代码无法区分它们,所以在我国普遍使用两个字节的汉字内码,每个字节只使用其低7位,这样就可以区分128×128=16 384个不同的汉字。为了避免与高位为“0”的西文ASCII码相混淆,汉字内码是在国标码的基础上将其高位置“1”形成的。例如汉字“国”的机内码为B9FAH,即对应二进制编码的10111001 11111010。这样构成的内码与国标码有极简单的对应关系,同时解决了中、西文机内码的二义性问题,使得中、西文信息的兼容处理变得简单可行。

3. GBK与GB18030

由于GB2312—80是20世纪80年代制定的标准,只包含了6763个汉字的编码,因此一些较为偏僻的人名、地名和古籍用字在相应的字符集中无法找到。随着我国计算机应用的普及深入,这个问题日渐突出,于是我国信息标准化委员会对原标准进行了扩充,得到扩充后的汉字编码方案GBK。在GBK之后,我国又颁布了国家标准GB18030,新的标准共收录了27 484个汉字,且繁、简汉字均处于同一个平台,极大地方便了祖国大陆与港、澳、台地区的交流。汉字信息表示与交换的标准化是信息处理的重要基础,Windows 2000和Windows XP都提供了对GB18030标准的支持。

4. Unicode编码

随着计算机互联网络的不断发展,需要交换和处理的字符信息越来越多,同时多种语言共存的文档也日渐增多,因而不同编码体系的字符日益成为信息交换的障碍。为此产生了国际化的 Unicode 编码。

Unicode 编码是多语种的统一编码体系，它为当今世界使用的各种语言文字的每个字符提供了一个唯一的编码，而与具体的软硬件平台和语言环境无关。Unicode 编码标准已被大多数软件公司采用，并符合有关的国际标准。

Unicode 编码采用 16 位的编码体系，因此可表示 65 536 个不同的字符。该编码的前 128 个字符为标准 ASCII 码，接下来是 128 个扩展的 ASCII 码，其余则为不同语言的文字和符号，包括英文、中文和日文等。Unicode 编码的一个突出的特点是：所有字符一律用两个字节表示，即对于 ASCII 码和扩展的 ASCII 码也用两个字节表示，所以不需要通过每个字节的高位来表示和判定是 ASCII 码还是汉字等其他文字，因而简化了各种文字的处理过程。

5. 字形码与字库

字形码是指存放在汉字字模库（简称字库）中的汉字字形信息，每个汉字的字形信息决定了这个汉字在屏幕上显示或在打印机上打印的字体形状。很明显，不同字体的同一个汉字所对应的字形信息是不一样的，因此计算机的中文系统中通常具有宋体、楷体、黑体和隶书等多种字库。各种字库信息通常以文件的形式存放在硬盘上，例如在中文 Windows 操作系统的“字体”文件夹中，可以查看到系统提供了哪些西文字库和中文字库。

传统的字形信息是用点阵来描述的，显然，字模点阵的点数越多越精细，对应汉字的表达质量也就越高越美观。例如，对于 24×24 点阵的汉字字形信息编码，由于点阵中每个点的信息要用一位二进制数码表示，所以每个汉字的字形信息在字库中需占用 72 个字节。显而易见的是，大点阵的汉字字形信息需要占据大量的存储空间，为了减少汉字字形信息容量，人们普遍采用了字形数据压缩技术。所谓矢量汉字就是用矢量方法将汉字的基本点阵字模进行压缩后得到的汉字字形信息。当然，矢量汉字字库中的字形信息需要经过相应的还原计算和变换，才能用于显示或打印。更为先进的字形编码技术则是目前 Windows 操作系统中普遍采用的 TrueType 字形技术，该技术不仅所占存储空间较少，并且可以实现各种文字字体大小的无极缩放，并且其屏幕显示效果与打印效果是相同的。

13.2.5 其他信息的数字化

1. 图像信息的数字化

图像包括照片、绘画等，通常采用位图（bitmap）方式进行数字化，即将一幅图像看作是由被称为像素的若干行和若干列细小的点构成的，要对图像信息数字化，必须对构成该图像的每个像素用若干个二进制数码来表示。例如，对于一幅具有 640×480 像素并可显示 256 种不同颜色的图像，因共有 307 200 个像素，且每个像素需要用 8 个 bit 来表示不同的色彩，所以该幅图像的位图信息就需要用 307 200 个字节（约 300KB）来表示和存储。更为细腻、色彩更为逼真的图像，就需要用更多的像素来表示。例如对于一幅具有 1024×768 像素并可显示 1760 万种不同颜色（被称为真彩色）的图像，就共有 786 432 个像素，且每个像素需要用 24b 来表示不同的色彩，所以该幅图像的位图信息就需要 2 359 296 个字节（约 2.3MB）来表示和存储。

2. 视频信息的数字化

视频信息可以看成是连续变换的多幅图像构成的。如果想要播放视频信息，通常需要每秒钟传输和处理 30 幅图像。假如每幅图像的信息量为 300KB，则一秒钟播放 30 幅图像就需要传输和处理 9MB 的信息量，一部片长 2 小时的数字电影的信息量就将高达 64.8GB。因此，用计算机进行图像和视频处理，对机器的性能要求是相当高的。事实上，目前在用计算机进行图像和视频处理时由于采用了优秀的信息压缩方法，再加上计算机硬件性能的极大提高，所以用计算机处理图像和视频信息已经相当普遍。

3. 声音信息的数字化

自然界的声音是一种连续变化的模拟信息，可以采用 A/D 转换器(即模拟/数字转换器)对声音信息进行数字化。其方法是，按一定的频率(时间间隔)对声音信号的幅值进行采样，然后对得到的一系列数据进行量化与二进制编码处理，即可将模拟声音信息转换为相应的二进制比特序列。这种数字化后的声音信息即可被计算机存储、传输和处理。

13.3 计算机系统概述

13.3.1 计算机基本工作原理

如前所述，美籍匈牙利科学家冯·诺依曼为现代电子数字计算机的发展作出了重要贡献。他在 1946 年提出了关于计算机组成和工作方式的基本设想，其要点如下。

(1) 计算机硬件设备由存储器、运算器、控制器、输入设备和输出设备 5 大部件组成。

(2) 计算机内部一律采用二进制数码来表示各种指令和数据，并以二进制数码的运算为其基础。

(3) 将编制好的程序(由若干条相应的指令构成)存入计算机的存储器，当计算机工作时，能自动地逐条取出指令并执行指令。

冯·诺依曼设计思想中最重要的是明确提出了“存储程序”的概念。时至今日，尽管计算机科学以及硬件与软件技术得到了极大的发展，但就计算机本身的体系结构而言仍没有明显的突破，当今的计算机仍是冯·诺依曼架构的计算机。

计算机的硬件设备由存储器(包括内部存储器和外部存储器)、运算器、控制器、输入设备和输出设备 5 大部件组成，其各部件之间的关系可用图 13-1 来粗略表示。图中的实线箭头表示数据或指令的流动方向，虚线箭头则代表控制信号的流动方向。计算机的工作过程正是通过这两股不同性质的信息流完成的。

一般可以根据“存储程序”的思想来理解计算机的工作过程。人们首先把需要计算机处理的数据，以及如何对这些数据一步步进行处理的一系列指令，通过输入设备存入计算机的存储器。然后再发布命令让计算机执行这些指令构成的程序，也就是让计算机一条接着一条条地自动执行程序中的指令。每一条指令的执行过程可以细分为以下几个步骤。

(1) 取指令：从存储器某个指定地址的存储单元中取出要执行的指令，并将其送到控制器中的指令寄存器。

(2) 分析指令：将指令寄存器中的指令送指令译码器分析处理。

(3) 执行指令：根据指令译码的结果，按一定的时间顺序，向有关部件发出相应的控制信号，完成该指令所规定的操作。

(4) 为执行下一条指令做准备：即自动形成下一条要执行的指令的地址。

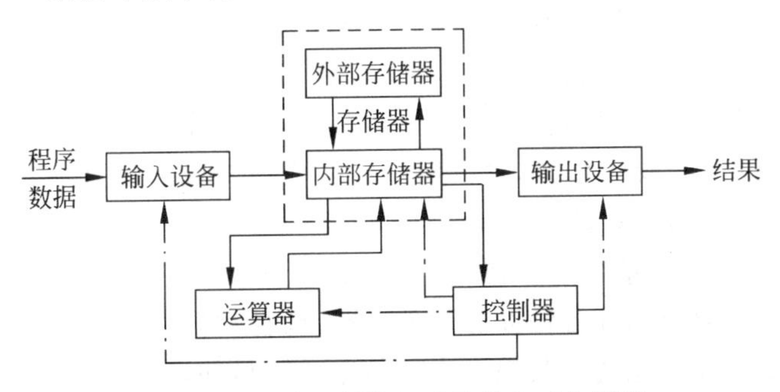

图 13-1 计算机硬件组成及基本工作原理

13.3.2 计算机系统的构成

一个完整的计算机系统是由相互独立而又密切相连的硬件系统和软件系统两大部分组成的。所谓硬件(Hardware)是指由电子元器件和机械零部件构成的机器实体，也称作硬设备、机器系统或裸机。而计算机的软件(Software)则是各种程序的统称，是指各种各样的指挥计算机工作的程序或指令的集合。图 13-2 描述了计算机系统中硬件系统和软件系统的组成及各部分之间的关系。

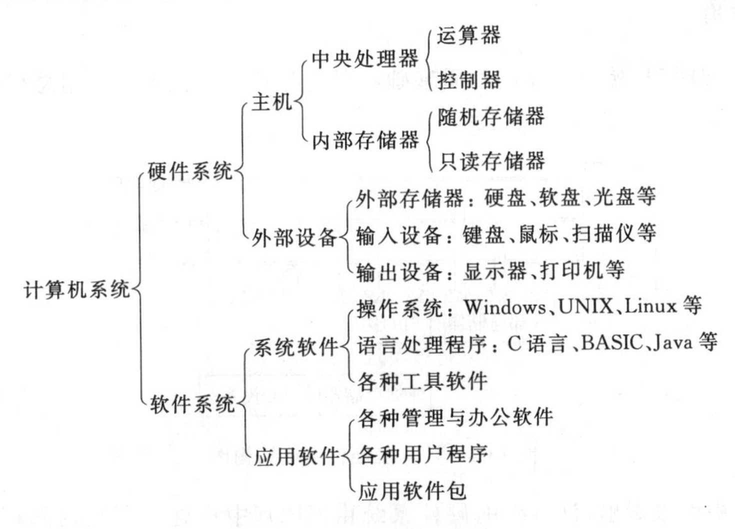

图 13-2 计算机系统的构成

关于计算机系统及其硬件系统与软件系统需要掌握以下一些概念。

计算机系统是指由其硬件系统和软件系统相互配合构成的一个能够完成信息处理任务的完整系统。

计算机的硬件系统可分为主机与外部设备两大部分，主机只包括中央处理器和内部存储器，而外部设备则包含了硬盘、软盘、光盘等各种外部存储器以及键盘、显示器等各种输入输出设备。

软件系统可分为系统软件和应用软件两大类。应用软件是指为用户解决某种具体应用问题而设计编写的各种程序,计算机的用途极为广泛,相应的应用软件同样是包罗万象极为丰富。系统软件则是用来支持应用软件的开发和运行的,系统软件中最主要的是操作系统,此外还包括各种设备驱动程序、实用程序和语言处理程序等。

计算机硬件系统与各类软件之间的关系可用图13-3的层次模型来加以解释。该图说明,硬件是计算机系统的物质基础而处于最底层;和硬件靠得最近的是系统软件中的操作系统,它将用户的操作命令或运行中的应用软件作具体的安排解释,并转换成硬件可以直接执行的指令,并使计算机系统能够协调高效地工作;处在最上层的是用户的应用软件,如各种办公软件、管理软件和游戏软件等,它们都需要操作系统为其提供支持与服务。另外,不少应用软件是在某种程序设计语言环境中开发的,往往需在相应的语言处理程序支持才能运行,当然各种语言处理程序也是由操作系统管理调度的。

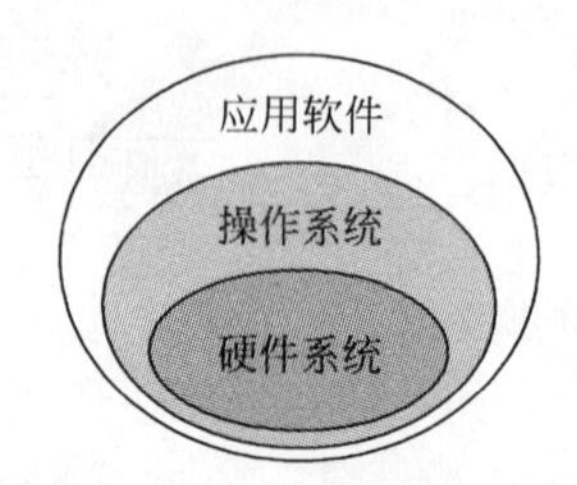

图13-3 硬件与各类软件之间的层次关系

13.4 计算机的硬件系统

13.4.1 硬件基本结构

1. 总线结构

硬件系统是计算机赖以工作的物质基础。目前各种计算机大多采用总线形式的体系结构,系统总线的基本结构框架如图13-4所示。

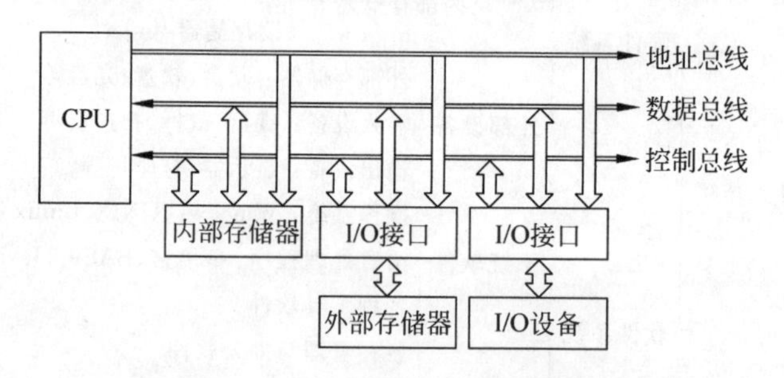

图13-4 计算机硬件系统结构图

从图13-4中可以看出,计算机的硬件系统由CPU(中央处理器)、内部存储器、外部存储器以及各种I/O(输入/输出)设备和I/O接口等构成。CPU和内部存储器是计算机中最为主要的部分,它们与系统总线、辅助电路等装配在一块称为主板的印刷电路板上。外存储器及I/O设备统称为计算机的外部设备,各种外部设备需要通过各自相应的接口装置再与计算机的系统总线相连接。

2. 系统总线的分类

所谓总线(Bus)是计算机主板上各个电子部件之间相互传输信息的公共通道,由多根导线组成。根据所传输的信息种类不同,总线又可分为数据总线、地址总线和控制总线。

(1) 数据总线简称 DB(Data Bus):用于在 CPU、内部存储器和输入/输出设备之间传递数据信息。

(2) 地址总线简称 AB(Address Bus):用于传输内部存储器的单元地址或输入/输出设备的接口地址信息。

(3) 控制总线简称 CB(Control Bus):用于传输 CPU 发送到其他部件的控制信息或由其他部件传送到 CPU 的反馈信息。

采用总线结构的好处在于,信息传输通道利用率高,能够实现以模块形式来组装整个硬件系统的各个部件,同时便于实现系统的扩充和维护。系统总线在结构形式和传输速率等方面需要遵循统一的标准,常用的系统总线标准有 ISA 总线、PCI 总线和 AGP 总线等。

(1) ISA(Industry Standard Architecture,工业标准结构)总线是早期个人计算机采用的 8 位系统总线标准。目前在少数计算机上还有一部分 ISA 总线接口。

(2) PCI(Peripheral Component Interconnect,外围设备互连)总线是由 Intel、IBM、DEC 公司所制定的外围设备互连总线标准,是当前最为流行的总线。PCI 总线与 CPU 之间通过专门的芯片组进行连接,匹配性强、速度快,且稳定性好,其功能比早期的 ISA、EISA 等总线有极大的改善。PCI 总线有 32 位和 64 位两种规格,可支持多组外围设备,最高传输速率可达每秒 132MB,是目前各种个人计算机和服务器广泛采用的总线结构。

(3) AGP(Accelerated Graphics Port,加速图形端口)总线是为提高视频带宽而设计的总线结构标准。AGP 总线实际上是对 PCI 技术标准的扩充,提高了图形子系统的数据传输速率和访问内部存储器的性能。它将显示接口与主板的芯片组直接相连,让图形或影像数据直接传送到显示卡而不经过 PCI 总线。AGP 总线只能和专门的 AGP 显示卡相连,并不具有通用性和扩展性,并不能代替整个计算机的系统总线。

13.4.2 中央处理器

中央处理器或称 CPU,是计算机的核心部分,其功能是从内部存储器中取出要执行的指令和要处理的数据,并通过执行指令来对这些数据进行处理,然后将处理的结果送回到内部存储器中。在广泛使用的个人计算机中,CPU 通常由集成在一块半导体芯片上的运算器、控制器和一些寄存器组成,因而也被称为 MPU(Micro Procession Unit,微处理器)。各部分说明如下。

(1) 运算器又被称为算术逻辑单元 ALU(Arithmetic Logic Unit),负责进行各种算术运算和逻辑运算。算术运算包括加、减、乘、除运算,逻辑运算包括与、或、非运算和比较、判断等。更为复杂的运算则通过一定的算法和相应的软件,转化为这些基本运算来实现。

(2) 控制器主要由指令寄存器、译码器、程序计数器、操作控制器部件等组成,其任务是从内部存储器中取出指令、分析解释指令,然后再按照指令的要求按一定的时间顺序依次向机器的各个部件发出控制信号,以便指挥机器各个部件协调地进行各种操作,所以它是整个机器的指挥中心。

(3) 寄存器是CPU内部的一些高速信息存储单元。在控制器中,寄存器用来保持程序运行状态,存储当前指令的代码或要执行的下一条指令的地址等;在运算器中,寄存器用来暂存被处理的数据和运算状态标志信息以及运算的中间结果等。

影响CPU性能的因素有多个,其中最主要的是主频和字长两个指标,此外还包括寻址能力、所能执行的指令集以及CPU的制造工艺等。

(1) 主频即CPU内核工作的时钟频率。CPU的工作是周期性的,它不断地执行取指令、执行指令等操作。这些操作需要精确定时,按照精确的节拍工作,因此CPU需要一个时钟电路产生标准节拍,一旦机器加电,时钟电路便连续不断地发出节拍,指挥CPU有节奏地工作,这个节拍的频率就是主频。一般来说,一个时钟周期完成的指令数是固定的,所以主频越高,CPU的工作速度也就越快。不过由于各种CPU的内部结构不尽相同,所以并不能完全用主频来衡量CPU的性能。与主频相关的指标是外频,是CPU系统总线的工作频率,它是由主板为CPU提供的基准时钟频率。外频速度越高,CPU与内存之间的数据交换速度越快,这对提高电脑整体运行速度影响较大。早期计算机的CPU主频和外频是一致的。随着技术的发展,CPU速度越来越快,内存、硬盘等配件逐渐跟不上CPU的速度了,而倍频的出现解决了这个问题,它可使内存等部件仍然工作在相对较低的系统总线频率下,而CPU的主频可以通过倍频来提升。所以可以形象地把外频看作是机器内的一条生产线,而倍频则是生产线的条数,一台机器生产速度的快慢(主频)自然就是生产线的速度(外频)乘以生产线的条数(倍频)了。用公式表示就是:主频=外频×倍频。

主频的单位是Hz(赫兹),1979年推出的IBM-PC个人计算机所用的Intel 8088 CPU的主频为4.77MHz,第一代Intel Pentium CPU的主频为75～233MHz,而目前推出的Intel Pentium CPU的主频已经高达4GHz以上。

(2) 字长是指CPU能够一次性并行处理的二进制代码的位数。如果一个CPU的字长为8位,它每执行一条指令能够处理8位二进制代码,如果要处理更多位数的二进制代码,就需要执行多条指令。显然在其他因素相同的情况下,CPU的字长越长其处理能力就越强,相应的工作速度也就越快。一般说来,CPU的字长还与其数据总线的根数以及其内部寄存器的位数有关,例如,字长为32位的CPU其数据总线通常是由32根导线组成的。

CPU的字长通常也是采用该CPU的计算机的字长,早期个人计算机的CPU字长通常为8位或16位,而目前CPU的字长大多为32位或64位,因而其运算速度与精度都大幅提升。

(3) 寻址能力是指CPU可访问的最大内存地址空间。该能力是由其地址总线的条数所决定的。例如,早期Intel 8088 CPU的地址总线是20条,决定了它的最大寻址空间为2^{20}B=1MB;而32位计算机的地址总线通常为32条,因而可直接访问2^{32}B=4GB的内存空间。当然,计算机的寻址能力还和CPU本身所支持的各种寻址方式有关。

CPU从诞生之日起,主频就在不断地提高。微机CPU的主频在2000年达到了1GHz,2001年达到2GHz,2002年达到了3GHz。但是到2012年也基本停滞在4GHz的水平。电压和发热量成为最主要的障碍,已经无法再通过简单提升时钟频率来设计新一代的CPU。因此近几年出现了多核CPU技术,即在一枚处理器中集成两个或多个完整的计算引擎(内核)。使之可在特定的时钟周期内执行更多任务。

13.4.3 内部存储器

内部存储器又称为内存或主存(Primary Storage),是由CPU直接访问的存储器。在计算机工作时,控制器要不断地从内存中取出指令,而运算器又要频繁地从内存中取出原始数据,并将处理的中间结果和最终结果送入内存。由于内存中存放的内容是当前正在运行的程序和数据,因而不仅要求具有足够大的容量,而且要求具有尽可能与CPU处理速度相适应的快速存取速度。

目前,内存储器通常由半导体的集成电路存储芯片组成。因其性能及用途的不同又可分为随机存储器、只读存储器和高速缓冲存储器等。

1. 随机存储器

随机存储器又称为RAM(Random Access Memory),是内存的主要组成部分。它可由CPU直接写入或读出信息,也可由用户随机存取程序或数据。所谓随机存取是指可以随意访问RAM中任一存储单元的信息,而不必依次顺序访问。

RAM中的每一个存储单元可以存储一个字节的信息,且有一个连续排列的地址编码来加以标识,以便CPU或其他设备对指定地址的存储单元进行访问。计算机内部存储器的绝大部分是由RAM组成的。目前,一般微机所配置的RAM容量一般为256MB、512MB或者1GB以上。

需注意的是,RAM中存储的信息将因断电或机器重新启动而丢失,所以输入计算机的各种信息必须及时保存到外部存储器中才能为将来所用。

2. 只读存储器

只读存储器又称为ROM(Read Only Memory),其中存储的信息是永久性的,厂家在制造ROM时就将一些重要的程序和数据一次性地写入ROM中。ROM的特点是只能读出所存储的信息而一般不能改写,并且所存储的信息也不会由于断电而丢失。ROM的容量通常在几百KB左右。

计算机中除了有RAM作为主存储器之外,还需要ROM的原因是:当计算机接通电源开机后,CPU就开始准备执行指令,然而此时RAM中并没有任何可供CPU执行的指令,因而ROM就发挥了它的重要作用。在ROM中包含了一系列称为的BIOS(Basic Input/Output System,基本输入输出系统)的程序或指令集,包括开机自检程序、磁盘引导程序、基本输入输出设备的驱动程序以及基本字符的图形点阵信息等。这些指令和数据将告诉计算机如何访问磁盘和外部设备,如何将磁盘中的操作系统程序载入RAM中,并使得计算机最终在RAM中的操作系统控制下进行工作。

为使ROM中存储的信息在通常状态下是非易失性的,但在有特殊需要时又可在一定条件下对其中的内容进行改写,人们还设计生产了可编程的PROM(Programmable ROM)和可擦除可编程的EPROM(Erasable Programmable ROM)等。

3. 高速缓冲存储器

在计算机中,CPU执行指令的速度大大高于存储器的读写速度,所以人们采用了一种名为 Cache 的高速缓冲存储器,来解决 CPU 和存储器之间工作速度不匹配的问题。位于 CPU 与 RAM 之间的 Cache 保存有 RAM 中当前最活跃的程序和数据的映像,当 CPU 读写信息时将首先访问 Cache,若 Cache 中已含有所需信息就不再访问存取速度较慢的 RAM;如果没有,就从内存中读取,并把与该信息相关的部分内容复制到 Cache,为下一次访问做好准备。因而,采用高速缓存 Cache 可以加快整个机器的运行速度。

Cache 通常分为两种:一种是 CPU 内部 Cache,也称一级缓存(L1 Cache),它集成在 CPU 芯片内,容量较小,一般在 64～128KB 之间。另一种是二级缓存(L2 Cache),通常做在主板上,价格便宜,容量比一级 Cache 大一个数量级,有的甚至高达 1～3MB。为了进一步提高性能,目前很多二级 Cache 也被集成到 CPU 芯片内。

13.4.4 输入/输出接口

输入/输出接口简称为 I/O 接口,有时也被称为 I/O 端口。计算机的硬件系统是以 CPU 为核心,通过系统总线与 RAM、ROM 等内部存储器相连构成主机,并通过 I/O 接口与各种外部设备(包括外部存储器)相连接的。

1. 为什么要使用 I/O 接口

在计算机中,由于内部存储器与 CPU 都是一些集成电路芯片,且工作速度大体相当,因而可以通过系统总线直接相连。而各种外部设备却因为以下一些原因和要求,必须通过专门的 I/O 接口才能与系统总线相连。

(1) 工作速率转换:外部设备多是一些包含机械和电磁器件的装置,工作速度要比 CPU 和 RAM 等慢得多,I/O 接口电路可对输入输出过程起到缓冲和控制速度的作用。

(2) D/A 或 A/D 转换:不同的外部设备可以产生与接收的信号也各不相同,有些是数字信号,另一些则是模拟信号。为了和主机通信,不少情况下需要通过接口电路对信号进行 D/A(数字/模拟)或 A/D(模拟/数字)转换。

(3) 串行与并行转换:某些设备传输、生成和处理的信号是串行的,而另一些设备则是并行的,因系统总线传递的信号总是并行的,因而串行设备信号的输入与输出必须经过相应接口的转换。

(4) 工作电平转换:不同设备所需的工作电平也与主机的标准电平不一致,有必要转换为相互可以接受的程度。

(5) 输入/输出设备种类繁多,体积大小不一,难以一一和主板上的系统总线直接相连,而必须经过一定的接口或端口进行连接。

综上所述,为了在输入/输出设备与主机连接起来之后能够协调地工作,就需要一个称为“接口”的中间部件来担任信息转换与缓冲等作用。

2. 各种常用 I/O 接口

I/O 接口的基本功能是在系统总线和 I/O 设备之间传输信息、提供缓冲,并满足接口两端对工作电平与工作时序的要求。具体地说,接口部件应具有寻址功能、信号转换功能、数据传输功能、中断管理功能和错误检测功能等。

通常在计算机机箱上,除了专用的显示器、键盘、鼠标、麦克风和扬声器等接口外,还有以下几种常用的 I/O 接口及端口。

(1) 串行接口。一般位于机箱的背部。串行接口传输信息的方式是逐个传送二进制信息代码的每一位(每个 bit),PC 通常有 COM1 和 COM2 两个符合 RS-232 标准的串行接口。一些较为老式的 I/O 设备,例如部分鼠标、扫描仪、外接的电话拨号调制解调器等就需要接在这种串行接口上。

(2) 并行接口。同样位于机箱的背部,较串行口宽一些。并行接口传输信息的方式通常是一个字节(8 位)的二进制信息代码同时传送,打印机的数据传输线通常就需要接在这种并行接口上。

(3) IEEE 1394 接口。是目前最快的串行传输接口标准,最早运行在 Apple 公司的 Mac 计算机上,被称为火线(Fire Wire),后来被 IEEE(电气与电子工程师协会)采用并重新进行了规范。IEEE 1394 接口标准定义了主机与 I/O 设备的高速数据传输协议,极大地提高了主机与外部设备以及计算机与消费类电子产品的连接能力。IEEE 1394 接口的传输速率最高可达每秒 400MB,可同时支持 63 个不同的设备,并支持带电插拔。近年来投产的个人计算机都提供了 IEEE 1394 接口,而新版本的操作系统则很好地提供了对此种接口的支持。

(4) USB 接口。USB(Universal Serial Bus,通用串行总线)接口是由 Intel 等 7 家世界著名的计算机和通信公司共同推出的一种新型接口标准。它和 IEEE 1394 接口一样,是一种可用来连接多个外部设备的外部串行总线接口标准。从性能上讲,USB 接口不如 IEEE 1394 接口,但却具有明显的价格优势。它可以连接鼠标、闪存、移动硬盘、扫描仪、数码相机、数码摄像机、MP3 播放机等多种外部设备。USB 接口的连接简单而方便,插拔自如,被连接的闪存和移动硬盘等通常不需要单独供电。目前已有 USB1.1、USB2.0 和 USB3.0 几种标准,最高传输速率可达每秒 480MB。

3. 扩展槽与接口卡

这里所说的扩展槽是指计算机主板上的 ISA 或 PCI 总线扩展接口,可供在机箱内插入声卡、显示卡、网卡等各种功能接口卡。

事实上,除了显示器、键盘和鼠标等一些常用设备外,计算机的许多输入、输出设备大都是将各自的接口电路制作在一块称为"接口卡"的专用电路板上,这种接口卡又称为适配器。计算机主机板上有一定数量的系统总线扩展槽,可用来根据需要插上多种不同的接口卡。每一个扩展槽都有数十个插脚分别与系统总线的每根导线相连,这样,外部设备通过插在扩展槽内的专用接口卡就可实现与主机系统总线的连接,从而实现数据的输入与输出。

常用的接口卡有显示卡、声卡、网卡、Modem(调制解调器)卡、传真卡、语音卡、视频采集卡、图文信息传输卡、防病毒卡等。例如,目前大多数台式计算机在其主板的 PCI 总线扩展槽中插有一块网卡,该网卡上带有一个网线接口露出在机箱外,将网络连接线的接头插入此接口即可实现本台计算机与网络的物理连接。

由此可见,各种接口技术的运用与发展已经使得计算机性能的扩充和硬件配置的调整变得相当灵活方便。需要指出的是,计算机接口卡种类繁多,配置接口卡时除了要搞清它们各自的功能和适用范围之外,还应注意与系统总线标准的匹配。随着微电子技术的不断发展,目前许多接口卡或适配器已经高度集成化,有些已成为主机板的一部分,而另一些则成了外部设备的附属部分。

13.4.5 外部存储器

外部存储器又称为辅助存储器(Secondary Memory)或简称外存,它是内存功能的补充与延伸,其中存放的信息需要载入内存才能被 CPU 处理。外部存储器中存放的信息在断电后不会丢失,所以计算机中几乎所有的信息都保存在外部存储器中。个人计算机的外部存储器包括软盘、硬盘、光盘、磁带和闪存等。

1. 软盘存储器

软盘(Floppy Disk)存储器由软盘驱动器和软盘片组成。软盘片是在圆形塑料基片上涂布一层磁性材料制成的。以 3.5 英寸软盘为例,其盘片被封装在方形的塑料保护套中,封套中央有一驱动轴孔,软盘工作时该孔被套在驱动器的转轴上带动盘片旋转。盘上的金属挡板用来保护读写窗口,当软盘片插入驱动器中时,此板被移开露出读写窗口,以便存取信息。软盘片的写保护口在下方的一角,其中有一个可移动的小滑块,若移动滑块使该保护口透光,软盘片便处于保护状态,其内的信息只能读出而不能写入;若移动滑块遮住该保护口时,则既可写入信息又可读出信息。

软盘片的存储格式是指盘片的每面划分为多少个同心圆式的磁道(tracks),以及每个磁道划分成多少个存储信息的扇区(sectors)。扇区是软盘的基本存储单位,为了加速对磁盘数据的读写操作,每次对磁盘的读写均以被称为簇(cluster)的若干个扇区为单位进行的。对于常见的 3.5 英寸软盘片,其上、下两面各被划分为 80 个磁道(最外圈为 0 磁道,最内圈为第 79 磁道),每个磁道被划分为 18 个扇区,而每个扇区的存储容量固定为 512 个字节。所以此种软盘片的存储容量为 80×18×512B×2=1.44MB。

软盘片必须经过格式化才能使用,目前的软盘在出厂前通常已经过格式化,可直接使用。所谓的磁盘格式化,是指对磁盘片进行磁道和扇区的划分、写上各扇区的地址标记并标明存储容量的大小等。已经使用过的软盘片也可以对其重新进行格式化,以便再次使用。但需注意:格式化操作会清除盘片上原有的所有信息。

在使用软盘片时,应当注意防止使其受潮、受热、曝晒、弯曲、化学腐蚀或被外界磁场磁化,更不要触摸和划伤盘面的裸露部分。当软盘驱动器工作指示灯亮时,不要将盘片强行取出,以免划伤盘片,甚至祸及软盘驱动器。

注意: 随着计算机存储器技术的发展,软盘由于其存储量小,存取速度慢,而且容易损坏,已经基本被淘汰了。

2. 硬盘存储器

硬磁盘(Hard Disk)的盘片是在金属、陶瓷或玻璃的基片上涂敷磁性材料制成的。硬磁盘盘片与驱动器密封为一个整体且固定在机箱内,因而又被称作固定盘(Fixed Disk)。硬盘制造技术的特点是:将盘片、读写磁头及驱动装置精密地组装在一个密封的盒子里,尽量缩短磁头与盘面的距离,提高磁头控制机构的定位精度,减少磁道的偏心率,从而提高了信息存储的密度,改善了读写性能,同时减少了空气中尘埃的污染。硬盘技术的另一特点是采用接触式起停方式,即在磁盘不工作时,磁头接触停靠在磁盘表面的起停区;一旦加电之后，磁头随着盘片转速的提高便将“飞”起来，悬浮在磁盘表面。硬磁盘也需要通过接口线路与计算机总线相连，目前大多采用 IDE 接口或者 SCSI 接口。

硬盘的盘片也需要划分为多个磁道和扇区来存储数据，为了提高读写数据的效率，硬盘的读写磁头是在盘片上、下两面的同一个磁道和扇区移动的，垂直方向的同一个磁道被称为一个柱面(cylinder)，这是硬盘驱动器读写数据的基本单位。此外，硬盘与软盘的不一样还表现在：软盘在需要读写数据时才开始旋转，而硬盘在计算机启动后就一直旋转着，因而极大地减少了读写延迟时间。

近几年来，硬盘的存储容量节节攀升，已从早期的几百 MB 或几个 GB，发展到几百 GB 甚至几个 TB。硬盘按几何尺寸划分，有 3.5 英寸、2.5 英寸和 1.8 英寸几种。3.5 英寸多用于台式微型计算机中，2.5 英寸用于笔记本计算机中，1.8 英寸则用于部分精密仪器中。硬盘的转速(单位为 r/min)、平均寻道时间(单位为 ms)和数据传输速率(单位为 MB/s)是影响硬盘性能的主要技术指标。

除此之外，市场上还流行多种规格的移动硬盘，可以通过 USB 接口方便地接入计算机，是一种非常实用的大容量便携式存储设备。近几年采用固态电子存储芯片阵列而制成的固态硬盘开始步入市场。固态硬盘的存储介质分为两种，一种是采用闪存(FLASH 芯片)，另外一种是采用 DRAM 作为存储介质，具有比传统硬盘更高的读写速度。

3. 光盘存储器

光盘存储器由光盘驱动器和光盘片组成，是目前常用的信息存储设备。光盘片以其体积小、重量轻、存储量大的特点成为一种重要的外部存储介质。计算机系统中使用的光盘可分为只读光盘 CD-ROM(Compact Disc Read-Only Memory)、一次写入光盘 CD-R(CD-Recorderable)、可重复擦写型光盘 CD-RW(CD-Rewritable)和 DVD(Digital Versatile Disk)等。由于价格低廉，CD-ROM 几乎成了早期个人计算机的标配。此种光盘的盘片只能通过光盘驱动器将其中存储的信息读入计算机系统，而不能改写盘上原有的信息。

常用的 CD-ROM 光盘片共有 3 层物理结构，其中：基体层是聚碳酸酯硬塑料，约 1.2mm 厚；基体层之上覆盖了极薄的一层铝箔，称为反射层，它是光盘的信息载体，所有数据均刻在这一层上；最上面覆盖了一层保护膜，以保护反射层免受损伤。CD-ROM 光盘片在写入原始数据时，先将功率较强的激光光束聚焦到盘面上，再根据要写入数据的二进制编码信号来调制光束的强弱，使盘面的微小区域温度升高以产生不同形状的微小凹坑改变盘面的反射性质，并用此凹凸形式表示所写入的二进制编码信息。读出光盘中的信息时需将光盘插入光盘驱动器中，驱动器中的激光光束照射在凹凸不平的盘面上，产生强弱不同的反射光束，经解调后即可得到相应的二进制数据并输入计算机中。由于分布在 CD-ROM 盘面上的凹坑是机械性的，不像磁盘那样会受磁场的影响而丢声数据信息，因此它具有保存数据稳定可靠、不易丢失、信息保存持久、抗干扰能力强等优点。

一张 CD-ROM 盘片的存储容量大约为 650MB。CD-ROM 存储器的访问速度介于硬盘和软盘之间。根据数据传输速率的不同，CD-ROM 驱动器可分为单速、4 倍速、8 倍速、24 倍速、40 倍速等。单速 CD-ROM 驱动器的数据传输速率为每秒 150KB，因而 40 倍速 CD-ROM 的数据传输速率可达每秒 6MB。

CD-R(CD-Recorderable)光盘又称为可刻录光盘，目前也已被广泛使用。将 CD-R 盘片放入带刻录功能的光盘驱动器中，可将大量的数据存入此种光盘内进行长期保存。此外，还有一种可反复擦写多次的光盘 CD-RW。

DVD 光盘片可分为普通 DVD 影碟片和 DVD-ROM 盘片，后者是一种可存储大量数据的只读光盘，大部分 DVD 盘片都是单面的，有一个或两个数据层。常见的单面单层 DVD 光盘的存储容量约为 4.7GB，双面双层 DVD 光盘的存储容量则高达 17GB。通常情况下，DVD-ROM 驱动器可以读取 CD-ROM、CD-R、CD-RW 和 DVD-ROM 等所有光盘盘片中的数据，所以现在越来越多的计算机已经使用 DVD-ROM 驱动器或者附带刻录功能的 DVD-RW 驱动器取代 CD-ROM 驱动器。

4. 闪存

闪存(Flash Memory)也称 U 盘存储器，是目前广泛使用的小巧、轻便、可移动的存储器。U 盘存储器中并没有盘，而是采用一种 Flash Memory 的集成电路芯片来存储数据。写入到这种芯片中去的数据可以长期保存，断电后也不会丢失，并且可以擦写 10 万次以上。与其他外部存储器设备相比，Flash Memory 除了体积小、容量大、相对便宜、携带方便、支持即插即用等优点之外，还因为它是靠集成电路来存储数据的，完全没有机械转动部分，所以不仅比软盘存取速度快得多，而且工作稳定不怕震动，已经取代软盘成为最普遍使用的移动存储器。目前闪存的容量也从早期的 16KB、32KB 发展到了 32GB 甚至更大。采用 Flash Memory 芯片的存储器不仅大量应用在计算机中，并且普遍使用在数码相机、录音笔和 MP3 播放机等消费类数码产品中。

13.4.6 输入设备

输入设备是指可将外界的各种信息转化为计算机能够接受的二进制代码形式，并存入计算机的设备，是向计算机输入数据、指令和程序的设备。

最常用的输入设备为键盘、鼠标和扫描仪等。其他常见的输入设备还包括摄像头、数码相机、游戏操纵杆、麦克风、光笔、条形码扫描器、光电阅读机和数据手套等。此外，常见的触摸屏则既是一种输入设备也是一种输出设备。

1. 键盘

键盘(Keyboard)是计算机必备的输入设备，目前大多数台式计算机使用标准的 101 键或 102 键键盘。而笔记本电脑等便携式计算机则使用 83 键的键盘。

标准键盘的键位分为几个键区。键盘左侧的主键区包括字母、数字、标点符号和一些特殊符号及控制键。主键区上端的 F1～F12 共 12 个键构成功能键区，这些功能键可根据软件或用户的需要，设置成常用命令或代码的快速输入键。键盘的右端是专为方便输入大量数字而设置的数字键区，这些数字键通常还可以用来控制屏幕光标的移动。主键区和数字键区之间是一些专用的光标移动键、编辑键和键盘状态控制键等。

在标准键盘的右上角，通常有 Num Lock、Caps Lock 和 Scroll Lock 3 个键盘状态指示灯。当 Num Lock 指示灯亮时，表示可使用键盘右端的数字键方便地输入数字，数字键区的 Num Lock 键可用来控制这个指示灯；当 Caps Lock 指示灯亮时，表示当前为字母的大写输入状态，键盘左端的 Caps Lock 键可用来控制这个指示灯。

2. 鼠标

鼠标(Mouse)是一种方便、小巧的人机交互输入设备,通过移动和控制屏幕上的光标并对光标所指定的屏幕对象进行单击、双击或拖动的方式来操作计算机。在 Windows 等图形用户界面操作环境中,鼠标已成为不可或缺的输入工具。

各种鼠标可分为机械型和光电型两大类。机械型鼠标的内部装有一个橡胶球,通过它在桌面上滚动时产生的位移信号来控制显示屏上光标的同步移动。当光标移到屏幕上所需要的位置或者指向屏幕显示的某个对象时,再通过按动鼠标上的左键或右键对显示的对象进行操作。光电型鼠标的底部装有一个光电检测器,需要在一块具有光电感应能力的平板上或者桌面上滑动使用。当光电鼠标滑动时,光电检测器即把感应平板上所移过的网络坐标数据转换成计算机能够识别的信号,用来控制显示屏上光标的同步移动,然后再通过左、右按键进行有关操作。一般说来,光电鼠标比机械鼠标具有更高的控制精度。

3. 扫描仪

扫描仪(Scanner)是一种光电转换装置,它能把整幅图像信息扫描后输入到计算机中,转换为二进制数字化信息存储起来。利用扫描仪可以迅速地将图形、图像、照片等信息输入到计算机中。存储在计算机内的图像可由图形软件对其作旋转、放大或移动等各种处理,或由专门的图文编排软件将这些图像与录入的文字信息混合排版输出。此外,扫描仪结合 OCR(Optical Character Recognition,光学字符识别)软件,还可以扫描和识别印刷或打印在纸上的书面文字,并将所识别的文字转换为对应的内部编码保存到计算机中。

目前使用最普遍的是由 CCD(Charge-Coupled Device,电荷耦合器件)组成的电子式扫描仪。CCD 扫描器有手持式与平板式、彩色与黑白灰度之分。此外,扫描分辨率、扫描幅度与扫描速度也是其重要的性能指标。通常以 dpi(每英寸的像素点)作为扫描分辨率指标的衡量单位。

13.4.7 输出设备

输出设备用来将存储在计算机内的信息,以人们能够识别的方式表现出来。常用的输出设备为显示器和打印机,此外还有绘图仪、头盔显示器以及音频和视频输出设备等。

1. 显示器

显示器(Monitor)又称监视器是计算机必备的输出设备。可用来显示用户输入的各种数据、程序或命令,并输出计算机的运行结果。早期的台式计算机大多采用 CRT(Cathode-Ray Tubes,阴极射线管)显示器。现在则无论是台式机还是笔记本式计算机都采用液晶显示器。

CRT 显示器的工作原理是:显像管的阴极(电子枪)在输入信号的控制下发出强弱不同的电子束,电子束在加速电场和偏转磁场的作用下射向屏幕,激发屏上各点的荧光材料发出由不同亮度与不同色彩的光点所组成的字符、图形与图像,从而达到显示输出信息的目的。液晶显示器又称为 LCD(Liquid-Crystal Display),与传统的 CRT 显示器相比,液晶显示器具有体积小、重量轻、无辐射、耗电低、外观漂亮等诸多优势,其价格也在不断下降,因而已被越来越多的用户所接受。

显示器的性能指标包括：屏幕尺寸、显示分辨率、点距、刷新率、所能显示的颜色种数和显示速度等。其中，显示分辨率是指屏幕上显示的像素点的多少。像素点越多，分辨率越高，显示的图像就越清晰。常见VGA(Video Graphics Array)标准的显示分辨率为640×480像素；SVGA(Super Video Graphics Array)标准的显示分辨率则为800×600像素或者1024×768像素；XGA(eXtended Graphics Array)标准的显示分辨率则为1280×1024像素，甚至1600×1200像素。显示器所能显示的颜色种数是指在某一分辨率下，每一个像素点可以有多少种不同的色彩。常见的颜色种数是256色、增强16位色(即2^{16}=65 536种颜色)以及24位真彩色(即2^{24}种颜色)等。

需要说明的是，各种显示器必须在与之匹配的显示接口卡的支持下才能工作。显示接口卡又称为显示适配器或显卡，是驱动显示器工作的电子器件，也是显示器与计算机系统总线之间的接口卡，对于不同档次和不同显示标准的显示器必须配以相对应的显示接口卡。

2. 打印机

打印机(Printer)同样是常用的输出设备，主要分为击打式的针式打印机，以及非击打式的激光打印机和喷墨打印机。

针式打印机也称为点阵式打印机，其主要组成部分为打印头、色带、传动装置及打印驱动装置。其中，打印头是关键部件，它上面针数的多少直接影响打印的分辨率和速度。针式打印机历史悠久，主要用于字符的打印输出，目前仍有不少针式打印机应用在银行和企业的票据打印工作中。

在非击打式打印机中，喷墨打印机的工作原理是使墨水从极细的喷嘴射出，利用电场控制墨滴的飞行方向来描绘出图形。目前的喷墨打印机大多可以打印丰富的色彩，并且价格相对较低，因而非常适合家庭用户购买使用。激光打印机利用了激光光束的定向性和能量集中性能，是激光扫描技术和电子照相技术相结合的产物，是目前打印速度最快、打印分辨率最高的机型。激光打印机相对价格较高，是办公室应用中的主流打印机，目前也已逐步进入了家庭应用场合。

3. 绘图仪

绘图仪(Mapper)是计算机辅助设计必不可少的一种图形输出设备，主要用于工程设计、轻印刷和广告制作。绘图仪在计算机的控制下，可以放下或抬起画笔，并可以在X、Y两个方向自由移动，从而在平面上绘制出复杂、精确、漂亮的图形。绘图仪的性能指标主要有绘图笔数、图纸尺寸、分辨率、灰度、色度以及接口形式等。彩色绘图仪由4种基本颜色组成，即红、蓝、黄、黑，通过自动调和可形成不同色彩。一般而言，分辨率越高，绘制出的灰度越均匀，色调越柔和。

13.5 计算机的软件系统

计算机的软件系统是计算机运行中所涉及到的各种程序的统称(广义上讲，与计算机有关的各种资料文档、手册、说明书等也属软件范畴)。应该说，硬件是实现软件功能的物质基础和保证,而软件则充分地发挥了硬件的潜在功能。计算机的软件系统与硬件系统一样重要,在许多情况下甚至更为重要。一般说来,是各种各样的软件决定了计算机能够做什么以及如何去做。

13.5.1 软件的分类

通常,可将各种各样的软件分为系统软件和应用软件两大类。另外,从知识产权保护的角度来划分各类软件,则可将各种软件分为版权软件、特许软件、共享软件和自由软件等。此外,从软件的适用范围来分类,则可分为通用软件和专用软件等。

1. 系统软件

系统软件(System Software)是计算机用来执行其自身基本操作任务的软件,是为应用软件的开发和运行提供支持,并为用户使用计算机提供服务的软件。系统软件中最主要的是操作系统,此外还包括各种程序设计语言、设备驱动程序和实用工具软件等。

2. 应用软件

应用软件(Application Software)是指为满足用户的需要,为解决用户的某种具体应用问题而设计编写的各种各样的程序。应用软件的种类非常之多,可以说,计算机有多少种不同的用途,就有多少种不同的应用软件。各种广泛使用的应用软件大致可归类为:文字处理软件、电子表格软件、数据管理软件、游戏娱乐软件、教学展示软件、图像处理软件、CAD和CAM软件、财务会计软件、项目管理软件、网页制作软件和多媒体创作软件等。

13.5.2 操作系统

当代计算机不仅运算速度快、存储容量大,并且配置了各种各样的外部设备。此外,各种计算机还安装了多种不同用途的软件。为了使整个计算机系统有条不紊地工作,充分发挥其潜在功能,同时让用户能够方便地使用计算机,就需要一组程序来管理和控制计算机的运行和操作,这组程序就是操作系统(Operating System)。所以,操作系统是统一管理计算机的各种软、硬件资源,使其自动、协调、高效地进行工作,并为用户提供服务的一组程序。它是系统软件的核心,对整个计算机系统来讲具有非常重要的意义。目前在个人计算机上广泛使用Windows操作系统。

1. 操作系统的作用

操作系统的作用可以从不同的角度和观点来考察。从资源管理的观点来看,操作系统是计算机系统资源的管理者;从用户的观点来看,操作系统为用户提供了一个良好的界面,是用户与计算机硬件之间的接口。而从系统层次结构来看,操作系统提供了功能不同、使用方便的多层虚拟机。

1) 资源管理

作为资源管理器,操作系统要管理计算机系统中的所有硬件资源和软件资源。包括要跟踪各种资源的实时状态,时刻掌握系统资源的种类、数量、分配等情况。要根据用户需求分配资源,对于多任务操作系统,更是需要按照特定的资源分配策略,协调资源使用情况。对于用户使用完毕的资源,操作系统要负责回收、整理,以便下次重新分配。此外,操作系统还要负责资源的保护,防止资源被有意或无意地破坏。计算机系统的硬件和软件资源归纳起来可分为4类:处理器、存储器、I/O设备和文件(程序和数据)。相应地,操作系统针对这4类资源进行的管理可以细化成:处理器管理主要是处理器的分配和控制;存储器管理主要负责内存的分配和回收;I/O设备管理主要负责I/O设备的分配和操作;文件管理主要负责文件的存取、共享和保护。

2) 用户接口

作为用户接口,操作系统处于用户与计算机硬件系统之间,用户都是通过操作系统来使用计算机系统的。操作系统作为用户与计算机硬件系统的接口,为用户提供了3种使用计算机的方式。一是命令方式,通过提供的一组联机命令,用户可以直接用键盘输入有关命令,来操纵计算机系统。二是系统调用方式,通过提供一组系统调用,用户可以在自己的应用程序中通过相应的系统调用,来操纵计算机系统。三是图形方式,用户通过屏幕上的窗口和图标来操纵计算机系统和运行自己的程序。

3) 虚拟机

作为虚拟机,操作系统为用户提供了功能逐层增强、使用越来越方便的多层虚拟机。在计算机系统的层次结构中,硬件是最低层。对多数计算机而言,在机器语言一级的体系结构上编程是相当困难的,尤其是输入输出操作。为了隐藏设备操作的复杂性,在裸机上覆盖一层I/O设备管理软件,用户便可以利用它所提供的I/O命令,来控制数据的输入和打印输出。此时用户看到的机器,是一台比裸机功能更强、使用更方便的机器。这种覆盖了软件的机器通常称为虚拟计算机或虚拟机。如果在第一层软件上再覆盖一层文件管理软件,则用户可以利用该软件提供的文件存取命令,进行文件读取。此时,用户看到的是一台功能更强大的虚拟机。如果在文件管理软件上再覆盖一层面向用户的窗口软件,则用户便可以在窗口环境下方便使用计算机,形成一台功能更强的虚拟机。

所以在计算机系统中引入操作系统的目的是:提高计算机系统的效率,增强系统的处理能力,充分发挥系统资源的利用率,以及方便用户的使用。

2. 操作系统的功能

操作系统的功能是管理和控制计算机系统中的所有硬、软件资源,合理地组织计算机工作流程,并为用户提供一个良好的工作环境和友好的接口。计算机的硬件资源主要指处理器、主存储器、外部设备,软件资源主要是指信息(通常以文件形式存储在外存储器)。因此,从资源管理器的观点来看,操作系统的主要功能有:处理器管理、存储管理、设备管理和文件管理。而从虚拟机的观点来看,操作系统为用户提供了用户接口。

1) 处理器管理

处理器管理是操作系统的首要功能。在单道作业或单用户的情况下,处理器为一个作业或一个用户独占,处理器的管理非常简单,处理器主要在用户程序和操作系统之间控制转接。但在多道程序或多用户的情况下,要组织多个作业同时运行,就需要解决处理器的管理问题,包括处理器的分配调度策略、分配实施和资源回收等问题。其中,对处理器的调度是一个关键问题。由于处理器的数目远远少于运行的作业数,特别是在单处理器的情况下,多个程序只是宏观上并行运行的。而在微观上，处理器在某个时刻只能执行一个程序。因此，不同类型的操作系统都会针对不同情况，采用不同的处理器调度策略，如先来先服务、优先级调度、分时轮转等。使得多个程序都能够同时运行。在多道程序环境下，处理器的分配和运行都是以进程为基本单位的，因此，对处理器的管理可归纳为对进程的管理，包括进程控制、进程调度、进程同步和进程通信等。

2）存储器管理

存储管理是指内存储器的管理，其主要任务是为多道程序的运行提供良好的环境，方便用户使用内存储器，提高内存的利用率，并能从逻辑上扩充内存。存储管理的具体功能包括：内存分配，主要任务是为同时运行的系统程序以及用户程序分配内存空间，保证系统及各用户程序的存储区互不冲突，并允许正在运行的程序申请附加的内存空间以及释放不再使用的内存空间。内存保护，主要任务是确保每个程序都只在自己的内存空间内运行，互不侵犯，尤其是不能侵犯操作系统。也就是绝对不能允许用户程序访问操作系统的程序和数据，也不允许转移到其他非共享的用户程序中去执行。内存扩充主要是借助虚拟存储技术，从逻辑上扩充内存容量，以便运行需求比实际内存大许多的应用程序，使用户所感觉的内存容量比物理内存大得多。

3）设备管理

设备管理的主要任务是完成用户进程提出的 I/O 请求，为用户进程分配其所需的 I/O 设备。由于计算机系统中 CPU 运行的速度比 I/O 设备快得多，为了解决 CPU 运行的高速性和 I/O 设备的低速性的矛盾，设备管理采用了缓冲管理技术，通过设置 I/O 缓冲区以及缓冲区的有效管理来提高 CPU 和 I/O 设备的利用率。由于计算机系统设备种类繁多，性能各异，使用方法也各不相同，为此设备管理提供了与物理设备无关的设备独立性以及虚拟设备的概念，以便用户能够方便、灵活地使用各种设备。

4）文件管理

文件管理是操作系统对计算机软件资源的管理。在现代的计算机系统中，总是将程序和数据以文件的形式存储在外存储器中，供所有或指定的用户使用。文件管理的主要任务是对用户文件和系统文件进行管理，以方便用户使用，并保证文件的安全性。具体功能包括目录管理、文件的读/写管理、文件存取控制和文件存储空间的管理等功能。

5）用户接口

操作系统作为资源管理器提供了处理器管理、存储管理、设备管理和文件管理 4 大功能。而操作系统作为虚拟机，为了方便用户灵活使用计算机，提供了友好的用户接口。该接口通常以命令或系统调用的形式呈现在用户面前。命令接口提供给用户在键盘终端上使用，系统调用提供给用户在编程时使用。而在现有的操作系统中，还普遍向用户提供了图形接口。图形用户接口以非常容易识别的各种图标将系统的各项功能、各种应用程序和文件，直观形象地表示出来。用户可以使用鼠标或键盘，通过窗口、菜单与对话框，来完成对应用程序和文件的各种操作。从而使得用户完全不必像使用命令接口那样去记住命令的名称与格式，使用户特别是非专业用户使用计算机更轻松方便。

3. 操作系统的分类

随着计算机硬件技术与软件技术的不断发展，从无到有、由弱到强，形成了满足不同应用需要的各种各样的操作系统。根据其使用环境和对作业处理方式,操作系统有以下几种基本类型:批处理操作系统、分时操作系统、实时操作系统、个人计算机操作系统、网络操作系统和分布式操作系统。近几年,手机作为人们必备的移动通信工具,已从简单的通话工具逐渐向智能化发展。借助丰富的应用软件,智能手机就是一台微型计算机。而作为核心的操作系统,其发展更新速度甚至超过了计算机。

1) 批处理操作系统

批处理操作系统是早期大型计算机所使用的操作系统。使用批处理操作系统的计算机时,用户须事先准备好自己的作业,包括程序、数据和作业说明书,提交给计算中心。计算中心的操作员一般要等到一定时间或是作业达到一定数量之后才成批输入计算机,作业结果也成批输出。在作业执行过程中,操作系统自动进行作业的提交、后备、调度、执行和完成控制。批处理操作系统由于系统资源共享,且作业方式是自动调度执行,所以系统资源利用率高。缺点是系统缺乏交互性,作业周转时间长,用户使用不方便。

2) 分时操作系统

分时操作系统的工作方式是:一台主机连接了若干个终端,每个终端由一个用户使用。用户交互式地向系统提出命令请求,系统接收每个用户的命令,采用时间片轮转方式处理服务请求,并通过交互方式在终端上向用户显示结果。这里的分时,是指多个用户分时使用CPU的时间。将CPU的单位时间划分成若干个时间段,每个时间段称为一个时间片。操作系统以时间片为单位,轮流为每个终端用户服务。每个用户轮流使用一个时间片,彼此感觉不到别的用户存在,好像整个系统为他独占。分时系统具有同时性(多个用户同时在自己的终端上操作,共同使用同一系统资源)、独立性(每个用户的操作命令都能在很短时间内得到快速响应,好像独占计算机系统一样)和交互性(用户通过终端输入各种控制作业的命令,系统快速响应和处理命令,并及时将处理结果通过终端输出,可以实现一问一答方式控制作业运行)。

3) 实时操作系统

实时操作系统要求能够在限定的时间内执行并完成所规定的功能,并且能在限定的时间内对外部事件做出响应。执行规定的功能和响应外部事件所需要时间的长短是衡量实时操作系统实时性强弱的首要指标,其次才考虑资源的利用率。实时操作系统的主要特点是实时性(比分时系统要求更严格的响应时间,系统的正确性不仅依赖于计算结果的正确性,而且依赖于结果产生的及时性)、可靠性(实时系统控制和处理的对象往往是重要的经济和军事目标,而且是现场直接控制处理,任何故障都可能造成巨大损失,甚至导致灾难性后果。因此必须采用各方面措施提高系统的可靠性)和可确定性(实时系统可以按照固定的、预先确定的时间或时间间隔执行指定的操作)。

4) 个人计算机操作系统

个人计算机操作系统是一种单用户多任务操作系统,主要供个人使用。操作方便,价格便宜,能够满足一般人工作、学习、生活、娱乐等多方面的需求,几乎可以在任何地方使用。个人计算机操作系统的主要特点是计算机在某一时间内为单个用户服务;采用图形界面人机交互的工作方式,界面友好;非专业用户无需专门学习,也能很快上手,熟练操作。目前主流的个人计算机操作系统仍然是Windows系列。

5) 网络操作系统

网络操作系统是使网络上互联的多台计算机能方便而有效地进行数据通信和资源共

享,为网络用户提供所需的各种网络服务的操作系统。除了具有普通操作系统所具有的处理器管理、存储管理、设备管理和文件管理的功能外,还能实现网络中各个节点机之间的数据通信,实现网络中硬、软件资源的共享,提供多种网络服务以及网络用户的应用程序接口。目前应用较为普遍的是 Windows NT、NetWare、UNIX 和 Linux 等。

6) 分布式操作系统

分布式操作系统负责管理分布式计算机系统的资源和控制分布式程序运行。表面上看,分布式计算机系统与计算机网络系统没有多大差别,也是通过通信网络将物理上分布的计算机系统互联起来,实现信息交换和资源共享。但是分布式系统中各个分布的计算机系统是具有自治功能的,并且在分布式计算机操作系统支持下,它们可以互相协调工作,共同完成一项任务。所以分布式系统中的各台计算机之间无主次之分,任意两台计算机之间可以都交换信息,系统中的资源可以为所有用户共享。一般用户只需了解系统是否具有所需资源,而不必关心该资源位于哪台计算机上。因此分布式操作系统具有透明性(系统的资源分配、任务调度、信息传输和控制协调等工作对用户是透明的)、不确定性(系统的各节点是自治的,系统中很难获得完整的系统状态信息;由于网络传输的延迟,系统状态信息也不能确切反映系统的当前状态)和复杂性(系统中各节点不存在主从或层次关系,造成系统控制机构的复杂性)。分布式操作系统目前还主要是研究阶段,一些所谓的分布式操作系统大多是在原来操作系统基础上外包一层具有分布式处理的功能。

7) 移动操作系统

移动操作系统主要是随着平板电脑、掌上电脑(PDA)特别是智能手机发展起来的操作系统。借助移动操作系统,这些小巧方便的移动设备同样可以具有良好的用户界面,能够方便地安装、删除第三方应用程序,以及显示与个人计算机效果一致的正常网页等。目前使用较多的移动操作系统有:Android、iOS、Symbian、Windows Phone 和 BlackBerry OS。但是到目前为止,移动操作系统还没有统一的标准,因此这些系统之间的应用软件互不兼容。

13.5.3 程序设计语言

在计算机术语中,程序(Program)是指为完成某项任务而编排的、并可由计算机执行的一系列指令的集合,而程序设计语言(Programming Language)则是为编写和运行程序所提供的一整套语法、语义和代码系统。程序设计语言是人与计算机交流的工具,人们想要让计算机完成一定的任务,就必须将如何运作及其具体步骤编制成程序,以计算机能够识别的语言形式准确地告诉计算机。自计算机问世以来,程序设计语言经历了一个由低级到高级的发展过程,通常人们把接近机器代码的语言称为低级语言,包括机器语言和汇编语言;而把接近人类自然语言并能为计算机翻译接受的语言称为高级语言。

1. 指令与指令系统

程序是为解决某一问题而编排设计的一系列计算机指令(Instructions)的集合,各种不同的指令用来规定计算机所能执行的每一种不同操作。指令与数据均以二进制编码的形式存放于计算机的存储器中,它们的区别在于计算机工作时,指令被送往控制器内的指令寄存器和指令译码器中,而数据则被送往算术逻辑单元的寄存器中。某种计算机能够识别并执行的所有不同指令的集合,称为该计算机的指令集或指令系统(Instruction System)。

一条指令通常由操作码和操作数两个部分组成。操作码用来指明该指令需要执行的是何种操作；操作数就是被操作的数据，或者是这个数据所存放的内存地址。例如用汇编语言编写的指令"JMP K1"，其操作码为JMP，操作数为K1。操作码JMP的意思是转去执行另一条指令；操作数K1则是要转去执行的那条指令所存放的内存地址。指令"JMP K1"只有一个操作数，而不少指令会有一个以上的操作数，例如指令"ADD REG1 REG2"就具有REG1和REG2两个操作数，该指令的功能是将存放在寄存器中的两个操作数相加。

计算机的指令系统通常一般包含上百种不同的指令，这些指令按其所执行的不同操作功能大致可分为以下4类。

(1) 数据处理指令：包括算术运算指令、逻辑运算指令、移位指令和比较指令等。

(2) 数据传送指令：包括内部存储器数据传送指令、CPU内部数据传送指令、堆栈操作指令和输入输出指令等。

(3) 程序控制指令：包括各种转移指令、子程序调用指令、空操作与停机指令等。

(4) 状态管理指令：如中断管理指令等。

2. 机器语言

机器语言(Machine Language)是指一种完全用二进制代码0与1来编写程序指令的语言。用机器语言编写的程序，其中的每一个语句对应一条计算机能够直接执行的操作指令，因而整个程序不用翻译就能够被计算机的处理器直接执行。由于计算机中处理器类型的不同，机器语言程序中由0和1组成的二进制操作指令代码也就不尽相同。

用机器语言编写的程序因不需要翻译所以执行速度快，但其缺点是编程麻烦、工作量大、不直观、容易出错，并且对具体机器有依赖性，需要编程人员懂得机器内部指令的具体二进制代码格式和含义，因而导致程序编写效率低下。需要说明的是，利用机器语言编写程序主要应用在计算机发展的早期，因当时其他的程序设计语言还没有发展起来。

3. 汇编语言

为了克服机器语言的缺点，人们很自然地想到利用计算机本身的智能来承担一些编程方面的繁琐工作。于是，计算机设计人员将各种机器指令的操作码与操作数用简单易记的符号来表示，例如，用JMP表示程序的转移，用ADD表示数据项相加，用SUB表示数据项相减，而用不同的变量名称代替操作数等，这就形成了汇编语言(Assembly Language)。

用汇编语言编写的程序在执行时，它的每一个用符号构成的语句都必须翻译成一条对应的用0和1代码构成的机器语言指令，这种翻译是由特定的汇编程序完成的，因是一条指令对应一条指令的翻译，所以翻译和执行的速度很快。

汇编语言摆脱了用二进制代码编写程序的麻烦，在一定程度上提高了编写程序的效率，并且保持了相当高的执行速度，但它仍是一种面向机器的低级语言，仍然对具体机器有依赖性。用汇编语言编写的程序一般用来直接控制计算机硬件的底层操作，程序设计人员通常利用汇编语言来为各类计算机系统编写一些系统软件，例如各种编译程序、解释程序、设备驱动程序和操作系统等。

4. 高级语言

随着软件技术的发展，到了 20 世纪 50 年代中期，人们针对机器语言和汇编语言的不足，成功设计了一类接近人们思维习惯、易于理解并且具有很强算法描述能力的程序设计语言，此类语言被称为高级语言(High-level Language)。

高级语言比较接近人们的书面用语，适合表述常用的数学运算式和实际问题的处理过程，并且摆脱了对具体机型的依赖，因而大大提高了程序设计的效率。第一个问世的高级语言是 FORTRAN，即“公式翻译”的意思。从那时起，无数种高级语言被陆续开发出来。

高级语言虽然有许多优点，然而计算机的处理器本身只懂得机器语言，或者说计算机能够直接执行的只是用电位高低或者电路通断形式表示的 0 和 1 代码组成的机器语言程序，所以必须为每一种不同的高级语言研制一个相应的翻译程序。翻译的方式有两种，即编译方式和解释方式。

编译(compile)方式是将用高级语言编写的整个源程序(Source Program)进行翻译和处理后，得到对应的由一系列机器指令组成的目标程序(Object Program)，然后再执行这个目标程序得到最后的处理结果。当人们用此种方式编写、编译和执行一个程序时，如果出现错误或需要修改，则必须先修改源程序再进行重新编译和执行。一旦编译后得到的目标程序可以正确运行，则再次执行时就可脱离其语言环境直接执行这个目标程序即可。目前，大部分高级语言都采用编译方式，如图 13-5 所示。

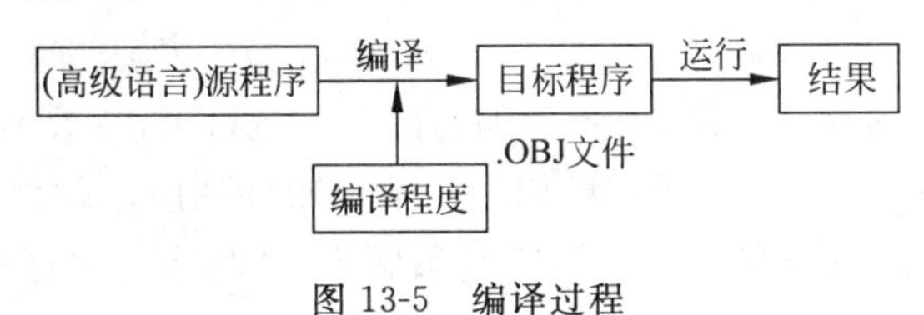

图 13-5 编译过程

解释(interpret)方式是对用高级语言编写的源程序翻译一句执行一句，即将源程序中的一条语句翻译成与之对应的若干条用 0 和 1 代码组成的指令后，随即执行这些指令，然后再翻译、再执行下一条语句，直到翻译并执行完毕整个程序为止。解释方式的特点是并不形成目标程序，因而当需要再次执行这个源程序时，必须再次逐条语句地翻译和执行。BASIC 语言大都是按这种方式处理的。

采用编译方式执行程序与采用解释方式相比，各自的优缺点是明显的：编译执行方式的优势在于一旦有了编译好的目标程序，再次执行时便无需编译，因而再次执行时速度快、效率高；解释执行方式的长处在于不必等待把整个源程序翻译完毕后才开始执行，因而在首次执行时较编译型语言快得多，适用于动态地调整和修改程序。

另外，传统的各种程序设计语言是面向过程的，即所编写的程序是由一系列的操作过程构成的，这些操作过程明确地告诉计算机为完成某个任务应该如何一步一步地去做。然而现今的程序设计语言大多引入了面向对象(Object-Oriented)和事件驱动(Event-Driven)的程序设计方式，即将要解决的问题和要实现的功能划分为若干个对象，然后创建这些对象并为每个对象设置所需的各种属性并制定其方法行为，最后利用事件驱动机制使各相关对象协同工作来实现整个程序要达到的目的。面向对象程序设计方式极大地提高了程序的模块化和代码的重用性，同时提高了程序设计者的工作效率。

5. 常用高级编程语言

使用中的各种计算机程序设计语言实际上是一类语言翻译处理软件,不仅定义了该种语言的语义、语法和词汇,同时提供了相应的编程环境以及编译或解释执行所编写程序的功能。目前,各种高级语言处理程序越来越向智能化和集成化发展。例如,许多程序设计语言为适应软件功能的需求,提供了图形化界面控件、数据库接口控件等功能;越来越多的程序设计语言都提供了集成开发环境,可以在统一的图形用户界面下编辑、运行、调试、编译和链接程序,大大提高了程序开发效率。下面是各种常用高级编程语言的简单介绍。

1) BASIC 和 Visual Basic

BASIC(Beginner's All Purpose Symbolic Instruction Code)语言的特点是简单易学,并适合各种计算机系统,因而差不多是使用最为普遍的一种编程语言。BASIC 语言最早于 1964 年推出,是一种面向过程的高级程序设计语言。大多数版本的 BASIC 语言是解释型的,后来推出的一些版本则提供了编译功能。普通版本的 BASIC 语言因其功能有限而不适合开发复杂的商务应用程序,但其新版本 Visual Basic 则是一个具有强大功能的编程语言,适合于开发专业的应用程序项目。Visual Basic 引入了面向对象机制和可视化程序设计方式,尤其适合在 Windows 操作系统平台上开发事件驱动的图形用户界面程序。

2) C、C++和 C#

C 语言是一种编译型高级程序设计语言,具有非常灵活的数据结构和程序控制结构,并且包括了相当多的低层设备控制的语言成分,因而有经验的 C 语言程序设计人员就能够很好地利用和控制计算机的硬件资源,使得所编写的程序运行更快、效率更高。C 语言最早于 20 世纪 70 年代推出,长期以来,C 语言已成为在系统软件和应用软件开发方面十分流行的语言工具。C++语言可以说是 C 语言的面向对象版本,并具有许多区别于 C 语言的先进功能与特性,因而对使用 C++语言的程序设计员提出了更高的要求。C# 是一种安全的、稳定的、简单的程序设计语言,由 C 和 C++衍生出来的面向对象的编程语言。它在继承 C 和 C++强大功能的同时去掉了一些它们的复杂特性。C# 综合了 Visual Basic 简单的可视化操作和 C++的高运行效率,成为基于.NET 框架应用开发的首选语言。

3) COBOL

COBOL(COmmon Business-Oriented Language)语言最早于 20 世纪 60 年代推出,是一种面向过程的编译型高级语言。COBOL 语言大多应用于大型主机系统的复杂交互处理程序设计,目前,世界上仍有数以千计的专业程序员在开发和维护银行、保险、海关等大型商业企业和机构的 COBOL 语言应用程序。

4) FORTRAN

FORTRAN(FORmula TRANslator)语言于 1954 年推出,是历史最为悠久的高级程序设计语言。FORTRAN 是编译型的语言,先后有许多版本,主要应用在科学研究、数学和工程计算领域内,作为科研人员设计在大型或小型计算机上进行数值计算的程序。

5) Java

Java 语言是 Sun Microsystem 公司在 C++语言基础上开发的新一代面向对象的高级语言,其语法与 C 和 C++类似,但在组织结构上却相当不同。Java 语言于 20 世纪 90 年代推出,以其完全面向对象、与软硬件平台无关、支持多线程、安全可靠等特性而成为 Internet 时代程序设计语言中的佼佼者，通常被用来开发网络应用程序或者创建网页中用于动画和视频播放的插件等。

13.6　本章小结

通过本章的学习，应了解计算机的主要应用领域，掌握二进制与十进制、十六进制、八进制之间的转换方法，熟悉计算机硬件系统的构成、性能和工作原理，并理解计算机软件系统的层次结构和功能。

13.7　习题

1. 简述现代计算机的发展史及其主要特点，并阐述其在信息社会中的作用。
2. 叙述电子计算机的硬件组成及其简单工作原理。
3. 为什么要将信息数字化？各种信息是如何实现数字化的？
4. 在计算机内部一律采用二进制，为什么还要引入八进制和十六进制？
5. 什么是字长？什么是主频？为什么说字长和主频是决定CPU性能的重要指标？
6. 什么是内存？什么是外存？各种存储设备在存储容量和存取速度方面有何差别？
7. 如何区分系统软件与应用软件？它们之间的关系是什么？
8. 操作系统主要有哪些功能？
9. 什么是计算机高级语言？何谓解释性语言，何谓编译性语言？目前常用的高级编程语言有哪些？各有什么特点？

第14章 计算机网络

内容提要：本章主要介绍计算机网络的基本概念，网络体系结构，数据通信的概念，局域网技术，Internet技术，计算机网络安全技术。重点是关于计算机网络的工作原理和关键技术。这部分内容是计算机网络概念及技术原理的重要方面，掌握好这些概念和技术可以有效提高计算机网络管理和应用的水平。

主要知识点：

- 网络协议、OSI参考模型、TCP/IP协议模型；
- 数据通信的基本概念；
- Ethernet核心技术；
- 令牌的作用及工作原理；
- IP地址的作用与组成；
- 虚拟局域网的概念；
- 网络安全的概念；
- 防范黑客攻击的方法和技术。

计算机网络作为当代社会的信息基础设施，在教育科研、企业管理、办公自动化、医疗卫生、金融服务、电子商务、电子政务、家庭娱乐等社会生活各个领域得到了迅速发展和广泛应用。人们无论身处何处，只要通过计算机网络就能够获得所需要的信息，计算机网络从根本上改变了人们的思维方式、生活方式和工作方式。

14.1 计算机网络概述

计算机网络经过多年的发展，已经形成了比较完善的体系。尤其是Internet的广泛应用，使得计算机不再是独立的一台机器，而是成为连接整个社会的主要信息基础设施，为信息化的发展起到了促进作用。

14.1.1 计算机网络定义

计算机网络是现代计算机技术与通信技术密切结合的产物，是随着社会对资源共享和信息传递的要求而发展起来的。在其发展过程中，人们对计算机网络的理解和定义也有不同。那么究竟什么是计算机网络？计算机网络是通过通信线路和通信设备将分布在不同地点的具有独立功能的多台计算机互连起来，在功能完善的网络软件支持下，实现数据通信和资源共享的系统。

该定义强调了计算机网络以下4个基本特征。

(1) 计算机网络中的计算机在地理上是分散的。可以在一个房间、一栋楼、一个城市、一个国家，甚至全球范围。

(2) 计算机网络中的计算机在功能上是独立的。这些计算机既能够独立完成各自的处理，又可以在网络协议控制下协同工作。

(3) 计算机网络中多台计算机的互连是通过通信设施来实现的。计算机与计算机之间的通信需要有信息传递的通道，需要有发送信息和接收信息的装置，用通信线路的连接来保证计算机之间的通信通道的实现，用通信设备来保证连接起来的计算机之间具有发送和接收信息的能力。

(4) 数据通信和资源共享是建立计算机网络的主要目的和基本任务。其中，可以共享的资源包括硬件、软件和数据。

计算机网络的基本任务通过计算机网络中的通信子网和资源子网来完成。通信子网由通信控制处理机、通信线路和各种通信设备组成，负责网络中数据传输、转发等通信处理任务。资源子网由主机、终端、网络互连设备、各种软件资源和数据资源组成，负责全网的数据处理业务，并向网络用户提供各种网络资源与网络服务。

14.1.2　计算机网络分类

根据不同的分类原则，计算机网络有不同的划分方法。按照计算机网络覆盖的地理范围可划分为局域网、城域网和广域网。

1. 局域网

局域网(Local Area Network，LAN)用于将有限范围内的各种计算机、终端和外部设备互连起来形成网络。局域网一般在10千米以内，由一个部门、一个建筑物或一个单位单独组建。这种网络容易管理和配置，投资较低，传输速率高，时延短，使用灵活。局域网技术发展迅速，应用日益广泛，是计算机网络中最活跃的领域之一。

2. 城域网

城域网(Metropolitan Area Network，MAN)是介于局域网和广域网之间的一种高速网络。城域网的设计目标是要满足几十千米到几百千米范围内的企业、机关和公司等多个局域网互连的需求，以实现用户之间数据、语音、图形或视频等多种信息的传输功能。

3. 广域网

广域网(Wide Area Network，WAN)覆盖的地理范围从几百千米到几千千米，小则可以覆盖一个国家、一个地区，大则横跨几个洲多个国家，形成全球范围内的网络。目前，广域网的组建主要是建设远程通信的主干网，大多采用分组交换技术将分布在不同地点的计算机网络连接起来，以实现更大范围内的数据通信和资源共享。

14.1.3 计算机网络拓扑结构

网络拓扑结构(Network Topology)就是网络中各节点连接的方法和形式。常用的拓扑结构包括星状、环状、总线和网状4种。不同的连接方法和连接形式适用于不同的网络规模。比如,局域网应用星状、环状和总线的拓扑结构,而广域网则采用网状拓扑结构。

1. 星状结构

在星状结构中,各节点通过端到端的通信线路与一个中心节点相连接,如图14-1所示。中心节点控制整个网络的通信,任何两个节点之间的通信都要通过这个中心节点。星状结构的特点是结构简单、易于实现、便于管理、容易做到故障诊断和隔离。然而,由于中心节点是全网的核心,工作负担较重,一旦出现故障会导致整个网络的瘫痪。因此中心节点的可靠性是关键,它将直接影响整个网络的可靠性。

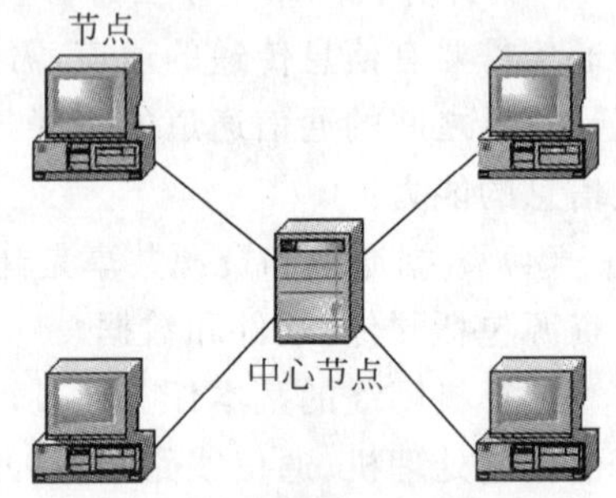

图14-1 星状结构

2. 环状结构

在环状结构中,各节点通过端到端的通信线路连接成闭合环路,如图14-2所示。环中数据将沿一个方向逐节点传送,环中任意两个节点都要通过环路进行通信。环状结构的特点是数据传输时延确定,不需要进行路径选择,控制比较简单。但环节点的增加和撤销过程比较复杂,环中任意一个节点出现故障,均会导致整个网络瘫痪,而且检测故障困难。

3. 总线结构

在总线结构中,各节点都连接到一条作为公共传输介质的总线上,如图14-3所示。所有节点都可以通过总线发送或接收数据。总线结构的特点是结构简单、实现容易、易于扩展、增加或撤销节点都比较容易。由于总线结构没有中心节点,因此某个节点的故障不会影响网络上其他节点的正常工作。但故障诊断较为困难,一旦总线出现故障将导致整个网络瘫痪。另外,数据传输时延不确定,不利于实时通信。

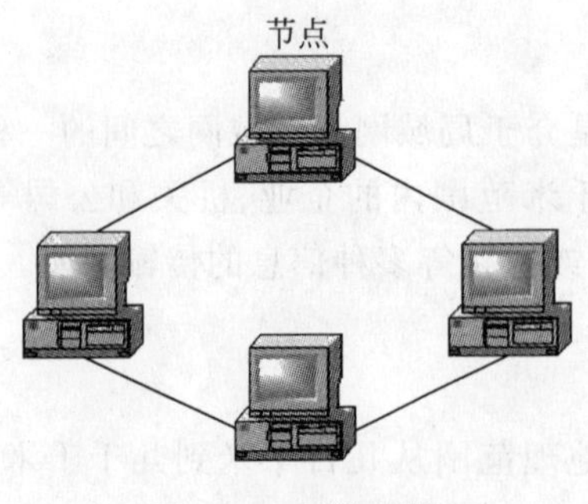

图14-2 环状结构

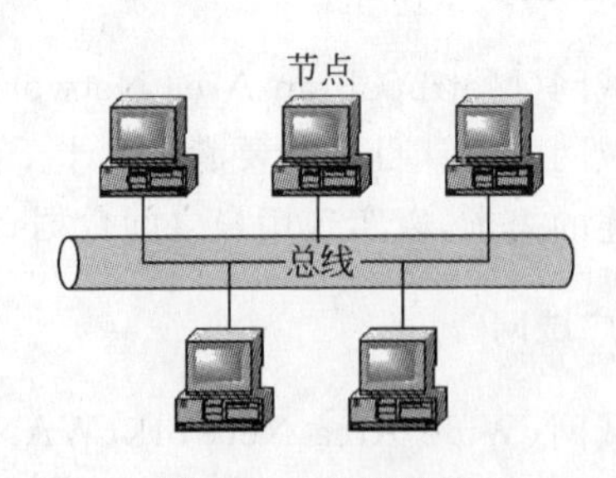

图14-3 总线结构

4. 网状结构

在网状结构中，各节点之间的连接是任意的，没有一定规律。网状结构的特点是可靠性较高、资源共享方便，但结构复杂，传输数据时必须采用相应的路由算法和信息流量控制，因此网络管理比较困难。

14.1.4 计算机网络数据通信

数据通信技术是计算机网络技术发展的基础。数据通信技术主要研究如何将计算机中表示各类信息的二进制比特序列通过传输介质，在不同计算机间进行传输的问题。

1. 数据通信概念

有关数据通信的概念较多，这里只介绍一些基本的概念。

1) 模拟信号与数字信号

信号是数据在传输过程中电信号的表现形式，一般分为模拟信号和数字信号两种。普通电话线上传输的是按语音强弱幅度连续变化的电信号，这种电信号称为模拟信号(Analog Signal)。模拟信号的电磁波是连续变化的，其波形如图14-4(a)所示。计算机产生的电信号是用两种不同的电平来表示0、1比特序列的电压脉冲信号，这种电信号称为数字信号(Digital Signal)，数字信号的波形如图14-4(b)所示。

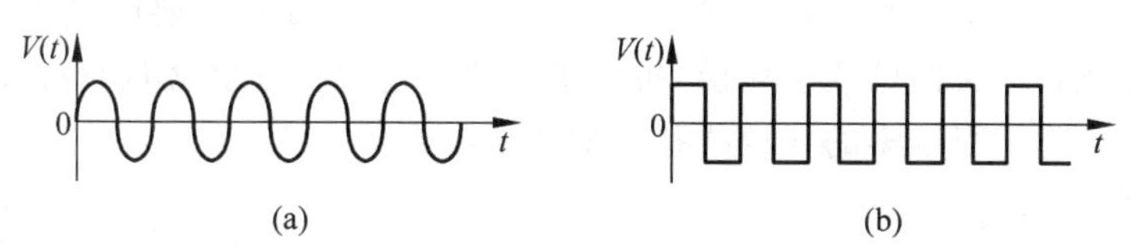

图14-4 两种信号波形图

传输模拟信号的过程称为模拟通信，传输数字信号的过程则为数字通信。

2) 带宽与传输速率

带宽(Bandwidth)是指在固定的时间可传输的数据数量，即在传输信道中可以传递数据的能力。在模拟通信中，带宽是指某个通信信道所能够传输信号的最高频率与最低频率之差，其单位为赫兹(Hz)。例如，一条模拟传输线路可传输的信号频率为300～3300Hz，则此线路的带宽为3000Hz。在数字通信中，带宽即为传输速率，它是指每秒钟能够传输的二进制比特数量，其单位为bit/s，也可记为bps。例如，某个数字通信线路的带宽为10Mbit/s，则说明此线路每秒钟可以传输约1000万个比特。

3) 误码率

在数字通信中，误码率是指二进制比特序列在传输过程中被错传的比率，在数值上近似地等于错传的比特数占被传输的比特总数的比例，可表示为：

$$P_e = \frac{N_e}{N}$$

其中，N为传输的比特总数，N_e为错传的比特数。

目前语音通信已经数字化，其允许的误码率在10^{-3}至10^{-6}之间；在计算机网络数据通信中,一般要求误码率低于 10^{-9}。

2. 数据通信方式

数据通信按照信号传送方向与时间的关系,可以分为 3 种,即单工通信、半双工通信和全双工通信。

单工通信是指只有一个方向的通信,即发送端只能发送数据,接收端只能接收数据。像电视、无线电广播等都属于这种类型。半双工通信是指通信双方都可以发送(或接收)数据,但不能同时发送(或接收),而是一端发送,另一端接收,过一段时间后再反过来。比如,无线对讲机通信就属于这种类型。全双工通信是指通信双方可同时发送或接收数据。例如,电话就是一种全双工通信工具。

3. 数据传输介质

传输介质是网络中连接通信双方的物理通道,是实际传输数据的载体。常用的有线传输介质有双绞线、同轴电缆及光纤电缆等;常用的无线传输介质有无线电波、红外线和微波等。其中,有线介质技术成熟、性能稳定,因此也是目前计算机网络中使用最多的传输介质。

1) 双绞线

双绞线是一种最常用的传输介质,由两两相互绞合在一起的一对、两对或四对绝缘的铜导线组成。将两条导线绞合在一起可以减少导线间的电磁干扰。从整体结构来看,双绞线一般分为屏蔽双绞线(STP)和非屏蔽双绞线(UTP)两种,二者的主要区别是屏蔽双绞线在绞合线和外皮间夹有一层铜网或金属层,抗电磁干扰的能力比非屏蔽双绞线强,但价格较非屏蔽双绞线高。目前使用较多的双绞线是非屏蔽双绞线。

2) 同轴电缆

同轴电缆由内导体铜质芯线、绝缘层、网状编织的外导体屏蔽层以及保护塑料外层组成。同轴电缆具有很好的抗干扰特性,可以进行较长距离、较高速率的数据传输。

按电缆传输带宽分为基带同轴电缆和宽带同轴电缆两类。基带同轴电缆用于数字信号的传输,它的最大传送距离一般为几千米,广泛应用在局域网中。宽带同轴电缆用于模拟信号的传输,它是有线电视系统 CATV 中的标准传输电缆。宽带同轴电缆频率可高达 500MHz 以上,传输距离可达数十千米。

3) 光纤电缆

光纤电缆简称光缆,它由一束光导纤维(简称光纤)组成。光纤采用非常细、透明度较高的石英玻璃纤维作为纤芯,外涂一层折射率较低的包层。光缆中包含有多条光纤。相对于其他传输介质,光缆具有传输速度快、抗电磁干扰强、传输安全性好等特点,主要用于长距离、高速率、大容量的网络中。现代广域网通信线路几乎都采用光缆。

4) 无线传输介质

无线传输常用于有线铺设不便的特殊地理环境,或者作为地面通信系统的备份和补充。在无线通信中使用较多的是微波通信,频率一般在 $10^9 \sim 10^{10}$ Hz。卫星通信可以看成是一种特殊的微波通信,使用地球同步卫星作为中继站来转发微波信号,卫星通信容量大、传输距离远、可靠性高。除微波通信之外,还可使用红外线和激光进行传输,但所应用的收发设备必须处于视线范围,均有较强的方向性,对环境因素(如下雨)较为敏感。

14.1.5 计算机网络体系结构

计算机网络是一个复杂的系统，它不但由多台计算机、多个用户、多种软件和庞大的数据组成，而且还要具备多种功能。为此人们采用了结构化层次分析方法，对复杂的网络进行分解，提出了开放式的参考模型，以方便人们认识和分析网络的结构。

1. 网络协议概念

在计算机网络中，要使任意两台计算机高度协调地进行数据通信，每台计算机必须在数据内容、格式、传输顺序等方面遵守事先约定的规则。这些为在网络中进行数据通信而建立的规则、标准或约定称为网络协议。也就是说，协议是指网络中计算机与计算机之间、网络设备与网络设备之间、计算机与网络设备之间进行信息交换的规则。

一个协议定义了通信内容是什么，通信如何进行以及何时进行。协议的关键是语义、语法和时序。语义是指比特序列每一部分的含义。例如，一个地址是指要经过的路由器地址还是指数据的目的地址？简单地说，语义规定了通信数据的具体内容。语法是指数据的结构或格式，也可以说是数据表示的顺序。例如，一个简单的协议可以定义数据的头部（前 32 位比特）是发送端地址，中部（第二个 32 位 bit）是接收端地址，而尾部是数据本身。时序包括两方面特征，即数据何时发送以及以多快的速率发送。

每个功能完备的计算机网络都需要制定一套复杂的协议集合。为了便于组织和实现这些协议，降低设计和实现协议的复杂性，人们采用了结构化层次分析方法，将复杂的协议集合进行分解，按层次结构进行组织。对每层要完成的服务以及服务实现的过程都有明确规定，不同系统同等层次具有相同功能，各层之间相互独立，高层不需要了解低层是如何实现的，仅需要知道该层间的接口所提供的服务。

注意：不同的网络由于在分层数量、各层的内容、实现的功能和采用的网络技术等方面存在着差异，因此形成了不同的网络体系结构。一个网络的协议集合和层次结构模型称为该网络的网络体系结构。

2. OSI 参考模型

计算机网络体系结构的出现，加速了计算机网络的发展。但是由于网络体系结构不相同，一个厂家的计算机很难与另一个厂家的计算机相互通信，需要制定一个国际标准。1979 年国际标准化组织 ISO 公布了开放系统互连参考模型 OSI-RM（简称 OSI 参考模型）。该模型定义了各种计算机在世界范围内互连成网的标准框架。

注意：“开放”是指按照参考模型建立的任意两个系统之间都能进行通信。

OSI 参考模型将整个网络的通信功能划分为 7 个层次，如图 14-5 所示。其中，物理层、数据链路层和网络层属于低 3 层，涉及两个系统连接在一起所使用的数据通信的相关协议，实现通信子网的功能。传输层在低 3 层服务的支持下，向面向应用的高层提供屏蔽低层细节的信息交换服务。会话层、表示层和应用层是面向应用的高层，涉及允许两个主机用户通过进程进行交互，属于操作系统提供的服务，实现的是资源子网的功能。

在 OSI 参考模型中，每一层的功能以协议形式描述，协议定义了某层与另一个系统对等层的通信所使用的规则和约定。各层之间是服务与使用服务的关系，即上层使用下层提

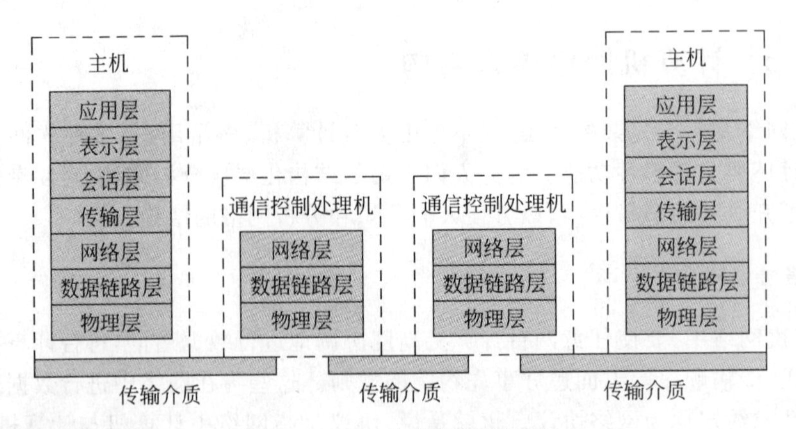

图 14-5　OSI 参考模型的结构

供的服务,下层为上层提供服务,相邻层间的通信约束称为层间接口。

OSI 参考模型各层的功能如下。

1）物理层

物理层是网络通信的数据传输介质,由连接不同节点的传输介质与设备共同构成。物理层的主要功能是利用传输介质为数据链路层提供物理连接,负责处理数据传输率,并监控数据出错率,以便能够实现比特序列的透明传输。物理层传输的数据单位为比特。

注意:“透明传输”是指传输前与传输到目的地后本身没有任何变化。

2）数据链路层

数据链路层是 OSI 参考模型的第 2 层,其主要功能是在物理层提供的服务基础上,在通信的实体间建立数据链路连接,传输以帧为单位的数据包,并采用差错控制与流量控制方法,使有差错的实际链路变为无差错的链路。

3）网络层

网络层是 OSI 参考模型的第 3 层,其主要功能是为数据在节点之间传输创建逻辑链路,通过路由选择算法为分组选择最适当的路径,并实现拥塞控制和网络互连。网络层数据的传输单位是报文分组(数据包)。

4）传输层

传输层传输数据的单位是报文。当报文较长时,传输层将其分割成若干报文分组(数据包),然后再交给网络层传输。传输层的主要功能是向用户提供可靠的端到端服务,可靠、透明地传送报文,并进行差错和流量控制等。

5）会话层

会话层虽然不参与具体的数据传输,但对数据传输的同步进行管理。数据传输的单位为报文。会话层的主要功能是组织两个不同系统的互相通信的应用进程之间通信,并管理数据的交换。确保端到端传输不中断,若出现意外,要确定应从何处开始重新恢复会话。

6）表示层

表示层的主要功能是处理在两个通信系统中交换数据的表示方法,主要包括数据格式转换、数据加密与解密、数据压缩与还原。

7）应用层

应用层是开放系统与用户应用进程的接口,其主要功能是提供 OSI 用户服务、管理和分配网络资源。例如，文件服务、数据库服务、电子邮件、文件传输和网络管理等。

在OSI参考模型中，数据的传输由发送端开始。传输过程是发送端的应用层应用软件产生要传输的数据，然后由高到低逐层传输到物理层，通过物理层的通信介质传输到接收端系统。在发送端从高层到低层，数据每经过一层均将该层的特殊信息与数据进行封装，在接收端数据从低层到高层被逐层拆封，最后到达接收端的应用层。

3. TCP/IP协议模型

除OSI参考模型外，市场上流行的网络体系结构还有TCP/IP协议模型。虽然TCP/IP协议并没有完全使用OSI标准，但其成功地解决了不同硬件平台、不同网络产品和不同操作系统之间的兼容性问题，因此被公认为是当前的工业标准或“事实上的国际标准”。TCP/IP协议模型也是一个分层的网络体系结构，与OSI参考模型不同的是它将整个模型分为4个层次，如图14-6所示。

OSI参考模型	TCP/IP协议模型
应用层	应用层
表示层	
会话层	
传输层	传输层
网络层	网络互连层
数据链路层	网络接口层
物理层	

图14-6 TCP/IP协议模型的结构

1) 网络接口层

网络接口层是协议模型的最低层，其功能是负责传输由网络互连层处理过的数据包，并将数据包发送到指定的网络接口。这一层协议很多，包括各种逻辑链路控制和介质访问控制协议。

2) 网络互连层

网络互连层负责将源主机的报文分组发送到目的主机。其功能包括：第一，接收到报文分组发送请求后，将分组装入IP数据包，填充包头并选择发送路径，然后将数据包发送到相应的网络接口。第二，接收到其他主机发送的数据包后检查目的地址，若需要转发，则选择发送路径并转发出去；若不需要转发(目的地址就是本地IP地址)，则除去包头并将分组交送传输层处理。第三，处理互连路径、流量控制、拥塞等。

3) 传输层

传输层负责在应用进程之间的端到端通信，也就是建立源主机与目的主机的对等实体间用于会话的端到端连接，它与OSI参考模型中的传输层功能相似。

4) 应用层

应用层是协议参考模型中的最高层，其主要功能是向用户提供一组常用的应用程序协议，比如文件传输、电子邮件等。用户调用访问网络的应用程序，应用程序与传输层协议相配合，发送或接收数据。

注意：*TCP/IP(Transport Control Protocol/Internet Protocol)即传输控制协议/Internet协议。它是指整个协议家族，每个协议都有自己的功能和限制。*

14.1.6 计算机网络互连

在现实世界中，单一的网络无法满足各种不同用户的多种需求。因此，在实际应用中，常常需要将多种不同类型的网络互连起来。这种“互连”不仅仅指相互连接的计算机在物理上是连通的，更重要的是指计算机之间、计算机网络之间能够进行通信。那么计算机网络是怎样连接起来的？又是如何通信的？本部分将重点讨论这些内容。

1. 网络互连概念

计算机网络的互连是指将分布在不同地理位置的计算机网络、设备相连接,以构成更大规模的网络系统,实现网络资源共享和不同网络间用户的相互通信。互连的网络和设备可以是同种类型的网络,也可以是不同类型的网络,还可以是不同网络协议的设备和系统。在互连的网络中,每个网络中的网络资源都应成为互连网络中的资源。

2. 网络互连类型

网络互连类型主要包括 4 种,分别是局域网与局域网、局域网与广域网、局域网与广域网与局域网、广域网与广域网。

1) 局域网与局域网

局域网与局域网互连是实际应用中最常见的一种网络互连,一般分为同构局域网互连和异构局域网互连两种。同构局域网互连是指采用相同协议的局域网之间的互连。例如,两个以太网之间的互连。这种网络互连比较简单,一般可通过网桥、交换机实现。异构局域网互连是指采用不同协议的局域网之间的互连。例如,一个以太网和一个令牌环网之间的互连。异构局域网之间的互连也可使用网桥、交换机,但它们必须支持要互连网络使用的协议。

2) 局域网与广域网

局域网与广域网互连,也是一种常见的互连类型,可通过路由器或网关来实现。

3) 局域网与广域网与局域网

两个位于不同地理位置的局域网通过广域网实现互连,也是常见的互连类型之一,可通过路由器或网关来实现。

4) 广域网与广域网

广域网与广域网互连可形成更大范围的广域网,可实现接入各个广域网的主机之间的资源共享。其互连结构可以通过路由器或网关来实现。

3. 网络互连设备

实现网络互连离不开网络互连设备。常用的网络互连设备主要有网桥、交换机、路由器和网关。

1) 网桥

网桥(Bridge)是在数据链路层上实现网络互连的设备,常用于两个局域网之间的互连。网桥的主要功能是数据接收、地址过滤以及数据转发。

网桥工作时,先从所连接的局域网端口接收数据,然后读取该数据中包含的目的地址和源地址并进行检查。如果两个地址属于同一网段,则认为不需要转发,并将其丢弃;否则,认为需要转发。转发的方法是查找与目的地址设备相连接的端口,如果找到了,就将该数据从这个端口发送出去,如果没有找到,则将该数据从除这个端口之外的所有端口发送出去。

在一个大型局域网中,网桥常被用来将整个网络划分为多个既独立又能相互通信的子网,从而可以改善各个子网的性能与安全性。

2）交换机

“交换”一词的含义是完成信号由设备入口到出口的转发。交换机(Switch)是一个基于网桥技术的多端口数据链路层网络设备，其主要功能是数据接收、地址过滤以及数据转发，目前使用最广泛的是以太网交换机。

交换机以交换方式处理端口数据，其内部拥有一条高带宽的背部总线和内部交换矩阵，所有端口都挂接在这条背部总线上。当交换机接收到数据包后，会查找内存中的地址对照表以确定目的 MAC 地址的网卡挂接在哪个端口上，并通过内部交换矩阵迅速将数据传送到目的端口。

交换机中每个端口可以与一个节点连接，也可以与一个集线器连接。如果交换机中的一个端口连接一个网络(如以太网)，那么这个端口将被多个端口所共享，则该网口称为共享端口，利用共享端口可以将多个局域网互连起来。从这个角度看，交换机可以代替传统的网桥，并且在性能上比传统网桥有很大的改进。

注意： MAC 地址是网络设备(如网卡)的物理地址，通常被网络设备制造商封装在网络设备中。MAC 地址共有 48 位，其主要特点是具有唯一性，且不可更改。

3）路由器

当互连的局域网数目不多时，使用网桥、交换机是非常有效的。但是，若互连的局域网数目很多或要将局域网与广域网互连，则采用路由器更好。因为路由器有更强的互连功能。路由器工作在 OSI 参考模型的网络层，其主要功能包括：数据过滤、存储转发、路径选择、流量管理以及介质转换等。

路由器(Router)内部有一张路由表，包括临近网络的拓扑、其他路由器的位置和网络状态等信息。当一个数据包到来时，路由器对应本身的路由表，根据其中的目的地址、网络的拥塞程序和传送距离等选择一个最佳路径，将其发往下一个路由器，直到到达与该数据的目的地址在同一网络上的路由器为止，再由该路由器将此数据发送给目的主机。

路由器分为静态路由器和动态路由器两种。静态路由器的路由表不随网络结构的变化而变化，只能通过网络管理员来调整，适合于小型网络。动态路由器的路由表能够根据网络结构的变化自动更新。

4）网关

网关(Gateway)工作在 OSI 参考模型的高层，通过适当的软件与硬件来实现网络(特别是不同类型且差别较大的网络)的互连。网关又称协议转换器，其硬件提供不同网络的接口，软件实现不同协议的转换。在互连的网络中，通常由一台专门的计算机作为网关设备，通过安装多块网卡并运行相应的软件实现其功能。

14.2 局域网基础

局域网技术是当前网络技术发展最快的技术之一，从早期的以太网、令牌环网发展到第三层交换网络、ATM 网络和千兆以太网等，传输速率从 10Mb/s、100Mb/s 发展到 1000Mb/s，局域网的应用也从单纯的数字、文字发展到语音、视频等。网络设备的智能性和可扩展性均有了很大提高。

14.2.1 局域网协议模型

局域网协议模型是专门从事局域网标准化工作的组织 IEEE 802 委员会制定的,因此又称 IEEE 802 标准。由于在局域网中传输的数据带有地址,并且不需要中间交换,因此局域网的协议模型只对应 OSI 参考模型的数据链路层与物理层。将数据链路层分成逻辑链路控制 LLC(Logical Link Control)和介质访问控制 MAC(Media Access Control)两个子层。在 LLC 子层中包含了相当于 OSI 网络层的部分功能,如图 14-7 所示。

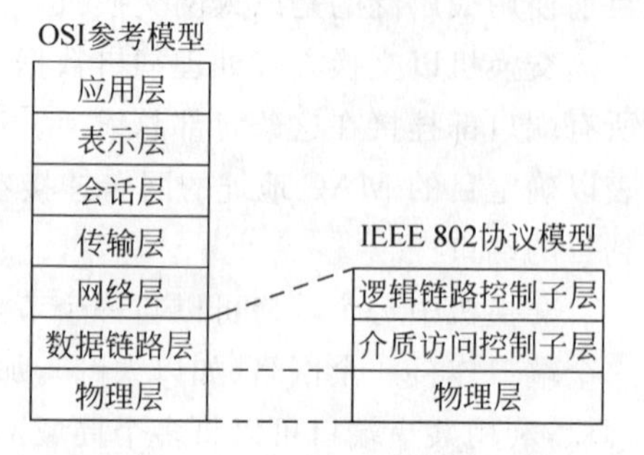

图 14-7 局域网协议模型的结构

IEEE 802 系列标准主要包括如下几种。

IEEE 802.1：定义了网络体系结构、网络互连以及网络管理与性能测试。

IEEE 802.2：定义了逻辑链路控制子层的功能与服务。

IEEE 802.3：定义了 CSMA/CD 总线介质访问控制子层与物理层的规范。

IEEE 802.4：定义了令牌总线介质访问控制子层与物理层的规范。

IEEE 802.5：定义了令牌环介质访问控制子层与物理层的规范。

IEEE 802.6：定义了城域网介质访问控制子层与物理层的规范。

IEEE 802.7：定义了宽带网络技术。

IEEE 802.8：定义了光纤传输技术。

IEEE 802.9：定义了综合语音与数据局域网技术。

IEEE 802.10：定义了可互操作的局域网安全性规范。

IEEE 802.11：定义了无线局域网技术。

14.2.2 局域网硬件组成

局域网系统由网络硬件和网络软件组成。网络硬件是局域网的物质基础,要构成一个局域网,首先要将计算机及其附属硬件设备与网络中的其他计算机系统连接起来,实现物理连接。局域网硬件主要包括：网络服务器、网络工作站、网络适配器(网卡)、集线器和必要的通信介质等。对于较大规模的局域网,通常还包括交换机和路由器等网络互连设备。

1. 网络服务器

网络服务器(Server)是为局域网提供共享资源并对这些资源进行管理的计算机。对于小型网络,可以只有一台服务器,负责提供所有的网络服务和管理功能。而对于具有一定规模的局域网,通常需要配备多台服务器,例如文件服务器、数据库服务器、打印服务器、电子邮件服务器等。

网络服务器一般由性能较高的计算机担任,通常具有大容量的磁盘、充足的内存和较高的运算处理速度,安装有网络操作系统来提供网络服务功能并对全网进行统一管理。

2. 网络工作站

网络工作站是直接面向网络用户的计算机,用户通过工作站来访问服务器或网络中的其他工作站。现在的局域网大多采用客户机/服务器的工作模式,而其中的客户机就是工作站,用它来运行客户端程序,通过网络来提出所需要的服务请求,由最适合完成该项任务的服务器来进行数据处理与服务。这种工作模式均衡了服务器和工作站所承担的任务,大大减少了网络的流量,克服了传统网络工作模式的缺陷。

3. 网络适配器

网络适配器又称为网络接口卡,简称网卡(Network Interface Card,NIC)。网络中的每台服务器和工作站都需要配备网卡,它是将服务器、工作站连接到通信介质上并进行电信号匹配、实现数据传输的部件。网卡一方面将发送给其他计算机的数据转换为适合在通信介质上传输的信号发送出去,另一方面又从通信介质上接收数据信号并转换成在计算机内处理的数据。网卡的基本功能包括串行数据和并行数据之间的转换、数据帧的装配与拆装、网络访问控制、数据缓冲等。

网卡种类繁多、性能各异。根据不同的网络传输速度、网络拓扑结构、传输介质、计算机系统总线的类型、制造厂家等,市场上有着各种不同的网卡。需要指出的是,随着网络应用的普及,不少厂家已将网卡集成制造在计算机的主板芯片上。

4. 集线器

对于目前流行的以太网来说,集线器(HUB)是最常用的连接多台计算机的网络设备。集线器有多个端口,每个端口分别通过双绞线连接一台服务器或工作站,从而将这些计算机连接起来完成网络通信工作。集线器提供了端口数据转发的功能,当某台计算机从一个端口将数据发送到集线器后,集线器就将此数据广播发送给所有其他端口,连接在其他端口的计算机根据该数据所包含的目的地址来决定是否接收这个数据。

集线器有4端口、8端口、16端口、24端口、32端口、48端口、64端口等不同规格。当网络中接入的计算机比较多时,单一集线器可能不够用,就需要使用多个集线器,形成树状的网络结构。

14.2.3 局域网技术

随着局域网的发展,其应用技术也在不断地变化和提高。传统局域网的主要技术集中反映在如何实现总线型、环状结构网络的介质访问控制方法上。而随着网络的广泛应用,网络节点数量增大、网络通信负载加重、网络冲突现象增多,导致网络效率下降。为了解决网络规模与网络性能之间的矛盾,人们开发了改善局域网性能,提高网络带宽的新技术,包括高速局域网技术、交换局域网技术等。

1. 传统局域网技术

传统局域网技术中大多采用了共享介质的工作方式,网络中所有节点共享一条公共的通信传输介质,当一个节点发送数据时,其他节点都能接收到。所有节点都可以平等地通过信道发送数据,但一个时间内只能为一个节点服务。总线和环状结构的网络就属于这种工作方式。此种工作方式最大的问题是容易出现网络冲突。为了控制多节点使用共享介质发送和接收数据,人们提出了传输介质访问控制方法。IEEE 802 协议标准中定义了针对不同拓扑结构的介质访问控制方法和网络连接物理规范。

1) IEEE 802.3 标准与 Ethernet

Ethernet 即以太网,是较早出现的局域网产品规范,也是目前应用较为广泛的局域网。Ethernet 由 Xerox、DEC、Intel 3 家公司合作建立,后由 IEEE 802 委员会在以太网产品规范的基础上制定为 IEEE 802.3 标准。其核心技术是带有冲突检测的载波侦听多路访问(CSMA/CD)方法。该方法的基本思路是:当有一个节点希望发送数据时先监听总线,如果此时总线忙,该节点就等待,直到总线空闲后再发送。如果在总线上有两个或多个节点同时开始发送数据,便会产生冲突,此时,所有发生冲突的节点都应结束发送,等待时机,然后再重复上述整个过程。可将此方法简单地概括为:先听后发,边听边发,冲突停止,延迟重发。CSMA/CD 方法的工作过程如图 14-8 所示。CSMA/CD 方法主要用来解决多节点如何共享总线传输介质的问题,其主要特点是简单,易于实现。

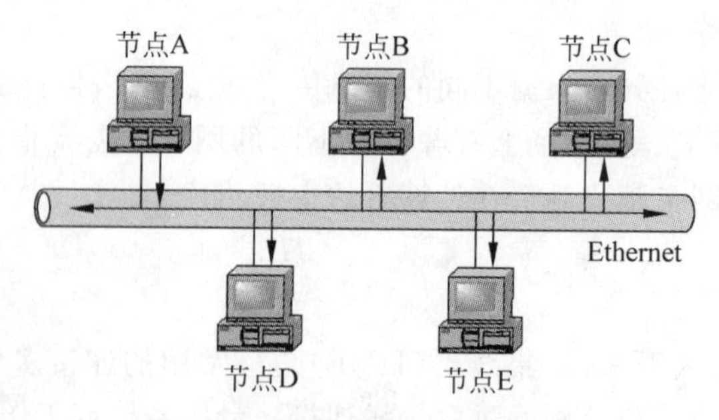

图 14-8 CSMA/CD 的工作过程

2) IEEE 802.4 标准与 Token Bus

Token Bus 即令牌总线网,IEEE 802.4 标准定义了其介质访问控制方法与相应的物理规范。Token Bus 是一种在总线拓扑中利用“令牌”作为控制节点访问的确定型介质访问控制方法。在采用 Token Bus 方法的局域网中,任何一个节点只有在取得令牌后才能使用共享总线发送数据。令牌是一种特殊结构的控制帧,其中含有一个目的地址,接收到令牌帧的节点可以在令牌持有最大时间内发送一个或多个帧。令牌主要用来控制节点对总线的访问权。环中令牌传递顺序与节点在总线上的物理位置无关,因此令牌总线网在物理上是总线网,而在逻辑上是环网,如图 14-9 所示。

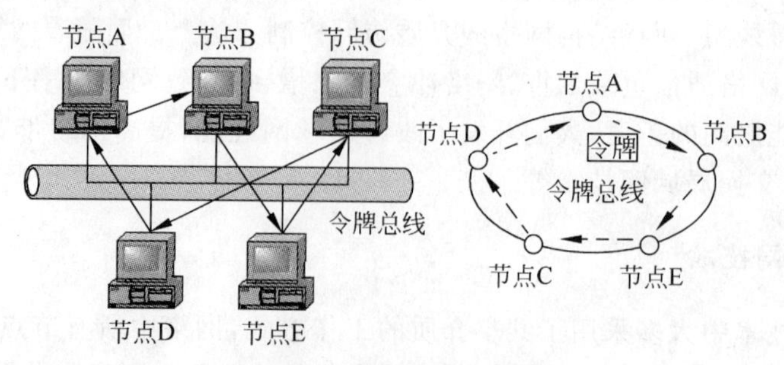

图 14-9 令牌总线的工作过程

Token Bus 方法的特点是介质访问时延确定，不会发生冲突，重负载时信道利用率高。

注意： *时延是指一个数据包从网络的一端传输到另一端所需要的时间，由发送时延、传输时延、处理时延和排除时延组成。*

3）IEEE 802.5 与 Token Ring

Token Ring 即令牌环网，是传统的局域网组网方式之一，其普及程度仅次于以太网。IEEE 802.5 标准是在 Token Ring 的基础上形成的。在 Token Ring 中，节点通过环接口连接成物理环型。令牌是一种特殊的 MAC 控制帧。令牌帧中有一个标志位，标志令牌的忙/闲状态。当环正常工作时，令牌总是沿着物理环单向逐节点传送，传送顺序与节点在环中的排列顺序相同。如果某节点要发送数据，它必须等待空闲令牌的到来，当获得空闲令牌后，要将数据填入令牌中，再将令牌的标志位由"闲"改为"忙"，然后将令牌发送出去。环中各节点依次接收令牌，当节点接收到的令牌中的目的地址与该节点地址一致时，该节点接收并复制数据，并在令牌中置入数据已被正确接收和复制的标志。当发送节点再次收到令牌时，该节点在确认自己发出的数据已经被正确接收后，将清除令牌中的数据，并将忙令牌改为空闲令牌，再将其传送到下一节点。其基本工作过程如图 14-10 所示。

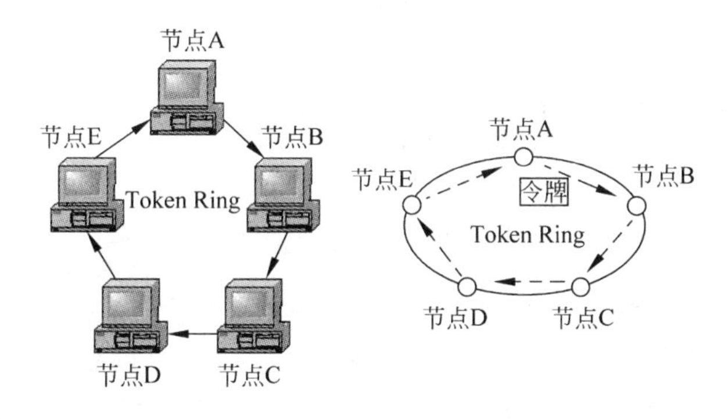

图 14-10 令牌环的工作过程

另外，在令牌环网中，当节点获得空闲令牌后，需要在一定时间内发送数据，如果数据发送完毕或规定持有令牌的时间已到，就必须将令牌置为空闲，并将令牌传递给下一个节点。正因为如此，使得网络上各节点能够平等地共享传输时间，因而传输时延确定，网络性能稳定，即使在超大负荷下，令牌环网也能正常工作。又由于只有获得空闲令牌的节点才有权发送数据，因此不会发生冲突。令牌环网的不足是环维护工作较为复杂，实现较困难。

注意： *传输时延在链路上产生，是指电磁波在信道中需要传输一定的距离而花费的时间。*

2. 高速局域网技术

高速局域网技术的产生和应用是为了满足网络用户对网络带宽与性能提出的高要求，解决网络应用中网络规模与网络性能之间的矛盾。解决方案主要有 3 种：第一，提高 Ethernet 的数据传输速率。第二，将一个大型的局域网划分为多个子网，通过减少每个子网内部的节点数来改善子网的性能。第三，将共享介质方式改为交换方式，形成所谓的交换局域网。

第一种解决方案是通过建立快速以太网(Fast Ethernet)和千兆以太网(Gigabit Ethernet)来实现。快速以太网的数据传输速率为 100Mb/s。快速以太网保留了传统以太网的所有特征,只是对物理层进行了调整,定义了新标准 100 BASE-T,IEEE 802 委员会也正式予以批准为 IEEE 802.3u。千兆以太网的数据传输速率为 1000Mb/s。与快速以太网类似,千兆以太网也只对物理层进行了调整,定义了新标准 1000 BAST-T,IEEE 802 委员会也正式予以批准为 IEEE 802.3z。

第三种解决方案是建立交换局域网,利用局域网交换机中的多个端口与网络中的多个节点并发连接,来实现多节点之间数据的并发传输,以从根本上改变共享介质的工作方式。

3. 交换局域网技术

典型的交换局域网是交换式以太网(Switched Ethernet),它采用星状结构,通过以太网交换机来实现与其他计算机的数据传输,其结构如图 14-11 所示。

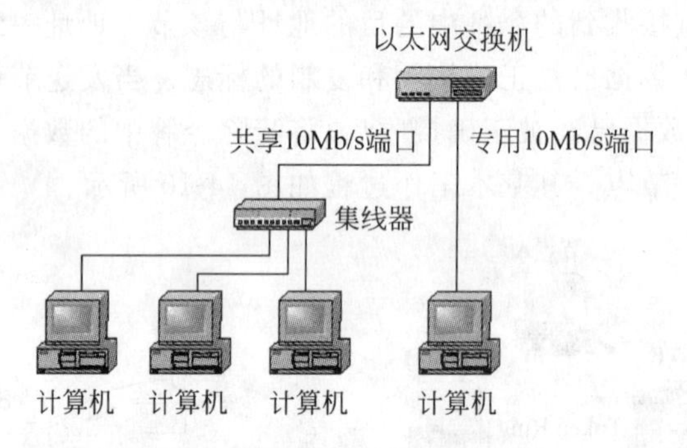

图 14-11 交换局域网的结构

在以太网交换机上有多个端口,每个端口可以单独与一个节点连接,也可以与一个以太网集线器连接。若一个端口只连接一个节点,那么该节点就可以独享 10Mb/s 的带宽;如果一个端口连接一个 10Mb/s 的以太网,那么这个端口将被一个以太网的多个节点所共享。这样就实现了多节点之间数据的并发传输,可以改善网络性能,提高服务质量。

局域网交换机的主要特性包括:第一,传输时延较短,一般为几十微秒。第二,高传输带宽,对于 10Mb/s 的端口,因为可双向传输,因此可以达到 20Mb/s 的带宽,若是 100Mb/s 的端口,则可以达到 200Mb/s 的带宽。第三,支持不同的传输速率,允许 10Mb/s 及 100Mb/s 两种速率的端口共存,系统可以根据情况进行相应的调整。局域网交换机还可以支持虚拟局域网服务。

4. 虚拟局域网技术

当局域网规模较大时,为了便于管理,可以将其划分成若干个子网。但如果某台计算机从其中一个子网转移到另一个子网,就需要将这台计算机从所在网段上撤出,连接到另一个网段上,甚至需要重新进行网络布线。显然这种方式受节点计算机所在网段的物理位置限制。解决此问题的方法是使用虚拟局域网。

虚拟局域网(Virtual LAN,VLAN)是由不同网段中的若干个节点构成的逻辑工作组,该工作组中的节点具有某些共同需求,并且与节点所在物理位置无关。虚拟局域网可以跟踪节点位置的变化,当节点的物理位置改变时,无需人工进行重新配置。因此虚拟局域网的组网方法十分灵活。图 14-12 给出了利用以太网交换机组建的虚拟局域网。

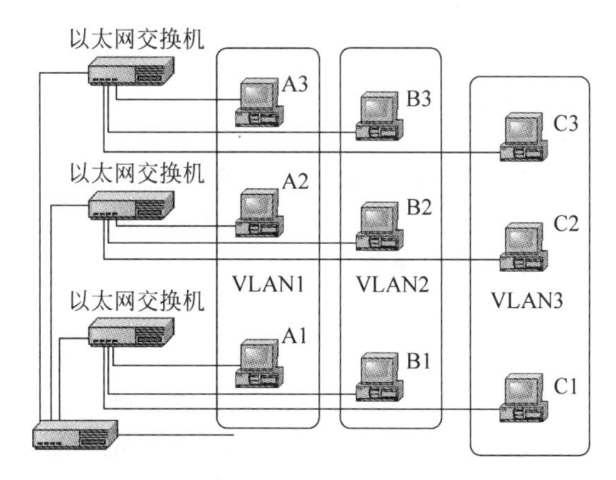

图 14-12 3 个虚拟域网的构成

注意：*虚拟局域网实际上只是局域网为用户提供的一种服务，并不是一种新型局域网。*

由于虚拟局域网是网络用户和网络资源的逻辑组合，因此可以按照需要将有关设备和资源方便地组合在一起，使用户从不同的服务器或数据库中获取所需要的资源。

5. 无线局域网技术

随着无线局域网技术的发展，人们越来越深刻地认识到，无线局域网不仅能够满足移动和特殊应用领域网络的要求，还能覆盖有线网络难以涉及的范围。无线局域网作为传统局域网的补充，目前已成为局域网应用中的一个热点。

1992 年 IEEE 802 委员会制定出无线局域网的协议标准 802.11。无线局域网分为两大类：一类是有固定基础设施；另一类是无固定基础设施。有固定基础设施的无线局域网最小构件是基本服务集(Basic Server Set，BSS)。一个基本服务集包括一个基站和若干个移动站。移动站是接入网络的计算机，基站(也称接入点)是连接各移动站的无线连接节点以及与其他网络连接的节点。一个基本服务集可以是孤立的，也可以通过接入点连接到一个主干分配系统，然后再接入到另一基本服务集，这样就构成了一个扩展的服务集。主干分配系统可以采用无线连接，也可采用有线连接。无固定基础设施的无线局域网又叫自组网络。这种自组网络没有基本服务集中的基站，而是由处于一些平等状态的移动站之间相互通信组成的临时网络。由于自组网络没有预先建好的基站，因此自组网络的服务范围受到了限制，而且一般不与外界的其他网络相连接。

与有线局域网相比，无线局域网有 3 大优点。第一，无线局域网免去或减少了网络布线工作量，一般只要安装一个或多个接入点设备，就可以建立覆盖整个区域的局域网络。第二，无线局域网使用灵活，在无线局域网的信号覆盖区域内任何一个位置都可以接入网络。第三，无线局域网有多种配置方式，能够根据需要灵活选择。

14.3 Internet 基础

随着计算机和通信技术的发展，人类已经进入了信息时代。Internet 的出现，打破了人们在信息交往中的时空限制，并且在很大程度上丰富了信息的内容和表现形式，为信息交流与资源共享提供了便捷的途径和可能。

14.3.1 Internet 基本服务

Internet 之所以能够吸引人们的广泛关注及参与，原因在于 Internet 提供了各种不同的服务。Internet 上的服务种类很多，其中基本服务包括 WWW 浏览、电子邮件、文件传输、远程登录、电子公告板和网络新闻组等。

1. WWW 浏览

WWW(World Wide Web)的中文名称为万维网。它是世界上最方便、最受用户欢迎的信息浏览服务形式。WWW 是以 Internet 为依托，以超文本标记语言(HTML)和超文本传输协议(HTTP)为基础，向用户提供统一访问界面的 Internet 信息浏览系统。它采用超文本和超媒体的组织方式，将信息之间的链接扩展到整个 Internet 上。WWW 是目前 Internet 上发展最快、应用最广的信息浏览机制。

2. 电子邮件

电子邮件是 Internet 上应用最为广泛的一种服务，是在全球范围内通过 Internet 进行互相联系的快速、简便、廉价的现代通信手段。与传统通信方式不同的是电子邮件利用网络来实现邮件的传送，传送的信息形式包括文本、声音、视频或图像等。

3. 文件传输

FTP(File Transfer Protocol)是文件传输协议的缩写。FTP 文件传输服务提供了 Internet 上任意两台计算机之间相互进行文件传输的机制，允许用户使用文件传输协议查看、上传、下载 FTP 服务器中的共享资源，是广大用户获取 Internet 丰富资源的重要方法之一。

4. 远程登录

远程登录(Telnet)是 Internet 最早提供的基本服务之一。远程登录 Telnet 协议允许用户通过 Internet 远程登录到某一服务器中，对服务器进行管理和维护。远程登录是目前 Internet 上使用最为广泛的网络主机及设备的远程管理方式。

5. 电子公告板

电子公告板(Bulletin Board System，BBS)是一种通过电子通信技术建立起来的免费的信息发布系统，任何接入 Internet 的计算机用户都可以通过 BBS 发布信息或提出看法，供其他网络用户来讨论。用户可以通过 BBS 服务与素未谋面的网友聊天、组织沙龙、讨论问题、获取帮助等。

6. 网络新闻组

网络新闻组(UseNet)是一种利用网络进行专题讨论的国际论坛，为具有相同兴趣爱好的 Internet 用户提供信息交换服务。人们根据不同的讨论主题，将 UseNet 划分为多个讨论组，比如计算机科学、文学、医学等方面，每个讨论组下又包括多种讨论主题。用户可以就这些主题发表个人观点或评论。

注意：网络新闻组利用电子邮件技术实现，可以将其看成是一个有组织的电子邮件系统，不过这里传送的电子邮件不再是发给某一个特定用户，而是世界范围内的新闻组服务器。

14.3.2　Internet 通信协议

Internet 的核心是开放与互连，它可以建立在任何物理传输网络之上，包括电话网、以太网、无线网和卫星网等。TCP/IP 协议是针对 Internet 开发的协议标准，其目的是解决异构网络的通信问题，为用户提供通用一致的通信服务。TCP/IP 协议应用广泛，已成为目前事实上的国际标准。准确地说，TCP/IP 协议是指由 IP 协议和 TCP 协议组合名字而命名的协议族。在该协议族中还包括 UDP、ICMP、ARP 及 SMTP、FTP 等多种协议。TCP/IP 协议族及内部的依赖关系如图 14-13 所示。

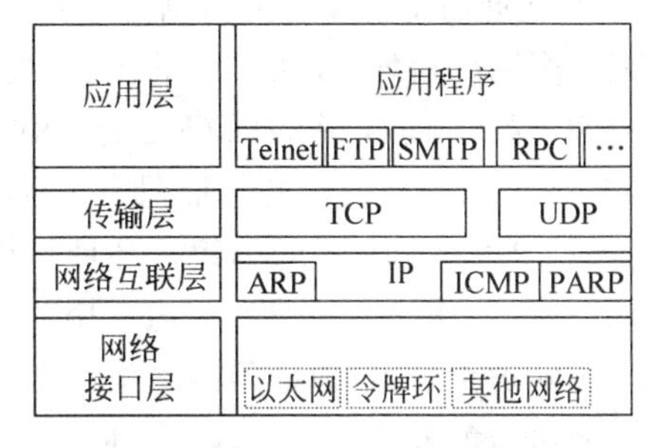

图 14-13　TCP/IP 协议族及内部依赖关系

1. IP 协议

IP 是网络互联层上的主要协议，其功能是提供端到端的分组和用于网络及主机节点地址。IP 协议将不同的帧转换成统一的 IP 数据包，并将不同格式的地址转换为 IP 地址后进行传输。这种转换实现了在互连网络中屏蔽底层细节、提供一致性的目的。IP 协议不保证服务的可靠性。在主机资源不足时，它可能丢弃某些数据包。同时，IP 协议也不检查可能由于数据链路层错误而造成的数据丢失。

2. TCP 协议

TCP 是传输层协议，是建立在 IP 协议基础之上，依赖于 IP 协议的协议。它可以解决 IP 协议没有解决的数据包丢失或顺序不正确等问题。TCP 在两个主机或多个主机之间建立面向连接的通信。TCP 协议采取了确认、超时重发、流量控制和拥塞控制等各种可靠技术和措施，确保网络上所发送的数据包可以完整地被接收。

14.3.3　IP 地址

Internet 是由不同物理网络互连而成，不同网络之间实现计算机的相互通信必须有相应的地址标识，这个地址标识称为 IP 地址。

1. IP 地址组成

IP 地址由网络地址和主机地址两部分构成。网络地址用于标识该地址从属的网络，主机地址用于指明该网络上某个特定的主机，位于相同网络上的所有主机具有相同的网络地址。

2. IP 地址表示

IP 地址提供统一的地址格式，由 32 位二进制组成。由于二进制使用起来不方便，一般使用“点分十进制”的方式来表示，即将 IP 地址分为 4 个字节，每个字节用十进制数来表示，字节与字节之间用圆点分开。

例如，某主机 IP 地址为：202.204.148.66。

IP 地址唯一标识出主机所在的网络和网络中的位置。

3. IP 地址分类

IP 地址由 Internet 网络信息中心(Network Information Center，NIC)负责分配，该组织只分配网络地址，而网络内的主机地址则由申请者的组织负责分配。为了充分利用 IP 地址空间支持不同规模的网络互连，NIC 将 IP 地址划分为 A、B、C、D、E 5 类。其中，在 Internet 上可分配使用的地址只有 A、B、C 3 类，这些地址通常只能分配给唯一的一台主机。D 类地址被称为组播地址，组播地址可用于视频广播或视频点播系统。而 E 类地址尚未使用，暂时保留作为将来特殊用途使用。

不同类别的 IP 地址的网络地址和主机地址长度划分不同，所能标识的网络数目不同，每个网络所能容纳的主机数也不同。

A 类 IP 地址以 0 开头，网络地址空间为 7 位，主机地址空间为 24 位，其地址范围为 1.0.0.0 到 127.255.255.255，A 类 IP 地址支持的主机数量很大，适用于巨型网络。B 类 IP 地址以 10 开头，网络地址空间为 14 位，主机地址空间为 16 位，其范围为 128.0.0.0 到 191.255.255.255，该类 IP 地址支持大、中型网络，适用于一些国际性大公司与政府机关。C 类 IP 地址以 110 开头，网络地址空间为 21 位，主机地址空间为 8 位，其地址范围为 192.0.0.0 到 223.255.255.255，该类 IP 地址支持小型网络，特别适用于一些小公司或普通研究机构。D 类 IP 地址以 1110 开头，为组播功能保留。E 类 IP 地址以 11110 开头，为将来使用而保留。

注意：IP 地址具有唯一性，即连接到 Internet 上的不同计算机具有不同的 IP 地址。由于，A 类 IP 地址中 0.0.0.0 未分配，因此，A 类地址范围是 1.0.0.0 到 127.255.255.255。

4. 子网掩码

在为网络分配 IP 地址时，有时为了便于管理和维护，可以将较大型网络划分成若干个部分，每个部分称为子网。划分子网相当于将原来由两个部分组成的 IP 地址扩充为 3 个部分，即将原主机地址细分为子网地址和主机地址两部分，一般使用主机地址的高位来标识子网，如图 14-14 所示。

未划分子网的IP地址：

网络地址	主机地址

划分子网的IP地址：

网络地址	子络地址	主机地址

图 14-14 子网地址表示

划分子网的个数可以根据需要来进行规划。例如，一个B类网地址为166.168.0.0，如果使用第3字节最高两位来标识子网，则有4个子网，地址分别为：166.168.0.0、166.168.64.0、166.168.128.0和166.168.192.0。由于无统一的子网划定算法，因此单从IP地址无法判定一台计算机处于哪个子网，解决方法是采用子网掩码技术。

子网掩码同IP地址一样，也是用32位二进制数来表示，其构成规则是：所有标识网络地址和子网地址的部分用1表示，主机地址用0表示。

例如，一个B类网地址为166.168.0.0，若使用第3字节的最高两位作为子网地址，则子网掩码为：11111111 11111111 11000000 00000000。将其表示为"点分十进制"地址应为：255.255.192.0。

注意：A、B、C 3类IP地址默认的子网掩码分别为：255.0.0.0、255.255.0.0和255.255.255.0。

子网掩码的功能是用来判断任意通信的两台计算机的IP地址是否属于同一子网，是否需要通过路由器(或网关、交换机)进行转发。其判断方法是：当某台计算机向另一台计算机发送数据时，首先将数据的源地址与子网掩码进行二进制"与"运算，再将目的地址与子网掩码进行"与"运算。如果两次运算结果相同，表示源计算机和目的计算机在同一子网中，可以直接传输数据；否则，说明两台计算机不在同一子网中，需要经过路由器(或网关、交换机)进行转发。

5. 新一代IP地址

目前，全球范围内应用的Internet是以IPv4协议为基础。从理论上讲，IPv4可以容纳43亿地址。但随着网络不断发展，对信息资源的开发和利用进入了一个全新阶段，使得IPv4越来越捉襟见肘，IP地址资源越来越紧张，路由表越来越庞大，路由速度越来越缓慢。为扩大地址空间，应用以IPv6为基础的下一代Internet是不可避免的趋势。

IPv6的全称是"互联网协议第6版"，IPv6使地址空间从IPv4的32位扩展到128位，能产生2^{128}个IP地址。IPv6其资源几乎是无穷尽的，完全消除了Internet发展的地址壁垒。IPv6可以支持更多的地址层次、更大数量的节点以及更简便的地址自动配置。因此，Internet将逐渐由IPv4向IPv6演进。

14.3.4 域名机制

IP地址是表示计算机主机地址的一种形式。32位的IP地址对计算机来说十分有效，但却不便于用户的使用和记忆，也不便于从中了解拥有该地址的组织名称和性质。为了向用户提供一种直观的主机标识符，Internet引用了一种字符型主机命名机制。

1. 域名结构

域名是表示主机地址的另一种形式，其结构是由TCP/IP协议族的域名系统(Domain Name System，DNS)定义的。域名系统也与IP地址结构一样，采用层次结构。域名系统将整个Internet划分为多个顶级域，并为每个顶级域规定了通用的顶级域名，如下表所示。

顶级域名	域名类型	顶级域名	域名类型
com	商业组织	Int	国际组织
edu	教育科研组织	mil	军事组织
gov	政府组织	info	提供信息服务的实体
net	网络组织	国家代码	各个国家
org	非商业组织		

由于美国是 Internet 的发源地,因此美国的顶级域名是以组织模式划分的。对于其他国家的顶级域则是以地理模式划分的,每个申请接入 Internet 的国家都可以作为一个顶级域出现,使用两个字母表示,如下表所示。

顶级域名	域名类型	顶级域名	域名类型
cn	中国	Fr	法国
jp	日本	Ca	加拿大
uk	英国	au	澳大利亚

NIC 将顶级域的管理权授予指定的管理机构,各个管理机构再为其所管理的域分配二级域名,并将二级域名的管理权授予其下属的管理机构,如此层层细分,就形成了 Internet 层次状的域名结构,如图 14-15 所示。

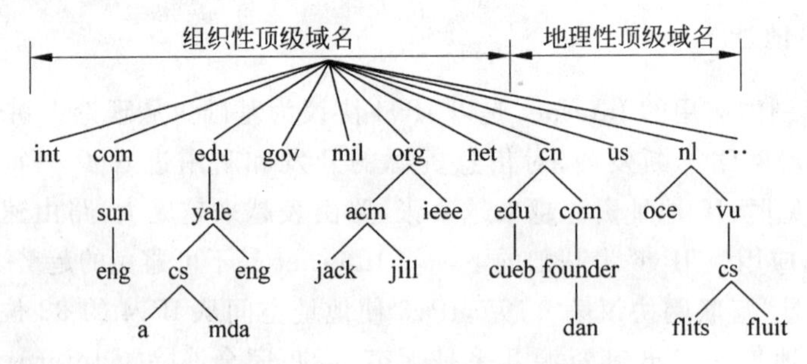

图 14-15 Internet 层次状的域名结构

Internet 主机域名的格式为:

四级域名.三级域名.二级域名.顶级域名

相对于 IP 地址,域名不仅容易记忆,而且具有一定含义。如域名 www.cueb.edu.cn,代表中国教育科研网中首都经济贸易大学的一台 www 服务器,要浏览首都经济贸易大学的信息就可以从这里开始。

2. 域名服务器

域名服务器用于将域名解析成相应的 IP 地址。在 Internet 中,每个域都有各自的域名服务器,并存有本域中的主机名与 IP 地址对照表。当访问一个站点时,输入要访问的域名后,由本地计算机向域名服务器发出查询指令,域名服务器首先在其管辖区域内查找域名,找到后,将对应的 IP 地址返回给用户。对于不属于本域的域名则转交给上级域名服务器。

14.4 计算机网络安全

计算机网络对人类经济和生活的冲击是其他任何信息载体无法比拟的，它的高速度发展和全方位渗透，推动了整个社会的信息化发展。由于计算机网络具有分布广域性、结构开放性、资源共享性和信道共用性等特点，因此增加了网络的实用性，同时也使计算机网络变得脆弱，使其面临严重威胁。网络安全问题已成为计算机网络应用领域中最突出的问题，没有网络安全就没有社会信息化。

14.4.1 网络安全概述

在信息化社会中，人们对计算机以及网络的依赖日益增强，通过网络获取和交换信息已经成为当前主要的信息沟通方式。正因如此，网络安全成为了人们关注的焦点。那么，什么是网络安全呢？简单地说，网络安全就是指利用网络管理控制和技术措施，保证在一个网络环境里，信息数据的机密性、完整性及可用性受到保护。

1. 威胁网络安全的因素

威胁网络安全的因素很多，有些是天灾，有些是人为。在人为因素中，来自黑客的攻击最为突出，他们采用各种手段非法进入网络系统，窃取信息资源，破坏网络运行。归纳起来，威胁网络安全的因素包括 3 个方面：自然因素、人为因素和系统本身因素。

1）自然因素

在自然因素中，有些是由于自然灾害而造成整个系统毁灭，例如地震、水灾、火灾、雪灾等。有些是因为电源故障造成设备断电，而使操作系统引导失败或数据库信息丢失。也有因电磁辐射造成数据信息的被窃取或偷阅。这些无目的的事件，会影响信息的存储媒体，直接威胁网络信息的安全。

2）人为因素

人为因素主要包括两类：一类是无意的失误和各种各样的误操作，例如文件的误删除、输入错误的数据、操作员安全配置不当、用户口令选择不慎、用户将自己的账号随意转借他人或与他人共享等。另一类是来自黑客有意的攻击，例如，制造和传播计算机病毒，通过非法手段进入网络系统，窃取商业机密、篡改银行账目、盗用信用卡账号等。

黑客的攻击不仅来自于外部，更多的来自于内部，而内部攻击是最危险的攻击。据调查统计，在已发生的网络安全事件中，有近 70% 的攻击来自内部。这表明内部网络安全威胁更为严重。由于内部员工对企业自身网络结构、安全措施以及应用都比较熟悉，因此，源于内部的安全问题将可能成为导致系统受到攻击的致命安全威胁。

3）系统本身因素

网络系统本身的问题是网络面临威胁的另一个重要因素。像静电感应或环境问题引起的计算机硬件物理损坏或机械故障，会导致计算机系统无法正常工作。不知道的软件“后门”会为黑客提供攻击通道。软件自身的缺陷或漏洞会成为黑客攻击的目标。如此这些，都会给网络安全带来威胁。

2. 网络安全目标

现在,人们开始意识到计算机病毒、黑客、网络犯罪等给网络安全造成的危害越来越大,害怕成为攻击的目标,但对于什么才是真正的网络安全认识不足,认为安装了杀毒软件和防火墙,数据没有丢失,系统正常运行就算安全了。事实上,这是错误的。真正的网络安全应该保证网络中的信息具有完整性、保密性、可用性、可靠性和不可否认性。这5个方面也是网络安全要达到的目标。

1) 完整性

完整性是指网络中的信息安全、精确与有效,不因种种不安全因素而改变信息原有的内容、形式与流向,确保信息在存储或传输过程中不被修改、不被破坏和丢失。例如,一个非授权用户成为系统级网络管理员,修改了用户权限,这就破坏了用户信息的完整性,其结果就是非授权用户将会拥有更大权限,可以肆意对系统进行攻击。

2) 保密性

保密性是指网络上的保密信息只供经过允许的人员、以经过允许的方式使用,信息不泄露给未授权用户。信息保密性分为信息传输保密性和信息存储保密性。

3) 可用性

可用性是指网络资源在需要时即可使用,不因系统故障或误操作等使资源丢失或妨碍对资源的使用。网络环境下拒绝服务、破坏网络系统的正常运行等都属于对可用性的攻击。

4) 不可否认性

不可否认性是面向通信双方信息真实统一的安全要求,包括收、发方均不可抵赖。也就是说,所有参与者不可否认或抵赖曾经完成的操作和承诺。

5) 可控性

可控性是指对信息的传播及内容具有控制能力的特性。信息接收方应能证实它所收到的信息内容和顺序都是真实、合法、有效的,应能检验收到的信息是否过时或为重播的信息。信息交换的双方应能对对方的身份进行鉴别,以保证收到的信息是由确认的对方发送过来的。

网络安全的真正内涵是采用一切可能的手段和方法,确保上述"五性"的安全。

3. 黑客攻击手段

网络攻击是指黑客利用网络存在的漏洞和安全缺陷对网络系统的硬件、软件及其系统中的数据进行的攻击。黑客攻击手段非常多,常用的有:网络扫描、网络监听、口令入侵、特洛伊木马、网络钓鱼和"拖库"攻击等。

1) 网络扫描

网络扫描是黑客利用扫描工具对目标主机的IP地址和端口进行扫描,了解主机提供了哪些服务、提供的服务中是否含有缺陷,判断主机是否存在脆弱的口令和不合适的系统配置,以发现系统的安全漏洞,为进一步的入侵攻击做准备。

2) 网络监听

网络监听也称嗅探,其目的是截获网络通信中的关键信息。用户在网络上操作时,其密码需要从用户端传送到服务器端,而攻击者可以在两端之间进行数据监听。此时如果两台主机进行通信的信息没有加密，只要使用某些网络监听工具就可轻而易举地截取包括口令和账号在内的关键信息。虽然网络监听获得的用户账号和口令具有一定的局限性，但监听者往往能够获得其所在网段的所有用户账号和口令。

3）口令入侵

目前，绝大多数系统都将口令作为数据访问的第一道屏障。对黑客来说，攻破了这道屏障，就意味着获得了进入系统第一道大门的资格。所谓口令入侵就是指使用合法用户账号和口令登录到目标主机，然后再实施攻击的活动。这种方法的前提是必须先得到该主机上某个合法用户的账号，然后再对合法用户的口令进行破解。破解口令的方法主要有强制口令破解、字典口令破解等。

4）特洛伊木马

特洛伊木马是将有预谋的功能隐藏在公开功能之中，掩盖其真实企图的程序。特洛伊木马是一种极为危险的攻击手段。完整的木马程序同远程控制软件一样由两部分组成，服务器端程序和客户端程序。服务器端程序安装在被控制的计算机中，通过电子邮件或其他手段使用户在其计算机中运行。客户端程序是控制者使用的程序，用于对受控计算机进行控制。服务器端程序和客户端程序建立起连接就可以实现对远程计算机的控制。除能进行文件操作外，还能盗取密码等。

5）网络钓鱼

网络钓鱼是通过大量发送声称来自于银行或其他知名机构的欺骗性垃圾邮件、短信或即时通信消息，引诱受害者给出敏感信息(如用户名、口令或信用卡详细信息)的一种攻击方式。最典型的网络钓鱼攻击将受害者引诱到一个通过精心设计与目标组织的网站非常相似的钓鱼网站上，并获取受害者在此网站上输入的个人敏感信息。黑客利用这些信息假冒受害者进行欺诈性金融交易，从而获得经济利益。

6）“拖库”攻击

“拖库”一词原本是数据库领域的专业术语，其含义是从数据库中导出数据。很多时候数据库中的数据需要导出来在别的地方使用。在黑客攻击泛滥的今天，“拖库”是指网站遭到入侵后，黑客窃取其数据库的行为。“拖库”攻击的主要目标是大型互联网企业，一旦数据库被泄漏，所有用户资料将被公布于众，将造成无法弥补的损失。“拖库”攻击的一般步骤为：第一，对目标网站进行扫描，查找其存在的漏洞；第二，通过该漏洞在网站服务器上建立“后门(Webshell)”，通过该后门获取服务器操作系统的权限；第三，利用系统权限直接下载备份数据库，或查找数据库链接，将其导出到本地计算机中。

4. 网络安全防御技术

攻击与防范是一对“矛”与“盾”，在黑客技术不断发展、泛滥的同时，人们也在不断地研究网络安全防御技术。随着网络技术的发展，网络安全防御技术也在与网络攻击技术的对抗中不断发展。从总体上看，经历了从静态到动态、从被动防御到主动防御的发展过程。常用的网络安全防御技术主要有下述几种。

1）数据加密技术

数据加密技术是最基本的网络安全防御技术，主要保证信息在存储和传输过程中的保密性。它通过各种加密算法将被保护的信息转换成密文，然后再进行存储或传输。这样即使加密信息在存储或传输过程中被非授权人员截获,也可保证这些信息不为其所认知,从而达到保护信息安全的目的。数据加密技术有两种,对称加密技术和非对称加密技术。对称加密技术使用相同的密钥进行加密和解密。非对称加密技术使用一对密钥,一个用于加密,一个用于解密。

2) 防火墙技术

尽管近年来各种网络安全技术不断涌现,但到目前为止,防火墙仍然是网络系统安全保护中最常用的技术。防火墙是一种网络安全部件,它可以是硬件,也可以是软件,还可以是硬件和软件的结合。这种安全部件处于被保护网络和其他网络的边界,接收进出被保护网络的数据流,并根据防火墙配置的访问控制策略进行过滤。防火墙不仅能够保护网络资源不受外部入侵,而且还能够拦截从被保护网络向外传送有价值的信息。

3) 入侵检测技术

防火墙技术是静态安全防御技术,只能检查和过滤进出网络数据的合法性,而对于穿透防火墙的数据,则无法控制。入侵检测是动态安全防御技术,能够对防火墙进行有效的补充。入侵检测是通过硬件或软件对网络中的数据流进行实时检查,并与已建立的入侵特征数据库进行比较,一旦发现有被攻击的迹象,立即根据用户所定义的动作做出反应,如切断网络连接,或通知防火墙对访问控制策略进行调整,将入侵的数据包过滤掉等。

4) 安全扫描技术

网络安全扫描技术是为使系统管理员能够及时了解系统中存在的安全漏洞,并采取相应的防范措施,从而降低系统的安全风险而发展起来的一种安全技术。利用安全扫描技术,可以对局域网、Web 站点、主机操作系统、系统服务以及防火墙系统进行扫描。可以发现网络系统中存在的不安全的网络服务,操作系统中存在的可能遭受缓冲区溢出攻击或者拒绝服务攻击的安全漏洞,防火墙系统中存在的安全漏洞和配置错误。

5) 黑客诱骗技术

黑客诱骗技术是通过一个由网络信息安全专家精心设置的特殊系统来引诱黑客,并对黑客进行跟踪和记录。这种黑客诱骗系统通常也称为"蜜罐"系统,其最重要的功能是监视和记录系统中所有操作。蜜罐系统管理人员通过研究和分析这些操作,了解黑客采用的攻击工具、攻击手段、攻击目的和攻击水平,并根据分析的结果,对被保护系统、网络采取相应的保护措施。

除此之外,诸如计算机病毒防范技术、访问控制技术、操作系统安全技术等也是实现网络安全防范的主要措施。

14.4.2 计算机病毒

在众多网络安全问题中,计算机病毒的危害最大、最为广泛。据调查统计,近 40%的网络安全问题是由计算机病毒引起的。那么什么是计算机病毒?其基本特征是什么?如何防范计算机病毒?本部分将重点讨论这些问题。

1. 计算机病毒概念

从广义上讲,凡能够引起计算机故障,破坏计算机数据的程序统称为计算机病毒。通常提到的计算机病毒一般是指广义上的病毒定义。除包括传统的计算机病毒外,一些带有恶意性质的蠕虫程序、特洛伊木马程序和黑客程序等也被归入计算机病毒范畴。

计算机病毒在《中华人民共和国计算机信息系统安全保护条例》中被明确定义为：是指编制或者在计算机程序中插入的破坏计算机功能或者毁坏数据，影响计算机使用，并能自我复制的一组计算机指令或者程序代码。

2. 计算机病毒特征

一般来说，计算机病毒具有传染性、潜伏性、隐蔽性、触发性和破坏性等特征。

1）传染性

传染性是生物病毒的基本特征。同样，计算机病毒会在一定条件下自我复制，通过各种渠道从已经感染的计算机系统扩散到未感染的计算机系统。在某些情况下，造成被感染的计算机系统工作失常甚至瘫痪。

2）潜伏性

一个编制精巧的计算机病毒程序，侵入系统后一般不会立即发作，可以在几周、几个月甚至几年内隐藏在合法文件中，对其他系统进行传染，而不被发现。潜伏性越好，其在系统中存在的时间越长，病毒的传染范围越大。潜伏性的第一种表现是如果不用专用的检测程序无法检查出病毒程序的存在。第二种表现是病毒程序的内部往往有一种触发机制，不满足触发条件时，计算机病毒除传染外，不会对系统进行破坏。当触发条件满足后，病毒程序发生作用，有的显示发作信息，有的进行系统破坏。

3）隐蔽性

计算机病毒程序通常精巧严谨、短小精悍。常常附在正常程序中，或磁盘较隐蔽的地方，或以隐含文件形式出现，目的是不被发现。如果不经过代码分析，病毒程序与正常程序很难区分。

4）触发性

计算机病毒的发作一般需要一个触发条件。根据病毒编制者的设计安排，这个条件可以是某个特定的时间日期、某个特定程序的运行或某个程序的运行次数等。

5）破坏性

病毒在触发条件满足时，就会对计算机系统的运行进行干扰和破坏。它不仅占用系统资源，降低运行效率或中断系统运行，甚至删除文件或数据，格式化磁盘，使整个计算机系统或网络系统瘫痪，造成灾难性后果。

3. 计算机病毒分类

计算机病毒种类很多，其工作原理并没有统一模式。从目前发现的计算机病毒来看，主要工作过程由 4 个部分组成，即引导部分、触发部分、传染部分和表现部分。其中，引导部分完成病毒装入、连接和初始化参数工作。触发部分由触发条件构成，当满足触发条件时，进行破坏。传染部分完成病毒代码的自身复制，并将其传染到目标计算机系统中。表现部分则实现干扰或破坏计算机系统的任务。

计算机病毒的种类可以从多个角度来划分。从感染对象角度可分为以下 4 种。

1）引导型病毒

引导型病毒主要攻击磁盘的引导扇区，在系统启动时获得优先执行权，从而控制整个系统。一旦计算机系统感染了此类病毒,一般情况下会造成系统无法正常启动。目前,查杀此类病毒比较容易,多数杀毒软件都能检测并杀掉此类病毒。

2）文件型病毒

文件型病毒是指感染文件,并能通过被感染的文件进行传染扩散的计算机病毒。早期计算机病毒一般感染可执行文件,如扩展名为.COM、.EXE等文件,当用户执行此类文件时,病毒程序就会被激活。目前,感染的文件扩展到更大范围,包括扩展名为.DLL、.SYS、.HTML或.ASP等文件。这些文件通常是某程序的配置、链接文件,或是通过Internet使用的文件,执行某程序时病毒能够自动被加载。

3）复合型病毒

复合型病毒是具有引导型病毒和文件型病毒两种寄生方式的计算机病毒。

4）网络型病毒

计算机网络的高速发展,使网络型病毒日益猖獗,感染的对象不再局限于单一的模式,而是更加复杂、隐蔽。比如,通过电子邮件传播并感染下载者。攻击方式从原始的删除、修改文件到现在的对文件加密、窃取用户信息等。网络型病毒的最大特点是通过计算机网络进行传播,各种蠕虫病毒及其变种都属于此类。

4. 计算机病毒危害

计算机病毒种类繁多,传播途径广泛,可以通过移动存储设备、磁盘、光盘及网络等进行传播。一旦计算机系统或网络感染了病毒,就会给使用者带来巨大伤害。计算机病毒的危害可归纳为以下几个方面。

1）破坏系统和数据

大部分病毒是以破坏系统和数据为目的。通常采用篡改系统设置或对系统进行加密的方法,使系统发生混乱,无法正常工作。使用多种手段,破坏计算机或网络中的重要数据。比如,改写文件分配表和目录区,使文件无法使用;删除或修改数据文件,使文件内容失真;格式化磁盘,造成磁盘文件全部丢失。

2）消耗资源

所有计算机病毒都是程序,程序在运行时需要占用系统资源。比如,有些病毒驻留内存,因此就会耗费大量内存资源,造成计算机系统运行缓慢,效率大幅度下降。另外,寄生在磁盘上的病毒也要占用一部分磁盘空间。比如,引导型病毒的侵占方式是由病毒本身占据磁盘引导扇区,而将原来的引导区转移到其他扇区。也就是说,引导型病毒要覆盖一个磁盘扇区,而被覆盖的扇区数据将永久性丢失,无法恢复。

3）阻塞网络

一些蠕虫类病毒,在确定下一个感染目标之前,要向网络中的其他IP地址发出大量的试探性攻击包,对相应的主机进行漏洞探测。每一个因为有漏洞而新被感染的主机也会加入到这个行列中,导致一些网络被这种试探性攻击包所拥塞,使正常的网络通信受到阻碍,乃至瘫痪。

除此之外,计算机病毒还会带来不能正常列出文件清单、封锁打印功能、自动启动摄像头进行偷拍等破坏。

5. 计算机病毒防范

防范是对付计算机病毒积极而又有效的措施。要做好计算机病毒的防范工作，首先是建立有效和完整的计算机病毒防范体系和制度。其次是利用反病毒软件(杀毒软件)和防火墙及时发现计算机病毒，对其进行监视、跟踪等操作，并采取有效手段阻止其传播和破坏。防范病毒可采取以下措施。

1) 树立良好的安全意识

树立良好的安全意识，养成必要的安全习惯，可以使所用的计算机更安全。例如，不随意开启匿名(或不知名)邮件或邮件附件，并尽快删除；使用即时通信软件(如 QQ)时，不随意点击对方发来的网址，不随意接收附件，对附件中的文件打开前，对其进行病毒检查；不浏览非法网站，不安装任何网站插件；从官方网站或知名网站下载软件，安装前对其进行病毒检查；使用移动存储设备前，对其进行病毒检查。

2) 安装专业的反病毒软件

在病毒日益增多的今天，使用反病毒软件(杀毒软件)防杀病毒是简单而有效的方法。应安装防火墙和杀毒软件，及时将病毒库升级到最新版本，并定期进行病毒检查。还应启用防火墙和杀毒软件的实时监控功能。

3) 及时修补操作系统漏洞

据统计，80%的网络病毒是利用操作系统安全漏洞进行传播的。因此应高度关注相关操作系统的官方网站，下载最新的补丁程序，及时修补操作系统漏洞，以防患于未然。

4) 关闭不需要的服务

默认情况下，许多操作系统会安装一些辅助服务，例如 FTP 客户端、Telnet 和 Web 服务器等。这些服务为攻击者提供了方便，关闭这些不需要的服务可以大大减少被攻击的可能性。

5) 隔离受感染的计算机

当所用计算机发现病毒或出现异常时，应立即中断网络，并采取有效的查杀病毒措施，以防止计算机受到更多的感染，或者成为传播源感染其他计算机。

病毒防治，重在防范。随着计算机技术和网络技术的发展，计算机病毒的传播途径和破坏手段也在逐渐升级。作为网络用户，面对纷繁复杂的网络世界时，一定要倍加小心，增强安全意识，采取有效的防杀措施，随时注意计算机的运行情况，发现异常及时处理，就可以大大减少病毒和黑客的侵害。

14.4.3 防火墙技术

随着 Internet 的迅速发展，越来越多的企事业单位或个人加入到其中，使 Internet 本身成为了空前庞大以至无法确切统计的网络系统。网络的安全问题成为了人们关注的焦点，人们需要一种安全策略，既可以防止非法用户访问内部网络或个人计算机上的资源，又可以阻止用户非法向外传递内部信息。防火墙技术就是在这种情况下应运而生的。

1. 防火墙作用

事实上，防火墙是不同网络之间信息的唯一出入口。从作用上看，防火墙可以是分离器、限制器,也可以是分析器,用来监控内部网络和外部网络之间的任何活动。如果没有防火墙,内部网络中的每台主机系统都会暴露在来自外部网络的攻击之下,网络的安全就无从谈起。因此,应用防火墙非常重要。

1) 网络安全的屏障

一个防火墙作为阻塞点或控制点,能极大地提高一个内部网络的安全性,并通过过滤不安全的服务而降低风险。由于只经过精心选择的应用协议才能够通过防火墙,所以网络环境变得更加安全。

2) 简化网络管理

防火墙对内部网络实现的是集中安全管理,将承担风险的范围从整个内部网络缩小到组成防火墙的一台或几台主机、或者路由器上,在结构上形成一个控制中心。通过这个中心的安全方案配置,将诸如身份认证、加密、审计等安全软件配置在防火墙上,以此将来自外部网络的非法攻击或未授权的用户挡在被保护的内部网络之外,加强了网络安全,简化了网络管理。

3) 对访问进行监控审计

防火墙可以记录所有通过它的访问。当发生可疑操作时,防火墙能进行适当的报警,并能提供网络是否受到监测和攻击的详细资料。另外,可以通过防火墙收集到网络的使用和误用情况,这点非常重要,因为这种收集可以清楚防火墙是否能够抵挡攻击者的探测和攻击,并且可以清楚防火墙的控制是否充足。

4) 防止内部信息外泄

一个内部网络包含了许许多多的细节信息,这些信息中有些是隐私的,有些是非常机密的,它们都可以引起外部攻击者的兴趣。使用防火墙可以屏蔽那些透露内部细节(如 DNS 等)的服务。这样,外部攻击者就不会轻易了解主机上所有用户的注册名、真名、最后登录时间、这个系统是否有用户正在连线上网、这个系统是否在被攻击时引起注意等,也不会知道这个系统主机域名和 IP 地址。

2. 防火墙安全策略

防火墙安全策略是指要明确定义那些允许使用或者禁止使用的网络服务,以及这些服务的使用规定。每一条规定都应该在实际应用时得到实现。总的来说,防火墙应该使用以下两种基本策略中的一种。

1) 禁止任何服务除非被明确允许

这种方法堵塞了两个网络之间的所有数据传输,除了那些被允许的服务和应用程序。因此,应该逐个定义每一个允许的服务和应用程序,而任何一个可能成为防火墙漏洞的服务和应用程序都不允许使用。该策略可建立一个非常安全的环境,但它也限制了用户的选择范围,是一种安全不好用的策略。

2) 允许任何服务除非被明确禁止

这种方法允许两个网络之间的所有数据传输,除非那些被明确禁止的服务和应用程序。因此,每一个不信任或者有潜在危害的服务和应用程序都应该逐个拒绝。该策略虽然可以建立一个非常灵活的使用环境,能为用户提供更多的服务,但也会使网络管理员处于不断的响应当中,随着网络规模的扩大,很难保证网络的安全性,是一种好用不安全的策略。

每一种策略都有其优势和不足，应根据具体问题进行安全策略的选择和设计。

3. 防火墙分类

防火墙技术可根据防范方式和防范侧重点不同，分为包过滤防火墙、代理防火墙和复合型防火墙等。

1）包过滤防火墙

包过滤防火墙是最普通、最常用的防火墙，它位于 Internet 和内部网络之间。其主要作用是在网络之间完成数据包转发的普通路由功能，并利用包过滤准则来允许或拒绝数据包。包过滤准则的定义可使内部网络中的主机直接访问 Internet，而对 Internet 中的主机访问内部网络系统加以限制。此类防火墙系统通常是拒绝没有特别允许的数据包。

包过滤防火墙依靠特定的准则来判定是否允许数据包通过。一旦满足准则，数据包就可通过防火墙，同时防火墙内外的计算机系统就可建立起直接的联系。如果此时，允许通过的数据包是采用欺骗手段进入系统的攻击数据包，那么防火墙外部用户便有可能了解防火墙内部的网络结构和运行状态，就可以实施攻击。

2）代理防火墙

代理防火墙是针对包过滤防火墙中存在的问题而引入的防火墙技术。其特点是针对每一个特定应用都有一个程序，用来提供应用层服务控制。代理防火墙的概念源于代理服务器。所谓代理服务器是指代理内部网络用户与外部网络服务器进行信息交换的程序。它可以将内部用户的请求确认后送达外部服务器，同时将外部服务器的响应再回送给内部用户。由于代理服务器在外部网络向内部网络申请服务时发挥了中间转接和隔离的作用，因此又把它叫做代理防火墙。

除上述常见的防火墙外，由于更高安全性的要求，将基于包过滤技术和基于代理技术结合起来，形成复合型防火墙。比如，屏蔽主机防火墙和屏蔽子网防火墙等。

14.5 本章小结

通过本章的学习，应理解计算机网络、网络体系结构、网络协议、带宽、数据传输速率等概念，理解传统局域网技术中的介质访问控制方法，理解网络安全、计算机病毒、防火墙的概念，能够应用相关概念和技术进行网络管理及应用。

14.6 习题

1. 什么是计算机网络？其基本特征是什么？
2. 局域网、城域网和广域网的主要特征是什么？
3. 什么是模拟通信？什么是数字通信？
4. 什么是“协议”？举例说明“协议”的基本含义。
5. 试比较 OSI 参考模型与 TCP/IP 协议模型的异同点。
6. 交换机与路由器的区别是什么？

7. 简单说明改善局域网性能的 3 个主要解决方案。
8. 虚拟局域网的作用是什么?
9. 简单说明 IP 地址的组成及分类。
10. 子网掩码的作用是什么?
11. 网络安全的含义及目标是什么?
12. 黑客对网络安全构成的威胁主要包括哪些方面?
13. 预防计算机病毒应采取哪些措施?

参考文献

1. 赵丹亚，等. 计算机应用基础教程. 北京：清华大学出版社，2008
2. 彭爱华，刘辉，王盛麟. Windows 7 使用详解. 北京：人民邮电出版社，2010
3. 九州书源. Windows 7 操作详解. 北京：清华大学出版社，2011
4. 位元科技. Windows 7 完全使用详解. 北京：电子工业出版社，2011
5. 朱志明，毛向城. Word 2007 排版及应用技巧总动员. 北京：清华大学出版社，2009
6. 侯捷. Word 排版艺术. 北京：电子工业出版社，2004
7. ExcelHome. Excel 2010 应用大全. 北京：人民邮电出版社，2011
8. ExcelHome. Excel 2010 实战技巧精粹. 北京：人民邮电出版社，2013
9. 宋翔. Excel 数据透视表应用之道. 北京：电子工业出版社，2011
10. 方其桂. PowerPoint 多媒体课件制作实例教程. 北京：清华大学出版社，2012
11. 石云. 现代办公・PowerPoint 2007 情景案例教学. 北京：电子工业出版社，2009
12. 吕继祥，宋燕林. 计算机实用技术基础(第 2 版). 北京：清华大学出版社，2010
13. 张晓明. 计算机网络教程. 北京：清华大学出版社，2010
14. 周鸣争. 计算机网络教程. 北京：清华大学出版社，2011
15. 严争，等. 计算机网络基础教程(第 3 版). 北京：电子工业出版社，2011
16. 梁亚声，等. 计算机网络安全教程. 北京：机械工业出版社，2008
17. 张同光，等. 信息安全技术实用教程. 北京：电子工业出版社，2008
18. 微软中国官网 Windows 网站. http://windows.microsoft.com/zh-cn/windows/home
19. 微软中国官网 Office.com 网站. http://office.microsoft.com/zh-cn/
20. ExcelHome 网站. http://www.excelhome.net/
21. PPT 教程网. http://www.pptok.com/